装备科技译著出版基金

时空脉冲神经网络与脑启发的人工智能

Time-Space, Spiking Neural Networks and
Brain-Inspired Artificial Intelligence

［新西兰］Nikola K. Kasabov 著

康晓洋 译

国防工业出版社

·北京·

著作权合同登记　图字:01-2022-6243 号

图书在版编目(CIP)数据

时空脉冲神经网络与脑启发的人工智能／(新西兰)
尼古拉·K. 卡萨博夫(Nikola K. Kasabov)著;
康晓洋译. —北京：国防工业出版社, 2024.8
书名原文：Time-Space, Spiking Neural Networks
and Brain-inspired Artificial Intelligence
ISBN 978-7-118-13180-2

I. ①时… Ⅱ. ①尼…②康… Ⅲ. ①人工神经网络
—研究　Ⅳ. ①TP183

中国国家版本馆 CIP 数据核字(2024)第 070842 号

First published in English under the title
Time-Space, Spiking Neural Networks and Brain-Inspired Artificial Intelligence
by Nikola K. Kasabov
Copyright © Springer-Verlag GmbH Germany, part of Springer Nature, 2019
This edition has been translated and published under licence from Springer-Verlag GmbH,
part of Springer Nature.
本书简体中文版由 Springer 授权国防工业出版社独家出版。
版权所有,侵权必究。

※

国防工业出版社出版发行
(北京市海淀区紫竹院南路23号　邮政编码100048)
雅迪云印(天津)科技有限公司印刷
新华书店经售

*

开本 710×1000　1/16　插页 5　印张 41¾　字数 902 千字
2024 年 8 月第 1 版第 1 次印刷　印数 1—1400 册　定价 298.00 元

(本书如有印装错误,我社负责调换)

国防书店：(010)88540777　　书店传真：(010)88540776
发行业务：(010)88540717　　发行传真：(010)88540762

前言

从分子到宇宙,万物都在时空中存在和演化,时空在万物之中。理解时间和空间之间的复杂关系一直是所有时代最大的科学挑战之一,包括理解和模拟人脑中的时空信息过程和理解生命。这一直是人类追求深度知识的主要目标。

现在有了海量的时空数据,科学需要新的方法来处理这些跨域数据的复杂性。从健康到民事防护的风险缓解战略往往依赖于简单的模型。但机器学习的最新进展提供了一种耐人寻味的可能性,即如果能够理解深深地隐藏在空间和时间组成部分之间错综复杂的相互作用中的模式,就可以及早预测各种灾难性事件,如中风、地震、金融市场危机或退行性大脑疾病。尽管此类交互在不同的应用程序或领域中以不同的空间或时间尺度表现出来,但可以应用相同的信息处理原理。

需要一种全新的方法对此类数据建模并获得深入的知识,这可以创建更快、更好的机器学习和模式识别系统,提供更准确和更早的事件预测的现实前景,以及更好地理解因果时空关系。

本书中创造的术语——时间-空间有两层含义:

① 问题所在的空间,时间过程随时间演化;

② 时间的功能空间,随着时间而流逝。

本书着眼于时空中不断演变的过程,讨论了时空数据的深度学习是如何在人脑中实现的,以及这种深度学习是如何产生深度知识的,并以此为灵感,开发了用于深度学习和脉冲神经网络(SNN)中深度知识表示的方法和系统。此外,如何利用这一点来开发一种新型的人工智能(AI)系统,这里称为脑启发人工智能(BI-AI)。反过来,BI-AI系统可以帮助我们更好地了解人脑和宇宙,并获得新的深度知识。

BI-AI系统采用人脑的结构和方法来智能学习时空数据。BI-AI系统有6个主要特点。

(1) 它们的结构和功能受到人脑的启发;它们由位于空间上的神经元组成,这些神经元通过交换脉冲信息在时空中通过深度学习在它们之间建立联系。它们是由脉冲神经网络(SNN)构建的,正如在第4章到第6章中所解释的那样。

(2) BI-AI系统受大脑启发,不仅可以实现深度学习,而且可以在时空中实现深度知识表示。

(3) 可以表现出认知行为。

(4) 它们可以用于人与机器之间的知识转移,作为创造人与机器共生的基础,最终形成本书最后一章所讨论的人类智能与人工智能(HI+AI)的共生。

(5) BI-AI系统是一种通用的数据学习机,在处理时空数据方面优于传统的机器学习技术。

(6) BI-AI系统可以帮助我们了解、保护和治疗人脑。

在更多的技术层面上,这本书介绍了背景知识、新的脉冲神经网络通用方法、进化脉冲神经网络(ESNN)和脑启发脉冲神经网络(BI-SNN),以及创建脑启发人工智能系统的新的特定方法,用于跨应用程序的时空数据建模和分析。

我坚信信息科学的进步在很大程度上是一个进化的过程,也就是说,建立在已经创造的基础上。为了理解深度学习和深度知识、脉冲神经网络和脑启发人工智能系统的原理,并将它们恰当地应用于解决问题,人们需要了解过去建立的一些基本科学原理,如亚里士多德的认识论,罗森布拉特的感知器,鲁梅尔哈特的多层感知器,阿马里、沃博斯等人的自组织映射,扎德的模糊逻辑,爱因斯坦和卢瑟福的量子原理,冯·诺依曼计算机和阿塔纳索夫-贝瑞计算机,当然还有人脑。书中简要介绍了所有这些原则,为更好地理解脉冲神经网络和脑启发人工智能系统以及如何利用它们来理解自然和生活的时空难题以及获得新的、深入的知识奠定了适当的基础。

我有幸与该领域的一些先驱见面并交谈,例如顺一·阿玛里、特沃·科霍宁、沃尔特·弗里曼、约翰·泰勒、洛菲·扎德、山川武、史蒂夫·格罗斯伯格、约翰·安德烈、詹纳斯·卡普齐克、史蒂夫·弗伯。这些人启发了我,使我得以深入研究。我的拙见是,我们不应忘记向我们提供知识之光的先驱和老师。

书中提出的一些新方法是作者开发的,并在2005—2018年期间与我的学生和同事合作,使得部分出现在各种出版物上。我想感谢我的同事和博士后研究人员的贡献。我很荣幸在这一时期有大量的博士生,他们也为本书做出了贡献。我想要感谢我的博士生们,同时,我想要特别感谢海伦娜·巴拉米,她帮助我完成了本书每一章的参考文献和格式编排。

在我长期从事本书所包含的各种主题的工作期间以及在写这本书的过程中,我得到了我的妻子戴安娜和我的女儿卡普卡和阿西亚的大力支持和帮助。我感谢他们,我爱他们!

我在担任客座教授期间做了一些关于脉冲神经网络的工作,该职位由欧盟资助,以伟大的科学家玛丽亚·斯克沃多夫斯卡(生于1867年,逝于1934年)命名。我的奖学金是由苏黎世大学和神经信息学研究所(INI)主办的,并与贾科莫·英迪维里合作。我很感谢以一位杰出的科学家的名字命名的这个绝佳的机会。

这本书的所有工作都是我在奥克兰理工大学(AUT)履行研究、教学和管理职责的同时完成的。我感谢这所充满活力的大学自2002年我被任命以来所给予的慷慨资助和支持,而且现在还在继续。作为澳大利亚科技大学知识工程和发现研究所(KEDRI)的创始主任,至今已有16年的时间,这让我在研究方面能够处于领先地位,KEDRI行政经理给了我极大的帮助。我很感谢施普林格生物和神经系统系列团队的编辑经理

Leontina，以及 Arun Kumar、Sabine 和参与该系列的整个团队的支持和出色的工作。

如果我必须用一句话来概括本书的哲学，我会说：

受自然在时空中的统一性的启发，我们的目标是使用大脑启发的计算在数据建模中实现统一性。

目录

第1部分 人工神经网络中的时空和人工智能

第1章 时空演化过程、时空中的深度学习和深度知识表示、脑启发的人工智能 … 3
1.1 时空演化过程 … 3
　1.1.1 演化过程概述 … 3
　1.1.2 生物体的演化过程 … 5
　1.1.3 时空演化过程和光谱时变过程 … 7
1.2 演化过程的特征：频率、能量、概率、熵和信息 … 9
1.3 光和声 … 13
1.4 时空和方向的演化过程 … 15
1.5 从数据、信息到知识 … 17
1.6 在时空下的深度学习和深度知识表示（怎么才算深度？） … 19
　1.6.1 在时空下定义深度知识 … 19
　1.6.2 深度的理解 … 22
　1.6.3 本书中的深度知识表示示例 … 23
1.7 演化过程的统计、计算建模 … 23
　1.7.1 计算建模的统计学方法 … 23
　1.7.2 全局、局部和转导（"个性化"）建模 … 25
　1.7.3 模型验证 … 28
1.8 脑启发的人工智能 … 28
1.9 本章小结和深度知识的补充材料 … 31
致谢 … 31
参考文献 … 31

第2章 人工神经网络-演化的连接主义系统 … 34
2.1 古典人工神经网络——SOM、MLP、CNN 和 RNN … 34
　2.1.1 神经网络中的无监督学习-自组织映射 … 35

  2.1.2 人工神经网络的监督学习-多层感知器及其反向传播算法 ……… 38
  2.1.3 卷积神经网络(CNN) …………………………………… 41
  2.1.4 递归和 LSTM ANN …………………………………… 43
 2.2 混合和基于知识的人工神经网络…………………………………… 43
 2.3 不断发展的连接主义系统(ECOS) …………………………………… 46
  2.3.1 ECOS 原理 …………………………………… 46
  2.3.2 进化自组织地图 …………………………………… 47
  2.3.3 进化的 MLP …………………………………… 48
 2.4 进化模糊神经网络:EFuNN …………………………………… 51
 2.5 动态演化的神经模糊推理系统(DENFIS) …………………………………… 59
 2.6 其他 ECOS 方法和系统 …………………………………… 63
 2.7 本章小结和更多知识的进一步阅读 …………………………………… 65
 致谢 …………………………………… 66
 参考文献 …………………………………… 66

第 2 部分 人的大脑

第 3 章 在人脑的深度学习和深层知识表征 …………………………………… 77

 3.1 大脑中的时空 …………………………………… 77
 3.2 学习和记忆 …………………………………… 82
 3.3 信息的神经表示 …………………………………… 84
 3.4 大脑的感知总是时空的 …………………………………… 85
 3.5 深度学习与深层知识在大脑中的时空表征 …………………………………… 90
 3.6 神经元和大脑中的信息及信号处理 …………………………………… 93
  3.6.1 信息编码 …………………………………… 93
  3.6.2 信息处理的分子基础 …………………………………… 95
 3.7 测量大脑活动作为时空数据 …………………………………… 98
  3.7.1 一般概念 …………………………………… 98
  3.7.2 脑电图(EEG)数据 …………………………………… 99
  3.7.3 脑磁图 …………………………………… 102
  3.7.4 计算机断层成像(CT)和正电子发射断层显像(PET) …………………………………… 102
  3.7.5 功能性磁共振成像 …………………………………… 103
 3.8 总结和延伸阅读 …………………………………… 105
 致谢 …………………………………… 106
 参考文献 …………………………………… 106

第 3 部分 脉冲神经网络

第 4 章 脉冲神经网络方法 ……………………………………………… 113
- 4.1 将信息表示为脉冲及其脉冲编码算法 ………………………………… 113
  - 4.1.1 速率与峰值时间的信息表示 ……………………………………… 113
  - 4.1.2 脉冲编码算法 ……………………………………………………… 116
- 4.2 脉冲神经元模型 ………………………………………………………… 123
  - 4.2.1 Hodgkin-Huxley 模型(HHM) …………………………………… 123
  - 4.2.2 泄漏积分-发射模型(LIFM) ……………………………………… 124
  - 4.2.3 Izhikevich 模型(IM) ……………………………………………… 124
  - 4.2.4 脉冲响应模型(SRM) …………………………………………… 127
  - 4.2.5 Thorpe 模型(TM) ………………………………………………… 127
  - 4.2.6 概率和随机脉冲神经元模型 ……………………………………… 127
  - 4.2.7 神经元的概率神经遗传模型 ……………………………………… 129
- 4.3 SNN 学习的方法 ………………………………………………………… 130
  - 4.3.1 SpikeProp …………………………………………………………… 131
  - 4.3.2 脉冲时间相关的突触可塑性(STDP) …………………………… 131
  - 4.3.3 脉冲驱动的突触可塑性(SDSP) ………………………………… 133
  - 4.3.4 次序学习规则 ……………………………………………………… 133
  - 4.3.5 动态突触学习 ……………………………………………………… 134
- 4.4 脉冲模式关联的神经和神经网络 ……………………………………… 135
  - 4.4.1 脉冲模式关联学习的原理,SPAN 模型 ………………………… 135
  - 4.4.2 案例研究实例 ……………………………………………………… 139
  - 4.4.3 SPAN 的内存容量 ………………………………………………… 142
  - 4.4.4 分类问题中的 SPAN ……………………………………………… 143
- 4.5 为什么应用 SNN ………………………………………………………… 145
- 4.6 总结和进一步阅读以获取更多知识 …………………………………… 146
- 致谢 ……………………………………………………………………………… 146
- 参考文献 ………………………………………………………………………… 147

第 5 章 进化脉冲神经网络 …………………………………………………… 152
- 5.1 eSNN 的原理和方法(ESNN) ………………………………………… 152
- 5.2 卷积的 eSNN(CeSNN) ………………………………………………… 157
- 5.3 SNN 的动态进化(DeSNN) …………………………………………… 161

5.4 eSNN 的模糊规则提取 …………………………………………………… 164
  5.4.1 eSNN 的模糊提取规则 ……………………………………………… 164
  5.4.2 基于水质传感器中的模糊提取规则的案例研究 …………………… 168
5.5 用于储层计算的进化 SNN ………………………………………………… 173
  5.5.1 储层式架构:流体状态机(LSM) …………………………………… 173
  5.5.2 以 eSNN 和 DeSNN 作为分类/回归系统的储层结构 ……………… 175
5.6 章节总结和深入知识的阅读 ……………………………………………… 177
致谢 ……………………………………………………………………………… 177
参考文献 ………………………………………………………………………… 178

第6章 面向时空深度学习和深度知识表示的脑启发 SNN:NeuCube ……… 180

6.1 脑启发 SNN:NeuCube 作为一种通用的时空数据机 …………………… 180
  6.1.1 一种通用的 BI-SNN 框架 …………………………………………… 180
  6.1.2 脑启发 SNN:NeuCube——一种通用的时空数据机 ……………… 182
  6.1.3 基于图匹配优化算法将序列化变量映射到 3D SNNCube 中 ……… 188
6.2 NeuCube 中时空深度学习和深度知识表示 ……………………………… 193
  6.2.1 面向时空/时谱数据的深度无监督学习和深度知识表示 ………… 194
  6.2.2 时空的深度监督学习 ………………………………………………… 195
  6.2.3 用于 NeuCube 预测建模的时间-空间深度学习:EPUSSS 算法 …… 196
6.3 在 NeuCube 中建模时间:过去、现在、未来以及回到过去 …………… 200
  6.3.1 基于事件的建模(外部与内部时间,过去、现在和将来的时间) …… 200
  6.3.2 追溯事件 ……………………………………………………………… 201
6.4 面向应用的时空数据机的设计方法 ……………………………………… 201
  6.4.1 在 NeuCube 中实现面向应用的时空数据机作为 BI-AI
      系统的设计方法 ……………………………………………………… 203
  6.4.2 输入数据编码 ………………………………………………………… 203
  6.4.3 输入变量的空间映射 ………………………………………………… 204
  6.4.4 SNNCube 的无监督培训 …………………………………………… 205
  6.4.5 SNN 分类器中 SNNCube 动态尖峰模式的监督训练和
      分类/回归 …………………………………………………………… 206
  6.4.6 SNNCube 的 3D 可视化 …………………………………………… 208
  6.4.7 SNNCube 的 3D 可视化 …………………………………………… 208
  6.4.8 模型解释、规则提取、深时空知识表示 …………………………… 209
6.5 分类回归时空数据机设计与实现的案例研究 …………………………… 209
  6.5.1 NeuCube 中分类时空数据机设计的案例研究 …………………… 210
  6.5.2 在 NeuCube 中设计回归/预测时空数据机的案例研究 ………… 210

| 6.6 本章小结和进一步阅读以获取更多知识 ········· 213
| 致谢 ········· 214
| 参考文献 ········· 215

第7章 进化和量子启发式计算:SNN 优化的应用 ········· 218

7.1 进化原理和进化计算方法 ········· 218
- 7.1.1 生命的起源和演化 ········· 218
- 7.1.2 进化计算方法 ········· 219
- 7.1.3 遗传算法 ········· 221
- 7.1.4 进化策略 ········· 223
- 7.1.5 粒子群优化 ········· 224
- 7.1.6 分布式估计算法(EDA) ········· 225
- 7.1.7 人工生命系统 ········· 226

7.2 量子启发进化计算:方法和算法 ········· 227
- 7.2.1 量子信息处理原理 ········· 227
- 7.2.2 量子启发进化算法原理 ········· 229
- 7.2.3 量子启发进化算法(QiEA) ········· 230
- 7.2.4 通用量子启发进化算法(VQiEA) ········· 232
- 7.2.5 扩展 VQiEA 来处理连续的值变量 ········· 233

7.3 量子激发了优化 SNN 的进化计算 ········· 237
- 7.3.1 SNN 的量子表征 ········· 237
- 7.3.2 利用 QiEA 优化 eSNN 分类器在生态数据上的应用 ········· 239
- 7.3.3 综合计算神经遗传模型(CNGM)利用量子启发表征 ········· 240

7.4 量子启发粒子群优化 ········· 242
- 7.4.1 量子启发粒子群优化算法 ········· 242
- 7.4.2 用于 ESNN 优化的量子启发粒子群优化算法(QiPSO) ········· 243
- 7.4.3 动态 QiPSO ········· 244
- 7.4.4 使用 DQiPSO 进行特征选择和模型优化 ········· 245

7.5 本章小结及进一步阅读以获得更深层次的知识 ········· 250
致射 ········· 251
参考文献 ········· 251

第4部分 大脑数据的深度学习和深度知识表示

第8章 脑电数据的深度学习和深度知识表示 ········· 259

8.1 时空大脑数据——脑电数据 ········· 259

8.1.1　时空脑数据 ·· 259
　　8.1.2　脑图集 ·· 260
　　8.1.3　脑电数据 ·· 262
8.2　BI-SNN 中 EEG 数据的深度学习和深度知识表示 ······················ 267
8.3　认知任务的深度学习、认知和建模 ··· 272
　　8.3.1　系统设计 ·· 272
　　8.3.2　案例研究认知脑电数据 ·· 274
　　8.3.3　实验结果 ·· 275
　　8.3.4　模型解释 ·· 276
8.4　BI-SNN 的深度学习、识别和情感表达 ··· 277
　　8.4.1　一般概念 ·· 277
　　8.4.2　使用 NeuCube 模型进行情绪识别 ·· 278
　　8.4.3　以脑电图数据为例从面部表情进行情绪识别 ···························· 278
　　8.4.4　当一个人感知到情绪面孔和表达这种面孔时在训练好的 SNNcube
　　　　　 中的连通性分析 ··· 279
　　8.4.5　我们能教机器表达情感吗? ·· 281
8.5　BI-SNN 的深度学习和感知过程建模 ·· 282
　　8.5.1　潜意识大脑过程的心理学 ··· 282
　　8.5.2　实验设置及脑电图数据采集 ·· 283
　　8.5.3　NeuCube 模型的设计 ·· 284
8.6　建立 BI-SNN 的注意偏差模型 ·· 290
　　8.6.1　注意力偏差 ··· 290
　　8.6.2　实验设置 ·· 291
　　8.6.3　结论 ··· 292
8.7　本章小结及后续阅读知识 ··· 293
致谢 ·· 293
参考文献 ·· 296

第9章　基于脑电图数据的脑病诊断与预测 ································ 301

9.1　SNN 用于对 EEG 数据建模以评估从 MCI 到 AD 的潜在进展 ············ 301
　　9.1.1　研究设计和数据收集 ··· 301
　　9.1.2　NeuCube 模型的设计 ·· 302
　　9.1.3　分类结果 ·· 304
　　9.1.4　从 MCI 到 AD 的大脑活动的功能变化分析 ···························· 305
9.2　使用 EEG 数据对治疗反应进行预测的 SNN 建模 ··························· 307

9.2.1　概念设计 ·············· 308
　　9.2.2　案例研究问题说明和数据收集 ·············· 308
　　9.2.3　在 NeuCube 模型中对 EEG 数据建模 ·············· 310
　　9.2.4　不同药物剂量下 MMT 受试者与 CO 和 OP 受试者的大脑活动的比较分析（建模和了解通过 EEG 通道测量的大脑区域之间的信息交换） ·············· 311
　　9.2.5　分类结果分析 ·············· 316
　9.3　本章小结和更深层次的阅读材料 ·············· 317
　致谢 ·············· 318
　参考文献 ·············· 318

第 10 章　深度学习和深度知识 fMRI 数据表示　321

　10.1　脑 fMRI 数据及其分析 ·············· 321
　　10.1.1　什么是 fMRI 数据？ ·············· 321
　　10.1.2　fMRI 数据分析的传统方法 ·············· 323
　　10.1.3　从 FMRI 数据中选择特征 ·············· 324
　10.2　BI-SNN 中 fMRI 数据的深度学习和深度知识表示 ·············· 325
　　10.2.1　为什么要使用 SNN 进行 fMRI 建模时空脑数据？ ·············· 325
　　10.2.2　BISNN 中 fMRI 数据的深度学习和深度知识表示 ·············· 326
　10.3　STAR/PLUS 数据的 NeuCube 案例中关于 fMRI 数据的映射、学习和分类的研究 ·············· 328
　　10.3.1　STAR/PLUS Benchmark fMRI 数据 ·············· 328
　　10.3.2　在 NeuCube SNN 模型中的 fMRI 数据编码、映射和学习 ·············· 330
　　10.3.3　基于 NeuCube 的 fMRI 数据分类模式 ·············· 335
　10.4　用于测量认知过程的 fMRI 数据建模算法 ·············· 338
　　10.4.1　动态 STBD 编码为脉冲序列的算法 ·············· 338
　　10.4.2　SNNCube 中的连接初始化和深度学习 ·············· 340
　　10.4.3　在训练好的 SNN 中的深度知识表示 ·············· 341
　　10.4.4　关于 STAR/PLUS 数据的案例研究实施 ·············· 341
　10.5　本章小结和更深层次的阅读材料 ·············· 348
　致谢 ·············· 348
　参考文献 ·············· 348

第 11 章　整合时空网络和应用方向、fMRI + DTI 脑数据的案例研究　355

　11.1　简介和背景工作 ·············· 355
　11.2　基于 NeuCube BI-SNN 的 fMRI 和 DTI 数据集成的个性化建模架构 ·············· 357

11.3 在 fNN 和 DTI 数据上说明的 SNN 中的方向影响
驱动 STDP(oiSTDP)学习用于时空和方向信息集成 ·········· 359
11.3.1 体系结构、映射和初始化方案 ······························· 359
11.3.2 神经元模型 ··· 360
11.3.3 突触的无监督权重适应 ·· 363
11.4 综合数据的实验结果 ··· 367
11.4.1 数据描述 ·· 367
11.4.2 实验结果 ·· 367
11.5 使用 oiSTDP 学习对氯氮平单药治疗反应性和非
反应性精神分裂症患者进行分类 ···································· 370
11.5.1 问题说明和数据准备 ·· 370
11.5.2 建模和实验结果 ·· 372
11.6 章节总结和进一步阅读以获得更深层次的知识 ············ 375
致谢 ··· 376
参考文献 ··· 376

第 5 部分   SNN 用于视听数据和脑机接口

第 12 章   大脑中音/视频信息处理及其进化脉冲神经网络(eSNN)模型 ······ 387

12.1 人脑中音/视频信息的处理 ··· 387
12.1.1 听觉信息处理 ·· 387
12.1.2 视觉信息处理 ·· 390
12.1.3 音/视频融合信息的处理 ·· 392
12.2 基于卷积 eSNN(CeSNN)的音/视频及其融合信息处理模型 ······ 394
12.2.1 用 SNN 对音/视频信息进行建模 ···························· 395
12.2.2 卷积进化脉冲神经网络(CeSNN)用于视觉信息建模 ······ 396
12.2.3 卷积进化脉冲神经网络(CeSNN)用于听觉信息建模 ······ 397
12.2.4 用于集成视听信息处理的卷积 eSNN(CeSNN) ······· 398
12.3 案例研究、实验和结果 ··· 401
12.3.1 数据集 ·· 401
12.3.2 实验结果 ·· 402
12.4 章节总结和进一步阅读以获得更深入的知识 ················ 406
致谢 ··· 408
参考文献 ··· 408

第13章 基于类脑 SNN 的语音、视觉、多模态音/视频数据的深度学习与建模 ……411

13.1 类脑 SNN 中的语音深度学习 ……411
13.1.1 大脑语音数据的深度学习 ……411
13.1.2 基于音频和立体声映射的 BI-SNN 及其声音学习 ……411
13.1.3 深度学习与音乐识别 ……413
13.1.4 实验结果 ……414

13.2 基于类脑 SNN 架构并用于快速移动对象识别和性别识别的视觉数据深度学习 ……415
13.2.1 视觉信息处理的两种方法 ……415
13.2.2 快速运动目标识别的应用 ……416
13.2.3 基于人脸识别的性别和年龄组分类应用 ……418

13.3 类脑神经网络架构动态视觉信息的视网膜定位映射与学习——以运动目标识别为例 ……420
13.3.1 一般原则 ……420
13.3.2 类脑神经网络及建议的视网膜定位 ……420
13.3.3 动态视觉模式的无监督学习和有监督学习 ……421
13.3.4 MNisT-DVS 基准数据集实验设计 ……422
13.3.5 实验结果 ……423
13.3.6 更好地理解视皮层内部过程的模型解释 ……424
13.3.7 BI-SNN 视网膜标测方法综述 ……425

13.4 章小结和深层知识的进一步阅读 ……425
致谢 ……426
参考文献 ……426

第14章 使用脑启发脉冲神经网络的脑机接口 ……431

14.1 脑机接口 ……431
14.1.1 一般概念 ……431
14.1.2 基于 EEG 的 BCI ……431
14.1.3 脑机接口的类型和应用 ……433

14.2 脑启发 BCI(BI-BCI)框架 ……436
14.2.1 NeuCube BI-SNN 架构 ……436
14.2.2 具有神经反馈的脑启发 BCI 框架(BI-BCI) ……438

14.3 从脑电信号中检测运动执行和运动意图的 BI-BCI ……440

14.3.1　简介 ··· 440
　　14.3.2　实验 BI-BCI 系统的设计 ··· 442
　　14.3.3　分类结果 ··· 442
　　14.3.4　结果分析 ··· 444
14.4　BI-BCI 用于神经反馈的神经康复和神经假肢 ································ 445
　　14.4.1　一般概念 ··· 445
　　14.4.2　应用 ·· 446
14.5　从 BI-BCI 到人与机器之间的知识转移 ·· 448
14.6　本章总结和进一步阅读以获得更深层次的知识 ······························· 449
致谢 ·· 450
参考文献 ··· 450

第 6 部分　SNN 中的生物和神经信息学

第 15 章　脑电数据的深度学习和深度知识表示 ·· 457
15.1　生物信息学入门 ··· 457
　　15.1.1　一般概念 ··· 457
　　15.1.2　DNA、RNA、蛋白质以及分子生物学和生命进化的关键 ······· 457
　　15.1.3　系统发生学 ·· 463
　　15.1.4　分子数据分析的挑战 ··· 465
15.2　生物数据库、生物信息学数据的计算建模 ···································· 467
　　15.2.1　生物数据库 ·· 467
　　15.2.2　有关生物信息学数据建模的一般信息 ······························ 468
　　15.2.3　基因表达数据建模和分析 ··· 470
　　15.2.4　时间序列基因表达数据的聚类 ······································· 471
　　15.2.5　蛋白质数据建模和结构预测 ·· 473
15.3　基因和蛋白质相互作用网络与系统生物学方法 ······························ 474
　　15.3.1　一般概念 ··· 474
　　15.3.2　基因调控网络模型 ·· 476
　　15.3.3　蛋白质相互作用网络 ··· 477
15.4　使用脑激发 SNN 架构的深度学习基因表达时间序列数据和
　　　基因调控网络的提取 ·· 478
　　15.4.1　一般概念 ··· 478
　　15.4.2　基于 SNN 的基因表达时间序列数据建模与
　　　　　　提取 GRN 的方法 ·· 479

  15.4.3 从训练模型中提取GRN ……………………………………………………… 481
  15.4.4 基因表达时间序列数据的案例研究 …………………………………… 481
  15.4.5 从训练好的模型中提取GRN并对GRN进行分析以
     发现新的知识 ……………………………………………………………… 483
  15.4.6 关于方法的讨论 …………………………………………………………… 486
 15.5 本章小结及后续阅读 ……………………………………………………………… 486
 致谢 ………………………………………………………………………………………… 487
 参考文献 …………………………………………………………………………………… 487

第16章 计算神经遗传模型 ……………………………………………………………… 493

 16.1 计算神经遗传学 …………………………………………………………………… 493
  16.1.1 基础概念 …………………………………………………………………… 493
 16.2 突发性神经元的概率神经发生模型（PNGM） ………………………………… 496
  16.2.1 脉冲神经元的PNGM ……………………………………………………… 496
  16.2.2 利用神经元的PNGM构建SNN …………………………………………… 498
 16.3 计算神经发生模型（CNGM）体系结构 ………………………………………… 499
  16.3.1 CNGM体系结构 …………………………………………………………… 499
  16.3.2 NeuCube的CNGM架构 …………………………………………………… 500
 16.4 CNGM的应用 ……………………………………………………………………… 502
  16.4.1 模拟大脑疾病 ……………………………………………………………… 502
  16.4.2 CNGM用于认知机器人和情感计算 ……………………………………… 503
 16.5 生、死和CNGM …………………………………………………………………… 504
 16.6 本章总结及进一步阅读以加深理解知识 ………………………………………… 505
 致谢 ………………………………………………………………………………………… 505
 参考文献 …………………………………………………………………………………… 505

第17章 一种应用于生物信息学的个性化建模的计算框架 ……………………………… 508

 17.1 基于集成特性和模型参数优化的PM和人员配置框架 ………………………… 508
  17.1.1 简介：全局、局部和个性化建模 …………………………………………… 508
  17.1.2 基于集成特征和模型参数优化的个性化建模框架 ……………………… 510
 17.2 采用传统人工神经网络进行基因表达数据分类 ……………………………… 516
  17.2.1 问题和数据说明、特征提取 ……………………………………………… 516
  17.2.2 分类精度及对比分析 ……………………………………………………… 516
  17.2.3 个体档案和个性化知识提取 ……………………………………………… 519
 17.3 使用进化SNN的生物医学数据的个性化建模 ………………………………… 520

17.3.1 概述 ····· 520
17.3.2 使用 SNN 和 eSNN 进行个性化建模 ····· 521
17.3.3 基于 eSNN 的生物医学数据的 PM 分析方法 ····· 522
17.3.4 以慢性肾病患者为例数据分类 ····· 526
17.4 总结和进一步阅读获得更深层次的知识 ····· 528
致谢 ····· 528
参考文献 ····· 529

第 18 章 集成静态和动态数据的个性化建模——神经信息学中的应用 ····· 534

18.1 基于 BI-SNN 架构的 PM 静态和动态数据集成框架 ····· 534
18.1.1 引言 ····· 534
18.1.2 基于 NeuCube 的集成静态和动态数据 PM 的框架 ····· 535
18.1.3 基于 NeuCube 的方法与其他 PM 方法的比较分析 ····· 538
18.2 时空中的个性化深度学习和知识表示——个人卒中风险预测案例 ····· 539
18.2.1 个人卒中风险预测的案例研究数据 ····· 539
18.2.2 中风案例下 NeuCube 中的个性化深度学习和知识表示 ····· 541
18.3 使用个人数据和 EEG 时空数据预测治疗反应的 PM ····· 544
18.3.1 案例研究问题与数据 ····· 544
18.3.2 基于 NeuCube 的 PM 模型 ····· 544
18.3.3 实验结果 ····· 546
18.3.4 讨论 ····· 548
18.4 本章总结和进一步阅读 ····· 548
致谢 ····· 549
参考文献 ····· 549

第 7 部分 多感知流数据的深度时空学习与深度知识表示

第 19 章 对金融、生态、运输和环境应用的预测建模中的多感知流数据的深度学习 ····· 559

19.1 一个使用 SNN 的深度学习和多感知数据的预测建模的通用框架 ····· 559
19.1.1 模式识别和多感知数据建模的挑战 ····· 559
19.1.2 在进化 SNN(eSNN) 中对流数据建模 ····· 560
19.1.3 用于分类和回归的脑启发 SNN 中多感知流数据建模的通用方法论 ····· 561
19.2 使用 eSNN 在线预测模型预测股票市场变化 ····· 567

19.3 用于深度学习和生态流数据预测模型的 SNN ········· 570
  19.3.1 生态学中的早期事件预测：一般概念 ········· 570
  19.3.2 使用时空气候数据预测果蝇丰度的案例研究 ········· 571
19.4 传输流数据深度学习和预测建模的 SNN ········· 575
  19.4.1 案例研究运输建模问题 ········· 575
  19.4.2 NeuCube 模型创建和建模结果 ········· 576
19.5 SNN 用于地震数据的预测建模 ········· 579
  19.5.1 预测危险事件的挑战 ········· 579
  19.5.2 利用 NeuCube 进行地震预测的地震数据预测模型 ········· 580
  19.5.3 实验设计 ········· 582
  19.5.4 讨论 ········· 586
19.6 未来的应用 ········· 587
  19.6.1 多感官空气污染流数据建模 ········· 587
  19.6.2 风电机组风能预测 ········· 588
  19.6.3 用于无线电天文数据建模的 SNN ········· 588
19.7 本章总结 ········· 589
致谢 ········· 589
参考文献 ········· 591

第 8 部分　BI-SNN 和 BI-AI 的未来发展

第 20 章　从冯·诺依曼机器到神经形态平台 ········· 599

20.1 计算原理、冯·诺依曼机器和超越 ········· 599
  20.1.1 一般概念 ········· 599
  20.1.2 冯·诺依曼计算原理与阿塔纳索夫的 ABC 机 ········· 600
  20.1.3 超越冯·诺依曼原理和 ABC 计算机 ········· 601
20.2 神经形态计算与平台 ········· 601
  20.2.1 普遍概念 ········· 601
  20.2.2 神经形态计算的硬件平台 ········· 602
20.3 SNN 开发系统、NeuCube 作为时空数据机的开发系统 ········· 604
  20.3.1 SNN 开发系统简介 ········· 604
  20.3.2 时空数据机的 NeuCube 开发系统 ········· 605
  20.3.3 基于 NeuCube 的时空数据机在传统和神经形态硬件平台上的实现 ········· 609
20.4 章节摘要及进一步阅读 ········· 610

致谢 ·· 610
参考文献 ·· 611

第21章　从克劳德·香农的信息熵到脉冲时间数据压缩理论 ········· 615

21.1 克劳德·香农的经典信息理论 ·· 615
21.2 基于脉冲时间编码的分类任务时间数据压缩理论 ····················· 616
21.3 fMRI时空数据分类的脉冲时间编码和压缩方法 ······················· 619
21.4 本章总结及深化阅读 ··· 628
致谢 ·· 629
附录 ·· 629
参考文献 ·· 631

第22章　从脑启发的AI到人类智能与人工智能的共生 ················· 634

22.1 集成量子分子神经遗传脑启发模型方向 ································ 634
   22.1.1 量子计算 ·· 634
   22.1.2 基于SNN的集成量子神经遗传脑模型的概念 ················· 636
22.2 走向以HI为主导的人类智能与人工智能(HI+AI)的共生 ············· 638
   22.2.1 关于AGI的一些看法 ·· 638
   22.2.2 走向以HI为主导的人类智能与人工智能(HI+AI)的共生 ····· 639
22.3 总结和进一步阅读以获得更深入的知识 ································ 642
参考文献 ·· 642

第1部分 人工神经网络中的时空和人工智能

第1章
时空演化过程、时空中的深度学习和深度知识表示、脑启发的人工智能

本章介绍了信息科学面临的一项挑战:在时空中处理复杂的演化过程,重点是过程系统在时空中的演化、发展、展开、变化及其特征。为了建模这个过程,提取驱动它们的深层知识并跟踪这些知识随时间的变化,是我们在本书中采用类脑方法SNN的主要目标之一。接下来的章节中在介绍SNN之前,将介绍如何将演化过程表示为数据、信息和知识,具体来说,什么才是我们通过SNN中的深度学习实现的深度知识。

1.1 时空演化过程

在《牛津词典》中,"时间"定义为:"统一存在、事件等的过去、现在和未来的无限持续过程……",高产的科学家和宇宙学家对时间进行了多年的研究[1-2]。

在《牛津词典》中,"空间"定义为:"一个可能包含或不包含物体的连续无限的广阔区域……"。

科学旨在理解自然和人文,自然界中的过程在空间和时间上都在演变(图1.1)。为了理解该演变过程,人类构建了相应的模型,最初仅是心理模型(如在亚里士多德时期(公元前4世纪),而现在是用数学和计算模型来提取信息和知识,尤其是本书定义的深度知识。

1.1.1 演化过程概述

我们称演化过程或演化系统为随时间不断变化、发展和展开的过程或系统,大多数演化过程都是在时空上进行演化。时空演化过程的特征是时空成分之间以连续的方式发生复杂的相互作用,这种相互作用可能随着时间而改变,过程中还可以与环境中的其他过程交互,除非发现驱动这些过程及其随时间演变的重要特征、时

空模式和规则,否则无法提前确定相互作用的过程。

演化的时空过程很难建模,因为它们的某些演化规则(定律)不是先验的,可能由于不经意的扰动而动态变化,所以无法长期地严格预测。因此,在生命科学和工程的许多实际应用中,对演化过程进行建模是一项具有挑战性的任务。

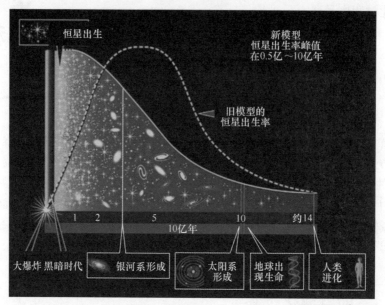

图 1.1　所有自然界的过程都在时空上演化——从宇宙的出现到生命和人脑[43]

当过程在演化时,它们的模型也需要演化,即跟踪过程的动态并适应这些过程随时间的演化,如语音识别系统必须能够适应各种新的口音并逐步学习新的语言。由于所有认知过程都在自然演变,对人脑认知任务进行建模的系统也就需要具有适应性(人类永远不会停止学习!)。在生物信息学中,基因表达建模系统必须能够适应新的信息,这些信息将定义如某个基因如何被另一个基因抑制,而后者又被第三个基因触发等,生命科学中有大量任务的过程随着时间而演变。

毫不夸张地说,自然界中的一切都是在时空中演化的,但是演化规则是什么?驱动这些过程的定律是什么?这些规则如何随时间变化?如何演化?如果知道这些规则,就可以创建与实际演化过程相似的演化计算模型,并使用这些模型进行预测,更好地理解演化过程。但如果不知道这些规则,仍然可以尝试使用机器学习从过程中收集的数据来发现规则,在亚里士多德时代(公元前 4 世纪)这是不可能的,但正如书中所证明的那样,现在是有可能的。

在这里,术语"演化"比术语"进化"具有更广泛的含义,"进化"与世代相传的单个系统的数量有关[3-5],而本书所使用的"演化"则主要涉及在单个系统的生命周期里[6],其在时间和空间中结构及功能的发展,单个系统参数的进化(种群/世代)优化也可以称为"演化"。

1.1.2 生物体的演化过程

演化过程中最明显的例子是生命,《简明牛津英语词典》(1983 版)将生命定义为:"一种有机物质所特有的功能活动和持续变化的状态,尤其是构成动植物死亡之前的部分,仍然存活着"。生命的特征是时空的不断变化以及一定的稳定性,为生命系统建模需要在模型中表示连续的变化,即模型以终身模式进行适应的同时保留该过程所特有的特征和规律。"稳定性–可塑性"是一个众所周知的生活常识,在连接主义计算模型中也广泛使用[7]。

也许到目前为止,最复杂的信息系统是人脑,许多相互关联的演化过程是在不同"层次"的大脑功能上观察到的(图 1.2)。

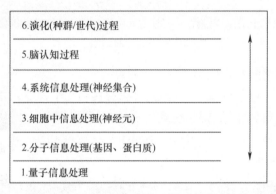

图 1.2 许多相互关联的演化过程是在不同"层次"的大脑功能上观察到的[30, 42]

在量子水平上,粒子在空间和时间上处于复杂的演化状态,同时处于多个位置,位置由概率定义。一般的演变规则由几个原则定义,如纠缠、叠加等[8-9](参见第 7 章和第 22 章)。

例如,在分子水平上,RNA 和蛋白质分子会根据 DNA 信息和环境以连续的方式进化和相互作用。分子生物学的中心教条构成了一个普遍发展的规则,但是对于不同的物种和个体有特定的规则。3D 空间中蛋白质的不同时空折叠和展开定义了同一生物中不同功能的细胞,如图 1.3 所示[9-10](相关详细信息可参见第 15 章)。

在细胞水平(如神经元细胞)上,所有代谢过程、细胞生长、细胞分裂等都是在时空中发展的过程。在细胞集合级别或生物神经网络级别,细胞(神经元)的集合协同工作,通过学习(如声音的感知、图像的感知、语言的学习)来定义集合或网络的功能。通用进化规则的一个例子是 Hebbian 学习规则[11],当神经元在时间上一

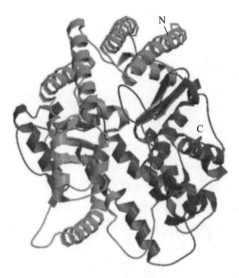

图1.3 分子水平上的演变过程——3D空间中蛋白质的不同时空折叠和展开定义了同一生物中不同功能的细胞[9, 17, 30]

起被激活时,它们之间在空间中会建立连接[9]。

在人脑中,当执行某些认知功能时,可以观察到几组神经元之间复杂的动态相互作用,如演说和语言学习、视觉模式识别、推理和决策[9]。当某人执行一项任务时,随着时间的推移,人们会在大脑的不同部位观察到大脑活动,见图1.4(相关详细信息可参见第3章)。

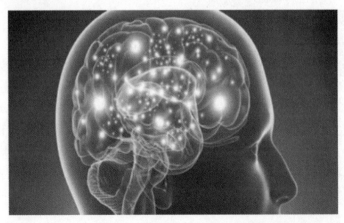

图1.4 当某人执行一项任务时,随着时间推移,人们会在大脑的不同部位观察到大脑活动[43]

在个体种群的水平上,物种通过进化而进化。生物系统通过个体的终生学习以及许多此类个体的种群进化来进化其结构和功能[4-5],换句话说,一个人是几代人进化的结果,也是其自身发展性终身学习过程的结果。孟德尔式和达尔文式的进化规则催生了计算建模技术,被称为进化计算(EC)[5,12](相关详细信息可参见第7章)。

时空的相互作用是使生物活体变得复杂的原因,这也是计算建模的挑战。例如,基因组中的基因之间以及蛋白质与DNA之间存在复杂的相互作用,基因与每个神经元、神经网络和整个大脑的功能之间存在复杂的相互作用,已知其中一些异常的相互作用导致了脑部疾病,而很多异常目前尚不明了。基因与神经元功能之间相互作用的一个例子是观察到的突触中的长期增强(学习)与即刻早期基因及其相应蛋白(如Zif/268)的表达之间的依赖性[13]。目前有几种脑部疾病的遗传基因已经被发现,其中一些基因通过与基因组中其他基因的相互作用在体内表达时间较晚(参见第15章和第16章)。

1.1.3 时空演化过程和光谱时变过程

地球各部分之间的相互作用通过测量作为时空地震数据(图1.5),但是在时空相互作用中这些触发地震的深层模式是什么(有关详细信息可参见第19章)?

声音信号表示时间上的频谱时间演变过程,如图1.6所示的音乐在时间上的波形(可参阅第12章和第13章)。

位于不同位置的几种信号源代表时空/光谱时间过程。

在股票市场上买卖股票的过程是时空的,有时仅表现为光谱性的,即股票价格随时间变化。图1.6所示为莫扎特音乐片段的波形。

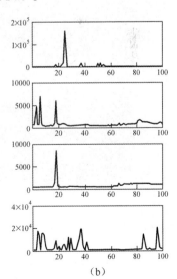

(a)　　　　　　　　　　　(b)

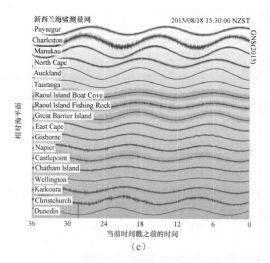

图1.5 地理在时空和时频上演化

(a)空间上位于新西兰地震遗址;(b)克赖斯特彻奇地区附近4个选定地震地点(在空间上)的时间地震活动表现出不同的频率(频谱)特征;(c)随着时间的推移,新西兰不同港口的海平面显示出空间和时频特征。

(来源于:http://www.geonet.co.nz)

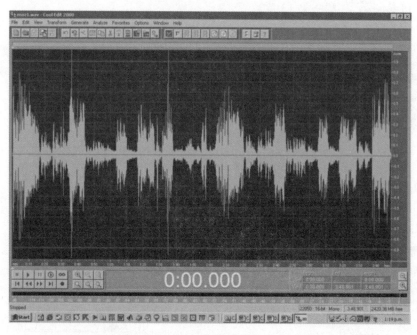

图1.6 莫扎特音乐片段的波形,表示为一段时间内声音的强度

为了正确地建模和理解演化过程,首先应了解它们的特征,如1.2节所述。

1.2 演化过程的特征:频率、能量、概率、熵和信息

演化过程具有共同的特征,最重要的是频率、熵、能量和信息,具体介绍如下。

1. 频率

频率定义为一段时间内(秒、分钟、世纪等)信号/事件变化的次数。一些过程具有稳定的频率(它们是周期性的),但有一些过程的频率会随时间发生变化,不同过程具有不同的频率,由其物理参数定义。通常一个过程的特征在于频谱范围,如不同的频谱可由大脑活动(如 α、β、γ 和 δ 波)、语音信号、图像和视频数据、地震过程、音乐、量子过程等观察得到。

频率反映了信号(数据)随时间的变化,演变过程可能表现出不同的行为,举例如下。

(1) 随机:没有什么规则来及时控制过程变化,并且过程不可预测。

(2) 混乱:过程是可预测的,但只能在短时间内完成,因为此时的过程变化取决于通过非线性函数前一时刻的过程变化。

(3) 准周期性:该过程显示其随时间变化的相似性,但每次均稍做修改。

(4) 周期性:该过程随时间重复相同的变化模式,并且是完全可预测的(存在固定的规则来控制该过程,并且这些规则不会随时间而变化)。

工程、社会科学、物理学、数学、经济学和其他科学中的许多复杂过程正在自然演化,可以使用上述分类进行分析。自然界中一些动态的时间序列表现出混沌的行为,即一些模糊模式随着时间的推移重复,并且该时间序列在不久的将来是可预测的,但从长远来看是不可预测的[14-17]。混沌过程通常可用数学方程描述,使用一些参数从过程之前的状态评估下一个状态。简单的公式可以描述一段时间内非常复杂的行为,如基于当前鱼类种群数 $F(t)$ 和参数 g 来描述鱼类种群数生长 $F(t+1)$ 的公式[14],即

$$F(t+1) = 4gF(t)(1-F(t)) \tag{1.1}$$

当 $g > 0.89$ 时,该函数变得混沌。

演变规则定义了一个混乱的过程,因此过程位于在随机过程(完全无法预测)和准周期过程(可以在更长的时间范围内预测,但只能在一定程度上)之间的"有序"连续上。在现实中对混沌过程进行建模,尤其是在过程的演化规则随时间而改变时,及时捕获过程随时间的变化,如式(1.1)中参数 g 的值。

工程、经济学和社会科学中所有以演化过程为特征的问题都需要不断调整用来建模的模型。语音或声音识别系统(第12章和第13章)、图像识别系统(第12

章和第 13 章)、多模式信息处理系统、股票预测系统、智能机器人、基于气候预测昆虫出现的系统(第 19 章)等模型应不断调整其结构和功能,以便随着时间的推移获得更好的性能,本书提供了一种使用脉冲神经网络(SNN)实现此目标的方法。

任何事物都在演变,生物当然也是这样,但是演化的规则是什么?控制演化过程的定律是什么?每个物质和每个生物都有共同的进化规则及其特定的进化规则吗?具体规则是什么?这些规则会随着时间变化吗?也就是说,它们也会演变吗?随着解决这些问题的过程不断发展,以及我们对过程和应对方法的了解不断加深,在本书中我们会在一定程度上解决这些问题。

一个不断演变的过程,以其不断发展的统治规则为特征,以某种方式表现出来并产生在许多情况下可测的数据。通过分析这些数据,可以提取关系的模式,描述特定时间过程的规则,但是它们能够描述未来演化过程吗?

在这里,除了频率外,还介绍了本书各章中使用的演化过程的其他主要特征。

2. 能量

能量是任何物体和生物的主要特征,它们需要做功、移动、加热来维持生命,这是一个定量的实体。通常定义下,能量包括量子、物理、化学、热、生物等。

爱因斯坦最著名的能量公式,定义了从固定位置移动和加速物体所需的能量 E,取决于物体的质量 m 和光速 c,即

$$E = m \cdot c^2 \tag{1.2}$$

光速 c 是个常数,为 300000km/s,能量与质量和真空中的光速有关。

需要重点注意的是,本书的某些方法中使用了光的某些特性,下面将对其进行讨论。

3. 概率、熵和信息

现在有了数据来衡量不断演变的过程,可问题是如何衡量数据中包含的信息?根据过程有几种定义和衡量信息的方法,一种方法是用熵作为过程演变的度量,该度量通过使用过程变化中的不确定性度量(称为概率)来计算,具体如下。

概率的形式理论依赖于以下 3 个公理,其中 $p(E)$ 是事件 E 发生的概率,$p(\neg E)$ 是事件 E 不发生的概率。$E_1, E_2, \cdots, E_k$ 是一组相互排斥的事件,组成所有可能事件的集合 U,也称为问题空间。

公理 1.1 $0 < p(E) < 1$。

公理 1.2 $\sum p(E_i) = 1, E_1 \cup E_2 \cup \cdots \cup E_k = U, U$-问题空间。

推论:$p(E) + p(\neg E) = 1$

公理 1.3 $p(E_1 \vee E_2) = p(E_1) + p(E_2)$,其中 E_1 和 E_2 为互斥事件。

概率定义如下。

(1) 理论:一些用于评估事件概率的规则。

(2) 实验:从数据和试验中获悉概率,如掷骰子 1000 次并记录事件"获得数字

6"发生的次数。

(3) 主观:概率基于人类的常识性知识,如不掷骰子就定义掷骰子后"获得数字6"的概率是1/6。

在任何时候,随机变量 x 的特征在于它的不确定性,即该变量在下一瞬间的取值——熵。不确定性 $h(x_i)$ 的度量可以与随机变量 x 的每个随机值 x_i 相关联,总不确定性 $H(x)$(称为熵)度量缺乏的知识,变量 x 空间中的表象混沌为

$$H(x) = \sum_{i=1,2,\cdots,n} p_i \cdot h(x_i) \tag{1.3}$$

式中:p_i 为变量 x 取 x_i 值的概率;$h(x_i) = \log(1/p_i)$。

以下为适用于熵 $H(x)$ 的公理:

(1) 单调性:如果 $n > n'$,其中 n 是变量 x 可取的事件(值)数量,则 $Hn(x) > Hn'(x)$,因此 x 可取的值越多,熵就越大。

(2) 可加性:如果 x 和 y 是独立的随机变量,则联合熵 $H(x,y)$,即 $H(x \text{ AND } y)$,等于 $H(x)$ 和 $H(y)$ 之和。

以下对数函数满足上述两个公理:

$$h(x_i) = \log(1/p_i) \tag{1.4}$$

如果对数的底数为2,则不确定度以[位]为单位;如果它是自然对数 ln,则不确定度以[nats]为单位。

$$H(x) = \sum_{i=1,2,\cdots,n} (p_i \cdot h(x_i)) = -c \cdot \sum_{i=1,2,\cdots,n} (p_i \cdot \log p_i) \tag{1.5}$$

式中:c 为常数。

根据克劳德·香农(Claude Shannon)对不确定性(熵)的度量,可以计算成功预测随机变量 x 的所有状态的总体概率,或者计算变量整体的可预测性,即

$$P(x) = 2^{-H(x)} \tag{1.6}$$

当随机变量 x 的所有 n 个值都是等概率的,即它们具有相同的概率 $1/n$(均匀概率分布)时,将计算最大熵,即

$$H(x) = -\sum_{i=1,2,\cdots,n} p_i \cdot \log p_i \leqslant \log n \tag{1.7}$$

联合熵:两个随机变量 x 和 y 之间的联合熵由下式定义(如系统中的一个输入和输出变量),即

$$H(x,y) = -\sum_{i=1,2,\cdots,n} p(x_i,y_j) \cdot \log p(x_i,y_j) \tag{1.8}$$

$$H(x,y) \leqslant H(x) + H(y) \tag{1.9}$$

条件熵:观测变量 x(输入变量)的值之后测量变量 y(输出变量)的不确定性,定义为

$$H(y|x) = -\sum_{i=1,2,\cdots,n} p(x_i,y_j) \cdot \log p(y_j|x_i) \tag{1.10}$$

$$0 \leq H(y|x) \leq H(y) \tag{1.11}$$

熵可以用来衡量与随机变量 x 相关的信息、其不确定性及其可预测性。

两个随机变量之间的互信息(也简称为信息)可以按以下方式计算,即

$$I(y;x) = H(y) - H(y|x) \tag{1.12}$$

信息熵的在线评估过程很重要,因为在事件时间序列中,每个事件发生后,熵的变化及其值需要重新评估。

贝叶斯条件概率是使用以下公式计算的,该公式代表两个事件 C 和 A 之间的条件概率,如果事件 C 发生了,则事件 A 将发生的概率(Tamas Bayes,18 世纪)为

$$p(A|C) = P(C|A) \cdot p(A)/p(C) \tag{1.13}$$

从式(1.13)中可以得出

$$p(A \wedge C) = P(C \wedge A) = P(A|C) \cdot p(C) = P(C|A)p(A) \tag{1.14}$$

相关系数表示变量之间的关系,对于每个变量 $x_i(i = 1,2,\cdots,d_1)$,计算其与所有其他变量(包括输出变量 $y_j(j = 1,2,\cdots,d_2)$)的相关系数 $\text{Corr}(x_i, y_j)$。以下是基于两个变量 x 和 y 各自的 n 个值,计算 x 和 y 之间的皮尔逊相关性的公式为

$$\text{Corr} = \frac{\text{SUM}_i((x_i - M_x)(y_i - M_y))}{[(n-1)\text{Std}_x \cdot \text{Std}_y]} \tag{1.15}$$

式中:M_x 和 M_y 为变量 x 和变量 y 的平均值;Std_x 和 Std_y 为它们各自的标准差。

(1) 衡量变量中携带的信息水平(价值/重要性)。

t 检验和 SNR 方法用于评估变量对区分不同类别样本的重要性。对于两类问题,变量 x 的 SNR 排名系数计算为:类别 1 的平均值 M_{1x} 与类别 2 的平均值 M_{2x} 的绝对差,除以各自的标准差之和,即

$$\text{SNR}\_x = \frac{\text{abs}(M_{1x} - M_{2x})}{(\text{Std}_{1x} + \text{Std}_{2x})} \tag{1.16}$$

类似地,公式也用于 t 检验,即

$$\text{Ttest}\_x = \frac{\text{abs}(M_{1x} - M_{2x})}{\sqrt{\dfrac{\text{Std}_{1x^2}}{N_1} + \dfrac{\text{Std}_{2x^2}}{N_2}}} \tag{1.17}$$

式中:N_1 和 N_2 分别为类别 1 和类别 2 的样本数。

(2) 数据从一个信息空间到另一个信息空间的转换。

携带演化过程信息的一组被测变量组成问题空间或信息空间,这些变量代表了空间维度。这些变量可用于在新的信息空间中创建另一组变量,该变量集合保留原始问题空间中的主要信息,但将空间的维数减少为较小的变量集合,最常见的两种转换是主成分分析和线性判别分析。

(3) 主成分分析(PCA)。

PCA 的目的是找到由变量 $X = \{x_1, x_2, \cdots, x_n\}$ 定义的问题空间 X 到另一个维

度更少的正交空间中的表示形式,该正交空间由另一组变量 $\mathbf{Z} = \{z_1, z_2, \cdots, z_m\}$ 表示,这样,来自原始空间的每个数据向量 x 都会投影到新空间的向量 z 中,从而原始空间 $\mathbf{X}$ 中的不同向量投影到新空间 $\mathbf{Z}$ 后,它们之间的距离将得到最大保留。

(4) 线性判别分析(LDA)。

LDA 是将分类数据从原始空间转换到新的 LDA 系数空间,LDA 系数空间有个目标函数,是使用类别标签保留样本之间的距离,来使样本在各个类别之间更加可分。

1.3 光和声

光和声音具有特别重要的意义,因为它们首先会影响人们对世界的感知,其次对它们的感知方式可以启发 SNN 架构和脑启发的 AI 来处理视觉和音频信息(第 12 章和第 13 章)。

光是一种重要的具有频率和能量的电磁波,图 1.7 显示了电磁波谱,其中一部分是可见光。

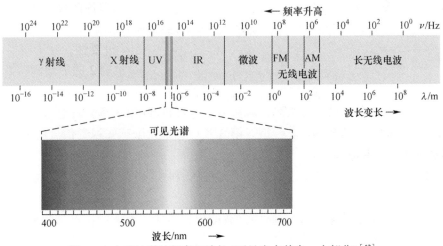

图 1.7　电磁波谱的频率和波长(可见光占其中一小部分)[43]

可见光的波长在红外线(波长较长)和紫外线(波长较短)之间,在 400～700nm 范围内,或 $(4.00 \sim 7.00) \times 10^{-7}$ m,该波长对应着 430～750THz 的频率范围。光速 299792458m/s 作为通用常数。

可见光的主要特性是:强度、传播方向、频率或波长谱、偏振、能量。

光具有以下两个特性。

(1) 波动性:电磁波以频率为特征。

(2) 粒子性:称为"光子",即从光传递的能量。

当白光照射物体或表面时,由于反射光具有不同的频率,不同像素处的反射光可能具有不同的亮度(图1.8),不同的亮度意味着到达我们视网膜的波频率不同。最亮的斑点将最早激活相应的细胞,然后它们将第一个信号(尖峰)发送到大脑,在第4~6章中描述的某些SNN模型中使用了此原理,称为等级排列编码(秩序编码)。

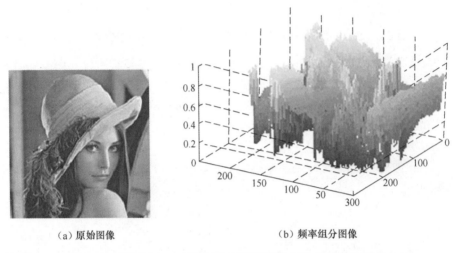

(a) 原始图像　　　　　　　　(b) 频率组分图像

图1.8　原始图片(a)被表示为不同强度的亮度,而亮度在图片(b)中表示为在这些像素处的不同频率的反射光

人脑将视觉信息感知为大脑区域激活的时空轨迹(第3章),计算机视觉的主题是创建处理视觉信息的计算模型。第3章讨论了人脑感知视觉信息的方式,并在第13章中有其应用。

本书第12章和第13章中的SNN是为视觉和音频信息处理以及它们的集成而开发的。

声音是压力下的振荡,在介质中以波的形式传播。声波的特点是频率、振幅、速度、方向。

人类可以感知的声音的频率为20~20000 Hz(图1.9)。

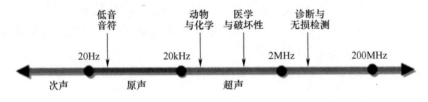

图1.9　一些声音频率及其近似范围(可用于不同用途)[43]

在空气中,声波的相应波长范围为17mm~17m。有时速度和方向会合并为速度矢量;波数和方向作为波矢量组合在一起,并且随时间变化的不同频率信号的功率表示为频谱(图1.10)。功率谱表示信号的频率及其功率,图1.10显示了图1.6中莫扎特音乐的频谱,表示频率的功率(y轴)随时间(x轴)变化的频谱时间数据。

第3章讨论了人脑感知声音的方式,并在第13章有其应用。

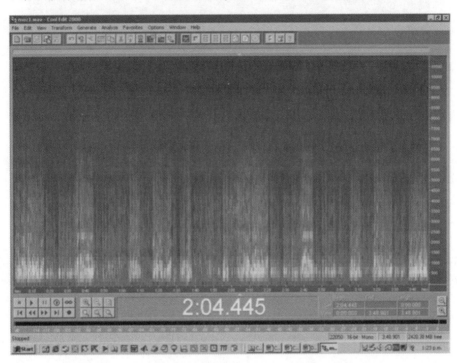

图1.10 图1.6中莫扎特音乐的频谱(表示频率的功率(y轴)随时间(x轴)变化的频谱时间数据)

1.4 时空和方向的演化过程

许多演化过程(除了上面讨论的光和声音)还以信号或波传播的方向(或取向)为特征,如脑信号的传播和地震信号的传播。

时空定向连接的深度学习轨迹是学习和回忆时在大脑中创建的,会在第3章中描述。第11章介绍了一种在fMRI(功能性磁共振图像)和DTI(扩散张量图像)数据的案例研究中,对时空和方向建模的方法(图1.11)。

地震发生之前,在一个地震中心测得的构造压力会在另一个地震中心测得,最

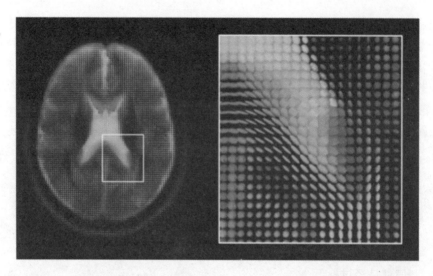

图1.11 来自DTI图像的方向信息(左图显示了单个受试者的DTI数据的轴向切片,该数据已记录到结构和MNI标准空间中;右图显示了右后胼胝体的特写,每种颜色对应的方向如下:红色-从左到右或从右到左;绿色-从前到后或从后到前;蓝色-从下到上或从上到下(参见第11章),见彩插)

终这些连锁反应表现为地震,检测地震数据的时空和变化方向可以实现更好的地震预测。图1.12显示了新西兰地震中心的地图以及这些地震数据变化方向的地

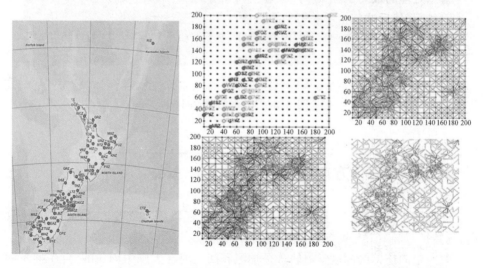

图1.12 地震发生之前在一个地震中心测得的构造压力,以及在另一个地震中心测得的压力(在另一个地震中心测得的压力,也就是连锁反应,在最终地点表现为地震。检测地震数据的变化方向可以实现更好的地震预测。左图显示了新西兰地震中心的地图。右图显示了在相应中心创建的地震变化方向图,这些图的边缘代表了大脑启发式SNN中深度学习的结果,即深度知识(第19章),见彩插)

图,作为本书第19章中的SNN绘制的图形边缘。SNN中的脉冲时间学习允许将数据变化的方向作为脉冲神经元之间的直接连接进行学习,从而显示哪个事件首先发生(神经元N_i脉冲),哪个事件之后发生(神经元N_j之后脉冲)。脉冲时间的学习规则,如STDP(脉冲时间依赖可塑性)、学习事件的时空和方向以及数据的变化,第4~6章中会进行讨论,并在本书的其他章节中将会有多个应用。

第19章还讨论了从时空和方向上来探测宇宙中称为"脉冲星"的物体的无线电信号,以及在时空和方向上对快速移动物体的识别。

1.5 从数据、信息到知识

- 一般而言,数据是原始实体,用数字、符号等表示,如36。
- 信息是经过标记、理解、解释的数据,如人体温度是36℃。
- 知识是人类的理解、我们做事的方式、不同情况下可解释的信息、通用信息。例如,如果人体温度在36~37℃之间,那么人体很可能处于健康状态。

本节介绍了一些表示演化过程的数据、信息和知识的基本方法,而1.6节则讨论了表示深度知识的方法,这些知识既可以由人类获得,也可以集成到计算机系统中。

信息处理的最终目标是创造知识,从自然界获取知识的过程是一个永无止境的连续过程,然后这些知识被用来理解自然以保护自然。从数据和信息到知识发现,再到知识回溯,这就是科学所关注的重点。如图1.13所示,建模演化过程需要一系列处理数据、信息和知识的步骤,举例如下。

(1) 搜索数据:观察现象;收集数据;存储数据。

(2) 分析数据并提取信息(如预处理数据、过滤、特征选择、可视化、标注数据)。

(3) 创建模型(学习、推理、验证)。

(4) 提取知识(创建/提取规则规律;使用知识进行推理-演绎-归纳)。

(5) 调整模型(容纳新数据和知识)。

通过观察演化过程来提取知识已有很长的历史。最初有一种学派认为,对自然的理解及其知识的表达和发声不会随时间而改变,亚里士多德也许是这个学派最著名的哲学家和百科全书学家。

亚里士多德(Aristoteles,公元前384—322年)是柏拉图的学生,也是亚历山大大帝的老师,他以最早引入形式逻辑而闻名,提出了演绎推理理论。

例如,所有人类都是凡人(即如果是人类,则是凡人)。

新事实:苏格拉底是人类。

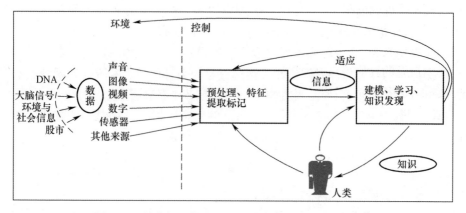

图 1.13　从数据和信息到通过计算建模的知识表示[42]

推论:苏格拉底是凡人。

亚里士多德基于对特定现象的研究提出了认识论,促进了跨科学领域的知识(规则、公式)的表达,如植物学、动物学、物理学、天文学、化学、气象学、心理学等,根据亚里士多德的说法,这种知识不应改变。在某些方面,亚里士多德通过简单的观察就推导"宇宙的一般定律"做得太过分了,并过度强调了原因和结论。也许因为他是文艺复兴时期和之后欧洲思想家最尊敬的哲学家,所以这些思想家与机构一起经常采取亚里士多德的错误认识,如定义妇女在社会中属于次等角色,这长期阻碍了科学和社会的进步。

在亚里士多德之后的许多年里,他提出的逻辑被进一步发展为逻辑系统和基于规则的系统,成为基于知识的系统和人工智能的基础。但这也是因为有很多对分析设备编程的先驱者存在,他的逻辑才有机会发展成为人工智能的基础。

第一个是杰出的英国数学家 Ada Lovelace(1815—1852),她不仅是第一位程序员,而且还被证明是第一个证明分析设备不仅可以用于处理数字,还可以用于处理符号的人。

基于符号表示,人们开发了几种知识表示以及推理理论和模型[6],比如:

- 关系和含义,如 $A\to$(映射)B。
- 命题(对/错)逻辑,如果(A 和 B)或 C 则 D。
- 布尔逻辑(George Boole)。
- 谓词逻辑:PROLOG。
- 概率逻辑:例如,贝叶斯公式:$p(A/C)) = p(C/A \cdot p(A)/p(C)$,其中 $p(A/C)$ 表示如果事件 C 已经发生,则事件 A 发生的条件概率。
- 基于规则的系统:专家系统,如 MYCIN[6]。

上述所有知识表示不能很好地处理事件的不确定性,人类的认知行为和推理并不总是基于准确的数字和固定的规则。1965 年,Lotfi Zadeh(1920—2018)提出了模糊逻辑,该模糊逻辑以语言表达的规则表示信息的不确定性和容忍度,他进一步提出了模糊规则,其中包含模糊命题和模糊推理。

模糊命题的真值可以在 true(1) 和 false(0) 之间。例如,如果时间为 4.9min,则"洗涤时间短"的命题在 0.8 的程度上正确,其中"短"用其隶属函数表示为模糊集,见图 1.14。

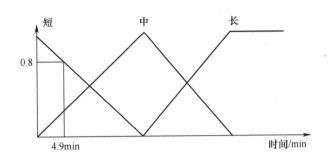

图 1.14　表示洗涤时间短、中和长的模糊术语的模糊集
(用于阐明和执行模糊规则,如果洗涤量小则洗涤时间短)

模糊规则可用于表示人类的知识和推理,如若洗涤量少,则洗涤时间短。

模糊推理系统根据输入数据和一组模糊规则来计算精确的输出,但是首先需要阐明模糊规则,它们需要通过学习来改变、适应、发展,以反映人类知识发展的方式,这就是在第 2 章中讨论的人工神经网络(ANN)所能做的。原则上,逻辑系统和规则虽然有用,但在某些情况下可能过于僵化,无法代表自然现象的不确定性和某些认知行为,它们通常难以表达,并且原则上不适应变化。在亚里士多德之后的 24 个世纪,人工神经网络可以使知识发现过程自动化,因为它可以从数据中学习并将其本质表示为规则。

通常将上面讨论的规则称为"统一规则",因为它们仅表示为特征"统一"向量的单个事件,并且在时空关系中没有定义一系列事件的时间或空间。

1.6　在时空下的深度学习和深度知识表示(怎么才算深度?)

1.6.1　在时空下定义深度知识

与 1.5 节中讨论的"统一规则"相反,此处介绍的深度知识表示的是事件在时空交互中的时空信息模式。构成这种模式的知识可以通过解释以更好地理解时空中的演化过程并预测未来事件。

不断学习时空数据,来捕捉"隐藏"在时空中的动态变化及其信息模式,并预测未来事件,一直以来都是一项基础的科学挑战。在这里称其为时空深度学习。受人脑深度学习能力的启发,在此介绍一种时空中的深度知识的概念。这也与从多模数据中概念形成有关。

先前已有在不同方面研究深度知识的概念[22-24]。在文献[23]中,深度知识定义为与根本含义和原理相关的知识;事实和与先验知识的感受的结合;具有普遍适用性的基础知识,如物理定律,可以与其他深层知识结合以将证据和结论联系起来……"。

在这里,以脑启发的计算方式在时空上定义了深层知识,这就是本书接下来的部分中所使用的定义。

让我们考虑一组事件 $E = \{E_1, E_2, \cdots, E_n\}$。每个事件 E_i 定义为

$$E_i = (F_i, S_i, T_i, P_i) \tag{1.18}$$

式中:F_i 为定义运算的函数;S_i 为函数运算的空间;T_i 为函数运算的时间;P_i 为函数运算发生的概率。

事件可能是变量值的简单变化(如增加到阈值以上),或者是复杂的认知过程(如阅读句子)或地震等。

时间可以是过去、现在或将来。

深度知识有几种表现形式。其中一种形式是通过以下所述的深层规则。

演化过程的事件 E_i 和 E_j 由相应的函数 F_i 和 F_j 表示,由空间位置 S_i 和 S_j 表示,由事件 T_i 和 T_j 的次数表示,由事件发生的概率 P_i 和 P_j 表示,也由事件之间关系(相关性)的强度 $W_{i,j}$ 来表示,即

$$W = \{W_{i,j}\} \quad i = 1, 2, \cdots, n; j = 1, 2, \cdots, n \tag{1.19}$$

一个事件的所有参数都可以用相应的隶属函数的明确值或模糊值表示(图1.14),例如:

① 位置在 S_i 附近;
② 时间约为 T_i;
③ 概率约为 P_i(参见文献[6,21]中的模糊概率);
④ 强度在 $W_{i,j}$ 附近;或者强度高。

下面给出一个表示为符合深层模糊规则的深层知识的假设示例。

$$\begin{cases} \text{IF}(\text{事件 } E_1: \text{函数 } F_1; \text{位置约为 } S_1; \text{时间约为 } T_1; \text{发生概率约为 } P_1) \\ \text{AND}(\text{强度为 } W_{1,2}) \\ (\text{事件 } E_2: \text{函数 } F_2; \text{位置约为 } S_2; \text{时间约为 } T_2; \text{发生概率约为 } P_2) \\ \text{AND}(\text{强度为 } W_{2,3}) \\ (\text{事件 } E_3: \text{函数 } F_3; \text{位置约为 } S_3; \text{时间约为 } T_3; \text{发生概率约为 } P_3) \\ \text{AND } \cdots \\ \cdots \\ (\text{事件 } E_n: \text{函数 } F_n; \text{位置约为 } S_n; \text{时间约为 } T_n; \text{发生概率约为 } P_n) \\ \text{THEN}(\text{从测得的演化过程中识别出信息模式 } Q; \text{可以用来预测未来的事件}) \end{cases} \quad (1.20\text{a})$$

上面的模糊规则可以用于识别事件、任务、过程 Q，即使仅输入新数据的部分匹配，而且这种模式是具有实用价值的。这就是大脑启发的原理。例如，作为对模糊刺激的明确反应，是稍有不同的神经元簇按各自稍有不同的时间序列激活的结果，其结果是一些明确的运动。

在部分情况下，没有使用任何模糊项，而是使用明确项。例如，以下的明确深度规则：

$$\begin{cases} \text{IF}(\text{事件 } E_1: \text{函数 } F_1; \text{位置 } S_1; \text{时间 } T_1; \text{发生概率 } P_1) \\ \text{AND}(\text{强度为 } W_{1,2}) \\ (\text{事件 } E_2: \text{函数 } F_2; \text{位置 } S_2; \text{时间 } T_2; \text{发生概率 } P_2) \\ \text{AND}(\text{强度为 } W_{2,3}) \\ (\text{事件 } E_3: \text{函数 } F_3; \text{位置 } S_3; \text{时间 } T_3; \text{发生概率 } P_3) \\ \text{AND } \cdots \\ \cdots \\ (\text{事件 } E_n: \text{函数 } F_n; \text{位置 } S_n; \text{时间 } T_n; \text{发生概率 } P_n) \\ \text{THEN}(\text{识别出任务/事件 } Q) \end{cases} \quad (1.20\text{b})$$

当精确到毫秒的时间尺度上从大脑中测得单神经元活动时，认为符合明确深度规则。

深度知识具有以下特征：

（1）它代表了多模式数据的信息模式，深度表现在时间（理论上不受限制）和空间（处理时空数据）；

（2）这种知识可适应于递增的、理论上"终生"的方式；

（3）这种知识不受限于固定结构；

（4）这种知识可以通过监督、无监督或半监督方式获得；

(5) 可以通过对这种知识进行解释,以更好地理解数据及其生成过程;
(6) 这种知识可用于早期、准确的未来事件预测。
深度知识是人脑一直学习和表现的知识。例如:
① 听或/和演奏音乐作品;
② 玩游戏;
③ 视觉感知;
④ 预测捕食者的运动;
⑤ 各种认知;
⑥ 做决定;
⑦ 意识;
⑧ 大脑所做的其他一切。

1.6.2 深度的理解

在人脑中获得的深层知识是通过大脑的时空活动中的数百个、甚至数十万个事件表现出来的,具体的事件次数取决于所选择的能够表示该知识的规模。就知识在时间维度上可以表示的深度而言,可以表现为一个月,或者是 100ms,甚至是 1ms。就知识在空间维度上表示的深度而言,可以表现为一个脑区,或者是一个小的神经元簇,甚至可以是一个单神经元。

这里可以定义深度知识表示的时间分辨率和空间分辨率。其他与时间和空间分辨率有关的定义包括知识的时间和空间深度。深度知识表示可以是什么样的呢?

就大脑数据而言,对于各种长度的脑信号,可以在毫秒级的时间分辨率下发现代表脑活动信息模式的深层知识。例如,5min 内事件总计为 300000(即 300000ms),或者对于 1s 内事件总计为 1000ms,或者对于 500ms 的时间分辨率,总计为 600 个事件,持续 5min。这就是深度知识的时间组分。知识的空间组分将由所测量的脑活动的空间分辨率和每次测量(如 EEG 通道或 fMRI 体素)覆盖区域的大小来定义。

聆听音乐(如 2min 的莫扎特乐章,见图 1.10),同时每毫秒记录一次脑电图活动,将获得 120000 个深度时-空形式的脑电活动事件。那么,学会演奏并连续演奏 4h 音乐作品且不看乐谱呢?这将涉及毫秒级分辨率的数千万次脑活动事件。这便是音乐家学习的深度知识表现。

就地震环境数据而言(图 1.5 和图 1.12),地震发生之前可以检测到的地震活动模式的深度知识,可以发现以 1s 的时间分辨率,地震发生前一年的总计 3153600 个时间点事件,或地震发生前 5h 的 1800 个事件,或地震发生前 1min 的 60 个事件。这是与地震风险相关的地震深度知识的时间组分。该知识的空间组分将由测得的地震活动的空间分辨率和每次测量(地震相关数据)所覆盖区域的大小来定义。

在相似时间、相似位置发生的事件组可以结合在一起,形成更大的知识"颗粒"(信息块),因此术语称为"深度知识粒度"(deep knowledge granularity)。

很难定义对于给定任务的最佳时空分辨率和模式的时空深度以及知识表示的粒度。这些参数随任务和问题的不同而变化,并且常常受到测得数据的限制,如同本书某些章节中所述的那样。

在第3章中给出了由于人脑的深度学习而产生的深度规则实例(取自测量大脑活动得到的数据)。本书的第6、8、10、13、18、19章和其他章节中,深层规则提取自使用时空数据进行深度训练的脑启发脉冲神经网络(SNN)。

1.6.3 本书中的深度知识表示示例

深度知识的一些元素可以体现在计算模型和系统中,本书介绍了其中一些,例如:

(1) 隐马尔可夫模型(1.7节);

(2) 代表大脑感知或认知活动的深部脑电图(EEG)和功能磁共振成像(fMRI)模型(第8~11章);

(3) 生物信息学和神经遗传学中的基因调控网络(第17章);

(4) 与个人笔画预测有关的深度个性化模型(第18章);

(5) 与生态事件有关的深度气候模型(第19章);

(6) 与地震事件有关的深度地质模型(第19章)。

1.7 演化过程的统计、计算建模

演化过程的计算建模旨在开发数学和计算模型,用以捕捉过程的动力学本质,并用以促进知识获取。

1.7.1 计算建模的统计学方法

这里是一些最受欢迎的方法,本书的其他章节中对这些方法的性能和基于SNN的新方法的性能进行比较分析。

隐马尔可夫模型(HMM)是用于对时间序列信号或一系列事件的时间结构建

模的技术。这是一种概率模式匹配方法,将一系列模式建模为随机过程的输出[25]。HMM 包含一条马尔可夫链。

$$P(q(t+1)|q(t),q(t-1),q(t-2),\cdots,q(t-n)) \approx P(q(t+1)|q(t)) \quad (1.20c)$$

式中：$q(t)$ 为状态 q 在 t 时刻的采样。

1. 多元线性回归方法

多元线性回归(MLR)的目的是在一组 p 个预测变量(X)和一个响应 y 之间建立定量关系。这种关系对以下情况有用：

(1) 了解哪些预测因素产生的影响最大；

(2) 了解效果的方向(即增加 x 会增加/减少 y)。

(3) 仅当某一时刻知道预测变量时,使用模型来预测响应的未来值。

线性模型采用以下常见形式,即

$$y = XA + b \quad (1.21)$$

式中：y 为观测值的 $n \times 1$ 向量；X 为回归系数的 $n \times p$ 矩阵；A 为参数的 $p \times 1$ 向量；b 为随机误差的 $n \times 1$ 向量。该问题的解是向量 A',用以估计参数的未知向量。

2. 支持向量机

这是由 Vapnik 引入的一种统计学习技术,该技术最初用于将数据从原始空间转换到高维空间,在高维空间中可以通过一组新的边界数据点来定义一个超平面,将数据划分为不同类(输出)[26-27]。这些高维空间中的边界数据点称为支持向量,如图 1.15 所示。

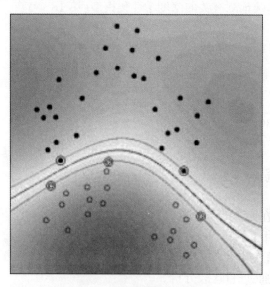

图 1.15 支持向量机的超平面

3. 评估计算模型的误差和准确性

一种方法是使用最小二乘解,以便用最小均方根误差(RMSE)来近似数据,即

$$\text{RMSE} = \text{SQRT SUM}\left(i = 1, 2, \cdots, n, \frac{(y_i - y_i')^2}{n}\right) \quad (1.22)$$

式中:y_i 为对应输入向量 x_i 数据集的期望值;y_i' 为通过相同的输入向量 x_i 建模获得的值;n 为数据集的样本(向量)数量。

另一种衡量误差的方法也用于评估回归模型的性能——无量纲误差指数(NDEI),为 RMSE 除以数据集的标准偏差,即

$$\text{NDEI} = \frac{\text{RMSE}}{\text{Std}} \quad (1.23)$$

衡量计算模型准确性的一种常用方法是求解曲线下的面积(AUC,也称为 ROC),见图 1.16,其中最佳值为 1.0,最差值为 0.5。

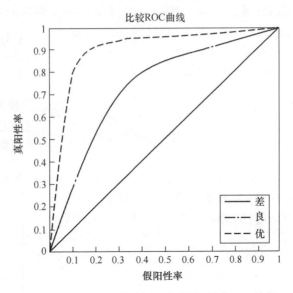

图 1.16　ROC 曲线用于测量计算模型的准确性(其中 1.0 最佳,0.5 最差)

1.7.2　全局、局部和转导("个性化")建模[28]

到目前为止,在人工智能中开发和实施的大多数学习模型和系统都是基于归纳推理方法的,其中从表示问题空间的数据中得出模型(函数),然后将该模型进一步应用于新数据。创建这种模型时,通常不考虑有关特定新数据向量(测试数据)的任何信息。通过测量误差以估计新数据适应模型的程度。

在大多数情况下,这种模型都是全局模型,覆盖整个问题空间。这样的模型如

回归函数、一些 ANN 模型以及一些支持向量机(SVM)模型——取决于所使用的内核函数。如果不使用那些用于导出模型的旧数据,则很难在新数据上更新这些模型。创建对整个问题空间都有效的全局模型(函数)是一项艰巨的任务,并且在大多数情况下没有必要。

一些全局模型可能包含许多局部模型,这些模型共同覆盖了整个空间,并且可以根据新数据进行增量调整。基于一个或几个相邻的局部模型来计算新向量的输出。这样的系统有演化连通系统(ECOS),如演化模糊神经网络 EFuNN 和 DENFIS (见第 2 章)。

与归纳学习和推理方法相比,转导推理方法仅利用与空间中单点(新数据向量)有关的附加信息来估计的潜在模型(函数)的值[26]。这种方法似乎更适合临床和医学应用的学习系统,因为在那些学习系统中,重点不在模型上,而在于每个患者。每个单独的数据向量(如医疗领域中的患者、用于预测时间序列的未来时刻或者用于预测股票指数的目标日期)可能需要的是一个最适应新数据的局部模型,而不是一个全局模型。在后一种情况下,将新数据匹配到模型中,而在创建模型时不考虑有关此数据的任何特定信息。

转导推理仅与空间中单点的函数估计有关。对于需要进行处理以实现预后的新输入向量 x_i,从一个现有数据集 D 中选取 N_i 个近邻,或如有必要从一个现有模型 M 中生成 N_i 个近邻,形成子数据集 D_i。从这些样本动态创建一个新模型 M_i 个近邻,以近似点 x_i 近邻处的函数。随后,该系统可以用于计算该输入矢量 x_i 的输出值 y_i。

一种简单的转导推理方法是 k 近邻(K-NN)算法。在 K-NN 算法中,将新矢量 x_i 的输出值 y_i 计算为来自数据集 D_i 的 k 个最近样本的输出值的平均值。在加权 K-NN(WKNN)方法中,输出 y_i 是根据 N_i 个最近邻样本与 x_i 的距离来计算的,即

$$y_i = \frac{\sum_{j=1}^{N_i} w_j y_j}{\sum_{j=1}^{N_i} w_j} \tag{1.24}$$

式中:y_j 为 D_i 中的样本 x_i 的输出值,w_j 是对应 y_j 的权重,即

$$w_j = \frac{\max(\boldsymbol{d}) - [d_j - \min(\boldsymbol{d})]}{\max(\boldsymbol{d})} \tag{1.25}$$

式中:向量 $\boldsymbol{d} = [d_1, d_2, \cdots, d_{N_i}]$ 定义为当 $j = 1 \sim N_i$ 时,新输入向量 x_i 与 N_i 最近邻 x_j 之间的距离;$\max(\boldsymbol{d})$ 和 $\min(\boldsymbol{d})$ 分别为 $\boldsymbol{d}$ 中的最大值和最小值;权重 w_j 的值介于 $\min(\boldsymbol{d})/\max(\boldsymbol{d})$ 和 1 之间;与新输入向量的距离最小的样本的权重值为 1,距离最大的样本权重值为 $\min(\boldsymbol{d})/\max(\boldsymbol{d})$。

距离通常以欧几里得距离来计算,即

$$\|x-y\| = \left[\frac{1}{P}\sum_{j=1}^{P}|x_i-y_i|^2\right]^{\frac{1}{2}} \tag{1.26}$$

距离也可以皮尔逊相关距离、汉明距离、余弦距离等来计算[27]。

WWKNN:加权样本,加权变量 K-NN[28]。

在上述的 WKNN 中,新输入向量的计算输出不仅取决于其相邻向量的数量及其输出值(类标签)(与 KNN 方法相同),还取决于这些向量与新向量之间的距离表示的权重向量(W)。这里假设,选取了所有 v 个输入变量,并且在 v 维欧几里得空间中计算了距离,而所有变量对输出变量具有相同的权重。

然而,根据变量的分类能力在整个 v 维空间上进行排序,可以看到不同的变量对于将样本从不同类别中分离出来具有不同的重要性,因而对分类模型的性能具有不同的影响。如果在问题空间的子空间(局部空间)中测量相同变量的分类能力,则变量可能会有不同的排序。

在计算新输入向量的输出时,使用 K 个近邻向量的分类能力对变量进行排序,是 WWKNN 算法的主要思想[28],其中还包括一个权重向量以权衡权重的重要性。新向量 x_i 与相邻向量 x_j 之间的欧几里得距离 d_j 计算为

$$d_j = \text{SQR}[\text{SUM}l=1 \sim v(c_{i,l}(x_{i,l}-x_{j,l}))\text{SQ2}] \tag{1.27}$$

式中:SQR 表示平方根;SQ 表示正方形;SUM 表示求和函数;$c_{i,l}$ 是 x_i 近邻中变量 x_l 的权重系数。可以使用信噪比(SNR)进行计算 $C_i=(c_{i,1};c_{i,2};\cdots;c_{i,v})$,信噪比方法是将 N_i 的邻集 D_i 中的所有向量对每个变量进行排名:

$$c_{i,l} = \frac{S_l}{\text{SUM}(S_l)}, \quad l=1,2,\cdots,v \tag{1.28}$$

$$S_l = \text{abs}(M_l(\text{class }1) - M_l(\text{class }2)) / (\text{Std}_l(\text{class }1) + \text{Std}_l(\text{class }2)) \tag{1.29}$$

此处,$M_l(\text{class }1)$ 和 $\text{Std}_l(\text{class }1)$ 分别是 D_i 中所有属于 1 类的向量的变量 x_l 平均值和标准偏差。

与 WKNN 算法相比,WWKNN 算法中的创新是一种新的距离度量,该度量根据其作为邻域 D_i 中的判别因子的重要性对所有变量进行加权。

使用 WWKNN 算法,对于表示新的"个性化"知识的任何新输入向量,可以得出变量的重要的"个性化"特征。在文献[29]中,个性化模型中的加权变量可以应用于 TWNFI 模型中(转导加权神经模糊推理)。

关于转导学习和推理,仍存在一些未解决的问题。例如,如何选择一个邻域中的最优向量数和最优变量数,而这个问题的答案对于不同的新向量可能会有所不同[30]。

1.7.3 模型验证

当基于数据集 S 构建机器学习模型时,需要对其泛化能力进行验证;泛化能力就是在新的、未被训练过的数据样本上产生良好结果的能力。以下是几种可以验证模型的方法。

(1) 训练/测试数据分离。将数据集 S 分为两组:S_{tr} 用于训练;S_{ts} 用于模型测试。

(2) N 倍交叉验证(如 3、5、10 倍)。在这种情况下,数据集 S 被随机分为 k 个子集 S_1、S_2、$\cdots$、S_k,模型 $M_i(i = 1, 2, \cdots, k)$ 在数据集 $S-S_i$ 上创建并在数据集 S_i 上进行测试;同时还需计算所有 k 个试验的平均准确度。

(3) 留一法交叉验证(可以视为上述方法的部分情况,其中将数据集 S 拆分 N 次,每个子集中只有一个样本)。

对于特征选择、模型创建和模型验证的整个任务,上述方法可以通过以下两种不同方式应用。

(1) "偏差"方式。使用基于过滤的方法从整个集合 S 中选择特征,然后在所选特征上创建并验证模型。

(2) "无偏"方式。对于交叉验证过程中的每个数据子集 S_i,首先,在从集合 S 中移除特征 S_i 之后,从集合 S 中选择特征 F_i(使用上述某些方法,如 SNR);然后,基于特征集 F_i 创建模型;使用特征 F_i 在 S_i 上验证模型 M_i。

1.8 脑启发的人工智能

人工智能(AI)是跨学科信息科学领域的一部分,该领域发展和应用了表现为认知行为的方法和系统[31-39]。

AI 的主要特点如下。

(1) 学习能力。
(2) 适应性。
(3) 通用性。
(4) 归纳和演绎推理。
(5) 类似于人的交流。

当前正在开发更多功能如下。

(1) 意识。
(2) 自组装。

（3）自我复制。

（4）AI社交网络。

马文·明斯基（Marvin Minsky）（1961）将"人工智能"解释为能够执行以下操作的计算机系统[40]：搜索、模式识别、学习、规划、归纳推理。

在文献[41]中，AI被定义为能够展现出人类智力的计算机系统。这是一组与基于输入执行智能操作的机器创造有关的科学领域和技术。而且在文献[41]中，AI也被定义为"……先进的数字技术，使机器能够重现或超越人类展现的智能。这包括使机器能够学习、适应、感知、交互、推理、规划、优化过程和参数、自主操作、具有创造力并从大量数据中获取知识的技术……"。

人工智能中有一个趋势是人工通用智能（AGI），认为机器将能够执行人类可以执行的任何智力任务。

人工智能的另一趋势被称为技术奇点。这种趋势认为，机器将变得超级智能，可以从人类手中接管主权并自行发展；一旦超过这一奇点，目前形式的人类社会可能会瓦解，最终可能导致人类的灭亡。

斯蒂芬·霍金（Stephen Hawking）（1942—2018）评论说："我认为生物大脑可以实现的与计算机可以实现的之间没有真正的区别。AI将能够以越来越高的速度重新设计自己。而缓慢的生物演化将限制人类，使之无法与AI竞争并可能被AI所取代。人工智能可能是人类有史以来最好或最坏的事情……"。

人工智能的新趋势正是本书所阐述的脑启发人工智能（BI-AI）。BI-AI系统运用人脑中的深度学习原理来揭示深度知识，并使机器能够表现出认知功能。

脑启发人工智能系统采用人脑的结构和方法来智能学习时空数据。BI-AI系统有6个主要特点。

（1）它们的结构和功能受到人脑的启发；它们由位于空间上的神经元组成，这些神经元通过交换脉冲信息在时空中通过深度学习在它们之间建立联系；它们是由脉冲神经网络（SNN）构建的，正如在第4章到第6章中所解释的那样。

（2）脑启发人工智能系统受大脑启发，不仅可以实现深度学习，而且可以在时空中实现深度知识表示。

（3）可以表现出认知行为。

（4）它们可以用于人与机器之间的知识转移，作为创造人与机器共生的基础，最终形成本书第22章所讨论的人类智能与人工智能（HI+AI）的融合。

（5）脑启发人工智能系统是一种通用的数据学习机，在处理时空数据方面优于传统的机器学习技术。

（6）脑启发人工智能系统可以帮助我们了解、保护和治疗人脑。

专栏1.1进一步阐述了上述主要特征，并列出了本书各章中介绍和展示的BI-AI的20个特征。其中一些尚处于开发的初期阶段，将来还会有更多的预期。

专栏 1.1 BI-AI 系统的 20 个结构、功能和认知特征

1. 结构特征

(1) 系统的结构和组织遵循人类大脑的结构和组织,如通过运用 3D 大脑模板。
(2) 输入数据和信息在系统中被编码和处理为随着时间产生的脉冲。
(3) 系统由一个由脉冲神经元和连接构成 SNN。
(4) 系统是可扩展的,从数百个到数十亿个神经元以及数万亿个连接。
(5) 输入信息在空间上映射到 3D 系统结构中。
(6) 输出信息也表现为脉冲序列。

2. 功能特征

(1) 系统以高度并行模式运行,可能所有神经元都并行运行。
(2) 系统可以在各种计算平台上实现,但在神经形态、高度并行的平台和量子计算机(如果有)上可以更高效地实现。
(3) 自组织的无监督、有监督和半监督的深度学习是使用脑启发脉冲–时间学习规则进行的。
(4) 所学的时空模式就是深度知识表示。
(5) 系统以快速、增量和预测性学习模式运行。
(6) 不同的时间范围,如纳秒、毫秒、分钟、小时、天、数百万年(如遗传学)可以表示出来,可能以它们的积分表示。
(7) 系统可以按照图 1.1 的所有功能级别处理多模数据(如量子、遗传、神经元、神经元团等),可能以它们的积分表示。

3. 认知特征

(1) 系统可以用自然语言与人交流。
(2) 系统可以通过自查其结构和功能来进行抽象和发现新知识(如规则)。
(3) 系统可以处理人脑处理的各种感觉信息,包括视觉、听觉、感觉、嗅觉、味觉,如果有必要以它们的积分表示。
(4) 系统可以处理潜意识和有意识的刺激。
(5) 系统可以识别并表达情绪和意识。
(6) 可以使用脑信号和其他相关信息,如视觉等,在人与机器之间传递深度知识。
(7) BI-AI 系统可以形成团体,在彼此之间以及人类之间进行交流,从而实现人与机器之间的结构性共生。

在本书中,将讨论并证明 BI-AI 系统如果得到适当开发和运用,将会对人类活动和科技的各个领域带来巨大的技术进步,举例如下。

(1) 早期疾病诊断和疾病预防(第 18 章)。
(2) 家庭和老年人的陪伴机器人(第 8、14 章)。
(3) 增强决策支持和生产力(第 20 章)。
(4) 增强人类智力和创造力(第 12、13、22 章)。
(5) 改善生活和延长寿命(第 17、18 章);

(6) 预测和预防危险事件(第19章);
(7) 其他。
本书中展开说明上述的部分应用。

1.9 本章小结和深度知识的补充材料

本章讨论了时空演化过程的基础知识,以及建模和获取深度知识的一些挑战。本章中所介绍的方法和概念都将在本书的其他章节中作为基础知识进行使用。有关深度知识的更多信息,可参见文献[17,42]。

随着大规模采集了跨所有科学技术和社会领域的数据,从数据出发,进行机器学习以创建模型并归纳规则和知识很有必要,随之而来的是建立作为机器学习主要技术的人工神经网络,该技术借鉴了一些大脑的信息处理和学习的基本原理(第2章)。

然而,人脑以深度学习的方式学习数据,并通过从中获取深度知识来理解演化过程(第3章)。第4~7章中讨论了如何将脑的深度学习过程用于创建脑启发的脉冲神经网络系统。第8~19章中介绍了如何使用脉冲神经网络建立脑启发人工智能的应用程序系统。第20~22章展示了一些关于脉冲神经网络和脑启发人工智能的新研究方向。

关于这个主题的更多建议读物,包括:
(1) 亚里士多德的认识论[18-19];
(2) 模糊逻辑[20-21];
(3) 隐马尔可夫模型[25];
(4) 统计学习理论[26-27];
(5) 神经模糊系统[6,28-30]。

在文献[42]中,作者表达了自己的观点:在未来20年左右的时间里,人工智能将成为一种通用工具,也许就像现在的电子表格一样,但是科学家和技术人员必须付出努力才能实现这一目标。

致谢

本章中的一些内容首次在作者的相关文献[6, 9, 30]中出版。

参考文献

[1] 1. Stephen Hawking, *A Brief History of Time* (Bantam Books, NY, 1990)

[2] A. Einstein, *Ideas and Opinions* (Wings Books, NY, 1954)

[3] C. Darwin, *On the Origin of Species by Means of Natural Selection, or the Preservation of Favored Races in the Struggle for Life*, 1st edn. (John Murray, London, 1859), p. 502

[4] C. Darwin, *On the Origin of Species by Means of Natural Selection, or the Preservation of Favored Races in the Struggle for Life*, 2nd edn. (John Murray, London, 1860)

[5] J.H. Holland, *Adaptation in Natural and Artificial Systems*, 2nd edn. (MIT Press, Cambridge, MA, 1992) (1st edn., University of Michigan Press, 1975)

[6] N.K. Kasabov, *Foundations of Neural Networks, Fuzzy Systems and Knowledge Engineering* (MIT Press, Cambridge, MA, USA, 1996)

[7] G. Carpenter, S. Grossberg, *Adaptive Resonance Theory* (MIT Press, 2017)

[8] R. Penrose, *The Emperors New Mind* (Oxford University Press, 1989)

[9] N. Kasabov (ed.), *Springer Handbook of Bio-/Neuroinformatics* (Springer, 2014)

[10] R. Dawkins, *The Selfish Gene* (Oxford University Press, 1989)

[11] D. Hebb, *The Organization of Behavior* (Wiley, New York, 1949)

[12] D.E. Goldberg, *Genetic Algorithms in Search, Optimization and Machine Learning* (Addison Wesley, 1989)

[13] Abraham et al., Insect biochem. Mol. Biol. **23**(8), 905–912 (1993)

[14] J. Gleick, *Chaos Making A New Science* (Viking Books, USA, 1987), p. 1987

[15] O. Barndorff-Nielsen et al., *Chaos and Networks: Statistical and Probabilistic Aspects* (Chapman & Hall, London, New York, 1993), p. 1993

[16] F.C. Hoppensteadt, Intermittent chaos, self organizing and learning from synchronous synaptic activity in model neuron networks. Proc. Natl. Acad. Sci. USA **86**, 2991–2995 (1989)

[17] Protein Database, https://www.ncbi.nlm.nih.gov/protein

[18] J. Ferguson, *Aristotle* (Twayne Publishers, New York, 1972)

[19] J. De Groot, *Aristotle's Empiricism: Experience and Mechanics in the 4th Century BC* (Parmenides Publishing, 2014). ISBN 978-1-930972-83-4

[20] L.A. Zadeh, Fuzzy sets. Inf. Control **3**(8), 338–353 (1965)

[21] L.A. Zadeh, Fuzzy logic. IEEE Comput. **4**(21), 83–93 (1988)

[22] B. Chandrasekaran, S. Mittal, Deep versus compiled knowledge approaches to diagnostic problem-solving. Int. J. Man Mach. Stud. **19**(2), 425–436 (1983). https://doi.org/10.1016/S0020-7373(83)80064-9

[23] P.L. Rogers, G.A. Berg, J.V. Boettcher, C. Howard, L. Justice, K.D. Schenk, *Encyclopedia of Distance Learning*, vol. 4 (IGI Global, 2009)

[24] A. Bennet, D. Bennet, *Knowledge-Based Development for Cities and Societies: Integrated Multi-Level Approaches* (IGI Global, 2010), https://doi.org/10.4018/978-1-61520-721-3.ch009

[25] L.R. Rabiner, A tutorial on hidden Markov models and selected applications in speech recognition. Proc. IEEE **77**(2), 257–285 (1989)

[26] V.N. Vapnik, *Statistical Learning Theory* (Wiley, New York, 1998), p. 1998

[27] V. Cherkassky, F. Mulier, *Learning from Data: Concepts, Theory, and Methods* (Wiley, New York, 1998), p. 1998

[28] N. Kasabov, Adaptation and Interaction in dynamical systems: modelling and rule discovery through evolving connectionist systems. Appl. Soft Comput. **6**(3), 307–322 (2006)

[29] Q. Song, N. Kasabov, NFI: a neuro-fuzzy inference method for transductive reasoning. IEEE Trans. Fuzzy Syst. **13**(6), 799–808 (2005)

[30] N. Kasabov (2007) *Evolving Connectionist Systems: The Knowledge Engineering Approach*, 2nd ed. (Springer, London, 2007)

[31] D. Dennett, *From Bacteria to Bach and Back. The Evolution of Minds* (W. W. Norton & Co., 2017)

[32] S. Russell, P. Norvig, *Artificial Intelligence: A Modern Approach*, 3rd edn. (Upper Saddle River, NJ, Prentice Hall, 2009)

[33] N. J. Nilsson, *The Quest for Artificial Intelligence: A History of Ideas and Achievements* (Cambridge University Press, Cambridge, UK, 2010)

[34] P. McCorduck, *Machines Who Think: A Personal Inquiry into the History and Prospects of Artificial Intelligence*, 2nd edn. (Natick, MA, 2004)

[35] N. Bostrom, V.C. Millar, Future progress in artificial intelligence: a survey of expert opinion, in *Fundamental Issues of Artificial Intelligence*, ed. by V.C. Muller (Springer, Synthese Library, Berlin, 2016), p. 553

[36] J.H. Andreae (ed.), *Man-Machine Studies*. ISSN 0110 1188, nos. UC-DSE/4 and 5 (1974)

[37] J.H. Andreae: *Thinking with the Teachable Machine* (Academic Press, 1977)

[38] R.S. Sutton, A.G. Barto, *Reinforcement Learning* (MIT Press, Barto, 1998)

[39] A. Clark, *Surfing Uncertainty* (Oxford University Press, 2016)

[40] M. Minski, Steps toward artificial intelligence. Proc. IRE **49**, 8–30 (1961)

[41] The New Zealand AI Forum, http://aiforum.org.nz

[42] The AUT AI Initiative, http://www.aut.ac.nz/aii

[43] Wikipedia, http://www.wikipedia.org

第2章
人工神经网络-演化的连接主义系统

古典人工神经网络(ANN)的开发是为了从数据中学习。作者进一步开发了演化的连接主义系统(ECOS),其他研究者采用了该方法,不仅以自适应的增量方式从测量进化过程的数据中学习,而且从经过训练的系统中提取规则和知识。两种方法最初都是受大脑学习的某些原理启发,但后来主要发展为机器学习以及AI工具和技术,具有更广泛的应用范围。在本书的其他章节中讨论了SNN,在深度学习系统和受大脑启发的AI的开发过程中,使用了ANN和ECOS的许多体系结构和学习方法。

2.1 古典人工神经网络——SOM、MLP、CNN 和 RNN

人工神经网络是模仿神经系统的主要功能——自适应学习和泛化的计算模型。人工神经网络是通用的计算模型。最流行的人工神经元模型之一是1943年开发的 McCulloch 和 Pitts 神经元。它被用于早期的人工神经网络,如 Rosenblatt 的 Perceptron[1] 和多层 Perceptron [2-5]。图 2.1 给出一个简单的例子。

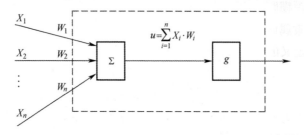

图 2.1　一个简单的人工神经元结构

至今,科学家们已经开发了各种类型的 ANN 架构和学习算法。举例如下:
(1) 自组织映射(SOM)和无监督学习算法[6-8];
(2) 多层感知器(MLP)和反向传播监督学习算法[3-5];
(3) 自适应共振理论(ART)[9];

(4) 递归人工神经网络和强化学习[10];

(5) 卷积和深度学习人工神经网络[11-13]。

本节介绍了 ANN 的一些经典模型,它们还影响了本书其他各章中介绍的类脑脉冲(尖峰)神经网络(SNN)和受脑启发的 AI 技术的开发。

2.1.1 神经网络中的无监督学习-自组织映射

自组织映射(SOM)无监督学习与数据中的查找结构有关,包括以下技术。

(1) 数据聚类。

(2) 矢量量化。

查找数据结构时要应用的一项基本技术是测量数据向量(数据样本)之间的距离(或相似度)。在所有统计和 ANN 学习方法中,测量距离(或相似性)是一个基本问题。以下是一些最常用的距离测量方法,在 2 个 n 维数据向量上进行了说明, $x = (x_1, x_2, \cdots, x_n)$, $y = (y_1, y_2, \cdots, y_n)$。

(3) 欧式距离,即

$$D(\boldsymbol{x},\boldsymbol{y}) = \sqrt{\left[\left(\sum_{i=1,2,\cdots,n}\frac{(x_i-y_i)^2}{n}\right)\right]} \tag{2.1}$$

(4) 汉明距离(针对二进制向量),即

$$D(\boldsymbol{x},\boldsymbol{y}) = \left(\sum_{i=1,2,\cdots,n}\frac{|x_i-y_i|}{n}\right) \tag{2.2}$$

在计算两个向量的绝对距离时使用。

(5) 局部模糊归一化距离[14-17]。

两个模糊隶属向量 $\boldsymbol{x}_f$ 和 $\boldsymbol{y}_f$ 之间的局部归一化模糊距离表示两个实向量数据 $\boldsymbol{x}$ 和 $\boldsymbol{y}$ 属于预先定义的模糊隶属度函数的隶属度,计算公式为

$$D(\boldsymbol{x},\boldsymbol{y}) = \frac{\|\boldsymbol{x}_f - \boldsymbol{y}_f\|}{\|\boldsymbol{x}_f + \boldsymbol{y}_f\|} \tag{2.3}$$

式中: $\|\boldsymbol{x}_f - \boldsymbol{y}_f\|$ 为一个向量的所有绝对值的总和,该值是在两个模糊成员值向量 $\boldsymbol{x}_f$ 和 $\boldsymbol{y}_f$ 的向量相减后得出的。

(6) 余弦距离,即

$$D = 1 - \text{SUM}\left(\frac{\sqrt{x_i y_i}}{\sqrt{x_i^2}\sqrt{y_i^2}}\right) \tag{2.4}$$

(7) 相关距离,即

$$D = 1 - \frac{\sum_{i=1}^{n}(x_i - \overline{x_i})(y_i - \overline{y_i})}{\sum_{i=1}^{n}(x_i - \overline{x_i})^2(y_i - \overline{y_i})^2} \qquad (2.5)$$

式中：$\overline{x_i}$ 为 x_i 的均值。

许多无监督的学习神经网络方法都是基于输入数据的聚类。聚类是基于相似性定义如何将数据分组在一起的过程。聚类产生以下结果。

聚类中心：这些是分组在一起的数据的几何中心；它们的数量可以是预先定义的（批处理模式聚类），也可以不是先验的，而是不断发展的。

成员资格值，为每个数据向量定义其所属的集群。它可以是清晰的值 1（向量属于一个簇），也可以是 0（不属于簇）（在 K-Means 方法中），也可以是 0~1 之间的模糊值，表示归属级别——在这种情况下，群集可能会重叠（模糊群集）。

1. 自组织映射（SOM）

在这里，首先概述了传统的 SOM 原理，然后介绍了一些允许动态、自适应节点创建的修改。

自组织映射属于矢量量化方法，是在尺寸为 l 的原型（特征）空间（图）中找到原型，而不是在尺寸为 d 的输入空间中找到，$l<d$。在 Kohonen 的自组织特征图[7-8,18-19]中，新空间是 1D、2D、3D 或更多维的拓扑图（图 2.2）。

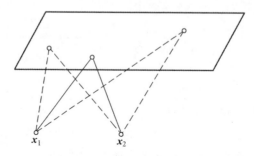

图 2.2　2 个输入神经元和 2D 输出拓扑图的简单 SOM 架构示例[17,20]

2. SOM 中学习的主要原理

（1）每个输出神经元都在训练过程中专门对来自一组（簇）输入数据的相似输入向量做出反应。SOM 的这一特征在生物学上似乎是合理的，因为一些证据表明，大脑被组织成与相似的感觉刺激相对应的区域。SOM 能够从多维基本信号中提取抽象信息，并将其表示为在 1D、2D 和 3D 空间中的一个位置。

（2）输出层中的神经元是竞争性神经元。引入相邻神经元之间的横向交互作用，使神经元在一定半径范围内与其自身具有很强的兴奋性连接，而与其相邻神经元之间的兴奋性连接较少。超出该区域，神经元要么通过抑制性连接来抑制其他神经元的激活,要么不对其产生影响。实现上述策略的一种可能的相邻规则是所谓的"墨西哥帽"规则。通常,这是"赢者通吃"的方案,在输入向量后,只有一个神经元是赢家,并且输出神经元之间发生了竞争。被激发的神经元代表输入矢量所属的类、组(集群)、标签或特征。

(3) SOM 将来自输入空间的输入矢量之间的相似性转换或保留为输出空间中神经元的拓扑接近度,表示为拓扑图。类似的输入矢量由输出空间中的近点(神经元)表示。示例在图 2.3 中给出。

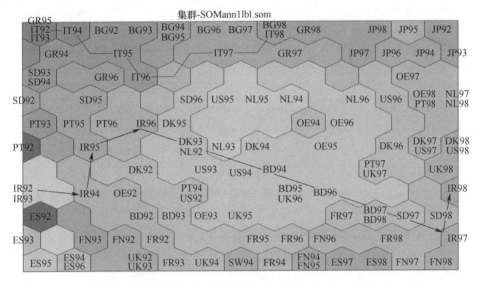

图 2.3 以欧洲国家的宏观经济年度数据为基础训练的 SOM 拓扑图的示例
(经济参数相似的国家聚集在一起。在地图上可以追溯到爱尔兰经济发展的变化趋势)[17]

专栏 2.1 概述了 Teuvo Kohonen 提出的用于训练 SOM 的无监督算法。在提出每个输入模式后,将确定获胜者,并增加其邻域 N_t 中的连接权重,而保持该区域外部的连接权重不变。α 是学习参数。训练是通过多次训练迭代完成的,因此在每次迭代中,整个输入数据集将通过 SOM 传播并调整连接权重。

SOM 学习统计功能。突触权重矢量倾向于以有序的方式近似输入矢量的密度函数。突触矢量 w_j 指数收敛到模式组的中心,并且输出图的节点在某种程度上表示输入数据的分布。权重向量也称为参考向量或参考码本向量。整个权重向量空间称为参考码本。

在 SOM 中,原型节点的拓扑顺序是预先确定的,学习过程是将有序节点(按输出节点对输入变量的连接权重)"拖动"到低维特征图中的适当位置。由于原始输入歧管可能很复杂,并且其固有尺寸大于特征图的尺寸(通常出于可视化目的而设置为 2),因此 SOM 中的维度降低可能不适用于复杂的数据分析任务。

> **专栏2.1** 自组织映射SOM训练算法
>
> K0 对每个输出map中的j,为初始权重向量$\mathbf{w}_j(t=0)$分配小的随机数。
> K1 在连续时间t应用向量$\mathbf{x}$。
> K2 对每个神经元j计算$\mathbf{x}$和权重向量$\mathbf{w}_j(t)$之间的n维距离。欧几里得距离计算如下:
> $d_j = \text{sqrt}((\sum(x_i - w_{ij})^2))$。
> K3 距离$\mathbf{x}$最近的神经元k被标记为胜利者;在领域N_t中,它变成了中心。
> K4 在领域内改变权重向量:
> 如果$j \in N_t, \mathbf{w}_j(t+1) = \mathbf{w}_j(t) + \partial(\mathbf{x} - \mathbf{w}_i(t))$
> 否则 $\mathbf{w}_j(t+1) = \mathbf{w}_j(t)$
> 在所有训练实例中,不断循环K1~K4并随时间递减。在同一个训练实例中,重复同样的过程直到其收敛。

SOM的一些原理(如拓扑映射)已在不断发展的SOM(本章的后续部分)中使用且得到进一步发展,并在一定程度上以脑启发性的SNN进行了讨论(如第6章所述)。

2.1.2 人工神经网络的监督学习-多层感知器及其反向传播算法

用于监督学习的连接主义系统从数据对$(\mathbf{x},\mathbf{y})$中学习,其中对于输入向量$\mathbf{x}$已知所需的输出向量$\mathbf{y}$。如果模型是增量自适应的,则新数据将用于增量的自适应系统的结构和功能。如果对系统进行增量训练,则来自输入流的新的一个或多个输入向量上的泛化误差在这里称为局部增量自适应泛化误差。例如,当输入向量为$\mathbf{x}(t)$且系统输出向量计算的值为$\mathbf{y}(t)'$时,在t时刻的局部增量自适应泛化误差表示为$\text{Err}(t) = \|y(t) - y(t)'\|^2$。

局部增量自适应均方根误差和局部增量自适应无量纲误差指标$\text{LNDEI}(t)$可以在每个时刻t计算为

$$\text{LRMSE}(t) = \sqrt{\sum_{i=1,2,\cdots,t} \frac{(\text{Err}(i)^2)}{t}} \tag{2.6}$$

$$\text{LNDEI}(t) = \text{LRMSE}(t)/\text{std}(y(1):y(t)) \tag{2.7}$$

式中: $\text{std}(y(1):y(t))$是从时间单位1到时间单位t的输出数据点的标准偏差。

在一般情况下,对全局均方根误差(RMSE)和无量纲误差指数的评估是根据问题空间中的一组p个新的(未来的)测试示例进行的,即

$$\text{RMSE} = \sqrt{\frac{\sum_{i=1,2,\cdots,p} ((y_i - y'_i)^2)}{p}} \tag{2.8}$$

$$\text{NDEI} = \frac{\text{RMSE}}{\text{std}}(y_1:y_p) \tag{2.9}$$

式中：$\text{std}(y_1:y_p)$ 为测试集中数据从 1 到 p 的标准偏差。

在整个问题空间 Z 的足够大且具有代表性的部分上演化了一个系统之后，与离线批处理模式学习错误类似，它的全局泛化错误预计会变小。

经过反向传播算法(BP)训练的多层感知器(MLP)在增量自适应(促成模式)训练和批处理模式训练中均使用全局优化功能[2, 4-5]。MLP 的批处理模式脱机训练是一种典型的学习方法。图 2.4 和图 2.5 描绘了典型的 MLP 体系结构，专栏 2.2 描绘了批处理模式反向传播算法。

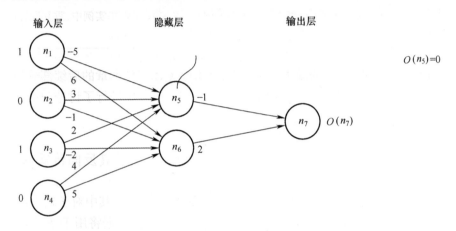

图 2.4　简单的 ANN 前向传播示例[17]

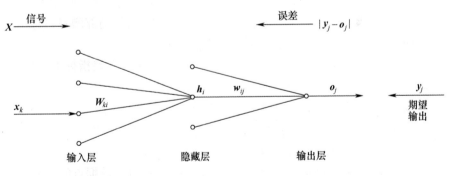

图 2.5　用于解释误差反向传播算法的示意图[17]

在反向传播算法的增量学习模式下，将每个训练示例提供给系统，并在系统中传播之后将计算出一个误差，然后以反向的方式修改所有连接。这是造成灾难性遗忘现象的原因之一。如果仅给出示例一次，则该模型可能会过拟合这些示例，并且如果该模型是全局模型，则会"忘记"以前学习的信息。

这种现象在图2.6(a)中进行了说明,其中在对数据集 A 进行 MLP 训练后,对数据集 B 进行了训练,并且它"忘记"了关于数据集 A 的很多知识等。在增量自适应学习模式下,为了使系统正确学习新示例而不会忘记它们,需要再次展示与过去非常相似的示例。学习新示例并展示以前使用示例的过程称为"排练"训练[21]。MLP 可以采用增量自适应模式进行训练,但是它们具有固定的结构,并且在此方面存在局限性,如果为此目的使用梯度下降算法,则权重优化是全局的。MLP 的一个非常吸引人的特征是它们是通用函数逼近器[22-23],即使在某些情况下它们可能会收敛于局部最小值。一些包括 MLP 的连接主义系统在学习过程中使用局部目标(目标)功能来优化结构。在这种情况下,当提供数据对 (x,y) 时,系统始终在输入空间 X 的 x 局部附近和输出空间 Y 的 y 局部附近优化其功能[24]。

当对 MLP 进行过多的迭代训练时,其泛化能力(识别新数据)可能会下降,这被称为过度拟合(参见图2.6(b))。MLP 的原理和反向传播算法已被使用,并针对多层做了进一步开发,如图2.7所示,称为深度 ANN。

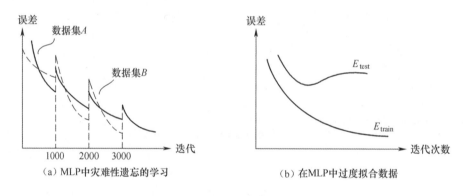

图2.6 遗忘学习和过度拟合[17]

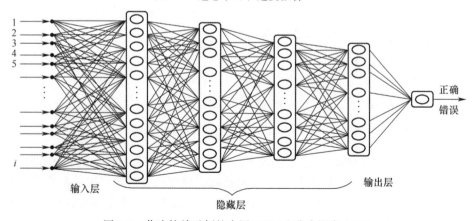

图2.7 作为简单示例的多层 MLP(也称为深度 ANN)

> **专栏 2.2　反向传播算法**
>
> 1. 前向传播
>
> BF1 初始化输入向量 x 及其对应的期望输出向量 y。
>
> BF2 在所有层的所有神经元中前向传播输入信号,计算输出信号。
>
> BF3 对每个输出单元 j 计算 Err_j,如 $\text{Err}_j = y_j - o_j$,其中 y_j 是期望输出向量 y 的第 j 个单元。
>
> 2. 反向传播
>
> BB1 根据计算得出的误差,对输入神经元 i 与输出神经元 j 之间的权重进行更新,即
> $$\Delta w_{ij}(t+1) = \text{lrate} \cdot o_j(1-o_j) \cdot \text{Err}_j \cdot o_j + \text{mometum} \cdot \Delta w_{ij}(t)$$
>
> BB2 对中间层神经元 i 计算误差,即
> $$\text{Err}_i = \sum \text{Err}_j \cdot w_{ij}$$
>
> BB3 反向传播误差至底层神经元 k,即
> $$\Delta w_{ki}(t+1) = \text{lrate} \cdot o_i(1-o_i) \cdot \text{Err}_i \cdot x_k + \text{mometum} \cdot \Delta w_{ki}(t)$$

2.1.3　卷积神经网络(CNN)

Fukushima 提出了一种受生物学启发的 MLP,其中第一层从图像数据的子空间进行特征提取,而其他层则结合了这些特征,类似于视觉皮层。他称这些为 ANN Cognitron(1975) 和 Neocognitron CNN(1980)[11-12](图 2.8)。这可能是第一个深层 NN 结构,其灵感来自视觉皮层的结构和功能。

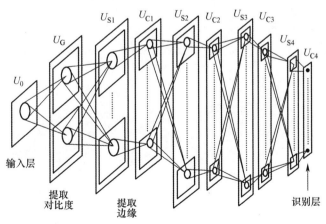

图 2.8　Fukushima 提出的 Neocognitron CNN [12,25]

新认知原理在一系列称为卷积 ANN(CNN)(图 2.9(a))的 ANN 和多层卷积

MLP(图2.9(b))中得到了进一步发展。

CNN和深度ANN已成功开发用于大规模图像分类(如ImageNet数据集中的1400万张图像),能够识别来自大型数据集(如TIMIT)的口语单词,并在IBM Watson问题中构造了大型数据存储库、问答系统、游戏,如与人类大师下围棋[26-32]。

CNN和深度ANN是用于基于矢量和帧的数据(如图像识别)的出色工具,但对于衡量不断发展的过程的时空数据而言却不是很好,因为当逐步对新数据进行训练时,这些模型可以表现出灾难性的遗忘。在模型中没有时间学习异步事件,它们很难适应新数据并改变其结构。即使此方法允许跨神经元的许多层对基于矢量的数据进行深度学习,但它仍然缺少在第1章中定义的在时空中进行深度知识表示的方法。

ANN中的知识表示是在基于知识的ANN中实现的,尤其是在2.3节介绍的不断发展的连接系统(ECOS)中。在第5章中不断发展的脉冲神经网络(eSNN)中也实现了这一点。第1章中所定义的时空深度学习和深度知识表示在第6章以及本书的其他章节中由受大脑启发的SNN实现。

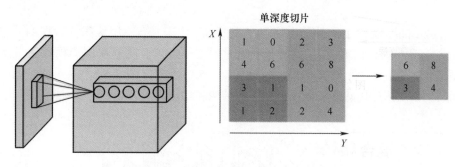

(a) CNN实现原理

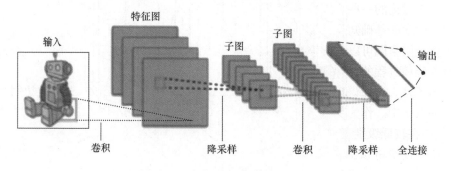

(b) 多层CNN与MLP示例

图2.9 CNN实现原理及示例[25]

2.1.4 递归和 LSTM ANN

递归 ANN(RNN)具有前馈、反馈和横向连接[13,26],如图 2.10 中的一个简单示例所示。作为 RNN 的进一步延续,开发了长短时记忆(LSTM)[34-35]。LDTM RNN 由多个单元组成,每个单元由一个单元、一个输入门、一个输出门和一个忘记门组成。该单元负责随时间记住输入数据。与多层(或前馈)神经网络一样,这 3 个门中的每一个都可以被视为人工神经元。它们基于加权和来计算激活。这些门与单元之间有连接(更多说明可参见文献[25,33-35])。

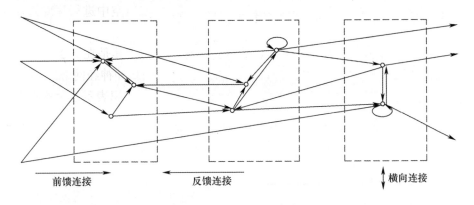

图 2.10 递归 ANN(RNN)具有前馈、反馈和横向连接

2.2 混合和基于知识的人工神经网络

上面讨论的一些人工神经网络被认为是"黑匣子",因为很难解释其内部结构和表达所学的基础知识。这导致了基于混合和规则的人工神经网络的发展,这种人工神经网络既可以合并数据中的基本信息,又可以从数据中提取基本信息,并揭示有关建模过程的新知识。

为了将人类知识整合到智能系统中,可以将 ANN 模块与基于规则的模块组合到同一系统中。作为部分情况,规则可以是模糊规则[20]。示例系统如图 2.11 所示,其中在较低级别上,ANN 模块预测股票指数的第二天价值,而在较高级别上,模糊推理模块将预测值与一些宏观经济变量结合在一起,使用以下类型的模糊规则[20]:

如果<通过人工神经网络模块预测的股票价值很高>并且<经济状况良好>
则<购买股票>

混合系统还可以使用清晰的命题规则以及模糊规则[36]。当决策规则可用于与从输入数据中学习的机器学习模块集成时,图 2.11 所示的混合系统类型适合使用。

另一组 ANN 方法不仅可以用于从数据中学习,还可以从受过训练的 ANN 中提取规则和/或将规则作为初始化过程插入 ANN 中。这些是基于知识的神经网络(KBNN)。

KBNN 中使用的规则类型

不同的 KBNN 设计为表示不同类型的规则,以下列出其中一些规则。

(1) 简单的命题规则(例如,如果 x_1 是 A 并且 x_2 是 B,那么 y 是 C,其中 A、B 和 C 是常量、变量或 true/false 类型的符号)(参见文献[37-39]),作为一种局部情况,可以使用间隔规则。例如,如果 x_1 在间隔 $[x_{1\min}, x_{1\max}]$ 中且 x_2 在间隔 $[x_{2\min}, x_{2\max}]$ 中,则 y 在间隔 $[y_{\min}, y_{\max}]$ 中,与此规则相关联的示例为 Nr1。

(2) 具有确定性因子的命题规则(例如,如果 x_1 是 A(CF1) 并且 x_2 是 B(CF2),则 y 是 C(CFc))(如参见文献[40])。

(3) Zadeh-Mamdani 模糊规则(例如,如果 x_1 是 A,x_2 是 B,那么 y 是 C,其中 A、B 和 C 是由其隶属函数表示的模糊值)(参见图 2.12 和文献[41-42])。

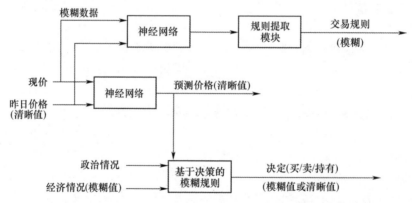

图 2.11　混合的基于神经网络的模糊规则专家系统(用于财务决策支持)[20]

(4) Takagi-Sugeno 模糊规则(例如,以下规则是一阶规则:如果 x_1 是 A 并且 x_2 是 B,那么 y 是 $ax_1 + bx_2 + c$,其中 A 和 B 是模糊值,a、b 和 c 是常数)[43-44]。在高阶规则中可以使用更复杂的功能。

(5) 具有重要性程度和确定性程度的模糊规则(例如,如果 x_1 为 A(DI1) 并且 x_2 为 B(DI2),则 y 为 C(CFc),其中 DI1 和 DI2 表示每个条件元素的重要性对于规则的输出,CFc 表示此规则的强度)(参见文献[20])。

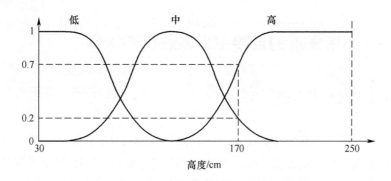

图 2.12　代表可变高度的模糊高斯隶属函数示例

（6）表示问题空间中数据簇关联的模糊规则（例如，规则 j：IF［输入向量 x 在输入簇的中心（x_1 为 A_j，隶属度为 MD_{1j}，并且 x_2 是 B_j，隶属度为 MD_{2j}），其半径为 $R_{j\text{-in}}$］，THEN［y 在输出簇的中心（y 为 C，隶属度为 MD_c），其半径 $R_{j\text{-out}}$，其中 Nex(j)的示例由该规则表示］。这些是 2.4 节中讨论的 EFuNN 规则。

（7）时间规则（例如，如果 x_1 在时间 t_1 出现（具有确定性和/或重要性）因子 DI1），并且 x_2 在时刻 t_2 出现（具有确定性/重要性因子 DI2），那么 y 是 C（CFc））。

（8）时间性递归规则（例如，如果 x_1 是 A（DI1），并且 x_2 是 B（DI2），时刻 $t-k$ 的 y 是 C，那么时刻 $t+n$ 的 y 是 D（CFc））。

（9）类型 2 的模糊规则，即如果 x 是 $A\~$，并且 y 是 $B\~$，那么 z 是 $C\~$，其中 $A\~$、$B\~$ 和 $C\~$ 是使用区间而不是单个隶属度值的 2 型模糊隶属函数[45]。

将人工神经网络和模糊系统集成为一个系统吸引了许多研究人员。山川武史教授和其他日本科学家发起了将模糊规则集成到单个神经元模型中，然后再集成到较大的神经网络结构中，将学习和模糊推理规则紧密耦合到连接结构中的研究[46]。许多模糊神经网络模型都是基于这些原则开发的[20,47-48]。这些是用于增量学习和规则提取的自适应神经网络：神经模糊系统（不再是"黑匣子诅咒"）。通常，输入和/或输出变量可以是非模糊（酥脆）或模糊的。模糊高斯隶属函数的示例如图 2.12 所示。

混合连接系统可以包含模糊规则，它们还可以用于从已经训练好的 ANN（称为模糊神经网络）中提取模糊规则，2.3 节中讨论的 ECOS 就是这种情况。

下面给出一个模糊规则的示例：如果输入 1 为高，输入 2 为低，那么输出为非常高。混合 ANN 的典型示例为 ECOS，在下一部分中介绍。

2.3 不断发展的连接主义系统(ECOS)

2.3.1 ECOS 原理

在作者介绍的不断发展的连接主义系统(ECOS)中,不是通过改变连接权重来训练固定的 ANN,而是通过在线单次学习模式,从传入数据演变出连接主义结构及其功能。然后可以用来提取规则作为知识表示[14-17,49]。

ECOS 是基于模块化连接器的系统,可根据传入信息以连续、自组织、在线、自适应、交互的方式来发展其结构和功能[14]。它们可以有监督和/或无监督的方式处理数据和知识。ECOS 通过对数据进行聚类并为连接结构中表示的每个聚类关联局部输出功能,从数据中学习局部模型。他们可以逐步学习单个数据项或数据块,还可以逐步更改其输入特征[15-17]。作为经典神经网络模型的一部分,ECOS 的元素已经被提出,如自组织映射、径向基函数、模糊 ARTMap、神经气体增长、神经模糊系统、资源分配网络(有关综述可参见文献[17])。其他 ECOS 模型及其应用已在文献[50-51]中进行了报道。

ECOS 的原理基于本地学习-神经元被分配为数据集群的中心,系统在这些集群中创建本地模型。Bezdek、Yager、Filev 等[52-53]开发了模糊聚类方法,以创建基于本地知识的系统。

总之,以下是文献[14]中所述的 ECOS 的主要原理。

(1) 从大量数据中快速学习,如从很少或没有先验知识开始使用"一次通过"培训。

(2) 实时和在线模式的适应,其中基于本地学习来容纳新数据。

(3) "开放",不断发展的结构,"on the fly"添加/发展新的输入变量(与任务有关)、新的输出(如类别)、新的连接和神经元。

(4) 全面、灵活地促进数据学习和知识表示,如监督学习、无监督学习、演化聚类、"睡眠"学习、遗忘/删减、模糊规则插入和提取。

(5) 以多种方式与其他 ECOS 和环境积极互动。

(6) 以不同的比例表示空间和时间,如数据簇、短期和长期记忆、数据年龄、遗忘等。

(7) 系统在多方面的自我评估,包括行为、全局错误与正确,以及相关的知识表示。

2.3.2 进化自组织地图

几种方法,如动态拓扑表示网络[54]和不断发展的自组织映射(ESOM)[55]进一步发展了 SOM 的原理。这些方法允许原型节点在原始数据空间 X 中快速发展,并同时获取并保留拓扑表示。演化节点(神经元)的邻域没有像 SOM 中那样预先定义。它根据节点之间的当前距离以在线模式定义。这些方法不受 SOM 中严格的拓扑约束。它们不需要像神经气体算法中那样搜索邻域排名,从而提高了学习速度,在此将详细解释 ESOM 方法。给定输入向量 x,将 ESOM 中第 i 个节点上的激活定义为

$$a_i = e^{-\|x - w_i\|^2 / \varepsilon^2} \tag{2.10}$$

式中:ε 为径向。在这里,a_i 可被视为当前输入向量 x 上第 i 个原型向量 w_i 的匹配分数。它们越接近,匹配分数就越大。

使用以下误差最小化函数的在线随机近似,即

$$E_{app} = \sum_{i=1,2,\cdots,n} a_i \|x - w_i\|^2 \tag{2.11}$$

式中:n 为输入向量 x 到达时 ESOM 中的节点数。为了最小化上述标准函数,通过应用梯度下降算法来更新权重向量。从式(2.11)得出

$$\frac{\partial E_{app}}{\partial w_i} = a_i(w_i - x) + \|x - w_i\|^2 \frac{\partial a_i}{\partial w_i} \tag{2.12}$$

为了简单起见,假设每次更新权重向量时激活的变化都很小,因此可以将 a_i 视为常数。这导致以下简化的权重更新规则,即

$$\Delta w_i = \gamma a_i(x - w_i), i = 1, 2, \cdots, n \tag{2.13}$$

式中:γ 为保持小常数的学习率。

将当前输入向量 x 分配给第 i 个原型 w_i 的可能性定义为

$$P_i(x, w_i) = \frac{a_i}{\sum_{k=1,2,\cdots,n}(a_k)} \tag{2.14}$$

1. 演变特征图

在线学习期间,特征图中的原型数量通常是未知的。对于给定的数据集,原型的数量在某个时间可能是最佳的,但后来可能变得不合适,因为当新样本到达时,数据的统计特征可能会发生变化。因此,非常希望特征图动态地适应输入数据。

这里的方法是从空映射开始的,并在新数据样本无法很好地匹配到现有原型

时逐渐分配新的原型节点。在学习期间,当旧的原型节点长时间处于非活动状态时,可以将其从动态原型图中删除。如果对于一个新的数据向量 x,没有一个原型节点在距离阈值之内,则插入一个新节点 w_{new},恰好表示匹配不良的输入向量 $w_{new}=x$,从而导致该节点最大程度地激活 x。专栏 2.3 中给出了 ESOM 学习算法[55]。

专栏 2.3 ESOM 学习算法

步骤 1:输入一个新的数据向量 x。

步骤 2:寻找比预定义阈值更接近 x 的原型集 S。

步骤 3:如果 S 为空,进行步骤 4 插入;否则对 S 中的所有节点计算激活并进行步骤 5 更新。

步骤 4(插入):为 x 创建新节点 w_i,并为新节点与其距离最近的两个节点创建连接,以构造集合 S。

步骤 5(更新):更新 S 中所有原型并重新计算获胜节点 i(或者新创造的节点)与 S 中所有节点 j 之间的连接 $S(i,j)$,即

$$S(i,j) = \frac{a_i a_j}{\max\{a_i, a_j\}}$$

步骤 6:在一定数量的输入数据经过系统处理之后,调整最薄弱的连接。如果出现了孤立节点,也对其进行调整。

步骤 7:返回步骤 1。

---

2. 可视化特征图

Sammon 投影或其他动态可视化技术[17]可用于在每次增量、进化的学习时将 ESOM 进化的节点可视化[55]。

2.3.3 进化的 MLP

一个简单的进化的 MLP 方法在这里称为 eMLP,在图 2.13 中以简化的图形表示形式表示[17,51]。eMLP 由 3 层神经元组成,即线性传递函数的输入层、演化层和具有简单饱和线性激活函数的输出层。它是进化模糊神经网络(EFuNN)的简化版本,将在本章后面介绍。

进化层是将要增长并适应传入数据的层,并且是学习算法最关注的层。进化层的传入连接、激活和正向传播算法的含义均与经典连接主义系统的含义不同。

如果使用线性激活函数,则演化层节点 n 的激活 A 由式(2.15)确定,即

$$A_n = 1 - D_n \tag{2.15}$$

式中:A_n 为节点 n 的激活;D_n 为该节点的输入向量和传入权重向量之间的归一化距离。

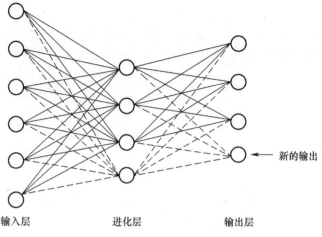

图 2.13 简单的 eMLP 方法的示意图[17,51]

可以使用其他激活函数，如径向基函数。因此，与存储在神经元输入权重中的示例完全匹配的示例将导致激活 1，而完全在输入空间示例区域之外的示例将导致接近 0 的激活。优选的形式学习算法基于通过修改演进层节点的连接权重或添加新节点，在演进层中容纳新的训练示例。专栏 2.4[17,51]介绍了所采用的算法。

专栏 2.4 eMLP 学习算法

(1) 在网络中传播输入向量 I。

(2) 如果最大激活值 $a_{\max}$ 比协方差 S_{thr} 小，则添加节点，否则估计计算输出向量 O_c 与期望输出向量 O_d 之间的误差。

(3) 如果误差大于误差阈值 E_{thr}，或者期望输出节点没有很大程度地被激活，则添加节点；否则在进化层为获胜节点更新连接。

(4) 对每个训练向量重复上述程序。

当添加节点时，将其输入连接权重向量设置为输入向量 I，将其输出权重向量设置为所需的输出向量 O_d。获胜节点 j 的输入权重根据式(2.16)进行修改，而节点 j 的输出权重根据式(2.17)进行修改。

$$W_{i,j}(t+1) = W_{i,j}(t) + \gamma_i (I_i \times W_{i,j}(t)) \qquad (2.16)$$

式中：$W_{i,j}(t)$ 为时刻 t 从输入 x 到 j 的连接权重；$W_{i,j}(t+1)$ 为时刻 $t+1$ 从输入 x 到 j 的连接权重；γ_i 为一个参数的学习速率；I_i 为输入向量 I 的第 i 个元素。

$$W_{j,p}(t+1) = W_{j,p}(t) + \gamma_2 (A_j \times E_p) \qquad (2.17)$$

式中：$W_{j,p}(t)$ 为时刻 t 从 j 到输出 p 的连接权值；$W_{j,p}(t+1)$ 为时刻 $t+1$ 从 j 到输

出 p 的连接权值；γ_2 为第二个参数的学习速率；A_j 为 j 的激活。

$$E_p = O_{d(p)} - O_{c(p)} \tag{2.18}$$

式中：E_p 为 p 的误差；$O_{d(p)}$ 为 p 的期望输出；$O_{c(p)}$ 为 p 的计算输出。

式（2.15）中的距离 D_n 更偏好于使用归一化汉明距离表示，即

$$D_n = \frac{\sum_i^I |E_i - W_i|}{\sum_i^I |E_i + W_i|} \tag{2.19}$$

式中：I 为 eMLP 的输入节点的数目；E_i 为输入向量；W_i 为进化层权值矩阵的输入。

在学习过程中，可以采用演进层中节点的聚合来控制演进层的大小。聚合的原理是合并那些在空间上就连接权而言彼此接近的节点。可以将汇总应用于每个（或每 n 个）训练示例。通常，它将提高 EMLP 的泛化能力。

聚合算法如下：

对于每个规则节点 $r_j(j=1,2,\cdots,n)$，其中 n 是演进层中节点的数量，W_1 是输入层和演进层之间的连接权重矩阵，W_2 是演进层和输出层之间的连接权重矩阵。

在进化层寻找归一化欧几里得距离 $D(W_{1r_j}, W_{1r_a})$ 和 $D(W_{2r_j}, W_{2r_a})$ 小于阈值的节点集合 R。

将子集 R 中的所有节点混合到新的节点 r_{new}，并按照以下公式更新 $W_{1r_{new}}$、$W_{2r_{new}}$：

$$W_{1r_{new}} = \frac{\sum r_a \in R(W_{1r_a})}{m} \tag{2.20}$$

$$W_{2r_{new}} = \frac{\sum r_a \in R(W_{2r_a})}{m} \tag{2.21}$$

式中：m 为子集 R 中的节点数目；删除节点 $r_a \in R$。

节点聚合是重要的正则化。在某些应用领域，如语音或图像识别系统，这是非常需要的。在语音识别中，需要自定义识别系统的词汇以满足个性化需求。这可以通过向现有识别系统添加单词或从现有词汇中删除单词来实现。

eMLP 还适用于在线输出空间扩展，因为它使用本地学习，该学习仅调整本地节点的连接权重，因此，在演进层的节点中捕获的所有知识都将是本地的，并且仅涵盖"输入输出"空间的"补丁"。因此，添加新的类输出或新的输入变量，不需要像传统神经网络那样在新、旧数据上都对整个系统进行重新训练。

基于以上理论考虑，此处的任务是介绍一种在线扩展和缩小 eMLP 中输出空间的算法。如上所述，eMLP 是具有两层连接的 3 层网络。输出层中的每个节点

代表问题域中的特定类。演进层中节点的本地表示使 eMLP 可以容纳新类或从其输出空间中删除现有类。

为了将新节点添加到输出层,首先需要修改现有 eMLP 的结构以包含新的输出节点。这种修改仅影响输出层以及输出层与演进层之间的连接。此过程的图形表示如图 2.13 所示。输出层中新输出和演进层之间的连接权重初始化为零。通过这种方式,默认情况下将新的输出节点设置为将所有先前看到的类分类为否定类。一旦修改了 eMLP 的内部结构以适应新的输出类别,就可以对 eMLP 进行有关新数据的进一步培训。训练过程的结果是,在演进层中创建了新节点来表示新类。

将新的输出节点添加到 eMLP 的过程是以有监督的方式执行的。因此,对于给定的输入向量,仅当指示给定的输入向量是新类别时,才添加新的输出节点。输出扩展算法如下。

1) 对于每个新的输出类
(1) 将一个新节点插入输出层。
(2) 对于演进层中的每个节点 $r_j(j = 1, 2, \cdots, n)$,其中 n 是演进层中的节点数,通过使用零集扩展 $W_{2i,j}$ 以反映零输出,从而修改 W_2 从演化层到输出层的输出连接权重。

这等效于为属于新类的数据分配问题空间的一部分,而不指定该部分在问题空间中的位置。

也可以从 eMLP 中删除类。它仅影响 eMLP 体系结构的输出层和演进层。

2) 对于要删除的每个输出类 o
(1) 在进化层中找到已提交给该输出 o 的节点 S 集。
(2) 通过删除来修改 W_1 从输入层到演进层的传入连接,$S_i(i = 1, 2, \cdots, n)$ 其中 n 是集合 S 中承诺输出到 o 的节点数。
(3) 通过删除输出节点 o 来修改 W_2 从演进层到输出层的传出连接权重。

上面的算法等效于分配问题空间的一部分,该问题空间已经为移除的输出类分配了。这样,在问题空间中将不会为已删除的输出类别分配空间。换句话说,网络正在学习特定的输出类别。

eMLP 在文献[56-57]中得到了进一步的研究和应用。

2.4 进化模糊神经网络:EFuNN

在这里,ECOS 的概念通过两种实现方式进行说明:进化模糊神经网络(EFuNN)[49]和动态进化神经模糊推理系统(DENFIS)[16]。在 ECOS 中,数据簇基于输入空间(在某些 ECOS 模型中,如 DENFIS)或输入和输出空间(在这种情况下,如在 EFuNN 模型中)。与现有节点(群集中心、规则节点)的距离小于某个阈值的样本(示例)将分配给同一群集,不适合现有群集的样本将形成新群集。群集中心会根据新数据样本不断进行调整,并逐步创建新群集。ECOS 从数据中学习并自动创建或更新局部模糊模型/函数,例如:

IF<数据在模糊簇 C_i 中>　　THEN<模型是 F_i>

其中 F_i 可以是模糊值,逻辑、线性回归函数或 ANN 模型[16-17]。

一般而言,模糊神经网络是可以根据模糊规则来解释的连接形式结构[20、46-47、58]。模糊神经网络是具有训练、回忆、适应等所有神经网络特性的神经网络,而神经模糊推理系统基于模糊规则及其相关的模糊推理机制,这些推理机制被实现为神经网络,用于学习和规则优化。这里介绍的进化模糊神经网络(EFuNN)是前一种类型,而 DENFIS 系统是后一种类型。一些作者没有将这两种类型分开,这使得从一种类型到另一种类型的过渡更加灵活,并且拓宽了每个系统的解释和应用范围。

EFuNN 具有 5 层结构(图 2.14)。在这里,节点和连接是作为数据示例创建或连接的。可以通过来自规则(也称为案例)节点层的反馈连接来使用可选的短期存储层。如果要在结构上存储输入数据的时间关系,则可以使用反馈连接层。

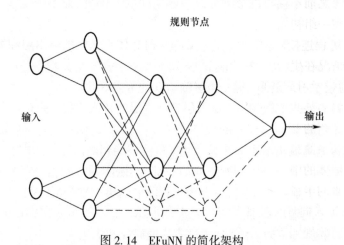

图 2.14　EFuNN 的简化架构

输入层代表输入变量。节点的第二层(模糊输入神经元或模糊输入)表示每个输入变量空间的模糊量化(类似于可分解的 RBF 网络)。例如,两个模糊输入神经元可用于表示"小"和"大"模糊值,可以将不同的隶属函数(MF)附加到这些神经元。

MF 的数量和类型可以动态修改。模糊输入节点的任务是将输入值转换为它们所属相应 MF 的隶属度。代表模糊 MF 的层是可选的,因为 EFuNN 的非模糊版本也可以仅使用 3 层神经元和两层连接进行演化,如 2.3.3 节在 eMLP 中所使用的那样。

第三层包含规则(案例)节点,这些节点通过有监督和/或无监督学习而发展。规则节点表示输入输出数据关联的原型(示例、群集),这些关联可以通过图形表示为来自模糊输入和模糊输出空间的超球形关联。每个规则节点 r 由两个连接权重向量 $W_1(r)$ 和 $W_2(r)$ 定义,后者通过基于输出误差的有监督学习进行调整,而前一个则通过基于 a 内相似度的无监督学习进行调整问题空间的局部区域。线性激活函数或高斯函数用于该层的神经元。

第四层神经元表示输出变量的模糊量化,类似于输入模糊神经元。在这里,加权和输入函数和饱和线性激活函数用于神经元,以计算与呈现的输入向量关联的输出向量所属的每个输出 MF 的隶属度。第五层代表输出变量的值。此处,线性激活函数用于计算输出变量的去模糊值。

EFuNN 的部分情况是没有模糊输入和模糊输出层的 3 层网络(如 eMLP 或不断发展的简单 RBF 网络)。在这种情况下,将应用以下所述算法的略微修改版本,主要是在测量欧几里得距离和使用高斯激活函数方面。

EFuNN 的进化学习基于以下两个假设之一:

(1)学习之前不存在规则节点,在进化过程中创建(生成)规则节点;

(2)存在一组初始规则节点,它们没有连接到输入节点和输出节点,而是通过学习(进化)过程连接起来的。

后一种情况在生物学上似乎更合理,因为人脑中的大多数神经元在出生前就存在,并且通过学习而联系在一起,但是如果不同的"令人惊讶"的刺激出现,在学习过程中大脑的某些区域仍会产生新的神经元(见文献[59]中生物参考 ECOS)。

接下来介绍的 EFuNN 演变算法并不能区分这两种情况。每个规则节点,如 r_j 代表了一个联系原来的模糊输入空间和原来模糊输出空间(图 2.15),$W_1(r_j)$ 连接权重代表球体的中心坐标的模糊输入空间,$W_2(r_j)$ 为模糊输出坐标空间。规则节点输入原来的半径 r_j 被定义为 $R_j = 1 - S_j$,其中 S_j 是用来定义从一个新示例 (x, y) 到一个新输入向量 x 的规则节点 r_j 的最低激活节点的灵敏度阈值参数,为了使示例被看作与此规则节点关联。

如果 x_f 落入 r_j 输入接收场(超球面),而 y_f 落在 r_j 输出反应场超球面中,则该对模糊的输入输出数据向量 (x_f, y_f) 将分配给规则节点 r_j。这是通过两个条件来确保的:x_f 和 $W_1(r_j)$ 之间的局部归一化模糊差小于半径 R_j,且归一化输出误差 Err = $\|y - y'\|/N_{out}$ 小于误差阈值 E。N_{out} 是输出的数量,y' 由 EFuNN 输出产生。E 设置系统的容错率。

定义:表示两个真实向量 d_1 和 d_2 属于预定义 MF 的隶属度的两个模糊隶属向

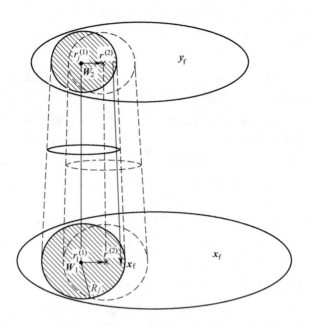

图 2.15　EFuNN 将输入空间中的聚类映射到输出问题空间中的聚类
(其中聚类的半径可以在学习期间改变)

量 d_{1f} 和 d_{2f} 之间的局部归一化模糊距离计算为

$$D(d_{1f}, d_{2f}) = \frac{\|d_{1f} - d_{2f}\|}{\|d_{1f} + d_{2f}\|} \quad (2.22)$$

其中：$\|x - y\|$ 表示两个向量 x 和 y 的向量相减后(或 $\|x - y\|$ 情况下的总和)所获得的向量所有绝对值的和。例如，如果 $d_{1f} = (0,0,1,0,0,0)$ 并且 $d_{2f} = (0,1,0,0,0,0)$，则 $D(d_1,d_2) = (1+1)/2 = 1$，这是局部归一化模糊差的最大值。在 EFuNN 中，局部归一化模糊距离用于测量新输入数据向量与规则节点局部附近的规则节点之间的距离。

在 RBF 网络中，高斯径向基函数被分配给节点，并用作激活函数来计算节点与输入向量之间的距离。通过将新数据点关联(学习)到规则节点 r_j 的过程，该节点的超球面通过学习率 l_j (取决于新输入向量与规则节点之间的距离)在模糊输入空间中进行调整，并通过 Widrow-Hoff 最小均方根，根据输出误差在模糊输出空间进行调整(LMS)增量算法[60]。该调整可以将规则节点 r_j 的连接权重从 $W_1(r_j^{(t)})$ 和 $W_2(r_j^{(t)})$ 分别更改为 $W_1(r_j^{(t+1)})$ 和 $W_2(r_j^{(t+1)})$，采用以下向量运算，即

$$\begin{cases} W_1(r_j^{(t+1)}) = W_1(r_j^{(t)}) + l_j \cdot (x_f - W_1(r_j^{(t)})) \\ W_2(r_j^{(t+1)}) = W_2(r_j^{(t)}) + l_j \cdot (y_f - A_2) \cdot A_1(r_j^{(t)}) \end{cases} \quad (2.23)$$

式中：$A_2 = f_2(W_2 \cdot A_1)$ 为 x 出现时 EFuNN 结构中模糊输出神经元的激活向量；

$A_1(r_j^{(t)})=f_1(D(W_1(r_j^{(t)}),x_f))$ 为规则节点 $r_j^{(t)}$ 的激活；f_1 和 f_2 可以使用简单的线性函数，如 $A_1(r_j^{(t)})=1-D(W_1(r_j^{(t)}),x_f)$；$l_j$ 为规则节点 r_j 当前的学习率，如 $l_j=1/\text{Nex}(r_j)$，其中 $\text{Nex}(r_j)$ 是与当前规则节点 r_j 相关联的示例数。

其背后的统计原理是，当前与某个规则节点相关联的示例越多，则当该规则节点必须容纳一个新示例时，它将"移动"的次数就越少，即规则节点位置的变化与已经关联到新的单一示例的数量成比例。

当新示例与规则节点 r_j 相关联时，不仅其在输入空间中的位置发生变化，而且其接受域也以其半径 R_j 和灵敏度阈值 S_j 表示，即

$$R_j^{(t+1)}=R_j^{(t)}+D(W_1(r_j^{(t+1)}),W_1(r_j^{(t)})) \qquad (2.24)$$

$$S_j^{(t+1)}=S_j^{(t)}-D(W_1(r_j^{(t+1)}),W_1(r_j^{(t)})) \qquad (2.25)$$

在图 2.16 中对 4 个数据点 d_1、d_2、d_3 和 d_4 进行了模糊输入空间中的学习过程。图 2.16 显示了当应用一次遍历学习时，规则节点 r_j 的中 $r_i^{(1)}$ 如何（在学习每个新数据点之后）调整到其新位置 $r_i^{(2)}$、$r_i^{(3)}$、$r_i^{(4)}$。图 2.16 还显示了如果应用另一遍学习，则规则节点位置将如何移动到新位置 $r_i^{(2(2))}$、$r_i^{(3(2))}$ 和 $r_i^{(4(2))}$。如果两个学习率 l_1 和 l_2 具有零值，一旦建立，规则节点的中心将不会移动。

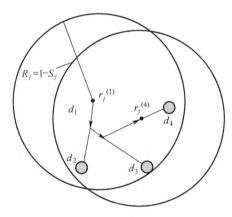

图 2.16 在 EFuNN 中学习 4 个数据点时调整规则节点[17]

权重调整公式（式（2.23））定义了标准 EFuNN，其第一部分以无监督模式进行更新，第二部分以类似于 RBF 网络的有监督模式进行更新。但是，这里的公式以增量自适应模式对每个示例 (x,y) 应用一次，这与 RAN 模型[61]及其修改类似。标准的监督/无监督学习 EFuNN 表示为 EFuNN-s/u。在 EFuNN 的其他两个修改中，即两次通过学习 EFuNN（EFuNN-dp）和梯度下降学习 EFuNN（EFuNN-gd），使用的更新功能稍有不同，如下一节所述。

所学习的时间关联可用于支持基于时间模式相似性的规则节点的激活。在这里，时间依赖性是通过建立结构链接来学习的。这些依赖性可以通过突触分析

(在突触记忆水平)而不是通过神经元激活分析(在行为水平)进一步研究和增强。空间相似性/时间相关性之比可以通过参数 S_s 和 T_c 来平衡不同的应用程序,以便通过以下向量运算来定义规则节点 r 对新数据示例 d_{new} 的激活,即

$$A_1(r) = \mid 1 - S_s \cdot D(W_1(r), d_{\text{new}}) + T_c \cdot W_3(r_{\text{max}}^{(t-1)}, r) \mid_{[0,1]} \quad (2.26)$$

式中:$\mid \cdot \mid_{[0,1]}$ 为区间$[0,1]$中的有界运算;$D(W_1(r), d_{\text{new}})$ 为归一化的局部模糊距离值;$r_{\text{max}}^{(t-1)}$ 为前一时刻的获胜神经元。在这里,时间连接可以被赋予更高的重要性,以允许更大的距离。如果 $T_c = 0$,则 EFuNN 中的监督学习基于上述原理,因此当给出新的数据示例 $d = (x, y)$ 时,EFuNN 要么创建新的规则节点 r_n 来存储两个输入,要么输出模糊矢量 $W_1(r_n) = x_f$、$W_2(r_n) = y_f$ 或调整现有规则节点 r_j。

在一定的时间后(当提供了一定数量的示例时),某些神经元和连接可能会被修剪或聚集。

上面的监督学习算法允许 EFuNN 系统始终进化并学习何时有新的输入输出数据对可用。这是一种主动学习模式。

1. EFuNN 睡眠学习规则

在另一种模式下,即被动学习或睡眠学习中,在没有输入模式出现时进行学习。在进行初始学习后,可能有必要应用此方法。在这种情况下,存储先前输入模式的现有连接将用作"回显",以重申学习过程。这种类型的学习可以应用于数据短暂的初始呈现的情况,当在增量自适应模式中通过一次处理只学习了一小部分数据时,就需要在系统整合之前学到知识时通过睡眠学习方法来细化训练过程。EFuNN 和其他一些连接主义模型中的睡眠学习在文献[62]中的几个示例中进行了说明。

2. 一遍学习与多遍学习

应用上述学习算法的最佳方法是从问题空间中随机抽取示例,通过 EFuNN 进行传播,并调整连接权重和规则节点、更改和优化参数值等,直到误差达到期望值为止。在快速学习模式下,每个示例仅向系统显示一次。如果可以两次或更多次展示示例,则误差可能会变小,但这取决于 EFuNN 的参数值和数据的统计特性。

当调用新的输入数据时,经过改进的 EFuNN 可以进行推理。EFuNN 推理方法包括在应用新的输入向量时计算输出激活值。当仅输入向量 x 通过 EFuNN 传播时,这是 EFuNN 监督学习方法的一部分。如果新的输入向量落在获胜规则节点(与输入向量最接近的规则节点)的接受域中,则使用基于获胜规则节点激活的一种 n 推断模式(一个规则推断)。如果新输入向量没有落在最接近它的规则节点的接受域中,则使用 m-of-n 模式,其中在 EFuNN 推理过程中使用 m 个规则节点(规则),m 通常取 3。

可以应用不同的修剪规则来成功修剪不必要的节点和连接。下面是其中之一:

如果($\text{Age}(r_j) > \text{OLD}$))且(总激活 $\text{TA}_{(r_j)}$ 小于修剪参数 P_r 乘以 $\text{Age}(r_j)$),则修剪规则节点为 r_j,其中 $\text{Age}(r_j)$ 是计算在 r_j 首次创建后提交给 EFuNN 的实例数量;OLD 是预定义的年龄限制;P_r 是[0,1]范围内的修剪参数;$\text{TA}(r_j)$ 被计算为 r_j,是正确获胜节点的模型数量(或在 m-of-n 运行方式的 m 个节点中)。

上述修剪规则要求事先定义 OLD、HIGH 等模糊概念。在某些情况下,可以使用固定值。例如,如果 FuNN 进化过程中存在一个以上的节点,则该节点为 OLD。修剪规则和定义修剪参数值的方式取决于应用程序任务。

专栏 2.5[17]显示了 EFuNN 的一种学习算法。

专栏 2.5 EFuNN-s/u 学习算法

(1) 设置系统参数的初始值:隶属函数数目;初始灵敏度阈值(默认 $S = 0.9$);误差阈值 E;聚合参数 N_{agg}——多个连续的示例,之后进行聚合(将在后面的部分中进行说明);修剪参数 OLD 和 P_r;m 的值(在 n-of-n 模式下);用于规则提取的阈值 T_1 和 T_2。

(2) 设置第一个规则节点以记住第一个示例(x,y),即

$$W_1(r_o) = x_f, W_2(r_o) = y_f \tag{2.27}$$

(3) 循环 (x,y) 输入输出对的表示:

{(评估 x 与现有规则节点连接 W_1 之间的局部归一化模糊距离 D(式(2.22))。

计算规则节点层的激活 A_1。查找与模糊输入向量 x_f 最接近的规则节点 r_k(或在 m-of-n 模式下最接近的 m 个规则节点)。

if $A_1(r_k) < S_k$(节点 r_k 的敏感度阈值),则为 (x_f, y_f) 创建一个新的规则节点

else

查找激活的模糊输出层 $A_2 = W_2 \cdot A_1$,输出错误

$$\text{Err} = \frac{\|y - y'\|}{N_{\text{out}}}$$

if $\text{Err} > E$

为当前样本 (x_f, y_f) 创建一个新的规则节点 eMLPommodate

else

根据式(2.23)更新 $W_1(r_k)$ 和 $W_2(r_k)$ eMLP(在 m-of-n EFuNN 的情况下,更新具有最高 A_1 激活率的所有 m 个规则节点)。

在介绍每组 N_{agg} 示例之后,应用规则节点的聚合过程。

更新规则节点 r_k 参数 S_k、R_k、$\text{Age}(r_k)$、$\text{TA}(r_k)$ 的值。

如果需要,修剪规则节点,如修剪参数所定义。

从规则节点中提取规则(如后面小节中所述)。}

主循环结束。

在 EFuNN 演变(学习)过程的任何时间(阶段),都可以插入和提取模糊或精确规则。通过为每个新规则设置一个新的规则节点 r_j 来实现模糊规则的插入,以

使规则节点的连接权重 $W_1(r_j)$ 和 $W_2(r_j)$ 代表该规则。例如,通过设置新规则节点到模糊条件节点 x_1-Small 和 x_2-Small 以及到模糊规则节点的连接,可以将模糊规则(如果 x_1 为 Small、x_2 为 Small,那么 y 为 Small)插入 EFuNN 结构,模糊输出节点 y-Small 的值为 1,其余连接设置为零。类似地,可以将精确规则插入 EFuNN 结构中。例如,如果 x_1 为 3.4、x_2 为 6.7,则 y 为 9.5。在此,计算输入值 $x_1 = 3.4$ 和 $x_2 = 6.7$,输出值 $y = 9.5$ 属于相应模糊值的隶属度,并将其隶属于相应的连接权重。

每个规则节点 r_j 可以表示为模糊规则,如下所述。

规则 r_j:如果 x_1 是 Small 0.85、x_1 是 Medium 0.15、x_2 是 Small 0.7、x_2 是 Medium 0.3(感受域的半径 $R_j = 0.1$,maxRadiusj $= 0.75$),那么 y 是 Small 0.2、y 是 Large 0.8(175 个示例中有 20 个与此规则相关联),其中附在模糊标签上的数字表示输入和输出超球的中心属于相应 MF 的程度。与条件元素关联的度是来自矩阵 W_1 的连接权重。规则中仅保留大于阈值 T_1 的值作为最重要的值。与结论部分关联的程度是来自 W_2 的连接权重,该权重大于 T_2 的阈值。从基准动态时间序列数据中提取的规则示例在 3.5 节中给出。两个阈值 T_1 和 T_2 用于忽略来自 W_1 和 W_2 的连接,这些连接代表较小且无关紧要的隶属度(如小于 0.1)。

3. EFuNN 中的规则节点聚合

应用于 EFuNN 的另一种基于知识的技术是规则节点聚合。

例如,对于 3 个规则节点 r_1、r_2 和 r_3 的聚合,可以使用以下两个聚合规则来计算新的聚合规则节点 r_{agg} 的 W_1 连接(使用相同的公式来计算 W_2 连接)。

(1)作为 3 个节点的几何中心,有

$$W_1(r_{agg}) = \frac{(W_1(r_1) + W_1(r_2) + W_1(r_3))}{3} \quad (2.28)$$

(2)作为加权统计中心,有

$$W_2(r_{agg}) = \frac{(W_2(r_1) \cdot \text{Nex}(r_1) + W_2(r_2) \cdot \text{Nex}(r_2) + W_2(r_3) \cdot \text{Nex}(r_3))}{N_{sum}} \quad (2.29)$$

$$\text{Nex}(r_{agg}) = N_{sum} = \text{Nex}(r_1) + \text{Nex}(r_2) + \text{Nex}(r_3)$$

式中:r_j 为距新节点 r_{agg} 的最大距离的 3 个节点中的规则节点。

仅当聚合节点接收字段的半径小于预定义的最大半径 R_{max} 时,这 3 个规则节点才会聚合,即

$$Rr_{agg} = D(W_1(r_{agg}) + W_1(r_j)) + R_j \leq R_{max}$$

式中:R_j 为其感受域的半径。

为了使给定节点 r_j 与其他节点聚合形成两个节点子集——节点 r_k 的子集,如果将其激活为 1,将产生与 $y'(r_j)$ 的差小于误差阈值 E 的输出值 $y'(r_k)$,以及导致输出值距离 $y'(r_k)$ 大于 E 的不同节点的子集。W_2 连接定义了这些子集。如果新

节点 r_{agg} 的半径小于预定义的感受域阈值 R_{max},则在 W_1 距离上,比输入子空间中最接近 r_j 的所有规则节点和距第二子集最接近 r_j 节点更近的所有规则节点都要聚合。

不聚合比来自其他类的最近节点更接近规则节点 r_j 的所有规则节点,可以将聚合池中最接近其他类节点的节点作为一个单独的节点保留在聚合过程之外,作为一个"保卫",从而防止在两个类别之间的边界区域上对新数据进行可能的误分类。

通过节点创建及其连续的聚合,EFuNN 系统可以随时间调整以适应数据流中的变化,同时保留其泛化能力。

通过分析演化的 EFuNN 的权重 W_3,可以用规则和条件概率来表示时间连续样本之间的时间相关性,例如

$$\text{IF } r_1^{(t-1)} \quad \text{THEN } r_{(0.3)}^t \tag{2.30}$$

式(2.30)规则的含义是,属于规则(原型)r_2 的一些示例在时间示例中遵循规则原型 r_1 的相对条件概率为 0.3。

2.5 动态演化的神经模糊推理系统(DENFIS)

动态演化的神经模糊系统 DENFIS 在其两个修改中(用于在线学习和用于离线学习)使用 Takagi-Sugeno 类型的模糊推理方法[16-17]。DENFIS 中使用的推论是对 m 个模糊规则进行的,即:

如果 x_1 是 R_{11},x_2 是 R_{12},$\cdots$,x_q 是 R_{1q};则 y 是 $f_1(x_1, x_2, \cdots, x_q)$

如果 x_1 是 R_{21},x_2 是 R_{22},$\cdots$,x_q 是 R_{2q};则 y 是 $f_2(x_1, x_2, \cdots, x_q)$

$\vdots$

如果 x_1 是 R_{m1},x_2 是 R_{m2},$\cdots$,x_q 是 R_{mq};则 y 是 $f_m(x_1, x_2, \cdots, x_q)$ (2.31)

式中:x_j 为 $R_{ij}(i=1,2,\cdots,m;j=1,2,\cdots,q)$ 是 $m*q$ 个模糊命题,分别构成 m 个模糊规则的 m 个先例;$x_j(j=1,2,\cdots,q)$ 为在语音空间 X_j 上定义的先行变量;$R_{ij}(i=1,2,\cdots,m;j=1,2,\cdots,q)$ 为由模糊隶属函数 $\mu_{R_{ij}}:X_j \to [0,1]$ 定义的模糊集;y 是结果变量,并且使用清晰函数 $f_i(i=1,2,\cdots,m)$。

在 DENFIS 在线模型中,采用 1 阶 Takagi-Sugeno 型模糊规则,并使用线性最小二乘估计器(LSE)通过学习数据来创建和更新结果部分中的线性函数。

如果随后的函数是清晰的常数,即 $f_i(x_1,x_2,\cdots,x_q)=C_i(i=1,2,\cdots,m)$,则称该系统为零阶 Takagi-Sugeno 型模糊推理系统。如果 $f_i(x_1,x_2,\cdots,x_q)=C_i(i=1,2,\cdots,m)$ 为线性函数,则称系统为 1 阶 Takagi-Sugeno 型模糊推理系统。如果这些函数是非线性函数,则称为高阶 Takagi-Sugeno 模糊推理系统。

对于输入向量 $\boldsymbol{x}^0 = [x_1^0, x_2^0, \cdots, x_q^0]$,推论结果 y^0(系统的输出)是每个规则输

出的加权平均值,即

$$y^0 = \frac{\sum_{i=1,m} \omega_i f_i(x_1^0, x_2^0, \cdots, x_q^0)}{\sum_{i=1,m} \omega_{ii}} \quad (2.32)$$

其中,

$$\omega_i = \prod_{j=1}^{q} \mu_{R_{ij}}(x_j^0) \quad j = 1, 2, \cdots, q \quad (2.33)$$

在 DENFIS 在线模型中,采用 1 阶 Takagi-Sugeno 型模糊规则,并且可以通过学习结果的线性最小二乘估计器(LSE)创建和更新结果中的线性函数。每个线性函数可以表示为

$$y = \beta_0 + \beta_1 x_1 + \beta_2 x_2 + \cdots + \beta_q x_q \quad (2.34)$$

为了获得这些功能,对数据集应用学习过程,该数据集由 p 个数据对 $\{([x_{i1}, x_{i2}, \cdots, x_{iq}], y_i), i = 1, 2, \cdots, p\}$ 组成。通过应用以下公式,将 $\boldsymbol{\beta} = [\beta_0, \beta_1, \beta_2, \cdots, \beta_q]^T$ 的最小二乘估计器(LSE)计算为系数 $\boldsymbol{b} = [b_0\ b_1\ b_2 \cdots b_q]^T$,有

$$\boldsymbol{b} = (\boldsymbol{A}^T \boldsymbol{A})^{-1} \boldsymbol{A}^T \boldsymbol{y} \quad (2.35)$$

其中,

$$\boldsymbol{A} = \begin{pmatrix} 1 & x_{11} & x_{12} & \cdots & x_{1p} \\ 1 & x_{21} & x_{22} & \cdots & x_{2p} \\ \vdots & \vdots & \vdots & & \vdots \\ 1 & x_{p1} & x_{p2} & \cdots & x_{pq} \end{pmatrix}$$

$$\boldsymbol{y} = [y_1, y_2, \cdots, y_1,]^T$$

此处使用的一种加权最小二乘估计法为

$$\boldsymbol{b}_w = (\boldsymbol{A}^T \boldsymbol{W} \boldsymbol{A})^{-1} \boldsymbol{A}^T \boldsymbol{W} \boldsymbol{y} \quad (2.36)$$

其中,

$$\boldsymbol{W} = \begin{pmatrix} w_1 & 0 & \cdots & 0 \\ 0 & w_2 & \cdots & 0 \\ \vdots & \vdots & & \vdots \\ 0 & \cdots & \cdots & w_p \end{pmatrix}$$

式中:w_j 为第 j 个示例与相应聚类中心之间的距离,$j = 1, 2, \cdots, p$。

可以重写式(2.35)和式(2.36)为

$$\begin{cases} \boldsymbol{P} = (\boldsymbol{A}^T \boldsymbol{A})^{-1} \\ \boldsymbol{b} = \boldsymbol{P} \boldsymbol{A}^T \boldsymbol{y} \end{cases} \quad (2.37)$$

$$\begin{cases} \boldsymbol{P}_w = (\boldsymbol{A}^T \boldsymbol{W} \boldsymbol{A})^{-1} \\ \boldsymbol{b}_w = \boldsymbol{P}_w \boldsymbol{A}^T \boldsymbol{W} \boldsymbol{y} \end{cases} \quad (2.38)$$

设矩阵 A 的第 k 行向量在式(2.35)中定义为 $\boldsymbol{a}_k^T = [1, x_{k1}, x_{k2}, \cdots, x_{kq}]$，且 $\boldsymbol{y}$ 的第 k 个元素是 y_k，则可以迭代计算 $\boldsymbol{b}$，即

$$\begin{cases} \boldsymbol{b}_{k+1} = \boldsymbol{b}_k + \boldsymbol{P}_{k+1}\boldsymbol{a}_{k+1}(y_{k+1} - \boldsymbol{a}_{k+1}^T\boldsymbol{b}_k) \\ \boldsymbol{P}_{k+1} = \boldsymbol{P}_k - \dfrac{\boldsymbol{P}_k\boldsymbol{a}_{k+1}\boldsymbol{a}_{k+1}^T\boldsymbol{P}_k}{1 + \boldsymbol{a}_{k+1}^T\boldsymbol{P}_k\boldsymbol{a}_{k+1}} \end{cases} \quad (2.39)$$

$k = n, n+1, \cdots, p-1$。

在这里，P_n 和 b_n 的初始值可以直接按式(2.37)计算。式(2.39)是使用学习数据集中的前 n 个数据对。式(2.39)是递归 LSE 的公式。

在 DENFIS 在线模型中，使用加权递归 LSE，其遗忘因子定义为

$$\begin{aligned} \boldsymbol{b}_{k+1} &= \boldsymbol{b}_k + w_{k+1}\boldsymbol{P}_{k+1}\boldsymbol{a}_{k+1}(y_{k+1} - \boldsymbol{a}_{k+1}^T\boldsymbol{b}_k) \\ \boldsymbol{P}_{k+1} &= \frac{1}{\lambda}\left(\frac{\boldsymbol{P}_k - w_{k+1}\boldsymbol{P}_k\boldsymbol{a}_{k+1}^T\boldsymbol{P}_k}{\lambda + \boldsymbol{a}_{k+1}^T\boldsymbol{P}_k\boldsymbol{a}_{k+1}}\right) \quad k = n, n+1, \cdots, p-1 \end{aligned} \quad (2.40)$$

式中：w 为式(2.36)中定义的权重；k 为一个遗忘因子，典型值在 0.8~1 之间。

在联机 DENFIS 模型中，使用联机演化聚类方法(ECM)以及式(2.34)和式(2.40)。在输入空间分区的同时创建和更新规则。如果未应用任何规则插入，则以下步骤将用于创建前 m 条模糊规则并计算函数的初始值 P 和 b。

(1) 从学习数据集中获取前 n_0 个学习数据对。

(2) 使用带有这 n_0 个数据的 ECM 进行聚类以获得 m 个聚类中心。

(3) 对于每个聚类中心 C_i，找到其在输入空间中位置最接近中心的 $p_i(i = 1, 2, \cdots, m)$。

(4) 为了获得与聚类中心相对应的模糊规则，应使用聚类中心的位置和式(2.34)来创建模糊规则的前项。对 p_i 个数据对使用式(2.38)计算结果函数的 P 和 b 的值。p_i 数据点与聚类中心之间的距离取为式(2.38)中的权重。

在上述步骤中，m、n_0 和 p 是 DENFIS 在线学习模型的参数，并且 p_i 的值应大于输入元素的数量 q。

当将新的数据对提供给系统时，可以创建新的模糊规则并更新一些现有规则。如果 ECM 找到了新的聚类中心，则会创建一个新的模糊规则。通过使用式(2.36)，以聚类中心的位置作为规则节点来形成新的模糊规则的前项。根据最接近新规则节点的规则节点找到现有的模糊规则，该规则的结果函数被视为新模糊规则的结果函数。对于每个数据对，如果它们的规则节点到输入空间中数据点的距离不大于 2 D_{thr}(阈值，聚类参数)，则使用式(2.40)更新几个现有的模糊规则。这些规则节点与输入空间中数据点之间的距离被视为式(2.40)中的权重。此外，这些规则之一也可以通过更改其先行条件进行更新，这样，如果通过进化聚类方法(ECM)更改了其规则节点的位置，则模糊规则将具有通过式(2.34)计算的新先行条件。

DENFIS 中的 Takagi-Sugeno 模糊推理如下。

DENFIS 中使用的 Takagi-Sugeno 模糊推理系统是动态推理。除了动态创建和更新模糊规则外,DENFIS 在线模型与其他推理系统还有其他一些主要区别。

首先,对于每个输入向量,DENFIS 模型从整个模糊规则集中选择 m 个模糊规则以形成当前推理系统。此操作取决于当前输入向量在输入空间中的位置。在两个输入向量彼此非常接近的情况下,尤其是在 DENFIS 离线模型中,推理系统可能具有相同的模糊规则推理组。但是,在 DENFIS 在线模型中,即使两个输入向量完全相同,它们对应的推理系统也可能不同。由于这样的原因,这两个输入向量在不同的时刻被呈现给系统,并且在第二输入向量到达之前可能已经更新了用于第一输入向量的模糊规则。

其次,根据当前输入向量在输入空间中的位置,选择用于形成针对该输入向量的推理系统的模糊规则的前提可能会有所不同。在图 2.17 中给出了一个示例,其

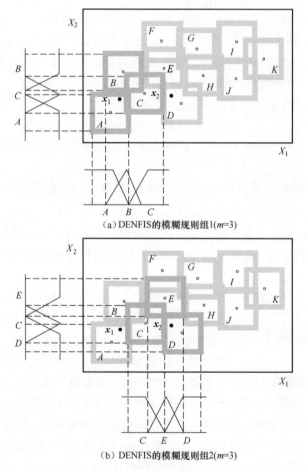

(a)DENFIS 的模糊规则组1(m=3)

(b)DENFIS 的模糊规则组2(m=3)

图 2.17　DENFIS 中的模糊推理示例[15-17]

中分别取决于二维输入空间中的两个输入矢量 x_1 和 x_2 形成两组不同的模糊推理规则。从该示例中可以看到,对于图 2.17(a)组,区域 C 在 X_1 方向上的语言含义为"大",但对于图 2.17(b)中的规则组,它表示的语言含义为与 X_1 方向相同的"小"。在两组规则的每组中,区域 C 分别由不同的隶属函数定义。

DENFIS 应用系统的示例在图 2.18 中给出。6 个输入变量用于训练 DENFIS 系统,以提供针对肾功能 GFR 的医学决策支持,其中演化的隐藏节点表示输入数据的簇,并且每个簇中的数据通过回归函数进行近似。

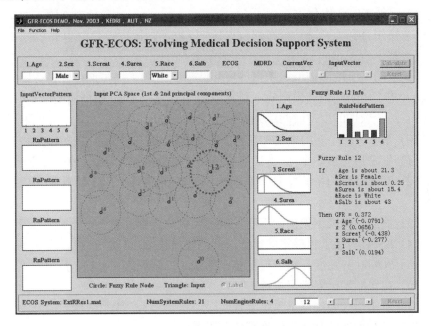

图 2.18 使用 6 个输入变量训练 DENFIS 系统以支持肾功能 GFR 的医学决策的 DENFIS 应用系统示例(其中演化的隐藏节点表示输入数据的簇,并且每个簇中的数据近似为回归函数[17]。使用所示的隶属函数,提取表示/近似集群 12 中数据的局部模糊规则 12)

2.6 其他 ECOS 方法和系统

ECOS 的一项特殊发展是转导推理和个性化建模。代替构建一组覆盖整个问题空间的局部模型(即原型),然后使用这些模型对新的输入向量进行分类/预测,在对每个新的输入向量进行转换建模时,新的模型是基于从可用数据中选择的最近邻居向量创建的。这种 ECOS 模型是神经模糊推理系统(NFI)和转导加权 NFI(TWNFI)[63]。在 TWNFI 中,对于每个新输入向量,都使用新向量与相邻向量之间的距离以及输入变量的加权重要性来优化壁橱数据向量的邻域,从而在邻域中将模型误差最小化[64]。

除了已经介绍的 ECOS 方法外,以下是使用 ECOS 原理的其他方法、系统和应用程序的简短摘要列表,以及揭示 ECOS 方法更多细节的出版物:

(1) 不断发展的自组织地图(ESOM)[65]。
(2) 演进聚类方法(ECM)[66]。
(3) ECOS 中的增量特征学习[67]。
(4) 在线 ECOS 优化[68]。
(5) 使用具有不同统计分布的数据评估 EFuNN 用于模式识别的准确性[69]。
(6) 基于 Gustafson-Kessel 算法的递归聚类[70]。
(7) 使用基于地图的编码来发展可塑性神经网络[71]。
(8) 基于切换到相邻模型的不断发展的 Takagi-Sugeno 模糊模型[72]。
(9) 基于软件的混沌时间序列建模方法[73]。
(10) 基于 Uninorm 的进化神经网络和逼近能力[74]。
(11) 生物信息学的全球、本地和个性化建模及概况发现:一种综合方法[75]。
(12) FLEXFIS:用于发展 Takagi-Sugeno 模糊模型的健壮的增量学习方法[76]。
(13) 使用不同模型架构的不断发展的模糊分类器[77]。
(14) RSPOP:基于粗糙集的伪外部产品模糊规则识别算法[78]。
(15) SOFMLS:在线自组织模糊修正的最小二乘网络[79]。
(16) 在线顺序极限学习机[80]。
(17) 使用模糊神经网络系统寻找实时心室早搏检测特征[81]。
(18) 不断发展的基于模糊规则的分类器[82]。
(19) 一种新颖的基于 Hebbian 排序的通用模糊规则库约简方法,用于 Mamdani 神经模糊系统[83]。
(20) 基于模糊神经网络的模糊认知图的实现及其在时间序列预测中的应用[84]。
(21) 反向传播训练演化的径向基函数神经网络[85]。
(22) 平滑过渡自回归模型和基于模糊规则的系统:功能对等和后果[86]。
(23) 基于语言模糊限制的自适应神经模糊分类器[87]。
(24) 用于神经模糊推理系统的元认知顺序学习算法[88]。
(25) 用于分类问题的基于元认知的 RBF 网络及其基于投影的学习算法[89]。
(26) SaFIN:自适应模糊推理网络[90]。
(27) 用于分类问题的元认知神经模糊推理系统的顺序学习算法[91]。
(28) 自适应在线预测模型开发的架构[92]。

(29) 聚类和协同进化以构建神经网络集成:一项实验研究[93]。
(30) 实时聚类和根据数据生成规则的算法[94]。
(31) SAKM:自适应内核机器——一种基于内核的在线群集算法[95]。
(32) 用于在线自我重组模糊联想学习的 BCM 亚可塑性理论[96]。
(33) 用于演化模糊神经网络动态参数优化的进化策略和遗传算法[97]。
(34) 通过睡眠学习对径向基函数网络进行增量学习和模型选择[98]。
(35) 基于间隔的演进建模[99]。
(36) 不断发展的粒度分类神经网络[100]。
(37) 在线演化神经模糊递归网络的稳定性分析[101]。
(38) 用于在线识别的 TSK 模糊推理算法[102]。
(39) 神经模糊系统中的实验设计[103]。
(40) 使用聚类方法和协同进化遗传算法的 EFuNNs 集合结构[104]。
(41) eT2FIS:不断发展的 2 型神经模糊推理系统[105]。
(42) 使用微分进化设计用于分类的径向基函数网络[106]。
(43) 用于顺序分类问题的元认知神经模糊推理系统(McFIS)[107]。
(44) 基于相似度映射的进化模糊神经网络[108]。
(45) 基于异构 bagging 集成的增量学习[109]。
(46) 模糊联想联合地图网络[110]。
(47) 使用带有多目标 GA 的 CONE 的 EFuNN 集成结构[111]。
(48) 欧洲发展中的经济集群的风险分析和发现[112]。
(49) 用于金融应用的自适应时间序列预测[113]。
(50) 自适应语音识别[114]。
(51) 其他[17]。

2.7 本章小结和更多知识的进一步阅读

本章介绍了人工神经网络(ANN)的基础以及其中的一类——不断发展的连接主义系统。ECOS 不仅可以接受有关测量不断发展的过程的数据培训,而且可以促进规则和知识的提取,以更好地理解这些过程。在亚里士多德之后的 24 个世纪,现在可以自动进行规则提取和从数据中发现知识的过程。不仅如此。通过逐步培训 ECOS 可以进一步调整规则,以适应有关当前问题的新数据和信息。这些规则将永远不再被认为是固定的和真实的,而是在不断发展的。某些部分的其他材料如下:

① 神经模糊系统[20];

② ECOS[17,59,115];
③ 模糊系统[116];
④ 神经网络[116];
⑤ ECOS 开发系统 NeuCom(www. theneucom. com)。

上面介绍的 ANN 和 ECOS 方法及系统主要使用神经元的 McCulloch 和 Pitts 模型(图2.1)。如上所述,它们已被有效地用于各种应用。本章介绍的 ANN 和 ECOS 的许多原理已得到进一步发展,并分别用于创建 SNN 和进化尖峰神经网络 (eSNN)(第4章和第5章)以及受脑启发的 SNN(第6章)。在文献[115]中可以找到 ECOS 的发展概况,包括 eSNN。

ANN 和 ECOS 的混合体"打开了黑匣子",并提供了规则和知识表示的手段,而这些规则是从基于矢量的数据中提取的"扁平"规则。ECOS 方法在第5章中进一步发展为演化 SNN(eSNN)。eSNN 代替了 ECOS 中的标量,使用信息作为尖峰,基于尖峰的时间进行学习,并且可以提取模糊规则。

第3章讨论了大脑如何从作为深度学习的数据中学习以及如何表示深度知识,它可以启发灵感来自大脑的 SNN 中的深度学习和深度知识表示,其中可以提取出时空规则。它们在第6章中介绍,并在其他各章中使用。

致谢

本章中的某些材料最初是由作者在文献[15,17,20,48-49]中发布的。为了介绍 ECOS 原理、EFuNN 和 DENFIS 等 ECOS 模型,我受到早期工作以及与先辈讨论的启发,如 S. Amari、T. Kohonen、W. Freeman、L. Zadeh、T. Yamakawa、J. Taylor。我感谢早期关于 ECOS 方法的出版物的几位合著者所做的贡献,特别是 Qun Song、Mike Watts、Da Deng、Mathias Futschik 和我在奥塔哥大学的所有博士生和博士后研究员。

参考文献

[1] 1. F. Rosenblatt, The perceptron: a probabilistic model for information storage and organization in the brain. Psychol Rev **65**(1958), 386–402 (1958)

[2] S. Amari, A theory of adaptive pattern classifiers. IEEE Trans. Electron. Comput. **EC-16**(3), 299–307 (1967)

[3] S. Amari, Mathematical foundations of neurocomputing. Proc. IEEE **78**(9), 1443–1463(1990)

[4] D. Rumelhart, J. McLelland (eds.), *Parallel and Distributed Processing* (MIT Press, Cambridge,

1986)

[5] P. Werbos, Backpropagation through time. Proc. IEEE **87**(10), 1990 (1990)

[6] T. Kohonen, *Self-Organising Maps* (Springer, Berlin, 1992)

[7] T. Kohonen, The self-organizing map. IEEE **78**(9), 1464–1480 (1990)

[8] T. Kohonen, *Self-organizing Map* (Springer, New York, 1997). ISBN: 3-540-62017-6

[9] G.A. Carpenter, S. Grossberg, *Adaptive Resonance Theory* (MIT Press, Cambridge, 998)

[10] R.S. Sutton, A.G. Barto, *Reinforcement Learning* (MIT Press, Cambridge, 1998)

[11] K. Fukushima, Cognitron: a self-organizing multilayered neural network. Biol. Cybern. **20**(3–4), 121–136 (1975)

[12] K. Fukushima, Neocognitron: a self-organizing neural network model for a mechanism of pattern recognition unaffected by shift in position. Biol. Cybern. **36**(1980), 193–202 (1980)

[13] C.M. Bishop, *Pattern Recognition and Machine Learning* (Springer, Berlin, 2006)

[14] N. Kasabov, Evolving fuzzy neural networks—algorithms, applications and biological motivation, in *Methodologies for the Conception, Design and Application of Soft Computing*, ed. by T. Yamakawa, G. Matsumoto (World Scientific, Singapore, 1998), pp. 271–274

[15] N. Kasabov, *Evolving Connectionist Systems: Methods and Applications in Bioinformatics, Brain Study and Intelligent Machines* (SpringerVerlag, London, 2002)

[16] N. Kasabov, Q. Song, DENFIS: dynamic evolving neural-fuzzy inference system and its application for time-series prediction. IEEE Trans. Fuzzy Syst. **10**(2), 144–154 (2002)

[17] N. Kasabov, *Evolving Connectionist Systems: The Knowledge Engineering Approach*, 2nd ed. (Springer, London, 2007)

[18] T. Kohonen, *Associative Memory—A System-Theoretical Approach* (Springer, Berlin, 1977)

[19] T. Kohonen, Self-organized formation of topologically correct feature maps. Biol. Cybern. **43**(1), 59–69 (1982)

[20] N. Kasabov, *Foundations of Neural Networks, Fuzzy Systems and Knowledge Engineering* (MIT Press, Cambridge, 1996), p. 1996

[21] A.V. Robins, Consolidation in neural networks and the sleeping brain. Connect. Sci. **8**(1996), 259–275 (1996)

[22] G. Cybenko, in *Continuous valued neural networks with two hidden layers are sufficient*. Technical Report, Department of Computer Science, Tufts University, 1988

[23] S. Funahashi, C.J. Bruce, P.S. Goldman-Rakic, Mnemonic coding of visual space in the monkey's dorsolateral prefrontal cortex. J. Neurophysiol. **61**(1989), 331–349 (1989)

[24] Y. Saad, Further analysis of minimum residual iteration. Numer. Linear Algebra Appl. **7**(2), 67–93 (2000)

[25] Wikipedia, http://www.wikipedia.org

[26] J. Schmidhuber, Deep learning in neural networks: An overview. Neural Networks **61**, 85–117 (2015)

[27] Y. LeCun, Y. Bengio, G. Hinton, Deep learning. Nature **521**(7553), 436 (2015). https://

doi.org/10.1038/nature14539

[28] A. Krizhevsky, L. Sutskever, G.E. Hinton, *Image Net Classification with Deep Convolutional Neural Networks*, in Proceedings of Advances in Neural Information Processing Systems (2012), pp. 1097–1105

[29] D. Ferrucci, E. Brown, J. Chu-Carroll, J. Fan, D. Gondek, A. Kalyanpur, A. Lally, W. Murdock, E. Nyberg, J. Prager, N. Schlaefer, Building Watson: an overview of the DeepQA project. AI Mag. **31**(3), 59–79 (2010). https://doi.org/10.2109/aimag.v31i3.2303

[30] G. Hinton, L. Deng, D. Yu, G.E. Dahl, A.R. Mohamed, N. Jaitly, S.A. Senior, V. Vanhoucke, P. Nguyen, T. Sainath, B. Kingsbury, Deep neural networks for acoustic modeling in speech recognition: the shared views of four research groups. IEEE Signal Process. Mag. **29**(6), 82–97 (2012). https://doi.org/10.1109/msp.2012.2205597

[31] L. Sutskever, O. Vinyals, Q.V. Le, Sequence to sequence learning with neural networks. Adv. Neural Inf. Process. Syst. 3104–3112 (2014)

[32] D. Silver, A. Huang, C.J. Maddison, A. Guez, L. Sifre, G. Van Den Driessche, S. Dieleman, Mastering the game of Go with deep neural networks and tree search. Nature **529**(7587), 484–489 (2012). https://doi.org/10.1038/nature21961

[33] L. Benuskova, N. Kasabov, *Computational Neurogenetic Modelling* (Springer, Berlin, 2007)

[34] Sepp Hochreiter, Jürgen Schmidhuber, Long short-term memory. Neural Comput. **9**(8), 1735–1780 (1997). https://doi.org/10.1162/neco.1997.9.8.1735. (PMID9377276)

[35] Felix A. Gers, Jürgen Schmidhuber, Fred Cummins, Learning to forget: continual prediction with LSTM. Neural Comput. **12**(10), 2451–2471 (2000)

[36] N. Kasabov, S.I. Shishkov, A connectionist production system with partial match and its use for approximate reasoning. Connect. Sci. **5**(3–4) 275–305 (1993)

[37] M. Feigenbaum, *Artificial Intelligence, a knowledge-based approach* (PWS-Kent, Boston, 1989)

[38] S. Gallant, *Neural Network Learning and Expert Systems* (MIT Press, Bradford, 1993)

[39] J. Hendler, L. Dickens, *Integrating Neural Network and Expert Reasoning: An Example*, in Proceeding of AISB Conference, ed. by L. Steels, B. Smith (Springer, New York, 1991), pp. 109–116

[40] L. Fu, Integration of neural heuristic into knowledge-based inference. Connect. Sci. **1**(3), 1989 (1989)

[41] L.A. Zadeh, Fuzzy sets. Inf. Control **8**(1988), 338–353 (1965)

[42] E. Mamdani, Application on fuzzy logic to approximate reasoning using heuristic synthesis. IEEE Trans. Comput. **26**(12), 1182–1191 (1977)

[43] T. Takagi, M. Sugeno, Fuzzy identification of systems and its applications to modelling and control. IEEE Trans. Syst. Man Cybern. **15**(1985), 116–132 (1985)

[44] R. Jang, ANFIS: adaptive network based fuzzy inference system. IEEE Trans. Syst. Man Cybern. **23**(3), 665–685 (1993)

[45] J.M. Mendel, *Uncertain Rule-Based Fuzzy Logic Systems: Introduction and New Directions*

(Prentice-Hall, Upper-Saddle River, NJ, 2001)

[46] T. Yamakawa, E. Uchino, T. Miki, H. Kusanagi, A *Neo Fuzzy Neuron and Its Application to System Identification and Prediction of the System Behavior*, in Proceedings of 2nd International Conference on Fuzzy Logic and Neural Networks, Japan, July 1992, pp. 477–483

[47] T. Furuhashi, T. Hasegawa, S. Horikawa, Y. Uchikawa, *An Adaptive Fuzzy Controller Using Fuzzy Neural Networks*, in Proceedings of 5th International Fuzzy System Association World Congress, Korea, July 1993, pp. 769–772

[48] N. Kasabov, J.S. Kim, M.J. Watts, A.R. Gray, FuNN/2—a fuzzy neural network architecture for adaptive learning and knowledge acquisition. Inf. Sci. Appl. **101**(3–4), 155–175 (1997)

[49] N. Kasabov, Evolving fuzzy neural networks for on-line supervised/ unsupervised, knowledge-based learning. IEEE Trans. Syst. Man Cyber. Part B Cybern. **31**(6), 902–918(2001)

[50] M.E. Futschik, N. Kasabov, Fuzzy clustering in gene expression data analysis, in *Proceedings of the IEEE International Conference on Fuzzy Systems*, USA (2002), pp. 414–419

[51] M.J. Watts, A decade of kasabov's evolving connectionist systems: a review. IEEE Trans. Syst. Man Cybern. Part C Appl. Rev. **39**(3), 253–269 (2009)

[52] J.C. Bezdek, *Analysis of Fuzzy Information* (CRC Press, Boca Raton, 1987)

[53] R.R. Yager, D.P. Filev, Generation of fuzzy rules by mountain clustering. J. Intell. Fuzzy Syst. Appl. Eng. Technol. **2**(3), 209–219 (1994)

[54] J. Si, S. Lin, M.A. Vuong, Dynamic topology representing networks. Neural Network **13**, 617–627 (2000)

[55] D. Deng, N. Kasabov, *ESOM: An Algorithm to Evolve Self-organizing Maps from Online Data Streams*, in Proceedings of IJCNN's 2000, Como, Italy, vol. VI (2000), pp. 3–8

[56] M. Watts, N. Kasabov, Evolutionary computation for the optimization of evolving connectionist systems, in *Proceedings of WCCI' 2002* (*World Congress of Computational Intelligence*), *Hawaii* (IEEE Press, Washington, DC, 2002)

[57] M.J. Watts, *Nominal-Scale Evolving Connectionist Systems*, in Proceedings of IEEE International Joint Conference on Neural Networks, Vancouver (IEEE Press, Washington, DC, 2006, pp. 4057–4061

[58] C.T. Lin, C.S.G. Lee, *Neuro Fuzzy Systems* (Prentice-Hall, Upper Saddle River, 1996)

[59] N. Kasabov (ed.), *Springer Handbook of Bio-/Neuroinformatics* (Springer, Berlin, 2014)

[60] B. Widrow, M.E. Hoff, Adaptive switching circuits. IPE WESCON Convention Rec. **4**, 96–104 (1960)

[61] J. Platt, A resource allocating network for function interpolation. Neural Comput. **3**(1991), 213–225 (1991)

[62] K. Yamauchi, J. Hayami, *Sleep Learning—An Incremental Learning System Inspired by Sleep Behavior*, in Proceedings of IEEE International Conference on Fuzzy Systems, Vancouver (IEEE Press, Piscataway, NJ, 2006), pp. 6295–6302

[63] Q. Song, N. Kasabov, TWNFI—a transductive neuro-fuzzy inference system with weighted data

normalization for personalized modelling. Neural Networks **19**(10), 1591–1596 (2006)

[64] N. Kasabov, Y. Hu, Integrated optimisation method for personalised modelling and case study applications. Int. J. Funct. Inf. Personal. Med. **3**(3), 236–256 (2010)

[65] D. Deng, N. Kasabov, On-line pattern analysis by evolving self-organizing maps. Neurocomputing **51**, 87–103 (2003)

[66] Q. Song, N. Kasabov, NFI: a neuro-fuzzy inference method for transductive reasoning. IEEE Trans. Fuzzy Syst. **13**(6), 799–808 (2005)

[67] S. Ozawa, S. Too, S. Abe, S. Pang, N. Kasabov, Incremental learning of feature space and classifier for online face recognition. Neural Networks 575–584 (2005)

[68] Z. Chan, N. Kasabov, Evolutionary computation for on-line and off-line parameter tuning of evolving fuzzy neural networks. Int. J. Comput. Intell. Appl. **4**(3), 309–319 (2004)

[69] R. M. de Moraes, *Assessment of EFuNN Accuracy for Pattern Recognition Using Data with Different Statistical Distributions*, in Proceedings of the 2nd Brazilian Congress on Fuzzy Systems, Brazil, November 2012, pp. 672–685

[70] D. Dovžan, I. Škrjanc, Recursive clustering based on a Gustafson-Kessel algorithm. Evolv. Syst. **2**(1), 15–24 (2011)

[71] P. Tonelli, J.B. Mouret, *Using a Map-Based Encoding to Evolve Plastic Neural Networks*, in Proceedings of the IEEE Workshop on Evolving and Adaptive Intelligent Systems, France, April 2011, pp. 9–16

[72] A. Kalhor, B.N. Araabi, C. Lucas, Evolving Takagi-Sugeno fuzzy model based on switching to neighboring models. Appl. Soft Comput. **13**(2), 939–946 (2013)

[73] J. Vajpai, J.B. Arun, *A Soft Computing Based Approach for Modeling of Chaotic Time Series*, in Proceedings of the 13th International Conference on Neural Information Processing, China, October 2006, pp. 505–512

[74] F. Bordignon, F. Gomide, Uninorm based evolving neural networks and approximation capabilities. Neurocomputing **127**, 13–20 (2014)

[75] N. Kasabov, Global, local and personalised modelling and profile discovery in bioinformatics: an integrated approach. Pattern Recogn. Lett. **28**(6), 673–685 (2007)

[76] E.D. Lughofer, FLEXFIS: a robust incremental learning approach for evolving Takagi-Sugeno Fuzzy models. IEEE Trans. Fuzzy Syst. **16**(6), 1393–1410 (2008)

[77] P. P. Angelov, E.D. Lughofer, X. Zhou, Evolving fuzzy classifiers using different model architectures. Fuzzy Sets Syst. **159**(23) (2008), 3160–3182

[78] K. K. Ang, C. Quek, RSPOP: rough set-based pseudo outer-product fuzzy rule identification algorithm. Neural Comput. **17**(1), 205–243 (2005)

[79] J. de Jesús Rubio, SOFMLS: online self-organizing fuzzy modified least-squares network. IEEE Trans. Fuzzy Syst. **17**(6), 1296–1309 (2009)

[80] G.B. Huang, N.Y. Liang, H.J. Rong, On-line sequential extreme learning machine, in *Proceedings of the IASTED International Conference on Computational Intelligence, Canada*, July 2005,

pp. 232–237

[81] J.S. Lim, Finding features for real-time premature ventricular contraction detection using a fuzzy neural network system. IEEE Trans. Neural Networks **20**(3), 522–527 (2009)

[82] P.P. Angelov, X. Zhou, F. Klawonn, Evolving fuzzy rule-based classifiers, in *Proceedings of the IEEE Symposium on Computational Intelligence in Image and Signal Processing*, USA, April 2007, pp. 220–225

[83] F. Liu, C. Quek, G.S. Ng, A novel generic Hebbian ordering-based fuzzy rule base reduction approach to Mamdani neuro-fuzzy system. Neural Comput. **19**(6) (2007), 1656–1680

[84] H. Song, C. Miao, W. Roel, Z. Shen, F. Catthoor, Implementation of fuzzy cognitive maps based on fuzzy neural network and application in prediction of time series. IEEE Trans. Fuzzy Syst. **18**(2) (2010), 233–250

[85] J. de Jesús Rubio, D.M. Vázquez, J. Pacheco, Backpropagation to train an evolving radial basis function neural network. Evolv. Syst. **1**(3) (2010), 173–180

[86] J.L. Aznarte, J.M. Benítez, J.L. Castro, Smooth transition autoregressive models and fuzzy rule-based systems: functional equivalence and consequences. Fuzzy Sets Syst. **158**(24) (2007), 2734–2745

[87] B. Cetisli, Development of an adaptive neuro-fuzzy classifier using linguistic hedges. Expert Syst. Appl. **37**(8) (2010), 6093–6101

[88] K. Subramanian, S. Suresh, A Meta-Cognitive Sequential Learning Algorithm for Neuro-Fuzzy Inference System. Applied Soft Comput. **12**(11) (2012), 3603–3614

[89] G.S. Babu, S. Suresh, Meta-Cognitive RBF Network and Its Projection Based Learning Algorithm for Classification Problems. Applied Soft Comput. **13**(1) (2013), 654–666

[90] S.W. Tung, C. Quek, C. Guan, SaFIN: a self-adaptive fuzzy inference network. IEEE Trans. Neural Networks **22**(12), 1928–1940 (2011)

[91] S. Suresh, K. Subramanian, *A Sequential Learning Algorithm for Meta-cognitive Neuro-fuzzy Inference System for Classification Problems*, in Proceedings of the International Joint Conference on Neural Networks, USA, August 2011, pp. 2507–2512

[92] P. Kadlec, B. Gabrys, Architecture for development of adaptive on-line prediction models. Memetic Comput. **1**(4), 241–269 (2009)

[93] F.L. Minku, T.B. Ludemir, Clustering and co-evolution to construct neural network ensembles: an experimental study. Neural Networks **21**(9), 1363–1379 (2008)

[94] D.P. Filev, P.P. Angelov, Algorithms for real-time clustering and generation of rules from data, in *Advances in Fuzzy Clustering and its Applications*, ed. by J. Valente di Oliveira, W. Pedrycz (Wiley, Chichester, 2007)

[95] H. Amadou Boubacar, S. Lecoeuche, S. Maouche, SAKM: Self-adaptive kernel machine: a kernel-based algorithm for online clustering. Neural Networks **21**(9), 1287–1301 (2008)

[96] J. Tan, C. Quek, A BCM theory of meta-plasticity for online self-reorganizing fuzzy-associative learning. IEEE Trans. Neural Networks **21**(6), 985–1003 (2010)

[97] F.L. Minku, T.B. Ludermir, *Evolutionary Strategies and Genetic Algorithms for Dynamic Parameter Optimization of Evolving Fuzzy Neural Networks*, in Proceedings of the IEEE Congress on Evolutionary Computation, Scotland (2005), pp. 1951–1958

[98] K. Yamauchi, J. Hayami, Incremental leaning and model selection for radial basis function network through sleep. IEICE Trans. Inf. Syst. **e90-d**(4), 722–735 (2007)

[99] D.F. Leite, P. Costa, F. Gomide, *Interval-Based Evolving Modeling*, in Proceedings of the IEEE Workshop on Evolving and Self-developing Intelligent Systems, USA, March 2009, pp. 1–8

[100] D.F. Leite, P. Costa, F. Gomide, Evolving granular neural networks from fuzzy data streams. Neural Networks **38**, 1–16 (2013)

[101] J. de Jesús Rubio, Stability analysis for an online evolving neuro-fuzzy recurrent network, in *Evolving Intelligent Systems: Methodology and Applications*, ed. by P.P. Angelov, D.P. Filev, N.K. Kasabov (Wiley, Hoboken, 2010)

[102] K. Kim, E.J. Whang, C.W. Park, E. Kim, M. Park, *A TSK Fuzzy Inference Algorithm for Online Identification*, Proceedings of the 2nd *International Conference on Fuzzy Systems and Knowledge Discovery*, China, August 2005, pp. 179–188

[103] C. Zanchettin, L.L. Minku, T.B. Ludermir, Design of experiments in neuro-fuzzy systems. Int. J. Comput. Intell. Appl. **9**(2), 137–152 (2010)

[104] F.L. Minku, T.B. Ludermir, *EFuNNs Ensembles Construction Using a Clustering Method and a Coevolutionary Genetic Algorithm*, in Proceedings of the IEEE Congress on Evolutionary Computation, Canada, July 2006, pp. 1399–1406

[105] S.W. Tung, C. Quek, C. Guan, eT2FIS: an evolving type-2 neural fuzzy inference system. Inf. Sci. **220**, 124–148 (2013)

[106] B. O'Hara, J. Perera, A. Brabazon, *Designing Radial Basis Function Networks for Classification Using Differential Evolution*, in Proceedings of the International Joint Conference on Neural Networks, Canada, July 2006, pp. 2932–2937

[107] K. Subramanian, S. Sundaram, N. Sundararajan, A Metacognitive neuro-fuzzy inference system (McFIS) for sequential classification problems. IEEE Trans. Fuzzy Syst. **21**(6), 1080–1095 (2013)

[108] J.A.M. Hernández, F.G. Castañeda, J.A.M. Cadenas, An evolving fuzzy neural network based on the mapping of similarities. IEEE Trans. Fuzzy Syst. **17**(6), 1379–1396 (2009)

[109] Q.L. Zhao, Y.H. Jiang, M. Xu, *Incremental Learning by Heterogeneous Bagging Ensemble*, in Proceedings of the International Conference on Advanced Data Mining and Applications, China, November 2010, pp. 1–12

[110] H. Goh, J.H. Lim, C. Quek, Fuzzy associative conjuncted maps network. IEEE Trans. Neural Networks **20**(8), 1302–1319 (2009)

[111] F.L. Minku, T.B. Ludermir, *EFuNN Ensembles Construction Using CONE with Multi-objective GA*, in Proceedings of the 9th Brazilian Symposium on Neural Networks, Brazil, October 2006, pp. 48–53

[112] N. Kasabov, Adaptation and interaction in dynamical systems: modelling and rule discovery through evolving connectionist systems. Appl. Soft Comput. **6**(3), 307–322 (2006)

[113] H. Widiputra, R. Pears, N. Kasabov, Dynamic interaction network versus localized trends model for multiple time-series prediction. Cybern. Syst. **42**(2), 100–123 (2011)

[114] A. Ghobakhlou, M. Watts, N. Kasabov, Adaptive speech recognition with evolving connectionist systems. Inf. Sci. **156**(2003), 71–83 (2003)

[115] N. Kasabov, Evolving connectionist systems: From neuro-fuzzy-, to spiking—and neurogenetic, in *Springer Handbook of Computational Intelligence*, ed. by W. Kacprzyk, J. Pedrycz (Springer, Berlin, 2015), pp. 771–782

[116] J. Kacprzyk (ed.), *Springer Handbook of Computational Intelligence* (Springer, Berlin, 2015)

第 2 部分　人的大脑

第3章
在人脑的深度学习和深层知识表征

脉冲神经网络(SNN)及其深层学习算法受到人脑深层学习和深层知识表示的结构、组织和许多方面的启发。本章介绍了有关大脑结构和功能的基本信息,并揭示了深度学习和深层知识表达的一些内在过程,这些过程可以作为脑启发 SNN(BI-SNN)和脑启发 AI(BI-AI)的灵感来源。这里提出的信息不用于建模大脑在其精确的结构和功能复杂度,而是用于:①借鉴大脑时空信息处理原理,创建大脑激发的 SNN 和大脑激发的 AI,作为一般时空数据机,用于时空的深度学习和深度知识表示;②理解大脑数据,当用 SNN 建模时,可以更精确地分析和更好地理解大脑产生数据的过程。

3.1 大脑中的时空

用一个隐喻,可以这样说:时间在大脑之中,而大脑在时间之中。

这个大脑(超过 800 亿个神经元,100 万亿个连接)有一个复杂的空间结构,这个结构已经进化了 2 亿年左右。它是最终的信息处理机。3 种相互作用的大脑记忆类型如下:

(1) 短期记忆(神经元膜电位);
(2) 长期记忆(突触权值);
(3) 基因记忆(神经元核内的基因)。

大脑中时空的进化过程是展现在不同的时间等级,例如:

(1) 纳秒——量子过程;
(2) 毫秒——神经的脉冲活动;
(3) 分钟——基因表达;
(4) 小时——突触的学习;
(5) 年——基因的进化。

更重要地,大脑作为一种深度学习的机制进行学习,从外部的时空数据和内部的活动中创造了长时间的神经网络连接,这些连接代表着深层知识。

据估计,人脑中有$10^{11}\sim10^{12}$个神经元[1]。3/4的神经元形成一个厚厚的大脑皮层,构成一个严重折叠的大脑表面。大脑皮层被认为是认知功能的所在地,如感知、想象、记忆、学习、思考等。大脑皮层与位于大脑中部、所谓的脑干内部和周围的进化老化的皮质下核合作(图3.1)。

皮层下结构和核团由底神经节、丘脑、下丘脑、边缘系统和几十组在全脑运转中具有或多或少特异功能的神经元组成。例如,所有来自感觉器官的输入进入皮层需要在丘脑预处理。

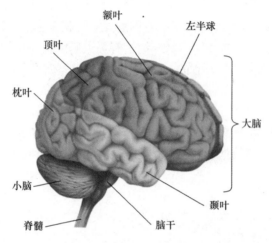

图3.1 大脑皮质层功能区域[7]

情感和记忆功能依赖于完整的边缘系统。当海马体这一关键部位受到损伤时,人类(和动物)就会失去存储新事件和形成新记忆的能力。当一个特定的皮质区域被破坏时,一个特定的认知缺陷随之而来。然而,所有的大脑部分,无论是皮质还是皮质下,都是直接或间接的紧密相连,从而形成了一个巨大的递归神经网络(用人工神经网络的术语)。因此,神经解剖模块不是完全孤立的。

图3.1显示了大脑皮质层功能区域,图3.2显示了大脑皮层区域和内部区域。大脑皮层的1/3用于处理位于初级视觉皮层和位于顶叶皮层和颞下皮层的高级视觉区域的视觉信息。联合皮质占整个皮质表面的一半。在顶叶-颞-枕联合皮层中,感觉和语言信息被联系起来。记忆和情感信息在联合皮层(大脑半球的内部和底部)中联系起来。前额叶联想皮层负责所有联想、评估、提前计划和注意力。语言处理发生在颞叶皮质、顶叶颞枕联合皮质和额叶皮质。

在额叶和顶叶的交界处,有一个躯体感觉皮层,负责处理来自身体表面和内部的触觉和其他躯体感觉信号(如温度、疼痛等)。在它的前面,有一个初级运动皮层,它发出包括语言在内的自发肌肉运动的信号。这些信号先于发生在皮层的准备和预期动作产生。在前额叶皮层内执行动作计划及其结果,包括进出生物体总目标和从其整体目标中排除运动行为。就启动和运动范围而言,皮层下基底神经节参与运动输出的准备和调节。小脑执行例行的自动化运动,如步行、骑自行车、开车等。需要指出的是,在上述每个区域内有更多的结构和功能分区。

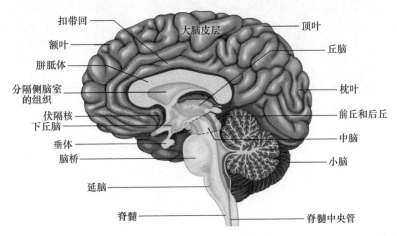

图 3.2　大脑皮层和内部区域视图[71]

左、右半球在不同认知功能中的支配功能或更好的支配功能是不同的[1](图 3.3)。支配半球(通常是左半球)擅长语言、逻辑推理、认知过程意识和认知过程结果意识。尽管非支配性大脑半球(通常是右半球)能够执行认知任务,但它并没有执行这些任务及其结果。它专门执行情感和整体处理、空间的内在和外在表现。它的完整性对于身体完整性的认识至关重要[2]。顶叶皮层(包括体感皮层)损伤会导致失认症。四肢和身体都完好无损,但大脑皮层和精神表现却消失了。患有右顶叶中风的病人,尽管能看到,却忽略了身体的左半部分。这不是左半瘫痪的结果。左顶叶的镜像损伤不会导致失认。似乎右半球在个人内外空间的心理表征中占主导地位。换句话说,身体自我的主观体验取决于特定的大脑机制,即右半球初级和高级体感皮层区域的完整性[2]。

为了支持对大脑的研究和更好地构建大脑数据,已经创建了一些结构脑图谱。可能第一次尝试是由科尔比尼安·布罗德曼(KorBInian Brodmann)做的,他在 1909 年出版了人类大脑的细胞结构图。该结构图显示了大脑皮层的 47 个不同区域。每个布罗德曼区(BA)都有不同类型的细胞,但它也代表不同的结构区、不同的功能区(如 BA17 是视觉皮层)、不同的分子区(如神经递质通道的数量)(图 3.4)。

多年来,1998 年标准的《人类大脑塔拉雷赫图集》(TalAIrach Atlas of Human BrAIn)[3-4]一直是功能和结构脑图研究中报告大脑激活位置的标准。他们已经创

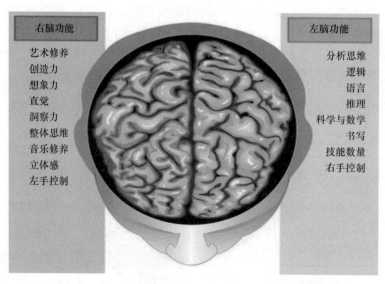

图 3.3　大脑的不同部分被分配来执行不同的功能[71]

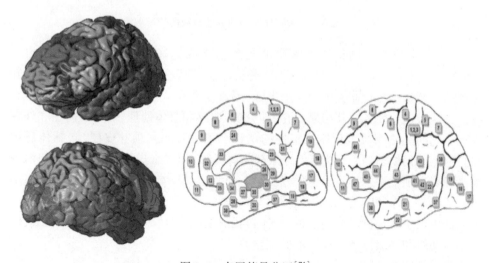

图 3.4　布罗德曼分区[71]

建了一个共平面 3D 立体定位图谱的人脑,可以从不同的角度使用不同的方法来研究它。一个称为 TalAIrach Daemon(图 3.5)的软件可以公开下载,并可用于计算大脑图像上及其相应的 brodmann 区域上任何给定点的 (x,y,z) 的 TalAIrach 坐标。通过使用该软件,大脑区域可以相应地标记为不同的可视化颜色,如图 3.6 所示。

TalAIrach 模板是从单个大脑的分析中导出的,另一个称为蒙特利尔神经研究所(Montreal Neurological Institute,MNI)模板的坐标是从个人的 MRI 数据平均值中

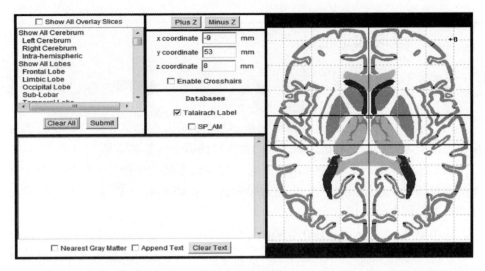

图 3.5 大脑可视化的 Talairach Daemon 软件(http://www.talairach.org/applet/)

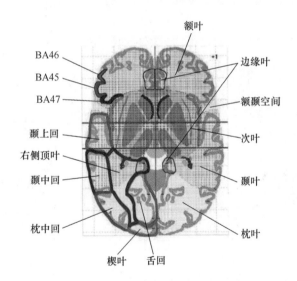

图 3.6 Talairach 地图集有叶标签(用图案颜色填充说明)、回旋结构(用粗体颜色轮廓说明)和几个 Brodmann 区域(用纯色填充说明)[4]

导出的,如 MNI152 和 MNI1305[5]。另一个著名的大脑模板是由国际脑图联盟(ICBM)提出的,其发行量少,包括 ICBM452、ICBMchinese56、针对阿尔茨海默症的 ICBM AD 和针对多发性硬化的 ICBM MS[6]。

3.2 学习和记忆

学习和记忆形成的能力是最重要的认知功能之一。我们最大的特性取决于我们所学和所记。可把学习和记忆的研究分为两个层次。

（1）本部分的主题是，这个系统层级（就时空而言在哪里和什么时候），尝试用自上而下的方法去回答记忆轨迹存储在大脑的哪个位置和路径。

（2）从分子层级上（如何）用自下而上的方法来致力于研究在细胞和分子层级的哪种编码和存储信息的方式，这也是将会在第15章和第16章中介绍的，并会在本章的后面部分介绍。

长期以来，人们认识到存在短期记忆和长期记忆。短期记忆持续几分钟，也称为工作记忆，它发生在前额叶皮层，尽管与记忆内容相关的皮层其他部分也被激活[8]。学习过程和长期记忆形成过程可分为4个阶段（图3.7）。

（1）编码。注意力集中和学习或将新信息输入工作记忆。找到与已存储记忆的关联。

（2）巩固。稳定新信息的过程，通过学习或预演转化为长期记忆的过程。

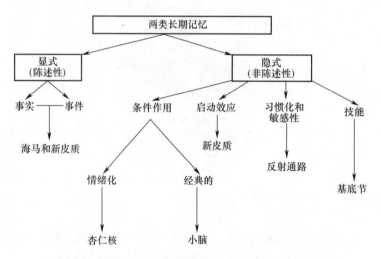

图 3.7　不同类型的长期记忆分为显式记忆和隐式记忆[7]

（3）储藏。长期学习或在记忆中储存信息。

（4）回忆。从工作记忆中提取信息。

根据临床、影像学和动物研究，可以将长期记忆分为两个主要类别，它们具有不同的亚型、不同的机制和在大脑中的不同位置（图3.2）。显式（陈述性）记忆是事实的记忆(语义记忆)和事件记忆(碎片记忆)。从显式记忆中进行回忆需要有意识的努力,并且可以用语言表示的存储条例。海马是显式记忆中的关键但只是短暂的阶段。显式记忆是如何形成的？信息通过感觉器官(视觉、听觉、嗅觉、触觉)到达大脑,并通过皮层下感觉核和感觉皮层区域进入多峰联合区域,如顶颞枕联合皮层、边缘联合皮层和前额叶皮层。从那里,信息通过海马旁皮层、周围皮层和内嗅皮层传递到海马中。信息从海马传递到下丘脑,从那里返回内嗅皮层,一直返回到皮层相关区域。因此,用于长期显式存储的大脑电路形成了可重入的闭环。根据实验数据,已经制定并模拟了"突触再入强化"或SRR假设以及相应的计算模型[9-10]。根据该假设,在初次学习后,海马记忆痕迹的活化反复驱动皮质学习。因此,在多次重复之后存储了一个记忆跟踪。在记忆迹线的重新激活过程中反复增强突触可能导致记忆迹线竞争的情况,以至于增强一个记忆总是以牺牲其他记忆为代价,后者要么被削弱要么完全丢失。换句话说,每次重新激活记忆时,存储在神经网络中的单个记忆要么丢失(由于突触衰减),要么通过反复几轮突触来增强和维持。一旦皮质连接完全巩固和稳定,海马本身就变得可有可无了。有意识或无意识地回忆记忆轨迹的频率差异可能是影响选择记忆合并方式的另一个因素。越来越多的证据表明,睡眠在记忆巩固中的作用是通过学习诱导的神经元自发活动的相关性和重现睡眠过程中觉醒神经活动的方式而实现的[11-12]。尽管其他人指出,缺乏快速眼动睡眠的人没有显示记忆不足,并且睡眠在记忆巩固中的主要作用尚未得到证实[13]。一个有趣的问题是,记忆整合完成后,过时的海马记忆痕迹如何发生降解。最新的假设是记忆清除实际上可能涉及新生神经元。在包括人类在内的许多脊椎动物中,海马齿状回的神经发生贯穿整个生命。这些新神经元的祖细胞位于齿状回的亚颗粒层[14-15]。

隐式的或非陈述性记忆用来存储知觉和运动技能以及条件反射。记忆所存储的隐式信息是在没有意识的努力下自动发生的,并且信息不是口头表达的。基底神经节和小脑对于获得运动习惯和技能非常重要,这些运动习惯和技能的特点是精确的运动模式和快速的自动反应。小脑是调节的关键结构。有条件的情绪反应需要边缘系统的杏仁核。非关联性学习,如习惯化和敏感性,发生在初级感觉和反射通路中。事先准备指在没有任何意图或任务相关的动机的情况下,由于事先暴露于决策环境中的某些信息而导致的决策速度或准确性的提高,并发生在大脑皮层。

尽管隐式学习和显式学习涉及不同的记忆内容,但它们共享细胞和分子机制[7,16]。这些机制将是第4章的主题之一。稍后还将介绍学习和记忆的遗传学,并将其作为神经遗传计算模型的灵感来源,如第16章所述。

3.3 信息的神经表示

在大脑中表示信息的第一个原则是冗余。冗余意味着每一个信息(在任何意义上)都由冗余数量的神经元和突触存储、传输和处理,这样当神经网络受到损伤时(如由于老化)就不会丢失。当神经网络受到破坏时,它们的性能并不像计算机那样突然降到零,而是优雅地退化。神经网络的计算机模型也证实了这样一个观点:随着神经元和突触的丢失,性能下降不是线性的,而是神经网络能够承受相当大的损害,并且仍然表现良好。其次,当代关于神经表征本质的观点是,信息(在内容或意义上)由大脑皮层(或一般大脑)的位置来表示。然而,这种放置是解剖结构和输入塑形的结果,即依赖于经验的可塑性。例如,单词"apple"的声音模式在颞叶皮层的听觉区域中表示[7],它表现为活动神经元和非活动神经元的空间模式。这种神经表征通过突触重量与顶叶皮层中苹果视觉图像的神经表征相关联,与嗅觉皮层中苹果气味的神经表征相关联,与祖母花园中的记忆和关于苹果的事实相关联,诸如此类,在皮层的其他一些区域也有所表现。特定区域内的神经表征(即活动神经元的分布或模式)及其区域之间的联系是学习的结果(即突触可塑性)。不同的物体由皮层区域内活动神经元的不同模式或分布来表示。因此我们讨论所谓的分布式表示。

目前的假设认为,回忆是一个积极的过程。皮层神经网络应该能够利用活动模式的片段来填补空白,从而快速地重新创建整个神经表示,而不是被动地处理从层次较低的处理级别到达的所有电信号。填充过程可以通过人工神经网络建模,如 Hopfield ANN[7](图 3.8)。神经表征(活动模式)存储在突触权重矩阵中,通过该矩阵,神经网络中的神经元相互连接。存储特定对象表示的权重分布是由于经验依赖的突触可塑性(学习)而产生的。当这种神经表征的很大一部分从网络外部被激活时,沿着网络中所有突触的少量电信号会迅速打开表征中合适的剩余神经元。

活动模式意义上的神经表征具有整体性。作为一个整体,活动模式正在被召回(恢复)。因此,可以看到神经表征的特征与格式塔之间的关系。格式塔心理学是 20 世纪初由德国的马克斯·韦特海默、库尔特·科夫卡和沃尔夫冈·克勒发展起来的。格式塔心理学认为,整体心理格式塔(形状、形式)是基本的心理要素。对于格式塔的存储和召回,必须遵守一定的规则,如接近规则、良好的延续性、对称性等。这些规则已被实验验证。

综上所述,对象的神经表征作为一个整体存储在突触权重矩阵中。我们无法追踪到导致整体感知的一系列步骤。突触权重隐式地将模式的部分结合在一起。

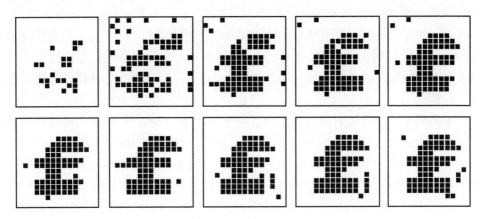

图 3.8　在少量输入脉冲后自动重新创建神经表示的图示（图在左上角）（黑色像素代表一个激发神经元,空白像素代表一个沉默神经元。从左到右的每一种活动模式(1ms 时间框架)之间,网络中的神经元只交换一个脉冲。因此,基本上在只交换了 2~3 个尖峰之后,就重新创建了内存模式。网络可以反射恢复的内存模式,直到不同的外部输入到达)[7]

3.4　大脑的感知总是时空的

大脑中的感知为学习和发展提供信息。感知的 5 种感官（视觉、听觉、触觉、味觉和嗅觉）一如既往地向大脑发送时空信息。即使是静态图像在视网膜中也被视为细胞的活动,这些细胞在时间和空间上因图像像素的不同颜色和强度而被激活,亮度越高的像素导致第一个峰值从视网膜发送到视觉皮层。在第 9 章中,当一个人看到一张图片的 FMRI 数据训练一个系统时,也证明了这一点。

感知伴随着感觉的意识,因此这里将描述潜在的神经过程。我们将专注于视觉感知和视觉意识,因为相似的原则适用于所有的感觉。视皮层不同区域的神经元对不同的基本特征做出反应,如光强度的定向边缘（条）、双眼视差、运动、颜色等[1,7]。枕、顶叶和颞下皮质的视觉区域,虽然相互连接,但有层次结构。低层次处理的结果被转发到高阶区域。高阶区域的神经元对来自低阶区域的各种基本特征组合作出反应。在灵长类动物中,根据匹配的心理物理和生理数据,已经确定了 3 个相对独立但相互紧密联系的主要视觉系统,即"magno""parvo"和颜色系统[7,17]。"magno"系统负责感知运动、深度和空间以及物体的分离。通过立体视觉、透视深度、相互运动深度、遮挡深度等多种线索的识别,实现了对物体的深度感知。对于物体的分离和识别,采用基于运动的分离、背景的分离、边界的填充、阴影的形状等方法,颜色系统负责颜色的感知。对属于这3个系统的皮层神经元,它们具有这4种生理特性的不同组合和范围:对颜色的敏感性(小/大)、对光对比度的敏感性(小/大)、时间分辨率(小/大)、空间分辨率(小/大)。这些是所谓的视觉对象的基本特征。属于一个视觉对象的基本特征激活大脑皮层内不同的空间离散神经元群。

编码属于一个视觉对象的特征的空间分离神经元的结合,可以通过这些神经元在时间上的短暂同步放电来完成[18-20]。在听觉、触觉和其他知觉的情况下,在听觉、体感、顶叶、运动和前额叶皮质中也分别检测到类似的神经元同步振荡[21]。在人类、灵长类动物和其他研究哺乳动物的大脑皮层中,特别是感觉刺激的结果,发现了频率在40Hz及以上的神经元振荡(称为γ振荡)。这种同步发生在相对较长的距离(毫米至厘米),如不同的皮质区域之间、皮质和丘脑之间以及两个半球之间。

同步是指神经元以相同的频率和相位放电(尖峰)。这导致在空间和时间上同时激发神经元的分布模式。不同物体之间的神经联系可以不同:①哪些神经元是模式的成员;②哪些是它们同步的特定频率;③哪些是它们同步的阶段。因此,瞬变同步γ振荡被认为是一种可能的候选机制,可以将属于一个物体的许多基本特征与对应于一个感知的瞬变整体结合起来。短暂同步是建立在学习所产生的潜在突触连接性的基础上的。

一个实验现象强烈地暗示了瞬时同步和知觉之间的一对一对应关系是双目竞争。在双目竞争中,每只眼睛都不断地受到不同模式的刺激。视觉感知既不是这两种模式的平均值,也不是它们的总和。相反,两个知觉之间的随机交替就好像它们在相互竞争一样,因此术语"双目竞争"[22]发现,对一种或另一种模式作出反应的神经元只在相应的知觉期间同步。因此,尽管这种模式不断刺激眼睛,只有当模式被感知时,皮层神经元才会同步。

在文献[23]中,Rodriguez等的重要研究已经证明人类对面部的感知伴随着顶叶皮层和额叶皮层运动前区的γ活动在层次最高的视觉区域的短暂同步(180 ms)(图3.9)。因此,短暂的同步也可能伴随着其他认知过程,而不仅仅是感知。Miltner等[24]确实在联想学习期间检测到γ振荡的同步。人类应该学会将视觉刺激和触觉刺激联系起来。在学习期间和学习之后,视觉皮层和代表受刺激手的体感皮层部分发生选择性同步。当人们忘记了学习的关联,这两种刺激之间的同步或者更确切地说,这两种刺激的神经反应之间的同步就消失了。

目前,瞬变(100~200ms)同步γ振荡正作为一种很有希望的候选机制被研究,这种机制将属于一个物体的许多基本特征与对应于该物体感知的一个瞬变整体结合起来[25-26]。在随后的处理阶段,这种同步活动的总和比目标细胞中的非同步活动的总和更有效,并且活动可以扩展到更长的距离。如果是这样的话,同步可以增加一个选定的神经元群体对其他具有高度时间特异性的群体(毫秒范围内)的影响。同时也有证据表明,同步性对于诱导突触效应的改变,从而促进信息向记忆的传递是重要的。一个场景中的不同对象可以与γ频带内的不同锁相同步振荡相关联。因此,限制在40Hz左右的窄频带内的大脑区域之间的相干增强可能表示对复杂刺激的整体感知。根据实验结果,确定了有意识感知的关键神经条件[19、23、27-29]。

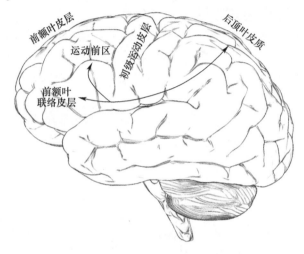

图3.9 后顶叶皮质和额叶皮质主要分支之间的皮质-皮质联系(在Rodriguez等的人脸识别实验中,图示区域显示在40Hz波段内的相干增强。当人脸被识别时,在图像呈现开始后180×360ms的时间窗内[7, 23]出现短暂的相干)

产生知觉意识涉及注意力的过程。前额叶皮层的几个区域与注意力有着重要的联系,即8Av(与视觉系统的主要联系)、8Ad(与听觉系统的主要联系)和8B(与边缘系统的主要联系)[8]。注意选择可能取决于两个同时活跃的方向上感觉区神经元放电的适当结合(相干):前额叶皮层的注意机制可以诱导所选神经元群体的同步振荡(自上而下的相互作用),而高度同步的细胞组合可以使注意区域产生相干(自下而上的相互作用)[19]。第8章提出了一个SNN模型来模拟注意偏置,它表现为当一个人对非目标刺激做出反应时的大脑活动。

在感知过程中激活的另一个前额叶区域包括布罗德曼区9、10、45、46、47(图3.10)。这些前额区域被认为参与了扩展的行动计划。此外,这些前额叶区域加上后顶叶皮质参与了工作记忆,后顶叶皮质也参与了心理想象。为了规划动作,必须至少跟踪一个部分动作序列,因此规划和记忆机制之间存在重叠。可能只有当感觉内容通过后顶叶皮质与前额叶区域结合,从而有可能成为工作记忆和行动计划的一部分时,感觉内容才能成为意识[25]。反过来,行动计划可能会影响注意机制的组织,从而影响被感知的东西。行动计划可以在潜意识层面进行[30-31]。

相关区域的相干在大脑皮层内部产生,虽然它们是相位锁定的,但它们不是刺激锁定的。它们叠加在认知任务期间产生和维持的整体丘脑皮层 γ 振荡上[32]。丘脑皮层振荡可能提供皮层振荡的基本振荡调制。其他皮质机制则负责内部皮质同步振荡的精确相位锁定。特别是这些是侧抑制和兴奋性相互作用,有规律地爆破第五层锥体细胞和尖峰计时依赖的快速突触可塑性。最后,突触和不同步驱动突触后细胞和输入信号暂时减弱[33]。

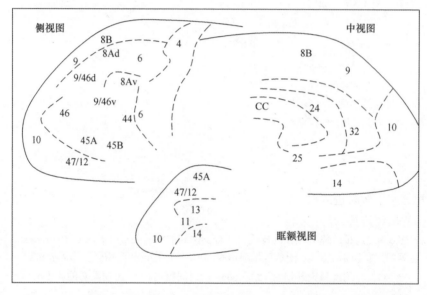

图 3.10 人类前额叶皮层[7](左半脑的侧视图(从外)、中视图(从内)和眶额视图(从下)。同样的划分也适用于右半球。数字表示相应的布罗德曼区域。CC 指胼胝体)

在文献[33]中,这被称为不断变化的半全局相干活动、动态核心。动态核心对应于一个大的(半全局的)连续的神经元群簇,这些神经元群在数百毫秒的时间尺度上是一致活跃的。其参与的神经元群之间的相互作用比大脑其他部分强得多。动态核心也必须具有非常高的复杂性,而不是杂乱无章。每大约 150ms,一个半全局性的活动模式必须在不到 1s 的时间内从一个非常大的、几乎无限的选项库中选择出来。因此,随着时间的推移,动态核心的组成会发生变化。正如神经影像学所建议的,动态核心的确切组成不仅在一个个体内随时间而显著变化,而且在个体间也显著变化(图 3.11)。

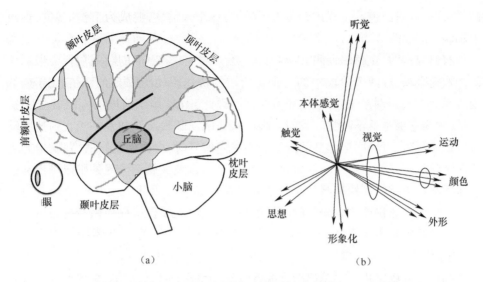

图 3.11 动态核心的例子——大脑不断变化的连贯的半全局时空活动被认为是意识的神经关联(核心的一种构型持续约 150ms。B 将动态核解释为 n 维神经元参考空间,其中每个轴(维度)表示编码(代表)意识体验的给定方面的神经元群。每个轴可以被分解成更多的基本轴。可以有几十万个时空维度)[7]

根据文献[33]所述,动态核心由大量分布的神经元群组成,这些神经元群基于相互的相干暂时进入核心。将神经元群连接成暂时同步的整体需要大脑区域之间紧密的反复连接,在此过程中,信号会再次进入。任何意识状态的神经参考空间可以被视为抽象的 n 维空间,其中每个轴(维度)代表一些参与的神经元组,这些神经元编码(表示)有意识体验的给定方面。可能有几十万个维度。从轴起点的距离代表该方面的特异性。例如,它可能对应于给定组内的放电神经元数量。我们想指出这个抽象的 n 维神经空间和文献[34]引入的概念空间之间有趣的相似性。

在这个理论中,潜意识的神经基础是什么? 同一组神经元有时可能是动态核心的一部分,是意识体验的基础,而在其他时候,它可能不是其中的一部分,因此参与潜意识的处理。在文献[27]中,已经提出那些目前还没有参与半全局活动的活动神经元继续处理它们的输入,并且这种处理的结果可能仍然影响行为。

根据文献[33],我们还想提到,对神经关联的性质或意识的难题的解释。性质是主观经验的特定性质,如红色、蓝色、温暖、疼痛等,根据动态核心假说,纯红色是由动态核心的一种特定状态来表示的,即在非维度神经空间中只有一个点。这种核心状态肯定包括大量编码红色的神经元参与,以及少量编码其他颜色和任何其他颜色的神经元的参与。在 n 维参考神经元空间中,一个点的坐标是由处于核心部分的所有神经元群的活动决定的。这些活动在时空和个体之间都有差异。因此,不同的人对红色的主观体验是不同的,同一个人的主观体验也可能不同,如早上和晚上。

有研究表明,在睡眠期间,人类通常会经历 2~3 个周期的睡眠阶段。根据伴随的快速眼动,这两个阶段中的一个是所谓的快速眼动睡眠。大脑在 REM 期的 EEG 活动与清醒时的 EEG 活动非常相似。因此,REM 睡眠阶段的"矛盾睡眠"这个词,因为它根本就不睡觉。我们大多在快速眼动睡眠阶段做梦。当在快速眼动阶段被唤醒时,可以回忆起梦的内容。当我们做梦时,会体验到自我意识,但当进入深度睡眠时候就不会了。因此,"我"在做梦时以及大脑清醒时的脑电图活动被保留下来。当我们在快速眼动阶段结束时醒来,就会记得我们做了梦,但不知道是什么梦。当在非快速眼动睡眠阶段被唤醒时,我们大多否认任何做梦的经历。非快速眼动睡眠阶段也称为深度睡眠,大脑活动以典型的慢-大-规则波发生。最近,关于睡眠期间大脑皮层内活动扩散的实验表明,在非快速眼动睡眠阶段,不同的大脑皮层区域停止了远距离的交流,这是一个睡眠阶段,人们在醒来时大多没有或很少有意识体验[36]。因此,在非快速眼动睡眠期间,连贯的半整体活动似乎被打断,意识知觉也被打断了[7]。睡眠期间大脑中的信息整合被用作开发 ECOS"睡眠学习"算法的灵感(第 2 章)。它也可以启发 SNN 新算法的发展。

3.5 深度学习与深层知识在大脑中的时空表征

如上所述,大脑是一台复杂的集成时空信息处理机器。动物或人脑具有一系列分布在 3D 空间域的结构和功能区域。当大脑处理由外部刺激或内部过程(如视觉、听觉、躯体感觉、嗅觉、控制、情绪、环境、社会或所有这些刺激结合在一起)触发的信息时,复杂的时空通路被激活,并且在整个大脑中形成模式。例如,语言任务涉及将刺激信息从内耳通过丘脑的听觉核传递到初级听觉皮层(41 区),然后转移到高级听觉皮层(42 区),再传递到角回(39 区)[7, 37]。大脑中时空通路的许多其他研究也已进行,如鸟鸣学习[38]。

原则上,可以在大脑中观察到时空信息处理的不同"层次"[37],所有"层次"之间共同作用。可以收集与每个"层次"相关的时空脑数据(STBD),但是我们如何将这些信息集成到机器学习模型中呢?

让我们追溯这个实验中的视觉大脑处理[7](图 3.12)。投影图像会刺激视网膜 20ms。在约 80ms 内,丘脑 LGN①(外侧膝状核)中的神经元做出反应。丘脑神

---

① 本书为避免歧义,缩写 LGN 保留,给出中文全称解释

经元激活初级视觉皮层(V1)中的神经元。然后激活进入高阶视觉区域 V2、V4 和 IT。我们谈论所谓的"WHAT"视觉系统,假定它主要负责对象的分类和识别。在该系统的最高阶区域(颞下(IT)皮层)中,活动自图片开始出现 150ms(平均)后出现。可以认为,这里在 IT 区域中分类过程已完成[43]。如果将图片开始出现后的 150ms 除以处理区域(即视网膜、丘脑、V1、V2、V4)的数量,则平均每个区域只有 30ms 用于信号处理。前部区域 PFC、PMC 和 MC 负责准备和执行电机响应,仅需 100ms。除以 3,每个区域又得到约 30ms。由于每个提到的区域都具有更细微的划分,因此每个子区域只能有 10ms 的时间来处理信号,并将其发送到更高的处理层次。同时,每个区域的神经元都会在分层处理流中上下发送信号。无论是 10ms 还是 30ms,这都是在单个区域中进行处理的极短时间。当自然刺激皮层神经元时,其频率为 10~100Hz。以 10Hz 的平均频率发射的神经元(即在 1000ms 内有 10 次脉冲)可能会在刺激开始后 100ms 内发射第一个尖峰。因此,在最初的 10~30ms 内,该神经元不会产生尖峰信号。另一频率为 100Hz 的神经元在第一个 10~30ms 内发射 1×3 个尖峰。在上述每个区域中,都有数以百万计的神经元,然后这些神经元仅交换 1~3 个尖峰,并且处理结果被发送到较高阶的区域,而较低者则

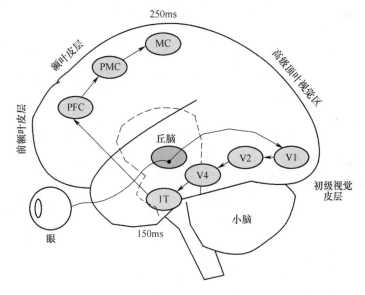

图 3.12 用于图像分类的人类视觉刺激的深空时处理(皮层区域的位置:V1 为初级视觉皮层,V2 为次级视觉皮层,V4 为四级视觉皮层,IT 为下颞皮层,PFC 为前额叶皮层,PMC 为运动前皮层,MC 为运动皮层。大脑通过深度学习以学习如何处理视觉刺激,形成一个深层的知识,表现为大脑不同空间位置部分之间的连接,在不同时间被激活[7]。我们可以将图像刺激分类为一系列事件(E_i)的深层知识表示出来,每个事件都是由一个函数 F_i 组成,它在某个时间 T_i 被激活为一个位置 S_i,所有这些函数都作为一个深层知识连接起来)

传递到较低阶的区域。每个神经元都从其他10000个神经元接收信号,然后将信号发送到下一个10000个神经元。一个突触中的突出传输延迟约为1ms。神经元不能等待10000ms从其所有突触前神经元接收信号。因此,信号应该几乎同时出现,而不是一个接一个地出现。

输入神经元处理中的另一个复杂之处是触发为一个随机过程。一个很好的模型是泊松随机过程,其中分散值等于平均值,因此分散值很大。谈到10Hz或100Hz的发射频率,指的是相对较长时间内的平均频率,可以说是500ms(0.5s)。因此,从刺激开始的前10~30ms内,平均频率为100Hz的神经元发射不必发射单个尖峰,而神经元以10Hz的平均频率发射可能会发射4个尖峰。

总之,神经元如何编码信息确实是一个问题。到目前为止,这个问题尚未解决。在以下部分中将介绍几种当前的假设。

尽管大脑中的信息处理非常复杂,但是可以抽象地表示将图像刺激分类为一系列事件(E_i)的深层知识,每个事件都由一个函数 F_i 组成,该函数在以下位置处被激活为位置 S_i 和时间 T_i,并且所有这些元素都相连为一个深层知识(根据第1章中对深层知识的定义)。

Wernicke-Gesehwind① 模型[41]是重复听到的单词的简单任务中的语言处理,它是预先进行深度学习后大脑区域的时空深度激活。语言任务涉及许多处理步骤,如专栏3.1和图3.13,作为深度学习而学习,并代表着深层知识。该任务涉及

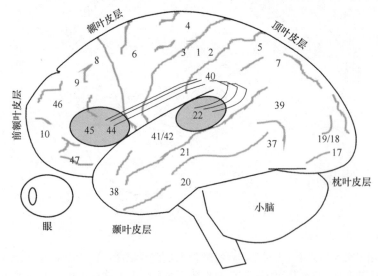

图3.13 处理单词和语言时大脑中的深时空处理

---

① Wernicke-Gesehwind 英文命名为确保信息准确,此处保留。

不同的过程(在第 1 章中称为事件 E_i),每个事件 E_i 包含函数 F_i、空间位置 S_i 和执行时间 T_i,并且将所有这些深层知识联系在一起。

> **专栏 3.1** 在语言任务中学习并在时空中表示的深层知识(图 3.13)
>
> (1)事件 E_1:在时间 T_1,信息从内耳通过丘脑的听觉神经核传递到初级听觉皮层(Brodmann 的 41 区)(位置 S_1)。
>
> (2)事件 E_2:在时间 T_2 到达更高级别的听觉皮层(42 区)(位置 S_2)。
>
> (3)事件 E_3:在时间 T_3 中传递到角回(39 区)(位置 S_3)。角回是顶-颞-枕联合皮层的一个特定区域,其被认为与传入的听觉、视觉和触觉信息的联合有关。
>
> (4)事件 E_4:从此处开始,信息在时间 T_4 投射到 Wernicke 的区域(22 区)(位置 S_4)。
>
> (5)事件 E_5:通过弓形束到达 Broca 的区域(44、45),在该区域中,语言的感知被译成为短语的语法结构,在 T_5 时刻,该位置存储了用于发音的存储器(位置 S_5)。
>
> (6)事件 E_6:有关短语声音模式的此信息随后被中继到控制关节发音的运动皮质的面部区域,以便可以在时间 T_6 说出单词(位置 S_6)。
>
> 注意:事件 E_i 的时间 T_i 和位置 S_i 可以采用精确值或模糊值。

命名已被视觉识别的对象也涉及类似的途径。这次,输入来自视网膜和 LGN(外侧膝状核),到达初级视觉皮层,然后到达 18 区,再到达角回,之后绕过 Wernicke 区域,由弓形束的特定部分直接传递到 Broca 区域。

大脑已经通过深度学习学习了如何处理视觉刺激,从而形成了深层知识,表现为在不同时间激活的大脑不同空间位置之间的联系。

大脑中的深度学习是通过在空间和时间上的神经元之间建立联系来实现的。这些联系所形成的模式代表着深刻的知识,并使人们能够执行不同的任务。在第 8 章中有类似于本节讨论的深度学习和深度知识表示法。我们从脑电图数据和 fMRI 数据(第 10 章)中提出了深度学习和深度知识表示的方法。

3.6 神经元和大脑中的信息及信号处理

3.6.1 信息编码

大脑由数以万亿计的神经元和连接组成,每个神经元都是一个复杂的信息处理机器,接收来自与树突连接的其他神经元的数千个接收信号。神经元只有一个输出,当这个神经元的膜达到一个阈值时,它就会达到尖峰(图 3.14)。

如下文所述,大脑中的信息在不同的编码机制下以电位(尖峰)的形式表示和传递。在这里讨论了在大脑中将信息编码为尖峰的一些方法,这些方法启发了第4章提到的人工脉冲神经网络中的数据编码方法。

1. 基于尖峰定时的信息编码

(1) 反向相关。第一种选择是将有关对象特征显著性的信息编码在输出尖峰序列的确切时间结构中。我们说两个神经元在 30ms 内发射了 3 个尖峰。第一个神经元发射具有这种时间结构的尖峰序列Ⅰ、Ⅱ和第二个具有这种时间结构的神经元Ⅲ。通过反向相关技术,可以计算出哪个刺激专门导致哪个神经元的哪个时间模式。该理论的主要支持者是 Bialek 及其同事,他们在飞行视觉系统中进行了成功的验证[42]。

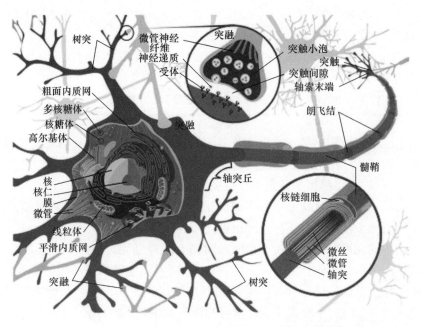

图 3.14 单个神经元是一个复杂的信息处理机器[71]

(2) 第一次脉冲时间。让刺激瞬间到达神经网络,第一次发射的神经元(如在 10ms 的窗口中)携带着最重要的关于刺激的特征。其余的神经元和其他的冲动都被忽略了。这一理论受到 Thorpe[40,43]的青睐。

(3) 相位编码。关于特征存在的信息被编码在神经元相对于参考背景振荡的脉冲相位中。它们要么处于阶段领先状态,要么处于阶段滞后状态。该信息还可以取决于该相位超前(滞后)的大小。研究海马体的人更喜欢这种编码。

(4) 同步。可以通过及时同步触发将代表属于一个对象的特征神经元群体绑定在一起。这种同步是在 W. Singer 实验室的猫视觉皮层中发现的,以伴随知觉[22]。在感知有意义刺激(面部)的过程中,还可以在人类皮层中检测到它[23]。

2. 编码速率

（1）时间平均速率。在这方面,引用了 20 世纪 30 年代的英国生理学家阿德里安的著作。阿德里安发现,体感皮层与触觉受体的压力成正比。在听觉和视觉皮层中也发现了类似的依赖关系。也就是说,在听觉皮层听觉神经元的平均发射频率编码、在视觉皮层中神经元的平均发射频率编码。对于持续时间最长约 500ms 或更长时间的静止刺激,仍在考虑采用这种编码方式,因此神经元有足够的时间计数(积分)脉冲。频率最高的神经元表示相关特征的存在。

（2）按人口平均数计算的比率。平均频率不是以时间平均值计算的,而是按总体(时空)平均值计算的。其中一个特征是由许多(10000 个)神经元组成的。例如,皮质柱一旦出现特性,它们中的大多数都会被激活。当我们计算所有这些神经元在 10 ms 窗口中的尖峰数,并将这个数目除以神经元数时,将得到与计算时大致相同的平均频率、任何这些神经元的时间平均率(只要它们都以相同的平均速度发射)。Shadlen 和 Newome 对这一观点进行了彻底的研究[45]。具体算例表明,通过种群平均,即使神经元的输出峰值具有类似于泊松分布,也可以可靠地计算出神经元的平均速率。传递最多尖峰数的种群表示存在相关特征。

大脑中的信息编码影响学习。目前,人们普遍认为在皮层神经网络中,学习伴随着突触权重的变化[1]。突触权重的改变也被称为突触的可塑性。在 1949 年,加拿大心理学家唐纳德·希布(Donald Hebb)为这些变化制定了一个普遍的规则:"当 A 细胞的轴突刺激 B 细胞并反复或持续地参与激发它时,某些生长过程或代谢改变发生在一个或两个细胞中,从而提高 A 作为 B 激发细胞之一的效率",这在许多实验中得到了证实,其机制得到了阐明[46]。这种学习原理也被称为"神经元一起激发并连接在一起"。这一原则随着尖峰时间的引入而扩展,从而导致尖峰时间依赖学习,也是脉冲神经网络模型中使用的规则(见第 4~6 章)。

3.6.2 信息处理的分子基础

在人和动物的大脑皮层以及海马中,学习是以谷氨酸为神经递质的树突棘上形成的兴奋性突触中进行的。在学习过程中,谷氨酸作用于特定的突触受体,即所谓的 NMDA 受体(N-甲基-D-天冬氨酸)。NMDA 受体与钠和钙的离子通道相关(图 3.15)。这些离子流入脊柱与传入突触前尖峰的频率成正比。钙充当第二信使,触发一系列生化反应,从而导致突触权重的长期增强(LTP)或导致突触权重的长期降低(减弱)(LTD)。在动物实验中,已经记录到突触重量的这些变化可以持续数小时、数天、数周和数月甚至长达一年。这种长期突触变化的诱导涉及基因表达的瞬时变化[47-48]。

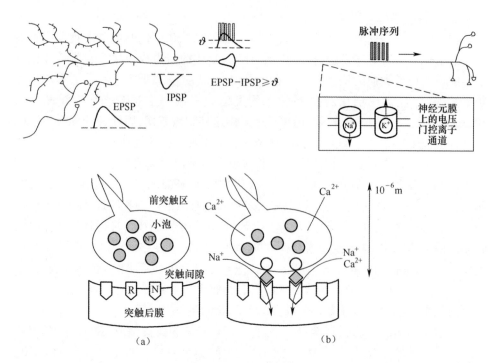

图 3.15 突触的传递流程

((a)突触准备发送信号。当动作电位到达末端时,在化学突触中电信号(电脉冲)的传输。NT 为神经递质,R 为 AMPA-受体门控的钠离子通道,N 为 NMDA-受体门控的钠离子通道和钙离子通道)[7]

LTP 与 LTP 之间的亚细胞转换是脊柱内钙的浓度[49],我们说的是 LTD/LTP 阈值。反之,脊柱内钙浓度取决于体内的钙浓度。突触刺激的强度,即突触前尖的频率。也就是说,突触前尖峰的增加意味着突触间隙内谷氨酸含量的增加。谷氨酸的释放必须与突触后膜的充分去极化相一致,以消除 NMDA 受体的镁阻滞。去极化越大,进入脊柱的钙离子就越多。突触后去极化主要通过 AMPA(氨基甲异恶唑-丙酸)受体实现,然而,最近有一个重要的发现,即反向传播突触后尖被指出[50]。钙浓度低于或高于 LTD/LTP 阈值,会启动不同的酶途径,分别导致 LTD 和 LTP。然而,LTD/LTP 阈值的当前值(即这两条酶途径的性质)可能受到其他神经递质水平的影响,如神经元以前的平均活动以及可能的其他生化因素。这种现象称为超塑性、突触可塑性[51]。LTD/LTP 阈值对不同的突触后因子的依赖性是 Bienenstock、Cooper 和 Munro (BCM) 的突触可塑性理论的主题[52](有关详细的概述,可参见文献[53])。BCM 突触可塑性理论已成功应用于计算机模拟,以解释实验动物的正常和超微结构改变的大脑皮层中经验依赖的变化[54-55]。

皮层兴奋性锥体神经元的树突大量存在于称为棘的小膜延伸中。它们之所以如此命名,是因为它们的形状类似于玫瑰茎上的刺。约 80% 大脑皮层的突触连接是兴奋性的,绝大多数是在突触棘的头上形成的。多年来,脊柱的作用一直是个谜。目前,人们普遍认为它们在突触可塑性和学习中起着重要的作用。

首先,在 LTP 的诱导和维持过程中,发现脊柱改变了它们的大小、形状和数量[56-57]。脊柱有生长变化,如脊柱头部肿胀、脊柱颈部增厚以及蘑菇状头的脊柱外观增加。脊柱的形态特征及其形状的改变首先被认为是通过改变输入电阻来影响突触传递的有效性[58]。长而细的刺会产生很大的输入电阻,短而粗的刺则会产生较小的输入电阻。后来,钙离子的螯合和放大作用被认为是脊柱的主要作用[59]。通过这一作用,提出了突触重量的饱和和停止无限增长的机制以及 LTP/LTD 阈值中的角色[60]。虽然所有这些效应都可以发生,但脊柱的另一个重要作用是将新的受体转运到脊柱头部[61]。该模型基于以前的假设,即认为兴奋性树突棘突触功效的改变可能是由于携带新膜物质的运输囊泡与突触后突膜融合[62]。Spacek 和 Harris[63]确实发现了海马 CA1 锥体神经元内棘内细胞外渗活动的结构证据。直径在 50 nm 左右的光滑囊泡出现在脊柱头部的细胞质中,与脊髓质膜相邻,并与质膜融合。此外,Lledo 等[64]展示了当导入 CA1 锥体细胞时,膜融合的抑制剂阻断或强烈地降低 LTP。另外,促进了膜融合时突触强度的增加。在 CA1 区,LTP 需要激活 NMDA 谷氨酸受体和随后的突触后钙浓度升高。除了其他 Ca^{2+} 外,在囊泡与膜融合的最后阶段起着至关重要的作用,融合囊泡的数量与 $[Ca^{2+}]$ 成正比[65]。由于 CA1 神经元的 LTP 伴随着谷氨酸受体 AMPA 亚类的出现[66],因此可以认为小泡是其插入的一种手段。Kharazia 等[67]观察到 GluR 1(AMPA 受体的一个亚单位)含有与某些含有 GluR 1 皮质突触的细胞质侧相关的小泡。此外,破伤风刺激诱导 GluR 1 快速进入脊柱,这种传递需要激活 NMDA 受体[68]。

囊泡与脊柱膜融合的另一个效果是在 LTP 诱导和维持期间观察到的脊柱的成形和生长。但是,在融合之前。小泡必须非常接近质膜。轴突和树突内囊泡移位的主要机制是速度为 0.001~0.004 m/ms[69]的快速主动转运。快速运输依赖于运输的小泡与微管通过转运蛋白类分子的直接相互作用[69]。然而,微管不进入棘[63]。因此,虽然快速运输可以将小泡靠近树突轴的壁,但另一种机制必须在树突内发挥作用。这种机制的第一个天然候选可以是囊泡的扩散。然而,我们已经证明,由突触刺激本身引起的带负电荷的小泡向脊柱头部的电泳驱动定向运动可以快 10 倍[61]。

在分子水平上,影响神经受体和神经递质活动的不同基因在不同的表达方式中表现不同,如 GABA、AMPA、NMDA。大脑的不同部分定义了这些部分的功能,如图 3.16 所示。如第 16 章中所述,与大脑中基因表达有关的信息可用于神经遗传学建模。

3.7 测量大脑活动作为时空数据

3.7.1 一般概念

目前,有许多技术可以用来研究大脑中特定的认知和其他功能的基础。一般来说,这些方法被划分为侵入性或非侵入性。在医学上,侵入性一词涉及通过穿刺、切口或其他侵入方式进入人体的技术。

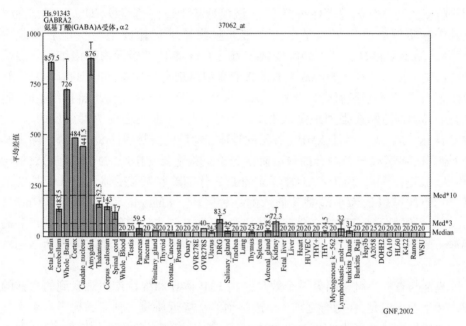

图3.16 GABRA2基因的表达导致了神经元突触中GABA受体的产生,并且在大脑不同的空间定位部位有不同的表达[7]

(摘自基因表达图谱,http://expression.gnf.org/cgi-bin/index.cgi)

脑研究的一种侵入性方法是直接刺激。研究人员对某些神经回路或其一部分进行电、磁或化学刺激,并观察其结果。通过插入脑部的微电极传递电刺激,这种类型的研究通常在动物身上进行,可以在脑部手术期间对人类受试者进行手术。无论如何必须打开颅骨,外科医生必须绘制手术区及其周围部分的功能。脑(ESB)的电刺激也可用于治疗与帕金森病相关的慢性震颤、患有背部问题患者的慢性疼痛和其他慢性疾病。ESB通过将电流植入脑内的微电极来给药。通过化学刺激,一种特定的化学物质被注射到大脑的一个被选择的部位,该部分被认为可以刺激或抑制大脑中的神经元。刺激方法的最小侵入性方法是磁刺激,称为经颅磁刺激(TMS)。TMS 和 RTMS(重复 TMS)只是 PRI 的应用电磁感应使电流通过头皮和颅骨的绝缘组织而不受组织损伤。在大脑皮层表面结构中产生的电流,以同样的方式激活神经细胞,就像电流直接作用于皮层表面一样。然而,由于大脑是一个形状不规则的不均匀导体,所以这种电流的路径很复杂。有了立体定向,基于 MRI 的控制(见下文),目标 TMS 的精度可以达到几毫米。

然而,除了侵入性外,还存在其他与直接刺激方法有关的问题。人工刺激的强度可以比目标回路的自发活动水平更强或更弱。因此,人工刺激所涉及的大脑回路比通常所研究的功能更多或更少。因此,很难确定哪些脑回路实际上受到刺激的影响,从而确定哪些脑结构实际上介导了所研究的功能。在这本书中只考虑使用 SNN 建模的大脑活动的非侵入性测量,尽管这些模型也可以用于模拟侵入性脑数据。

3.7.2 脑电图(EEG)数据

测量脑电活动的最传统的非侵入性方法是脑电图(EEG)。EEG 是将表面电极附着在被试头皮上记录所产生的脑电信号(图 3.17),这些电极位于头皮的确切位置,并测量相应的活动。如表 3.1 所列,脑电图允许研究人员追踪大脑表面的电势,观察瞬间变化。

脑电图可以显示一个人所处的状态(如入睡、清醒、癫痫发作等)。因为不同状态下脑电波的特征模式不同(图 3.18、专栏 3.2)。脑电图的一个重要用途是显示大脑处理各种刺激所需的时间。然而,脑电图的一个主要缺点是,它们不能展示大脑的结构和解剖结构,也不能告诉我们大脑的哪些特定区域会做什么。近年来,脑电图(EEG)技术不断进步,从超过 512 个位置同时读取整个头部的大脑活动。

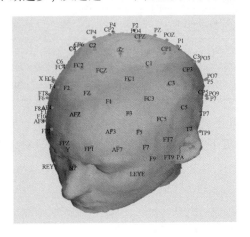

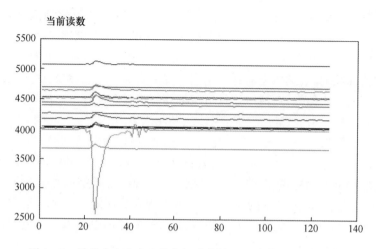

图 3.17 从分布在头皮上的电极采集的脑电图信号是时空数据

表 3.1 国际 10-10 皮质投影的解剖位置①

标签	Talairach 坐标			脑回		布罗德曼区域
	x_{avg}/mm	y_{avg}/mm	z_{avg}/mm			
FPI	−21.2±4.7	66.9±3.8	12.1±6.6	L FL	上额叶 G	10
FPz	1.4±2.9	65.1±5.6	11.3±6.8	M FL	双侧额内回	10
FP2	24.3±3.2	66.3±3.5	12.5±6.1	R FL	上额叶 G	10
AF7	−41.7±4.5	52.8±5.4	11.3±6.8	L FL	中部额叶 G	10
AF3	−32.7±4.9	48.4±6.7	32.8±6.4	L FL	上额叶 G	9
AFz	1.8±3.8	54.8±7.3	37.9±8.6	M FL	双侧额内回	9
AF4	35.1±3.9	50.1±5.3	31.1±7.5	L FL	上额叶 G	9
AF8	43.9±3.3	52.7±5.0	9.3±6.5	R FL	中部额叶 G	10

EEG 最大的优点是它几乎可以即时记录大脑活动的变化。另外,空间分辨率差应与 CT 或 MRI 相结合(见下文),用于对 EEG 数据进行建模和理解的 SNN 方法及应用在第 8、9、14 章。

---

① 参数翻译为中文,容易引起歧义,保留英文参数。

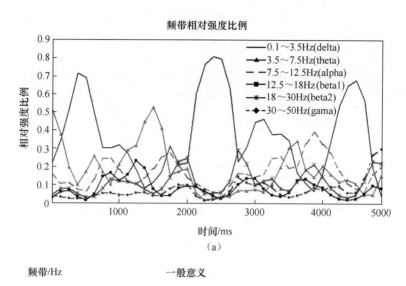

图 3.18 不同脑电波的特征是不同的信号频率、其在大脑中不同的时间和不同的空间位置会有不同的强度(不同的脑电波与不同的大脑状态有关)

专栏 3.2 脑电图通道、相应的布洛德曼区(BA)和功能/认知活动		
脑电图标签	主要 BA	功 能
AF_3, AF_4	9	额叶包含大脑皮层中大多数多巴胺敏感的神经元。多巴胺系统与奖励、注意力、短期记忆任务、计划和动机有关
F_7, F_8	45	与 BA 44 一起,包括 Broca 区域,该区域活跃于语义任务中,如语义决策任务(确定单词代表抽象还是具体实体)和生成任务(生成与名词相关的动词)
F_3, F_4	8	额叶皮质。该领域涉及不确定性管理。随着不确定性的增加,激活也会增加。另一种解释是,额叶皮层的激活编码了期望,高阶期望与不确定性正相关

FC_5, FC_6	6	前运动皮层和辅助运动皮层(次级运动皮层)-复杂协调运动的规划部分
T_7	21	部分颞叶皮层:这一区域包含了大部分外侧颞叶皮层,人们认为外侧颞叶皮层在听觉处理和语言过程中起着重要作用。大多数人的语言功能是左半球化的
T_8	4	大脑的初级运动皮层。它位于额叶的后部
P_7	37	颞叶的一部分。颞叶参与视觉记忆的保留、处理感官输入、理解语言、储存新的记忆、情感和获得意义
P_8	19	顶叶皮层;视觉区域被指定为V3、V4、V5(也称为中间颞区或MT)和V6(也称为背内侧区)。BA19是两个视觉流的分界点,即"什么"和"哪里"的视觉通路。背侧区域可能包含对运动敏感的神经元,腹侧区域可能专门用于物体识别
O_1, O_2	18	枕皮质-初级视觉皮质V1:视觉

3.7.3 脑磁图

EEG 的相关方法脑磁图(MEG)测量由大脑的电流产生磁场的毫秒变化。MEG 是一种罕见、复杂和昂贵的神经成像技术。MEG 机器采用非侵入式全头部,如 248 通道、超电导量子干涉装置(SQUID)测量小磁体 IC 信号反映了人脑中电信号的变化。液氦的加入创造了令人难以置信的寒冷条件(热力学温度的 4.2K),使梅格氏鱿鱼能够测量这些数十亿倍的大脑磁场。比地球的磁力还弱。研究人员用 MEG 测量活动的大脑在毫秒的速度中的磁变化。除了精度外,脑磁图的另一个优点是它所测量的生物信号是没有被身体扭曲,就像在脑电图中一样。结合 MRI 或 fMRI(见下文),研究人员可以定位大脑活动,并在与大脑功能相同的时间维度上测量它,从而将脑磁图来源与大脑解剖结构联系起来。这使研究人员可以实时测量神经元群体的活动,而不只是在休息时才能进行。对健康受试者和患有功能障碍或疾病的人的大脑进行了成像和分析。

3.7.4 计算机断层成像(CT)和正电子发射断层显像(PET)

研究脑解剖学的最传统的非侵入性方法是计算机断层成像(CT)。它是以经典的 X 射线原理为基础的。X 射线反映了它们通过的组织的相对密度。如果窄的 X 射线束在许多不同的角度通过相同的点,则可以构建脑的横截面可视图像。3D X 射线技术被称为 CAT(COMP 特征化轴向断层摄影)。CT 是无创的,只显示大脑的解剖结构,而不是其功能。

正电子发射断层摄影(PET)用于研究活体脑活动。这种非侵入性方法涉及使用称为回旋加速器的机器来标记特定药物或类似物,具有少量放射性的天然体化合物(如葡萄糖或氧气)。然后将标记的化合物(放射性示踪剂)注射到血液中,并将其带入大脑。放射性示踪剂分解,释放出亚原子粒子(正电子)。通过用探测器阵列包围被试的头部,就有可能建立大脑的图像,显示不同水平的放射性,因此也就是皮层活动。所以,无论我们使用葡萄糖(氧气)还是某种药物,PET 都能分别提供正在进行的皮层或生化活性的图像。这种方法存在的问题是费用,包括现场回旋加速器的费用,技术参数如缺乏时间(40s)和空间(4mm~1cm)分辨率。通常,PET 扫描与 CT 或 MRI 结合,以将活动与脑解剖结构相关。

单光子发射计算机断层摄影(SPECT)使用 γ 射线。类似于 PET,这种非侵入性的程序还使用放射性示踪剂和扫描仪记录不同水平的放射性在大脑中的分布。SPECT 成像是通过使用 γ 相机从多个角度获取多个图像(也称为投影)来进行的。然后,计算机可用于将断层重建算法应用于多个投影,产生 3D 数据集(如在 CT 中)。特殊的 SPECT 示踪剂衰变时间长,不需要现场回旋加速器,比 PET 便宜得多。然而,大脑活动的时间和空间分辨率甚至低于 PET。

3.7.5　功能性磁共振成像

磁共振成像(MRI)利用磁性的特性,而不是将放射性示踪剂注入血液,以揭示大脑的解剖结构。大圆柱形磁体在测试对象的头部周围产生磁场,探测器测量由大脑中的原子与外部施加的原子对准引起的局部磁场,排列的程度取决于扫描组织的结构特性。MRI 提供了表面和深部脑结构的精确解剖图像,因此可以与 PET 结合。MRI 图像提供比 CT 图像更详细的细节。

功能性磁共振成像(Functional MRI,fMRI)将脑解剖的可视化与脑活动的动态图像结合为一次全面的扫描。这种非侵入性的技术可以测量氧气与脱氧核糖核酸的比值。氧合血红蛋白具有不同的磁性。活动脑区的氧合血红蛋白含量高于活动较少的区域。fMRI 能够以每 100~500ms 的速度快速产生脑活动的图像,其空间分辨率非常精确,约为 1×2mm。因此,fMRI 提供了大脑的解剖和功能视图,并且非常精确。功能磁共振成像是一种技术,用来确定大脑的哪些部位在什么时候被不同的类型激活,指大脑的活动,如视觉、言语、图像、记忆过程等。这个脑图是通过设置一个先进的 MRI 扫描仪,以一种特殊的方式实现的,这样就可以在 fMRI 扫描中显示大脑激活区域的血流增加。

fMRI 成像技术是一种无创、无辐射的成像技术,为研究对象提供了一个安全的环境。对于一个矩阵的强度值,随着时间的推移,图像按垂直或水平顺序记录

(图3.19)。它们在器官切片中被捕获,通常为8或16位(图3.19右)。

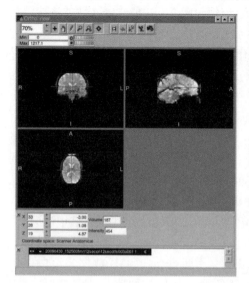
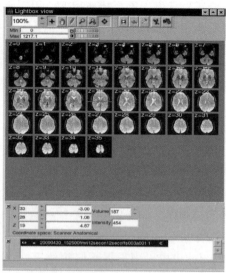

图3.19 垂直和水平切片的大脑图像:矢状面、冠状面和轴向面(左)
(使用FSLView(FSLView,2012)软件查看图像(右))[75]

图像由两个分量(空间/频谱(或空间)和时间构成。第一分量被识别为大脑的体积,其可以被进一步细分为更小的3D立方体,称为体素(体积元)。在典型的fMRI研究中,快速连续采集一系列脑体积,并记录3D网格中所有点的粗体响应值。一个普通的3D大脑图像通常包含10000~50000个体素,每个体素由数十万个神经元组成。空间图像分辨率可以设置为低分辨率或高分辨率。典型的空间分辨率为3mm、3mm、5mm,对应于64、64、30[70]的图像维数。

时间成分是在扫描整个大脑的体积时获得的,这需要几秒钟的时间才能完成。在一次实验中,通常会扫描100个或更多的大脑体积,并记录单个受试者做特定感觉运动或认知任务的情况。时间分量取决于获取每一幅图像之间的时间或重复的时间(TR)。在一个典型的实验中,TR在0.5~4.0s之间,在2s范围内的TR值一般被认为是足够的[70]。

脑图像中这些时空信息的结合将是本研究的主要研究内容。第10章介绍SNN建模fMRI数据的方法及其在认知研究中的应用,而第11章提出了一种fMRI与DTI(方位)数据的集成方法。

虽然人们对大脑有很多的了解,但关于大脑的功能、信息表示和处理问题仍然是一个迫切的研究课题。大脑动态的本质仍是未知的,一些研究人员发现了模糊的证据,而另一些则持怀疑态度[72]。模糊动态的主要倡导者Freeman[73]和Tsuda[74]支持基于EEG和其他神经生理学数据的模糊路线。根据混乱的路线图片,一个复杂的系统,如(人类)大脑在状态空间中沿着轨迹前进。每个步骤对应于一个盆地转到另一个盆地的位移。吸引子表示抽象和泛化的类。因此,大脑状态通过吸引子序列周期性地进化。在一个封闭系统中,下一个吸引子通过内部动态将被选择为唯一吸引子。在一个开放的系统中,如大脑,外部输入会干扰内部动态。此外,由于学习引起的变化,轨迹不断变化。

自组织临界状态可以构成大脑快速适应新的外部和内部刺激的能力基础。类似相变的状态从毫米到0.1m不断发生变化,局部神经活动会引发大规模的状态变化。然而,应当指出一些谨慎的问题。尽管有令人信服的证据证明大脑中存在自组织的临界状态,但在神经生物学中,这种临界状态的本质仍是未知的。它是高维噪声或非高斯和非平稳的[73],大脑巨大的物理复杂性也来自于它不是一个同质组织。大脑的每个部分在形态上是不同的,并且有自己的遗传图谱,这可以从大规模的人和老鼠的转录序列分析中看出。因此,难以满足用于评估动态类型的条件。此外,大脑是由随机输入驱动的开放系统。因此,大脑活动似乎很难符合模糊数学定义的混沌游程(或模糊词汇中的任何其他术语)是否适合描述大脑和大脑皮层的状态转换仍然是一个挑战。

来自大脑的复杂时空活动数据仍有待解释和适当建模,这也是本书其他章节所呈现的。

3.8 总结和延伸阅读

本章提供的信息并不是为了用精确的结构和功能复杂性来模拟大脑,而是为了:①借鉴大脑时空信息处理原理,建立脑激发神经网络和脑激发人工智能作为深度学习的通用时空数据机器;②当使用SNN建模时,了解大脑数据,以便进行更准确的分析,并更好地理解生成数据的脑过程。本章介绍了人脑中时空信息处理的基本原理以及如何作为数据进行测量。这些原理在本书的其余部分被用于开发大脑激发的尖峰神经网络(BI-SNN),作为构建脑启发式人工智能(BI-AI)的主要方法。

在大脑中深度学习和深度知识表达方面尤其重要的是,这些原则被用作BI-SNN和BI-AI系统中(第6章),也用于本书的其他章节。

在本书第8~11章及第14章,使用进化的SNN(ESNN)和BI-SNN对诸如EEG和fMRI的脑数据进行建模。

关于这一专题的更多内容可在文献[7,37]中找到。关于具体专题的扩展介绍可在以下文献中找到:

(1)突触中的信息处理(参考文献[75]第36章);

(2) 通过 fMRI 分类了解大脑(参考文献[75]第 40 章);
(3) 新认知的模型展望(参考文献[75]第 44 章);
(4) 自然语言的神经计算模型(参考文献[75]第 48 章);
(5) 大规模神经信息学的整合(参考文献[75]第 50 章);
(6) 大脑连接(参考文献[75]第 61 章);
(7) Allen 大脑图谱(参考文献[75]第 62 章)。

致谢

本章部分文字取自文献[7],部分图取自文献[7,70]。我非常感谢 Lubica Benuskova 与我作为 Springer 书[7]的合著者,他为这本书做出了巨大贡献,也间接地为本章做出了贡献。

参考文献

[1] E.R. Kandel, J.H. Schwartz, T.M. Jessell, *Principles of Neural Science*, 4th edn.(McGraw-Hill, New York, 2000), p. 2000

[2] A.R. Damasio, *Descartes' Error* (Putnam's Sons, New York, 1994), p. 1994

[3] J. Talairach, P. Tournoux, *Co-planar Stereotaxic Atlas of the Human Brain*(Thieme Medical Publishers, New York, 1988), p. 1988

[4] J.L. Lancaster et al., Automated Talairach Atlas Labels for Functional Brain Mapping. Human Brain Mapp. **10**, 120–131 (2000)

[5] G.A. Evans, H.L. Cromroy, R. Ochoa, The Tenuipalpidae of Honduras. Florida Entomologist **76**(1), 126–155 (1993)

[6] A.W. Toga, P.M. Thompson, E.R. Sowell, Mapping brain maturation. Trends Neurosci. **2006**(29), 148–159 (2006)

[7] L. Benuskova, N. Kasabov, *Computational Neurogenetic Modeling*(Springer, New York, 2007), p. 2007

[8] A.C. Roberts, T.W. Robbins, L. Weikrantz, *The Prefrontal Cortex* (Oxford University Press, Oxford, 1998)

[9] G.M. Wittenberg, M.R. Sullivan, J.Z. Tsien, Synaptic reentry reinforcement based network model for long-term memory consolidation. Hippocampus **12**, 637–647 (2002)

[10] G.M. Wittenberg, J.Z. Tsien, An emerging molecular and cellular framework for memory processing by the hippocampus. Trends Neurosci. **25**(10), 501–505 (2002)

[11] P. Maquet, The role of sleep in learning and memory. Science **2001**(294), 1048–1052 (2001)

[12] R. Stickgold, J.A. Hobson, R. Fosse, M. Fosse, Sleep, learning, and dreams: off-line memory reprocessing. Science **2001**(294), 1052–1057 (2001)

[13] D.J. Siegel, Memory: An overview with emphasis on the developmental, interpersonal, and neurobiological aspects. J. Am. Acad. Child Adolesc. Psychiatry **40**(9), 997–1011 (2001)

[14] B. Seri, J.M. Garcia-Verdugo, B.S. McEwen, A. Alvarez-Buylla, Astrocytes give rise to new neurons in the adult mammalian hippocampus. J. Neurosci. **21**(18), 7153–7160 (2001)

[15] R. Feng, C. Rampon, Y.-P. Tang, D. Shrom, J. Jin, M. Kyin, B. Sopher, G.M. Martin, S.-H. Kim, R.B. Langdon, S.S. Sisodia, J.Z. Tsien, Deficient neurogenesis in forebrain-specific *Presenilin-1* knockout mice is associated with reduced clearance of hippocampal memory traces. Neuron **32**, 911–926 (2001)

[16] C.H. Bailey, E.R. Kandel, K. Si, The persistence of long-term memory: a molecular approach to self-sustaining changes in learning-induced synaptic growth. Neuron **44**, 49–57 (2004)

[17] M. Livingstone, D. Hubel, Segregation of form, color, movement, and depth: anatomy, physiology, and perception. Science **240**, 740–749 (1988)

[18] C.M. Gray, P. Konig, A.K. Engel, W. Singer, Oscillatory responses in cat visual cortex exhibit inter-columnar synchronization which reflects global stimulus properties. Nature **338**, 334–337 (1989)

[19] W. Singer, Putative function of temporal correlations in neocortical processing, in *Large-Scale Neuronal Theories of the Brain*, ed. by K. Koch, J.L. Davis (The MIT Press, Cambridge, MA, 1994), pp. 201–239

[20] P.R. Roelfsema, A.K. Engel, P. Konig, W. Singer, Visuomotor integration is associated with zero time-lag synchronization among cortical areas. Nature **385**, 157–161 (1997)

[21] R.D. Traub, M.A. Whittington, I.M. Stanford, J.G.R. Jefferys, A mechanism for generation of long-range synchronous fast oscillations in the cortex. Nature **383**, 621–624 (1996)

[22] P. Fries, P.R. Roelfsema, A.K. Engel, P. Konig, W. Singer, Synchronization of oscillatory responses in visual cortex correlates with perception in interocular rivalry. Proc. Natl. Acad. Sci. USA **94**, 12699–12704 (1997)

[23] E. Rodriguez, N. George, J.-P. Lachaux, J. Martinerie, B. Renault, F.J. Varela, Perception's shadow: long-range synchronization of human brain activity. Nature **397**, 434–436 (1999)

[24] W.H.R. Miltner, C. Braun, M. Arnold, H. Witte, E. Taub, Coherence of gamma-band EEG activity as a basis for associative learning. Nature **397**, 434–436 (1999)

[25] A.K. Engel, P. Fries, P. Konig, M. Brecht, W. Singer, Temporal binding, binocular rivalry, and consciousness. Conscious. Cogn. **8**, 128–151 (1999)

[26] W. Singer, Neuronal synchrony: a versatile code for the definition of relations? Neuron **24**, 49–65 (1999)

[27] C. Koch, F. Crick, Some further ideas regarding the neuronal basis of awareness, in *Large-Scale Neuronal Theories of the Brain*, ed. by C. Koch, J.L. Davis (MIT Press, Cambridge, MA, 1994), pp. 93–111

[28] F. Crick, C. Koch, Are we aware of neural activity in primary visual cortex? Nature **375**, 121–123 (1995)

[29] C. Koch, Towards the neuronal substrate of visual consciousness, in *Towards a Science of Consciousness: The First Tucson Discussions and Debates*, ed. by S.R. Hameroff, A.W. Kaszniak, A.C., Scott (The MIT Press, Cambridge, MA, 1996), pp. 247–258

[30] B. Libet, Unconscious cerebral initiative and the role of conscious will in voluntary action. Behav. Brain Sci. **8**(8), 529–566 (1985)

[31] B. Libet, Do we have free will? J. Conscious. Stud. **6**(8–9), 47–57 (1999)

[32] U. Ribary, K. Ionnides, K.D. Singh, R. Hasson, J.P.R. Bolton, F. Lado, A. Mogilner, R. Llinas, Magnetic field tomography of coherent thalamocortical 40-Hz oscillations in humans. Proc. Natl. Acad. Sci. USA **88**, 11037–11401 (1991)

[33] G.M. Edelman, G. Tononi, *Consciousness. How Matter Becomes Imagination* (Penguin Books, London, 2000), p. 2000

[34] P. Gärdenfors, *Conceptual Spaces: The Geometry of Thought* (MIT Press, Cambridge, 2000)

[35] R.R. Llinas, U. Ribary, Perception as an oneiric-like state modulated by senses, in *Large-Scale Neuronal Theories of the Brain*, ed. by C. Koch, J.L. Davis (The MIT Press, Cambridge, MA, 1994), pp. 111–125

[36] M. Massimini, F. Ferrarelli, R. Huber, S.K. Esser, H. Singh, G. Tononi, Breakdown of cortical effective connectivity during sleep. Science **309**, 2228–2232 (2005)

[37] N. Kasabov, *Evolving Connectionist Systems: The Knowledge Engineering Approach*, 2nd edn. (Springer, Berlin, 2007)

[38] R.H. Hahnloser, C.Z. Wang, A. Nager, K. Naie, Spikes and bursts in two types of thalamic projection neurons differentially shape sleep patterns and auditory responses in a songbird. J. Neurosci. **28**, 5040–5052 (2008). [PubMed]

[39] NeuCube. http://www.kedri.aut.ac.nz/neucube/

[40] S. Thorpe, D. Fize, C. Marlot, Speed of processing in the human visual system. Nature **381**, 520–522 (1996)

[41] R. Mayeux, E.R. Kandel, in Disorders of language: the aphasias, in *Principles of Neural Science*, vol. 1, 3rd edn., ed. by E.R. Kandel, J.H. Schwartz, T.M. Jessell (Appleton & Lange, Norwalk, 1991), pp. 839–851

[42] F. Rieke, D. Warland, R. de Ruyter van Steveninck, W. Bialek, *Spikes—Exploring the Neural Code* (The MIT Press, Cambridge, MA, 1996)

[43] S.J. Thorpe, M. Fabre-Thorpe, Seeking categories in the brain. Science **2001**(291), 260–262 (2001)

[44] O. Jensen, Information transfer between rhytmically coupled networks: reading the hippocampal phase code. Neural Comput. **13**, 2743–2761 (2001)

[45] M.N. Shadlen, W.T. Newsome, The variable discharge of cortical neurons: implications for connectivity, computation, and information coding. J. Neurosci. **18**, 3870–3896 (1998)

[46] D. Hebb, *The Organization of Behavior* (Wiley, New York, 1949), p. 1949

[47] M. Mayford, E.R. Kandel, Genetic approaches to memory storage. Trends Genet. **15**(11), 463–470 (1999)

[48] W.C. Abraham, B. Logan, J.M. Greenwood, M. Dragunow, Induction and experience-dependent consolidation of stable long-term potentiation lasting months in the hippocampus. J. Neurosci. **22**(21), 9626–9634 (2002)

[49] H.Z. Shouval, M.F. Bear, L.N. Cooper, A unified model of NMDA receptor-dependent bidirectional synaptic plasticity. Proc. Natl. Acad. Sci. USA **99**(16), 10831–10836 (2002)

[50] H. Markram, J. Lübke, M. Frotscher, B. Sakmann, Regulation of synaptic efficacy by coincidence of postsynaptic APs and EPSPs. Science **275**(5297), 213–215 (1997)

[51] W.C. Abraham, M.F. Bear, Metaplasticity: the plasticity of synaptic plasticity. Trends Neurosci. **19**(4), 126–130 (1996)

[52] E. Bienenstock, L.N. Cooper, P. Munro, On the development of neuron selectivity: orientation specificity and binocular interaction in visual cortex. J. Neurosci. **1982**(2), 32–48(1982)

[53] P. Jedlicka, Synaptic plasticity, metaplasticity and the BCM theory. Bratislava Med. Lett. **103**(4–5), 137–144 (2002)

[54] L. Benuskova, M.E. Diamond, F.F. Ebner, Dynamic synaptic modification threshold: computational model of experience-dependent plasticity in adult rat barrel cortex. Proc. Natl. Acad. Sci. USA **91**, 4791–4795 (1994)

[55] L. Benuskova, M. Kanich, A. Krakovska, Piriform cortex model of EEG has random underlying dynamics, ed. by F. Rattay. Proceedings of World Congress on Neuroinformatics, vol. ARGESIM/ASIM-Verlag, Vienna, 2001

[56] K.S. Lee, F. Schottler, M. Oliver, G. Lynch, Brief bursts of high-frequency stimulation produce two types of structural change in rat hippocampus. J. Neurophysiol. **44**(2), 247–258(1980)

[57] Y. Geinisman, L. deToledo-Morrell, F. Morrell, Induction of long-term potentiation is associated with an increase in the number of axospinous synapses with segmented postsynaptic densities. Brain Res. **566**, 77–88 (1991)

[58] C. Koch, T. Poggio, A theoretical analysis of electrical properties of spines. Proc. Roy. Soc. Lond. B **218**, 455–477 (1983)

[59] A. Zador, C. Koch, T. Brown, Biophysical model of a Hebbian synapse. Proc. Natl. Acad. Sci. USA **87**, 6718–6722 (1990)

[60] J.I. Gold, M.F. Bear, A model of dendritic spine Ca^{2+} concentration exploring possible bases for a sliding synaptic modification threshold. Proc. Natl. Acad. Sci. USA **91**, 3941–3945(1994)

[61] L. Benuskova, The intra-spine electric force can drive vesicles for fusion: a theoretical model for long-term potentiation. Neurosci. Lett. **280**(1), 17–20 (2000)

[62] P. Fedor, L. Benuskova, H. Jakes, V. Majernik, An electrophoretic coupling mechanism between efficiency modification of spine synapses and their stimulation. Stud. Biophys. **92**, 141–146 (1982)

[63] J. Spacek, K.M. Harris, Three-dimensional organization of smooth endoplasmatic reticulum in hippocampal CA1 dendrites and dendritic spines of the immature and mature rat.J. Neurosci. **17**, 190–204 (1997)

[64] P.-M. Lledo, X. Zhang, T.C. Sudhof, R.C. Malenka, R.A. Nicoll, Postsynaptic membrane fusion and long-term potentiation. Science **1998**(279), 399–404 (1998)

[65] T.C. Sudhof, The synaptic vesicle cycle: a cascade of protein-protein interactions. Nature **375**, 645–654 (1995)

[66] D. Liao, N.A. Hessler, R. Malinow, Activation of postsynaptically silent synapses during pairing-induced LTP in CA1 region of hippocampal slice. Nature **375**, 400–404 (1995)

[67] V.N. Kharazia, R.J. Wenthold, R.J. Weinberg, GluR1-immunopositive interneurons in rat neocortex. J. Comp. Neurol. **1996**(368), 399–412 (1996)

[68] S.H. Shi, Y. Hayashi, R.S. Petralia, S.H. Zaman, R.J. Wenthold, K. Svoboda, R. Malinow, Rapid spine delivery and redistribution of AMPA receptors after synaptic NMDA receptor activation. Science **1999**(284), 1811–1816 (1999)

[69] B.J. Schnapp, T.S. Reese, New developments in understanding rapid axonal transport. Trends Neurosci. **1986**(9), 155–162 (1986)

[70] M.A. Lindquist, The statistical analysis of fMRI Data. Project Euclid **23**(4), 439–464 (2008)

[71] Wikipedia. http://www.wikipedia.org

[72] J. Theiler, On the evidence for low-dimensional chaos in an epileptic electroencephalogram.Phys. Lett. A **1995**(196), 335–341 (1995)

[73] W.J. Freeman, Evidence from human scalp EEG of global chaotic itinerancy. Chaos **13**(3), 1–11 (2003)

[74] I. Tsuda, Toward an interpretation of dynamic neural activity in terms of chaotic dynamicical systems. Behav. Brain Sci. **2001**(24), 793–847 (2001)

[75] N. Kasabov (ed.), *Springer Handbook of Bio-/Neuroinformatics* (Springer, Berlin, 2014)

第 3 部分　脉冲神经网络

第4章
脉冲神经网络方法

脉冲神经网络(SNN)是受生物学启发的人工神经网络(ANN),其中的信息被表示为二进制事件(脉冲),类似于大脑中的事件电位,同样地,学习也受到大脑原理的启发。SNN也同样是通用的计算机制[1]。以上及本章讨论的许多其他原因使SNN成为建模时间和时空数据以及构建脑灵感AI的首选计算范式。本章将给出SNN的背景信息,书的其余部分将进一步使用这些信息。

4.1 将信息表示为脉冲及其脉冲编码算法

4.1.1 速率与峰值时间的信息表示

大脑将外部信息编码成电子脉冲。其原理是将数据在空间和时间上的变化表示为二进制事件(脉冲)。这导致了信息处理的几个优势:
(1) 紧凑的信息表示;
(2) 异步数据处理(不是基于帧或基于向量);
(3) 快速检测环境变化——实时高效预测建模;
(4) 简单而快速的处理(有时是后台进行);
(5) 大规模并行,即数百万神经元可以并行交换脉冲序列;
(6) 节能。

已经有一些设备能将真实的输入数据转换成脉冲序列,如动态视觉传感器(DVS)(https://inilabs.com[2-3])、人工耳蜗(AER EAR)(https://inilabs.com)。

由于SNN中的数据是根据脉冲和脉冲序列进行通信的,因此将真实数据编码为脉冲的方法是创建脉冲神经网络系统的重要一步。

神经信息编码方案主要有频率编码和脉冲编码两大类,这两类编码方案产生不同的脉冲特征。在第3章中讨论了它们的生物学实例。

1. 频率编码

频率编码,也称为触发频率,是根据一段时间内的平均脉冲数量(或脉冲计数),即在一个时间编码窗口内发出的脉冲数量,对一系列脉冲进行编码。频率编码有3种不同的观点,分别是指不同的平均方法,即随时间的平均(单神经元,单次运行)、或者多次实验重复的平均值(单个神经元,重复运行)、或者是一个神经元群的平均值(多个神经元,单次运行)[4]。测量的脉冲是指从刺激开始到刺激结束的特定时间窗口内发出的脉冲。

如式(4.1)所示,通过将持续时间(T)内发射的脉冲数(n_{sp})除以 T 来计算频率。但该编码方案仅适用于需要机体慢反应的激励。这种缓慢的反应通常在实验室实验中发现,但在许多真正的生物大脑功能中却没有发现。真正的生物大脑功能通常在更短的时间内发生。此外,任何发现的规律都可以认为是噪声。

$$v = \frac{n_{sp}}{T} \tag{4.1}$$

频率编码的第二种观点涉及在几次实验运行中对脉冲进行平均,这是最适合稳定和依赖时间的激励。同样的激励被重复,神经元的活动被记录为激励-时间直方图(PSTH)[4]的脉冲密度。如式(4.2)所示,$n_K(t;t+\Delta t)$ 为所有运行的脉冲总数;从激励序列时间 t 开始;Δt 的范围是 1ms 或几毫秒;除以重复次数 K,然后再除以区间长度 Δt。在一组独立神经元接受相同激励的情况下,单个神经元的平均放电率更容易记录下来,平均重复放电次数为 N 次。

$$p(t) = \frac{1}{\Delta t} \frac{n_K(t;t+\Delta t)}{K} \tag{4.2}$$

第三种观点来源于之前解释过的神经元种群的概念,它将频率编码定义为多个神经元上的脉冲平均值,即具有相同特征并对相同激励做出响应的神经元。例如,文献[4]中所解释,单位为 s^{-1} 的频率 $A(t)$ 的计算如式(4.3)所示,其中 N 为神经元的种群大小,$n_{act}(t;t+\Delta t)$ 为神经元种群在 t 和 $t+\Delta t$ 之间发出的脉冲总数,Δt 是一个很小的时间间隔。

$$A(t) = \frac{1}{\Delta t}\frac{n_{act}(t;t+\Delta t)}{N} = \frac{1}{\Delta t}\frac{\int_t^{t+\Delta t}\sum_i\sum_f \delta(t-t_i^{(f)})\mathrm{d}t}{N} \tag{4.3}$$

该方法解决了第一种方法的问题,即计算单神经元层的平均值;然而,何时需要计算具有相同属性和连接的神经元群的平均脉冲是存在问题的。尽管如此,频率编码在模拟大脑许多区域的脉冲活动时仍然是实用的,并已在许多成功的实验中使用。

2. 脉冲编码(基于时间的表示)

另一种编码方法是基于脉冲的准确时间,或者更好地称为脉冲编码。描述输入激励的脉冲时间的概念一直是许多研究人员的兴趣所在,如文献[5-9]。基于频率的表示定义了时间间隔内的脉冲特征,如频次,而基于时间(时态)的表示信息则编码在脉冲时间内。每一个脉冲和时间皆是如此!这两种方法如图4.1和图4.2所示。

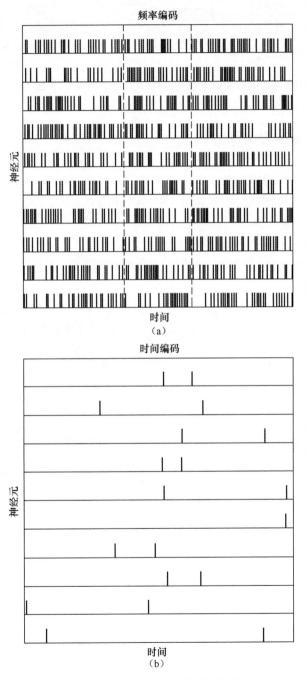

图4.1 基于频率与时间编码的脉冲信息表示

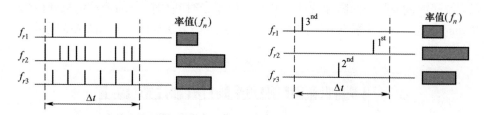

图 4.2 以基于速率与时间的方式表示的信息值(表示为 f_n 率值)(作为假设的示例)

4.1.2 脉冲编码算法

SNN 使用脉冲编码信息。本小节介绍了一些常用的将真实数据(如声音、语音、像素图像、视频、温度、地震波等)在 SNN 中处理(学习)之前编码成脉冲序列的方法。

1. 基于阈值的编码(或时间衬比)

如图 4.3 所示,只有当输入数据的变化超出阈值时,才会生成脉冲。

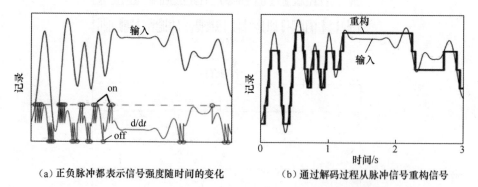

(a) 正负脉冲都表示信号强度随时间的变化　　(b) 通过解码过程从脉冲信号重构信号

图 4.3 一种基于阈值的连续信号脉冲序列编码方法的图形表示

这些算法属于时间衬比编码和解码算法的范畴,示例如专栏 4.1 所示。

专栏 4.1　时间衬比编码和解码算法示例
时间衬比编码算法
1: input: S, factor 2: output: B, threshold$_{TC}$ 3: $L \leftarrow$ length(S) 4: for $t = 1 : L-1$ do 5: 　　diff $\leftarrow | S(t+1) - S(t) |$ 6: end for

7: threshold$_{TC}$ ← mean(diff) + factor · std(diff)
8: diff ⇐ $^{[0,\text{diff}]}$
9: **for** t = 1 : L **do**
10:     **if** diff(t) > threshold$_{TC}$ **then**
11:         $B(t)$ ← 1
12:     **else if** diff(t) < -threshold$_{TC}$ **then**
13:         $B(t)$ ← -1
14:     **else**
15:         $B(t)$ ← 0
16:     **end if**
17: **end for**
时间衬比解码算法
1: input: B, threshold$_{TC}$
2: output: $\hat{S}$
3: $\hat{S}$ ← 0
4: L ← length(B)
5: **for** t = 2 : L **do**
6:     **if** $\hat{S}(t)$ > 0 **then**
7:         $\hat{S}(t)$ ← $\hat{S}(t-1)$ + threshold$_{TC}$
8:     **else if** $\hat{S}(t)$ < 0 **then**
9:         $\hat{S}(t)$ ← $\hat{S}(t-1)$ - threshold$_{TC}$
10:     **else**
11:         $\hat{S}(t)$ ← $\hat{S}(t-1)$
12:     **end if**
13: **end for**

2. 排序编码(ROC)

假设第一个生成的脉冲与序列中随后的脉冲相比,携带了最重要的信息和最高的权重[7-8]。基于这一理论,有两种编码技术:

(1) 排序编码(ROC)[9];

(2) 总体秩序编码(POC)[10]。

在 ROC 中,脉冲是根据到达的时间来排序的,第一个到达的脉冲是种群中的第一个,然后是第二个,以此类推。为演示此编码方案,在图 4.4 中,对于神经元 A、B、C、D、E,其脉冲被排列为 $C>E>D>A>B$。

3. 总体秩序编码(POC)

与 ROC 相比,POC 是根据识别的触发时间生成的,并使用高斯函数[10]等灵敏度曲线的交集进行计算。在这个方案中,单个输入值 i 被分布到多个输入神经元中,每个神经元都有重叠的接受域,并以连续函数的形式表示,如高斯函数(图4.5)。式(4.4)为计算输入神经元放电时间的高斯函数,其中心 μ_i 和宽度 σ 分别通过式(4.5)和式(4.6)中计算。$[I_{\min}, I_{\max}]$ 是输入变量的最大范围和最小范围,β(取值范围在 1.0~2.0 之间)控制每个高斯接受域的宽度。

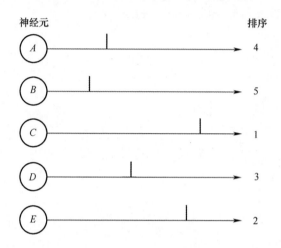

图 4.4 ROC 编码方法中的脉冲排序

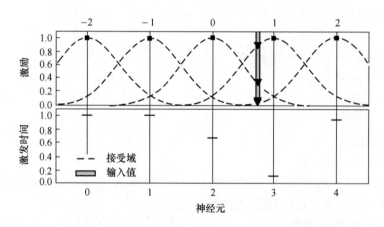

图 4.5 POC:单个输入变量的值被编码到由 5 个神经元组成的脉冲序列中且这些神经元由它们在邻近高斯接受域的重叠来定义

$$g(x) = \frac{1}{\sigma\sqrt{2\pi}} e^{-\frac{1}{2}\left(\frac{x-\mu}{\sigma}\right)^2} \quad (4.4)$$

$$\mu_i = I_{\min} + \frac{2i-3}{2} \cdot \frac{I_{\max} - I_{\min}}{M-2} \quad (4.5)$$

$$\sigma = \frac{1}{\beta} \cdot \frac{I_{\max} - I_{\min}}{M-2} \tag{4.6}$$

该方法如图4.5和图4.6所示[11-12]。在图4.5中,单个变量的值引起5个神经元群体发出一系列的脉冲,第一个脉冲由输入值所属接受域的神经元产生,依此类推。在图4.6中,6个输入神经元根据输入变量的值产生脉冲,第一个脉冲(在0时刻)由接收最高输入值的神经元3产生。

ROC和POC在许多实验中都得到了成功的实现,如笔画分类与预测[13]、视觉模式识别[14-16]、特征与参数优化[12]、字符串模式识别[17]、音频识别[18]、与文本无关的说话人身份验证[19]等。在文献[20-21]中介绍了基于高斯接受域的实现。

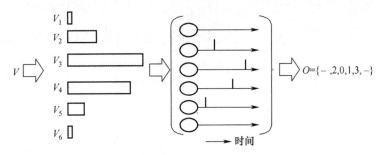

图4.6 6个输入神经元根据6个输入变量对神经元接受域的隶属度值产生一系列的脉冲(值越高,对应神经元产生脉冲的时间越早)

4. Ben 脉冲编码算法(BSA)

与另一种流行的编码算法HSA(Hough脉冲算法)相比,使用BSA的主要优点是频率和幅度特征更平滑,这里不讨论这一点。此外,由于阈值优化曲线更平滑,它也不易受滤波器和阈值变化的影响[21-22]。研究表明,该方法比HSA脉冲编码方案提高了10~15dB。根据文献[22],一个激励可通过脉冲序列估计,即

$$S_{est} = (h \times x)(t) = \int_{-\infty}^{+\infty} x(t-\tau)h(\tau)d\tau = \sum_{k=1}^{N} h(t-t_k) \tag{4.7}$$

式中:t_k 为神经元放电时间;$h(t)$ 为线性滤波器脉冲响应;$x(t)$ 为神经元的峰值,可由下式计算,即

$$x(t) = \sum_{k=1}^{N} \delta(t-t_k) \tag{4.8}$$

以图4.7为例,其中为一个通道的EEG数据,有限脉冲响应(FIR)滤波器尺寸为20,BSA阈值为0.955。

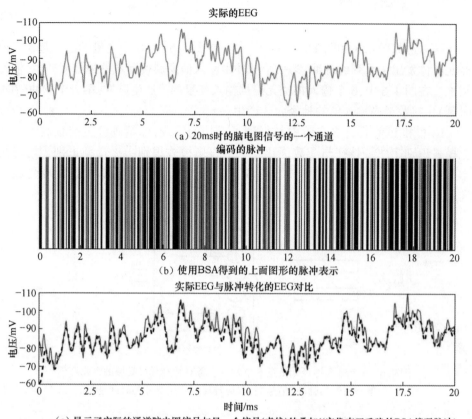

图 4.7 一个示例

然而,当将脉冲序列 $x(t)$ 应用于离散 FIR 滤波器时,式(4.8)可表示为

$$o(t) = (h \times x)(t) = \sum_{k=0}^{M} x(t-k)h(h) \qquad (4.9)$$

式中:M 为滤波带数。文献[22]中给出了更详细的解释。

专栏 4.2 给出了 Ben 的脉冲编码和解码算法。

专栏 4.2　BSA 编码和解码算法
BSA 编码算法
1: input: S, filter, threshold$_{BSA}$
2: output: B
3: $B \Leftarrow 0$
4: L = length(S)
5: F = length(filter)

```
 6: for t = 1 : (L - F + 1) do
 7:      e_1 ← 0
 8:      e_2 ← 0
 9:      for k = 1 : F do
10:          e_1 += |S(t + k) - filter(k)|
11:          e_2 += |S(t + k - 1)|
12:      end for
13:      if e_1 ≤ (e_2 - threshold_BSA) then
14:          B(t) ← 1
15:          for k = 1 : F do
16:              S(i + j - 1) -= filter(k)
17:          end for
18:      end if
19: end for
```

BSA 解码算法

```
 1: input: B, filter
 2: output: Ŝ
 3: L = length(B)
 4: F = length(filter)
 5: for t = 1 : (L - F + 1) do
 6:     if B(t) == 1 then
 7:         for k = 1 : F do
 8:             Ŝ(t+k-1) += filter(k)
 9:         end for
10:     end if
11: end for
```

不同的脉冲编码算法在表示输入数据时具有不同的特征。BSA 适用于高频信号,由于它基于有限脉冲响应技术,可以很容易地从编码的脉冲序列中恢复原始信号。BSA 只产生正的(兴奋性)脉冲,而这里提到的所有其他技术也可以产生负的(抑制性)脉冲。时间对比最初是在人造硅视网膜的硬件中实现的(Delbruck 和 Lichtsteiner,2007)[2-3]。它表示在给定的阈值上信号强度的显著变化,其中开关事件依赖于变化的符号。但是,如果信号强度的变化非常大,那么使用编码的脉冲序列可能无法恢复原始信号。

5. 运动窗口(MW)脉冲编码算法

在文献[23]引入的另一种脉冲编码算法——运动窗口脉冲编码算法中,将基

线 $B(t)$ 定义为时间窗口 T 内先前信号强度的平均值,因此该编码算法对某些噪声具有鲁棒性。SF 和 MW 两种编码算法在对文献[24]进行解码后都能较好地恢复原始编码信号。

在选择合适的脉冲编码算法之前,需要弄清楚脉冲序列对于原始信号应携带哪些信息。之后,将更好地理解脉冲序列中潜在的脉冲模式。图 4.8 显示了由 4 种不同的脉冲编码算法以及相应的恢复信号生成的脉冲序列。图 4.8(b)~(e)中的蓝色(红色)线是正(负)脉冲,图 4.8(f)~(i)中的蓝色线是原始信号,红色虚线是由相应脉冲序列重建的信号。基于阈值(时间对比度)的编码表示为 AER。步进功能(SF)和 MV(运动窗口)编码算法在文献[23]中有详细说明。为特定数据和 SNN 模型选择哪种编码算法取决于该标准。我们可能在解码时想要得到一个更准确的恢复信号,或者在一个 SNN 系统的输出中有一个更好的分类结果,就像在第 21 章中介绍的新方法那样。在文献[24]中,提出了一种编码算法的选择和参数优化方法。

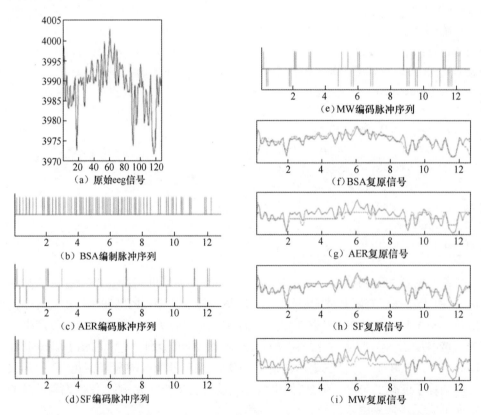

图 4.8 由 4 种不同的脉冲编码算法产生的脉冲序列经过解码后具有相应的恢复信号((b)~(e)中的蓝(红)线为正(负)脉冲;(f)~(i)中的蓝(红)线为原始信号,红色虚线为对应脉冲解码重构信号。基于阈值的编码记为 AER)[23](见彩插)

4.2 脉冲神经元模型

现有的几个关于脉冲神经元的模型,其中一些模型在生物学上更合理,而另一些模型在计算上更有说服力。本节简要介绍了它们的情况。

4.2.1 Hodgkin-Huxley 模型(HHM)

这个模型是由 Hodgkin 和 Huxley[25]提出的,他们在鱿鱼的巨大轴突上进行了实验。通过实验,他们得出神经元中存在 3 个离子通道,分别是具有阻力的钠(Na)、钾(K)和泄漏(L)通道。采用式(4.10)和式(4.11)计算离子电流 I_{ion} 的总和,即所有参与通道的总和。在式(4.10)中,G_k 代表所有涉及的通道,E_k 代表平衡电位,V_m 是膜电位。另外,如文献[4,26]所述,3 个"m"型门和一个"h"型门用于控制钠通道,4 个"n"型门控制钾通道。这些门控变量使用式(4.12)至式(4.14)计算,其中每个非许可态到许可态的转化率用 $\alpha_m(V)$、$\alpha_h(V)$ 和 $\alpha_n(V)$ 表示,每个非许可态到非许可态的转化率用 $\beta_m(V)$、$\beta_h(V)$ 和 $\beta_n(V)$ 表示。

$$I_{ion} = \sum_k I_k = \sum_k G_k(V_m - E_k) \tag{4.10}$$

$$I_{ion} = G_{Na}m^3h(V_m - E_{Na}) + G_K n^4(V_m - E_K) + G_L(V_m - E_L) \tag{4.11}$$

$$\frac{m}{dt} = \alpha_m(V)(1-m) - \beta_m(V)m \tag{4.12}$$

$$\frac{h}{dt} = \alpha_h(V)(1-h) - \beta_h(V)h \tag{4.13}$$

$$\frac{n}{dt} = \alpha_n(V)(1-n) - \beta_n(V)n \tag{4.14}$$

该神经元模型仅描述产生脉冲时神经元中离子的通道和流动,其与复杂的生物神经元相距甚远,因此存在一些如文献[27]中所述的缺陷,包括忽略的事件可能影响神经元的计算[28],以及钠通道失活导致的不准确预测[29]。图 4.9 中给出了表示 HHM 的简化执行电路。尽管 HHM 有局限性,但它已成为许多其他简化神经元模型开发的基础和起点,这将在以下节中进行讨论。

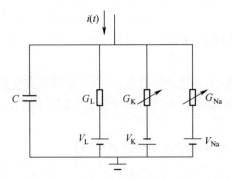

图 4.9 代表 Hodgkin-Huxley 脉冲神经元模型的电路[25]

4.2.2 泄漏积分-发射模型(LIFM)

与处理离子通道和离子流的 HHM 相比,LIFM 将神经元视为一个泄漏积分器,当输入电压达到阈值时输出一个脉冲,然后复位到静止状态。由微分方程建模,积分-发射神经元[30]由一个基本电路表示,该电路结合一个电容器(C)和一个电阻器(R)以产生电流($I(t)$)。式(4.15)为 LIFM 的标准形式,其中 $u(t)$ 为膜电位,$\tau_m = RC$ 为神经元的膜时间常数。

$$\tau_m \frac{\mathrm{d}u}{\mathrm{d}t} = -u(t) + RI(t) \tag{4.15}$$

脉冲被描述为由阈值(式(4.16))定义的触发时间 $t^{(f)}$ 表示的事件[4],电势将重置为新值 $u_r < \vartheta$ (式(4.17))。

$$t^{(f)} : u(t^{(f)}) = \vartheta \tag{4.16}$$

$$\lim_{t \to t^{(f)} ; t > t^{(f)}} u(t) = u_r \tag{4.17}$$

该模型由于其简单性和较低的计算成本而被视为脉冲神经元模型的最著名实例(图 4.10(a)和图 4.10(b))。

4.2.3 Izhikevich 模型(IM)

在 IM[31]中,通过结合 HHM 的生物学合理性和 LIF 神经元的计算效率来制定简单的脉冲神经元。该模型如式(4.18)所示,其中 v 是膜电压,u 是用于调整 v 的恢复变量,$I(t)$ 是输入电流,a 和 b 是可调参数。

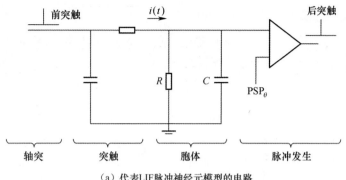

（a）代表LIF脉冲神经元模型的电路

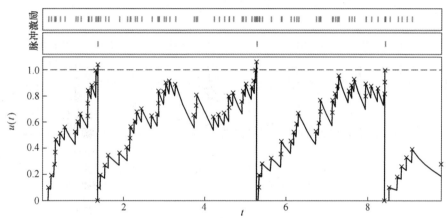

（b）LIF神经元的膜电位随着刺激的增加而增加(当电位达到阈值时，神经元发出一个输出脉冲)

图 4.10　脉冲神经元模型典型实例

$$\frac{dv}{dt}(t) = 0.04v^2 + 5v + 140 - u + I(t) \qquad (4.18)$$

$$\frac{du}{dt}(t) = a(bv - u) \qquad (4.19)$$

阈值设置为 30mV，如果电压 v 大于该阈值，则 v 和 u 复位，即

$$\text{如果} \quad v \geqslant 30\text{mV}, \text{那么} \begin{cases} v = c \\ u = u + d \end{cases} \qquad (4.20)$$

根据 IM 的参数值，神经元可以表现出不同的脉冲行为（图 4.11）。在文献[31]中，在生物学可信性和实现成本的维度上，能够可视化地比较几种脉冲神

经元模型(图4.12)。

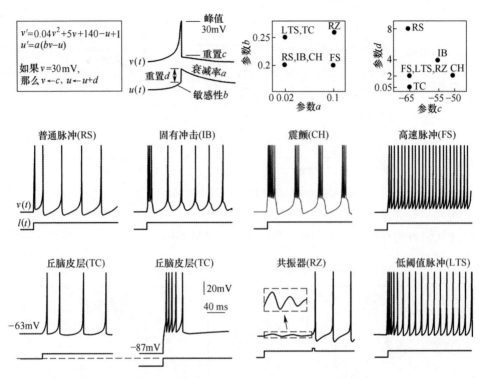

图4.11 神经元可以根据IM的参数值表现出不同的脉冲行为[31]

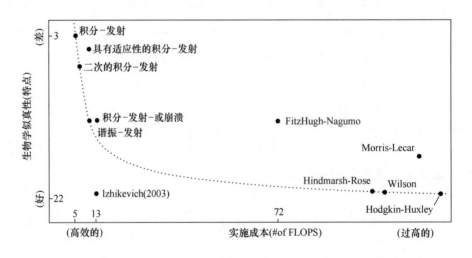

图4.12 脉冲神经元模型在生物似真性和实现成本评估中的比较[31]

4.2.4 脉冲响应模型(SRM)

在 SRM 中,神经元的膜电位被归纳为如式(4.21)所示[32]的响应核。它基于到达的脉冲以其神经元电位 $u_i(t)$ 到达神经元 i 的综合效应,以及当 $u_i(t)$ 达到阈值 ϑ [33]时从神经元发射的脉冲。潜在的 $u_i(t)$ 是由突触前神经元的脉冲和其自身的脉冲影响的总和。

$$ui(t) = \sum_{t_i^{(f)} \in F_i} \eta_i(t - t_i^{(f)}) + \sum_{j \in \Gamma_i} \sum_{t_j^{(f)} \in F_i} w_{ij} \in_{ij}(t - t_i^{(f)}) \qquad (4.21)$$

虽然它使用了与 LIFM 相同的概念,但 SRM 中的阈值 ϑ 是可调的,在每次脉冲出现后都会增加(或减少)。在此模型中,$t_i^{(f)}$ 为最后一个输出脉冲的触发时间;η_i 为描述动作电位超过阈值 ϑ 后的脉冲发射及其后电位脉冲的内核函数;$\in_{ij}$ 为描述从突触前神经元 $j \in \Gamma_i$ 接收到尖峰时突触后神经元响应的内核函数;w_{ij} 为响应权重。

4.2.5 Thorpe 模型(TM)

从一个神经元的整合和发射能力中得到启发,TM 定义第一个到达的脉冲携带了最多的信息,因为大脑只能在一个特定的处理步骤[7]中处理每个神经元的一个脉冲。在该模型中,激励显著性与脉冲相对时间的关系起着主要作用,即种群中的第一个脉冲在定义有意义的信息时是最重要的。膜电位 $u_i(t)$ 总结为式(4.22),其在每个脉冲发射后重置为 0。

$$u_i(t) = \begin{cases} 0 & \text{,若激发} \\ \sum w_{ij} \text{Mod}_i^{\text{order}(j)} & \text{,其他} \end{cases} \qquad (4.22)$$

式中:w_{ij} 为突触前神经元的权重;Mod 为区间[0,1]内的调制因子;order(j)为神经元 j 的脉冲阶。阈值 $\vartheta = cu_{\max}$,其中 $0<c<1$ 和 $u_{\max}$ 是神经元可以达到的最大电位。该模型的仿真软件 SpikeNET [34]已成功地仿真和建模了数百万个 LIF 神经元。

4.2.6 概率和随机脉冲神经元模型

作者[35]提出的概率脉冲神经元模型(pSNM)是 LIFM 的进一步扩展,它包括 3 个其他的概率参数:

(1) 由突触前神经元 n_j 到达突触后神经元 n_i 的概率 $p_{cj,i}(t)$;
(2) 突触接收到神经元 n_j 的脉冲后产生脉冲电位的概率 $p_{sj,i}(t)$;

(3)当突触后电位(PSP)达到阈值时,神经元 n_i 产生输出峰值的概率 $p_i(t)$。

突触连接的 pSNM 及其概率参数的简化表示如图 4.13 所示。

突触后神经元 n_i 的状态被描述为所有 m 个突触所接收输入的总和,即突触后电位($\text{PSP}_i(t)$)。该模型采用式(4.23)进行计算,其中,如果神经元 n_j 发出脉冲,则 $e_j=1$;否则 $e_j=0$。有 $p_{cj,i}(t)$ 的概率 $g(p_{cj,i}(t))=1$;否则 $g(p_{cj,i}(t))=0$。突触有 $p_{sj,i}(t)$ 概率对电位有贡献,则此时 $f(p_{sj,i}(t))=1$;否则 $f(p_{sj,i}(t))=0$。$w_{j,i}(t)$ 是连接权重;t_0 是神经元 n_i 发出最后一个脉冲的时间;$\eta(t-t_0)$ 是衰减。

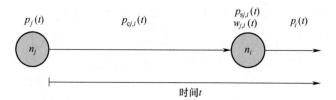

图 4.13 具有 3 个概率参数和一个突触连接的 pSNM 简图

$$\text{PSP}_i(t) = \sum_{p=t_0}^{t} \sum_{j=1}^{m} e_j g(p_{cj,i}(t-p)) f(p_{sj,t}(t-p)) w_{j,t}(t) + \eta(t-t_0) \quad (4.23)$$

如果所有的概率参数都等于 1,则该模型简化为类似于一些著名的脉冲神经元模型,如 LIFM[4]。

随机神经元模型的一些参数是随机变化的。这些模型在以下情况的行为如图 4.14 所示[35]。

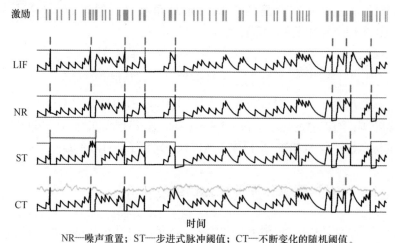

NR—噪声重置;ST—步进式脉冲阈值;CT—不断变化的随机阈值。

图 4.14 在文献[35]中引入的几类随机脉冲神经元模型的脉冲活动与确定性 LIF 模型的脉冲行为对比(所有神经元模型接收到相同的脉冲序列输入激励(如图顶部所示)[35]

(1) 噪声重置(NR)。
(2) 步进式阈值(ST)。
(3) 不断变化的阈值(CT)。

4.2.7 神经元的概率神经遗传模型

到目前为止,所描述的脉冲神经元模型的活动尚未与神经元中作为参数的基因和蛋白质的表达联系起来。基因和蛋白质在神经元的脉冲活动中起主要作用,这是在一个脉冲神经元的神经遗传学模型中实现的,在文献[36-37]中有介绍。脉冲神经元膜电位的增减动态在很大程度上取决于神经受体(AMPAR、NMDAR、GABRA、GABARB)和离子通道(SCN、KCN、CLC)等基因和蛋白的表达,如表4.1所列。

利用这一信息,上面的神经元 pSNM 的概率模型被扩展到一个脉冲神经元的概率神经发生模型(PNGM)[36-37]。作为局部情形,当不使用概率参数和遗传参数时,该模型被简化为 LIFM。

在 PNGM 中,有 4 种类型的突触用于快速兴奋、快速抑制、慢兴奋和慢抑制。每个神经元对 PSP 的贡献是由不同基因/蛋白的表达水平以及所呈现的外部激励决定的。该模型利用了有关蛋白质和基因如何影响神经元活动的已知信息。这个信息被用来计算连接到神经元 i 的 4 个不同突触对其后突触电位 $PSP_i(t)$ 的贡献:

$$\varepsilon_{ij}^{\text{synapse}}(s) = A^{\text{synapse}} \left(\exp\left(\frac{s}{\tau_{\text{decay}}^{\text{synapse}}}\right) - \exp\left(\frac{s}{\tau_{\text{rise}}^{\text{synapse}}}\right) \right) \quad (4.24)$$

式中:$\tau_{\text{decay/rise}}^{\text{synapse}}$ 为代表单个突触 PSP 升降的时间常数;A 为 PSP 的振幅;$\varepsilon_{ij}^{\text{synapse}}$ 为神经元 j 和神经元 i 之间突触的活动类型,可以针对快速激发、快速抑制、缓慢激发和缓慢抑制进行测量和建模(受不同基因/蛋白质的影响)。也可以添加外部输入来模拟背景噪声、背景振荡或环境信息。与神经元参数相关的基因也与其他基因的活性相关,从而形成 GRN。

PNGM 可以进一步扩展,加入其他调节神经元细胞其他功能的基因和蛋白,与表4.1 中的基因和蛋白形成基因调控网络模型。

图 4.15 是基因调控网络模型的一个例子,该模型是脉冲神经元功能的一部分[36-37]。这种神经发生模型可用于模拟与 AD 相关的大脑数据[36-38]。更多关于计算神经发生模型的内容将在第 16 章中介绍。

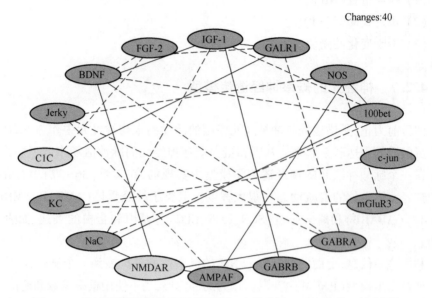

图 4.15 基因调控网络模型示例(这是一个脉冲神经元功能的一部分)[36]

4.3 SNN 学习的方法

SNN 学习与连接两个脉冲神经元的权重变化有关(图 4.16)。到目前为止已经提出了若干方法,本节将介绍其中的一些方法。

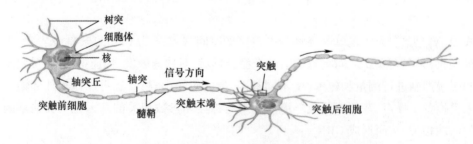

图 4.16 SNN 学习与连接两个脉冲神经元的权重变化有关

正如生物体内的神经网络(详见第 3 章),为了在系统中产生有效的信息处理过程,脉冲精确定时是 SNN 数据编码和计算中最重要的因素之一[1,39]。如前所述,信息被表示并被编码为脉冲,这些脉冲非常依赖于精确的触发时间,因此在 SNN 中学习是一个非常复杂的过程。通常,将学习定义为参数调整的过程,将学习规则定义为调整连接权重的过程。

SNN 学习可以分为无监督、有监督、半监督、加强。

这类似于传统神经网络中的学习(第 2 章)。接下来的内容将讨论针对 SNN 设计的学习算法,其中一些在文献[40]中进行了回顾。

4.3.1 SpikeProp

与为传统 ANN 设计的反向传播算法[41]相似,SpikeProp[42]用于确定在后突触神经元上给定一组输入模式时所有输出神经元的一组期望触发时间(t_j^d)。这是通过应用误差函数 E 实现的,这种方法是用特殊的最小均方差去最小化训练输出时间 t_j 与期望输出时间 t_j^d 之间平方差的误差。然而,这种方法提到了两个假设:每个神经元在每个处理步骤中只能触发一次;触发后神经元膜电位调整的时间过程将被忽略。确定连接前突触神经元和后突触神经元的权重 w_{ij}^k 以最小化误差(式(4.25)),其中 η 为学习速率。

$$\begin{cases} E = \dfrac{1}{2} \sum_j (t_j - t_j^d)^2 \\ \Delta w_{ij}^k = -\eta \dfrac{\partial E}{\partial w_{ij}^k} \end{cases} \quad (4.25)$$

4.3.2 脉冲时间相关的突触可塑性(STDP)

受 Hebbian 学习原理启发的另一种著名的学习范例是 STDP[43-45],这种方法根据传入脉冲(前突触)和输出脉冲(后突触)的时间顺序来调整突触权重。如果突触权重增加(正向变化),这种突触权重调节将确定称为长期电位(LTP)的突触增强;如果突触权重正在减小(负变化),则确定称为长期抑制(LTD)的突触抑制。如果前突触脉冲在后突触脉冲之前到达,则特定的连接会增强,如果它在后突触脉冲之后到达会受到抑制[45]。

STDP 用 STDP 学习窗口 $W(t_{pre} - t_{post})$ 表示,在这个窗口中前突触脉冲的到达时间与后突触脉冲的到达时间之间的差将决定突触权重(式(4.26))(图 4.17)。式中,τ_+ 和 τ_- 指的是前突触和后突触的时间间隔;如果 $t_{pre} < t_{post}$ 接近于零,则 A_+ 和 A_+ 表示突触调节的最大分数。

$$W(t_{pre} - t_{post}) = \begin{cases} A_+ \exp\left(\dfrac{t_{pre} - t_{post}}{\tau_+}\right), & \text{当 } t_{pre} < t_{post} \text{ 时} \\ A_- \exp\left(-\dfrac{t_{pre} - t_{post}}{\tau_-}\right), & \text{当 } t_{pre} > t_{post} \text{ 时} \end{cases} \quad (4.26)$$

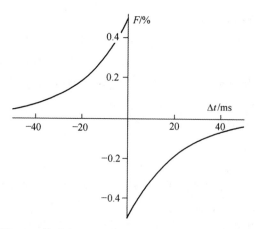

图 4.17 STDP 用 STDP 学习窗口 $W(t_{pre} - t_{post})$ 表示（在这个窗口中前突触脉冲的到达时间与后突触脉冲的到达时间之间的差将决定突触权重；$\Delta t = t_{pre} - t_{post}$）

文献[46]中的作者表明,将无监督学习与 STDP 学习规则一起使用,即使是单个脉冲泄漏积分和激发神经元模型(LIFM),也可以学会对具有 2000 个突触的时空脉冲模式的触发做出快速反应,这个神经元之前出现过,并且其中有 1000 个出现了噪声。而且,LIFM 越频繁地"看到"这种模式,神经元就会越早识别出这种模式(图 4.18)。

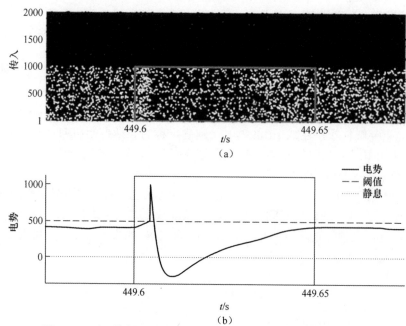

图 4.18 可以使用 STDP 无监督学习规则训练单个 LIFM 神经元以从噪声中区分出多个突触上同步脉冲的重复模式[46]

总结 STDP 的原理如下。
(1) 长期增强(LTP)和抑制(LTD)形式的 Hebbian 可塑性形式。
(2) 突触的作用跟随前突脉冲和后突触动作电位的时间增强或减弱。
(3) 前突触活动在后突触激发之前可导致 LTP,翻转此时间顺序会导致 LTD。
(4) 通过 STDP,连接的神经元从数据中学习连续的时间关联,形成连接链以表示数据中的模式。
(5) 存在 STDP 的几种变体。

4.3.3 脉冲驱动的突触可塑性(SDSP)

SDSP 是脉冲时间相关可塑性(STDP)的变体,是一种半监督学习规则[47],它根据前后突触神经元的脉冲时间来控制突触 w_0 的可塑性 V_{w0} 的变化。如果前突触脉冲到达突触末端,而后突触神经元的膜电位高于给定阈值(即通常在发出后突触脉冲之前不久),则突触功效会增强。但是,当前突触脉冲到达突触末端而后突触神经元的膜电位低于给定阈值时(即通常在发出脉冲后不久),突触功效会被抑制。其中 Δt_{spk} 是前突触和后突触的脉冲时间窗口,这种突触变化可以表示为

$$\Delta V_{w0} = \begin{cases} \dfrac{I_{\text{pot}}(t_{\text{post}})}{C_{\text{p}}}, & \text{当 } t_{\text{pre}} < t_{\text{post}} \text{ 时} \\ \dfrac{I_{\text{dep}}(t_{\text{post}})}{C_{\text{d}}}, & \text{当 } t_{\text{post}} < t_{\text{pre}} \text{ 时} \end{cases} \tag{4.27}$$

SDSP 会根据权重本身的值将突触权重的动态"漂移"变为"向上"或"向下"[48]。如果权重高于阈值,则将权重(通过学习算法)缓慢驱动到固定的高值。相反,如果权重低于阈值,则将权重缓慢地驱动到固定的低值。这两个值代表两个稳定状态,在学习过程结束时,最终权重可以用 1 位值进行编码[49]。

4.3.4 次序学习规则

在 RO 学习规则中,较早出现的脉冲更重要(携带更多信息),并且在学习规则中得到验证,这些脉冲增加了基于来自不同突触的脉冲顺序的连接权重(式(4.28))(图 4.19)[8],有

$$\Delta w_{ji} = m^{\text{order}(j)} \tag{4.28}$$

式中:m 为一个称为调制因子的参数。

神经元的膜电位 PSP 计算式为(图 4.19)

$$u_i(t) = \begin{cases} 0 & ,\text{若激发} \\ \sum_{j \mid f(j) < t} w_{ji} m_i^{\text{order}(j)} & ,\text{其他} \end{cases} \quad (4.29)$$

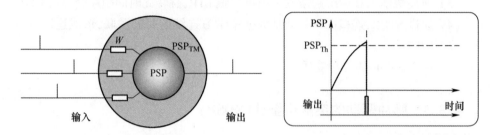

图 4.19 在 RO 学习规则中较早出现的脉冲更重要(携带更多信息)且在学习规则中得到验证(这些脉冲增加了基于来自不同突触的脉冲顺序的连接权重:神经元的触发阈值对于给定的输入模式,可以将其设置为最大值 PSP(式(4.30))的一部分(如 C=0.7),这样该神经元,相比在所有模式被呈现时发出脉冲的训练模式,可以更早地发出脉冲。(式(4.31))

$$\text{PSP}_{\max}(T) = \text{SUM}\big[(m^{\text{order}(j(t))})w_{j,i}(t)\big], j=1,2,\cdots,k; t=1,2,\cdots,T \quad (4.30)$$

$$\text{Th} = C \cdot \text{PSP}_{\max}(T) \quad (4.31)$$

上述训练脉冲神经元早期发出脉冲的能力是大脑的基本功能。它已帮助人类和动物预测并逃避天敌,使人类进行体育活动,如预测并捕捉球的轨迹以及几乎所有的人类活动。本章中使用了此功能。第 18 章用于提前一天预测风况,第 19 章用于在地震前几个小时预测其发生的概率。

4.3.5 动态突触学习

10 多年前,文献[50]提出了一种用于模拟突触短期动态的现象学模型。该模型基于生物学突触的实验数据,表明突触效率(权重)是一个随前突触脉冲而变化的动态参数,这是由于两个短期的突触可塑性过程,即促进和抑制。这种固有的突触动力学特性使神经网络具有非凡的能力来执行时间模式(即时间序列)和时空模式的计算。Maass 和 Sontag[51]在考虑模拟输入的理论分析中表明,此类网络仅使用一个隐藏层就可以近似出一个非常丰富的非线性滤波器集。但是,需要对在同一时间关系下输入多个的脉冲序列的情况进行类似的研究。这项理论还指出,由于当前脉冲受到先前脉冲的影响,动态突触像内存缓冲区一样工作[52]。

此外,具有动态突触的 SNN 被证明能够诱发有限状态机机制[53]。许多研究已经在实际应用中利用了动态突触。动态突触的首次应用之一是语音识别[54]和后期图像过滤[55]。

4.4 脉冲模式关联的神经和神经网络

4.4.1 脉冲模式关联学习的原理,SPAN 模型

本节提出了一种用于 SNN 的监督学习算法,该算法使单个神经元能够在精确的脉冲时间学习输入输出脉冲序列的脉冲模式关联。我们将此学习神经元称为"脉冲模式关联神经元(SPAN)"[56-59]。使用 SPAN 神经元可以构建 SNN 以关联所需的脉冲序列的输入输出时间模式。

在 SPAN 学习算法中,输入、输出和所需的脉冲序列通过内核函数将脉冲进行卷积而转换为模拟信号。这种变换将简化误差信号的计算,并因此允许应用梯度下降来优化突触权重。

在文献[58]中,其作者将这种信号转换与粒子群优化器一起使用,以优化动态突触的参数,使网络能够学习所需的脉冲序列输入输出映射。但是,由于在训练大型网络时存在可伸缩性问题,因此基于进化计算的学习算法不太实用。因此,在文献[59]中提出了一种梯度下降法。进行了初步实验,证明了该算法的功能。在这项研究中,将对 SPAN 方法进行全面分析,并进行理论研究,以突出 SPAN 与 ReSuMe 和 Chronotron 的关系。

类似于其他监督训练算法,神经元的突触权重被迭代地调整,以施加所需的输入输出脉冲序列映射。我们从常见的 WidrowHoff 规则(也称为 Delta 规则)派生提出的学习算法。对于突触 i,定义为

$$\Delta w_i = \lambda x_i(y_d - y_a) = \lambda x_i \delta_i \tag{4.32}$$

式中:$\lambda \in R$ 为正实数学习率;x_i 为通过突触 i 传递的输入;y_d 和 y_a 分别为期望和实际的神经输出。注意,$\delta_i = y_d - y_a$ 是神经元的期望输出与实际输出之间的差值或误差。

该规则是针对具有线性神经元的传统神经网络引入的。对于这些模型,输入和输出对应于实数向量。但是在 SNN 中脉冲序列在神经元之间传递,从而导致 Widrow-Hoff 规则不适用于 SNN。更具体地说,可将 x_i、y_d 和 y_a 的形式表示为

$$s(t) = \sum_f \delta(t - t^f) \tag{4.33}$$

式中:t^f 为脉冲的触发时间;$\delta(\cdot)$ 为狄拉克三角函数 $\delta(x) = 1$(如果 $x=0$),否则为 0,则两个脉冲序列 y_d 和 y_a 之间的差不能确定一个可以通过梯度下降来最小化的合适的误差范围。在此方法中,通过将每个脉冲序列与内核函数 $\kappa(t)$ 卷积来解决

此问题。这类似于用于比较脉冲序列的无联距离试题[60]。存在各种内核函数 $\kappa(t)$,如线性、(双)指数、α 和高斯内核。在本研究中,使用一个 α-内核,即 $\alpha(t) = e\tau^{-1} t e^{-t/\tau} H(t)$,但是在这种情况下,许多其他内核似乎也很合适。使用此内核函数,现在可以将脉冲序列转换为模拟序列(图4.20),并学习连接权重,即

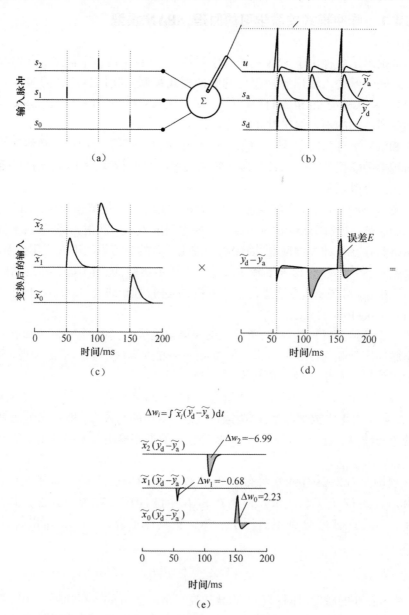

图4.20 SPAN学习规则的图示(有关此图的详细说明可参见文本)[56]

$$\Delta w_i(t) = \lambda \left(\frac{e}{2}\right)^2 \Big[\sum_g \sum_f H(t - \max\{t_i^f, t_d^g\})(t - t_i^f) e^{-\frac{2t - t_i^f - t_d^g}{\tau}}$$

$$- \sum_h \sum_f H(t - \max\{t_i^f, t_d^g\})(t - t_i^f) e^{-\frac{2t - t_i^f - t_d^g}{\tau}} \Big] \quad (4.34)$$

可以通过一个简单的示例说明所提出的学习规则。考虑输入、期望和实际脉冲序列分别在 t_i、t_d、t_a 处有一个峰值的情况,它们满足 $t_i \leqslant t_d \leqslant t_a$。得到式(4.34)简化式为

$$\Delta w_i(t) = \lambda \left(\frac{e}{2}\right)^2 \Big[(t_d - t_i + \tau) e^{-\frac{t_d - t_i}{\tau}} - (t_a - t_i + \tau) e^{-\frac{t_a - t_i}{\tau}} \Big] \quad (4.35)$$

应该注意到

$$\Delta w_i = \begin{cases} > 0, \text{当 } t_d < t_a \text{ 时} \\ = 0, \text{当 } t_d = t_a \text{ 时} \\ < 0, \text{当 } t_d > t_a \text{ 时} \end{cases} \quad (4.36)$$

从式(4.36)可以得出以下几点结论。

(1) 如果实际脉冲在期望脉冲之后发生($t_d < t_a$),则突触权重增加,因此输出脉冲将在下一个输入出现(时期)之前发出。

(2) 相反,如果实际脉冲在期望激发时刻之前发出($t_a < t_d$),则突触权重减小,因此输出脉冲将延后激发。

(3) 如果实际脉冲恰好在所需时刻($t_a = t_d$)发生,则突触权重不变。

(4) t_a 与 t_d 之差越大,突触权重的变化就越大。

此外,还可以观察到:

(1) 当 $t_a \to \infty$,表示没有实际的脉冲出现,因为 $t_d < t_a$ 成立,突触权重增加会促进输出脉冲的激发;

(2) 当 $t_d \to \infty$,这意味着没有期望输出脉冲,因为 $t_a < t_d$ 成立,所以突触权重降低会促进输出脉冲的抑制。

这些观察到的现象在直观上是有效的,并且通过重复这些过程,可以期望学习规则会驱动后突触神经元在所需时刻发出脉冲信号。此外,应该注意到,$t_d - t_i$ 或 $t_a - t_i$ 的值越小,式(4.35)中方括号中每项的值就越大。这意味着,只有在 t_i 的输入脉冲在时间上接近 t_d 或 t_a 的期望或实际脉冲,即脉冲 t_i 与脉冲 t_d 或脉冲 t_a 相关时,相应的突触权重 w_i 才会显著变化。

权重在迭代过程中更新。在每次迭代(或时期)中,所有输入模式都按顺序呈现给系统。对于每个模式,计算并累加 Δw_i 值。在所有模式呈现之后,权重将更新为 $w_i(e+1) = w_i(e) + \Delta w_i$,其中 e 是学习过程的当前时期。应该注意到,该算法仅能够训练单个神经层的权重。相关方法,如 ReSuMe[61] 和 Chronotron[62] 展示出

了类似的限制。因此,在这些研究中建议与广为人知的液态机制(LSM)方法结合使用[63]。通过将输入转换为高维空间,LSM 的输出可以潜在地映射到任何期望脉冲序列。

图 4.20 说明了所提出的 SPAN 学习方法的功能。输出神经元通过具有随机初始化权重的 3 个兴奋性突触连接到 3 个输入神经元。为了简单起见,每个输入序列仅包含一个脉冲。但是,这种学习方法还可以处理每个输入神经元一个以上的脉冲。可以看到,在图 4.20(a)中的输入脉冲序列 s_i。在此示例中,打算将输出神经元训练在预定义的时刻 t_d^0 和 t_d^1 发射两个期望脉冲。

如图 4.20(b)所示,假设所呈现的刺激引起输出神经元的兴奋,导致在 t_a^0、t_a^1 和 t_a^2 产生了 3 个输出脉冲。脉冲 t_a^0 在时间上非常接近期望脉冲 t_d^0;脉冲 t_a^1 是不希望的,应通过学习方法加以抑制;t_a^2 出现得太迟了($t_d^1 < t_a^2$)。在输出神经元上测量的膜电位 $u(t)$ 演变值展示在图 4.20 的中上部(图 4.20b),其下面为实际和期望脉冲序列。

图的下部(图 4.20(c)~(e))描绘了式(4.34)的图形说明。应用 α-核定义式(4.35)(图 4.20(b)和图 4.20(c)),输入、实际和期望的脉冲序列被核化。我们定义绝对差 $|y_d(t) - y_a(t)|$ 曲线下的面积作为实际输出与期望输出之间的误差。

尽管在权重更新 Δw_i 的计算中未使用此误差,但此度量是输出神经元实现训练状态的一个信息量。

图 4.20(e)展示了权重更新 Δw_i。尤其要注意权重 w_0 的大幅下降。第一个输入神经元的输入脉冲序列 s_0 导致在 t_a^0 时刻出现了不期望脉冲,并且降低相应的突触作用可能会抑制这种行为。另外,突触权重 w_2 增加在较早的时间促进了脉冲 t_a^2 的触发。最后,权重 w_1 在 $t_a^1 \approx t_d^1$ 时几乎没有变化。

在一个示例性的实现中,采用了泄漏集成和激发(LIF)神经元,它是使用最广泛的脉冲神经模型之一[4]。它基于这样一个电路的思想,该电路包含一个电容为 C 的电容器和一个电阻为 R 的电阻,其中 C 和 R 均假定为常数。然后通过以下微分方程描述神经元 i 的动态响应,即

$$\tau_m = \frac{du_i}{dt} = -u_i(t) + RI_i^{\text{syn}}(t) \tag{4.37}$$

常数 $\tau_m = RC$ 称为神经元的膜时间常数。每当膜电势 u_i 从下方穿过阈值 ϑ 时,神经元就会激发脉冲,并且其电势会重置为重置电势 u_r。根据文献[4],可以定义

$$t_i^{(f)} : u_i(t^{(f)}) = v, f \in \{0, 1, \cdots, n-1\} \tag{4.38}$$

作为神经元 i 的发射时间,其中 n 是神经元发出的尖脉冲数 i。值得注意的

是,脉冲本身的形状没有在传统的 LIF 模型中明确描述。仅触发时间被认为是相关的。

应用 α-核,神经元 i 的突触电流 $I_i^{\text{syn}}(t)$ 可以被建模为

$$I_i^{\text{syn}}(t) = \sum_j w_{ij} \sum_f \alpha(t - t_j^{(f)}) \tag{4.39}$$

式中: $w_{ij} \in R$ 为描述神经元 i 及其突触前神经元 j 之间连接强度的突触权重。α-核本身定义为

$$\alpha(t) = e\tau_s^{-1} t e^{-t/\tau_s} H(t) \tag{4.40}$$

式中: $H(t)$ 为 Heaviside 函数; τ_s 为突触时间常数。

4.4.2 案例研究实例

以下案例研究示例重现了文献[64]。在所有实验中,网络架构均由 n 个突触驱动的单个神经元组成。刺激神经元的输入脉冲模式是随机生成的。更具体地说,每个输入脉冲序列都包含一个在时间间隔(0,200ms)中随机生成的单个脉冲。使用 NES 仿真器[65]进行仿真。我们提供下面各个部分的特定实验设置的特定详细信息。

第一个实验的目的是证明所提出学习方法的概念。任务是学习从随机输入脉冲模式到特定目标输出脉冲序列的映射。这个目标包括在 $t_d^0 = 33\text{ms}$、$t_d^1 = 66\text{ms}$,$t_d^2 = 99\text{ms}$,$t_d^3 = 132\text{ms}$ 和 $t_d^4 = 165\text{ms}$ 的 5 个脉冲。起初,突触权重是随机生成的。超过 100 个时期,允许输出神经元调整其连接权重,以产生所需的输出脉冲序列。重复 100 次该实验,为确保具有统计意义,每次运行以不同的随机权重进行初始化。在图 4.21 中,显示了典型运行的实验设置。图的左侧显示了上面实验设置中定义的网络体系结构。右侧显示了期望的目标脉冲序列(顶部),以及输出的神经元在多个学习时期(底部)产生的脉冲序列。注意在学习过程的后期。早期的输出脉冲序列与期望目标脉冲序列有很大不同。在以后的时期中,输出脉冲会收敛到所需的序列。注意到在少于 20 个时期之内,神经元能够精确地再现期望脉冲输出模式。图 4.21(c)显示了执行的 100 次运行中平均误差的变化。注意到误差呈指数下降。在 97% 的实验中,目标脉冲序列可以在不到 30 个时期内再现,即使对于其余的 3%,学习脉冲序列和期望脉冲序列之间的平均时间差也小于 0.2ms。

如图 4.21(d)所示,通过比较学习过程应用前后的突触权重,可以看到学习算法对突触作用的影响。对于该图,根据其脉冲触发时间,神经输入按时间顺序进行排序。图中的条形图反映了对应特定输入突触的突触强度。

为了得知权重变化的时间因果关系,用期望神经元激发时间(33ms、66ms、99ms、132ms 和 166ms 的垂直线)与该图重叠。该图显示了 100 次运行的全部平均

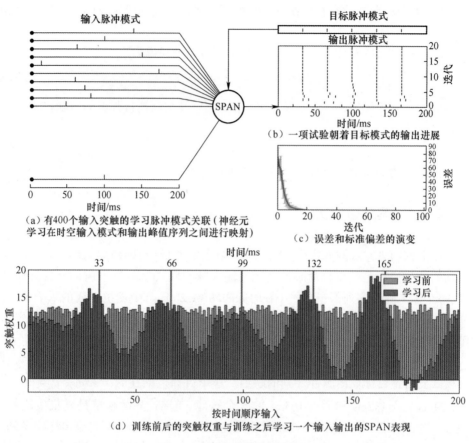

图 4.21 典型运行的实验设置

权重变化。

得益于实验设置,可以在算法初始化后观察到权重的均匀分布。经过 100 多个时期的训练,传递在时间上接近期望目标脉冲的输入脉冲的突触被增强。另外,抑制了在不期望的时间传递脉冲输入的突触。按时间顺序排列的突触作用的正弦形式是由目标序列中脉冲的等距发射时间引起的。

从这个简单的实验中,可以得出以下结论,可以将所提出的学习方法应用于 SPAN 神经元,以学习将单个多突触脉冲输入模式与期望的脉冲输出序列相关联。

先前的实验仅涉及单个模式的学习。在本实验中,研究了需要学习几种输入模式时的 SPAN 性能。此外,对输入刺激噪声时该方法的行为感兴趣,这对于实际应用很重要。在下一部分中,将研究 SPAN 更具挑战性的学习方案。

我们构造了一组有 10 个脉冲模式的初始集合,每个模式由 $n = 500$ 个输入神经元组成,这些神经元仅允许发出一个脉冲。随着输入到学习神经元模式的每次呈现,都会以从高斯分布中得出的抖动形式向每个脉冲添加噪声。抖动强度由高斯标准偏差控制。在我们的实验中,使用不同的抖动强度来研究不同噪声水平对SPAN学习性能的影响。

在输入模式的响应中,训练神经元400个时期,以在$t_d=99\text{ms}$发出单个脉冲。如果输出序列仅在间隔$[t_d-5\text{ms}, t_d+5\text{ms}]$内出现的脉冲,则称神经元输出成功。将$P_s$定义为成功输出的概率。它是在所有10个输入模式中与期望脉冲相匹配的输出脉冲数量之比率。考虑0ms、5ms、10ms、15ms和20ms的抖动强度。对于每个强度,都要进行一次单独的实验,然后重复进行100次试验,以确保获得统计依据。

图4.22给出了100个实验的平均试验结果。图表的第一行显示了在无噪声情况下获得的结果,即抖动强度为零。左侧显示了误差的演变。在训练的前几次迭代中,神经元会出现任意脉冲,并且输出与期望目标不匹配。应该注意到,在训练过程的前几个时期,P_s(如右上图所示)较低。但是,输出迅速稳定,P_s迅速增加,表现出了神经元将其输出收敛到期望目标脉冲的能力。

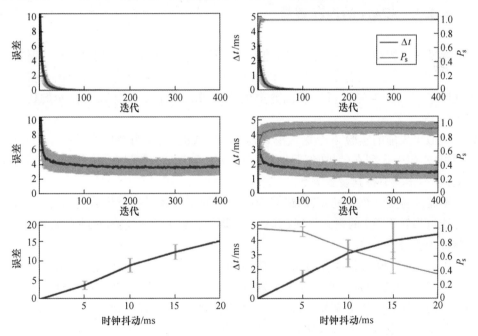

图4.22 使用SPAN学习规则学习多个脉冲模式(上方的图显示了在没有施加任何噪声情况下学习模式时的结果;中图显示了使用抖动输入模式(5ms的抖动强度)时的学习情况,训练神经元在99ms处激发一个脉冲,在每个时期中计算成功概率P_s,以指示输出脉冲与期望匹配的次数;下图显示了最终的训练误差取决于所施加的抖动强度)

为了获得直观的输出脉冲和目标脉冲之间存在的时间差异,对于所有成功的输出脉冲计算了绝对差 $\Delta t = |t_d - t_a|$。Δt 的变化重叠在右上方图。显然,SPAN 的学习算法可将时间差异迅速最小化,从而产生非常精确的定时输出脉冲。如果将噪声引入所呈现的输入模式,则学习任务的难度将大大增加。图 4.22 的中间行图显示了 5ms 抖动强度的结果。正如预期的那样,在这种学习情况下训练误差不会变为零。但是,误差的发展表明算法有一定的收敛性。尽管有噪声,但训练通常是成功的。超过 90% 的输出脉冲满足定义的成功标准。神经元能够在平均时间偏移 $\Delta t = 2$ms 内学会激发脉冲,而与噪声无关。

SPAN 的性能随抖动强度的变化如图 4.22 的底部图所示。对于这些图,使用了在上一个训练时期获得的神经输出。显然,误差与抖动强度成正比。此关系表明,SPAN 规则对输入模式噪声的有效抑制。如该图的右下图所示,即使对于较大的抖动强度,该方法也能够正确地映射 3/10 的模式。

4.4.3 SPAN 的内存容量

与学习过程相关的一个重要问题是神经元可以学习和记忆多少信息。我们使用文献[66]中提出的方法来评估 SPAN 的存储容量。内存容量以负载因子描述,负载因子定义为神经元可以正确分类的输入模式数量 p 与突触数量 n 的比值,即 n^p。

类似于先前的实验,p 个输入模式是随机生成的,其中每个模式都由 n 个脉冲序列组成,每个序列在随机时刻具有一个脉冲。随后,将模式随机分配给 c 个不同的类,在本实验中将其设置为 5。

实验任务是训练神经元,以最多 500 个时期正确地对所有模式进行分类。分类是通过当属于类 i 的模式呈现在输入中,训练神经元在指定的时间点 t_d^i 发射单个脉冲来执行的。

因此,输入模式的类别由触发脉冲的时间确定,将 t_d^i 设置为 33ms、66ms、99ms、132ms 或 165ms 以确定 5 个类别。这个实验在具有 200、400 和 600 个突触的 3 个网络体系结构上重复进行。我们将成功率表示为输入模式数量 p 的函数。成功率是将所有输入模式成功分类实验的百分比,我们还表示出了成功分类所需的平均迭代次数。

如果 90% 响应于该模式的触发脉冲在相应目标脉冲的 2ms 之内激发,则确定该模式已正确分类。学习率设定为 $\lambda = \dfrac{5c}{p}$,并使用最大值随机突触权重 5pA、2.5pA 和 2pA 初始化 200、400 和 600 个突触。这些值是基于反复实验设置的。

图 4.23 显示了 3 种突触情况的实验结果。从图中可以明显看出,增加突触的

数量会增加可以正确记住和分类模式的数量。但是,需要更多的时期和计算量来调整突触权重。值得注意的是,在达到一定数量的输入模式之后,神经元难以识别模式,因此,成功率开始下降。考虑成功率不小于90%的点,这些点由图4.23中的绿色菱形标记表示。对于这些点,p 的值是 15、30、35,成功率分别为 96%、94%、90%。此外,成功完成训练的平均时期数低于100。对于 200、400 和 600 个突触的 3 种情况,在这些点的负载因子分别计算为 0.075、0.075 和 0.058。为了了解这些值,进行了一个实验来测量 ReSuMe 学习规则在这些点的存储容量,即具有相同的 p 和 n 值。对于此实验,使用了 ReSuMe 的批量学习规则(a_R 的值设置为 0.025,学习率设置为 10)。ReSuMe 学习识别输入模式的成功率分别为 22%、10% 和 52%。这些值低于 SPAN 的成功率。因此,ReSuMe 的内存容量小于 SPAN。

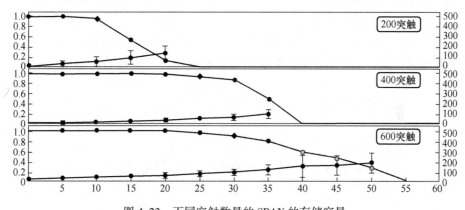

图 4.23 不同突触数量的 SPAN 的存储容量
(绿色菱形标记表示成功训练的平均次数超过 90% 的最大学习模式数量)

4.4.4 分类问题中的 SPAN

该实验执行的是时空分类任务。目的是学习对输入脉冲模式的五类进行分类。每个类的模式均以随机输入脉冲模式给出,该模式用与先前实验类似的方式创建。然后,通过使用高斯抖动(标准偏差为 3ms)对每个模式进行扰动来生成 5 个模式中的每个模式的 15 个副本,从而在训练数据集中获得 15×5 = 75 个样本。此外,使用相同的程序创建 25×5 = 125 个测试样本。然后训练输出神经元在每个类的特定时间激发单个脉冲。在训练过程中仅使用训练集,而测试集用于确定训练后神经元的泛化能力。输出神经元的脉冲时间编码呈现的输入模式的类别标签。训练神经元分别在 33ms、66ms、99ms、132ms 和 165ms 的时间实例上发出脉冲,每个脉冲时间对应于 5 个类别标签之一。我们在这个学习方法中允许 200 个时期,并在 30 个独立的运行中重复该实验。在该实验中,突触的数量设置为 200。对于每次运行,选择不同的组,这些组的突触权重被随机初始化。

图 4.24(a)显示了 5 个类别中每个类别的平均误差的演变。在最初的几个时期中,误差值振荡,然后开始稳定并缓慢降低。某些类别的学习错误降低的速度比其他类别要快(如第 3 类)。还注意到,表现出最大错误的类别是第 1 类。这种现象被预料到了,因为在文献[62]中的一个非常相似的发现。为了正确地对 1 类样本进行分类,输出神经元必须在 $t \approx 33\text{ms}$ 处非常早地发出脉冲信号。因此,需要在 $t=33\text{ms}$ 之前的时间出现输入脉冲来刺激神经元。但是,由于输入数据的随机生成,在 $t=33\text{ms}$ 之前只有很少的输入脉冲发生。在此时间之后,大多数输入脉冲到达输出神经元,因此不会有助 1 类样本的正确分类。精度和输出脉冲时间之间的关系也在文献[62]中指出。未来的研究将进一步调查这一有趣的发现。

为了报告训练后神经元的分类准确性,定义了一个简单的误差度量。如果神经元激发,我们认为模式已正确分类 $[t_d^f - 3\text{ms}, t_d^f + 3\text{ms}]$ 内的单个脉冲(t_d^f 为期望脉冲时间)。任何其他的输出都被认为是不正确的。值得一提的是,使用此定义,未经训练的神经元很可能产生错误的输出,从而导致精度接近于零。图 4.24(b)显示了训练和测试阶段每个类的平均分类误差。如上所述,对于测试,使用了 125 个隐藏的测试集模式。神经元能够学会对所有训练类别的 75 种训练模式进行分类,平均准确度为 94.8%。再一次注意到属于第一类的样本的分类性能相对较差。对于测试模式,神经元在所有类别中的平均准确率均达到 79.6%。

4.3 节中提供的实验分析表明,尽管其算法简单,但是 SPAN 学习方法仍可以有效地将所需的输入输出行为强加给 SNN。在本节中,将比较所提出的方法与两种相关算法 Chronotron[62] 和 ReSuMe 学习规则[61,67] 之间的差异和相似性。

与 SPAN 相似,ReSuMe 学习算法也是从 Widrow-Hoff 规则导出的。ReSuMe 将 Widrow-Hoff 规则解释为 STDP 和反 STDP 流程的组合。通过引入明确的学习窗口,该方法着重于实现生物学上的合理学习过程。另外,SPAN 规则遵循不同的想法。忽略生物的真实特性可以直接制定有效的突触权重调节规则。通过将脉冲序列转换为模拟信号,Widrow-Hoff 规则可以直接应用于脉冲神经元。尽管之前曾在几项研究中对脉冲序列的核化进行了研究,但我们尚不知道有任何研究结果,为了学习精确定时的脉冲序列模式,将脉冲卷积应用于算法中。在文献[63、67]内核函数中已定义了脉冲训练量度,在文献[68]中,使用最近邻方法在分类问题的背景下研究了内核化的脉冲训练。

尽管 SPAN 学习方法的生物学合理性值得些许怀疑,但是当 α-内核替换为指数内核时,可以得出令人惊讶的观察结果。

在概念上,SPAN 规则也类似于 Chronotron E-learning 规则[62]。同样在 Chronotron 中,突触权重会根据误差环境中的梯度下降进行修改。其误差函数基于

Victor & Purpura(VP)的距离[69]。通过找到一种处理 VP 度量不连续性的方法，Chronotron 规则可以有效地计算误差梯度并相应地更新权重。另外，SPAN 的误差格式基于类似于 van Rossum[60]的度量，但具有内核。该度量标准没有显示出任何不连续性，因此可以定义一个简单而强大的学习规则。文献[56-57]中讨论了 Chronotron 和 SPAN 的异同。

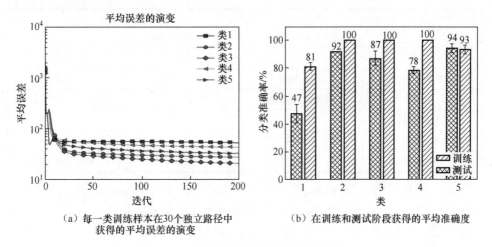

(a) 每一类训练样本在30个独立路径中获得的平均误差的演变

(b) 在训练和测试阶段获得的平均准确度

图 4.24 平均误差的演变及平均准确度

4.5 为什么应用 SNN

与传统机器学习技术(包括第 2 章的经典神经网络)相比，SNN 具有使其在某些方面具有优势的特征，具体如下。

(1) 时空或时空数据的高效建模(第 8~22 章)。
(2) 对涉及不同时间尺度的过程进行有效建模(第 19 章)。
(3) 桥接上层功能和"下层"遗传学(第 16 章)。
(4) 将声音和视觉等模式整合到一个系统中(第 12 章和第 13 章)。
(5) 预测性建模和事件预测(第 18 章和第 19 章)。
(6) 快速且大规模的并行信息处理(第 20 章)。
(7) 紧凑的信息处理(第 21 章,其中介绍了一种基于脉冲时间表示的数据压缩方法)。
(8) 可扩展的结构(从数十个到数十亿个脉冲神经元)(第 6 章和第 20 章)。
(9) 如果在神经形态平台上实现,则能耗低(第 20 章)。
(10) 大脑启发式 SNN 中的深度学习和深度知识表示(第 6 章)。

(11) 当使用受大脑启发的 SNN 时,使 BI-AI 得以发展(有关 BI-AI 的定义及其 20 个功能,可参见第 1 章、第 6 章和第 22 章)。

TSTD 是时空或时空数据的缩写,表 4.2 简要展示了 SNN 与各种跨功能的其他统计和机器学习技术之间的对比分析。

表 4.2　SNN 与其他机器学习方法的比较分析

方法/功能	统计方法 (MLR、KNN、SVM)	ANN (如 MLP、CNN)	SNN
信息	标量	标量	脉冲序列
数据表示	标量、向量	标量、向量	完整 TSTD 样式
学习	统计的、有限的	Hebbian 规则	取决于脉冲时间
处理 TSTD	有限的	中等	优秀
并行计算	有限的	中等	优异
硬件支援	标准	VLSI	神经形态 VLSI

SNN 开启了脑启发(认知、神经形态)计算领域。IBM Research 脑灵感计算的首席科学家 Dharmendra Modha 评论说:"脑灵感计算的目标是提供可扩展的神经网络基质,同时接近时间、空间和能量的基本限制"。

4.6　总结和进一步阅读以获取更多知识

本章提供了有关 SNN 的一些基础知识,这些知识将在第 5 章中使用,其中介绍了 eSNN 模型(第 5 章)和受大脑启发的 SNN(第 6 章)。

下面可以找到与 SNN 相关的特定主题的更多信息。

(1) 尖峰编码方法的选择和优化[24]以及一个软件:http://www.kedri.aut.ac.nz/neucube/. 尖刺神经元模型[4]。

(2) 基于尖峰的快速处理策略[15]。

(3) 使用 SNN 进行计算建模(文献[38]中的第 37 章)。

(4) 用于时空模式识别的类脑信息处理(文献[38]中的第 47 章)。

(5) 与 SNN 关联的记忆[32]。

(6) SPAN 脉冲模式关联学习[58-59]。

致谢

与传统的 SNN 模型一样,本章介绍了作者在概率脉冲神经元和神经遗传脉冲神经元方面的原创工作,后者是与 L. Benuskova 合作开发的[36]。脉冲模式关联学习(SPAN)的最初工作是由 A. Mohemmed、S. Schliebs、S. Matsuda 和其他作者共同完成的[56-57]。我感谢 Neelave Sengupta 对脉冲编码算法的贡献[70]。脉冲编码算法的选择和参数优化软件由 Balint Petro 开发,可从以下网站获得:https://kedri.aut.ac.nz/Rand-D-Systems/neucube(Spiker)。

参考文献

[1] W. Maass, On the role of time and space in neural computation. Math. Found. Comput. Sci. **1998**, 72–83 (1998)

[2] P. Lichtsteiner, T. Delbruck, A 64x64 aer logarithmic temporal derivative silicon retina. Res. Microelectron. Electron. PhD, **2**(1), 202–205 (2005). https://doi.org/10.1109/rme.2005.1542972

[3] T. Delbruck, jAER open source project (2007) http://jaer.wiki.sourceforge.net

[4] W. Gerstner, W.M. Kistler, *Spiking Neuron Models: Single Neurons, Populations, Plasticity* (Cambridge University Press, Cambridge, 2002)

[5] L.M. Optican, B.J. Richmond, Temporal encoding of two-dimensional patterns by single units in promate inferior temporal cortex. III. Information theoretic analysis.pdf. J. Neurophysiol. **57**(1), 162–177 (1987)

[6] R. Lestienne, Determination of the precision of spike timing in the visual cortex of anaesthetised cats. Biol. Cybern. **74**, 55–61 (1996). https://doi.org/10.1007/BF00199137

[7] Z.F. Mainen, T.J. Sejnowski, Reliability of spike timing in neocortical neurons. Science **268**(5216), 1503–1506 (1995)

[8] S. Thorpe, D. Fize, C. Marlot, Speed of processing in the human visual system. Nature **381**(6582), 520–522 (1996)

[9] S. Thorpe, J. Gautrais, Rank order coding. Comput. Neurosci. Trends Res. **13**, 113–119

[10] S.M. Bohte, H. La Poutre, J.N. Kok, unsupervised clustering with spiking neurons by sparse temporal coding and multilayer RBF networks. IEEE Trans. Neural Netw. **13**(2), 426–435 (2002)

[11] H.N. Abdul Hamed, *Novel Integrated Methods of Evolving Spiking Neural Network and Particles Swarm Optimization* (Auckland University of Technology, 2012)

[12] S. Schliebs, M. Defoin-Platel, N. Kasabov, Integrated feature and parameter optimization for an evolving spiking neural network. Adv. Neuro-Inf. 1229–1236 (2009). Retrieved from http://link.springer.com/chapter/10.1007/978-3-642-02490-0_149

[13] N. Kasabov, V. Feigin, Z.-G. Hou, Y. Chen, L. Liang, R. Krishnamurthi et al., Evolving spiking neural networks for personalised modelling, classification and prediction of spatio-temporal patterns with a case study on stroke. Neurocomputing **134**, 269–279(2014). https://doi.org/

10.1016/j.neucom.2013.09.049

[14] K. Dhoble, N. Nuntalid, G. Indiveri, N. Kasabov, Online spatio-temporal pattern recognition with evolving spiking neural networks utilising address event representation, rank order, and temporal spike learning, in *The 2012 International Joint Conference on Neural Networks (IJCNN)*, pp. 1–7. https://doi.org/10.1109/ijcnn.2012.6252439

[15] S. Thorpe, A. Delorme, R. Van Rullen, Spike-based strategies for rapid processing. Neural Netw. Official J. Int. Neural Netw. Soc. **14**(6–7), 715–25 (2001). Retrieved from http://www.ncbi.nlm.nih.gov/pubmed/11665765

[16] S.G. Wysoski, L. Benuskova, N. Kasabov, *On-Line Learning with Structural Adaptation in a Network of Spiking Neurons for Visual Pattern*, in Proceedings of International Conference on Artificial Neural Networks (Springer, Heidelberg, 2006), pp. 61–70

[17] H.N. Abdul Hamed, N. Kasabov, Z. Michlovsky, S.M. Shamsuddin, *String Pattern Recognition Using Evolving Spiking Neural Networks and Quantum Inspired Particle Swarm Optimization*, in Proceedings of International Conference on Neural Information Processing (Springer, Berlin, 2009), pp. 611–619

[18] S.G. Wysoski, L. Benuskova, N. Kasabov, Fast and adaptive network of spiking neurons for multi-view visual pattern recognition. Neurocomputing **71**(13–15), 2563–2575 (2008)

[19] S.G. Wysoski, L. Benuskova, N. Kasabov, *Spiking Neural Networks for Text-Independent Speaker Authentication*, in *Artificial Neural Networks-ICANN*, vol. 2 (Springer, Berlin, 2007), pp. 758–767

[20] S.M. Bothe, H. La Poutré, J.N. Kok, Unsupervised clustering with spiking neurons by sparse temporal coding and multilayer RBF networks. IEEE Trans. Neural Netw. **13**(2002), 426–435 (2002)

[21] J. Gautrais, S. Thorpe, Rate coding versus temporal order coding: a theoretical approach. BioSystems **48**(1998), 57–65 (1998)

[22] B. Schrauwen, J. Van Campenhout, BSA, a fast and accurate spike train encoding scheme, in *Proceedings of the International Joint Conference on Neural Networks*, IEEE, vol. 4, pp. 2825–2830 (2003)

[23] N. Kasabov, N. Scott, E. Tu, S. Marks, N. Sengupta, E. Capecci, M. Othman, M. Doborjeh, N. Murli, R. Hartono, J. Espinosa-Ramos, L. Zhou, F. Alvi, G. Wang, D. Taylor, V. Feigin, S. Gulyaev, M. Mahmoudh, Z.-G. Hou, J. Yang, Design methodology and selected applicationsof evolving spatio-temporal data machines in the NeuCube neuromorphic framework. Neural Netw. **78**, 1–14 (2016). http://dx.doi.org/10.1016/j.neunet.2015.09.011

[24] B. Petro, N. Kasabov, R. Kiss, A methodology for selection and parameter optimisation of spike encoding algorithms, submitted, https://kedri.aut.ac.nz/R-and-D-Systems/neucube(Spiker)

[25] A.L. Hodgkin, A.F. Huxley, A quantitative description of membrane current and its application to conduction and excitation in nerve. J. Physiol. **117**, 500–544 (1952)

[26] M. Nelson, J. Rinzel, The Hodgkin-Huxley model. in *The book of Genesis*, ed. by J. M. Bower,

D. Beeman (Springer, New York, 1995), pp. 27–51

[27] C. Meunier, I. Segev, Playing the Devil's advocate: is the Hodgkin—Huxley model useful? Trends Neurosci. **25**(11), 558–563 (2002)

[28] A.F. Strassberg, L.J DeFelice, Limitation of the Hodgkin-Huxley formalism: effects of single channel kinetics on transmembrane voltage dynamics. Neural Comput. **5**(6), 843–855 (1993) (MIT Press)

[29] F. Bezanilla, C.M. Armstrong, Inactivation of the sodium channel. I. Sodium current experiments. J. General Physiol. **40**(5), 549–566 (1997)

[30] L. Lapicque, Recherches quantitatives sur l'excitation electrique des nerfs traitee comme une polarization. Physiol. Pathol. Gen. **9**(1), 620–635 (1907). https://doi.org/10.1007/s00422-007-0189-6

[31] E.M. Izhikevich, Simple model of spiking neurons. IEEE Trans. Neural Netw. 14(2003), 1569–1572 (2003)

[32] W. Gerstner, J.L. van Hemmen, Associative memory in a network of "spiking" neurons. Netw. Comput. Neural Syst. **3**(2), 139–164 (1992)

[33] W. Gerstner, Spiking Neurons, in *Pulsed Neural Networks*, ed. by W. Maass, C.M. Bishop(MIT Press, Cambridge, 1998), pp. 3–54

[34] A. Delorme, S.J. Thorpe, SpikeNET: an event-driven simulation package for modelling large networks of spiking neurons. Netw. Comput. Neural Syst. **14**(2003), 613–627 (2003)

[35] N. Kasabov, To spike or not to spike: a probabilistic spiking neural model. Neural Netw. **23**(1), 16–19 (2010)

[36] L. Benuskova, N. Kasabov, *Computational Neurogenetic Modelling* (Springer, New York, 2007)

[37] N. Kasabov, N.R. Schliebs, H. Kojima, Probabilistic computational neurogenetic framework: from modelling cognitive systems to Alzheimer's disease. IEEE Trans. Auton. Mental Dev. **3**(4), 300–311 (2011)

[38] N. Kasabov (ed.), Springer Handbook of Bio-/Neuroinformatics (Springer, Berlin, 2014)

[39] S.M. Bohte, The evidence for neural information processing with precise spike-times: a survey. Nat. Comput. **3**(2), 195–206 (2004). https://doi.org/10.1023/b:naco.0000027755.02868.60

[40] A. Kasinski, F. Ponulak, Comparison of supervised learning methods for spike time. Int. J. Appl. Math. Comput. Sci. **16**(1), 101–113 (2006)

[41] D.E. Rumelhart, G.E. Hinton, R.J. Williams, Learning representations by back-propagating errors. Nature 323(6088), 533–536 (1986)

[42] S.M. Bohte, J.N. Kok, H. La Poutre, SpikeProp: Backpropagation for Networks of Spiking Neurons Error-Backpropagation in a Network of Spiking Neurons. ESANN (2000), pp. 419–424

[43] C.C. Bell, V.Z. Han, Y. Sugawara, K. Grant, Synaptic plasticity in a cerebellum-like structure depends on temporal order. Nature **387**(1997), 278–281 (1997). https://doi.org/10.1038/387278a0

[44] G. Bi, M. Poo, Synaptic modifications in cultured hippocampal neurons: dependence on spike timing, synaptic strength, and postsynaptic cell type. J. Neurosci. **18**(24), 10464–10472 (1998)

[45] H. Markram, J. Lubke, M. Frotscher, B. Sakmann, Regulation of synaptic efficacy by coincidence of postsynaptic APs and EPSPs. Science **275**(January), 213–215 (1997)

[46] T. Masquelier, R. Guyonneau, S.J. Thorpe, Spike timing dependent plasticity finds the start of repeating patterns in continuous spike trains. PLoS ONE **3**(1), e1377 (2008)

[47] S. Fusi, M. Annunziato, D. Badoni, A. Salamon, D.J. Amit, Spike-driven synaptic plasticity: theory, simulation, VLSI implementation. Neural Comput. **12**(10), 2227–2258 (1999). https://doi.org/10.1162/089976600300014917

[48] N. Kasabov, K. Dhoble, N. Nuntalid, G. Indiveri, Dynamic evolving spiking neural networks for on-line spatio- and spectro-temporal pattern recognition. Neural Netw. Official J. Int. Neural Netw. Soc. **41**(1995), 188–201 (2013). https://doi.org/10.1016/j.neunet.2012.11.014

[49] S. Mitra, S. Fusi, G. Indiveri, Real-time classification of complex patterns using spike-based learning in neuromorphic VLSI. IEEE Trans. Biomed. Circuits Syst. **3**(1), 32–42 (2009). https://doi.org/10.1109/tbcas.2008.2005781

[50] M. Tsodyks, K. Pawelzik, H. Markram, Neural networks with dynamic synapses. Neural Comput. **10**(4), 821–835 (1998)

[51] W. Maass, E.D. Sontag, Neural systems as nonlinear filters. Neural Comput. **12**(8), 1743–1772 (2000)

[52] W. Maass, T. Natschlager, H. Markram, Real-time computing without stable states: a new framework for neural computation based on perturbations. Neural Comput. **14**(11), 2531–2560 (2002)

[53] T. Natschläger, W. Maass, Spiking neurons and the induction of finite state machines. Theor. Comput. Sci. Nat. Comput. **287**(1), pp. 251–265 (2002)

[54] H. Namarvar, J.-S. Liaw, T. Berger, A new dynamic synapse neural network for speech recognition, in *2001 Proceedings of the International Joint Conference on Neural Networks*, IJCNN '01 (2001)

[55] N. Mehrtash, D. Jung, H. Klar, Image pre-processing with dynamic synapses. Neural Comput. Appl. 12(33–41), 2003 (2003). https://doi.org/10.1007/s00521-030-0371-2

[56] A. Mohemmed, S. Schliebs, S. Matsuda, N. Kasabov, Training spiking neural networks to associate spatio-temporal input-output spike patterns. Neurocomputing **107**, 3–10 (2013). https://doi.org/10.1016/j.neucom.2012.08.034

[57] A. Mohemmed, S. Schliebs, S. Matsuda, N. Kasabov, SPAN: spike pattern association neuron for learning spatio-temporal sequences. Int. J. Neural Syst. **22**(4), 1–16 (2012)

[58] A. Mohemmed, S. Schliebs, S. Matsuda, K. Dhoblea, N. Kasabov (2011), Optimization of spiking neural networks with dynamic synapses for spike sequence generation using PSO, in *International Joint Conference on Neural Networks*. IEEE Publishing, San Jose, California, USA

(2011) (In Print)

[59] A. Mohemmed, S. Schliebs, N. Kasabov, Method for training a spiking neuron to associate input output spike trains. In Engineering Applications of Neural Networks. Springer, Corfu, Greece (2011). (in Print)

[60] M.C. van Rossum, A novel spike distance. Neural Comput. **13**(4), 751–763 (2001)

[61] F. Ponulak, ReSuMe—new supervised learning method for spiking neural networks. Tech. report, Institute of Control and Information Engineering, Poznań University of Technology, Poznań, Poland (2005)

[62] R.V. Florian, The chronotron: a neuron that learns to fire temporally-precise spike patterns. http://precedings.nature.com/documents/5190/version/1 (2010)

[63] W. Maass, T. Natschläger, H. Markram, Realtime computing without stable states: a new framework for neural computation based on perturbations. Neural Comput. **14**(11), 2531–2560 (2002)

[64] E. Nordlie, M.-O. Gewaltig, H.E. Plesser, Towards reproducible descriptions of neuronal network models. PLoS Comput. Biol. 5(8), e1000456 (2009)

[65] M.-O. Gewaltig, M. Diesmann, Nest (neural simulation tool). Scholarpedia **2**(4), 1430 (2007)

[66] R. Gutig, H. Sompolinsky, The tempotron: a neuron that learns spike timing-based decisions. Nat. Neurosci. **9**(3), 420–428 (2006)

[67] F. Ponulak, A. Kasiński, Supervised learning in spiking neural networks with ReSuMe: sequence learning, classification, and spike shifting. Neural Comput. **22**(2), 467–510 (2010). PMID: 19842989

[68] B. Schrauwen, J.V. Campenhout, Linking nonbinned spike train kernels to several existing spike train metrics. Neurocomputing **70**(2007), 1247–1253 (2007)

[69] J.D. Victor, K.P. Purpura, Metric-space analysis of spike trains: theory, algorithms and application. Netw. Comput. Neural Syst. **8**(2), 127–164 (1997)

[70] N. Sengupta, Neuromorphic computational models for machine learning and pattern recognition from multi-modal time series data, PhD Thesis, Auckland University of Technology (2018)

第5章
进化脉冲神经网络

进化的脉冲神经网络(eSNN)是脉冲神经网络(SNN)的一种,也是 ECOS 的一种,在这里,不断增加的神经元被创建(进化)并以增量的方式合并,从而从传入的数据中捕获集群和模式。这让 SNN 系统变得适应、快速训练,并且在数据中获取有意义的模型,转变为新的知识,告别传统人工神经网络模型所表现出的"黑盒诅咒"和"灾难性遗忘诅咒"。这个灵感来自大脑,因为大脑总是进化它自身的结构和功能,通过不断的学习,它总是进化和形成新的知识。

5.1 eSNN 的原理和方法(ESNN)

eSNN 范例应用 ECOS 准则来处理脉冲时间信息,表现如下。

(1) 从大量数据中快速进行学习,主要使用"一遍"式训练,基本不需要先前的知识。

(2) 实时适应和在线模式适应,其中新数据是基于本地学习的。

(3) "打开",进化新的输入(与任务相关的)和输出结构,新的连接和神经元被加入或快速进化。

(4) 数据学习和知识表示都得到了全面和灵活的促进,如监督学习、非监督学习、进化聚类、"睡眠"学习、遗忘/剪枝、模糊规则插入和提取。

(5) 以多种方式与其他系统和环境进行主动交互。

(6) 以不同的尺度来表示空间和时间,如数据簇、短期和长期记忆、遗忘等。

(7) 系统在行为、全局错误和成功以及相关知识表示方面的自我评估。

这里有几种 eSNN 模型。最简单的 eSNN 模型使用于(但并不限制于以下因素):

(1) 种群峰值编码算法;

(2) 神经元的泄漏积分-激发(LIF)模型;

(3) 秩序(RO)学习规则;

如图 5.1(a)和图 5.1(b)所示,RO 学习动机是基于一个假设,即一个输入模式的最重要信息包含在较早到达的峰值中。它根据一个特定模式的脉冲到达输入突触的顺序建立输入的优先级。这是一个被观测到的生物系统现象,对于一些时间、空间问题也是一个重要的信息加工观念,就像机器视觉和控制。

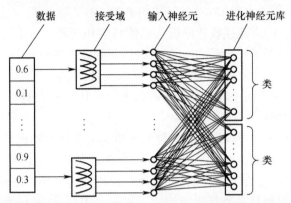

(a) 一个进化脉冲神经网络(eSNN)结构的图表原理(其中输入变量通过群体编码(POC)被编码到脉冲突触,输出神经元层伴随着每个新的数据输入向量而进化,也允许输出神经元的合并)

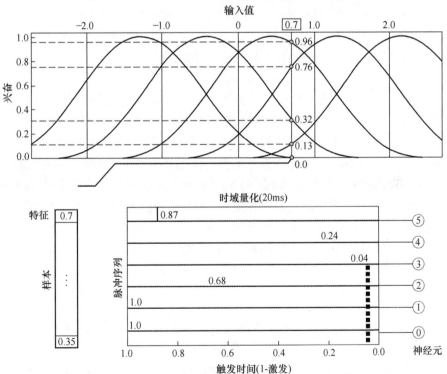

(b) 一个关于如何将随机输入的连续数值用POC编码的方式编码到许多输入神经元脉冲序列中的例子(输入数值0.7激活了6个重叠的接收区域,它在不同的时间激活了6个输入神经元)

图 5.1　eSNN 结构的 RO 编码

153

RO学习让有用的信息包含在输入脉冲(事件)的序列中。这个方法用于SNN时有两个主要的优点：①快速学习(最先进来的脉冲序列通常包含了可以识别一个模式的主要信息、进行一个快速决定和输入模式的一次传递模型就可能可以学习它)；②异步的数据传输加工。因此，RO学习是最适合AER将数据流一个接一个传输进去的。图5.1所示eSNN结构的RO编码见第4章。

eSNN用线上的方式接收数据进化它的结构和功能。对于每个新的输入数据向量，都动态地分配了一个新的神经元，并连接到输入神经元中。神经元的连接建立在使用RO准则上，包括输出神经元去认知向量(框架，静态模式)或者类似的积极的例子。在问题空间中输出神经元的权重向量代表集群的中心，并且可以被描述为一个复杂的规则。

在实现中，拥有简单权重向量的神经元依据它们之间的欧几里得距离来进行合并，这将可能实现超快速学习(可能一次传输就足够了)，不管在监督模式还是非监督模式。当在非监督模式下，进化神经元代表一个学习的模式(或者一个标准模式)。如果模型是在监督学习模式下执行分类任务，神经元可以通过它们所属的类别标记和分类。(图5.2)。

通过一个学习周期，对于每个空间训练输入模式(样本、例子、向量) P_i，一个新的输出神经元被创造并且其连接权重 $w_{j,i}(j=1,2,\cdots,M)$ 对输入(特征)神经元使用RO学习规则，根据对应突触上传入的脉冲顺序计算，即

$$w_{j,i} = \alpha \cdot \mathrm{mod}^{\mathrm{order}(j,i)} \tag{5.1}$$

式中：α 为学习参数(在部分例子中它为1)；mod为调制系数，这表明第一个脉冲序列是多么重要；$w_{j,i}$ 为在突触前神经元 j 和突触后神经元 i 之间的突触权重；order(j,i) 为突触 j 处第一个峰值的序列，i 是突触到神经元 i 的所有峰值中的一个。order(j,i) 对于它第一个脉冲值为0，并且根据其他神经元的输入序列而增加。

当输入训练模式(例子)呈现时(对不同突触上的输入向量进行编码，并在时间窗口中显示，T 为单位时间)，对于神经元 i 的脉冲阈值 Th_i 被定义为当此模式或类似模式(示例)在收回模式中再次出现时这个神经元脉冲值。阈值计算为输入模式期间累积的总 PSP_i (表示为 $\mathrm{PSP}_i^{\max}$)的分数(C)，即

$$\mathrm{PSP}_i^{\max} = \sum_j \mathrm{mod}^{\mathrm{order}(j,i)} \tag{5.2}$$

$$\Theta = C\mathrm{PSP}_i^{\max} \tag{5.3}$$

如果进化训练完的新神经元的权重向量近似于一个早训练完的神经元(在监督学习的分类器下，这是一个来自同一类的神经元)，也就是它们的类似点是超过一定的阈值Sim，新的神经元会与最相似的神经元合并，平均两者联系权重和两个神经元的阈值。否则，新的神经元将被添加到输出神经元的集合中(或相应的类库神经元时，监督学习的分类执行)。新建立的神经元与训练神经元之间的相似

度是由两个神经元的权矩阵之间的欧几里得距离的倒数来计算的。合并后的神经元具有合并神经元的加权平均权值和阈值。

当一个个体输出神经元代表一个单一的输入模式时,合并后的神经元在一个变换后的空间中表示模式或原型的集群——RO-时间-空间。这些集群可以被代表作为复杂的规则,并且可以被用于发现新的关于正在考虑的问题。

eSNN 学习是适应的、增长的、理论上的——"终身的",因此系统可以学习新的模式来创造新的输出神经元,将它们与输入神经元相联系,并且可能与最接近的一个合并,服从第 2 章介绍的 ECOS 准则。

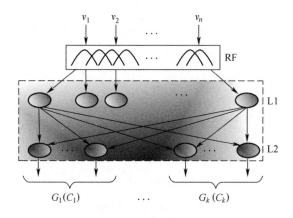

图 5.2　一个 eSNN 结构包含 n 个输入、k 个输出

在回忆阶段,当一个新的输入向量被提出并且被编程作为输入脉冲时,该脉冲模式在学习阶段被提交到所有被创造的神经元。一个输出的脉冲通过神经元 i 在时间 l 时产生,如果 $PSP_i(l)$ 比其阈值 Θ 更高,在第一个神经元之后,所有神经元的 PSP 都被设置为初始值(如 0),为下一个模式的回忆或学习做准备。

一个神经元 i 的突触后电位 $PSP_i(l)$ 计算公式为

$$PSP_i(l) = \sum_{t=0,1,2,\cdots,l} \sum_j e_j(t) \cdot \mathrm{mod}^{\mathrm{order}(j,i)} \tag{5.4}$$

式中:如果在 t 时刻突触 j 有第一个脉冲,$e_j(t)=1$;$\mathrm{order}(j,i)$ 为该回忆模式中所有到神经元 i 的脉冲中,突触 j 处第一个脉冲的排列顺序。

参数 C 用于计算神经元 i 的阈值,让神经元能够在完整展现学习模式之前发出一个脉冲,就像神经元最初被训练去响应,特殊情况下,$C=1$。

在训练 eSNN 的过程中,对于每一个输入的向量按照以下步骤来执行:

(1) 创造输出一个新的脉冲神经元和它的连接。

(2) 将输入向量传播到网络中,计算输出神经元的 PSP,有

$$u_i(t) = \begin{cases} 0 &, \text{如果发放} \\ \sum_{j \mid f(j) < t} w_{ji} m_i^{\text{order}(j)} &, \text{其他} \end{cases} \quad (5.5)$$

(3) 使用基于脉冲时间到达的 RO 学习训练新创建的神经元权值。

(4) 如果新神经元和旧神经元之间的相似性大于阈值,则合并神经元,其中 N 是先前用来更新各自神经元的样本数量。

(5) 更新合并神经元的相应阈值 ϑ。

eSNN 训练算法见专栏 5.1。

专栏 5.1 eSNN 训练算法

初始化输出神经元数组,$R = \{\}$

设定 eSNN 参数:mod=[0,1],C=[0,1],sim=[0,1]

for 任意输入参数 i 属于一个类

将输入参数编码到多个突触前神经元 j 放电时间。

为这个类创建一个新的输出神经元 i 并且计算它的连接权重 $w_{j,i} = \text{mod}^{\text{order}(j)}$

计算 $\text{PSP}_{\max(i)} = \text{sum}_j w_{ji} \times \text{mod}^{\text{order}(j)}$

计算 PSP 的阈值 $Y_i = \text{PSP}_{\max(i)} \times C$

IF 新的神经元权重向量不大于 R 中输出神经元权重向量中的 sim 值

更新权重向量和在相同输出类中的大部分相似神经元的阈值

$W = \dfrac{w_{\text{new}} + w \cdot N}{N+1}$

$\gamma = \dfrac{\gamma_{\text{new}} + \gamma \cdot N}{N+1}$,其中 N 是之前相似神经元合并的数量

else

将权重向量和新神经元的阈值加入到神经元数组 R 中

end if

end for

重复其他输出类中的所有输入模型

可以使用不同的回忆算法来执行回忆,这意味着可以使用不同的方法来比较输入的回忆模式和输出神经元中已经学习过的模式。

(1) 上面描述了第一个。当新的输入模式的脉冲到达所有训练过的输出神经元时传播,第一个脉冲(它的 PSP 大于它的阈值)定义输出。这个设想是这个神经元(或者几个神经元以 k 邻近的方式接近)。这种类型的 eSNN 称为 eSNNm。

(2) 第二种方法意味着为每个回忆模式创建一个新的输出神经元,在同样的方式下,学习阶段当输出神经元被创建,然后用欧几里得距离比较新的神经元与早

已存在的神经元之间的权重向量联系。突触连接权值最接近的输出神经元(或是k邻近的神经元)是"赢家"。这个方法用了直推式和在矢量连接空间最邻近类别准则。它比较了一个新神经元的空间分布的突触权重向量,这个新神经元捕获了一个新的输入模式和现有的输入模式。将这个模型称为 eSNN。

与其他监督或非监督的 SNN 模型相比较,eSNN 的主要优点如下。

① 它在计算上很便宜。

② 它增加了脉冲序列到达的重要性,因此这让 eSNN 适应一系列的应用。

③ 它是一遍的在线学习方法,可以用终身式学习模式来学习新的数据,涉及合并(聚合)输出神经元。

④ 它是基于知识的,输出神经元(聚集之后的)代表数据或者集群中心的原型。

⑤ 允许模糊规则提取,如 5.4 节所述。

对 eSNN 的全面研究见文献[5]的全面综述[8]。

eSNN 存在的问题是,一旦基于第一个用 RO 准则脉冲计算一个突触的权重,它是固定的并且不能改变去映射其他在相同突触上正输入的脉冲,也就是说,没有办法使多个脉冲在不同的时间到达相同突触的情况下去计算。该突触是静态的。当突触在学习阶段捕获了一些(长期的)记忆,在整个时空模式呈现区间,它们会限制捕获短时记忆的能力(只有通过 PSP 成长的)。在线模式下学习和回忆复杂的时空模式不仅仅会根据第一个脉冲快速地初始化连接权重,在模式演示期间这些突触上还会有动力学改变。

图 5.2 展示了一个关于 eSNN 的例子。

5.2 卷积的 eSNN(CeSNN)

在这里 eSNN 被用于去建立卷积 eSNN(CeSNN)。卷积神经网络的原则在第 2 章有介绍和图解。如图 5.3 所示,卷积神经网络被建立用于 eSNN 模型和图像识别问题说明。

这个神经网络由 3 层 IF 神经元组成。这些神经元有一个放电潜伏期,这取决于接收到脉冲的顺序。每个神经元作为一个重合检测单元,其中神经元 N_i 在 t 时刻的突触后电位计算为

$$\text{PSP}(i,t) = \sum \text{mod}^{\text{order}(j)} w_{j,i} \tag{5.6}$$

式中:$\text{mod} \in (0,1)$ 为计算因子;j 为输入连接的指针;$w_{j,i}$ 为相应的突触权重。

每层是由被分成二维网格的神经元形成的神经元地图组成的。层间的连接纯粹是前馈的,每个神经元在到达输入突触时最多只能达到一次。第一层细胞代表

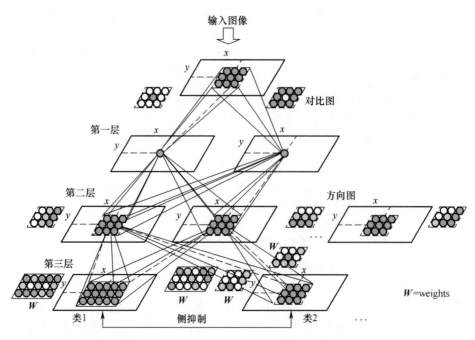

图 5.3 一个图像模式识别的卷积进化神经网络

视网膜的开细胞和关细胞,基本上增强了给定图像的高对比度部分(高通滤波器)。第一层的输出值被编码于时域脉冲中。对于第一层的高输出值被编码作为短时延迟脉冲,低输出值被编码为长时间延迟。这项技术被称为排序编码,在之前的段落中已经提到过,并且在第 2 章[9]这里基本上优先于高对比度的像素,因此首先处理,并有较高的影响神经元的 PSP。

第二层是由 8 个方位的地图组成的,每一个都有选择地指向不同的方向(0°、45°、90°、135°、180°、225°、270°和 315°)。它对于观察前面两层没有学习是十分重要的,在这种方式下这个结构可以被看作简单被动的过滤器和时间领域的编码(第一层和第二层)。对于细胞对比和选择方向细胞学说第一次由 Hubel 和 Wiesel 提出。在他们的实验中,他们致力于区分一些对于光刺激有不同神经生物学的反应的细胞。

第三层是学习发生的地方,也是这项工作的主要贡献所在。第三层的映射被训练表示输入的类。在文献[9]中,使用以下规则离线进行学习,即

$$\Delta w_{j,i} = \frac{\mathrm{mod}^{\mathrm{order}(a_j)}}{N} \quad (5.7)$$

式中:$w_{j,i}$ 为第二层的神经元 j 与第三层神经元 i 连接的权重;$\mathrm{mod} \in (0,1)$ 为调制因子;$\mathrm{order}(a_j)$ 为神经元 j 到神经元 i 的序列;N 为用于训练给定类的样本数量。

在这准则中,有两点需要强调:①被训练用的样本数需要事先知道;②在训练

之后一个类的映射将选择平均模式。

在文献[6]中,一个关于结构自适的新方法被提出并用于训练,目的是在开始训练时类的数目和类的样本不知道的情况下让系统变得更加灵活。因此,输出神经系统需要被创造、更新或者在线删除,就像神经重现。为了实现这一系统,学习规则需要独立于样本总数,因为样本总数在学习开始时是未知的。

图 5.3 所示的 CeSNN 的完整训练程序由以下步骤实现,图 5.4 所示为工程图形式的总结。

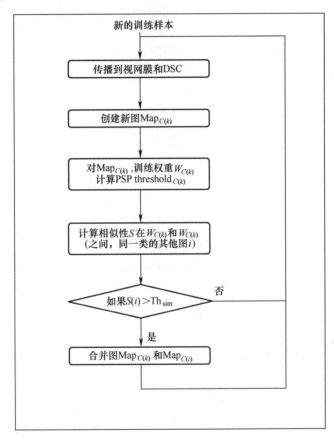

图 5.4 图 5.3 中 CeSNN 的训练过程

(1) 将 k 类的样本 k 传播到第 1 层(视网膜)和第 2 层进行训练(方向选择性: 细胞-DSC);

(2) 创建一个新的 $\text{Map}_{C(k)}$ 在第 3 层样本 k,并使用公式训练权重,即

$$\Delta w_{j,i} = \frac{\mathrm{mod}^{\mathrm{order}(a_j)}}{N} \tag{5.8}$$

式中：$w_{j,i}$ 为第二层的神经元 j 与第三层神经元 i 连接的权重；mod ∈ (0,1) 为调制因子；order(a_j) 为神经元 j 到神经元 i 的序列；N 为用于训练给定类的样本数量。

映射中神经元的突触后阈值（PSPthreshold）按映射 $\text{Map}_{C(k)}$ 神经元中生成的最大突触后电位（PSP）的权重比例 $c \in [0,1]$ 计算，将训练样本传播到更新的权值中，即

$$\text{PSP}_{\text{threshold}} = c_{\max}(\text{PSP}) \tag{5.9}$$

比例常数 c 表示一个模式需要多么相似才能触发输出峰值。因此，c 是一个需要优化的参数，以满足错误接受率（FAR）和错误拒绝率（FRR）的要求。

（3）计算新创建的映射 $\text{Map}_{C(k)}$ 和其他属于相同类的映射之间的相似性。相似度计算为权值矩阵间欧几里得距离的倒数。

（4）如果对于 K 类内的一个存在的映射比选择的阈值（$\text{Th}_{\text{sin}C(k)} > 0$）更有相似性，用算术平均法合并这两个映射，即

$$W = \frac{W_{\text{Map}_{C(k)}} + N_{\text{samples}} W_{\text{Map}_{C(k\text{similar})}}}{1 + N_{\text{samples}}} \tag{5.10}$$

式中：矩阵 W 为合并映射的权重；N_{samples} 为已经用于训练各自映射的样本数量。以类似的方式更新 $\text{PSP}_{\text{threshold}}$。

$$\text{PSP}_{\text{threshold}} = \frac{\text{PSP}_{\text{Map}_{C(k)}} + N_{\text{samples}} \text{PSP}_{\text{Map}_{C(k\text{similar})}}}{1 + N_{\text{samples}}} \tag{5.11}$$

卷积 eSNN 首先通过卷积层从输入数据中提取特征。当输入向量一个接一个地呈现时，输出神经元的膜电位会随着时间的推移而累积尖刺，直到一个输出神经元的尖刺识别出类输出。然后将膜电位设置为静息电位，以便接收和分类下一个输入向量。图5.5所示的基于语音和人脸数据的身份验证的卷积 eSNN 在第12

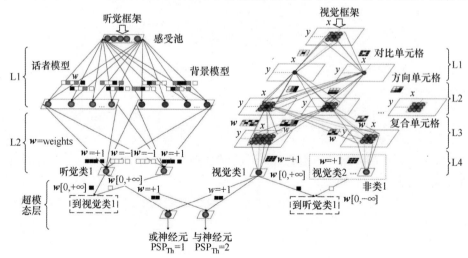

图 5.5 用 CeSNN 来输入声音和人脸照片进行人的特征识别

章[6]中详细描述。本书提出的CeSNN方法支持创建处理时空数据的SNN。在神经元突增之前,空间表示为最后一层神经元膜电位的增加速率即为短时记忆,反映了映射和时间。

5.3 SNN的动态进化(DeSNN)

这个方法第一次在文献[10]中提出。在eSNN中RO学习模式主要的缺点是模型调节每个突触权重的连接只有一次(根据在这个突触上的第一个脉冲的秩),这可能更适合基于向量的模式识别,但对于没有向量的样本TSTD(时间或时空数据)来说并不合适,或是整个时间或时空序列/模式的数据。在后一种情况下,连接权重需要根据以下随着时间推移到达同一突触的峰值作为整个输入模式的一部分作进一步调整,这就是峰值时间学习的地方(如STDP或SDSP),可以用来实现动态突触。

在提出的设计神经网络中,RO和SDSP学习规则都得到了应用。而RO学习将设置连接权值$w(0)$的初始值(如使用数据序列中现有的事件顺序信息)SDSP规则将根据进一步传入的峰值调整这些连接权重(事件)作为同一学习时空模式的一部分。

就像eSNN一样,在经过一个学习阶段后,对于每个输入模式(样本、例子、数组)P_i,一个新的输出神经元i被创建并且它连接到权重$w_{j,i}$和输入(特征)神经元最初根据用RO学习准则计算的突触得到的输入脉冲序列计算的$w_{j,i}(0)$

一旦一个突触权重$w_{j,i}$是初始化的,根据突触j的第一个脉冲,突触变成动态的和减少它的数值(一个负漂移参数)。如果在这个时刻没有脉冲,则

$$\Delta w_{j,i}(t) = e_j(t) \cdot D \tag{5.12}$$

其中:如果输入神经元i或其他在学习模式下,在t时刻$e_j(t)=1$。一般情况下,这个漂移参数D在上漂和下漂时是不同的。

所有并行动态突触每隔单位时间t改变它们的值,表示一个输出神经元i学习了输入时空模式下P_i,他们有一些是上升的,有一些是下降的,因此所有的神经元(并不是单一的一个)可以通过学习模式集体地捕获一些脉冲时间上的时间关联。

当一个输入训练模式(例子)被提出(所有输入脉冲在不同的突触,在单位时间T的时间窗口内对输入向量进行编码),当这个或类似的模式(例子)在回忆模式中出现时,这个神经元i的脉冲阈值TH_i被定义用来使得这个神经元达到峰值。阈值以表示整个输入模式时累积的总PSP_i(记为PSP_{imax})的分数(C)计算:

$$PSP_{imax} = \sum_{t=1,2,\cdots,T,\ j=1,2,\cdots,M} f_j(t) \cdot w_{j,i}(t) \tag{5.13}$$

$$Th_i = C \cdot PSP_{imax} \qquad (5.14)$$

式中:T 为输入模式出现的时间单位;M 为神经元 i 的输入突触数;$f_j(t) = 1$,如果该习得输入模式在 t 时刻的突触 j 处有峰值,则为 0。$w_{j,i}(t)$ 是在时间 t 计算出来的神经元 j 和 i 之间(动态)突触效率。

训练后得到的 deSNN 模型包含以下信息。

(1) 输入神经元数 M,输出神经元数 N。

连接权重初始值 $\boldsymbol{w}_i(0)$ 和 $\boldsymbol{w}_i(T)$ 向量和对于每一个输出神经元 i 的脉冲阈值 Th_i。这数组 $[\boldsymbol{w}_i(0), \boldsymbol{w}_i(T)]$ $(i = 1,2,\cdots,N)$ 将集体捕获对每个时空模式和每个输出神经元的运动学学习过程。

(2) DeSNN 参数。

整体的 deSNN 训练算法如专栏 5.2 所列。

专栏 5.2 deSNN 训练算法

(1) 设置 deSNN 参数(包括 mod、C、Sim 和 SDSP 参数)
(2) For 每个输入时空脉冲模型 P_i do
① 对这个模型创建一个新的输入 i 并且用 RO 学习公式计算连接权重 $\boldsymbol{w}_i(0)$ 的初始值;
② 用 SDSP 学习准则(式(5.8))为在相应突触上连贯的脉冲调整连接权重 $\boldsymbol{w}_i$;
③ 用式(5.9)计算 PSP_{imax};
④ (选择)IF 新的神经权重向量 $\boldsymbol{w}_i$ 在训练时与初始值 $\boldsymbol{w}_i(0)$ 和最终值 $\boldsymbol{w}_i(T)$ 十分接近,用欧几里得距离和一个相近的阈值 Sim 训练完成的输出神经元权重向量,然后合并两个神经元(作为一个特殊情况,只要连接权重的初始或者最终值可以被考虑或者它们的权重之和)。
else
添加新的神经元到输出神经元数组中
End if
End For
注:deSNN 的性能取决于参数的最优选择
在下面的例子中说明。

图 5.6 表明这 deSNN 学习算法的主要思想。对于 4 个输入脉冲训练的单独时空模型被训练学习到单个输出神经元中。RO 学习根据对每一个突触(红色部分)上的第一个脉冲序列被应用到计算初始权重。然后 STDP(在 SDSP 情况下)规则被应用到连接突触的动态曲线。SDSP 算法增加了正在接收后续信号突触的分配连接权值,同时抑制了此时未接收到信号的突触连接。由于 SDSP 规则中的双稳定漂移,一旦权重达到定义的高值(导致 LTP)或低值(结果是 LTD),在训练阶段的其余时间,此连接权重固定为该值。

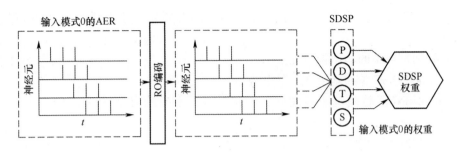

图 5.6　说明 deSNN 学习算法的主要规则的简单示例

例如,如果输入脉冲在 $(0,1,2)$ ms 内到达第一个突触,如图 5.6 所示,其他 3 个突触的位移为 1ms,对于输出神经元的 4 个初始连接权重 w_1、w_2、w_3、w_4,计算得到它们的值为 1、0.8、0.64、0.512,在 mod 为 0.8 的情况下。如果 SDSP 的高值是 0.6,低值是 0,那么前 3 个权重将被确定为 0.6,并且第 4 个会向上漂 2 个单位时间。如果漂移参数定义为 0.00025,那么对于这 4 个突触的最终权重值将是 0.5125。在训练之后,每个初始和最终权重被记住了。

到目前为止,已经提出了 deSNN 模式的学习阶段。在召回方面,它提出了两种不同类型的 deSNN。它们主要对应于 5.2 节的 eSNNs 和 eSNNm 两类 eSNN。

(1) deSNNm。在学习之后,只有初始创建的权重(用 RO 准则)在突触和模型中被长时间储存。在回忆一个新的时空模式时,应用 SDSP 规则,使初始突触权重在一个尖峰时间的基础上根据式(5.14)进行修改,就像在 SDSP 学习阶段一样。在每个 t 时刻,对于每个输出神经元的 PSP 都可以被计算。如果 $PSP_i(t)$ 在阈值 Th_i 之上,新的输入模式被神经元 i 关联,即

$$PSP_i(t) = \sum_{l=1,2,\cdots,t,\, j=1,2,\cdots,M} f_j(l) \cdot w_{j,i}(l) \tag{5.15}$$

式中:t 为回忆输入模式期间的当前时间单位;M 为神经元 i 的输入突触数;$f_j(l) = 1$ 为如果该输入模式在 l 时刻有峰值,则为 0;$w_{j,i}(l)$ 为和 i 神经元在 l 时刻动态突触的效能。

(2) deSNNs。该模型与 eSNNs 相对应,通过比较新创建的神经元突触权值来代表记忆的新时空模式,并将其与训练神经元时创建的连接权值进行比较。新的输入模式与最接近的输出神经元通过两个权重之间的最小距离相关联。当突触权重是动态的,距离的测量方式不同,可以同时使用训练和回忆中所学的初始值 $\boldsymbol{w}_i(0)$ 和最终值连接权重向量 $\boldsymbol{w}_i(T)$。在特殊情况下,只有最终权重向量 $\boldsymbol{w}_i(T)$ 被用到了。

① 用于权重初始化的 RO 学习是根据第一个脉冲的。
② 进一步的学习输入通过漂移在突触处达到峰值,有

$$w_{j,i}(l) = e_j(t) \cdot \text{Drift} \tag{5.16}$$

③ 对于每个新输入模式,可以将一个新的输出神经元添加到相应的输出存储库中。

④ 两种类型的输出神经元激活:

a. deSNNm(脉冲基于细胞膜电势);

b. deSNNs(脉冲基于新建立的输出神经元和现有神经元之间的突触相似性)。

⑤ 神经元可以合并。

5.4 eSNN 的模糊规则提取

SNN 面临的挑战之一就是当它们是从尖峰序列演化而来时,已经很难从所学到的连接层中弄清楚它们的含义。连接层实际代表什么?它们是否代表某些具有意义的模式,以便更好地理解数据及其生成过程?

本节通过介绍一种 eSNN 的模糊提取规则方法来解决这一难题。

5.4.1 eSNN 的模糊提取规则

本书提出的用于 eSNN 的模糊提取方法的基本原理:将输入信息表示为时间上的尖峰序列,这些尖峰通过整体峰编码算法 POC 解释了输入变量的强度。输入变量与神经层 L1 中的神经接收器的相关性越高(图 5.2),则产生尖峰的时间越早。使用 ROC 从 L2 层中的这些尖峰中学到的连接权重值增长越快就意味着这些尖峰在 L2 层中产生时间越早。因此,从某种意义上来讲,从 L1 层到 L2 层的连接权重反映了输入变量的值和不同神经感受器之间的关联程度,并以此建立模糊关系函数(见第 2 章)。本书介绍了该方法并以一个简单的例子加以说明。

图 5.7 所展示的用来表示该方法的 eSNN 结构仅有一个输入变量,每个输入变量 v_i 都转换为尖峰序列并通过延迟的突触连接分配给 L1 神经元组。通过进化学习算法和单向数据传播来构建 L2 神经元组。

在该网络中,每个输入变量 v_i 的输入值都使用 m 个等间隔重叠的高斯接收场簇[11-12](RF)来对它们进行编码,并通过 m 个延迟的突触连接分配给多个 L1 神经元。高斯接收场的中心不存在延迟,延迟朝着高斯接收场中心向两边逐渐增加。图 5.8 展示了两个输入变量 v_k 和 v_l 进行整体编码的例子,其中 $v_k < v_l$。每个输入变量都被编码为六维的尖峰时间向量。受刺激最强的 L2 神经元最先触发($t_f = 0$),而受刺激最弱的神经元最后触发($t_f = t_{max}$)。有意地设置这些值的目的在于引起两个不同的 L1 神经元之间的最大激发程度。例如,两个最早的尖峰脉冲同时

出现在 $L1_{k3}$ 和 $L1_{l4}$ 末端,并且两个非常相似的尖峰模式通过一个 L1 神经元乱序地出现。一组 L1 神经元中最先被激发的神经元与其在这组 L1 神经元中的编码值存在关联;编码值越小意味着第一个尖峰脉冲出现的地方越趋向于观察集的下端位置(该例子中的 $L1_{k1}$ 和 $L1_{l1}$),编码值越大,意味着第一个尖峰脉冲出现的地方越趋向于观察集的上端(该例子中的 $L1_{k6}$ 和 $L1_{l6}$)。

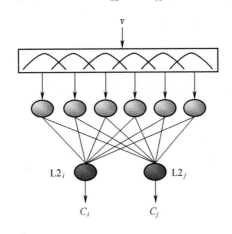

图 5.7 用以说明模糊提取方法的仅单一输入的 eSNN 简单结构

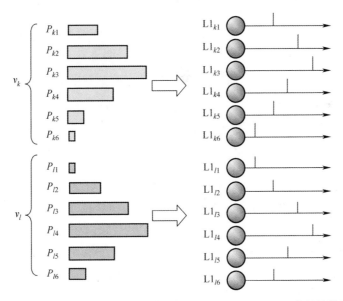

图 5.8 用 6 个感受场($m = 6$)对两个输入变量 v_k 和 v_l($v_k < v_l$)进行总体编码示例

尖峰脉冲以前馈的方式从兴奋的 L1 神经元组传播到计算形式简单的 L2 整合刺激神经元组。每个 L2 神经元都有一个唯一性检测单元用来保证每次只能发放一个尖峰。

每个从 L1 神经元传过来的尖峰脉冲都影响着 L2 神经元组的行为,改变着它们的内部状态(突触后电位或 PSP)。t 时刻神经元的 PSP 取决于其所有突触前神经元的触发顺序 o_j,即

$$\mathrm{PSP}_i(t) = \sum_j \mathrm{PSP}_{ji} = \sum_j w_{ji} \times \mathrm{mod}^{o_j} \tag{5.17}$$

式中:PSP_{ji} 为神经元 i 的突触后电位;$\mathrm{mod} \in (0,1)$ 为调制因子;w_{ji} 为 L1 和 L2 神经元的突触间连接效率(权重)。触发顺序 o_j 取决于 $\mathrm{L1}_j$ 神经元发放尖峰脉冲相对于其他 L1 神经元发放尖峰脉冲的时间序列。如果神经元 $\mathrm{L1}_j$ 在所有 L_1 神经元组中最先触发,则它被分配到的触发顺序为 $o_j = 0$,第二个触发的 L1 神经元被分配为 $o_j = 1$,以此类推。最后触发的 L1 神经元被赋予 $o_j = m - 1$。

当一个 L2 神经元的 PSP 达到某个阈值 PSP_θ 后,它就会触发突触后电位。该模式无法持续,因此,在触发突触后尖峰后,神经元的 PSP 立即返回 0。

L1 和 L2 神经元之间的突触是动态的;它们的值随着训练时间的推移而变化。在训练期间,传递较早期尖峰的连接将被赋予越高的权重,从而增强连接的强度,有

$$\Delta w_{ji} = \mathrm{mod}^{o_j} \tag{5.18}$$

因此,传递较早期尖峰的突触间连接将来会使 L2 神经元在放电方面更加高效。

每个 L1 神经元都有一个连接到其输入端的连接和一个加权突触连接到每个 L2 神经元,记为权重 w_{ji}。L2 层初始是空的,而且所有 L2 神经元都是依靠快速进化学习算法[5]从输入的数据向量中随时间建立的,该算法允许学习新的输入模式而不会忘记较早的知识。

在训练期间,针对训练模式 p_i 创建的一个新的神经元 $\mathrm{L2}_n$ 被训练,它的 $\mathrm{PSP}_{\theta n}$ 被设为其最大突触后电位值 $\mathrm{PSP}_{n\max}$ 的部分值。因此,L2 神经组元拥有动态阈值而且可以通过调整它们的 PSP_θ 来控制阈值的选择。

把当前的模式 p_i 归类到类别 C_c,计算 $\mathrm{L2}_n$ 和之前存在的所有 $\mathrm{L2}_o \in \{\mathrm{L2} \mid C = C_c\}$ 之间的欧几里得距离并用作它们之间的相似性度量。如果 $\mathrm{L2}_n$ 和 $\mathrm{L2}_o$ 之间的相似性小于某个阈值 $S_\theta (S_\theta > 0)$,则 $\mathrm{L2}_n$ 和 $\mathrm{L2}_o$ 聚合。在聚合过程中,$\mathrm{L2}_n$ 的权重和阈值被平均到 $\mathrm{L2}_o$ 的值中并丢弃 $\mathrm{L2}_n$。因此,通过传入的数据来产生和合并神经元,使网络的结构不断发展。随着 L2 层被创建,就会形成 L2 神经元簇。来自 G_p 簇中的 L2 神经元组只能针对某一类特征进行训练(正样本)。因此,当每个 L2 $\in G_P(C_P)$ 都从 C_P 呈现为输入模式时,它们就开始与较早的尖峰产生响应。

感受场不仅可以增加输入模式之间的时间距离,从而提高了用秩序总体编码的 eSNN 的选择性,而且也为用这些网络进行知识发现提供了可能。eSNNs 建立

了一套可以在学习过程中或过程后进行知识提取的知识库。它们以零阶 Takagi-Sugeno 模糊规则的形式出现(可参阅第 2 章——基于知识的 ANN),有

$$\text{IF}(v_i \text{ is } F_1) \text{ AND} \cdots (v_n \text{ is } F_n) \text{ THEN}(y \text{ is } C_k) \quad (5.19)$$

式中:v_i 为输入变量;F_i 为语言描述性的值,由它的关系函数给出,如 SMALL、MEDIUM、LARGE 等;C_k 为类标签。规则的前半部分是使用 AND 操作符组成的模糊条件。结果部分即输出,是一个常量。通过分析一对 L1 和 L2 神经元之间的联系来建立条件 v_i is F_i。

例如,可以从训练好的 eSNN 中抽取出以下两个模糊规则,即

$$\begin{cases} \text{Rule0}: \text{IF}(v_1 \text{ is SMALL}) \text{ AND}(v_2 \text{ is LARGE}) \text{ AND}(v_3 \text{ is LARGE}) \\ \quad \text{THEN}(\text{Class } 1(\text{e. g. water}_0)) \\ \text{Rule1}: \text{IF}(v_1 \text{ is LARGE}) \text{ AND}(v_2 \text{ is LARGE}) \text{ AND}(v_3 \text{ is SMALL}) \\ \quad \text{THEN}(\text{Class } 2(\text{e. g. water}_1)) \end{cases} \quad (5.20)$$

例如,在调查水的使用案例研究数据的水样本中,传感器 1 的读数小,而传感器 2 和传感器 3 的读数比较大,则该样本根据上述规则为 $water_0$,对于样本 $water_1$,传感器 1 和传感器 2 的读数比较大,传感器 3 读数比较小。

为了更好地解释这个想法,考虑一个图 5.7 所示的简单网络结构,其中创建了两个 L2 神经元;神经元 $L2_i$ 被训练为用来识别 C_i 类样本,而神经元 $L2_j$ 被训练为用来识别 C_j 类样本。

令两个一维向量 v_i 和 v_j 分别属于类别 C_i 和 C_j。由推断可得,关于两个输入之间的知识存储在呈现长期记忆的 L2 神经元的突触权重中。eSNN 中 L1 和 L2 神经元之间的突触权重变化取决于 L1 的触发时间,即 $\Delta w_{ji} = f(t_i^f)$。如前所述,与传递较早尖峰的连接相关的突触权重比传递较晚尖峰的连接相关的突触权重增加得多。因此,基于这种权重模式就可以推断出输入值相对于其他输入值的大小(小、中、大)以及该值对模型输出的贡献。

下面说明一个例子,其中两个 L2 神经元已经进化。$L2_i$ 被训练为用来识别 C_i 类别样本,而 $L2_j$ 被训练为用来识别 C_j 类别样本。假设在 t 时刻,尖峰通过两个突触末端 (w_{ni}, w_{nj}) 从 L1 到达。由此尖峰激发的 $L2_i$ 和 $L2_j$ 的膜电位为

$$\Delta PSP_i = w_{ni} \times \text{mod}^{o_n} \quad (5.21)$$

$$\Delta PSP_j = w_{nj} \times \text{mod}^{o_n} \quad (5.22)$$

同式(5.21)中的设定,其中 o_n 的取值范围为 $[0, m-1]$,$m = 6$。这两种激发的不同之处在于

$$d\text{PSP} = |PSP_i - PSP_j| = |\text{mod}^{o_n} \times (w_{ni} - w_{nj})| = f(w_{ni} - w_{nj}) = f(d_w) \quad (5.23)$$

因此,两个 L2 神经元之间的激发差异就是关于它们突触权重 (d_w) 之间差值

的函数。所以如果两个权重是相同的，$d_w = 0$，则两个 L2 神经元被传入的尖峰均等地激发。

图 5.10 展示了理论模式下 w_{ni} 和 w_{nj} 权重之间的 d_w 值。可以看出，$L2_i$ 神经元更倾向于低的输入值，即低输入值将导致较高的 ΔPSP_i。因此，较低的输入值导致 $L2_i$ 在 $L2_j$ 之前触发。而 $L2_j$ 神经元与之相反；在呈现更高的输入值情况下，$L2_j$ 在 $L2_i$ 之前触发。因此，较小的 v 值被归类为 C_i，而较大的 v 值被归类为 C_j，如图 5.9 和图 5.10 所示。

$$\begin{cases} \text{Rule0}: \text{IF}(v \text{ is SMALL}) \text{ THEN } C_i \\ \text{Rule1}: \text{IF}(v \text{ is LARGE}) \text{ THEN } C_j \end{cases} \quad (5.24)$$

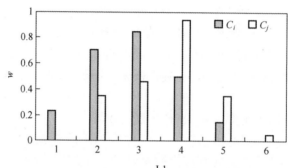

图 5.9　两种模式下 C_i 和 C_j 类样本的单输入变量在不同输入值对应的 L1 和 L2 级别神经元间连接权重

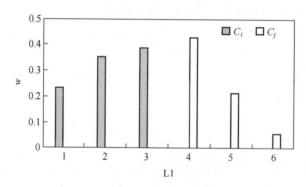

图 5.10　图 5.9 中两类图例的单输入变量间连接权重的差值 $d_w(d_w = w_{ni} - w_{nj})$ 表明类别 C_i 和 C_j 之间的明显区别可以被用作并表示为模糊规则

5.4.2　基于水质传感器中的模糊提取规则的案例研究

数据样本是由一系列基于导电聚合物的非选择性味觉传感器生成的，该传感器已经被证明可以区分基本的味觉。D_1 数据集由 4 种不同的水质(两种品牌的矿泉水、超纯水[14]和蒸馏水)在 40 种不同测量模式下得到的,而 D_2 数据集由两种品牌的葡萄酒(Marcus James and Almadén Cabernet Sauvignon)在 300 种不同测量模式下得到。两种数据集都是平衡的,每种类型下的每种测量模式都有相同数量的样本。数据集被随机打乱并被平均分为训练集和测试集。为了更容易地表示提取规则,每个类别中仅有一个 L2 神经元进化。

为了精确地识别味觉,在每次实验中,eSNN 模型的参数 (mod, C, Thr),包括接收场的数量 m,都已经被仔细选择。

首先,给出了 eSNN 积累的有关矿泉水($water_0$, $water_1$)的知识。训练集中矿泉水在每种测量模式下的平均值如图 5.11 所示。该样本由 7 种味觉传感器获得;因此每种矿泉水模式是一个七维向量。两种矿泉水中 $\boldsymbol{v}_6$ 的均值明显小于其他变量的均值。$\boldsymbol{v}_6$ 值小于其他变量值。因此,在分类时将 $\boldsymbol{v}_6$ 省略。其他变量的均值都表示了两种类型矿泉水间的明显区别。例如,$\boldsymbol{v}_1$ 在 $water_0$ 中比在 $water_1$ 中来得小,而 $\boldsymbol{v}_2$ 在 $water_1$ 中比 $water_0$ 中更小。随后评估这种知识表示的质量时,这种先验知识就十分有用。

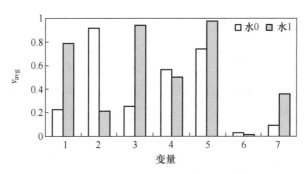

图 5.11 矿泉水的所有变量对应的平均值 v_{avg}

图 5.12 展示用 $water_0$ 和 $water_1$ 模式训练好的 eSNN 中 d_w 的值。该例子中用 8 个接收场 ($m = 8$) 来对输入模式编码。因此,每种 x_i 特征模式都包含 8 个条形。但是只要有两个权重是一样的,$d_w = 0$,特征模式中将缺少相应的条形。这在模式 x_4 中可以观测到。此外,特征模式受高斯接收场的影响。高斯接收场增加了原始数据的稀疏度,即与没有高斯接收场相比,所需的激活的输入神经元数量更少。这就导致只有一小部分的连接传递尖峰,其余的连接权重等于 0 而且模式中丢失它们的条形,如 x_7 模式所示。同样,某些由于几乎相同的权重导致的小 d_w 也将会在 d_w 图中丢失。

有趣的是,在第六个特征模式 x_6 中,由于权重都差不多使所有的 d_w 值为零。因此,通过这些末端的尖峰对 L2 突触后膜电位的贡献都是非常相似的。由此可以

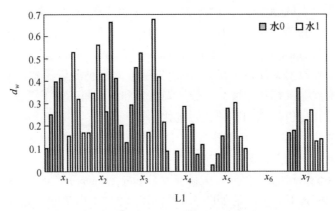

图 5.12 已经被训练好用以区分矿泉水类型 ($m = 8$) 的 eSNN 的 d_w 值

推断在区分矿泉水样本时第六个输入变量(其均值比其他输入变量的均值小得多)没有太大作用。同样,来自变量 v_1、v_2、v_3 的尖峰比来自 v_4、v_5、v_7 变量的尖峰对 L2 神经元的 PSP 贡献度更高,表明这些特征在两种矿泉水的分类中更为重要。

可以从 $water_1$ 和 $water_2$ 样本中提取出以下规则,即

Rule0:IF(v_1 is SMALL) AND(v_2 is LARGE) AND(v_3 is SMALL) AND(v_4 is LARGE)
AND(v_5 is SMALL) AND(v_7 is SMALL) THEN $water_0$

Rule0:IF(v_1 is LARGE) AND(v_2 is SMALL) AND(v_3 is LARGE) AND(v_4 is SMALL)
AND(v_5 is LARGE) AND(v_7 is LARGE) THEN $water_1$

例如,上述规则表明,v_3 在 $water_0$ 中是小的(Rule0),而在 $water_1$ 中是大的(Rule1)。

对于 D_2 葡萄酒数据集,已经为两种品牌提取了以下模糊规则($wine_0$,$wine_1$),即

Rule0:IF(v_1 is SMALL) AND(v_2 is LARGE) AND(v_3 is SMALL) AND(v_4 is SMALL)
AND(v_5 is LARGE) AND(v_6 is LARGE) AND(v_7 is SMALL) THEN $wine_0$

Rule1:IF(v_1 is LARGE) AND(v_2 is SMALL) AND(v_3 is SMALL) AND(v_4 is LARGE)
AND(v_5 is LARGE) AND(v_6 is SMALL) AND(v_7 is LARGE) THEN $wine_1$

值得注意的是,所有的变量都与葡萄酒的分类有关,包括在矿泉水类别分类中看似无关的变量 v_6。这是因为两种葡萄酒的 v_6 平均值相似(图 5.13)。

以上描述的两个实验证明了二分类问题场景中使用 eSNN 实现知识发现。同样还研究了 eSNN 模型对三分类和四分类问题的知识提取能力。首先,超纯水样本已经被包含在实验中($water_2$)。和矿泉水模式相比,$water_2$ 模式有非常小的平均值(图 5.14)。

使用了 6 个接收场($m = 6$),从而每个特征模式中产生了 6 个条形。代表每

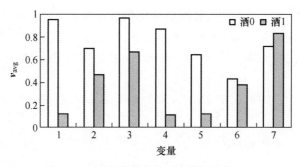

图 5.13 酒的所有变量对应的平均值 v_{avg}

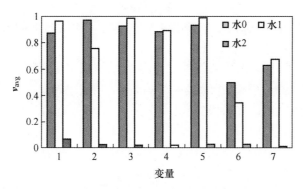

图 5.14 两种矿泉水和超纯水模式对应的平均值 v_{avg}

种水类型中的一个 L2 神经元又得到了进化。它们的距离权重值 d_w 如图 5.15 所示。有趣的是,可以发现虽然 water$_2$ 样本的平均值比 water$_0$ 和 water$_1$ 样本的平均值小得多,但是已经学会识别这些样本的 L2 神经元的权重却比其他神经元的权重大得多。这表明 water$_2$ 模式的值以某种形式进行编码使它们反复增强同一组的连接,这就使我们能够观察到明显增强的连接。

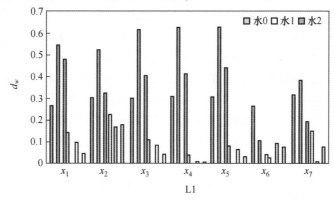

图 5.15 被训练用来识别 3 种水的 eSNN 网络的 $d_w(m=6)$ 值

与此相反,矿泉水样本将其影响值更均匀地分布在大量的突触连接中。这是由于 $water_0$ 和 $water_1$ 模式的值非常相似。因此,它们在同一组连接中存在竞争。这一点也反映在提取规则中("1"表示 SMALL,"2"表示 MEDIUM,"3"表示 LARGE),即

Rule0:IF(v_1 is 2) AND(v_2 is 3) AND(v_3 is 2) AND(v_4 is 2) AND(v_5 is 2) AND(v_6 is 3) AND(v_7 is 3) THEN $water_0$

Rule1:IF(v_1 is 3) AND(v_2 is 2) AND(v_3 is 3) AND(v_4 is 3) AND(v_5 is 3) AND(v_7 is 2) THEN $water_1$

Rule2:IF(v_1 is 1) AND(v_2 is 1) AND(v_3 is 1) AND(v_4 is 1) AND(v_5 is 1) AND(v_7 is 3) THEN $water_2$

该方法已经使用具有以下特征的 4 种水进行了测试(即两种品牌的矿泉水、超纯水[14-15]和蒸馏水($water_3$)):

(1) $water_0$ 和 $water_1$ 的均值之以及 $water_2$ 和 $water_3$ 的均值之间具有相似性;

(2) $water_0$、$water_1$ 的均值和 $water_2$、$water_3$ 的均值之间具有大小的差异。

代表每种水类别唯一的神经元又一次进化,模糊规则可以使用以下提取的使用 3 个关系函数表示,即

Rule0:IF(v_1 is 2) AND(v_2 is 3) AND(v_3 is 2) AND(v_4 is 2) AND(v_5 is 2) AND(v_6 is 2) THEN $water_0$

Rule1:IF(v_1 is 3) AND(v_2 is 2) AND(v_3 is 3) AND(v_4 is 3) AND(v_5 is 3) AND(v_6 is 2) AND(v_7 is 2) THEN $water_1$

Rule2:IF(v_1 is 1) AND(v_2 is 1) AND(v_3 is 1) AND(v_4 is 2) AND(v_5 is 2) AND(v_7 is 1) THEN $water_2$

Rule3:IF(v_1 is 2) AND(v_2 is 2) AND(v_3 is 2) AND(v_4 is 1) AND(v_5 is 1) AND(v_6 is 1) AND(v_7 is 2) THEN $water_3$

模糊化的细化程度已经从三级增加到四级,例如,'1'表示 VERY SMALL,'2'表示 SMALL,'3'表示 MEDIUM,'4'表示 LARGE:

Rule0:IF(v_1 is 3) AND(v_2 is 4) AND(v_3 is 3) AND(v_4 is 4) AND(v_5 is 3) AND(v_6 is 2) THEN $water_0$

Rule1:IF(v_1 is 4) AND(v_2 is 3) AND(v_3 is 4) AND(v_4 is 3) AND(v_5 is 4) AND(v_6 is 3) AND(v_7 is 3) THEN $water_1$

Rule2:IF(v_1 is 1) AND(v_2 is 1) AND(v_3 is 1) AND(v_4 is 2) AND(v_5 is 2) AND(v_7 is 1) THEN $water_2$

Rule3:IF(v_1 is 2) AND(v_2 is 2) AND(v_3 is 2) AND(v_4 is 1) AND(v_5 is 1) AND(v_6 is 1) AND(v_7 is 2) THEN $water_3$

生成的规则集可以更精确地捕获数据集特征。Rule0 和 Rule1 描述了表征 water₀ 和 water₁ 模式的以及它们之间席细微差异的高变量值,而 water₂ 和 water₃ 的值的特征则嵌入在 Rule2 和 Rule3 中。

确定 L2 神经元的数量是调整 eSNN 精确性时重要的一步[15]。每种类别中的单一 L2 神经元可能都不足以达到最佳精度。随着神经元和规则数量的增加,解释这些规则可能会变得麻烦。如果在不使用聚合操作的情况下,允许 eSNN 在开放的问题空间中自由进化,这就会成为一个问题。后者可以用于原型输出神经元的演化以及提取高细化程度的规则。

5.5 用于储层计算的进化 SNN

到目前为止介绍和阐述的 eSNN 原理可以用于创建 SNN 计算构架的储层类型的演化分类或回归输出模型,这也是本节的主题。

5.5.1 储层式架构:流体状态机(LSM)

储层计算的两种类型是流体状态机(LSM)和回波状态网络[16-25]。LSM 是由许多随机互接的循环神经元构成,每个神经元在不同时刻接受来自其他神经元的输入。这种计算模式受启发于涟漪(输出),涟漪是某物体(输入)落入平静的水面时生成的。在理想的情况下,由精确的数学框架构成的 LSM 保证了充足的计算能力来对连续时间上的模拟函数进行实时计算。LSM 被表征为一个自适应计算模型,它提供了一种以依靠各种处理器提高电路的计算能力为理论基础设计出的随机连接方式电路和在同一电路中多路复用不同的计算单元的两种方法。

在 LSM 仿真期间,突触权重、突触连接和突触参数都是预定定义和设置好的。如图 5.16 所示,持续的输入流 $u(t)$(如尖峰序列)被传输到流体中,从而引起神经元反应并产生流体活动。在不同的时间点记录流体的状态 $x(t)$,该状态仅仅只是由将输入函数 $u(t)$ 映射到 $x(t)$ 的运算符或者滤波器的当前输出,随后该状态会被传递到一个读出函数并把它转换为输出 $v(t)$。与传统的 LSM 相比,后者读出函数是无内存的,由此提出可以使用一个可训练的 SNN 读出分类器,如 eSNN 或者 deSNN。

LSM 中的连接通常预先选为随机连接或全连接神经元结构。作为一种特殊情况可以应用小范围连接(SWC)(图 5.17),其中神经元 a 连接到其他神经元 b 的概率 $p_{a,b}$ 取决于两个神经元之间的相似程度。它们的相似度越高(它们之间的距离 $D_{a,b}$ 越小),它们连接的概率就越大。这是一个生物学上可行的连通性规则,因为大脑是一个很小范围的连接系统:

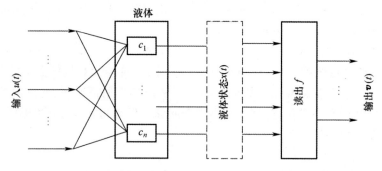

图 5.16 LSM 结构包括输入神经层、流体状态层和读出函数层
（eSNN 或者 deSNN 可作为读出模块中的可训练分类器或者回归器）

$$p_{a,b} = Ce^{-D_{a,b}^2/\lambda^2} \tag{5.25}$$

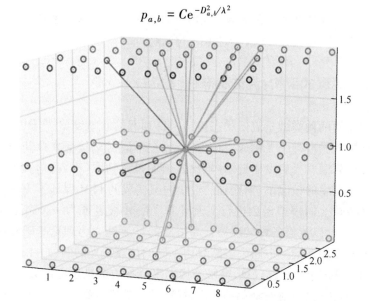

图 5.17 在尖峰神经元的 3D 储层结构中使用小范围连接规则来展示尖峰神经元连接性的示例

LSM 的一个重要特征就是 LSM 激活的模式中的可分离性。

可分离性基本上决定了流体将不同类别的输入分离为不同储层状态的程度。根据文献[19]，针对每一类，可以将一组状态 $O(t)$ 划分为 n 个子集 $O_m(t)$ 来测得可分离性。其中 N 表示类别总数，t 为储层的当前迭代数。类间距离 $C_d(t)$ 和组内方差 $C_v(t)$ 定义为

$$C_d(t) = \sum_{m=1}^{N} \sum_{n=1}^{N} \frac{\|\mu(O_m(t)) - \mu(O_n(t))\|_2}{N^2} \tag{5.26}$$

$$C_v(t) = \frac{1}{N}\sum_{m=1}^{N}\rho(O_m(t)) \tag{5.27}$$

式中:$\mu(O_m(t))$ 为每个类别的质心;$\rho(O_m(t))$ 为类 m 内所有状态的平均方差,并可以由下式计算为

$$\mu(O_m(t)) = \frac{\sum_{O_n \in O_m(t)} O_n}{|O_m(t)|} \tag{5.28}$$

$$\rho(O_m(t)) = \frac{\sum_{O_n \in O_m(t)} \|\mu(O_m(t) - O_n\|_2}{|O_m(t)|} \tag{5.29}$$

因此,基于式(5.28)和式(5.29),一组状态 $O(t)$ 的流体可分离性($\text{Sep}\psi$)可根据文献[19]被计算为

$$\text{Sep}_\psi(O(t)) = \frac{C_d(t)}{C_v(t) + 1} \tag{5.30}$$

使用第 4 章中所介绍的不同类型的概率神经元,如图 5.18 所示和实验[20]中在不同激励作用下,可以使储层中模式的可分离性不同。

关于储层中学习,这里有两种类型的储层结构:
(1) SNN LSM,在储层中不涉及任何学习(以上已讨论);
(2) SNN 储层结构涉及学习过程,这种结构就是第 6 章中讨论的 NeuCube。

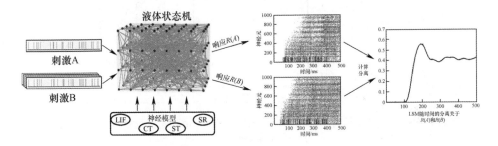

图 5.18 关于由不同尖峰激励序列激活下模式的可分离性(在 LSM 中使用不同的尖峰神经元概率模型的研究实验设置,在文献[20]中,当使用不同类型的尖峰神经元模型,如 LIF、CT(不断变化的尖峰阈值)、ST(随机重置)(见第 4 章),对 LSM 之间进行了对比分析)

5.5.2 以 eSNN 和 DeSNN 作为分类/回归系统的储层结构

一些储层结构需要在输出分类或者回归模块中进行学习(图 5.17)。该模式原则上能够从不同动态储层输入模式(可分离属性)产生不同的响应,这也取决于储层结构的复杂性。此外,它还有"近似属性",其取决于读出功能的适应能力,该

能力可以区分响应、响应的泛化以及与给定输出的关系[21]。任意的统计分析或者分类器都可以用来定义读出功能。由于输入可以是连续数据流的形式,这样的SNN结构可以用来解决时空问题,如模式识别[22-23]、优化[24]和分类问题[25]。

在这里讨论如何高效地将 eSNN 和 deSNN 作为输出分类/回归模块,以进行快速、演化和有意义的监督学习以及通过输入数据中在储层被激活的模式识别。

监督学习中的输入输出映射可以通过计算误差 E 来施加,定义为

$$E = \frac{1}{2} \sum_j (t_j^{\text{out}} - t_j^{\text{des}}) \tag{5.31}$$

式中:E 为网络所有的输出 t_j^{out} 和期望输出 t_j^{des} 之间的差。权重 w_{ij}^k 相应地调整以至于最小化误差 E,并可以表示为

$$\Delta w_{ij}^k = -\eta \frac{\mathrm{d}E}{\mathrm{d}w_{ij}^k} \tag{5.32}$$

式中:η 为学习率。但是在实施模型过程中出现了一些研究问题需要解决。这些研究问题在 5.6 节中提到。

图 5.19 展示了一个储层式计算结构,其中 deSNN 模型被用作储层中时空模式的分类器。

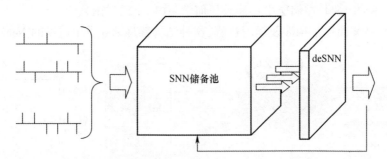

图 5.19　储层式计算结构(其中 deSNN 被用作储层中由不同激励激活的动态模式的分类器。还可以建立从 deSNN 输出到储层中的反馈)

对于储层式计算,使用 eSNN/deSNN 作为分类器/回归器有以下优点:
(1) 数据流的单线训练;
(2) 对新样本进行自适应训练;
(3) 允许增加新的类别;
(4) 允许从训练好的分类器/回归器中提取规则(模糊规则、属性规则);
(5) 允许将输出模块的提取规则和储层中激活模式之间的关联进行分析。

第 6 章进一步优化图 5.19 中的结构,并介绍一种有输出功能 eSNN/deSNN 的类脑学习储层结构。

5.6 章节总结和深入知识的阅读

本章介绍了演化型 SNN 的一些概念和实现。演化型 SNN 为 SNN 的概念增加了新的属性：

(1) 快读的数据处理,数据表示时尽可能只重复一次；
(2) 自适应学习解决了"灾难性遗忘的诅咒"；
(3) 规则提取解决了"NN 黑箱的诅咒"；
(4) 集成不同模态的数据,都表示为尖峰序列。

eSNN 拓展了第 2 章中使用尖峰信息表示和尖峰时间学习的原理。同时,它们也保持了所有基于先验知识 ANN 的 ECOS 的准则。即使从 eSNN 中提取的规则可以表示为从数据中提取的一些时间特征,但还是把它们表示为"单一"知识。

eSNN 包括 deSNN 模型在第 6 章中都被用作脑启发 SNN 的分类器,其中展示了更加便利的深度学习和深度知识表示方法。

有关 eSNN 和 deSNN 特定主题的阅读资料如下：

(1) eSNN 的规则提取[26]；
(2) deSNN[10]；
(3) 基于 SNN 的计算建模(文献[27]中的第 37 章)；
(4) 用作时空模式识别的类脑信息处理(文献[27]中的第 47 章)；
(5) 用作储层式计算的概率型 SNN[20]；
(6) 时空是在神经元计算中的作用[28]；
(7) 流体状态机[18]；
(8) 演化连接系统的总览[29]；
(9) SNN 的基本信息[30]；
(10) eSNN 在生物信息数据中的应用(本书的第 15 章)；
(11) eSNN 在生物医学数据中的应用(本书的第 17 章)；
(12) eSNN 在金融数据中的应用(本书的第 19 章)；
(13) eSNN 在环境数据中的应用(本书的第 19 章)；
(14) eSNN 在 NeuCube 中时空数据建模和分类中的应用(第 6 章以及 http://www.kedri.aut.ac.nz/neucube/)。

致谢

本章中的部分材料之前已经发布,如相关章节所述。我感谢我的合著者对该出版物的贡献: L. Benuskova、S. Wysoski、S. Schliebs、S. Soltic、A. Mohemmed、K. Double、N. Nuntalid、G. Indiveri。

参考文献

[1] S. Thorpe, D. Fize, C. Marlot, Speed of processing in the human visual system. Nature **381**(6582), 520–522 (1996)

[2] P. Lichtsteiner, T. Delbruck, A 64×64 AER logarithmic temporal derivative silicon retina. Res. Microelectron. Electron. **2**(1), 202–205 (2005). https://doi.org/10.1109/rme.2005.1542972

[3] T. Delbruck, jAER open source project (2007). http://jaer.wiki.sourceforge.net

[4] S. Soltic, N. Kasabov, Knowledge extract ion from evolving spiking neural networks with rank order population coding. Int. J. Neural Syst. **20**(6), 437–445 (2010)

[5] N. Kasabov, *Evolving Connectionist Systems: The Knowledge Engineering Approach*, 2nd edn. (Springer, 2007) (1st edn., 2002)

[6] S. Wysoski, L. Benuskova, N. Kasabov, Evolving spiking neural networks for audiovisual information processing. Neural Netw. **23**(7), 819–835 (2010)

[7] S.M. Bohte, H. La Poutre, J.N. Kok, Unsupervised clustering with spiking neurons by sparse temporal coding and multilayer RBF networks. IEEE Trans. Neural Networks **13**(2), 426–435 (2002)

[8] S. Schliebs, N. Kasabov, *Evolving Spiking Neural Networks: A Survey, Evolving Systems* (Springer, 2012)

[9] S. Thorpe, J. Gautrais, Rank order coding. Comput. Neurosci. Trends Res. 113–119 (1998)

[10] N. Kasabov, K. Dhoble, N. Nuntalid, G. Indiveri, Dynamic evolving spiking neural networks for on-line spatio- and spectro-temporal pattern recognition. Neural Netw. Off. J. Int. Neural Netw. Soc. **41**, 188–201 (2013). https://doi.org/10.1016/j.neunet.2012.11.014

[11] P. Tiesinga, J. Fellous, T.J. Sejnowski, Regulation of spike timing in visual cortical circuits. Nat. Rev. Neurosci. **9**(2), 97–107 (2008)

[12] E. Nichols, L.J. McDaid, N.H. Siddique, Case study on a self-organizing spiking neural network for robot navigation. Int. J. Neural Syst. **20**(6), 501–508 (2010). PMID: 21117272

[13] A. Riul Jr., D.S. dos Santos Jr, K. Wohnrath, R. Di Tommazo, A.C.P.L.F. Carvalho, F. J. Fonseca, O.N. Oliveira Jr., D.M. Taylor, L.H.C. Mattoso, An artificial taste sensor: efficient combination of sensors made from Langmuir-Blodgett films of conducting polymers and a ruthenium complex and self-assembled films of an Azobenzene-containing polymer. Langmuir **18**(2002), 239–245 (2002)

[14] Milli-Q, http://www.millipore.com/

[15] S. Soltic, S.G. Wysoski, N. Kasabov, Evolving spiking neural networks for taste recognition, in *Proceedings of the International Joint Conference on Neural Networks, IJCNN 2008* (Hong Kong,

2008), pp. 2092–2098
[16] W. Maass, T. Natschlager, H. Markram, Real-time computing without stable states: a new framework for neural computation based on perturbations. Neural Comput. **14**(11), 2531–2560 (2002)
[17] H. Jaeger, H. Haas, Harnessing nonlinearity: predicting chaotic systems and saving energy in wireless communication. Science (New York, NY) **304**(5667), 78–80 (2004). https://doi.org/10.1126/science.1091277
[18] W. Maass, *Liquid State Machines: Motivation, Theory, and Applications* (2010) (Chapter 1)
[19] D. Norton, D. Ventura, Improving the separability of a reservoir facilitates learning transfer, in *Proceeding of the Seventh ACM Conference on Creativity and Cognition* (2009), pp. 339–340
[20] S. Schliebs, A. Mohemmed, N. Kasabov, Are probabilistic spiking neural networks suitable for reservoir computing? in *International Joint Conference on Neural Networks* (San Jose, USA, 2011), pp. 3156–3163
[21] B.J. Grzyb, E. Chinellato, G.M. Wojcik, W.A. Kaminski, Which Model to use for the liquid state machine? in *International Joint Conference on Neural Networks, 2009. IJCNN 2009. IEEE* (2009), pp. 1018–1024
[22] E. Goodman, D. Ventura, Spatiotemporal pattern recognition via liquid state machines, in *IJCNN* (2006), pp. 3848–3853
[23] S. Schliebs, N. Nuntalid, N. Kasabov, Towards spatio-temporal pattern recognition using evolving spiking neural networks. Neural Inf. Process. Theor. Alg. **6443**, 163–170 (2010). https://doi.org/10.1007/978-3-642-17537-4_21
[24] Z. Yanduo, W. Kun, The application of liquid state machines in robot path planning. J. Comput. **4**(11), 1182–1186 (2009)
[25] H. Ju, J. Xu, A.M.J. VanDongen, Classification of musical styles using liquid state machines, in The 2010 International Joint Conference on Neural Networks (IJCNN) (2010), pp. 1–7
[26] S. Soltic, N.K. Kasabov, Knowledge extraction from evolving spiking neural networks with rank order population coding. Int. J. Neural Syst. **20**(6), 437–445 (2010)
[27] N. Kasabov (ed.), *Springer Handbook of Bio-/Neuroinformatics* (Springer, 2014)
[28] W. Maass, On the role of time and space in neural computation. Math. Found. Comput. Sci., 72–83 (1998)
[29] N. Kasabov, Evolving connectionist systems: from neuro-fuzzy-, to spiking—and neurogenetic, in *Springer Handbook of Computational Intelligence*, ed. by J. Kacprzyk, W. Pedrycz(Springer, 2015), pp. 771–782
[30] W. Gerstner, W.M. Kistler, Spiking Neuron Models: Single Neurons, Populations, Plasticity (Cambridge University Press, 2002)

第6章
面向时空深度学习和深度知识表示的脑启发SNN：NeuCube

本章介绍了脑启发 SNN(BI-SNN)，SNN 的结构和学习方式都是受大脑的结构、功能和学习过程所启发。如第 3 章讨论的那样，BI-SNN 从人的大脑中获得了启发以从数据中进行学习。在 BI-SNN 中，数据被表示为脉冲形式，信息被表示为时空脉冲模式，深度知识被表示为链接的模式。本章介绍的一种 BI-SNN 结构是 NeuCube。NeuCube 是一个开源、进化的框架，是一系列算法的组合，这些算法都是使用 SNN 系统和 BI-AI 系统，允许未来的新算法的更新。

6.1 脑启发 SNN：NeuCube 作为一种通用的时空数据机

6.1.1 一种通用的 BI-SNN 框架

图 6.1 展示了一种通用的 BI-SNN 框架。图 6.2 展示了一种用于设计 SNN 存储的大脑模板，命名为 SNNCube。专栏 6.1 为 BI-SNN 的主要结构和功能特性。

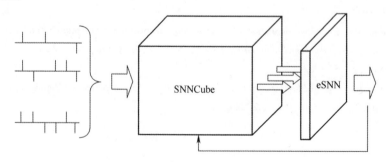

图 6.1 通用的 BI-SNN 结构

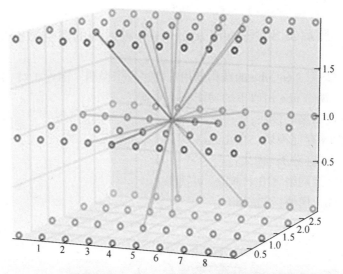

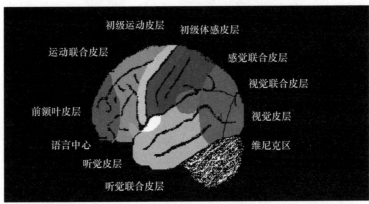

图 6.2　图 6.1 中的 SNNCube 是链接在一起的大脑模板

专栏 6.1　BI-SNN 的主要结构和功能特性
（1）序列信息（特征）都被转化为了脉冲序列（第 4 章）。 （2）输入都被映射进由脉冲神经元构成的 SNNCube。为了对大脑数据进行建模，使用大脑模板构建了 SNNCube，为满足其他类型数据要求，还可以保存时间信息或保存信息相互之间的距离。 （3）分类/回归 SNN 的输出与 SNNCube 的神经元相连。 （4）SNNCube 结构由小型"世界"连接的脉冲神经元构成（第 5 章）。 （5）SNNCube 内部使用脉冲时间学习准则进行无监督学习（第 4 章）。 （6）监督学习在输出 SNN 模型中，如面向分类或回归的 eSNN、deSNN、SPAN（第 4、5 章）。 （7）SNNCube 内部可以对复杂的时空模式进行自适应深度学习。 （8）BI-SNN 是一种快速的、增长的学习模式。 （9）SNNCube 学习到的链接模式即为数据中深度时空模式的深度信息表示。 （10）eSNN 学到的连接模式即为规则抽取（第 5 章）。

6.1.2 脑启发 SNN:NeuCube——一种通用的时空数据机

文献[1-2]对 NeuCube 的结构通用准则进行了说明。图 6.3 对 NeuCube 结构进行了展示。NeuCube 由以下的功能模块构成:
① 输入数据编码模块;
② 3D SNN 存储模块(SNNCube);
③ 输出功能(分类)模块;
④ 基因管控网络(GRN)模块(可选择);
⑤ 参数优化模块(可选择)。

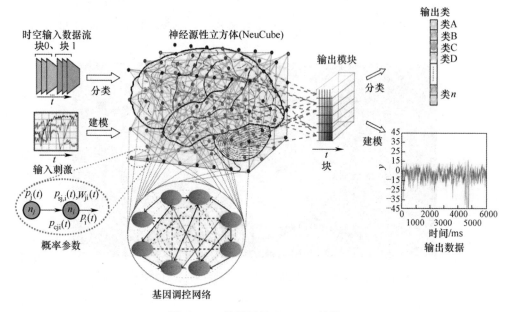

图 6.3 一种通用的 NeuCube 结构

NeuCube 的算法如专栏 6.2 所列。

专栏 6.2 NeuCube 算法

（1）将输入的时间序列或时空数据(TSTD)编码为脉冲序列:连续的输入数据编码为脉冲序列。
（2）构建和训练一个无监督的回归 3D SNNCube 来学习脉冲编码序列。
（3）构建和训练一个监督学习模式的进化 SNN 分类/回归器,对不同动态模式的数据进行分类和预测。
（4）通过(1)~(3)步的迭代不断地更新参数直到最优结果出现。
（5）召回数据,在新数据上进行测试。

以上步骤和图 6.3 中 NeuCube 的相关模型在本节会深入讨论。

1. 输入数据编码

连续的输入信息需要转化为脉冲序列。脉冲时间编码方法在文献[1,3-6]中有详细阐述(第 4 章)。

(1) 基于阈值的编码。

(2) 滑窗编码。

(3) 单步前向编码。

(4) Ben 脉冲算法(BSA)。

转换后的脉冲序列数据会被映射到 SNNCube 中的神经元。映射方式取决于要解决的问题。如果是大脑数据,映射将会使用大脑模板。

2. SNNCube 的训练

SNNCube 设计的目的是从空间上映射数据。一种特别的结构是小世界连接(small world connectivity)。在大脑中,神经元在结构上、功能上越密集地相互作用,它们之间的关联就越紧密[8-10]。

SNNCube 的初始结构取决于获取到的数据和要解决的问题,但是结构能够通过增添新的神经元和连接来进化(基于 ECOS 准则)[11]。如果新的数据不足以有效地激活现存的神经元,新的神经元会被创造出来,指派到需要构建新连接的地方。

在应用实例中,一个 SNNCube 能够有用 3D 结构的渗漏-积分触发脉冲网络(LIFM)。输入数据通过 SNNCube 和无监督学习(如 STDP)进行前向传播。神经元之间的连接根据脉冲时间学习进行适应(如 STDP)。当一种特定的输入模式出现时,SNNCube 会针对脉冲活动生成特定的轨迹。SNNCube 将输入脉冲的序列信息积累起来转化为可以被分类的动态状态。回归的存储器生成了独特的积累神经元,这些神经元能够对不同种类的输入序列产生反应。

例如,图 6.4(a) 展示了神经元的学习过程,图 6.4(b) 展示了 SNNCube 的连接,这些连接是时空大脑数据的学习结果。SNNCube 共有 1471 个神经元,这些神经元直接与 Talairach 模板相关联,分辨率为 $1cm^3$。可以看出,训练结果已经创建了新的连接,这些连接表示从数据中捕捉到的 SNNCube 中的输入变量之间的时空交互。这些连接可以动态地对每种新提交的模式可视化出来。

图 6.5 展示了无监督学习后的 SNNCube 神经元激活等级。神经元颜色越亮,激活等级越高,激活等级与发射的脉冲数目有关。

当脉冲数据进入 SNNCube,学习进行时,脉冲神经元开始发射脉冲。图 6.6 展示了来自图 6.5 的 1471 个神经元的正负脉冲发射直方图。图 6.7 展示了脉冲进入含有 1471 个神经元的 SNNCube 中的点阵图,输入数据为时空采样,含有 14 路输入,时长 125ms。

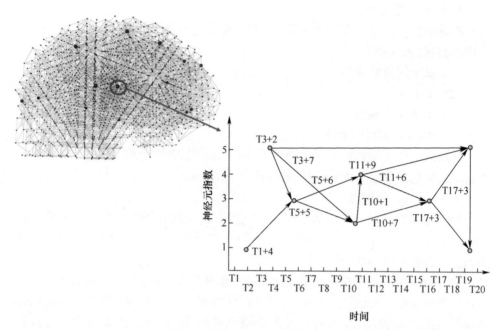

(a) 展示了无监督学习过程中多时SNN在NeuCube中的结构

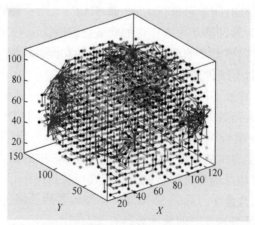

(b) 展示了大脑数据无监督学习后的连接状况（这些连接代表着输入数据(EEG通道)的时空关系，可以利用于深度知识表示）

图 6.4 SNNCube 的结构及连接

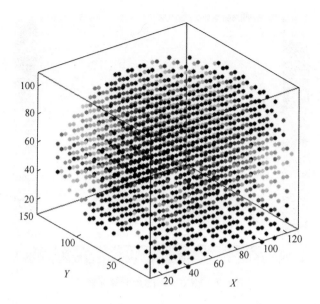

图 6.5 无监督学习后 SNNCube 中神经元的激活等级(神经元颜色越亮,激活等级越高)

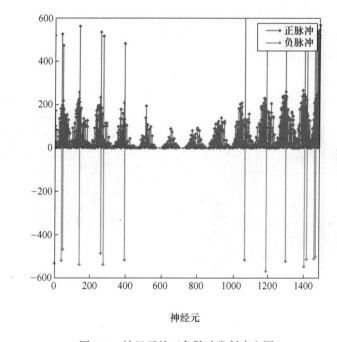

图 6.6 神经元的正负脉冲发射直方图

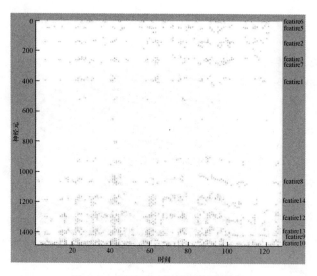

图 6.7　SNNCube 的光栅脉冲输出

基于脉冲序列的输入流,聚类簇在 SNNCube 深度学习中逐渐形成。会生成以下两种聚类簇:

① 神经元连接(图 6.8);

② 簇之间的脉冲活动(图 6.9)。从特定神经元到其他神经元之间的发射、转换关系可以被学习(图 6.10)。

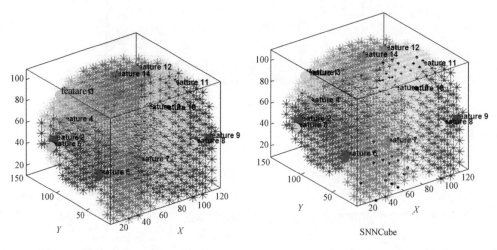

图 6.8　展示 SNNCube 中重要连接　　图 6.9　展示 SNNCube 中的通信连接

3. 用于输出分类/回归的进化监督学习

当使用无监督方式对输入数据进行训练 SNNCube 后,相同的输入数据能够通

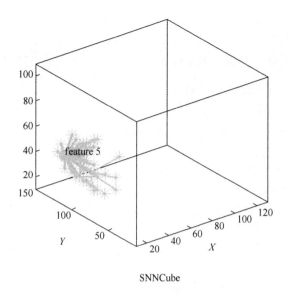

图 6.10　在 SNNCube 中追踪单个脉冲神经元的活动

过 SNNCube 回传,这种回传是通过一轮一轮的模式实现的。SNNCube 的状态在每一轮模式的输入都要进行测量,输出位置的分类器用于识别这个状态。为了快速学习,使用进化 SNN 分类器(eSNN 或 deSNN)。SNNCube 中所有的神经元都和 eSNN 的进化 LIFM 神经元相连接,但是其他的连接也会创建。

NeuCube 结构的独创性在于:在所有的输入数据模式生成之前,在 SNNCube 中使用 eSNN 来学习去识别复杂的时空模式。不同种类的 eSNN 已经在第 5 章讲到,包括 eSNN、动态 eSNN、脉冲模式联合 SNN、SPAN。

在召回阶段,当新的数据被用于分类/回归处理时,能够通过不同的方法使用不同的召回程序:

(1)代表训练 SNNCube 对新输入数据响应的脉冲序列被传播到所有训练输出神经元,第一个尖峰序列(其 PSP 大于其阈值)定义输出。基于 PSP 阈值(膜电位),这种假设是:和输入特征最匹配的神经元会最先被激活。这种方法叫做 eSNNm。

(2)第二种方法在 eSNN 中对每一个新的输入模式增添了新的输出神经元,对 eSNN 的输出神经元同样也是这样。之后使用欧几里得距离比较训练过程中新神经元和旧神经元之间的距离。神经元连接方面最近的输出神经元即是"胜者"。这种方法在连接权重空间中使用了直接式的推理和最近邻分类。它在空间上比较了抓取到新模式的神经元和现存神经元之间的权重。这种方法叫做 eSNN。

与其他监督分类 SNN 模型比较,进化 SNN 作为分类/回归器的优点是计算量小、体现了脉冲序列到达先后次序的重要性。这使 eSNN 更适合于在线学习和时间的早期预测。

专栏6.3总结和NeuCube BI-SNN的主要特征。NeuCube是一个开源、进化的结构,它是一系列SNN系统和BI-AI系统的融合,它可以允许新的算法融入其中。

专栏6.3 NeuCube BI-SNN的主要特征

（1）所有的时空模式都能够被送入、学习,而并不是向量。
（2）不同序列长度的实例都可以被用于训练和回调。
（3）在SNNCube中深度学习之后使用连锁反应。如果只有一部分新的数据被送入,SNNCube中学到的模式可以直接进行早期预测。
（4）使用RO学习进行早期的脉冲阈值设置。
（5）通过脉冲编码,系统能够根据新输入的数据进行改变。
（6）通过脉冲编码对噪声鲁棒。
（7）新数据的自适应性。
（8）在任何软、硬件平台有很好的可扩展性。
（9）更容易在神经拟态学、高度并行的硬件平台上实现。
（10）快速、一次性学习。
（11）学习到的连接结构具有可解释性,能用于知识发现。
（12）训练和回调过程中SNN的活动能够被用于提取时空规则。
（13）训练和回调过程中对历史信息进行回溯。
（14）对流数据进行逐步增长的学习。
（15）SNNCube的连接性可以进行可视化。
（16）允许不同种类的脉冲神经模型运行。
（17）允许使用不同种类的学习准则。
（18）允许对多SNNCube进行系统构建。
（19）整合数据的模态。
（20）数据压缩。

6.1.3 基于图匹配优化算法将序列化变量映射到3D SNNCube中

本章介绍了一种不需要通过空间信息的联合,从输入时间信息映射到NeuCube SNNCube的方法。这种方法在文献[14]中有深入的阐述。

给定一个特定的时空数据集,需要将数据映射入3D SNNCube进行优化,数据的时空数据模式将会使神经网络对数据的模式有一个更深入的理解。对于一些时空数据,如脑EEG数据,对每一个通道都有先验知识,这些信息能够用于EEG时序信号向SNNCube的映射[1,15]。但是对于其他的应用,如气候信息预测,没有空间上的映射方法将其映射到3D SNNCube。时间信息的映射方式对最终的结果会产生重要的影响。这里介绍一种新的映射方式可以实现更好的模式识别、更好更早的事件预测和更好的可视化效果用于可视化这些数据。

假设在数据中有 s 个时序的采样数据,共有 v 个通道的时序变量,采样时长为 t。首先在 SNNCube 中随机选取 v 个输入的神经元。之后遵循以下原则将变量映射入 SNNCube:数据转换为脉冲序列之前,输入变量/特征代表了脉冲序列的高度相关性。因为高度的相关性代表着变量之间更可能独立,这些关联应当被反映在 3D SNNCube 中。空间上更靠近的神经元在输入变量和映射后的神经元将会抓取到它们之间连接。将近似信息输入向量映射到拓扑上近距离的神经元叫做 SOM,但是在 SOM 中这些静态向量和相似度都通过欧几里得距离进行度量。

特别地,创建了两种权重图,即输入神经元距离图(NDG)和事件序列/信号相关图(SCG)。在 NDG 中,输入神经元的空间 3D 坐标表示为

$$V_{NDG} = \{(x_i, y_i, z_i) \mid i = 1, 2, \cdots, v\}$$

图的边这样定义:每一个输入的神经元都与最近的 k 个输入神经元相连,这些边的权重被定义为欧几里得距离的倒数。

在 SCG 中,首先使用 Parzen 窗方法来估计的脉冲密度函数相关于每一个变量和图的顶点集,脉冲密度函数表示为

$$V_{SCG} = \{f_i \mid i = 1, 2, \cdots, v\}$$

图的边通过以下方法创建:每一个脉冲密度函数都与它最近的 k 个相关邻近相连接,这些边的权重由统计学的相关性确定。

我们使用了图匹配技术,这是一个可以解决映射问题的很有用的工具,已经很普遍地应用于计算机视觉和模式识别中,以确定两个权重图之间的最优匹配。在我们的实例中,两种图是 NDG 和 SCG。对于这两个图,能够计算它们的邻接矩阵,表示为 A_n 和 A_s。图匹配方法的目的是找出一个排列矩阵 P 能够最小化下面的目标函数,即

$$\min_{P} \|A_n - PA_s P^T\|_F^2 \tag{6.1}$$

其中双竖号代表弗式最大范数。由于它的联合优化性,求解这个问题是一个 NP 难问题。很多算法都被提出以寻找一个近似解。

在这些算法中,因素图匹配(FGM)算法已经被证实是当前最优算法。所以,使用 FGM 算法来求解 SCG 到 NDG 映射问题,通过以下设定:假设在 NDG 中,图中节点的边权重被表示为 $i_{NDG} = V_{NDG}$,对所有的节点 $d(i_{NDG})$,在 SCG 中,图边缘的 $i_{SCG} \in V_{SCG}$ 权重之和是 $c(i_{SCG})$,$d(i_{NDG})$ 和 $c(i_{SCG})$ 之间的不同反映了 i_{NDG} 和 i_{SCG} 在相关图中的相似性。所以,定义节点相似度为

$$\exp\left(-\frac{|d(i_{NDG}) - c(i_{SCG})|^2}{2\sigma_n^2}\right) \quad i_{NDG}, i_{SCG} = 1, 2, \cdots, v \tag{6.2}$$

边缘的相似度为

$$\exp\left(-\frac{\mid a_{ij}^{NDG} - a_{kl}^{SCG} \mid^2}{2\sigma_e^2}\right) \quad i,j,k,l = 1,2,\cdots,v \tag{6.3}$$

式中：a_{ij}^{NDG} 和 a_{kl}^{SCG} 分别为 NDG 和 SCG；σ_n 和 σ_e 为神经元和边之间的近似度控制参数。

图 6.11 和图 6.12 展示了所提出的方法在实例时序信息上的映射结果。

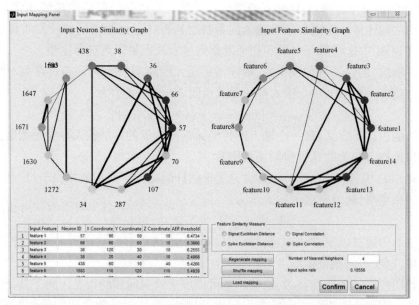

图 6.11　由 14 个特征表示的样本时间数据的匹配结果(左图为输入 NDG，右图为 SCG。可以看到在匹配后高度相关的特征被映射到附近的输入神经元)[14]

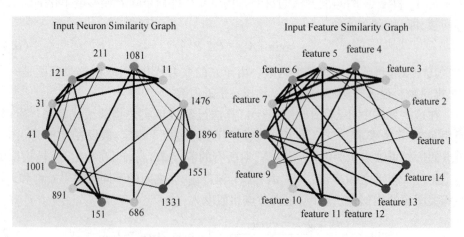

图 6.12　由所提出方法获得的示例时间数据的输入映射结果[14]

最佳的输入变量映射使对时间数据进行早期准确的事件预测成为可能。在很多应用中,如害虫种群爆发的预防、自然灾害预警和金融危机预测,重要的是尽早知道事件发生的风险,以便采取一些措施来预防或及时进行调整,而不是等待将整个时间数据模式输入模型之后才做调整。早期事件预测任务中的主要挑战是,用于预测的召回样本的时间长度应小于训练样本的时间长度。该原理如图 6.13 所示。

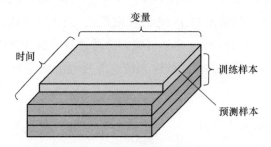

图 6.13 用于早期事件预测的时间数据模型(系统在整个输入模式上接受训练,但仅在早期事件预测的新模式的初始部分进行测试/调用)

传统的数据建模方法(如 SVM、kNN 和 MLP)不再适用于早期事件预测任务,因为它们要求预测样本的特征长度与训练样本的特征长度相同。由于时空数据中时间变量之间的紧密相互作用和相互关系,传统方法难以对数据的时间和空间分量进行建模。

相反,由于训练后的 SNNCube 的连通性反映了时态数据中的时态关系,因此所提出的新映射方法将能够进行早期事件预测。如果提供了新样本的一部分,则将会触发一系列活动。SNNCube 基于已建立的连接,这种现象类似于 Hopfield 网络中的联想记忆现象[17],但是这里处理的是时间模式,而不是静态的输入向量。这是通过使用 STDP 学习规则时利用渗漏积分和发射(LIF)神经元模型的属性来实现的[18]。LIF 神经元可以无监督地学习嵌入复杂背景的任意时空模式尖峰序列,并且当出现其优选的尖峰序列时,神经元可以在模式开始时很早发出尖峰。

SNNCube 的链火现象应用在动物的 HVC 控制中,通过对鸟叫声进行精确的时间建模,其中神经活动在链状网络中传播。当脉冲序列放入网络中时,观察到了类似的链火现象。这些功能使 SNNCube 具有强大的潜力:可以对用于训练的输入峰值序列中包含的复杂时空模式进行编码,并在召回/预测模式下尽早响应特定时空模式的出现。此外,我们提出的映射允许将不均匀长度的样本映射到 SNNCube 中的神经元。

最佳的变量映射方式使网络结构的分析和可视化成为可能。训练后,

SNNCube 从时间数据中捕获了空间和时间关系。了解 SNNCube 中的神经元与输入特征之间的关系以及 SNNCube 从输入信号中学到了哪些模式将很有助于今后的研究。为了理解模型与时间数据集之间的关系,此信息显得尤为重要。我们提出以下算法,通过分析 SNNCube 中的神经元簇揭示时间数据模式。

立方中的神经元按照 xyz 坐标轴的顺序渐进地进行下标编码 $1-N$。我们将输入神经元作为信息源,定义一个源矩阵 $F_{src} \in T^{N \times v}$:如果神经元 i 是映射变量 j 的输入神经元,那么 F_{src} 的输入 (i,j) 是 1;否则是 0。近似矩阵 $A \in R^{N \times N}$ 被定义为:A 的 (i,j) 是神经元 i 和神经元 j 之间传输的脉冲总数。脉冲越多代表着越强的连接、神经元之间越多的信息共享。从输入信息源接收的每个神经元的信息的比率计算如下。

步骤 1:计算 $S = D^{-1/2} A D^{-1/2}$,D 是一个对角矩阵,满足 $D_{ii} = \sum_{j=1}^{N} A_{ij} (i = 1, 2, \cdots, N)$。

步骤 2:重复地评估等式 $F = I_{rate} SF + (I - I_{rate}) F_{src}$ 直至收敛。

步骤 3:归一化 $F = G^{-1} F$,其中 G 是一个对角矩阵,满足 $G_{ii} = \sum_{j=1}^{C} F_{ij}$。

式中:I 为单位矩阵;I_{rate} 为一个对角矩阵在不同方向上的传输速率。在第一次迭代中,$F = F_{src}$。算法背后的主要原则是信息的传输方式受网络结果影响[20-21]。迭代期间,在神经元库中信息从源神经元传播到其他神经元中。神经元和传播因子的矩阵定义为 I_{rate}。

传播因子矩阵 I_{rate} 控制着传播算法的收敛和信息的传播。在这里 I_{rate} 的计算式为 $(I_{rate})_{ii} = \exp(-\overline{d}_i^2 / 2\sigma^2)$,其中 $\overline{d}_i$ 是与其邻近的 8 个神经元的相似度均值。因此,联系紧密的神经元之间的信息传播很强,联系不紧密的神经元之间的信息传播很弱。

对神经元的活动进行可视化,连接权重的改变和 SNNCube 的结构对于时间信息模式的理解起到至关重要的作用。由于 SNNCube 是一个白盒,因此可以随时查看神经元的尖峰状态及其连接调整。图 6.14 展示了 SNNCube 训练过程中神经元的脉冲状态和神经元之间的连接。这与传统的 SVM(第 1 章)有很大不同,虽然 SVM 方法已经用于相同的任务,但是没有提供追踪神经活动的传统方法。

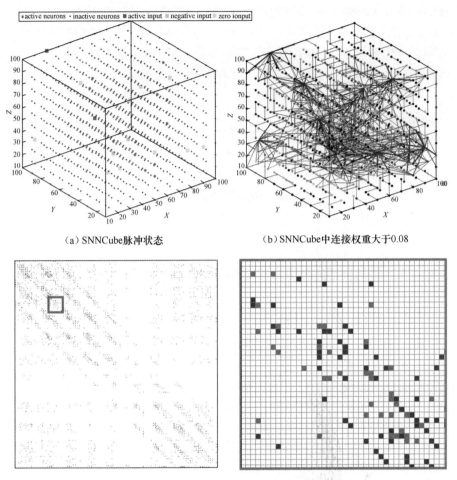

(a) SNNCube脉冲状态　　(b) SNNCube中连接权重大于0.08

(c) 连接权重改变。左：全部的权重矩阵；右：对神经元进行聚类

图 6.14　10×10×10 SNNCube 的动态可视化结果

6.2　NeuCube 中时空深度学习和深度知识表示

正如上面的 NeuCube 框架中所述，在 NeuCube 模型中学习是一个两阶段过程。NeuCube 模型的准确性在很大程度上取决于所用的深度学习方式以及 SNNCube 学习参数和分类器/回归参数。

脉冲序列被送入 SNNCube 后，根据 STDP 或者其他脉冲时间学习准则，连接的深度轨迹会根据 SNNCube 的活动生成不同的学习模式。这些模式都是在一个监督学习的方式下完成,并且通过一个输出分类器进行分类,如图 6.15 所示。

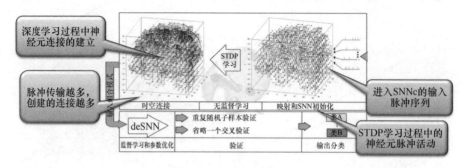

图 6.15 深度学习在时空 NeuCube

本节介绍了 NeuCube 不同深度学习算法。

6.2.1 面向时空/时谱数据的深度无监督学习和深度知识表示

专栏 6.4 是 SNNCube 中的一个深度无监督学习过程。

专栏 6.4 NeuCube 中面向深度无监督学习和深度知识表示的元学习算法

1. 初始化 SNN 模型

对模型进行预构建,使结构化的进程能够通过时间-空间数据进行建模。SNN 结构由空间分配的尖峰神经元组成,其中神经元的位置会映射问题的空间模板(大脑模板、地理位置等)。

在此空间中将输入的神经元进行空间分配和映射,对于不存在输入变量的空间信息的时间数据,基于其时间相关性将变量映射到结构中。时间变量越相似,它们映射到的神经元越近[15]。SNN 中的连接使用小世界连接算法[1,28,35-36]初始化。

2. 输入数据的编码

一些编码算法将输入信息映射为脉冲序列,在数据中反映了时序的改变[1,28,35-36]。

3. SNN 模型中的无监督学习

在 SNN 模型中使用无监督时间独立学习方法编码输入数据。可以使用不同的脉冲时间独立学习准则。基于他们的脉冲活动,学习过程改变了单一神经元连接的权重。通过快时间的单一连接学习,脉冲神经元的一个类、与输入变量有关联、彼此之间关联、以一种可折叠的方式形成了连接的深度模式。时间数据的长度,SNN 模型中学习到的模式,理论上来说是无限的。

4. SNN 模型中的深度知识表示

一种深层的功能模式表现为 SNN 模型中神经元簇的脉冲序列,它代表了建模过程的活动功能区域。此类模式由所学到的连接结构模式定义。当将相同或相似的输入数据提供给经过训练的 SNN 模型时,随着神经元活动的模式传播,数据的模式就会显示出来。从理论上讲,SNN 模型所获得的功能图案的深度不受限制,取决于分辨率从几千到几百万。

SNNCube 中的深度无监督学习可以得到深度的连通性,可以将其解释为链接事件 E_i 和 E_j 的深度知识。例如,事件 E_i 和 E_j 可以用相关函数 F_i、F_j 替代,空间位置为 S_i、S_j,时间为 T_i、T_j,概率为 P_i、P_j。所有的参数和事件都可以使用模糊值来代替。

(1) 位置为 S_i。

(2) 时间大概为 T_i。

(3) 概率大概为 P_i。

(4) 力量得到增强。

下面是一个将深度知识表示为深度模糊规则的实例。

IF(event E_1 : function F_1 , location around S_1 , time about T_1 , probability about P_1)

AND(strength $W_{1,2}$)

(event E_2 : function F_2 , location around S_2 , time about T_2 , probability about P_2)

AND(strength $W_{2,3}$)

(event E_3 : function F_3 , location around S_3 , time about T_3 , probability about P_3)

AND…

……

以上的模糊规则允许事件/任务 Q 在部分匹配的情况下能够被识别。这是一个脑启发的原则,由于神经元簇的不同激活程度,会有不同的脆性运动,这些可以视为特定脆性的模糊刺激。

例如,下面的脆性原则,没有使用模糊术语,但是使用了脆性原则。

IF(event E_1 : function F_1 , location S_1 , time T_1)

AND(strength $W_{1,2}$)

(event E_2 : function F_2 , location S_2 , time T_2)

AND(strength) $W_{2,3}$

(event E_3 : function F_3 , location S_3 , time T_3)

AND…

……

(event E_n : function F_n , location S_n , time T_n)

THEN(Task Q is executed)

当大脑中单个神经元的活动在精确的毫秒时间内测量时,应当使用脆性原则。图 6.16 展示了当一个人移动手时,SNNCube 从 14 个 EEG 通道学习到的 EEG 数据(图 6.16(a))。训练后的 SNNCube 能够被解释为 4 个事件,即 E_1,…, E_4 相互叠加的知识表示。第 8 章对这个实例进行了更细致的解释。

6.2.2 时空的深度监督学习

1. SNN 模型中用于分类的监督学习

当在无监督模式下针对不同类、不同时间数据训练 SNN 模型时,SNN 模型将

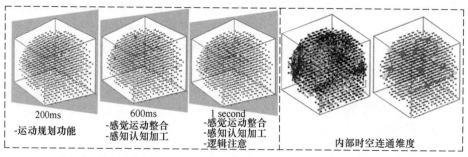

(a) 当一个人移动手时SNNCube在 14个EEG通道中的学习过程　　(b) 训练过后的SNNCube可以视为4个事件的叠加

图6.16

学习到不同的结构和功能模式。当相同的数据再次通过此 SNN 模型传播时,可以使用已知标签训练分类器对激活 SNN 模型中类似的学习模式的新输入数据进行分类。

2. 半监督学习

所提出的方法可以在大部分未标记数据上训练 SNN,也可以在较小部分标记数据上训练分类器,这两个数据集都涉及同一问题。大脑也是以这种方式学习的。

可以分析与每个输出类别样本(原型)相关的动态峰值模式,并可以提取深的时空规则,如专栏 6.5、图 6.17 所示。

专栏 6.5 将训练好的 eSNN 中的深度知识表示作为一个分类器

```
IF(area(X_i,Y_i,Z_i) with a cluster radius R_i is activated at time about T_1) AND
  (area(X_j,Y_j,Z_j) with a cluster radius R_j is activated at time about T_2) AND
  (area(X_k,Y_k,Z_k) with a cluster radius R_k is activated at time about T_3) AND
  (no other areas of the SNNcube are activated)
THEN(The output class prototype is number 4 from class 1)(图 6.17)
```

6.2.3 用于 NeuCube 预测建模的时间-空间深度学习:EPUSSS 算法

科学家们面临的最大挑战之一是弄清"隐藏在时间深处"的多模态流动数据中的复杂动态模式。如果这些模式可以被解释,那么解释自然现象、理解人类认知机制以及预测未来事件的能力就会得到显著提高。目前人工智能(Artificial Intelligence,AI)的最先进水平是深度神经网络(Deep Neural Network,DNN)(见第4章)。尽管它们在大规模模式识别方面取得了成功,但它们在学习连续流数据时受到了严重的限制。它们有一个固定的结构,不会随着时间而改变;它们不能从包括时间和空间的数据中捕获模式;他们学习很慢;并需要处理不必要的大量数据,即使它们可能与结果无关,而且它们主要应用于静态数据集。

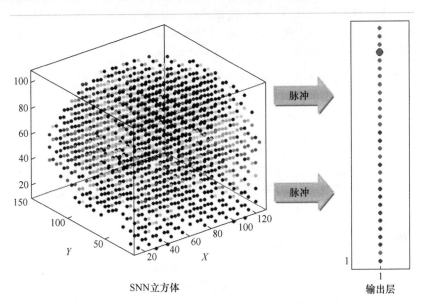

图 6.17　SNNCube中不同聚类的活动时间的颜色表示(从第1类中触发了原型4的分类(红色)。颜色越亮,这些神经元就越早出现峰值,从而激活代表第一类原型4的输出神经元(作为分类结果)。该图可以解释为深度的时空知识表示(见专栏6.5))

受人类大脑学习和预测长时间序列(如音乐、文本、导航路径等)能力的启发,这里介绍了一个用于深时间机器学习和流动数据预测建模的计算模型。在每个时间点(毫秒、一天等),数据不断地流入一个类似大脑的模型中。随着因果关系模式的学习,它们被保留并在模型的演进结构中进行修改。随着更多的时态数据进入模型,因果关系的知识变得更加深入。我们的推测是,在训练中花的时间越长,就越能预测未来。如果实现了这一点,它将允许预测和理解复杂动力系统中隐藏在时间和空间中的事件。

本模型的特点如下:

(1) 从随时间变化的多模态流动数据中学习模式;

(2) 学习是快速的、渐进的、适应性的,理论上是"终身的";

(3) 模型从数据演化出结构;

(4) 采用有监督和无监督的学习方式;

(5) 在学习进程中,学习的模式或规则可以在任何阶段进行提取和解释;

(6) 该模型可用于未来事件的早期准确预测,包括隐藏在时间深处的事件。我们的目标是开发的框架将成功地实现所有 5 个功能。

该工作的目标是创建一个集成的计算模型,该模型可以对编码为峰值序列的流动数据进行连续深度学习。由于只是部分情况,数据可以是一个固定的时间窗口,但在长度上没有任何限制。一个模型将学习作为一个脉冲流序列输入的所有数据,并将演化有意义的内部时空模式,这些模式可以不时地存储起来进行回顾性分析。如果输入指定长度的输入模式,输出已知,特定的模式将被激活(作为模型中峰值的深轨迹),并且可以在输出模块的监督模式中学习该模式,以便对回归进行分类。

在专栏 6.6 中概述了 EPUSSS 学习原则。

专栏 6.6 进化预测无监督/有监督尖峰序列的 EPUSSS 学习原理

(1) 根据输入变量的 3D(2D)空间坐标或输入数据流之间的相似性,将其映射到 3D(2D) eSNN 结构中。最初,所有输入输出神经元要么完全连接,要么使用修改后的 STDP 学习规则从尖峰序列演变而来。这些连接称为元突触。其余的连接使用小世界连接规则初始化。

(2) 从流数据中学习的内容与在大脑中进行的学习一样,是必要的(终生的)。

(3) 学习模型正在发展,逐步创建神经元和连接。

(4) 模型始终会从时间序列数据中学习,以预测输入变量的下一个值,现在也将其用作下一个时间点的输出变量。假设是,如果模型可以预测时间序列的下一个时间点值,则它已经很好地学习了数据。在这种学习时间序列的方法中,既有输入数据(在时间 t 的时间变量值,又有期望的输出数据(在时间($t+k$)的变量相同),默认情况下 $k=1$,但可以是未来时间窗口)。

(5) 预测建模是通过使用预测误差和使用此误差更改输出神经元的连接权重的规则在 eSNN 结构中进行有监督的学习来实现的。原理是:只有输出误差为 1(如峰值但不应峰值)或 -1(不峰值但应峰值)的输出神经元将在所需的反向传播深度处更改其传入连接权重。跨所有输出神经元 $Err(t)$ 计算一个全局误差,该误差用于控制学习率(元可塑性)。

(6) 将 eSNN 中改进的尖峰时间无监督学习应用于模型,以学习模型中所有神经元之间的时间关联。该模型正在学习输入(输出)变量之间的时空关联(在部分情况下,相同的神经元可用于表示输入和输出时间变量),而且还涉及整个模型。

(7) 可以在模型的任何时间和任何期望的时间范围内从模型中提取深度学习的尖峰活动模式。可以解释这些深层次的活动模式,以更好地理解数据。

(8) 在模型学习过程中的任何时候,都可以提取输入(输出)变量之间的信息"交换"。这显示了一个接一个发生的变量之间的一对一的时间关联(时间相关性),称之为模型变量的时间调节图。

(9) 时间调节图可以表示为一组时间规则,以便从输入神经元 $I_i(i=1,2,\cdots,n)$ 到输出神经元/变量 $O_j(t)(j=1,2,\cdots,m)$ 的连接权重(元突触)可用于提取表示 $O_j(t)$ 如何依赖输入变量 $I_i(t-1)$ 的时间关联规则,如高、中、低取决于相应连接权重的值。

(10) 在模型学习的任何时候,重要特征都可以提取为每个输入变量所连接神经元簇的大小。

(11) 一旦模型学会了以令人满意的误差来预测提前一个步长($k=1$)的尖峰序列,则当预测的输出在时间 $t+1$ 出现尖峰时,可以对长期预测(如提前几步)建模。用作 $t+1$ 处的输入尖峰,以预测 $t+2$ 等处的尖峰。

(12) 如果与某些输入模式相关的结果信息(如用于分类的类标签或用于回归的输出标量值)可用,则可以在监督学习模式下训练分类器或回归器。为此,将整个输入模式呈现给 SNNCube,并演化输出神经元并计算连接权重。训练后,将计算分类(回归)训练/验证误差。该错误可用于:

① 修改分类器(回归器)与 SNNCube 的连接权重;

② 在这些特定的整个输入模式上对 SNNCube 作进一步训练,对于这些特定的整个输入模式,将检测到输出错误。

在专栏 6.7 中,上述原理以 EPUSSS 算法实现。

专栏 6.7 用于深度演化、预测无监督和监督的峰值序列学习的 EPUSSS 元算法

(1) 使用适当的初始权重初始化方法,如使用足够数量的神经元初始化 3D SNN 结构。结构内的小世界连接(普通突触),但输入(输出)神经元(元突触)完全连接。

(2) 根据输入变量的相似度将其映射到 3D SNN 中,并在其中定义输出变量,这些变量将用于监督学习。通常,所有输入变量都可以用作输出变量。

(3) 对于 $i=0$ 直到输入峰值流 DO 结束:

① 一次输入一个尖峰向量 t;

② 计算下一次整个 SNN 模型的峰值活动 $t+k$;默认情况下 $k=1$;

③ 当有时间 $t+1$ 的峰值矢量可用时,计算每个输出的误差 Err =(预测的-实际)峰值以及总误差;

④ 应用修改后的感知器学习规则,以使用以下计算误差来调整每个输出神经元 O 的连接权重:

a. 如果神经元 O 应该在 $t+1$ 处达到峰值,而没有,则增加与在 t 时达到峰值的神经元的连接权重,以及与 O 相关的神经元的输入权重。没有峰值,但与输出神经元 O 的连接权重为正;

b. 如果神经元 O 不应该在 $t+1$ 处发生尖峰,则减小与在 t 时刻出现尖峰的神经元的连接权重,并增加与 O 相关的神经元的传入连接权重 没有尖峰,但与输出神经元 O 的连接权重为负;

c. 如果神经元 O 的预测峰值没有错误,则不应用学习。

d. 学习率取决于全局误差(如果全局误差较大,则提高学习率;如果没有错误,则率为 0)。

⑤ ④中的学习规则被应用了几层(如 3~6 层),这是可以优化的系统参数,并取决于数据中的内部关系。

⑥ 应用修改后的尖峰时间学习规则(如修改后的 STDP)来调整 SNN 模型中的所有连接权重(可选)。

⑦ 结束。

图 6.18 显示了专栏 6.7 中的 EPUSSS 算法的图形表示。

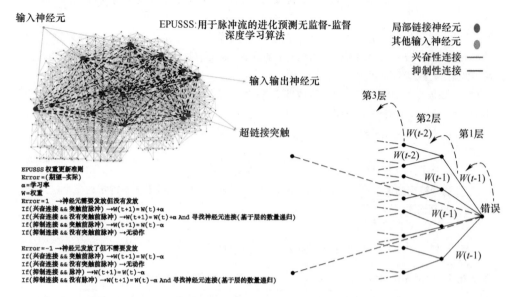

图 6.18　专栏 6.7 中用于深时空学习的 EPUSSS 算法的图形表示（该图由 Helena Bahrami 绘制）

6.3　在 NeuCube 中建模时间：过去、现在、未来以及回到过去

6.3.1　基于事件的建模（外部与内部时间，过去、现在和将来的时间）

通过尖峰编码建模的演进过程也可以视为基于事件的过程。如果发生事件（如像素强度增加或地震）（将其称为外部事件），则会产生尖峰信号。峰值可被视为内部事件，代表模型的变化。

在数据中衡量的事件时间称为外部时间。它可以非常短地从毫秒（大脑过程）到数百光年（光年用于表示光可以在一年内以 300000km/s 的恒定速度传播的空间）。

SNN 模型中内部事件（尖峰）的时间（称为模型内部时间）通常表示为毫秒，与大脑中的尖峰时间类似，但是在计算模型中，该时间被视为"时间单位"，它的持续时间取决于模型的实现。

在许多情况下，如果使用神经形态硬件或其他超级计算机平台，并且 SNN 模型以毫秒为单位对 EEG 或 EMG 脑数据建模，则 SNN 中的尖峰活动也可以在毫秒内实现(可参见第 20 章)。

过去的数据,即训练模型之前在过去一段时间内测得的数据,通常用于训练模型并捕获解释过程的有意义的模式。

当前数据(可能不存在其输出值)用于调用 SNN 模型并获得可能的输出。一旦知道了此数据的实际输出,这些数据项将成为过去的数据,并可用于更新 SNN 模型。

可以通过预测建模来获得未来数据,在该模型中,输入数据后,将根据从过去数据中学到的连通性生成一系列峰值,并为将来的事件计算输出,如对中风的个别预测(第 18 章)和提前 1h 的地震预测(第 19 章)。

6.3.2 追溯事件

一旦创建了 SNN 模型,该模型的连接即指向表示输入数据中变化的神经元的尖峰活动之间的时空关联。在 SNNCube 的学习过程中,尖峰和连接创建的历史可以追溯到连接向后追溯的时间。还可以不时记录模型的尖峰活动,因此可以对其进行回放(图 6.19)。

6.4 面向应用的时空数据机的设计方法

在这里将讨论如何将 BI-SNN 用于实现针对不同任务的面向应用程序的时空数据机。这些应用程序系统将具有专栏 6.8(也见第 1 章的专栏 1.1)中定义的 BI-AI 系统的功能。在书的其他章节中,讨论了具有认知特征的 BI-AI 系统的创建。尤其是在第 8~14 章和第 22 章中。

专栏 6.8 BI-AI 系统的 20 个结构、功能和认知特征

1. 结构特点
(1) 系统的结构和组织通过使用 3D 大脑模板来遵循人脑的结构和组织。
(2) 输入数据和信息在系统中随着时间的推移而被编码和处理。
(3) 由尖刺神经元和连接构成的系统构成了 SNN。
(4) 一个系统是可扩展的,从数百个到数十亿个神经元和数万亿个连接。
(5) 输入在空间上映射到 3D 系统结构中。
(6) 输出信息也显示为尖峰序列。
2. 功能特点
(1) 系统以高度并行模式运行,可能所有神经元都并行运行。
(2) 可以在各种计算机平台上实现系统,但可以在神经形态高度并行的平台和量子计算机

(如果有)上更有效地实现。

（3）自组织无监督、监督和半监督的深度学习是使用脑启发性的尖峰时间学习规则进行的。

（4）学到的时空模式存在有意义的解释。

（5）系统以快速、增量和预测性学习模式运行。

（6）不同的操作时间范围，如纳秒、毫秒、分钟、小时、天、数百万年(如遗传学)，可能是它们的整合。

（7）系统可以按照图6.1所示的所有级别处理多峰数据(如量子、遗传、神经元、神经元集合等)，可能是它们的集成。

（8）系统可以用自然语言与人交流。

（9）系统可以通过自我观察其结构和功能来进行抽象并发现新知识(如规则)。

（10）一个系统可以处理人脑处理的各种感觉信息，包括视觉、听觉、感觉、嗅觉、味觉，如果有必要整合它们。

（11）一个系统可以同时表现出潜意识和有意识的刺激过程。

（12）一个系统可以识别并表达情绪和意识。

（13）可以使用大脑信号和其他相关信息，如视觉等。

（14）BI-AI系统可以形成社会，彼此之间以及与人类之间进行交流，从而实现人与机器之间的建设性共生。

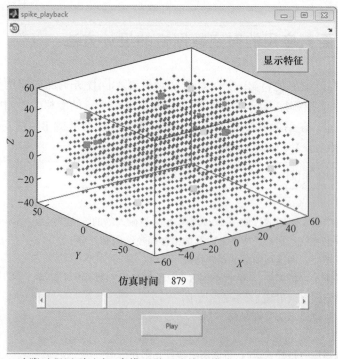

图6.19 追溯过程回到过去(当模型学习连接的模式时，可以追溯这些连接，并且可以逆转建模的演化过程的时间作为回放，以更好地理解数据和生成它的过程)

6.4.1 在 NeuCube 中实现面向应用的时空数据机作为 BI-AI 系统的设计方法

BI-SNN NeuCube 可用于创建 BI-AI 系统。对于 BI-AI 系统的设计,必须解决许多研究问题。在这里确定其中一些:

(1) 使用哪个输入转换函数将数据编码为峰值序列?

(2) 使用哪个输入变量映射到 SNNc? 是否有一些先验信息可用于在 SNNc 中空间定位的输入变量?

(3) 在 SNNc 中使用哪种学习方法?

(4) 哪个输出功能合适? 是分类还是回归?

(5) 如何可视化已开发的 BI-AI 系统以增进了解?

(6) 哪种参数优化方法适用?

专栏 6.9 中列出了使用 BI-SNN 创建时空数据机作为 BI-AI 系统的过程。

专栏 6.9　基于 BI-SNN 的时空数据和 BI-AI 系统设计方法
(1) 将输入数据转换为尖峰序列(参见第 4 章)。 (2) 将输入变量映射到尖峰神经元。 (3) 可扩展的 3D SNN 多维数据集中的无监督学习时空峰值序列。 (4) 监督学习和数据分类/回归。 (5) 动态参数优化。 (6) 评估系统的预测建模能力。 (7) 适应新数据,可能是在线/实时模式。 (8) 对模型进行可视化和解释,以更好地理解数据及其生成过程。 (9) SNN 模型的实现:冯·诺依曼(Von Neumann)与神经形态硬件与量子计算。

所有这些过程都将在下面各小节中进行详细说明。

6.4.2 输入数据编码

输入编码模块将连续数据流转换为适合在 SNNCube 中进行处理的离散峰值序列。在文献[1,24-26]中使用具有固定阈值的编码时,可以对时间 d/dt 施加信号梯度的双向阈值。该阈值是自适应的,并通过以下方式确定:对于输入时间序列/信号 $f(t)$,计算梯度 df/dt 的平均值 m 和标准偏差 s,然后将阈值设置为 $m + \alpha s$,其中 α 是控制编码后峰值频率的参数。此后,获得一个"正"尖峰序列,该序列对带有增加信号的时间序列中的片段进行编码,而得到一个负尖峰序列,该序列对具有下降信号的片段进行编码。

SNN 有不同的编码方案,主要是速率(信息作为平均发射速率)或时间(信息作为时间有效)编码(可参见第 4 章)。在 NeuCube 中,使用时间编码来表示信息。到目前为止,4 种不同的尖峰编码算法已集成到 NeuCube 的现有实现中,即 Ben 的尖峰算法(BSA)、时间对比度(基于阈值)、步进尖峰编码算法(SF)和移动窗口尖峰编码算法(MW)(可参见第 4 章)。

当表示输入数据时,不同的尖峰编码算法具有不同的特性。BSA 适用于高频信号,并且由于它基于有限冲激响应技术,因此可以轻松地从编码的尖峰序列中恢复原始信号。

BSA 仅生成"正"(兴奋)尖峰,而此处提到的所有其他技术也可以生成"负"(抑制)尖峰。时间对比度最初是在人造硅视网膜的硬件中实现的[27]。它表示在给定阈值上信号强度的显著变化,其中 ON 和 OFF 事件取决于变化的符号。但是,如果信号强度剧烈变化,则可能无法使用编码后的尖峰序列恢复原始信号。在文献[24]中提出了一种改进的尖峰编码算法 SF,以更好地表示信号强度。

对于给定的信号 $S(t)$,其中 $t = 1,2,\cdots,n$,定义了时间 t 内的基线 $B(t)$ 变化,其中 $B(1) = S(1)$。如果输入信号强度 $S(t_1)$ 超过基线 $B(t_1 - 1)$ 加定义为 Th 的阈值,则在时间 t_1 处编码一个"正"尖峰,并且将 $B(t_1)$ 更新为 $B(t_1) = B(t_1 - 1) + $ Th;如果 $S(t_1) \leq B(t_1 - 1) - Th$,则产生"负"尖峰,并将 $B(t_1)$ 分配为 $B(t_1) = B(t_1 - 1) - Th$。在其他情况下,不会产生尖峰,并且 $B(t_1) = B(t_1 - 1)$。

对于移动窗口尖峰编码算法,将基线 $B(t)$ 定义为时间窗口 T 内先前信号强度的平均值,因此该编码算法可以对某些类型的噪声具有鲁棒性。

在选择合适的尖峰编码算法之前,需要弄清楚尖峰序列应为原始信号携带哪些信息。图 6.20 给出了一个示例。在文献[28]中介绍了一种选择峰值编码算法并优化其参数的方法,并且将其实施为称为 Spiker 的软件(http://www.kedri.aut.ac.nz/neucube/)。

6.4.3 输入变量的空间映射

将输入变量映射到 SNNc 中空间定位的尖峰神经元是一种在文献[1]中引入的时空建模的新方法,并且是 NeuCube 体系结构和所有使用其开发的系统的独特功能。主要原理是,如果知道有关输入变量的空间信息,则可以帮助建立通过这些变量收集数据的更准确模型,以及对模型进行更好地解释并更好地理解数据可以实现。这对于诸如脑电图之类的数据(见文献[1,29])和对于 fMRI 数据[2]而言非常重要,在 fMRI 中可以学习和发现大脑信号的交互方式。在某些实现中,使用了 Talairach 脑模板,该模板在空间上映射到 SNNc 中。当没有空间信息可用于输

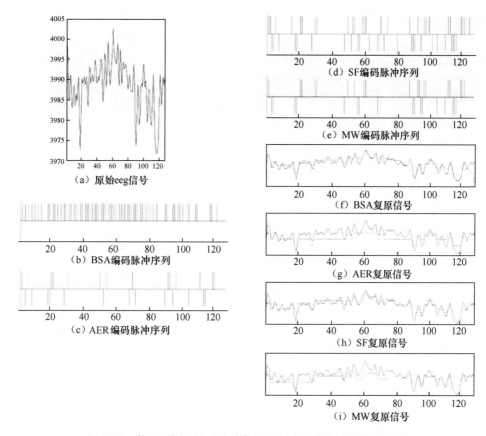

图 6.20 使用不同方法对连续信号进行编码作为输入数据编码
的一部分的效果图示(参见第 4 章)

入变量时,映射的另一种方法是测量变量之间的时间相似性,以将具有相似模式的变量映射到 SNNc 中更紧密的神经元[14]。这就是向量量化原理,这里使用"向量"来表示时间序列,时间序列不必具有相同的长度(图 6.21)。

6.4.4　SNNCube 的无监督培训

NeuCube 经过两个阶段的学习过程训练。第一阶段是无监督学习,通过调整 SNNCube 中的连接权重,使 SNNCube 从输入数据中学习(时空)时间关系。第二阶段是监督学习,旨在学习与每个训练(时空)时间样本相关的班级信息。

无监督学习阶段旨在将输入数据中的"隐藏"(时空)时间关系编码为神经元连接权重。根据 Hebbian 学习法则,如果两个神经元之间的交互作用持续存在,则它们之间的联系将得到加强。具体来说,我们使用依赖于尖峰时间的突触可塑性

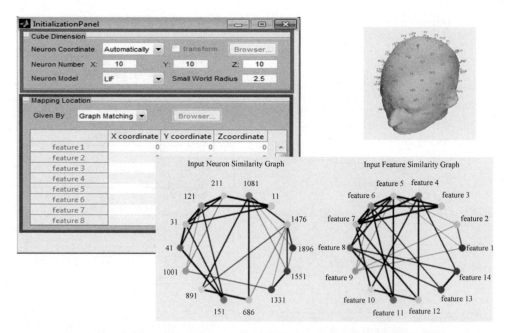

图 6.21 输入变量的空间映射可以通过两种方式完成:使用输入变量的 3D 空间坐标来映射输入变量,如 EEG 数据所示;使用时间相似性度量来映射不具有空间坐标的时间变量[14]

(STDP)学习规则训练 SNNCube[30]:如果神经元 j 在神经元 i 之前触发,那么从神经元 j 到神经元 i 的连接权重将会增加,并且如果尖峰顺序相反,从神经元 i 到神经元 j 的连接权值将减少。这确保了输入尖峰串中的时间差(该值会编码原始输入信号中的时间模式)将被神经元触发状态和容器中的不对称连接权重捕获。

第二训练阶段是使用与训练时间样本相关联的类别标签信息来训练输出分类器。动态进化的尖峰神经网络(deSNN)[31-32]在这里用作输出分类器,因为 deSNN 具有高效的计算能力,并强调了到达神经元输入的第一个尖峰的重要性(在生物系统中观察到[33])和接下来的峰值(在某些流式数据中,这些峰值更具参考性)。

一旦训练了 NeuCube 模型,就将建立 SNNCube 和输出分类层中的所有连接权重。由于体系结构的不断发展的特性,这些连接和权重可以基于进一步的训练(适应)而改变。对于没有任何类别标签信息的给定新时间样本,可以使用经过训练的 NeuCube 模型来预测类别标签或输出值。

6.4.5 SNN 分类器中 SNNCube 动态尖峰模式的监督训练和分类/回归

在本小结将使用 SNN 作为类型 eSNN、deSNN(第 5 章)或 SPAN(第 4 章)的输出模型。eSNN 或 deSNN 从输入的信息以在线方式发展其结构和功能。训练算法在第 4 章和第 5 章给出。

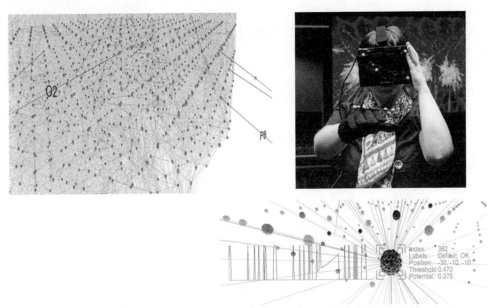

（a）训练或召回期间SNNCube连接和尖峰活动的3D可视化展示

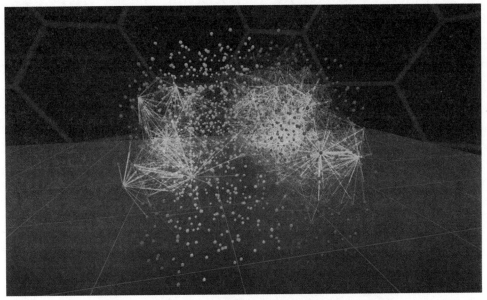

（b）使用NeuVis系统的NeuCube连接的VR可视化(该图由Stefan Marks创建)

图 6.22　SNNCube 的 3D 可视化

（https：//kedri.aut.ac.nz/R-and-D-Systems/virtual-reality）

6.4.6 SNNCube 的 3D 可视化

SNNCube 的 3D 连接结构可以在训练或召回期间使用 VR 完成可视化(图 6.22)。

6.4.7 SNNCube 的 3D 可视化

为了获得 NeuCube 模型的最佳性能,需要优化其众多参数。可用于参数优化的方法有以下几个:

(1) 网格搜索(尝试在一定范围内的参数值的所有组合)。
(2) 遗传算法(见第 7 章)。
(3) 粒子群优化(PSO)算法(见第 7 章)。
(4) 量子启发式的进化计算(QiEC)(见第 7 章)。
(5) Quantum Inspire PSO(见第 7 章)。

图 6.23 说明了使用网格搜索算法来优化 NeuCube 模型的某些参数。找到了一组最佳的参数值,该参数值进行 15 次迭代后作为目标函数的分类误差最小。SNN 参数优化是一个未解决的问题。当前的研究针对"学会学习"方法,即系统不仅将从数据中学习,而且还将学习如何在学习过程中优化其参数。

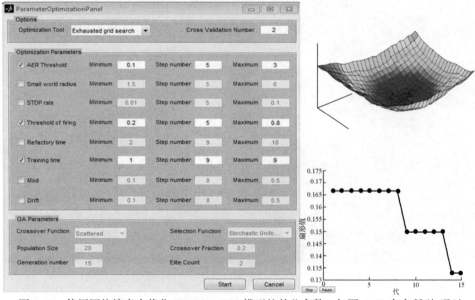

图 6.23 使用网格搜索来优化 NeuCube SNN 模型的某些参数(如图 6.23 中表所列,通过仅使用 15 代 GA 优化选择的优化参数,模型产生的误差得以减少)

6.4.8 模型解释、规则提取、深时空知识表示

可以对 NeuCube SNN 模型进行分析,以更好地理解数据及其生成过程。为此,可以使用不同的技术,如动态聚类(图 6.24)[34]:

① 根据连接权重进行聚类;
② 根据尖峰活动进行聚类;
③ 就信息交换而言,变量(特征)集群交互的图形表示。该信息可用于提取深层知识表示,这些知识将不同位置的神经元簇随时间的活动以及所有这些交互作用的强度联系起来。

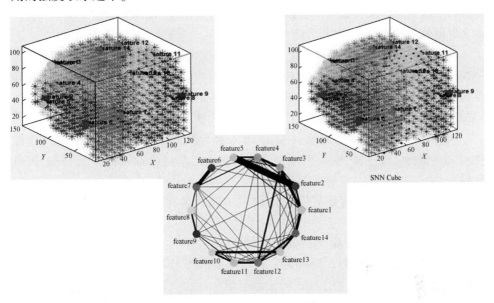

图 6.24　不同的技术可以用作从经过训练的 SNNCube 中提取信息和知识的方法:根据连接权重进行聚类;根据尖峰活动进行聚类;动态信息交换方面的变量(特征)集群交互的图形表示(后者可用于提取深层知识表示,将不同空间定位的神经元簇随时间的活动联系起来)

6.5　分类回归时空数据机设计与实现的案例研究

可从以下网址获得用于本节材料说明的两个演示数据集:http://www.kedri.aut.ac.nz/neucube/。通过使用同一站点的 NeuCube 开发软件来解释此处演示系统的开发。

6.5.1 NeuCube 中分类时空数据机设计的案例研究

本案例研究中使用的数据集对应于研究参与者上下移动手腕或伸直手的情况。该任务在单个对象上执行,并且从 14 个通道以 128 Hz 的采样率采样了 EEG 数据。在受试者执行每个运动任务时,收集了 20 个 1 s 持续时间的独立试验。数据集包含以下文件。

(1) 输入样本文件:每个样本文件(示例中的 sam1.csv、sam2.csv、sam3.csv、…、sam60.csv)都包含一个样本的数据。每个样本对应于排列成矩阵的数据。行对应于有序的时间点,列则代表要素(在这种情况下为 EEG 通道)。

(2) 输入目标文件:目标文件将每个样本的类标签存储在一列中,其顺序与样本文件的编号相同。

(3) SNNCube 坐标文件:此文件描述 SNNCube 中神经元的空间坐标。SNNCube 坐标文件中的每一行都包含神经元的 (x,y,z) 坐标。使用 Talairach 大脑模板,该模板可以以标准化的方式表示任何人的大脑数据。在这种情况下,在 SNNCube 中使用 1471 个尖峰神经元,表示 $1cm^3$ 的空间分辨率。

(4) 输入坐标文件:此文件描述输入神经元(特征)的空间位置。就像 SNNCube 坐标文件一样,输入坐标文件中的每一行都包含输入神经元的 (x,y,z) 坐标。

(5) 功能名称文件:此文件包含输入功能的名称。在此示例中,它将包含 EEG 通道名称的列表。

图 6.25 显示了用于案例研究数据的 SNNCube 的无监督训练以及训练后的 SNNCube 连接的一组参数。SNNCube 根据 Talairach 脑模板构造,具有 1471 个尖峰神经元,每个神经元代表 1 cm³ 的大脑区域。

图 6.26 显示了监督训练的一些参数和结果,并使用 deSNN 分类器将案例研究数据分为 3 类[12]。

进行分析以更好地了解分类结果(图 6.27)。

6.5.2 在 NeuCube 中设计回归/预测时空数据机的案例研究

用于回归分析的演示数据集包含 50 个样本(http://www.kedri.aut.ac.nz/neucube/)。每个样本均包含 6 种不同股票(苹果公司、谷歌、英特尔、微软、雅虎和纳斯达克)的 100 个定时每日收盘价序列。代表第二天纳斯达克收盘价的目标值排列在目标文件中的一列中。对于像这样没有自然空间顺序的数据集,NeuCube 会根据 6.2 节中介绍的图形匹配算法自动分配空间位置。

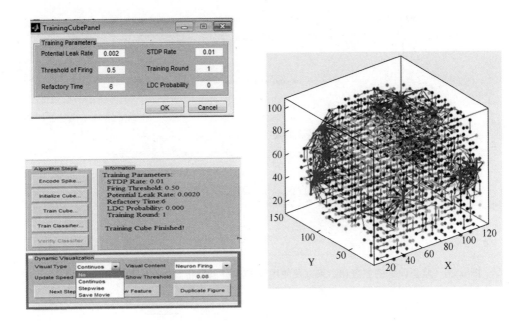

图 6.25 用于案例数据和训练后的 SNNCube 连接的 SNNCube 无监督训练的参数(SNNCube 根据 Talairach 脑模板构造,具有 1471 个尖刺神经元,每个神经元代表 1cm³ 的大脑区域)

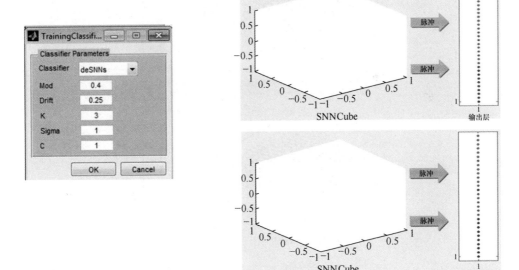

211

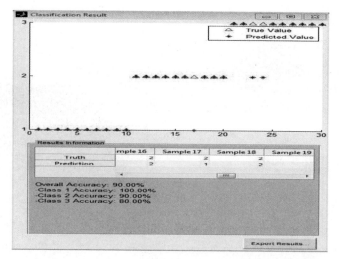

图 6.26　监督训练的参数和结果以及使用 deSNN 分类器将案例研究数据分为 3 类[12]

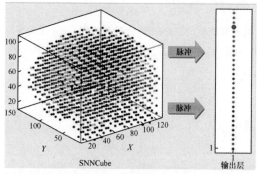

(a) 在对 eSNN 分类器进行有监督的训练之后,从 SNNCube 到原型 4 的连接的连接权重将根据它们的强度进行聚类(越亮越强)

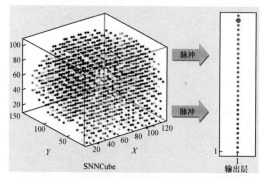

(b) 在 SNNCube 中的尖峰神经元根据它们与来自 1 类输出原型 2 的尖峰活动时间进行聚类(神经元越亮激活输出原型 2 的峰值越早)

图 6.27　分类结果分析

在本实验中,deSNN 并非用作分类器,而是用作回归器。这是通过以下方式实现的:与一个输入时空或时间样本相对应的每个输出神经元都从目标时间序列分配了标量输出值。训练算法不变。k 最近邻技术用于计算输出变量。图 6.28 显示了 NeuCube 在演示回归数据集上产生的回归结果。该图绘制了验证样品的真实值和预测值,它还提供了均方误差(MSE)和均方根误差(RMSE)作为验证集性能的度量。

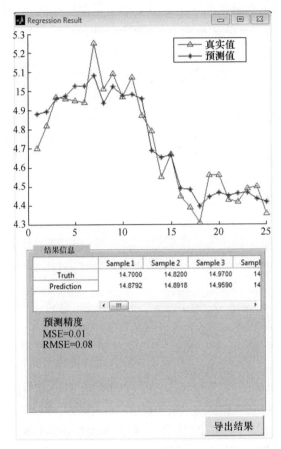

图 6.28　使用 6 个股票 100 天后的值去预测纳斯达克时间序列在 25 天前一天的结果

6.6　本章小结和进一步阅读以获取更多知识

本章介绍了受脑启发的 SNN 架构的原理,以其实现之一(NeuCube)为例,提出了 NeuCube 的深度学习算法以及将其用于 BI-AI 系统设计的设计方法。本章讨论如何在无监督模式下从受过训练的 SNNCube 中提取深度知识表示,然后在监督模式下从受过训练的分类器中提取深度知识表示。这里包括两个案例研究来说明这种方法,本书的其余部分将介绍更多的案例研究。NeuCube SNN 开发系统的受限版本和开源版本(自 2019 年起)可从 http://www.kedri.acu.ac.nz/neucube/ 网站获得。NeuCube 是一个开放的、不断发展的框架,它是一组算法,可以创建 SNN 系统和 BI-AI 系统,还可以在将来开发新算法并将其作为其中的一部分进行探索。我想鼓励学生和研究人员开发用于 SNN 的数据编码、学习、分类、可视化和优化的新算法,从而进一步发展 BI-SNN 和 BI-AI 的概念。

可以找到有关特定主题的更多信息:

(1) NeuCube [1];

(2) 可从以下网站获得 NeuCube SNN 开发系统的版本,包括开放源代码版本(自 2019 年起):http://www.kedri.acu.ac.nz/neucube/;

(3) eSNN [11];

(4) deSNN [12];

(5) 利用 BI-SNN 设计 BI-AI [35];

(6) 使用 SNN 进行计算建模(文献[2]中的第 37 章);

(7) 用于时空模式识别的类脑信息处理(文献[2]中的第 47 章);

(8) 不断发展的连接主义系统概述(文献[36]中的第 40 章);

(9) NeuVis,NeuCube 的 VR 可视化:https://kedri.aut.ac.nz/R 和-DSystems/virtual-reality;

(10) 可从 http://www.kedri.aut.ac.nz/neucube/ 获得 NeuCube 开发环境的有限可执行版本和开源版本;

(11) 可从以下网址获得 NeuCube 在各种问题和数据建模方面的应用:http://www.kedri.aut.ac.nz/R-and-D/;

(12) 本书其他各章介绍的 NeuCube 在时空数据建模中的应用包括脑电图(第 8、9 章)、脑功能磁共振成像(第 10、11 章)、脑功能磁共振成像+ DTI(第 11 章)、视听(第 12、13 章)、脑机接口(第 14 章)、生物信息学(第 15 章)、神经遗传学(第 16 章)、个性化建模(第 17、18 章);

(13) 第 19 章介绍了使用 NeuCube 进行的生态、运输、财务和地震数据建模;

(14) 第 20 章介绍了如何在包括神经形态平台在内的硬件平台上实现 NeuCube。

致谢

本章出版的部分材料已经在本章的不同章节中被参考和引用。感谢我的合著者 Nathan Scott、Neelava Sengupta、Enmei Tu 以及来自 CASIA 中国的 Nelson 和 James、Maryam Gholami 和 Zohreh Gholami 对于出版物的贡献。

参考文献

[1] N. Kasabov, NeuCube: a spiking neural network architecture for mapping, learning and understanding of spatio-temporal brain data. Neural Netw. 52(2014), 62–76 (2014)

[2] N. Kasabov (ed.), *Springer Handbook of Bio-/Neuroinformatics* (Springer, Berlin, 2014)

[3] S.M. Bohte, The evidence for neural information processing with precise spike-times: a survey. Nat. Comput. 3 (2004)

[4] T. Delbruck, jAER open source project (2007). http://jaer.wiki.sourceforge.net

[5] P. Lichtsteiner, T. Delbruck, A 64 64 AER logarithmic temporal derivative silicon retina. Res. Microelectron. Electron. 2, 202–205 (2005)

[6] N. Nuntalid, K. Dhoble, N. Kasabov, in *EEG Classification with BSA Spike Encoding Algorithm and Evolving Probabilistic Spiking Neural Network*, LNCS, vol. 7062 (Springer, Heidelber, 2011), pp. 451–460

[7] E. Bullmore, O. Sporns, Complex brain networks: graph theoretical analysis of structural and functional systems. Nat. Rev. Neurosci. 10, 186–198 (2009)

[8] V. Braitenberg, A. Schüz, *Statistics and Geometry of Neuronal Connectivity* (Springer, Berlin, 1998)

[9] B. Hellwig, A quantitative analysis of the local connectivity between pyramidal neurons in layers 2/3 of the rat visual cortex. Biol. Cybern. 82, 111–121 (2000)

[10] Z.J. Chen, Y. He, P. Rosa-Neto, J. Germann, A.C. Evans, Revealing modular architecture of human brain structural networks by using cortical thickness from MRI. Cereb. Cortex 18, 2374–2381 (2008)

[11] N. Kasabov, *Evolving Connectionist Systems: The Knowledge Engineering Approach* (Springer, London, 2007) (first edition 2002)

[12] N. Kasabov, K. Dhoble, N. Nuntalid, G. Indiveri, Dynamic evolving spiking neural networks for on-line spatio- and spectro-temporal pattern recognition. Neural Netw. 41, 188–201(2013)

[13] A. Mohemmed, S. Schliebs, S. Matsuda, N. Kasabov, SPAN: spike pattern association neuron for learning spatio-temporal sequences. Int. J. Neural Syst. 22(4), 1–16 (2012)

[14] E. Tu, N. Kasabov, J. Yang, Mapping temporal variables into the NeuCube spiking neural network architecture for improved pattern recognition, predictive modelling and understanding of stream data. IEEE Trans. Neural Netw. Learn. Syst. 28(6), 1305–1317 (2017)

[15] N. Kasabov, NeuCube evospike architecture for spatio-temporal modelling and pattern recognition of brain signals, in *Artificial Neural Networks in Pattern Recognition* (Springer, Heidelberg, 2012), pp. 225–243

[16] T. Kohonen, Self organising maps. Neural Comput. Appl. **7**, 273–286 (1998) (Springer)

[17] J. Hopfield, Neural networks and physical systems with emergent collective computational abilities. Proc. Natl. Acad. Sci. U S A **79**(1982), 2554–2558 (1982)

[18] T. Masquelier, R. Guyonneau, S.J. Thorpe, Spike timing dependent plasticity finds the start of repeating patterns in continuous spike trains. PLoS ONE **2008**(3), e1377 (2008)

[19] Y. Ikegaya, G. Aaron, R. Cossart, D. Aronov, I. Lampl, D. Ferster et al., Synfire chains and cortical songs: temporal modules of cortical activity. Science **304**, 559–564 (2004)

[20] J. Shrager, T. Hogg, B.A. Huberman, Observation of phase transitions in spreading activation networks. Science **236**(1987), 1092-1094 (1987)

[21] D. Zhou, O. Bousquet, T.N. Lal, J. Weston, B. Schölkopf, Learning with local and global consistency. NIPS **2004**, 595–602 (2004)

[22] N. Kasabov, *Foundations of Neural Networks, fuzzy Systems and Knowledge Engineering* (MIT Press, Cambridge, 1996)

[23] Z. Doborjeh, N. Kasabov, M. Doborjeh, A. Sumich, Modelling Peri-Perceptual Brain Processes in a Deep Learning Spiking Neural Network Architecture. Nature, Scientific Reports 8(8912) (2018). https://doi.org/10.1038/s41598-018-27169-8; https://www.nature.com/articles/s41598-018-27169-8

[24] N. Kasabov, L. Zhou, M. Gholami Doborjeh, J. Yang, New algorithms for encoding, learning and classification of fMRI data in a spiking neural network architecture: a case on modelling and understanding of dynamic cognitive processes. IEEE Trans. Cogn. Dev. Syst. (2017). https://doi.org/10.1109/TCDS.2016.2636291

[25] S. Marks, Immersive visualisation of 3-dimensional spiking neural networks. Evolving Syst. **8**, 193–201 (2017)

[26] N. Kasabov, V. Feigin, Z.G.Y.C. Hou, L. Liang, R. Krishnamurthi et al., Evolving spiking neural network method and systems for fast spatio-temporal pattern learning and classification and for early event prediction with a case study on stroke. Neurocomputing **134**, 269–279(2014)

[27] T. Delbruck, P. Lichtsteiner, Fast sensory motor control based on event-based hybrid neuromorphic-procedural system, in ISCAS 2007, New Orleans, LA, pp. 845–848 (2007)

[28] B. Petro, N. Kasabov, R. Kiss, Spiker: selection and optimisation of spike encoding methods for spiking neural networks, algorithms, (submitted). Software: http://www.kedri.aut.ac.nz/neucube/.

[29] N. Kasabov, E. Capecci, Spiking neural network methodology for modelling, classification and understanding of EEG spatio-temporal data measuring cognitive processes. Inf. Sci. **294**, 565–575 (2015)

[30] S. Song, K.D. Miller, L.F. Abbott, Competitive Hebbian learning through spike-timing-dependent synaptic plasticity. Nat. Neurosci. **3**(2000), 919–926 (2000)

[31] K. Dhoble, N. Nuntalid, G. Indiveri, N. Kasabov, Online spatio-temporal pattern recognition with evolving spiking neural networks utilising address event representation, rank order, and

temporal spike learning, *in The* 2012 *International Joint Conference on Neural Networks (IJCNN)*, IEEE, pp. 1-7 (2012)

[32] J. Behrenbeck, Z. Tayeb, C. Bhiri, C. Richter, O. Rhodes, N. Kasabov, S. Furber, J. Conrad, Classification and Regression of Spatio-Temporal EMG Signals using NeuCube Spiking Neural Network and its implementation on SpiNNaker Neuromorphic Hardware. J. NeuralEng. (IOP Press, Article reference: JNE-102499) (2018). http://iopscience.iop.org/journal/1741-2552

[33] S. Thorpe, J. Gautrais, Rank order coding, in *Computational Neuroscience* (Springer, New York, 1998), pp. 113-118

[34] M.G. Doborjeh, N. Kasabov, Z.G. Doborjeh, Evolving, dynamic clustering of spatio/spectro-temporal data in 3D spiking neural network models and a case study on EEG data. Evolving Syst. 1-17 (2017)

[35] N. Kasabov, N. Scott, E. Tu, S. Marks, N. Sengupta, E. Capecci, M. Othman, M. Doborjeh, N. Murli, R. Hartono, J. Espinosa-Ramos, L. Zhou, F. Alvi, G. Wang, D. Taylor, V. Feigin, S. Gulyaev, M. Mahmoudh, Z.-G. Hou, J. Yang, Design methodology and selected applicationsof evolving spatio-temporal data machines in the NeuCube neuromorphic framework. Neural Netw. **78**, 1-14 (2016). https://doi.org/10.1016/j.neunet.2015.09.011

[36] N. Kasabov, Evolving connectionist systems: from neuro-fuzzy-, to spiking—and neurogenetic, in *Springer Handbook of Computational Intelligence*, ed. by J. Kacprzyk, W. Pedrycz (Springer, Berlin, 2015), pp. 771-782

第7章
进化和量子启发式计算：SNN优化的应用

本章介绍了进化计算（EC）的主要原理和几种算法以及量子启发进化计算（QiEC）的进一步发展。自然界的进化是时间上最慢的进化过程（物种通过基因繁殖进化需要数千到数百万年），而量子过程是最快的（以纳秒和皮秒为单位）。

本书提出的进化计算方法包括遗传算法和粒子群算法，而量子启发进化计算方法包括通用的量子启发进化计算方法和量子启发粒子群算法，所提出的算法是通用的。在本章中，它们也被用于优化进化的 SNN 结构和参数。结果表明，量子启发进化计算方法可以实现更快、更准确的优化。量子启发进化计算方法可用于其他任何 SNN 和 ANN 模型的特征和参数的优化。

7.1 进化原理和进化计算方法

7.1.1 生命的起源和演化

物种的进化始于生命起源之后。进化过程最明显的例子是生命的进化。《简明牛津英语词典》将生命定义为"一种功能活动的状态，是有组织的物质所特有的持续变化的状态，尤其是构成动物或植物临死前的那部分；有生命的存在；活着"。

人们普遍认为，今天所有的生命都是由同一种原始生命形式共同进化而来的。我们不知道这种早期形式是如何形成的，但科学家认为这是一个自然过程，发生在大约 3 亿 9 千万年前。

查尔斯·达尔文（1809—1892）在 1871 年提出，生命最初的火花可能是在一个温暖的小池塘里开始的，那里有各种各样的氨和磷盐、灯光、热量、电力等。然后，一种蛋白质化合物以化学方式形成，准备进行更复杂的变化。

《物种起源》一书出版于 1859 年 11 月 24 日，是查尔斯·达尔文的一部科学著作，被认为是进化生物学的基础。达尔文的书中介绍了一个科学理论，即种群是通过自然选择的过程在几代人的时间里进化的。它提供了大量的证据，表明生物的多样性是通过进化的分支模式而产生的。达尔文介绍了 19 世纪 30 年代他在"Beagle"号上探险中收集到的证据,以及他随后通过研究、交流和实验得到的发现。

自然界物种的多样性是巨大的。人类是如何在千变万化中进化,换句话说,大自然如何解决优化人类的问题。这个问题的答案可以在查尔斯·达尔文的《进化论》(1858)中找到。

查尔斯·达尔文提出了一种理论,根据该理论,进化是指个体的几代人的发展,由适应性标准[1]决定。但这一过程要复杂得多,因为除了大自然为他们定义的之外,每个人在一生中都以自己的方式学习和进化。

查尔斯·达尔文赞成孟德尔的遗传解释,即特征是一代一代传递下来的。19 世纪初,让·巴蒂斯特·拉马克(Jean-Baptiste Lamarck)扩展了这样一种观点,即个体在其一生中的变异会传递给后代。这一观点被赫伯特·斯宾塞(Herbert Spencer)所采纳,并与达尔文的进化论一起成为公认的观点。

进化是一个种群随时间而改变的过程,它可能分裂成单独的分支,相互杂交,或因灭绝而终止。进化的分支过程可以被描述成一个系统进化树,不同生物在树上的位置是基于进化分支事件发生的顺序的假设。

在生物学中,系统遗传学是研究生物群体(如物种、种群)之间的进化关系,通过分子测序数据和形态数据矩阵来进行研究。系统发育分析已成为生命进化树研究的重要内容。

自然进化启发了进化计算理论的发展,它的基础是通过进化来学习。它运用了进化论的原理,比如:

(1) 物种通过遗传进化(如基因的交叉和突变)在种群中代代相传;
(2) 基因是信息的载体,具有稳定性与可塑性;
(3) 一组染色体定义一个人;
(4) 适者生存。

7.1.2 进化计算方法

进化计算方法(EC)是模拟自然生物进化行为的随机搜索方法,它们与传统的优化技术的不同之处在于,它们涉及从大量的解决方案中进行搜索,而不是从单个点进行搜索,并将这种搜索进行几代。因此,进化计算方法关注的是基于种群的搜索和个体系统的优化。

几种不同类型的进化计算方法已经被独立开发出来。这些包括:
(1) 进化程序[3]的遗传规划(GP);
(2) 进化规划(EP),专注于优化连续函数而不重组[3];

(3) 进化策略(ES),侧重于通过重组优化连续函数;

(4) 遗传算法(GAs),专注于优化一般组合问题,后者是最流行的技术[2,4];

(5) 粒子群智能[6];

(6) 烟火进化计算算法[7]。

迄今为止,进化计算方法已被应用于不同结构和过程的优化,其中一个是连接主义结构和连接主义学习过程。

进化计算方法主要包括两个阶段:

(1) 创造新个体的阶段;

(2) 个体系统发展的一个阶段,使系统通过与环境的相互作用而发展和进化,这也是基于系统所包含的遗传物质。

这两个阶段的描述见专栏7.1。

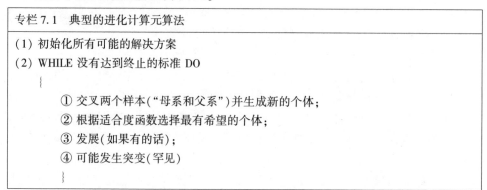

专栏7.1 典型的进化计算元算法

(1) 初始化所有可能的解决方案
(2) WHILE 没有达到终止的标准 DO
    {
        ① 交叉两个样本("母系和父系")并生成新的个体;
        ② 根据适合度函数选择最有希望的个体;
        ③ 发展(如果有的话);
        ④ 可能发生突变(罕见)
    }

个体(内部)发展的过程在许多进化计算方法中被忽视,因为从生成数百代的漫长过程来看,这是不重要的,每一代都包含成百上千的个体。

但我个人以及作为这本书的作者关心的是,这对我来说很重要,不仅关系到我为人类基因密码的改善做出了多少贡献,虽然这可能是在距现在 200 万年之后的事,还关系到我怎样才能在我的生活中提高自己,以及我如何充分利用我的遗传物质,在一个特定的环境中进化成一个个体。

ECOS 算法(包括进化 SNNs 和脑启发进化 SNNs)处理单个系统从输入数据进化而来的交互式离线或在线自适应学习过程。系统可以预先定义参数(基因),也可以在学习过程中从初始值开始进行自我优化。但是,ECOS 算法也可以通过进化来改进其性能并更好地适应不断变化的环境,即通过对许多 ECOS 算法模型进行基于个体数目的改进。

进化计算算法和 ECOS 算法可以通过几种方式相互连接。例如,可以使用进化计算算法在 ECOS 算法运行的某个时间优化其参数,或者使用 ECOS 的方法来开发作为全局进化计算算法过程一部分的各个系统(个体)。

在讨论使用进化计算算法优化连接系统的方法之前,简要介绍一些最流行的进化计算算法技术,如遗传算法(GA)、进化策略(ES)和粒子群优化。

7.1.3 遗传算法

遗传算法(GA)在 1975 年 John Holland 的著作中被首次提出,之后被他和其他研究人员进一步发展。

遗传算法中最重要的术语与用来解释进化过程的术语类似。它们是:

(1) 基因——定义个体某一特性(属性)的基本单位;

(2) 染色体——一串基因,用于表示解决方案空间(即个体的集合)中的个体或问题的可能解决方案;

(3) 交叉(匹配)操作——取不同个体的子串,产生新的串(后代)——染色体上一个基因的随机变化;

(4) 适合度(良品)函数——评估每个个体的好坏标准;

(5) 选择——选择是指选择种群中的一部分,继续寻找最佳解决方案,而其他个体死亡的过程。

一个简单的遗传算法由如图 7.1 所示的步骤组成。随着时间的推移,这一过程在空间上得到了"延伸"。

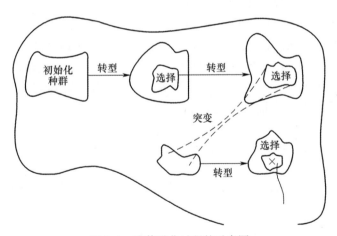

图 7.1 遗传进化过程的示意图

(从初始解的种群(表示为染色体)开始,最终根据集合适应度函数得到一个好的解(优化准则))

当使用遗传算法解决复杂的多项式优化问题时,不需要深入问题知识,也不需要预先存储许多数据示例。这里所需要的仅仅是一个选择最有希望的个体(它们可能是问题的部分解决方案)的适合度或优良性标准。这个标准也可能需要一个突变,这是一种尝试和错误类型的启发式方法。这意味着保持(记录)每个阶段的最佳解决方案。

许多复杂的优化问题都是通过遗传算法来解决的。例如,这类问题包括旅行商问题(TSP),在访问一个城镇不超过两次的情况下,找到访问 n 个城镇最便宜的方法;最小分割问题——在被分割部分之间切割具有最小连接的图、自适应控制、应用物理问题、复杂计算模型参数的优化、神经网络结构[8]的优化以及模糊规则和隶属函数[10]的寻找。

使用遗传算法的主要问题涉及遗传操作的选择(交叉、选择、变异)。在旅行商问题的情况下,交叉操作可以合并两个可能道路(母路和父路)的不同部分,直到获得新的可用道路。选择最优前景的标准是最小长度(或成本)。

遗传算法提供了大量的并行性,因为搜索树的每个分支都可以与其他分支并行使用。这使并行架构很容易实现。遗传算法是在所有可能的实例空间中寻找最佳实例的启发式算法。遗传算法模型需要有以下特性:

(1)编码方案,即如何用遗传算法来编码问题、选择哪些变量作为基因、如何构造染色体等。

(2)种群大小,在一个种群中应该保留多少个可能的解决方案,以便对它们的性能作进一步评估。

(3)交叉操作,如何结合老的个体来产生更有前景的新个体。

(4)突变启发式,何时以及如何应用突变。

简而言之,遗传算法的主要特点如下:它们是用于搜索和优化的启发式方法。与穷举搜索算法相比,遗传算法不会对所有变量进行求值以选择最佳的变量。因此,考虑到时间限制,它最终可能不会获得完美的解决方案,但会获得最接近的解决方案。但是自然本身也是不完美的(部分原因是完美的标准在不断变化),而在一个"好"标准下看起来接近完美的东西,在另一个"好"的标准下却可能离完美很远。

遗传算法和其他进化计算技术,包括从种群中选择个体的不同方法、不同的交叉技术和不同的变异技术。

选择基于适合度,适合度可以采用多种策略,其中一个是比例适合度,即如果 A 的适合度是 B 的 2 倍,那么 A 被选中的概率就是 B 的 2 倍。这是实现作为轮盘赌轮盘的选择,并根据个体的适合度评估来提供机会。

其他的选择技术包括竞争式选择(例如每次选择时,轮盘转动两次,选择适合度最高的个体)、等级排序等[8]。选择过程的重要特征是,越适合的个体越有可能被选中。

选择的过程可能还包括从上几代个体中挑选出最优秀的个体(如果这个原则被大自然采用,列奥纳多·达·芬奇可能还活着,因为他是有史以来最伟大的艺术家之一,大概拥有最伟大的艺术基因)。这种运行方式被称为精英主义。

从一个种群中选出最优秀的个体后,在这些个体之间进行交叉操作。交叉操作符定义了个体(如母亲和父亲)在产生后代时如何交换基因。可以使用不同的交叉操作,如单点交叉、两点交叉等。

突变可以通过几种方式进行,例如:

(1) 对于一个二元染色体,只是随机地翻转一点(一个基因等位基因);

(2) 对于更复杂的染色体结构,随机选择一个位点,删除与该位点相关的结构,随机创建一个新的子结构。

有些进化计算方法只使用突变而不使用交叉(无性生殖)。然而,通常情况下,突变是通过允许基因型(也希望是表现型)的微小变化来在局部搜索空间中进行搜索的,就像在进化策略(ES)中一样。

7.1.4 进化策略

另一种进化计算技术称为进化策略(ES)。这些技术仅使用一个染色体和一个突变操作以及一个适应度标准,来导航到解决方案(染色体)空间。

在繁殖阶段,当前种群(称为父种群)由一组进化算子处理,以创建一个新的种群(称为子代种群)。进化算子包括两个主要算子,即突变算子和重组算子,它们都模仿生物算子的功能。突变会引起对父代的独立扰动,从而形成一个子代,并用于使搜索多样化。它是一个无性繁殖算子,因为它涉及只有一个亲本。在遗传算法中,突变以一个小的、独立的概率 p_m(通常在[0.001,0.01]范围内)翻转父字符串的每个二进制位以产生后代。在进化策略中,突变是将一个零均值的高斯随机数加到父个体上以产生后代。令 s_{PA} 和 s_{OF} 分别表示父向量和子向量,它们通过高斯突变相互关联,即

$$s_{OF} = s_{PA} + zz \sim N(0,s) \tag{7.1}$$

式中:$N(a,s)$ 为均值为 a 的正态(高斯)分布;协方差为 s;"~"为对应分布的抽样。进化策略使用突变作为主要的搜索操作符。

选择算子在遗传算法中是概率性的,在进化策略中是确定性的。许多启发式设计,如基于排名的选择,对分配给个体的生存概率比例(或指数比例)及其排名也进行了研究。被选择的个体成为新一代的父母进行繁殖。整个进化过程会迭代,直到满足某些停止条件。这个过程本质上是一个马尔可夫链,即一代人的成果只取决于上一代人。结果表明,在进化算子和选择算子的一定设计准则下,种群的平均适应度增加,发现全局最优的概率趋于一致。不过,搜索时间可能会很长。

7.1.5 粒子群优化

在遗传算法优化过程中,是基于以染色体表示的最佳个体来找到解决方案,其中个体之间没有通信。

粒子群优化(PSO)是由 Kennedy 和 Eberhard 在 1995 年提出的[6],它受生物的社会行为,如鸟群、鱼群和群体理论启发。在粒子群优化系统中,每个粒子都是当前问题的候选解。群中的粒子在多维搜索空间中通过竞争和合作来寻找最优或次优解。系统一开始是随机解的集合。每一个被称为粒子的势解都有一个随机的位置和速度。

粒子有记忆,每个粒子都记录着它之前的最佳位置和相应的适应度。前一个最好的位置叫做 p_{best}。因此,p_{best} 只与一个特定的粒子有关。群体中所有粒子的最优值称为 g_{best}。粒子群优化算法的基本思想是在每个时间步长上向其最佳位置 p_{best} 和所有粒子的最优值位置 g_{best} 加速粒子。对于二维空间如图 7.2 所示。

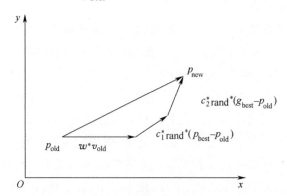

图 7.2 通过图形表示粒子群算法的主要思想以使用局部和全局最佳的解决方案

粒子群算法是针对连续离散的二进制问题发展起来的。个体的表现形式因问题的不同而不同。二进制粒子群优化(BPSO)使用二进制数字向量表示粒子的位置。粒子群算法中粒子的速度和位置更新由以下方程进行,即

$$v_{new} = w * v_{old} * \text{rand}() * (p_{best} - p_{old}) + c_2 * \text{rand}() * (g_{best} - p_{old}) \quad (7.2)$$

$$p_{new} = \begin{cases} 0, & \text{当 } r \geq s(v_{new}) \text{ 时} \\ 1, & \text{当 } r < s(v_{new}) \text{ 时} \end{cases} \quad (7.3)$$

其中,

$$s(v_{new}) = \frac{1}{1 + \exp(-v_{new})} \text{ 且 } r \sim U(0,1) \quad (7.4)$$

速度仍然在连续空间中。在粒子群优化算法中,速度不是标准粒子群优化算

法中的速度,而是用来定义位翻转发生的概率。惯性参数 w 用于控制前一速度对新速度的影响。c_1 项对应于认知加速分量,有助于将粒子加速到最佳位置 p_{best}。c_2 项对应于社会加速分量,它帮助粒子加速到最佳位置 g_{best}。

专栏7.2中给出了粒子群优化过程的一个简单版本。

专栏7.2　一个粒子群优化算法的伪代码

begin
　　$t \leftarrow 0$(时间变量)
　　(1) 用随机的位置和速度初始化一个总体
　　(2) 计算适应度
　　(3) 选择 p_{best} 和 g_{best}
　　while(终止条件不满足) do
　　begin
　　　　$t \to t+1$
　　　　(4) 计算速度和位置更新
　　　　(5) 确定新的适应度
　　　　(6) 如果需要,更新 p_{best} 和 g_{best}
　　end
end

7.1.6　分布式估计算法(EDA)

近年来,人们提出了另一种基于概率模型的进化计算搜索方法。让我们考虑染色体上的单个基因。这样的基因可以根据预先定义的字母表取不同的值。通过将概率与字母表中的每个字符联系起来,就可以确定一个基因的概率分布。这种分布通常是未知的,但可以通过算法进行估计和迭代学习。这些算法代表了一类新的估计算法,称为分布式估计算法(EDA)。文献[11]是关于这一领域以前工作的优秀综述。为了在 EDA 算法中产生新的解,从每个基因的每个分布中抽取一个样本并形成一个完整的染色体。

通过对大量染色体的取样,可以得到一个个体的种群,这个种群可以用适应度标准来评估。选择一个合适的个体子集,并用它来更新当前概率分布的估计。这个过程迭代地重复,直到满足终止条件,或者所有分布都收敛到某个特定的状态。

EDA 算法的一般描述如专栏7.3中的算法所示。

专栏7.3　分布估计算法(EDA)

算法1　分布估计算法(EDA)

```
(1)  t ← 0
(2)  初始化概率模型 P(t)
(3)  while 没有达到终止条件 do
(4)      从 P(t) 中采样 M 个新样本到 D(t) 中
(5)      评估 D(t) 中的元素
(6)      使用一种选择方法从 D(t) 中选择 L ≤ M 个新样本到 $D_s(t)$
(7)      从 $D_s(t)$ 中学习概率模型 P(t+1),最终从 P(t) 中学习概率模型 P(t+1)
(8)      t ← t+1
(9)  end while
```

如文献[12]中所述,可以根据模型所代表的变量(基因)之间的相互作用级别将 EDA 算法分为 3 个不同的类。在这里,主要对 EDA 算法的第一个家族感兴趣,该家族假设自变量,其概率模型是一个简单的概率向量,如基于种群的增量学习(PBIL)[13]、紧凑式遗传算法(cGA)[14]和单变量边缘分布算法(UMDA)[11]。EDA 的这个家族在应用于复杂的优化问题上非常有用,但是关于它们如何操作的某些方面仍然不清楚[15]。EDA 的发展是本章进一步讨论的量子启发算法。

7.1.7 人工生命系统

生命的主要特征也是一种被称为人工生命(ALife)的建模范式的主要特征:
(1) 自我组织与适应;
(2) 再现性;
(3) 基于人口/代。

ALife 系统的一个流行的例子是所谓的 Conways Game of Life [16]:2D 网格中的每个细胞可以处于两种状态之一,要么是"on"(活的),要么是"off"(死的、未出生的)。每个格子有 8 个相邻的格子,在正方形的四边和四角相邻。

细胞是否存活、死亡或产生新的细胞取决于它们的 8 个可能的邻居中有多少是存活的,并基于以下的转移规则:

规则 S23/B3:有两个活邻居的活细胞,或任何有 3 个邻居的活细胞,在下一个时间步长是活的。

例 1:如果一个细胞是死的,并且有 3 个活的邻居(8 个中的 3 个),它将在下一代中变成活的。

例 2:如果一个细胞是活的,并且有 2 或 3 个活的邻居,它就能存活下来;否则,它将在下一代中消亡。

例 3:一个少于 2 个邻居的细胞将死于孤独,一个多于 3 个邻居的细胞将死于过度拥挤。

在这种解释中,细胞(个体)永远不会改变上述规则,永远以这种方式行事(直到空间中没有个体)。一个更聪明的行为是,如果个体能够收集到额外信息,这将改变它们的行为规则。例如,如果整个种群有可能灭绝,那么个体就会产生更多的后代,如果空间变得太拥挤,个体细胞就不会在当前规则下每次被迫繁殖时都繁殖。在这种情况下,我们讨论的是个体人工生命集合的新兴智能。生命游戏中的每个个体都可以被实现为一个 ECOS,该 ECOS 与它的邻居有联系,并且有 3 个初始的精确(或模糊)规则被实现,但是在后期可以学习新的规则。

7.2 量子启发进化计算:方法和算法

7.2.1 量子信息处理原理

20 世纪早期的粒子和辐射物理学实验表明,亚原子大小的物体有时似乎具有微粒性,有时又具有波动性。因此,通过发展一种描述、解释和预测非常小的物体的行为的新物理学来重建微观世界的整个图景是必要的。20 世纪头几十年推出的新物理学叫做量子物理学,在开始一个多世纪后,其发展工作仍在继续。

量子物理学最有趣的一个特征是叠加原理。经典物理学的机制允许构造新的混合态(与纯态的概率分布相对应),量子物理学也是如此。量子物理学也允许构建新的纯态作为现有状态的叠加(这里使用的术语的准确定义参考了文献[17-20])。

无论如何,物理世界中的所有信息都是由某种物理系统表示的,因此信息的性质也受到物理世界性质的影响。结果表明,量子物理系统所代表的信息,量子信息与经典的对应信息在许多值得注意的地方是不同的,如量子信息不能被任意克隆[17]。正如经典计算可以被描述为操纵经典信息一样,量子计算同样是操纵量子信息。量子信息的性质可能有助于解决一些计算任务,在本质上比经典信息所允许的更有效。事实上,这已经在文献[18]中被提出来了,但在 Shor[19]的一个非常引人注目的发现中给出了一个非常有趣的例子,Shor[19]证明了量子计算机将允许有效的整数因子分解,这对于经典的信息处理是一个假设不可能完成的任务。为了介绍著名的量子算法,我们参考了文献[20]。这里值得强调的是,量子计算的效率来自于叠加原理的巧妙运用,而不是量子计算机的高时钟频率。

量子物理背后的数学机制有时被认为是非常复杂的,但它的核心是非常直接的。为了离散信息处理的目的,只考虑具有固定物理观测集的有限能级量子系统是足够的,这将从本质上导致以下的数学表示:一个具有 n 个完全可分辨状态的量子系统由一个 n 维向量空间 H_n 除以复数(希尔伯特空间)来表示。任何复杂系统的状态都是一个半正定、自轭的 $n \times n$ 的矩阵 $\boldsymbol{\rho}$ (这意味着 $\boldsymbol{\rho} = \boldsymbol{\rho}^*$,其中 $\boldsymbol{\rho}^*$ 是 $\boldsymbol{\rho}$ 的复共轭的转置,并有单位跟踪 $\text{tr}(\boldsymbol{\rho}) = 1$,其中 $\text{tr}(\boldsymbol{\rho})$ 代表 $\boldsymbol{\rho}$ 的对角线元素之和),这样的矩阵称为密度矩阵。

通过固定的可观测集,我们的意思是将 H_n 的一组标准正交基固定为首选基,称这些基元素为 $\{|0\rangle, |1\rangle, \cdots, |n-1\rangle\}$,这个系统表示 $0, 1, \cdots, n-1$ 中其中一个值。对于任意的基元素 $|i\rangle$ 定义一个投影矩阵 P_i,它是一个以 1 为第 i 个元素、0 为其他对角元素的对角矩阵。所谓最小量子物理学的解释是说 $\text{tr}(P_i \boldsymbol{\rho})$ 是看到量子系统处于状态 $\boldsymbol{\rho}$ 到 i 的概率。因此,最小解释是一个公理,它将量子物理的数学对象与通过观察量子系统获得的统计数据联系起来。

量子态 p 显然形成了一个凸集,这意味着无论何时 $\boldsymbol{\rho}_1$ 和 $\boldsymbol{\rho}_2$ 都是密度矩阵,对于任何 $p\boldsymbol{\rho}_1 + (1-p)\boldsymbol{\rho}_2$ 和任何 $p \in [0,1]$ 也是如此。凸状态集的极值称为纯态,而纯态的特征是 $\boldsymbol{\rho}^2 = \boldsymbol{\rho}$。纯态是一维子空间的投影,因此可以用向量而不是矩阵来表示。在所谓的向量状态形式中,纯状态 $\boldsymbol{\rho}$ 因此被单位长度向量 $\boldsymbol{\psi} = \alpha_0|0\rangle + \alpha_1|1\rangle + \cdots + \alpha_{n-1}|n-1\rangle$ 替代,并且最简单的解释变为以下形式:纯态 $\boldsymbol{\psi}$ 下的量子系统的现值为 i,概率为 $|\alpha_i|^2$ (数学细节可在文献[13]中找到)。

最著名的例子:一个量子系统是当 $n = 2$ 和状态是纯时:系统的状态可以写成 $\boldsymbol{\psi} = \alpha_0|0\rangle + \alpha_1|1\rangle$,其中 $|\alpha_0|^2 + |\alpha_1|^2 = 1$。这种系统被称为纯态量子比特或量子位。

表示联合量子系统的方法是通过张量积结构:如果 $\boldsymbol{\rho}_1$ 和 $\boldsymbol{\rho}_2$ 分别是量子系统 1 和系统 2 的状态,那么 $\boldsymbol{\rho}_1 \otimes \boldsymbol{\rho}_2$ 就是复合系统的状态。特别是在纯态形式中,这意味着表示多个量子位元(n)的基向量可以被选择为张量积 $|0\rangle \otimes |0\rangle \otimes \cdots \otimes |0\rangle$ 等,对于这些张量积,简写为 $|00\cdots00\rangle, |00\cdots01\rangle, |00\cdots10\rangle, 00\cdots|11\rangle, \cdots, |11\cdots11\rangle$ 是常用的。因此,n 个量子比特的一般纯态可以写成

$$\alpha_0|00\cdots00\rangle + \alpha_1|00\cdots01\rangle + \alpha_2|00\cdots10\rangle + \alpha_3|00\cdots11\rangle + \cdots + \alpha_{2^n-1}|11\cdots11\rangle \tag{7.5}$$

式中:$|\alpha_0|^2 + |\alpha_1|^2 + |\alpha_2|^2 + \cdots + |\alpha_{2^n-1}|^2 = 1$,$|\alpha_i|^2$ 表示观察状态(line01)时的概率,位串 $b_1 b_2 \cdots b_n$ 表示数字 i。一般来说,$H_n \otimes H_m$ 中的一个纯态是可分解的,如果它可以写成 $|x\rangle \otimes |y\rangle$,其中 $|x\rangle \in H_n$,$|y\rangle \in H_m$。状态是不可分解的,是纠缠的。特别地,一个完全可分解的状态(式(7.1))可以写成

$$(\alpha_1|0\rangle + \beta_1|1\rangle) \otimes (\alpha_2|0\rangle + \beta_2|1\rangle) \otimes (\alpha_3|0\rangle + \beta_3|1\rangle)$$
$$\otimes \cdots \otimes (\alpha_n|0\rangle + \beta_n|1\rangle) \tag{7.6}$$

式中:$|\alpha_i|^2 + |\beta_i|^2 = 1$,$|\alpha_i|^2 (|\beta_i|^2)$ 为观测第 i 个量子比特时看到 0(1) 的概

率。现在将式(7.5)和式(7.6)进行比较,发现前者需要 2^n 个复数,而后者完全可分解状态仅需要 $2n$ 个复数。因此,可以使用经典计算机实时模拟可分解状态(式(7.6)),这意味着模拟时间随量子位的数量线性增长。只关注形式状态的缺点是这些状态没有充分利用量子物理学的特征,但我们更可以说是利用形式状态的受量子启发的系统。

量子系统的(离散)时间演化是通过完全正映射来描述的:状态 $\boldsymbol{\rho}_1$,转换成 $\boldsymbol{\rho}_1 = V(\boldsymbol{\rho}_1)$,其中 $V:L(H_n) \to L(H_n)$ 是完全正映射(具体定义见文献[21])。我们说量子系统是封闭的,如果它的时间演化可以写成 $V(\boldsymbol{\rho}) = \boldsymbol{\rho} U^*$,其中 U 是统一的映射。因此,对于纯态,时间演化可以写成 $|x\rangle \to U|x\rangle$,其中 U 是统一的。

量子信息原理,如叠加、纠缠、干涉、平行等已经被著名科学家研究过,包括马克斯·普朗克、爱因斯坦、玻尔、海森堡等。欧内斯特·卢瑟福(1871—1937)发现,原子几乎是真空的,只有一小块空间例外,原子的总质量和能量都集中在那里。

7.2.2 量子启发进化算法原理

受量子原理的启发,韩和金提出了一类特殊的量子进化算法(QEA)。从那时起,该技术受到了世界各国研究者的广泛关注。与经典的进化算法相比,该技术具有许多优点。量子进化算法是从基本进化算法概念继承而来的一种基于种群的搜索方法,它模拟了生物进化的过程和机制,如选择、重组、突变和繁殖。群体中的每一个个体都扮演着候选解决方案的角色,并通过适应度函数对其进行评估,以解决给定的任务。但是,量子进化算法中的信息不是使用标量值,而是用量子位来表示的,因此单个量子位的值可以是 0、1 或两者的叠加。这种概率表示方法比经典方法具有更好的多样性。单个量子位的最小信息单位可以被定义为 $\begin{bmatrix} \alpha \\ \beta \end{bmatrix}$,它满足概率原理说明 $|\alpha|^2 + |\beta|^2 = 1$。一个量子进化算法个体被表示为一个量子位向量 $\begin{bmatrix} \alpha_1 & \alpha_2 & \cdots & \alpha_m \\ \beta_1 & \beta_2 & \cdots & \beta_m \end{bmatrix}$,其中 α 和 β 是复数,定义了当一个量子位崩溃时,如读取或测量其值时,相应状态可能出现的概率。据报道,量子进化算法已成功地解决复杂的基准问题,如数值[22]、多目标优化[23]和一些文献[21、24]中列出的现实世界的问题中列出。

到目前为止,已经开发了许多使用量子启发进化算法原理的应用程序,例如:

① 具有多项式时间复杂度的 NP 完全问题的特定算法(如对大数进行因式分解[19]、加密);

② 搜索算法[25](具有 $O(N^{1/2})$ 和 $O(N)$ 复杂度);

③ 量子联想记忆;

④ 量子启发进化算法和神经网络[25,27-30];

⑤ 量子计算机的算法,即使这样的计算机仍然是不可用的。

7.2.3 量子启发进化算法(QiEA)

Defin-Platel 等人[28]和 Schliebs 等人[29]提出了量子进化算法的扩展版本。在文献[28]中,作者提出了对量子进化算法的重新描述,作者将在此进行总结。量子启发进化算法是一种基于人群的搜索方法,其行为可以分解为3个不同的相互作用的层次,如图 7.3 所示。

1. 量子个体

最低水平对应于量子个体。

在第 t 代中的一个 Q 个体 i 包含一个 Q 比特字符串 $Q_i(t)$ 和两个二进制字符串 $C_i(t)$ 和 $A_i(t)$。更准确地说,$\boldsymbol{Q}_i$ 对应的是一个由 N 个串联的 Q 比特组成的字符串,即

$$\boldsymbol{Q}_i = Q_i^1 Q_i^2 \cdots Q_i^N = \begin{bmatrix} \alpha_i^1 & \alpha_i^2 & \cdots & \alpha_i^N \\ \beta_i^1 & \beta_i^2 & \cdots & \beta_i^N \end{bmatrix} \tag{7.7}$$

为了进行适应度评价,首先对每个 $\boldsymbol{Q}_i$ 进行采样(或折叠),形成一个二元个体 C_i。

$\boldsymbol{Q}_i$ 中的每个 Q 比特,根据 $|\beta_i^i|^2$ 定义的概率进行采样。用 C_i 表示搜索空间中的一个配置,该配置的质量可以通过适应度函数 f 来确定。从进化算法的角度来说,$\boldsymbol{Q}_i$ 为基因型,C_i 为个体的表现型。在 EDA 算法的角度上来说,$\boldsymbol{Q}_i$ 定义概率模型为

$$P_i = [|\beta_i^1|^2 \cdots |\beta_i^N|^2] \tag{7.8}$$

而 C_i 是该模型的一种实现。

每个个体 i 都有一个解决方案 A_i 作为 $\boldsymbol{Q}_i$ 的吸引子。每一代 C_i 和 A_i 都在适应度和比特值方面进行比较。如果 A_i 比 C_i 好($f(A_i) > f(C_i)$ 假设了一个最大化问题),如果它们的比特值不同,量子门操作符将应用于相应的 $\boldsymbol{Q}_i$ 的 Q 比特。因此,$\boldsymbol{Q}_i$ 定义的概率模型 P_i 稍微向吸引子 A_i 移动。

吸引子 A_i 的更新策略可以遵循两种不同的策略。在原来的量子进化算法[20]中使用了精英更新策略,即只有当 C_i 优于 A_i 时才将吸引子 A_i 替换为 C_i。在非精英的更新策略中(首先在文献[28]中引入),C_i 在每一代替换 A_i。更新策略的选择对算法有很大的影响,并完全改变了算法的行为。为了强调更新规则的重要性,非精英版本的进化量子进化算法被提出作为通用的量子进化算法(vQEA)[28],因为吸引子能够改变每一代,因此显示出非常高的波动性。在下一节中将更详细地解释

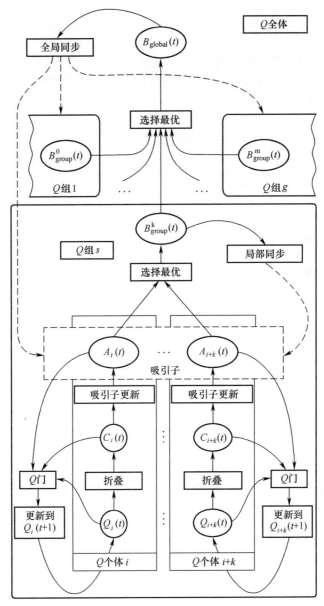

图 7.3 QiEA 算法框图[28]

精英主义的作用。

在经典的进化算法变异操作中,交叉或变异操作被用来探索搜索空间。这些操作符的量子模拟称为量子门。在本研究中,使用旋转门来修正量子比特。Q_i 时间 t 的第 j 个 Q 比特依照以下规则更新,即

$$\begin{bmatrix} \alpha_i^j(t+1) \\ \beta_i^j(t+1) \end{bmatrix} = \begin{bmatrix} \cos(\Delta\theta) & -\sin(\Delta\theta) \\ \sin(\Delta\theta) & \cos(\Delta\theta) \end{bmatrix} \begin{bmatrix} \alpha_i^j(t) \\ \beta_i^j(t) \end{bmatrix} \quad (7.9)$$

其中恒定的 $\Delta\theta$ 是根据应用问题[30]设计的旋转角度。注意到 $\Delta\theta$ 的符号决定了旋转的方向(顺时针为负值)。为了使 θ 保持在 $[0,\pi/2]$ 范围内,本研究限制了旋转门算子的应用。

2. 量子群

第二层对应于量子群。种群被分成 g 个 Q 组,每个 Q 组包含 k 个具有同步吸引子能力的个体。为此,一个组的最佳吸引子(就适应度而言),记为 B_{group},每一代都被储存,并定期分配给组吸引子。局部同步的这一阶段由参数 S_{local} 控制。

3. 量子人口

所有 $p = g \times k$ 的 Q 个体的集合构成了量子总体,并定义了量子进化计算的最顶层。对于 Q_{group},$Q_{\text{population}}$ 的个体可以同步它们的吸引子。因此,所有 $Q_{组}$ 中最好的吸引子(就适应度而言),记为 B_{global},每一代都被存储,并定期分配给组吸引子。这个阶段的全局同步是由参数 S_{global} 控制的。

可以注意到,在初始种群中,所有的 Q 比特都是用 $|\alpha|^2 = |\beta|^2 = 1/2$ 固定的,所以在崩溃个体中,状态"0"和状态"1"是等可能的。

与穷举(网格)搜索和 GA 方法相比,量子启发进化算法获得全局最优的速度要快得多,如图 7.4 所示,因为它需要的迭代(评估)次数要少几个数量级。

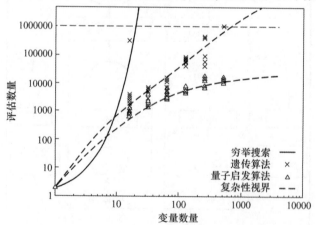

图7.4 QiEA 在更少的代数(交互、评估)下收敛于最优解
(适用于更大的变量维数空间进行优化)

7.2.4 通用量子启发进化算法(VQiEA)

在本节中提出了量子进化算法的一个改进版本,称为通用量子启发进化算法

(vQEA),它避免了文献[28]中所报告的缺陷。

为了防止不可逆选择和搭便车现象,对吸引子更新策略进行了改进。在此基础上,提出了一种新的参数控制策略。在经典的量子进化算法中,更新过程(在图 7.13 中称为吸引子更新)应用精英主义,只有当 C_i 更好时,才将吸引子 A_i 替换为 C_i。在通用量子启发进化算法中,这个参数被简单地关闭,因此每一代吸引子都被替换,而不考虑它们的适应度,因此它们表现出非常高的波动性。而且为确保通用量子启发进化算法的收敛,每一代的全局同步也是这样进行的,所有的吸引子都是相同的,并且在第 $t+1$ 代对应于在第 t 代找到的最佳解。

注意到这样一个环境中,该组的大小 n 和本地同步参数 S_{local} 不再影响算法了。通过通用量子启发进化算法,在进化过程中收集到的关于搜索空间的信息不是保持在个体水平上的,而是在整个种群中不断更新和共享的。然而,我们认为群体的概念类似于在经典的进化算法中的种群,是有趣的,我们不打算明确删除它。在这项研究中,避免了 n 和 S_{local} 的调整,而专注于从量子进化算法中去除精英主义的影响。因此,在专栏 7.4 的算法中详细介绍了通用量子进化算法的简化顺序过程。第 t 代所有量子个体、坍缩个体和吸引子的集合分别记为 $Q(t)$、$C(t)$ 和 $A(t)$。

专栏 7.4　通用量子启发进化算法(vQEA)

算法. 通用量子启发进化算法(vQEA)
(1)　$t \leftarrow 0$
(2)　初始化 $Q(t)$
(3)　**while** 没有达到终止条件 **do**
(4)　　　通过观察 $Q(t)$ 的状态创建 $C(t)$
(5)　　　估计 $C(t)$
(6)　　　保存最好的 $C(t)$ 到 $B_{global}(t)$ 中
(7)　　　全局同步 $A(t)$
(8)　　　使用 Q_{Gate} 更新 $Q(t)$ 到 $Q(t+1)$
(9)　　　$t \leftarrow t+1$
(10)　**end while**

图 7.5 显示了一个假设的例子,对于一个由 5 个旋转量子门算符的 qbit 寄存器(染色体)描述的系统,状态收敛到局部最小。较暗的点表示由量子位向量描述的系统状态,这些状态具有较高的出现概率。

7.2.5　扩展 VQiEA 来处理连续的值变量

既然我们现在也要考虑连续搜索空间,必须用一个连续的伯努利分布来代替

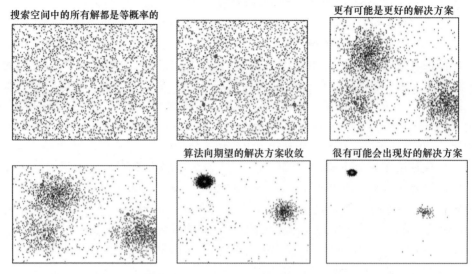

图 7.5　与传统的 EC 方法需要的数千次迭代相比，vQEA 在
5 次迭代(代)中得到了一个高维问题的最优解决方案示例

它,这样才有可能对实值而不是离散值[29]进行采样。许多方法对如何使用这种分布以及如何对它们建模已经在文献中进行了研究。一般基于高斯分布[31 35]、直方图[31]或区间表示[36]。考虑了一个基于高斯分布的连续 EDA。

对于连续搜索空间的每个维数 j 和每个概率模型 i，都演化出服从高斯分布的随机变量。因此,分布完全可以用两个参数来描述,即均值 μ_i 和标准差 σ_i。每一代样本都被绘制成实值向量,其质量可以通过适应度度量来评估。然后将更新规则应用于更新 $\mu^{(j)}$ 和 $\sigma^{(j)}$，以将搜索移动到搜索空间中有希望的区域,从而使更高质量的解决方案更有可能在下一代中取样。我们将首先详细描述算法的基本结构,然后介绍所选择的更新规则。

所提出的扩展的整体结构几乎与通用量子进化算法相同。与通用量子进化算法一样,连续版本也是基于人群的搜索方法[29]。其行为可以分解为 3 个不同的交互层次,即个体层次、组层次和群体层次。

(1) 个体。最低水平对应于个体。第 t 代的个体 i 包含一个概率模型 $P_i(t)$ 和两个实值字符串 $C_i(t)$ 和 $A_i(t)$。更准确地说,P_i 对应于 N 对值的字符串。

对 $(\mu^{(j)}, \sigma^{(j)})$ 对应第 i 个概率模型第 j 个变量的分布参数。P_i 中的每个变量根据 $\mu^{(j)}$ 和 $\sigma^{(j)}$ 进行采样,使 C_i 表示搜索空间中的一个配置,该配置的质量可以通过适应度函数 f 来确定。在大多数连续优化问题中,变量有特定的定义域。为不失一般性,假设每个 $c^{(j)} \in C_i$ 定义在区间 $[-1,1]$。因此,每个 $c(j) \in C_i$ 遵循一个截断正态分布范围 $[-1,1]$ 内。截断的法线可以使用一个简单的数值过程进行采样,这种技术在伪随机数生成中得到了广泛的应用。

每一个个体 i 都有一个解 A_i 作为 P_i 的吸引子。每一代 C_i 和 A_i 都被比较它们的适应度。如果 A_i 优于 C_i(即 $f(A_i) > f(C_i)$ 假设存在最大化问题),则对相应的模型 P_i 进行更新操作。这次更新将把概率模型 P_i 的平均值略微移向吸引子 A_i。选择合适的模型更新操作对算法的运行至关重要。这将在后面的小节中介绍模型更新的细节。

一个吸引子 A_i 的更新策略可以遵循两种不同的策略。在原来的 QEA[20]中使用了一个精英更新策略,即只有当吸引子 A_i 在性能上优于 A_i 时,才用 C_i 代替吸引子 A_i。在非精英更新策略中(首先在文献[28]中引入),在每一代 C_i 替换 a_i。更新策略的选择对算法有很大的影响,并完全改变了算法的行为。为了强调更新规则的重要性,非精英版本的 QEA 被提出作为通用的 QEA(vQEA),因为吸引子能够改变每一代,因此显示出非常高的波动性。由于无法确定支持精英吸引子更新策略的实验条件,因此本书将重点讨论非精英吸引子更新策略。

(2) 组。第二层对应组。种群被分成 g 组,每一组包含了具有同步吸引子能力的个体。出于这个目的,一个群体中最好的吸引子(就吸引度而言)用 B_{group} 表示,每代保存一次,并周期性地分配给组吸引子。局部同步的这一阶段由参数 Slocal 控制。

(3) 群体。$p = g \times k$ 个体的集合形成了一代和定义多模型方法的最顶层。至于群体,种群中的个体也可以同步它们的吸引子。为此目的,所有组中最好的吸引子(就适合度而言) B_{group} 被记录下来,每一代都被存储起来,并定期分配给组。

图 7.6 显示了单个高斯随机变量的更新操作。为每次更新距离 $d = a(t) - \mu(t)$,在每一代中计算吸引子 $a(t)$ 和高斯平均值 $\mu(t)$ 的差。一方面,$d \geq \sigma(t)$,认为吸引子距离是遥远的,称为远程吸引子。我们认为假设 $\mu(t)$ 解释这种情况在搜索空间并不代表一个好的领域,在这种情况下,意味着 $\mu(t)$ 是强烈移向吸引子,同时标准差 $\sigma(t)$ 增加,使之搜索更广泛的适合区域;另一方面,如果吸引子在 $\sigma(t)$ 定义的边界内,即 $d < \sigma(t)$ 称为封闭吸引子,假设 $\mu(t)$ 已经在搜索空间的一个好的区域。算法开始本地化搜索通过转移 $\mu(t)$ 仅略向吸引子的方向,同时减少 $\sigma(t)$。这个阶段的全局同步是由参数 Sglobal 控制的。

1. 模型更新

概率模型的更新特别有趣,因为它控制着算法如何探索搜索空间。文献[31,34-35,38-39]提出了几个连续的 EDA,以及一些不同的更新规则,如文献[31-32]。所有这些连续 EDA 的共同原则是基于总体的抽样。在 vQEA(及其扩展)中,情况非常不同,因为只有一个单一的解决方案(对于每个概率模型)在每次迭代中采样。因此,模型更新不能依赖于种群的密度,而是必须使用单个吸引子来执行所需的更新。

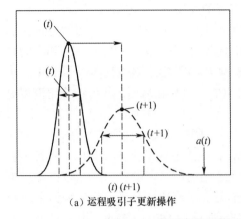
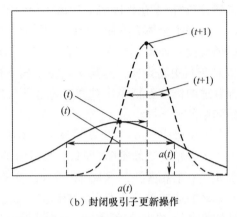

（a）运程吸引子更新操作　　　　　　　（b）封闭吸引子更新操作

图 7.6　使用高斯函数对连续值变量进行量子编码

在这里为概率模型制定了一个适当的更新规则。更新高斯变量 j 的平均值 $\mu(j)$ 似乎非常直接，在 j 我们采用向当前吸引子 $a(j)$ 的值的平均偏移梯度，与上述方法中使用的均值更新非常相似。依靠距离公式 $d=a^{(j)}-\mu^{(j)}$ 计算每一代 t 的梯度 $\Delta\mu^{(j)}$ 用于更新。

$$\mu^{(j)}(t+1)=\mu^{(j)}(t)+\theta_\mu\Delta\mu^{(j)}(t) \tag{7.10}$$

在式(7.10)中引入一个参数 θ_μ，表示平均学习速率。注意到 θ_μ 对应于每代中最大的平均梯度。

对每次更新标准差 $\sigma(t)$，采取这样的策略，当 $\mu^{(j)}$ 代表了一个可行的区域时，$\sigma(t)$ 应该减小。假设在 $|d|<\sigma^{(t)}$ 时 $\mu^{(j)}$ 为合适的。因此，如果吸引子 $a^{(j)}$ 和 $\mu^{(j)}$ 接近（没有超过 $\sigma^{(j)}$），标准差 $\sigma^{(t)}$ 就减小。值得注意的是，满足这个条件的解比其他解更有可能被采样，这意味着平均 $\sigma^{(t)}$ 会减少。当吸引子距离 $\mu^{(j)}$ 很远，$|d|\geqslant\sigma^{(t)}$，会导致 $\sigma^{(t)}$ 增加，这说明 $\mu^{(j)}$ 位于不合适的区域。定义在 t 代标准差的梯度 $\Delta\sigma^{(j)}$ 为

$$\Delta\sigma^{(j)}(t)=\frac{1}{1+\mathrm{e}^{-10}(\sigma^{(j)}(t)-0.5)} \tag{7.11}$$

然后用它来执行更新，通过定义上下界来限制 $\sigma^{(j)}$ 的范围，即

$$\sigma_{\min}\leqslant\sigma^{(j)}\leqslant\sigma_{\max} \tag{7.12}$$

需要注意的是，上面描述的概率更新操作符与 QEA 中使用的旋转门类似。如文献[40]所示，使用旋转门的更新步骤的大小取决于概率模型的收敛性。这种现象被描述为算法在收敛前的一种减速形式。还因为标准差更新的 sigmoid 函数形状，$\Delta\sigma^{(j)}$ 的大小随算法的收敛而减小。

2. 结合搜索空间

许多现实问题需要探索组合搜索空间，即二进制空间和连续空间。以神经网

络拓扑结构和权矩阵的并行演化为例。在这里,拓扑结构被编码为一个位串,其中"1"表示两个神经元之间的当前连接,"0"表示它的缺失。另一个例子是基于包装器的特征选择,其中特征的存在/不存在需要一个二分搜索空间,而分类方法的适当配置可能对应于一个连续空间。

现在可以在具有两种类型表示的组合搜索空间上使用 vQEA。每个表示都使用相应的更新操作符来驱动概率模型向搜索空间中有希望的区域发展。每一代模型都被取样,然后用单一适应度来评估。适应度评估使用采样的二进制和连续解部分来确定组合解的质量。根据所得解的适应度,对模型进行了更新。这个扩展的 vQEA 允许我们增强原始的 QiSNN。

我们强调扩展的 vQEA[29]类似于一个协作的共同进化算法[41]。这两种表现形式的演变或多或少是相互独立的。它们都使用自己的解决方案表示和更新操作符,并且可以以不同的学习率探索它们的搜索空间。尽管它们各自独立进化,但它们都有一个单一的适应度函数。二进制和连续的子解决方案是组合解决方案的组成部分,这两个部分需要协作以最大化它们的适应度。

7.3 量子激发了优化 SNN 的进化计算

7.3.1 SNN 的量子表征

利用 QiEA 优化 SNN 的方法基于以下原则[42-44]。

(1) 一个峰值的量子概率表示。在任意时刻 t,一个峰值同时存在(1)和不存在(0),它被表示为一个由概率密度振幅定义的 qbit。当对峰值进行评估时,它要么存在,要么不存在。为了修正概率振幅,使用了量子门算子,如旋转门,即

$$\begin{bmatrix} \alpha_i^j(t+1) \\ \beta_i^j(t+1) \end{bmatrix} = \begin{bmatrix} \cos(\Delta\theta) & -\sin(\Delta\theta) \\ \sin(\Delta\theta) & \cos(\Delta\theta) \end{bmatrix} \begin{bmatrix} \alpha_i^j(t) \\ \beta_i^j(t) \end{bmatrix} \quad (7.13)$$

更准确地说,在连接神经元 N_i 和突触前神经元 N_j 的每个突触 S_{ij} 时刻到达的一个峰值被表示为 qbit $Q_{ij}(t)$,其状态为"1"的概率为 $\beta_{ij}(t)$,状态为"0"的概率为 $\alpha_{ij}(t)$。从 SNN 架构的角度来看,这相当于神经元 N_j 和 N_i 之间存在(不存在)一个连接 C_{ij}。

(2) 一个尖峰神经元的量子概率模型。一个神经元被表示为一个 qbit 向量,表示到这个神经元的所有 m 个突触连接,即

$$\begin{bmatrix} \alpha & 1 & \alpha & 2 \\ \beta & 1 & \beta & 2 \end{bmatrix} \cdots \begin{bmatrix} \alpha & m \\ \beta & m \end{bmatrix} \quad (7.14)$$

在 t 时刻,每个突触 qbit 代表一个脉冲到达神经元的概率。将神经元折叠成峰值(或没有峰值),计算神经元 N_i 的累积输入 $u_i(t)$。

所有输入特性 $(x_1, x_2, \cdots, x_n)$,eSNN 参数 $(q_1、q_2、\cdots、q_s)$,输入和神经元之间的连接,包括循环连接 $(C_1, C_2, \cdots, C_k)$ 和神经元在时间 (t) 峰值 $(p_1, p_2, \cdots, p_m)$ 的概率循环表示在一个集成的 qbit 寄存器中,该寄存器作为一个整体进行操作[42-43]。

这个框架超越了传统的"包装器"模式,用于特性选择和建模[45]。结果表明,vQEA 能够有效地在大维空间中进行集成特征和 SNN 参数优化,并能有效地从建模数据[29]中提取唯一信息。在希尔伯特空间中,所有的概率振幅一起定义了概率峰神经元模型(PSNM)状态的概率密度(见第 4 章)。如果根据一个客观的标准(适应度函数)应用一个量子门算符,这个密度将会改变。这种表示既可用于跟踪 PSNM 系统中的学习过程,也可用于跟踪系统对输入向量的反应。

(3) PSNN 学习规则。由于 PSNM 是一个 eSNN,除了 eSNN 学习规则(见第 5 章)外,还有一些规则可以改变神经元的峰值活动的概率密度振幅。一个脉冲从神经元 N_j 到达神经元 N_i(两者之间的连接存在)的概率 $b_{ij}(t)$ 将根据 STDP 规则改变,该规则使用量子旋转门实现。在更详细的模型中,$b_{ij}(t)$ 将取决于峰值的强度和频率,神经元 N_j 和 N_i 之间的距离以及其他许多物理和化学参数,这些参数在该模型中被忽略,但在必要时可以添加。

(4) 叠加的原理特性表征[43-44]。一个向量 n qbits 代表在时间 t 模型下使用每个输入变量的概率 $x_1, x_2, \cdots, x_n$。当模型计算时,不会计算所有特征,其中"0"表示不使用这个变量,"1"表示使用这个变量。

① 物理叠加原理[44]:在任何时刻 (t),与给定任务相关的特征在计算模型中处于当前状态和非当前状态的叠加,由概率密度振幅定义。在模型计算之前,特征的状态是存在或不存在的。

② 对于捕获问题的特性之间的交互模式非常有用。

③ 将环境与模型集成在一起进行组合优化。

④ 用于表示"浮动特性"。

⑤ 在评估一个分类任务的交互特征组合时,VQiEA 比经典算法执行得更快、更准确。

本书将 vQEA 应用于进化的 Spiking 神经网络(eSNN)优化(图 7.7)。与多层感知器和朴素贝叶斯分类器等传统神经网络相比,该方法具有更快的收敛速度和更好的精度。

同时优化的 SNN 参数有突触学习调制因子、PSP 阈值参数、每个类[46]最大输出神经元数。

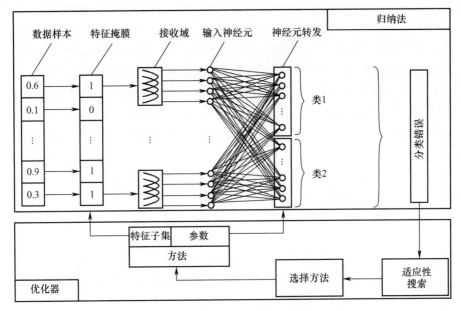

图 7.7 使用量子启发式进化计算的集成特征和 eSNN 参数优化

7.3.2 利用 QiEA 优化 eSNN 分类器在生态数据上的应用

在文献[46]中,原始的 QiSNN 框架被应用于一个生态建模问题。由于之前的基准研究取得了很好的结果,我们希望使用增强的 QiSNN 对生态数据进行重新访问以进行特征选择。对于许多无脊椎动物物种来说,它们对大空间尺度环境变量的反应知之甚少。

这种知识对于预测一个物种的建立是很重要的,因为它有可能造成巨大的环境危害。确定解释物种全球分布的一系列环境变量的重要性的通常方法是,利用在物种存在和不存在的地区测量的环境参数来训练或拟合一个模型,使其符合已知的分布。在这项研究中,来自 206 个全球地理位置的 68 个月和季节温度、降雨和土壤湿度变量的气象数据是根据已发表的记录[47]编制的。这些变量与地中海果蝇(头状角膜炎),一种严重的入侵物种和水果害虫,在研究时被记录的全球位置相关,无论是存在还是不存在。数据集是平衡的,为两个类中的每个类提供相同数量的样本。以前对数据使用 MLP 的结果是分类精度约为 71%的[48]。

在这里,文献[46]中定义的实验设置基本保持不变,以便与以前的结果进行一些比较:允许 10 个个体在 4000 代内进化,通过执行 30 次独立运行并对结果求平均值来保证统计相关性。其他参数的平均值和标准偏差变化分别设置 $\theta_\mu = 0.1$

和 θ_β =0.01,二元模型的学习速率 θ = π/100。图 7.18 所示为重测实验结果。与平均最佳特征子集演化之前的图类似,图中颜色反映了在某一代中选择特定特征的频率。在文献[46]中详细讨论了 NBC 和原 QiSNN 的比较,因此我们将集中讨论两个 QiSNN 的性能。尽管如此,增强版本在特性拒绝方面报告了更大的一致性。增强的 QiSNN 选择的特征明显少于原始的 QiSNN。使用 QiSNN 平均选择 14 个特征,增强 QiSNN 选择 9 个,使用 NBC 选择 18 个。与原始的 QiSNN 相比,增强版附加了 temp1、temp3、TAut2、TSpr1、Tannual、rain10、RSumR2、PEAnnual 等特征。所有测试算法的总体分类精度相似。

从生态学的观点来看,进化的特征子集与该领域的现有知识是一致的。冬季气温、秋季降雨量和度日(DD5 和 DD15)是特别强烈的特征。

度日是指超过阈值温度(本例中为 5°和 15°)一段时间内(在此数据集中为全年)的温度的累计数量。预期后两个变量将密切相关。这些结果与其他更传统的分析相一致,其中使用了统计和机器学习方法来确定环境变量对 C. Capitata 存在或不存在的贡献[49]。虽然从这一分析中没有迹象表明这些特征对物种的分布有消极或积极的影响,但我们知道,Capitata 受到冬季的温度和夏秋季的极端潮湿或干燥条件的限制[50]。

图 7.8 至图 7.10 展示了本案例研究的部分实验结果,展示了 3000 代 QiEA 集成的特征选择和模型创建,显著提高了 eSNN 模型的准确性。

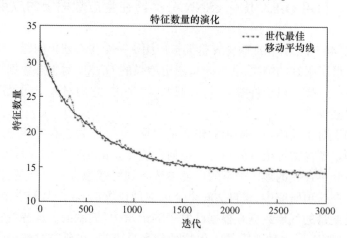

图 7.8 使用 QiEA 的气候数据集特征的演变(获得 15 个特征的 eSNN 最佳精度模型)

7.3.3 综合计算神经遗传模型(CNGM)利用量子启发表征

CNGM 的原理如图 7.11 所示。该框架结合了 eSNN 和基因调控网络

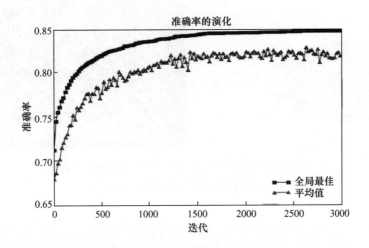

图 7.9 3000 代后气候数据集上使用 QiEA 优化的 eSNN 分类器的分类精度演变

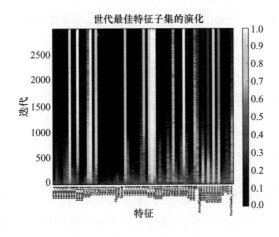

图 7.10 使用 QuEUE 和 eSNN 作为分类器的
案例研究问题超过 3000 代的特征演变

(GRN)[51]。通过 QEA 进行优化的 qbit 向量如图 7.12 所示。除了 SNN 参数外，CNGM 还有基因表达参数 g_1、g_2、$\cdots g_l$，它们中的每一个也表示为具有两个状态的 qbit(状态"1"——基因表示；状态"0"——基因不表达"0")。GRN 中两个基因之间的 $L_i(i=1,2,\cdots,r)$ 被表示为一个具有 3 种状态("1"表示正连接；"0"表示无连接；"-1"表示负连接)的量子比特。

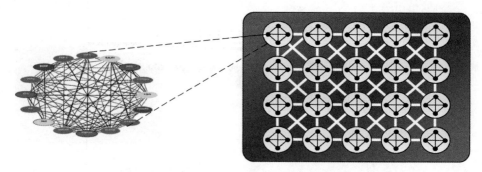

图7.11 神经遗传 SNN 模型的示意图(每个尖刺神经元都包含一个基因调节网络(GRN)模型作为参数)[51]

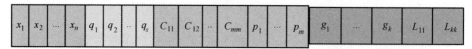

输入特征/神经网络 p 参数/神经网络连接/神经元脉冲概率/基因开关及其连接

图7.12 除 SNN 参数外,CNGM 的量子染色体还代表 qbit 寄存器基因表达水平($g_1, g_2, \cdots, g_l$)以及 GRN 中基因之间的联系($L_1, L_2, \cdots, L_r$)。

7.4 量子启发粒子群优化

7.4.1 量子启发粒子群优化算法

粒子群优化(PSO)是一种基于种群的优化技术,由 Eberhart 和 Kennedy 在1995年开发[6],本章前面已经介绍过。粒子群算法中的个体通过对自己的性能和群体中其他粒子的性能做出响应,共同解决给定的问题。在优化过程中,每个粒子都有自己的适应度值,到目前为止,获得的最佳适应度值被存储起来,通常称为个人最佳或个人最佳(p_{best})。到目前为止,任何粒子在种群中获得的总体最佳适应度值称为全局最佳(g_{best}),存储最好的解决方案。

$$v_n = w \cdot v_{n_{t-1}} + c_1 \cdot \text{rand}() \cdot (g_{best_n} - x_n) + c_2 \cdot \text{rand}() \cdot (p_{best_n} - x_n)$$

(7.15)

$$x_n = x_{n_{t-1}} + v_n$$

(7.16)

其中随机数的值在 0~1 之间。控制粒子加速度,使之达到个体最佳或全局最佳。

然而,标准粒子群算法不适用于需要概率计算的问题。因此,量子原理作为概率计算机制被嵌入到粒子群算法中,通常被称为量子启发粒子群优化(QiPSO)。QiPSO 最早是在文献[30]中讨论的,QiPSO 的主要思想是使用标准的 PSO 函数来更新用量子角 θ 表示的粒子位置。量子角可以表示为 $\begin{bmatrix}\cos\theta\\\sin\theta\end{bmatrix}$ 或者 $\begin{bmatrix}\alpha\\\beta\end{bmatrix}$,并且它等于满足概率基本公式 $|\sin\theta|^2+|\cos\theta|^2=1$。对标准粒子群算法中的速度更新公式进行了修正,得到了一个新的量子角,并将其转化为新的量子比特概率。

$$\Delta\theta_n = w\cdot\Delta\theta_{n_{t-1}} + c_1\cdot\text{rand}()\cdot(\theta_{g_{bestn}} - \theta_n) + c_2\cdot\text{rand}()\cdot(\theta_{p_{bestn}} - \theta_n) \tag{7.17}$$

然后,根据新速度 θ,利用旋转门计算 α 和 β 的新概率,有

$$\begin{bmatrix}\alpha\\\beta\end{bmatrix} = \begin{bmatrix}\cos(\Delta\theta) & -\sin(\Delta\theta)\\\sin(\Delta\theta) & \cos(\Delta\theta)\end{bmatrix}\begin{bmatrix}\alpha_{t-1}\\\beta_{t-1}\end{bmatrix} \tag{7.18}$$

或者更换旋转门 $\theta_t = \theta_{t-1} + \Delta\theta$,其中 θ 是新量子角度的量子粒子位置。

7.4.2　用于 ESNN 优化的量子启发粒子群优化算法(QiPSO)

该方法的算法见专栏 7.5[30]。

专栏 7.5　集成 ESNN-DQiPSO 算法
(1) **for all** 粒子 **do**
(2) 　**for all** ESNN 参数 **do**
(3) 　　**for all** 量子比特 **do**
(4) 　　　初始化 θ
(5) 　　　得到折叠状态
(6) 　　**end for**
(7) 　　使用 Gray 码将二进制字符串转换为实值
(8) 　**end for**
(9) 　**for all** 特征量子比特 **do**
(10) 　　初始化 θ
(11) 　　得到折叠状态
(12) 　**end for**
(13) 　初始化适应度
(14) **end for**
(15) **while** 未达到最大迭代次数 **do**
(16) 　**for all** 粒子 **do**
(17) 　　从 eSNN 得到适应度(分类准确率)

(18)		**if** 当前的适应度优于 p_{best} 的适应度 **then**
(19)		指定当前的粒子为 p_{best}
(20)		**if** 当前 p_{best} 的适应度优于 g_{best} 的适应度 **then**
(21)		指定 p_{best} 为 g_{best}
(22)		**end if**
(23)		**end if**
(24)		**for all** eSNN 参数 **do**
(25)		**for all** 量子比特 **do**
(26)		计算速度
(27)		应用旋转门
(28)		得到折叠状态
(29)		**end for**
(30)		使用 Gray 码将二进制字符串转换为实值
(31)		**end for**
(32)		**for all** 特征量子比特 **do**
(33)		计算速度
(34)		应用旋转门
(35)		得到折叠状态
(36)		**end for**
(37)	**end for**	
(38)	**end while**	

7.4.3 动态 QiPSO

本书提出了一种动态 QiPSO(Dynamic QiPSO, DQiPSO)方法[52-54],将此方法应用于模型优化器。该方法进一步发展了之前的 QiPSO 方法[30],当仅使用二进制 QiPSO 时,可能会"遗漏"寻找最优的模型参数值。由于信息是在二进制结构中表示的,所以从二进制到实值的转换可能会导致不准确,特别是当选择来表示参数值的量子位的数量不够时。针对这一问题,提出了一种 QiPSO 与标准粒子群算法相结合的方法,QiPSO 对特征选择任务进行概率计算,而标准粒子群算法对参数进行优化。该方法不仅有效地解决了这一问题,而且消除了表示参数值的量子位数这一参数。DQiPSO 粒子结构如图 7.13 所示。

改进的另一个因素是特征选择策略的改进。标准粒子群优化搜索策略是基于过程开始时的随机选择,每个粒子会根据随后找到的最佳解进行自我更新。这种技术的一个主要问题是,相关的特征可能在一开始没有被选择,并在整个过程中影

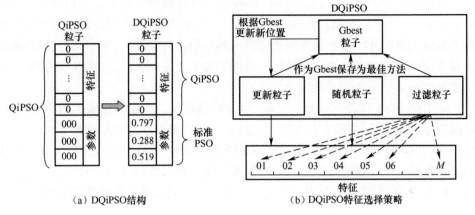

图 7.13 DQiPSO[53-54]和 DQiPSO 特征选择策略中提出的混合粒子结构

响其他粒子。这是由于每个粒子根据粒子更新自身,而没有相关的特征。这个问题不仅只发生在高维问题上,也发生在小维问题上。为此,提出了一种新的策略。除了正常的粒子外,它根据 p_{best} 和 g_{best} 信息更新自己,称之为更新粒子,一种新的粒子加入到这个群中,即随机粒子和过滤粒子。随机粒子在每次迭代中随机产生一组新的特征和参数,增强了搜索的鲁棒性。而对于过滤粒子,它一次选择一个特征并将其输入到网络中,然后计算适应度值。这个过程重复到所有的特征。在所有特征被评估之后,适应度高于阈值的特征将被认为是相关的。阈值为平均效率值或可手动调整。在接下来的迭代中,将随机选择认为相关的特征,以找到相关特征的最佳组合。这种策略有助于解决未评估的相关特性问题,减少了搜索空间,有助于优化器更快地找到相关特性。和其他粒子一样,如果发现随机粒子和过滤粒子是最好的解决方案,它将被存储为一个 g_{best} 和更新粒子,将根据这个新信息更新它们的位置。此外,还提出了更新策略的一些改进,即只有当适应度较高或具有相同的适应度值但选择的特征数较少时,才会用新的粒子替换 g_{best} 粒子。由于 DQiPSO 具有强大的搜索空间,因此执行优化任务所需的粒子更少,从而获得更快的处理时间。该策略的结构如图 7.13 所示。

7.4.4 使用 DQiPSO 进行特征选择和模型优化

使用文献[55-57]中描述的众所周知的包装器方法,在这里介绍一种利用上面的 DQiPSO 方法进行 eSNN 优化的方法,该方法首次发表在文献[52-54]中。DQiPSO 方法的 QiPSO 部分用于优化模型的特征,而 DQiPSO 方法的 PSO 部分以协同进化的方式优化 eSNN 的参数。这些参数是调制因子(Mod)、比例因子(C)和相似度(Sim),如后面和文献[44,58]中所述。所有的粒子都用随机值初始化,然后根据客观函数-分类测试的准确性相互作用。由于有两个组件需要优化,每个粒子被分为两部分。每个混合粒子的第一部分包含特征掩码,其中信息存储在一个量子位串中,值1表示所选的特征,否则为值0。另一部分是eSNN的参数。提出的集成框架如图7.14所示。

本书的eSNN体系结构基于文献[44,59]的模型。该模型由实值数据对峰值时间的编码方法、网络模型和学习方法组成。信息编码方法的实现基于文献[60]中提出的人口编码,其中一个输入值被编码到多个输入神经元(见第4章)。利用高斯函数的交点计算输入神经网络的触发时间。利用式(7.19)计算中心,通过式(7.20)计算宽度,变量区间为$[I_{min} I_{max}]$。变量β控制每个高斯感受野的宽度。

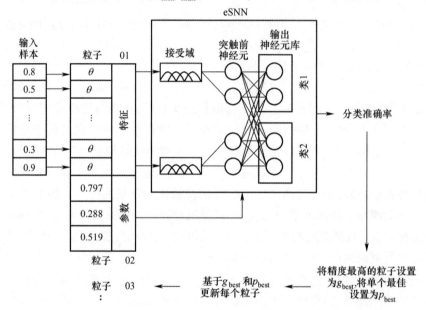

图7.14 用于功能选择和模型优化的集成DQiPSO-eSNN框架

$$\mu = \frac{I_{min} + (2i-3)}{2} \frac{(I_{max} - I_{min})}{(M-2)} \quad (7.19)$$

$$\sigma = \frac{1}{\frac{\beta(I_{max} - I_{min})}{(M-2)}} \quad \text{其中} 1 \leq \beta \leq 2 \quad (7.20)$$

选择Thorpe[60]的模型作为eSNN模型,是因为它的有效性和简单性。这个模型的基本观点是,早期神经元接收到的峰值,与后期的峰值相比,具有更强的重量。一旦神经元达到一定数量的峰值,突触后电位(PSP)超过阈值,神经元就会放电。然后它就变成了禁用的。对于给定的刺激,这个模型中的神经元只能发射一次。

神经元 i 的 PSP 计算在式(7.21)中给出,即

$$N_i = \begin{cases} 0 & ,\text{若激发} \\ \sum w_{ji} \cdot \text{Mod}_i^{\text{order}(j)} & ,\text{其他} \end{cases} \quad (7.21)$$

式中: w_{ji} 为突触前神经元 j 的权重; Mod_i 为一个间隔为 $[0,1]$ 的调节因子参数; $\text{order}^{(j)}$ 为突触前神经元发出的一个脉冲的秩。$\text{order}^{(j)}$ 从 0 开始,如果它首先在所有突触前神经元中升高,并随着放电时间的延长而升高。对于 eSNN 的单遍学习算法,每个训练样本都创建一个新的输出神经元。训练的阈值和特定样本的权值模式存储在神经元存储库中。但是,如果训练神经元的权值模式被认为与存储库中的神经元过于相似,则该神经元将合并成最相似的神经元。合并过程涉及修改权重模式和阈值到平均值;否则,它将作为一个新训练的神经元添加到存储库中。eSNN 的主要优点是训练后的网络能够增量地学习新样本,而不需要对旧数据和新数据重新训练 SNN。更多关于 eSNN 的细节可以在第 4 章以及文献[44,59]中找到。综合 eSNN 和 DQiPSO 的算法在专栏 7.6 中给出。

专栏 7.6　集成 eSNN-DQiPSO

(1) **for all** 粒子 **do**
(2) 　　初始化所有 eSNN 参数
(3) 　　**for all** 特征量子比特 **do**
(4) 　　　　初始化 θ
(5) 　　　　得到折叠状态
(6) 　　**end for**
(7) 　　初始化适应度
(8) **end for**
(9) **while** 未达到最大迭代次数 **do**
(10) 　　**for all** 粒子 **do**
(11) 　　　　从 eSNN 得到适应度(分类准确率)
(12) 　　　　**if**(当前的适应度优于 p_{best} 的适应度)或((当前的适应度 == p_{best} 的适应度)与(选择的特征少于 p_{best} 选择的特征))

　　　　　　then
(13) 　　　　　　指定当前的粒子为 p_{best}
(14) 　　　　**if**(当前的适应度优于 g_{best} 的适应度)或((当前 p_{best} 适应度 == g_{best} 的适应度)与(选择的特征少于 g_{best} 选择的特征))
(15) 　　　　　　指定当前的粒子为 g_{best}
(16) 　　　　**end if**
(17) 　　　　**end if**
(18) 　　　　**for all** eSNN 参数 **do**

(19)		计算速度
(20)		更新参数
(21)	**end for**	
(22)	**for all** 量子比特 **do**	
(23)		计算速度
(24)		应用旋转门
(25)		得到折叠状态
(26)	**end for**	
(27)	**end for**	
(28)	**end while**	

本书采用 DQiPSO 方法对两个螺旋基准分类问题训练的 eSNN 进行了优化。该问题是文献[61]中提出的一个复杂的非线性分离问题。为了评估特征选择任务的性能,在原始数据的基础上对两个相关数据进行复制并加入标准差为 $\sigma = |p| * s$ 的高斯噪声,其中 $|p|$ 是向量 p 的绝对值,s 是控制加入到原始数据点 $p = (x,y)^T$ 的噪声强度的参数。噪声强度根据其到原点 $(0,0)^T$ 的距离线性增加。然后将噪声值计算为以 p_i 为中心的高斯分布随机变量 $N(p_i,\sigma^2)$ 当应用更强的噪声时,特征中可用信息减少,如图 7.15 所示。此外,还向数据集中添加了几个不相关的特性,其随机维度值在[0,1]之间。本实验数据集包括 20 个特征,其中有 2 个相关特征、14 个冗余特征(噪声水平在 0.2~0.8 之间)和 4 个随机特征。关于数据生成的详细说明可以在[29]中找到。然后将特征随机排列,以模拟真实世界的问题场景,其中相关特征分散在数据集中。在两个类中生成 400 个样本,并在类之间均匀分布。

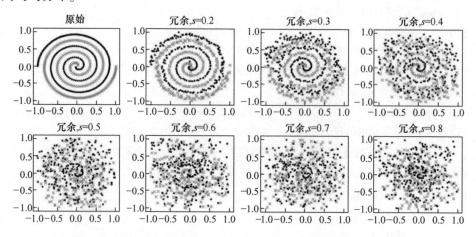

图 7.15 两个螺旋基准数据-原始数据集和对原始 2 个数据集使用
冗余和随机生成的特征而添加了各种噪声水平的数据集

在初步实验的基础上,选取 20 个 eSNN 接收域,控制参数 β 为 1.0,中心均匀分布于数据的最大值和最小值之间。DQiPSO 使用了 12 个粒子,包括 6 个更新粒子、4 个过滤粒子和 2 个随机粒子。标准的 QiPSO 使用了 20 个颗粒。c_1 和 c_2 设置为 0.05,说明 g_{best} 和 p_{best} 的探索是平衡的。惯性权重设置为 $w=2.0$。将该数据集应用于所提出的方法,并与我们之前的方法[30]和 eSNN 进行比较。10 次重复交叉验证,在 300 次迭代中计算平均结果。

图 7.15 和图 7.16 展示了在 300 次迭代优化过程中所选择的特征,将 QiPSO 方法和 DQiPSO 方法的结果进行了比较。每个模型(粒子)在两个螺旋数据上进行训练和测试,使用 10 次交叉验证方法来估计分类精度,从而评估模型的适应度。较浅的颜色表示较频繁地选择了相应的特征,与较深的颜色相矛盾。该算法不断剔除不相关的特征,以识别出最相关的特征。

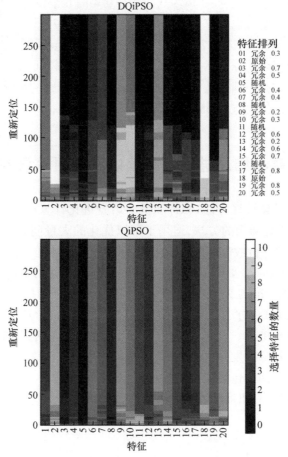

图 7.16　使用 DQiPSO 相比使用 QiPSO 算法处理两个螺旋问题时
特征选择的演变更快、更准确并添加了 18 个额外的噪声特征

图 7.16 所示为 eSNN 参数优化结果。eSNN 的所有参数都稳定地向某一最优值演化，正确的组合与选择的相关特征使分类精度得到提高。在分类结果方面，DQiPSO 的平均准确率为 93.4%，本实验单次运行的最高准确率为 97.2%。结果还表明，DQiPSO 在学习过程开始时的平均准确率是可接受的高，约为 80%。这是由于提出的 DQiPSO 粒子结构能够在学习的早期以近乎最优的参数组合选择相关特征。QiPSO 算法的平均准确率只有 88.6%。QiPSO 算法利用所有特征对 eSNN 参数进行优化，得到的结果在本实验中最糟糕，准确率为 78.1%。在这种情况下，算法完全依赖于参数优化，而参数优化不足以产生令人满意的结果。总之，该方法在实验中取得了令人满意的结果。对于 DQiPSO，图 7.16 清楚地显示了包含最多信息的两个相关特性，它们在所有运行中不断被选中。在学习过程中，随机值特征与大部分冗余特征一起被剔除。

但是，偶尔也会选择一些噪声为 0.2、0.3、0.4 的冗余特征。原因很简单，因为这些特征包含了一些可以用来区分类的信息，如图 7.17 所示。另外，QiPSO 通常能够在 10 次运行中平均选择 7 次相关特性。但是，拒绝不相关特性的能力并不令人满意。大部分冗余特征仍然被选择，这导致分类精度较低，而且由于选择了更多的特征，需要更多的计算时间。由于 QiPSO 在没有更好解的情况下没有机制去刺激粒子，因此算法可能会过早地收敛而得不到最优的结果。

7.5 本章小结及进一步阅读以获得更深层次的知识

本章介绍了进化计算方法（EC）和量子启发进化计算（QiEC），包括 QiEA 和 QiPSO。这些方法是通用的方法，适用于可以优化的大量问题和过程。本章展示了它们在优化 SNN 特性和参数方面的应用实例，更具体地说是 eSNN（第 5 章）。QiEC 方法的结果是一个更有效的分类模型设计选择最优特征（变量）和优化模型参数，而不是使用标准的 EC 技术或没有任何优化的特征和模型参数。

应用现有的 QiEC 方法，开发新的优化方法像 NeuCube 这样的类脑 SNN 仍然是未来发展的一个挑战。第 22 章讨论了一个潜在的未来研究方向，这些方法是进一步集成的分子和脑启发的方法。

进一步的推荐阅读包括：
(1) 搜索、优化和机器学习中的遗传算法[2,4-5]；
(2) 遗传程序[3]；
(3) 使用 EC[9] 学习 ANN；
(4) 通过遗传算法[10] 学习模糊系统；
(5) 粒子群优化[6]；

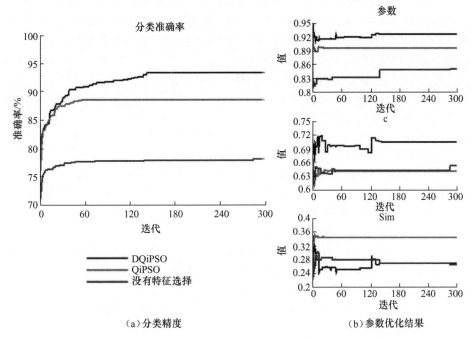

(a)分类精度 (b)参数优化结果

图 7.17 使用两个 3 个优化参数的 eSNN 分类器,针对两个螺旋问题并添加了 18 个噪声冗余特征的分类精度和参数优化结果
(当使用 DQiPSO 与 QiPSO 对比未选择任何功能时,比较显示出更高的准确性)

(6) 烟花算法[7];
(7) 进化的连接系统及其优化概述(文献[62]和[63]中的第 40 章)。

致谢

本章包括作者之前与同事合作发表的一些材料。我感谢以下同事在这些出版物中的贡献:Stefan Schliebs、Haza Nuzly、Michael defin-platel、Mike Watts。一些材料也取自我以前的书与施普林格[44,62,64]。

参考文献

[1] C. Darwin, *On the Origin of Species by Means of Natural Selection, or the Preservation of 991 Favored Races in the Struggle for Life*, 1st edn. (John Murray, London, 1859). p. 502

[2] D. E. Goldberg, *Genetic Algorithm in Search, Optimization and Machine learning* (Addison-Wesley Longman Publishing Co., Inc., Boston, MA, USA, 1989). ISBN 0201157675

[3] J. Koza, *Genetic Programming of Computers by means of Natural Selection* (MIT Press, Cambridge, MA, USA, 1992). ISBN 0-262-11170-5

[4] J. H. Holland, Genetic algorithm. Sci. Am. **1992**, 66–72 (1992)

[5] J. H. Holland, *Emergence: From Chaos to Order* (Addison – Wesely, Redwood City, California, 1998). ISBN 0-201-14943-5

[6] J. Kennedy, R. Eberhart, *Particle Swarm Optimization, IEEE*, in Proceedings of International Conference on Neural Networks (1995), pp. 1942–1948

[7] Y. Tan (2018) *GPU–Based Parallel Implementation of Swarm Intelligence Algorithms* (Morgan Kaufmann, 2015)

[8] D. B. Fogel, J. W. Atmar, Comparing genetic operators with Gaussian mutations in simulated evolutionary optimization. Biol. Cybem. **63**, 111–114 (1990)

[9] X. Yao, A Review of evolutionary artificial neural networks. Int. J. Intell. Syst. **8**(4), 539–567 (1993)

[10] T. Furuhashi, K. Nakaoka, Y. Uchikawa, *A New Approach to Genetic Based Machine Learning and an Efficient Finding of Fuzzy Rule*, in Proceedings of the 1994 IEEE/Nagoya–University World Wisepersons Workshop (WWW'94), Lecture Notes in Artificial Intelligence, ed by T. Furuhashi, vol. 1011 (Springer, 1994), pp. 173–189

[11] H. Mühlenbein, G. Paass,) *From Recombination of Genes to the Estimation of Distributions in Binary Parameters*, in Proceedings International Conference on Evolutionary Computation, Parallel Problem Solving From Nature—PPSN IV (1996), pp. 178–187

[12] M. Pelikan, D. Goldberg, F. Lobo, A survey of optimization by building and using probabilistic model, 1999, IlliGAL, Tech. Rep. No. 99018 (1999)

[13] C. Gonzalez, J. Lozano, P. Larranaga, Analyzing the PBIL algorithm by means of discrete dynamical systems. Complex Syst. **12**, 465–479 (2000)

[14] G. R. Harik, F. G. Lobo, D. E. Goldberg, The compact genetic algorithm. IEEE Trans. Evol. Comput. **3**(4), 287–297 (1999)

[15] A. Johnson, J. L. Shapiro, *The Importance of Selection Mechanisms in Distribution Estimation Algorithms*, in Proceedings 5th International Conference on Artificial Evolution AE01, Oct 2001, (2001), pp. 91–103

[16] C. Adami, *Introduction to Artificial Life* (Springer, New York, 1998). ISBN 978-1-4612-7231-1

[17] W. K. Wootters, W. H. Zurek, A Single Quantum Cannot Be Cloned. Nature **1982**(299), 802–803 (1982)

[18] R. P. Feynman, Simulating physics with computers. Int. J. Theor. Phys. **21**(6/7), 467–488 (1982)

[19] P. W. Shor, *Algorithms for Quantum Computation: Discrete Log and Factoring*, in Proceedings of the 35th Annual IEEE Symposium on Foundations of Computer Science—FOCS (1994), pp. 20–

[20] K. H. Han, J. H. Kim, Quantum-inspired evolutionary algorithm for class of combinatorial optimization. IEEE Trans. Evolut. Comput. **6**(6), 580–593(2002)

[21] J. S. Jang, K. H. Han, J. H. Kim, *Face Detection Using Quantum-Inspired Evolutionary Algorithm*, in Proceedings of the IEEE Congress on Evolutionary Computation(2004), pp. 2100–2106

[22] A. V. A. da Cruz, M. M. B. Vellasco, M. A. C. Pacheco, *Quantum Inspired Evolutionary Algorithm for Numerical Optimization*, in Proceedings of the IEEE Congress on Evolutionary Computation (2006), pp. 2630–2637

[23] H. Talbi, A. Draa, M. Batouche, A novel quantum inspired evaluation algorithm for multisource affine image registration. Int. Arab J. of Inf. Technol. **3**(1), 9–15(2006)

[24] G. K. Venayagamoorthy, G. Singhal, Quantum inspired evolutionary algorithms and binary particle swarm optimization for training MLP and SRN neural networks. J. Comput. Theor. Nanosci. **2**(4), 561–568(2005)

[25] L. K. Grover, *A Fast Quantum Mechanical Algorithm for Database Search*, in Proceedings 28th Annual ACM Symposium on the Theory of Computing(1996), pp. 212–129

[26] D. Deutsch, Quantum computational networks. Proc. R. Soc. Lond. pp. 73–90(1989)

[27] A. Ezhov, D. Ventura, Quantum neural networks, in *Future Directions for Intelligent Systems* ed by N. Kasabov(Springer, Berlin, 2000)

[28] M. Defoin-Platel, S. Schliebs, N. Kasabov, *A Versatile Quantum-Inspired Evolutionary Algorithm*, in Proceedings of the IEEE Congress on Evolutionary Computation(2007), pp. 423–430

[29] S. Schliebs, M. Defoin-Platel, S. Worner, N. Kasabov, Integrated feature and parameter optimization for an evolving spiking neural network: exploring heterogeneous probabilistic models. Neural Netw. **22**(5–6), 623–632(2009)

[30] H. N. A. Hamed, N. Kasabov, S. M. Shamsuddin, *Integrated Feature Selection and Parameter Optimization for Evolving Spiking Neural Networks Using Quantum Inspired Particle Swarm Optimization*. In Proceedings of the International Conference of Soft Computing and Pattern Recognition (2009), pp. 695–698

[31] B. Yuan, M. Gallagher, Playing in continuous spaces: some analysis and extension of population-based incremental learning, in The 2003 Congress on Evolutionary Computation. CEC'03, vol. 1, pp. 443–450

[32] M. Gallagher, M. Frean, Population-based continuous optimization, probabilistic modelling and mean shift. Evol. Comput. **13**(1), 29–42(2005)

[33] M. Gallagher, M. Frean, T. Downs, *Real-Valued Evolutionary Optimization Using a Flexible Probability Density Estimator*, in Proceedings of the GECCO 1999 Genetic and Evolutionary Computation Conference(Morgan Kaufmann Publishers, 1999), pp. 840–846

[34] P. A. Bosman, D. Thierens, Expanding from discrete to continuous estimation of distribution algorithms: the idea, in: In Parallel Problem Solving From Nature—PPSN VI (Springer, 2000), pp. 767–776

[35] E. Mininno, F. Cupertino, D. Naso, Real-valued compact genetic algorithms for embedded microcontroller optimization. IEEE Trans. Evolut. Comput. **12**(2), 203–219(2008)

[36] I. Servet, L. Travée-Massuyès, D. Stern, Telephone network traffic overloading diagnosis and evolutionary computation techniques, in AE'97: Selected Papers from the Third European Conference on Artificial Evolution. Springer, London, UK, pp. 137–144(1998)

[37] J. Geweke, *Efficient Simulation from the Multivariate Normal and Student-t Distributions Subject to Linear Constraints and the Evaluation of Constraint Probabilities*, in: Computing Science and Statistics: Proceedings of the 23rd Symposium on the Interface. pp. 571–578(1991)

[38] M. Sebag, A. Ducoulombier, *Extending Population-Based Incremental Learning to Continuous Search Spaces*, in PPSN V: Proceedings of the 5th International Conference on Parallel Problem Solving from Nature(Springer, London, UK, 1998), pp. 418–427

[39] H. Mühlenbein, T. Mahnig, A. O. Rodriguez, Schemata, distributions and graphical models in evolutionary optimization. J. Heuristics **5**(2), 215–247(1999)

[40] M. Defoin-Platel, S. Schliebs, N. Kasabov, Quantum-inspired evolutionary algorithm: a multimodel EDA, in Evolutionary Computation, IEEE Transactions onIn print(2009)

[41] M. A. Potter, K. A. D. Jong, Cooperative coevolution: an architecture for evolving coadapted subcomponents. Evol. Comput. **8**, 1–29(2000)

[42] N. Kasabov, To spike or not to spike: a probabilistic spiking neural model. Neural Netw. **23**(1), 16–19(2010)

[43] N. Kasabov, Evolving intelligence in humans and machines: integrative evolving connectionist systems approach. IEEE Comput. Intell. Mag. **3**(3), 23–37(2008)

[44] N. Kasabov, *Evolving Connectionist Systems: The Knowledge Engineering Approach* (Springer, Berlin, 2007)

[45] G. John, R. Kohavi, Wrappers for feature subset selection. Artif. Intell. **97** (1–2), 273–324 (1997)

[46] S. Schliebs, M. Defoin-Platel, S. Worner, N. Kasabov, *Quantum-Inspired Feature and Parameter Optimization of Evolving Spiking Neural Networks with a Case Study from Ecological Modeling*, in Proceedings of the IJCNN 2009, Atlanta, 11–19 June(IEEE Press, 2009)

[47] CABI, *Crop Protection Compendium, Global Module*, 5th edn. (2003)

[48] M. Watts, S. Worner, Using MLP to determine abiotic factors influencing the establishment of insect pest species, in International Joint Conference on Neural Networks(IJCNN'06). IEEE, Vancouver, Canada, pp. 1840–1845(2006)

[49] S. Worner, G. Leday, T. Ikeda, *Uncertainty Analysis and Ensemble Selection of Statistical and Machine Learning Models that Predict Species Distribution*, in Ecological Informatics, Cancun, Mexico (2008)

[50] M. T. Vera, R. Rodriguez, D. F. Segura, J. L. Cladera, R. W. Sutherst, Potential geographical distribution of the mediterranean fruit fly, ceratitis capitata (diptera: tephritidae) with emphasis on Argentina and australia. Environ. Entomol. **31**(6), 1009–1022(2002)

[51] L. Benuskova, N. Kasabov, Application of CNGM to learning and memory, in *Computational Neurogenetic Modeling*, *Topics in Biomedical Engineering*, International Book Series (Springer, Boston, MA, 2007)

[52] N. Kasabov, H. N. A. Hamed, Quantum-inspired particle swarm optimisation for integrated feature and parameter optimisation of evolving spiking neural networks. Int. J. Artif. Intell. 7(11), 114–124(2011)

[53] H. N. A. Hamed, N. Kasabov, S. M. Shamsuddin, Probabilistic evolving spiking neural network optimisation using dynamic quantum-inspired particle swarm optimisation. Aust. J. Intell. Inf. Process. Syst. **11**(1), 23–28(2010)

[54] H. N. A. Hamed, N. Kasabov, S. M. Shamsuddin, Dynamic quantum-inspired particle swarm optimization as feature and parameter optimizer for evolving spiking neural networks. Int. J. Mod. Optim. 2(3), 2012(2010). https://doi.org/10.7763/IJMO.2012.V2.108

[55] G. John, R. Kohavi, K. Pfleger, *Irrelevant Features and the Subset Selection Problem*. InProceedings of the 11th International Conference on Machine Learning (1994), pp. 121–129

[56] G. John, R. Kohavi, Wrappers for feature subset selection. Artif. Intell. **97** (1–2), 273–324 (1997)

[57] S. M. Bohte, J. N. Kok, H. L. Poutre, Error-backpropagation in temporally encoded networks of spiking neurons. Neurocomputing **48**(1) (2002)

[58] S. Wysoski, L. Benuskova, N. Kasabov, *Text–Independent Speaker Authentication with Spiking Neural Networks*, in Proceedings of the ICANN 2007(Springer, 2007)

[59] S. Wysoski, L. Benuskova, N. Kasabov, fast and adaptive network of spiking neurons for multi-view visual pattern recognition. Neurocomputing **71**(13–15), 2563–2575(2008)

[60] S. J. Thorpe(1997), How can the human visual system process a natural scene in under 150 ms? Experiments and neural network models, in ESANN, 1997

[61] K. J. Lang, M. J. Witbrock, *Learning to Tell Two Spirals Apart*, in Proceedings of the 1988 Connectionist Models Summer School SanMateo(Morgan Kauffmann, 1998), pp. 52–59

[62] N. Kasabov(ed.) *Springer Handbook of Bio-/Neuroinformatics*(Springer, Berlin, 2014)

[63] J. Kacprzyk, W. Pedrycz (eds.) *Springer Handbook of Computational Intelligence* (Springer, Berlin, 2015)

[64] L. Benuskova, N. Kasabov, *Computational Neurogenetic Modelling*(Springer, New York, 2007)

第4部分　大脑数据的深度学习和深度知识表示

第8章
脑电数据的深度学习和深度知识表示

本章介绍在脑启发式 SNN(BI-SNN)中进行 EEG 数据的深度学习和深度知识表示的一般方法。这些方法被用于开发脑电数据分析和建模大脑认知功能的特定方法,如执行认知任务、面部表情的情感识别、潜意识的刺激处理和建模注意偏见。

SNN 在这里不是用来建模大脑,而是用来建模大脑数据。本章表明,BI-SNN 不仅可以比传统的机器学习方法更加准确地学习和分类脑电图数据,而且由于其组织是大脑模板的映射,它们可以代表来自皮层电图数据的深入知识脑区。如果在人类执行认知功能时接受过脑电数据/知识方面的培训,则 BI-SNN 可以学习该知识,并且可以在特定条件下自动体现出来。

8.1 时空大脑数据——脑电数据

8.1.1 时空脑数据

如第 3 章中所讨论的,多年来已经在大脑中信息处理的不同"层次"上收集了不同类型的时空大脑数据(STBD)。在最高的认知水平上,最常见的类型是 EEG、MEG、fMRI、DTI、NIRS 和单个电极数据等[1]。脑电图(EEG)是通过将表面电极连接到受试者的头皮上来记录来自大脑的电信号[2-4]。脑磁图(MEG)测量由大脑电流产生的磁场的毫秒级变化。MEG 机器使用无创的全头手术,如 248 通道超导量子干扰设备(SQUID)用于测量反映人类大脑电信号变化的小磁信号。正在开发用于大脑数据收集的新方法,并且该研究领域将来可能会进一步发展。

功能磁共振成像(fMRI)将大脑解剖结构的可视化与大脑活动的动态图像结合在一起,进行了一次全面扫描。这项非侵入性技术可测量具有不同磁性的含氧血凝蛋白与脱氧血凝蛋白的比例。活跃的大脑区域比不活跃的区域具有更高水平的氧化血红蛋白。功能磁共振成像扫描可以在几秒钟的时间尺度上产生大脑活动的图像,精确的空间分辨率约为 1~2mm。因此,fMRI 在较低的频谱中提供了大脑的3D解剖和功能视图。fMRI数据建模在第10、11章中讨论。

8.1.2 脑图集

在过去的30年中,神经影像技术得到了长足的发展,使神经科学家能够重新审视绘制人脑的问题,因此,现代脑图集现在被表达为可以捕获多种不同时空分布的数字数据库,可以捕捉大量生理和解剖指标的时控分布。已经创建了几种结构性大脑图谱,以支持对大脑的研究并更好地构造大脑数据。科尔比尼安·布罗德曼(Korbinian Brodmann,1868—1918年)是一位德国神经病学家,他从1909年出版的《布罗德曼区域》(Brodmann Areas)的特征出发,将大脑皮层划分为52个不同的区域。该地图显示了52个大脑皮层的独特区域。每个布罗德曼区域(BA)都有不同类型的细胞,但它也代表不同的结构区域、不同的功能区域(如BA17是视觉皮层)及不同的分子区域(如神经递质通道的数量)[9]。脑电图和功能磁共振成像数据通常映射到BA中,以更好地解释结果[10]。

对整个大脑研究,特别是对大脑数据分析的重要贡献是创建了一个通用坐标系,该坐标系可用于对来自不同受试者并通过不同方法收集的大脑数据进行标准化研究。Talairach和Tournoux(1988)[11]创建了人脑的共面3D立体定位图集。Talairach坐标空间的原点在前连合(AC)处定义,x轴和y轴位于水平平面,z轴位于垂直平面。尤其是y轴由连接AC的最上端和后连接(PC)的最下端的线定义;x轴被定义为由穿过AC点并与AC-PC线正交的线;而z轴是穿过半球间裂缝和AC点的线(图8.1)。

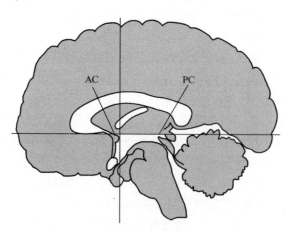

图8.1 一个大脑的前连合与后连合的截面

还提供了一种名为Talairach Daemon(www.talairach.org)的软件来计算大脑图

像中任意给定点的 Talairach 坐标(x,y,z)以及相应的 BAs(图 8.2 和图 8.3)[12]。

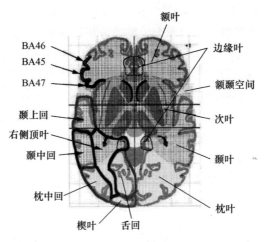

图 8.2　大脑图谱中标注了大脑的结构和功能区域(BA 表示布罗德曼地区
大脑图谱中标注了大脑的结构和功能区域。BA 表示布罗德曼地区)

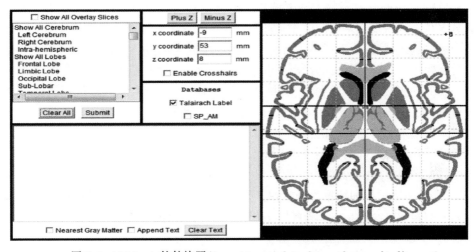

图 8.3　Talairach 软件快照(http://www.talairach.org/daemon.html)

  Talairach 地图集是于 1967 年由一个 60 岁的女性大脑的两个系列的切片生成的：一半在矢状平面内切开，另一半在冠状平面内切开。从矢状面和冠状面中获得的信息手动估计地图集中的横向图像。Talairach 和 Tournou[11]在他们的工作中，从地图集中确定了解剖特征，并创建了与解剖标志有关的坐标系。
  塔里拉赫地图集已被数字化并手动追踪到解剖区域的体积乘员层次结构中，已概述并标记了半球、裂片、小叶、回旋和核。灰质、白质和 CSF 区域也将被定义。

对于大脑皮层,所有 Brodmann 区域都已被追踪并扩展为 3D 体积。

使用大脑模板将大脑数据映射到 BI-SNN

虽然 Talairach 地图集是从对单个大脑的分析得出的,但根据蒙特利尔国际神经病学研究所(MNI)坐标的引入,在立体定向测绘方面取得了进一步发展,该坐标基于个人的平均 MRI 数据,如 MNI152、MNI305[13]。国际脑图测绘联合会(ICBM)进一步开发了标准的脑立体定位坐标图,并发布了几种脑图模板,如 ICBM452、ICBM 中文 56、ICBM AD(阿尔茨海默氏病)、MS(多发性硬化症)等[1]。任何受试者的脑电图和功能磁共振成像如脑活动测量,都可以用标准的 MNI 坐标表示。MNI 坐标可以转换为 Talairach 坐标和 Brodmann Areas,反之亦然。

下面将进一步讨论的大脑基因图集包含从脑部区域收集的具有已确定 MNI 坐标的基因表达数据。MNI 是目前许多软件系统支持的通用标准,如 SPM[14]。

大脑中信息处理的最低"层次"是分子信息处理。大脑中的时空活动取决于内部大脑结构、外部刺激以及很大程度上取决于基因-蛋白质水平的动态。这种复杂的相互作用可以通过计算神经遗传学模型来解决[15]。第一个问题是如何获取与大脑结构和功能有关的基因数据。艾伦大脑科学研究所(www.alleninstitute.org)的大脑图谱(www.brain-map.org)显示,至少有 82% 的人类基因在大脑中表达。在两个健康受试者的近 1000 个解剖大脑区域中收集了 1 亿个数据点,这些数据点指示了数千个基因的基因表达,并且是这些位点的生物化学的基础[16]。这是对先前开发的 Mouse Brain Atlas 的补充。

正如一些最近的出版物[17-20]所指出的那样,可用的大脑数据的巨大数量以及需要通过集成模型进行大脑数据分析的研究问题的复杂性,对于机器学习和信息科学领域来说都是普遍的挑战。

已经开发出准确的大脑模型(如文献[1、21-22])。但是,它们不能用于时空大脑数据(STBD)的机器学习和模式识别,因为它们的目标是在结构和功能上对大脑建模,而不是学习和挖掘大脑数据。人类的大脑已经进化了超过 500 万年,而最近的人类文明已经进化了 1 万年。准确的大脑建模可能需要对自然演化原理进行建模,而不仅仅是大脑作为其产品。对大脑建模是未来许多年的一项艰巨任务(如欧盟人脑计划),但是现在可用的建模和理解大脑数据是神经网络社区需要解决的任务。这是本章和整本书的目标。

8.1.3 脑电数据

脑电图(EEG)是通过将表面电极连接到受试者的头皮上来记录来自大脑的电信号[2-4]。这些电极记录脑电波,脑电波是大脑自然产生的电信号。脑电图使研究人员可以追踪整个大脑表面的电势,并观察在几毫秒内发生的变化。在高频频谱中,EEG 数据是时空的。

脑电图(EEG)是记录沿头皮的电活动。脑电图测量的是大脑神经元内离子电流流动引起的电压波动。这种电信号是可以通过从人类头皮收集的脑电图数据来测量的(图 8.4)。

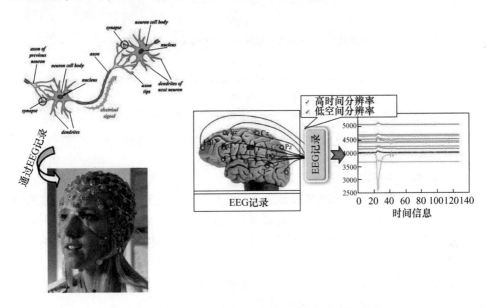

图 8.4　脑电信号可测量人脑沿头皮的皮质时空活动

脑电信号特性
(1) 脑电图可提供较高的时间分辨率(250~2000 Hz 之间的采样率)。
(2) 无法提供神经元激活的精确定位。
(3) 电极记录皮层来源的活动总和(空间分辨率不清)。

脑电图学是最著名和最古老的直接技术,实际上是由德国生理学家和精神病学家汉斯·伯格(Hans Berger)于 1920 年开始进行人类脑电图记录。

由于大脑皮层的表面位置,其电活动对大脑皮层的影响最大。

大脑模式形成的波形通常为正弦波波形。它们通常在一个峰到另一个峰之间进行测量,正常范围的幅度在 0.5~100μV 之间。每个人的大脑状态可能会使某些频率更占优势,但是脑电波可以分为 5 个基本组:β(>13Hz)、α(8~13Hz)、θ(4~8Hz)、增量(0.5~4Hz)、γ(>40Hz),它们表征了不同的大脑状态(图 8.5)。

特别是,大多数信号来自放置在大脑最外层的神经元,即灰质。它们最接近 EEG 电极,因为它们下面的层是由白质组成的,白质产生的厚度将大脑中部的其他神经元与头部表面分开的程度更大。这一点很重要,因为电场随着距源的距离以及所经过材料的电导率的降低而降低。

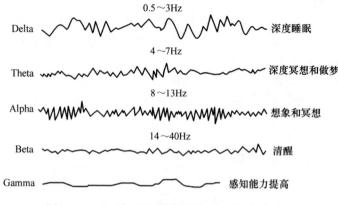

图 8.5　EEG 可以测不同类型的脑电信号的波形

作为 MEG 的 EEG 可用于许多神经生理学研究,示例之一是对语言功能的测试,如语言能力测试[15]:在正常受试者中,在图片命名过程中,视觉和概念过程在刺激提示后的最初 175ms 内发生,随后进行词汇检索(直到 250ms)和单词形式的语音编码(250~450ms);而在神经系统受损之后,单词检索的不同方面可能会受到损害(如中风后失忆)。因此,可以概述损坏和伤害的影响。

脑电图在人和动物中的其他研究和临床应用如下:

(1) 找到头部受伤、中风、后的受损部位;

(2) 肿瘤:监控认知参与度;

(3) 调查癫痫病并找到癫痫发作的起源;

(4) 测试癫痫药物的作用;

(5) 调查睡眠障碍和生理。

脑电图(EEG)定义为被金属电极和导电介质拾取后从头皮表面记录的交替类型的电活动。在这项工作中,将仅指从头部表面测得的脑电图,因此不使用深度探头。为此,可以对患者、正常成年人和几乎没有风险或限制的儿童重复使用相同的步骤。

脑电图记录系统包括以下内容:

(1) 带有导电介质的电极,它们从头部表面读取信号;

(2) 带有滤波器的放大器,它们将微伏信号带入可以精确数字化的范围内;

(3) A/D 转换器,它将信号从模拟形式转换为数字形式;

(4) 记录设备,作为存储和显示获得数据的个人计算机(或其他相关设备)。

通常认为 EEG 信号是大脑中神经元活动的头皮记录,特别地,它们测量信号(有源)电极和参比电极之间传导的基本电路中电位随时间的变化。此外,需要一个额外的第三电极,称为接地电极,以通过减去在活动点和参考点上显示的相同电压来获得差分电压。因此,单通道EEG测量的最小配置至少包括3个电极,即一个有源电极、一个(或两个专门链接在一起的)参考电极和一个接地电极。如今,也有多通道配置,可以包含32、64、128到256个有源电极。

1958年,国际脑电图学和临床神经生理学联合会采用了称为10-20电极放置系统的电极放置标准化方法,该系统对头皮上电极的物理放置和名称进行了标准化(图8.6至图8.8)。头部被分为与突出的颅骨界标(鼻梁、耳前穴、齿轮)的比例

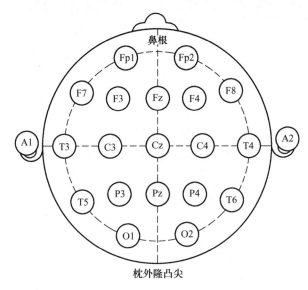

图8.6 根据10-20电极放置系统的一些脑电图通道及其位置的标签

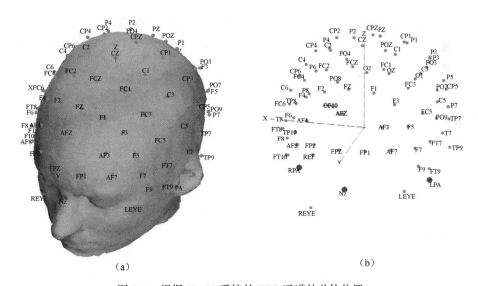

图8.7 根据10-20系统的EEG通道的总体位置

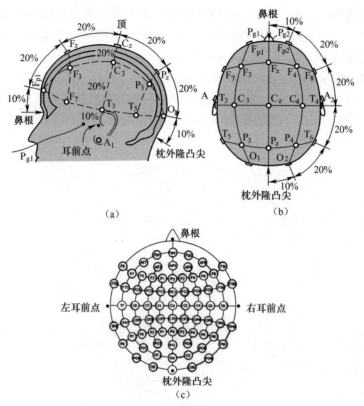

图 8.8 根据 10-20 系统精确定位 EEG 电极
(美国脑电图学会扩展了 EEG 电极的位置命名法)[70-71]

距离,以提供对大脑所有区域的足够覆盖,因此标签 10-20 指定了耳与鼻之间的比例距离(以百分比表示),其中选择了电极点。遵循相同的比例概念,还开发了 10-10 系统。

电极的位置根据相邻的大脑区域进行标记:F(额叶)、C(中央)、T(颞部)、P(后部)和 O(枕骨)。这些字母的头部左侧为奇数,右侧为偶数。从被摄体的观点来看,左侧和右侧是按照惯例考虑的。

从层析成像技术可知,不同的大脑区域可能与大脑的不同功能相关,因此每个头皮电极都位于某些大脑中心附近,F_7 位于理性活动中心附近,F_z 位于故意和动机中心附近,F_8 在情感冲动源附近。此外,C_3、C_4 和 C_z 位置周围的皮质电极处理感觉和运动功能。P_3、P_4 和 P_z 附近的位置有助于感知和分化活动;在 T_3 和 T_4 情感处理器附近,而在 T_5、T_6 附近有一定的记忆功能。主要视觉区域位于 O_1 和 O_2 点下方。

在电极和神经元层之间,电流穿透皮肤、颅骨和其他几层,因此头皮电极检测到微弱的电信号。即使它被大量放大,其特征仍然是由于头骨的不均匀特性、皮质源的不同方向以及源之间的连贯性而引起的一些问题和限制。因此,头皮电极的记录可能无法完全反映皮层所关联的特定区域的活动。由于这些限制,有效来源的确切位置仍然是一个未解决的问题。

8.2 BI-SNN 中 EEG 数据的深度学习和深度知识表示

在图 8.9 和图 8.10 及专栏 8.1 中示意性地示出了用于在 BI-SNN 中的 STBD (包括 EEG 数据)的深度学习、建模和深度知识表示的方法,并在文本中进行了解释。该方法学恰好遵循第 3 章中介绍的使用 NeuCube 设计 SNN 系统的方法学。这里,NeuCube 也用作示例 BI-SNN。

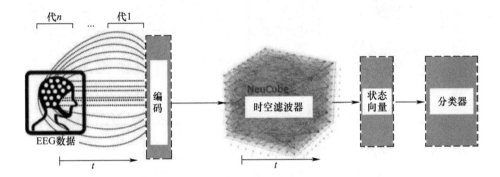

图 8.9 使用 NeuCube BI-SNN 进行 EEG STBD 建模的一般方案

专栏 8.1　一种典型关于深度学习和深度知识认知的 EEG 信号建模方法
（1）脑电图输入数据转换/编码为尖峰序列。 （2）使用脑模板(如 Talairach 模板)将输入的 EEG 通道的空间映射作为尖峰神经元的变量。 （3）在可扩展的 3D SNN 立方体中对 EEG 信号进行编码的时空尖峰序列的无监督深度学习。 （4）监督学习和数据分类/回归。 （5）动态参数优化。 （6）评估系统的预测建模能力。 （7）适应新数据,可能以在线/实时模式进行。 （8）模型可视化、连通性和峰值活动模式解释,以便更好地理解数据和生成数据的大脑过程。

(9) 将经过训练的 SNNCube 和输出分类器中表示的深层知识定义为连接方式。

(10) 在硬件/软件平台中实现 SNN 模型,如 冯·诺依曼与神经形态硬件与量子计算。

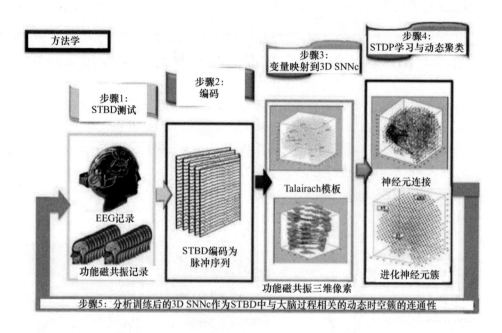

图 8.10　用于 STBD 编码、映射、可视化、学习和分类的 NeuCube 模块的框图
（映射模块说明了另一个 SNNCube 中脑电图通道作为输入神经元和
fMRI 体素的分配（该图由 M. Gholami 创建））

重要的是要强调,NeuCube 模型是随机模型(即随机生成储层神经元之间的初始连接),因此对参数设置极为敏感。影响模型的一些主要参数有以下几个:

(1) 编码尖峰序列的尖峰编码阈值。双向阈值,该阈值将根据时间应用于信号的梯度。当加载新的数据集时,取决于获得的尖峰速率,阈值由模型和所使用的编码方法确定(见第 4 章)。

(2) 网络神经元之间的连接距离。根据小世界(SWO)连通性原理,SNN 储存库的每个神经元都以固定距离乘以该参数与其相邻的神经元相连,结果值将是确定将连接哪些神经元而不会连接哪个神经元的值。默认情况下,此参数设置为 0.15,这是通用的低值(见第 6 章)。

(3) deSNN 分类器的变量 mod 和漂移。根据文献[24],每个训练样本都与一个输出神经元相关联,该输出神经元连接到储层的每个其他神经元。这些输出神经元的初始连接权重都设置为零。根据排名(RO)学习规则形成新的连接权重。

根据传入的尖峰阶数的调制因子(变量 mod)进行计算。然后新连接权重将根据第一个之后的尖峰数量(漂移值)而增加或减小。默认情况下,这些参数值对于 mod 来说是 0.4,对于漂移来说是 0.25,这也是凭经验定义的。

(4) NeuCube 的关键步骤是优化这些变量,需要进行这些操作才能获得理想的分类精度。可以通过网格搜索方法、遗传算法或量子启发式进化算法[25]来实现变量调整(见第 7 章)。

(5) LiF 神经元的放电阈值、不应时间和 LiF 神经元的潜在的漏泄率(见第 4 章)。当储层的 LIF 神经元出现尖峰时,其 PSP 随时间的每个输入尖峰逐渐增加直至达到确定的起火阈值为止。然后,发出输出尖峰,并且膜电位被重置为初始状态(耐火时间)。在尖峰之间,膜电位泄漏,模拟了生物膜的行为,此后在离子扩散后未达到某种平衡。

(6) STDP 速率。根据 STDP 学习规则(有关更多详细信息可参见文献[23]),特定神经元的射击活动也会导致其邻近神经元发出尖峰信号。就其与发射神经元的连接重量而言,其膜电位将增加。每个神经元的膜电位具有恒定的小漏率,默认情况下设置为 0.01,在大多数情况下可以确定为适当的值。

(7) NeuCube 训练的次数。

(8) deSNN 分类器的变量 mod 和漂移。根据文献[24],每个训练样本都与一个输出神经元相关联,该输出神经元连接到储层的每个其他神经元。这些输出神经元的初始连接权重都设置为零。根据排名(RO),学习规则形成新的连接权重。根据传入的尖峰阶数的调制因子(变量 mod)进行计算。然后,新连接权重将根据第一个之后的尖峰数量(漂移值)而增加或减小。默认情况下,这些参数值对于 mod 来说是 0.4,对于漂移来说是 0.25,这也是凭经验定义的。

NeuCube 的关键步骤是优化这些变量,需要进行这些操作才能获得理想的分类精度。可以通过网格搜索方法、遗传算法或量子启发式进化算法[25]来实现变量调整(见第 7 章)。

在 NeuCube 中进行了 3 种类型的 EEG 数据深度学习(也在第 6 章中进行了讨论):

(1) SNNCube 中的无监督学习(专栏 8.2);

(2) 在 SNNCube 和输出分类器中的监督学习(专栏 8.3);

(3) 半监督学习,将无监督和监督学习结合在一起(专栏 8.3)。

图 8.11 展示了基于 Talairach 坐标[26]说明了在 SNNc 无监督学习(初始阶段和最终阶段)中,由 1471 个 sPike 神经元组成的 SNNC 中神经元连通性和 Spike 活动的演化。蓝线是正极(兴奋性)连接,而红线是负极(抑制性)连接。神经元的颜色越亮,其活动越强。线的粗细表明神经元的连通性增强。

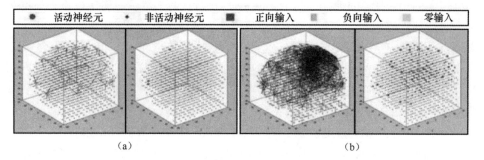

图 8.11 动态可视化 1471 个带有基于 Talairach 坐标的加标神经元的 SNNc 中神经元连通性和加标活动的演变[26]

专栏 8.2　基于 STBD 和知识表示的 NeuCube 中的无监督深度学习

1. 初始化 SNN 模型

（1）对模型进行预构建，以映射由时态或时空脑数据表示的建模过程的结构和功能区域。SNN 结构由空间分配的尖峰神经元组成，其中神经元的位置映射问题空间的空间模板（如脑模板，如果存在此类信息）。

（2）输入神经元在该空间中进行空间分配，以映射输入变量在问题空间中的位置。对于不存在输入变量的空间信息的大脑时间数据，这些变量将基于它们的时间相关性映射到结构中。相似的时间变量越多，它们映射到的神经元越近。

（3）SNN 中的连接使用小世界连接算法初始化。

2. 输入数据的编码

使用某些编码算法将输入数据编码为反映大脑数据时间变化的尖峰序列（见第 4 章）。

3. SNN 模型中的无监督学习

在 SNN 模型中，对尖峰编码的输入数据应用了无监督的时间相关学习。可以使用不同的依赖于尖峰时间的学习规则。学习过程根据尖峰活动的时间来更改各个神经元之间的连接权重。通过随着时间的推移学习单个连接，与输入变量相对应的尖峰神经元的整个区域（簇）彼此连接，从而以灵活的方式形成许多连续簇的深层连接模式。时间数据的长度以及从 SNN 模型中学到的模式在理论上是不受限制的。

4. 在 SNN 模型中获得深层知识表示作为功能模式

揭示了一种深层的功能模式，即 SNN 模型中神经元簇的一系列尖峰活动，这些活动代表了建模过程中活跃的大脑功能区域。这样的模式由所学的连接结构模式定义。当将相同或相似的输入数据提供给经过训练的 SNN 模型时，随着神经元活动通过连接主义模式传播，功能模式就会显示出来。理论上获得的功能图案的长度是无限的。

可以观察，可视化和分析学习到的联系，以进行深入的知识表示并更好地理解数据和大脑过程。SNNc 的透明结构及其在空间上映射大脑数据的空间组织允许响应于 EEG 尖峰输入序列以逐步的方式跟踪连接的变化。图 8.11 说明了整个学

习过程中 SNNc 连接的演变。图 8.11 所示是从小的随机连接(初始化的 SNNc)开始,随着时间的推移,SNNc 创建了新的连接,反映了 EEG 数据中的时空关系。

专栏 8.3　NeuCube 中的深度监督和半监督学习
1. 监督学习,用于在 SNN 模型中对学习模式进行分类
当在无监督模式下针对代表不同类的不同时间数据训练 SNN 模型时,SNN 模型将学习不同的结构和功能模式。当相同的数据再次通过此 SNN 模型传播时,可以使用已知标签训练分类器,以学习对激活 SNN 模型中类似学习模式的新输入数据进行分类。 2. 半监督学习 所提出的方法允许在大部分数据上训练 SNN(未标记),在较小部分数据上训练分类器(标记),这两个数据集都涉及同一问题。这也是大脑学习的方式。

BI-SNN 不仅可以学习和分类大脑 EEG 数据,而且由于其组织是大脑模板的映射,因此他们可以从 EEG 数据中学习人类如何执行运动控制或认知功能,然后可以将它们用于代表这些深刻的知识。

图 8.12 显示:①在训练 1s 的腕部运动脑电图数据(时间以 ms 为单位)时,SNN 模型中的尖峰活动的 3 个快照;②训练后,SNN 模型中的连接性得到了发展(蓝线表示正连接权重,红线表示负连接权重);③在大脑皮层功能的空间中学习动态功能模式,它代表有关人类如何移动手的深层程序知识。

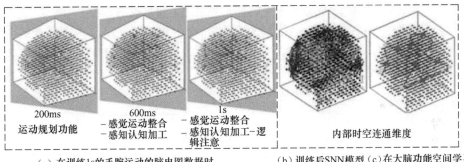

(a) 在训练 1s 的手腕运动的脑电图数据时(时间以 ms 为单位),在 SNN 模型中的尖峰活动的 3 个快照
(b) 训练后 SNN 模型中的演化连接性(蓝线代表正连接权重,红线代表负连接权重)
(c) 在大脑功能空间学习动态功能模式,可以将其表示为深度知识,如本书所述

图 8.12　知识在时间和空间上的分辨率(见彩插)

如图 8.12(c)所示,在受过训练的 SNNCube 中激活的模式可以解释为深度知识(根据第 1 章的定义),表示为一系列事件 E_i,每个事件由函数 F_i 定义,活动位置 S_i 定义,活动时间 T_i。

If 有人在动手 Then 以下大脑事件在空间和时间中依次激活:

E_1:运动计划,在"运动计划"功能性大脑区域,时间约 200ms

E_2:感觉运动集成,在感觉运动积分脑区域中,时间约为600ms

E_3:知觉,在知觉认知脑区域中,时间约为600ms

E_4:注意力,在逻辑注意力脑区域中,时间约为1s。

图8.12中所表示的知识在时间和空间上的分辨率为数百毫秒和较大的大脑区域。可以从SNN模型中提取不同时空分辨率下的知识,如一个毫秒级的神经元簇(如参考文献[27],本章将进一步介绍)。可以假设,一旦BI-SNN使用与人脑相同的结构和功能模板学习了一些认知功能,就可以用作机器的"大脑",该机器可以独立显示这些功能。这仍然需要实验证明。

8.3 认知任务的深度学习、认知和建模

此处所介绍方法的详细信息可以在文献[28]中找到。

8.3.1 系统设计

建模方案在图8.13中给出。

建立基于NeuCube的模型,该模型具有1471个尖峰神经元的容器。NeuCube框架的一大优点是,在许多情况下无需进行预处理(如数据的标准化、缩放、平滑等)。原始数据作为有序向量输入模型。这些向量在映射到SNNc中进行训练之前,使用用于地址均匀表示(AER)[29]的尖峰编码阈值转换为尖峰序列。当使用连续输入数据(如EEG STBD)时,AER十分方便,因为该算法仅识别连续值中的差异。

输入的尖峰序列被呈现给储层SNNc,它是使用泄漏积分和火(LIF)神经元实现的(见第4章)[30-32]。SNNc是使用依赖于尖峰时序的可塑性(STDP[23])学习规则进行训练的。STDP学习规则允许SNNc的尖峰神经元从数据中学习连续的时间关联,从而在体系结构中形成新的连接(即在学习期间更改连接权重)。从数据中学习连续的时间关联,从而在架构中形成新的连接(即在学习期间更改连接权重)。这使NeuCube体系结构可用于学习连续的时空模式,因此代表了一种更具生物学上合理性的关联类型的内存[33],如第6章所述。

尽管SNNc的大小可能会不断变化,但在本研究中探索了由1471个尖峰神经元组成的NeuCube,体系结构的分类能力,每个神经元代表距3D Talairach Atlas $1cm^3$区域的中心坐标[11-12,34]。

SNNc的3D架构基于"小世界组织"(SWO),这对于初始化、该模型的学习过程以及从数据中捕获相关模式的过程至关重要。如文献[34]中所建议的那样,按

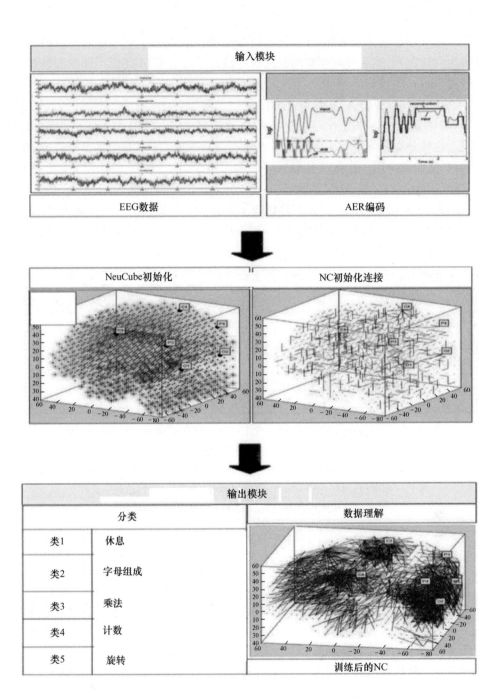

图 8.13 图形化表示所提出方法的不同步骤(该方法适用于使用 EEG 数据和 NeuCube 进行认知任务的识别和建模)

照 Talairach 坐标将来自 6 个 EEG 记录设备通道(C_3、C_4、P_3、P_4、O_3 和 O_4)的数据编码为尖峰序列,然后输入到空间分配的神经元中。图 8.14 还以不同的颜色显示了根据 Talairach 模板在空间上代表大脑区域的 SNNc 的不同区域,如额叶、颞叶、顶叶、枕叶、后叶、亚叶区、边缘叶、前叶。

我们使用动态演化 SNN(deSNN[24])算法将 EEG TSBD 分为 5 种大脑状态(类)。这种分类方法结合了等级学习规则[35]和 STDP[23]对每个输出神经元的时间学习,从而仅使用一次数据传播就可以学习整个时空模式。使用重复随机子抽样验证(RRSSV)和留一法交叉验证(LOOCV)来评估分类结果。

图 8.13 中图表的最后一张图片代表了 NeuCube 提供的另一个关键优势,即知识提取的可能性。可以分析训练后的 SNNc 状态。可以观察到,在神经元之间形成了新的连接,可以在不同认知任务的情况下进一步解释这些连接。

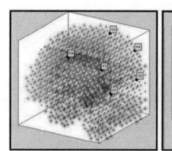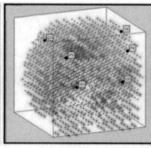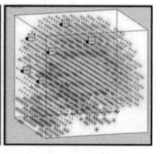

图 8.14 案例研究 EEG 数据和问题对 1471 个神经元和 6 个输入神经元的
SNNCube 的不同看法(见彩插)
(根据 Talairach Atlas 还显示了 SNNcube 中 7 个与大脑区域在空间上对应的特定区域:
绿色—额叶;在洋红色中—颞叶;青色—顶叶;黄色—枕叶;红色—后叶;
橙色—次大叶区域;黑色—边缘叶;浅蓝色—前叶)

8.3.2 案例研究认知脑电数据

本研究使用的数据记录在较早的实验中[36-38],并在文献[39-41]中进一步研究。在 5 个不同的场景、1 项休息任务和 4 项认知测验之后,该数据是从 7 个健康受试者(20~48 岁,6 个男人和 1 个女人,除了一个受试者之外,所有右手)的皮质中收集的。脑计算机接口设备被用来收集信息。设计的心理任务场景包括:"休息"任务——受试者正在放松,尽可能避免思考(第 1 类);"字母撰写"任务(第 2 类)——主题的任务是想象给某人写一封信而不用口头表达;"乘法"任务(第 3 类)——受试者正在执行非简单的两位数字心理乘法;1 项"计数"任务(第 4 类),一个对象正在可视化一个黑板,上面依次写着数字;"旋转"任务(第 5 类)——主体正在3D几何图形的轴上进行精神旋转。每个记录会话均使用6个电极进行，即 C_3、C_4、P_3、P_4、O_1、O_2。在250Hz处记录数据10s，导致每个会话收集2500个数据点。每个任务在日常会话中重复执行5次。一些受试者的数据记录在一天的会议中，而其他受试者在第二天或第三天的会议中重复了5个实验任务。实验4排除了受试者4的数据，因为根据先前的研究[41]，该信号在多次实验中反复饱和或无效。

对于我们的研究，将每个会话数据集的大小调整为每个5s的两个样本，每个样本上每个通道1250个数据点。因此，对于5个类别中的每个类别，有6个EEG通道的1250个数据点的10个样本，每个主题和每个会话总共获得了50个样本。

8.3.3 实验结果

在这项研究中，测量了基于NeuCube的模型分类准确性。表8.1总结了每个主题和每个会话的这些结果。结果表示为每个类别类型和所有类别中准确分类样本的百分比。在此处报告是使用RRSSV(50/50%训练/测试)获得的结果。由于数据集规模较小，因此不宜就不同受试者的心理任务表现得出任何科学结论，这也不是本研究的目的。我们宁可得出这样的结论：考虑将基于NeuCube的方法用于进一步的分析和进一步的实验数据建模，成为与跨应用程序的心理任务相关的EEG数据分析的一种广泛使用的方法是可行的。该实验的结果仍然证实了一些预期的现象。

表8.1 基于NeuCube模型的每个受试者和每个会话的实验结果

样本		参数设置	使用 RRSSV 的 NeuCube					
受试者和会话		参数设置	类1/%	类2/%	类3/%	类4/%	类5/%	所有类的平均值
1	会话1	2.00	80	100	100	60	100	88
	会话2	1.99	100	100	100	100	100	100
2	会话1	1.30	100	100	100	100	20	84
3	会话1	4.07	80	40	80	40	40	56
	会话2	2.94	80	40	100	80	100	80
5	会话1	5.23	100	80	80	80	80	84
	会话2	2.95	20	60	100	100	80	72
	会话3	5.89	80	100	60	100	60	80
6	会话1	6.48	60	80	40	100	80	72
	会话2	5.57	80	100	100	80	60	84
7	会话1	1.70	60	100	100	100	80	88

结果显示了使用 RRSSV 获得的分类准确率百分比(每类类型和所有类的平均值)。

表 8.2 NeuCube 最佳结果与 Nan Ying Liang 等[41]的结果

受试者	会话	NeuCube		Nan Ying Liang 等人	
1	会话 2	100%	RRSSV	86.709%	带平滑的极限学习机
2	会话 1	84%	RRSSV	78.769%	支持向量机平滑
3	会话 2	80%	RRSSV	64.609%	支持向量机平滑
5	会话 1	84%	RRSSV	63.439%	支持向量机平滑
6	会话 2	84%	RRSSV	69.479%	带平滑的极限学习机
7	会话 1	88%	RRSSV	79.779%	支持向量机平滑

(1) 受试者在不同的复杂心理任务(课堂)中表现不同。

(2) 在所有科目中,类别 1(放松)的数据分类最好。

(3) 通过一些手动参数调整,分类的准确性提高了,这表明这并不是基于 NeuCube 的模型的全部潜力,仍然需要进一步优化。

(4) 即使处理非常复杂的心理任务,分类准确性也相对较高(与以前使用的分类模型相比)。

以上结论得到了证实,因为将基于 NeuCube 方法的结果与先前在相同数据集上进行的实验中获得的结果进行了比较[40-41]。与其他方法(如支持向量机(SVM)和极限学习机(ELM))相比,我们在每个会话、每个主题和总体上的数据上获得了更高的分类准确性(表 8.2)。当应用 SVM 和 ELM 方法时,首先对 EEG 数据进行预处理(平滑),然后"压缩"为较少数量的输入向量,而不是像 NeuCube 中那样将其视为时空流数据。

除上述之外,基于 NeuCube 的模型还具有其他几个重要优点:

(1) 它只需要进行一次数据传播迭代即可进行学习,而 SVM 和 ELM 的经典方法则需要进行数百次迭代;

(2) 基于 NewCube 的模型适用于新数据和新类,而其他模型则固定且难以适应新数据;

(3) 基于 NewCube 的模型可以很好地解释数据。

8.3.4 模型解释

NeuCube 构成了 SNN 的生物学启发的 3D 环境,用于在线学习和识别时空数据。它考虑了数据功能,可以更好地理解信息和学习现象。这在图 8.15 中进行了说明,该图是在用数据集之一训练 SNNc 之后获得的。从图 8.15 中可以注意到,在 SNNc 的输入神经元周围形成了新的连接,这些连接被分配用于在空间上映射 EEG 电极。研究图片后还可以推断出一些隐式信息,如受试者积极使用他们的视觉皮层(枕叶)。实际上,受试者是睁开眼睛来表演每种场景的。此外,还可以从图片中观察到顶叶的高度活动(视觉和其他信息的整合)。

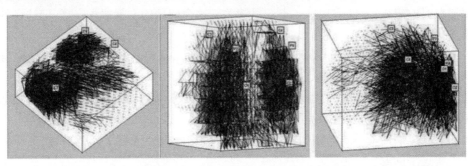

图 8.15　可以分析和解释训练后的 SNNCube 连接性以更好地理解认知脑电数据、以识别代表不同心理任务和不同主体的大脑状态之间的差异(该图显示了受过训练的 SNNCube 的不同观点,以更好地了解学习的连通性)

由于 SNNCube 具有通过一次学习容纳数据的能力以及输出分类器的可扩展性,因此可以对 NeuCube 模型进行包括新类别在内的新数据的增量训练。后者将为学习到的每个新输入模式生成一个新的输出神经元,并以一种通过学习模式对其进行训练[24,33,42]。NeuCube 模型的这种能力将允许跟踪认知过程随着时间的发展,并提取有关它们的新信息和知识。

8.4　BI-SNN 的深度学习、识别和情感表达

人的情感是一种复杂的情感状态,它会引起生理和心理的变化,可以通过面部表情、手势、说话的语调等表现出来。情感模型是研究人类情感的必要工具。该方法的详细描述和本节给出的实验结果可以在文献[43]中找到。

8.4.1　一般概念

面部表情是人类交流的基本工具。了解面部表情对第三个人的影响是至关重要的理解沟通。神经心理学研究表明,通过面部表情进行交流与镜像神经元系统(MNS)高度相关。MNS 原理在 20 世纪 90 年代由里佐拉蒂提出,当时他发现,当猴子执行一个动作时,猴子大脑的类似区域会被激活,而当猴子观察到另一个[44]

执行同样的动作时,大脑的类似区域也会被激活。功能磁共振成像(fMRI)数据[45]实验也证实了人的 MNS。不同的面部表情对人的大脑活动有不同的影响。感知情绪面部表情和模仿相同情绪的表达的大脑过程是时空性的大脑过程。对收集到的与这些过程相关的大脑时空数据(STBD)进行分析,可以揭示个人特征或异常,从而更好地理解与 MNS 相关的大脑过程。只有从数据创建的模型能够从该数据捕获时空组件,才能实现这一点。尽管关于这个问题的文献非常丰富,但这样的模型仍然不存在。

在这里使用 NeuCube 来研究 MNS 现象,因为 NeuCube BI-SNN 的特征已经被证明可以用于 STBD 的映射、学习、分类和可视化[26,33,46-49]。

在本节中,NeuCube 被用来模拟在面部表情任务(感知和模仿)中记录的脑电图数据,以调查从 7 种情绪面孔(愤怒、轻蔑、厌恶、恐惧、快乐、悲伤和惊讶)中得出的大脑皮层活动模式的相似性和差异性。对这些模型进行了分析,以便更详细地了解这个问题。

8.4.2 使用 NeuCube 模型进行情绪识别

第 6 章介绍了 NeuCube 架构[33],它包括一个输入编码模块、3D 递归 SNN 储存/立方体(SNNc)及一个进化的 SNN 分类器。该编码模块将连续的数据流转换为离散的尖峰序列。作为一种实现方法,采用基于阈值的表示(TBR)算法进行编码。NeuCube 分为两个学习阶段。SNNc 的第一个阶段是基于脉冲时间依赖突触可塑性(STDP)学习[23]的无监督学习。根据输入数据变量之间的时空关系,采用 STDP 学习方法调整 SNNc 中的连接权值。第二阶段是监督学习,目的是学习与每个训练样本相关的类信息。采用动态进化 SNNs[24]作为输出分类器。

本研究使用 NeuCube 对不同面部表情对应的病例脑电图数据进行建模、学习和可视化。

8.4.3 以脑电图数据为例从面部表情进行情绪识别

11 名日本男性参与者,包括 9 名右撇子和 2 名左撇子,年龄在 22~25 岁之间($M=23.2$、$SD=1.2$),参与了面部表情任务的案例研究。面部刺激使用 JACFEE 系列[50],包括 56 张不同个体的彩色照片。每个人都表现出 7 种不同情绪中的一种,即愤怒、轻蔑、厌恶、恐惧、快乐、悲伤、惊讶。该系列被平均分为男性和女性群体(28 名男性、28 名女性)。

实验过程中,受试者佩戴由 14 个电极组成的 EEG 耳机(Emotive EPOC+),采样率为 128Hz,带宽为 0.2~45Hz。

受试者在执行两种不同的面部表情任务时记录脑电图数据。在第一次演示中,受试者被要求感知屏幕上显示的不同面部表情图像;在第二次演示中,他们被要求模仿面部表情图像。

每张面部表情图像暴露 5s,然后随机间隔 5~10s 的刺激间隔(ISI),如图 8.16 所示。

图 8.16　面部表情相关任务:情绪表达顺序为愤怒、轻蔑、厌恶、恐惧、快乐、悲伤、惊讶(在一次实验中每位受试者观看了 56 幅图像)

8.4.4　当一个人感知到情绪面孔和表达这种面孔时在训练好的 SNNcube 中的连通性分析

一个类似大脑的 3D SNNc 被创建来绘制 Talairach 大脑中 1471 个尖峰神经元的模板[11,34]。将脑电图通道的时空数据编码成脉冲序列,通过 14 个输入神经元输入到 SNNc 中,SNNc 中的空间位置对应于同一通道在 sculp 上的 10~20 个系统位置。使用"小世界"连接[33]初始化 SNNc。

在无监督的 STDP 学习过程中,SNNc 的连通性随着神经元之间的尖峰传输而进化。两个神经元之间更强的神经元连接意味着它们之间交换的信息(峰值)更强。图 8.17 所示为训练后的 SNNc 与感知和模仿 7 种不同面部表情的脑电图数据。它还显示了感知和模仿之间的 SNNc 连接的差异,这是在减去两个相应的模型后得到的。

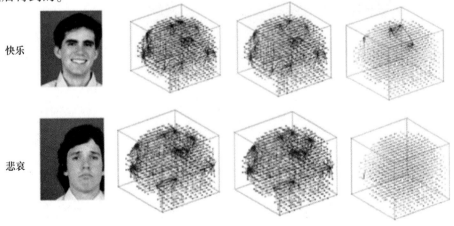

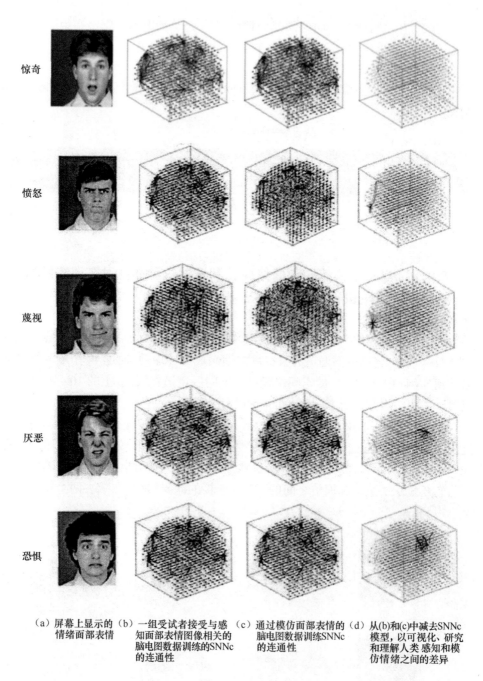

(a) 屏幕上显示的情绪面部表情 (b) 一组受试者接受与感知面部表情图像相关的脑电图数据训练的SNNc的连通性 (c) 通过模仿面部表情的脑电图数据训练SNNc的连通性 (d) 从(b)和(c)中减去SNNc模型,以可视化、研究和理解人类感知和模仿情绪之间的差异

图 8.17 实验过程

本节实验如图 8.17 所示。图 8.17(a) 在屏幕上显示情绪面部表情;图

8.17(b)通过一组受试者感知面部表情图像的脑电图数据训练的 SNNc 的连通性；图 8.17(c)通过模仿面部表情的脑电图数据训练的 SNNc 的连通性；图 8.17(d)从(a)和(b)中减去 SNNc 模型，以可视化研究和理解人类感知和模仿情绪之间的差异。

从图 8.17 可以看出，当对 SNNc 进行与感知和模仿条件下的面部表情相关的脑电图数据训练时，在反映类似皮层活动的 SNNc 中会诱发类似的神经元连接。

特别是，在 SNNc 的右半球中，愤怒、蔑视、悲哀和惊奇的相似性更大。这一发现证明了一个神经学事实，即情绪信息通常是在大脑右半球的特定区域中处理的[51]。它也反映了 MNS 原则在面部表情的情感。在所有呈现的情绪面孔中，如果感知和模仿情绪的大脑活动模式具有高度的相似性，那么其中一些可以被认为是主导情绪。这种相似性主要体现在悲伤上。

感知和模仿情绪之间也存在一些差异。从图 8.18(d)可以看出，位于 T7 脑电图通道周围的神经元在感知和模仿面部表情时，愤怒、蔑视的差异最大，悲哀和惊奇的差异较小。还可以观察到恐惧、厌恶和快乐情绪在 T6 区域的差异。

利用 NeuCube SNN 架构，首次发现大脑活动模式在不同面部表情下的变化程度。可以发现，与其他情绪相比，镜像神经元在悲哀情绪中起主导作用，而在右半脑的 T6 脑电图通道区域，记录的恐惧和快乐差异最大。这只是这方面的第一项研究。进一步的研究将需要收集更多的受试者数据，以建立更多的模型，然后将该方法用于认知研究和医疗实践。

8.4.5 我们能教机器表达情感吗？

在大脑信号的训练中，SNNCube 记录了人类不同的情绪表达，SNNCube 形成了独特的连接和活动模式。通过外部刺激或内部程序激活这些模式可以在机器人中触发不同的情绪表达(图 8.18)。

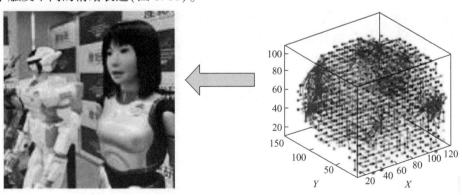

图 8.18 SNNCube 在对记录人类不同情绪表达的脑信号进行训练的过程中 SNNCube 形成了独特的连通性和尖峰活动模式(通过外部刺激或内部程序激活这些模式可以在机器人中触发不同的情绪表达[69])

8.5 BI-SNN 的深度学习和感知过程建模

本节给出的方法和实验的完整描述可以在文献[52]中找到。

8.5.1 潜意识大脑过程的心理学

由于情感和无意识过程在消费者决策中起着至关重要的作用,因此了解人类大脑活动和神经性能范围对于预测人类决策具有至关重要的意义,如在神经营销领域。根据神经营销学领域的研究,大多数的研究都认为前区活动是大脑对营销刺激最重要的反应。在这项研究中,我们打算做一个不同的尝试,并检查前知觉过程,如枕叶和顶叶是否也与对营销刺激(商业品牌标识)的偏好和决策有关。为此,使用 NeuCube Spiking 神经网络(SNN)架构进行 EEG-ERP 数据建模、学习、分类和可视化,以揭示有关消费者大脑过程的重要信息。我们分析了 26 名参与者在执行一项认知任务时的脑电图数据。追踪基于 NeuCube SNN 模型的连通性,可以发现消费者的决策甚至发生在意识之前。更重要的是,它提供了一个更好的理解脑电图数据源定位。利用 NeuCube 动态进化的 SNN 分类器对 EEG 数据进行分类(熟悉的标识类和不熟悉的标识类),并与传统的机器学习和分析方法进行了对比。

在人类行为研究中,研究对象并不总是诚实的。他们可能会告诉人们他们认为他们想听到的,而不是他们真正相信的。在市场环境下,神经营销是一个新的领域,它是通过神经科学方法和人类行为的合作来分析受试者对特定刺激的反应来揭示消费者的偏好。这些实验结果可以潜在地预测消费者思维过程中的差异,而这些差异不一定能在他们的行为中被观察到。

人的大脑在处理市场环境时,外部刺激效应使大脑功能做出选择。"品牌化"在偏好机制中起着关键作用。这直接影响了购买行为[54]。品牌熟悉度是评价一个人对产品偏好的一种常用方法。在神经营销研究中,品牌熟悉度和产品偏好与神经活动相关[55-57]。已有证据表明,内侧前额叶皮层与品牌熟悉度和产品偏好之间存在联系。

虽然对脑区后知觉参与的研究较多,但对品牌意识和知觉前的影响特征研究不够。另外,在最近的神经营销领域的研究中,虽然对 ERPs 的 P300 成分进行了过多的查询,但对发生在感知过程之前的早期成分的评价还不够。在这方面,打算发现是否前知觉区域的大脑,如枕叶和顶叶,也与对营销刺激的偏好和决策有关(商业品牌标识)。

最近,市场营销和广告领域的研究人员寻求神经科学的帮助,以了解市场行为的基础,如动机方面和决策制定[59-62]。同样,心理物理和心理标度方法作为定量研究消费者与选择和决策相关的行为的工具也受到了极大的重视[63-64]。

因为神经营销依赖于这样一个事实,即70%以上的客户决策是在无意识和潜意识的水平上做出的。因此,很多人无法从逻辑上解释他们做决定的原因。

现在神经科学家、心理学家和经济学家面临的一个大挑战是找到准确的大脑数据分析模型来研究STBD模式,并准确预测消费者的决策。在本研究中,我们使用BI-SNN NeuCube[33]进行脑电图数据建模、学习、分类和可视化。通过对不同心理任务所引发的模式扣动和连接的解释,TSBD模式将更具有可评估性。本研究将展示在脑电图数据中所观察到的营销标识对消费者大脑过程的影响差异。通过直接观察大脑数据模型,可以更好地解释产生数据的大脑过程。

8.5.2 实验设置及脑电图数据采集

这项研究包括26名惯用右手的志愿者。男性13例,平均年龄24~40岁;女性13例,平均年龄22~60岁。所有患者视力正常或矫正至正常,无神经系统异常。所有检测程序均在大不里士的"哈姆拉诊所"进行。

针对所研究的问题,设计了认知任务。在实验开始之前,为了平衡实验对象的语境并增加他们的注意力,我们呈现了一个关于选择饮料品牌的小故事。显示任务,同时记录事件相关电位(ERPs)。

在标准的"10-20"定位系统中,将24个电极置于定制的弹性帽中,记录头皮电位。脑电图数据记录使用放大器(Mitsar仪器,24通道,EEG-202型),频带通为0.1~30Hz,以每秒256次的采样率在线数字化。所有电极阻抗保持低于5 kΩ。离线ICA电脑人工纠正被用来消除实验期间可检测到的眼球运动(大于18)、眨眼或肌肉电位的实验。由此产生的单受试者ERPs被用来得出组平均波形进行显示和分析。

这项任务分为3个部分。每个试验块以200ms的目标标识表示开始。作为初始指示,参与者需要观察屏幕上的标识,并对目标标识(水)做出手动响应。由于受试者被要求集中注意力于目标标识,他们对其他标识(熟悉的和不熟悉标识)是无意识的。因此,无论被试是喜欢还是不喜欢标识,都可以观察到被试对熟悉和不熟悉标识的偏好,而被试对目标是有意识的。在这个任务中,共使用了8个品牌的标识作为刺激集。虽然标识包含了言语/词汇信息,但是我们并没有考虑这个信息,只是根据熟悉和不熟悉的标识类别进行归纳。

呈现的图像是一个众所周知或熟悉的品牌(如可口可乐)和未知或不熟悉的品牌(如艾达可乐),分为两个不同的类别,即4个饮料品牌和4个啤酒品牌。

该任务是根据 Oddball 范式设计的,它被分为 3 个块。每个实验块以目标标识(中性刺激)的呈现开始,该标识在屏幕上停留 200ms,以提醒需要手动响应。每个刺激呈现的时间是 200ms,刺激之间的间隔是随机在 1300~1500ms 之间变化,带目标标识在每一区块出现 28 次,而 8 个无目标标识出现了 14 次,是随机顺序表示在 3 个区块之间。共提供 140 个刺激(图 8.19)。

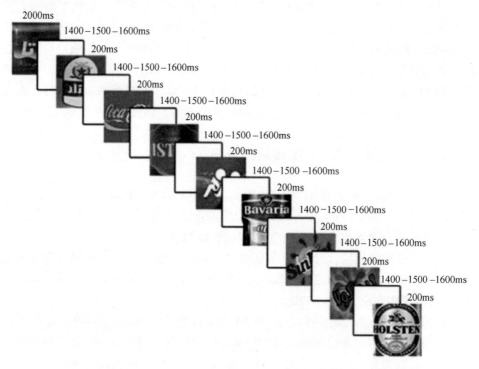

图 8.19 实验设计(所呈现的标识、刺激时长、时间间隔[52])作为最初的指示,参与者被要求观察屏幕上的标识,并在他们观察到目标(水)时立即对其做出手动响应)

8.5.3 NeuCube 模型的设计

利用提出的模型,我们旨在研究在与饮料品牌相关的认知任务中,神经元的电活动模式。与迄今为止使用的统计分析方法相比,展示了使用 SNN 来分析智力任务中复杂的动态大脑活动的潜力。为了利用 NeuCube 对脑电图数据进行分析,利用阈值技术将输入脑电图编码到脉冲序列中,然后通过分配的输入神经元进入空间映射的脉冲神经网络立方体(SNNc)。

为了训练 SNNc,在无监督学习阶段[23]中使用了 Spike-Timing Dependent 可塑性(STDP)学习规则。在无监督学习过程完成后,在监督学习阶段,输入数据通过训练好的 SNNc 再次传播。输出神经元的进化和训练使用了与非监督学习相同的数据。分类结果可以使用随机子抽样交叉验证或遗漏交叉验证进行评估。本书提出的基于 NeuCube 的脑电数据学习、分类和对比分析方法如图 8.20 所示,分别对熟悉和不熟悉的对象进行训练后得到的 SNNCubes 进行对比分析。

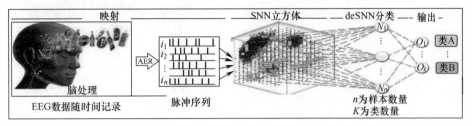

(a) NeuCube 架构及其主要模块(用于EEG数据映射、学习和分类)

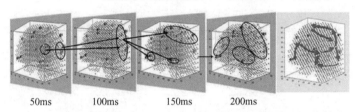

(b) 训练过的 NeuCube 模型在呈现熟悉的对象时其峰值活动超过200ms, 这些活动的轨迹作为深度知识表示

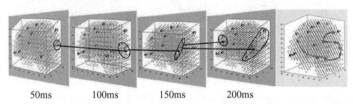

(c) 当一个不熟悉的对象出现时训练过的 NeuCube 模型的脉冲活动超过200ms, 这些活动的轨迹作为一个深度知识的表示

图 8.20 基于 NeuCube 的脑电数据学习、分类术对比分析

(图由 Z. Doborjeh 和 M. Doborjeh 编制)

我们还进行了实验,将脑电图数据分为 3 类(熟悉的、不熟悉的和有针对性的刺激)来训练 SNNc。训练后的 SNNc 被用来可视化思维活动中产生的不同模型连接。SNNc 的连接反映了受试者在无意识状态下(在做出决定之前)的大脑活动。

图 8.21(a) 显示了 19 个 EEG 通道在 3D SNNc 中的分配情况(输入神经元的空间位置与 Talairach 脑模板中的 (x,y,z) 坐标相同)。神经元之间的初始连接是使用小世界连接规则[33]创建的。在用 Fam、Unfam 和目标标识的脑电图(EEG)对 SNNc 进行无监督训练后,神经元之间产生并进化出新的神经连接。

285

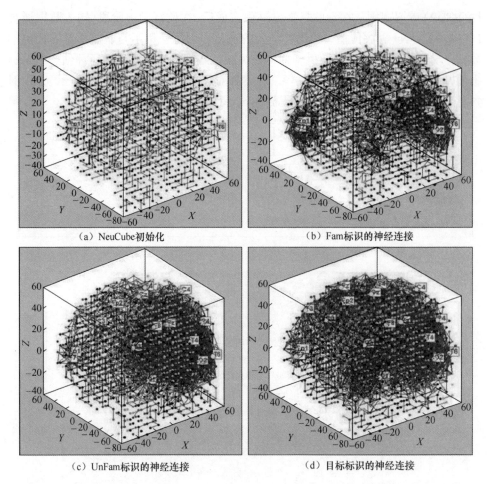

(a) NeuCube初始化　　　　　　　　(b) Fam标识的神经连接

(c) UnFam标识的神经连接　　　　　(d) 目标标识的神经连接

图 8.21　脑电图数据训练的 SNNCubes 与熟悉的、不熟悉的和目标品牌标识的比较可视化 (SNNCube 映射 Talairach 脑模板,输入的 EEG 通道按 (x,y,z) 坐标分配。输入神经元之间的初始连接是根据小世界连接规则建立的;神经元连接是在 NeuCube 无监督学习之后产生的。蓝线为正(兴奋性)连接,红线为负(抑制性)连接。神经元的颜色越亮,其活性越强。线的厚度确定了神经元增强的连通性)[52]

图 8.21 说明了当受试者处理不同的心理活动时,神经连接产生的方式是不同的。要求受试者在任务中观察目标刺激(水),使他们对目标刺激有意识,对非目标理性刺激无意识。因此,可以分析消费者对营销刺激(商业标识)的无意识行为。

通过对比分析 Fam 和 Unfam 的神经连接,可以发现 Fam 的左半球神经连接更多,而右半球的神经连接更少。

Neucube 的结果证实了统计分析,但 Neucube 使我们能够在预测消费者偏好方面有精确的可视化。

将每个 EEG 通道的 Spike 序列作为输入数据输入到 SNNc 的特定神经元中，使该神经元的 (x,y,z) 3D 位置根据 Talairach 模板[11]映射出 EEG 通道的准确位置。每个输入神经元代表一个脑电图通道，脑电图通道是一个信息源，向与之相连的神经元发送信号。经过无监督学习后，在每个输入神经元 i 与接收到 i 信号的神经元之间捕获模型信息路由，i 信号越强，被连接神经元之间的连接越紧密。

图 8.22 显示了受试者在处理熟悉和不熟悉标识时，由 F_7 和 F_8、O_1 和 O_2、P_3 和 P_4 这 6 个脑电图通道生成的模型信息路径。

从图 8.22 中可以清楚地看出，当受试者看到熟悉的标识时，位于枕叶和顶叶的输入神经元周围的活动更多、更强烈。这些连接是在刺激呈现后的 200ms 内产生的。它显示了对市场刺激的前感知过程。

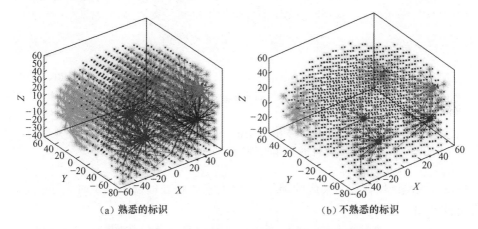

(a) 熟悉的标识　　　　　　　　(b) 不熟悉的标识

图 8.22　利用脑电数据 NeuCube 学习 6 个活动脑电通道(F_7、F_8、O_1、O_2、P_3、P_4)在熟悉的标识和不熟悉的标识[52]中的模型信息活动簇

最近，事件相关电位(ERP)研究试图通过比较被有意识感知的刺激和不被有意识感知的刺激产生的 ERP，来发现有意识视觉感知的过程。图 8.23 显示了不同的 SNNCube 中对应于不同脑电图通道的输入神经元表现出不同的尖峰活动，从而产生了不同的连接。

研究人员认为，意识处理的早期部分可以独立于自上而下的注意力进行，尽管自上而下的注意力可能在意识形成之前就调节了视觉处理。大量的研究使用了各种各样的方法对视觉感知进行操作，找出感知前的加工区域，从而对消费者的决策进行评估。在这方面，通过使用 BI-SNN NeuCube，就连续脑电图数据流之间的时空关系，可视化了由熟悉相关刺激与不熟悉相关刺激所产生的大脑活动模式。

图 8.24 显示了一个训练有素的 SNNCube，有熟悉的和不熟悉的标识，其中，

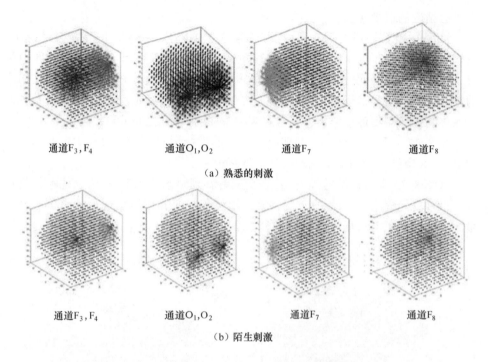

图 8.23 SNNCube 中不同的输入神经元对应不同的脑电图
通道表现出不同的尖峰活动、形成不同的连接

Talairach 大脑区域标记了突起的神经元,以表示大脑处理营销标识时大脑不同部分之间的相互作用。

通过对熟悉和不熟悉的标识所产生的大脑信息通路的比较分析,可以得出结论:与不熟悉的标识相比,在大脑左半球所产生的大脑功能通路更长、更多。

为了学习和分类受试者在看 Fam 和 Unfam 标识时记录的脑电图信号模式,脑电图数据被输入。

进入 SNNc 进行无监督学习。然后训练输出分类器神经元,将相应脑电图激活的 SNNc 活动模式分为预定义的 Fam 和 Unfam 两类。采用重复随机抽样交叉验证(RRSV)方法对分类精度进行评估。本实验采用 RRSV 方法,50%的数据用于训练,50%的数据用于测试。为了优化分类精度,通过以下 3 个步骤的迭代应用来改变 NeuCube 参数的值:将 TSBD 编码为 Spike 序列、SNNc 无监督学习、分类器的监督学习。

在本研究中,我们也使用传统的机器学习技术将脑电图数据分为两类(受试者看着熟悉的商标、受试者看着不熟悉的商标)。使用了多元线性回归(MLR)、多层感知器(MLP)、支持向量机(SVM)、进化分类函数(ECF)和进化分类聚类方法

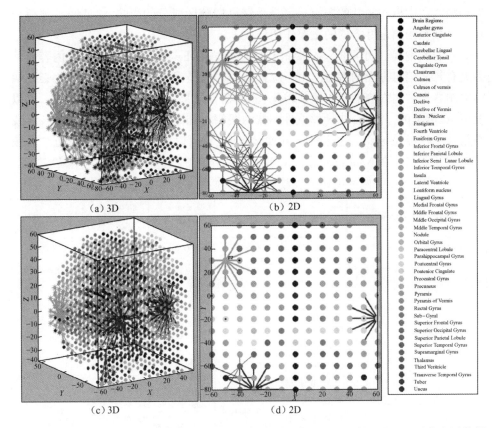

图 8.24 SNNc 由 Talairach 脑区标记(这些区域被不同颜色的神经元簇捕获。通过脑电图数据对 NeuCube 无监督学习后生成的模型信息通路进行 3D 和 2D 可视化,这些信息通路与功能通路相关的大脑相应区域的熟悉标识相关。通过脑电图数据对 NeuCube 进行无监督学习,生成 3D 和 2D 的大脑信息图,这些大脑信息图与不熟悉的标识和与这些功能通路相关的大脑区域相关)

(ECMC)(http://www.theneucom.com)。分类精度结果见表 8.3。结果表明,与其他方法相比,NeuCube 能够更准确地区分 Fam 和 Unfam 标志的大脑活动模式。

根据以往神经营销领域的研究,大多数研究都广泛考虑了 ERP 的 P300 成分。因此,我们打算做一个不同的尝试,并检查前感知成分,如顶叶的 P200 和枕叶的 N100 是否与对营销刺激的偏好有关。在使用传统方法的实验中,发现感知前成分对品牌有显著的偏好效应。

在本研究中,通过证明 N100 和 P200 在枕叶和顶叶中的作用,它们作为一种发生在大脑理解之前的组成部分,我们承认大脑能够比预期更快地处理决策。有意义的是,枕叶和顶叶 N100 和 P200 振幅的变化可广泛影响前区。因此,P300 等末端脑区在中枢和额叶的振幅一定会受到早期脑区成分的影响,这证明了预综合参与区域在预测偏好方面的重要作用。

我们的发现证明了 BI-SNN 和更具体的 NeuCube 在处理数据的时空内容而不丢失有意义信息方面的潜力。由于统计机器学习技术不能处理时间数据,必须取脑电图数据时间内容的平均值。因此,分类精度结果小于 NeuCube 的结果。可以发现,在传统的方法中,枕骨和顶骨区域的振幅增加了,但是 NeuCube 可以告诉我们是什么神经元导致了这种增加,更重要的是,它可以用来获得传统统计方法无法获得的新发现。在 NeuCube 用于 STBD 的其他应用中也观察到了这一点[64-66]。

表 8.3 使用统计方法与 NeuCube 模型的脑电数据分类结果

方法	多元线性回归	多层感知器	支持向量机	进化分类函数	进化分类聚类方法	神经立方体
准确率/%	50.38	49.03	46.41	50.64	50.38	70.00
参数设定	不适用	隐藏单元数:5 训练周期数:600 输出值精度:0.0001 输出函数精度:0.0001 输出激活函数:线性 优化:scg	支持向量机核:多项式度,gamma,不适用:1	最大影响场:1 最小影响场:0.01 M/N:3 隶属函数数:2 代数:4	最大影响场:1 最小影响场:0.01 M/N:3	AER 阈值:0.575 连接距离:0.208 STDP 速率:0.010 发放阈值:0.500 不应期时间:6.000 序列次数:1.000 deSNN mod:0.400 deSNN 漂移:0.250

8.6 建立 BI-SNN 的注意偏差模型

本节对方法和实验结果的完整描述见文献[67]。

8.6.1 注意力偏差

注意力偏差是当大脑在感知非目标物体时被激活的一种大脑状态。这可能是以前的经验、偏好和其他原因的结果。注意力偏差会影响人类的决策过程。

本节使用与8.5节相同的数据,但在本例中,脑电图数据将用给定的目标对象作为刺激来测量注意力。

8.6.2 实验设置

受注意力偏差原则在人类选择行为中的重要性启发,建立了一个基于NeuCube的SNN模型,该模型可有效地识别注意力偏差作为消费者偏好的影响因素。该模型通过对一组适度饮酒者的脑电图数据的个案研究进行了测试。

图8.25显示了几个受试者在感知目标刺激和其他刺激时(即目标饮用水的呈现以及不同饮料和品牌之间的呈现)的脑电图数据上经过训练的SNNCube模型。

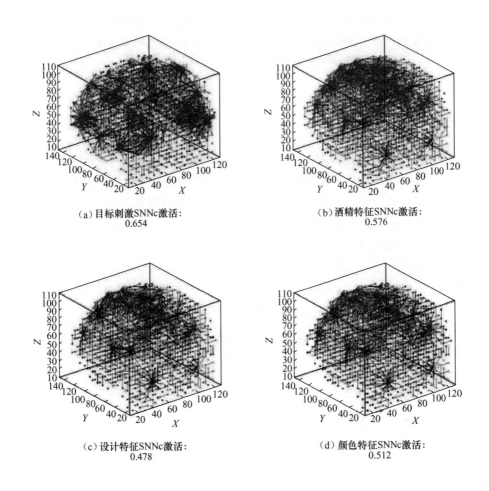

(a)目标刺激SNNc激活:
0.654

(b)酒精特征SNNc激活:
0.576

(c)设计特征SNNc激活:
0.478

(d)颜色特征SNNc激活:
0.512

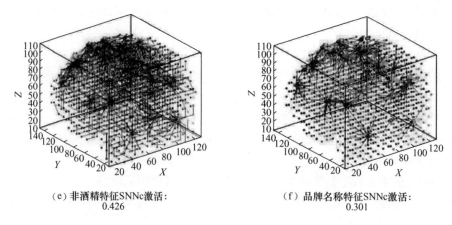

(e)非酒精特征SNNc激活:
0.426

(f)品牌名称特征SNNc激活:
0.301

图 8.25 所示为几个受试者在感知目标刺激物和其他刺激物
(即目标饮料-水的呈现以及在不同的其他饮料和品牌之间,如酒精饮料)
时的脑电图数据上经过训练的 SNNCube 模型

8.6.3 结论

我们的案例研究结果表明,一个产品品牌名称本身可能不会给消费者留下深刻印象。但是,当一个品牌的名称出现在一个语境中,如图案、颜色、酒精性或非酒精性的特征等,则会引导消费者注意到某些特征,引导消费者选择产品。在这个特殊的案例研究中发现,对酒精相关刺激的注意力偏向对中度饮酒者的大脑活动有更强的影响,如图 8.26 中的 SNN 连接所示。

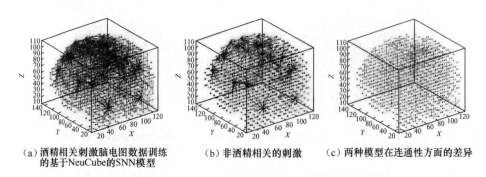

(a)酒精相关刺激脑电图数据训练的基于NeuCube的SNN模型　(b)非酒精相关的刺激　(c)两种模型在连通性方面的差异

图 8.26 SNN 连接这两个特征都是非靶向的,表现出注意力偏差[67]

8.7 本章小结及后续阅读知识

本章提出了一种对脑电数据进行深度学习、建模和深度知识表示的方法,并将此方法应用于学习认知任务的 SNN 设计、情感识别、半感知信息处理、注意力偏见。这些只是所提出方法的适用性的少数例子,用这种方法可以开发许多其他的应用和研究。

我们推荐以下关于特定主题的进一步阅读:
① 人脑多模态地图集[1];
② Talairach atlas[11-12];
③ 脑成像高度[19];
④ 脑电映射[34];
⑤ 蓝色大脑计划[21];
⑥ NeuCube 脑电图数据建模演示 https://kedri.aut.ac.nz/R-and-DSystems/neucube/eeg;
⑦ 脑电图数据建模与 NeuCube 演示 https://kedri.aut.ac.nz/R-and-DSystems/eeg-data-modelling;
⑧ 使用 EEG 和 NeuCabe 的神经营销演示 https://kedri.aut.ac.nz/R-and-D-Systems/neuromarketing.

致谢

本章中的一些材料已经首次在期刊和会议出版物中发表,并在本章相应章节中引用,也在施普林格图书卷中引用[15,68]。我感谢这些出版物的共同作者 Lubica Benuskova、Maryam Doborjeh、Elisa Capecci、Zohreh Doborjeh、Nathan Scott、Alex Sumich 的贡献。8.4 节、8.5 节和 8.6 节的实验多由 Z. Doborjeh 和 M. Dorojeh 进行,8.3 节的实验多由 E. Capecci 进行。

附录：

国际脑电图 10-10 皮层投射到 Talairach 坐标的解剖位置。在 NeuCube 模型的 SNNc 中使用相同的坐标。

EEG 通道	Talairach 坐标			脑回	Brodmann 区域
	x_{av}/mm	y_{av}/mm	z_{av}/mm		
FP1	−21.2±4.7	66.9±3.8	12.1±6.6	L FL	10
FPz	1.4±2.9	65.1±5.6	11.3±6.8	M FL	10
FP2	24.3±3.2	66.3±3.5	12.5±6.1	R FL	10
AF7	−41.7±4.5	52.8±5.4	11.3±6.8	L FL	10
				上额叶 G	
				双侧额内回	
AF3	−32.7±4.9	48.4±6.7	32.8±6.4	L FL	9
				上额叶 G	
AFz	1.8±3.8	54.8±7.3	37.9±8.6	M FL	9
				中部额叶 G	
AF4	35.1±3.9	50.1±5.3	31.1±7.5	L FL	9
				上额叶 G	
				双侧额内回	
AF8	43.9±3.3	527±50	93±65	R FL	10
				上额叶 G	
F7	−521±3.0	28.6±6.4	3.8±5.6	L FL	45
				中部额叶 G	
F5	−51.4±3.8	26.7±7.2	24.7±9.4	L FL	46
				底部额叶 G	
				中部额叶 G	
F3	−39.7±5.0	25.3±7.5	44.7±7.9	L FL	8
				中部额叶 G	
F1	−22.1±6.1	26.8±7.2	54.9±6.7	L FL	6
				上额叶 G	
Fz	0.0±6.4	26.8±7.9	60.6±6.5	M FL	6
				双侧额内回	
F2	23.6±5.0	28.2±7.4	55.6±6.2	R FL	6
				上额叶 G	
				中部额叶 G	
F4	41.9±4.8	27.5±7.3	43.9±7.6	R FL	8
				中部额叶 G	
F6	52.9±3.6	28.7±7.2	25.2±7.4	R FL	46
				底部额叶 G	
F8	53.2±2.8	28.4±6.3	3.1±6.9	R FL	45
				颞下 G	
				上颞叶 G	
FT9	−53.8±3.3	−2.1±6.0	−29.1±6.3	L TL	20
				中央前回 G	
FT7	−59.2±3.1	3.4±5.6	−2.1±7.5	L TL	22
				中部额叶 G	
FC5	−59.1±3.7	3.0±6.1	26.1±5.8	L FL	6
				上额叶 G	
FC3	−45.5±5.5	2.4±8.3	51.3±6.2	L FL	6
				上额叶 G	
FC1	−24.7±5.7	0.3±8.5	66.4±4.6	L FL	6
				中部额叶 G	
FCz	1.0±5.1	1.0±8.4	72.8±6.6	M FL	6
				中央前回 G	
FC2	26.1±4.9	3.2±9.0	66.0±5.6	R FL	6
				上额叶 G	
FC4	47.5±4.4	4.6±7.6	49.7±6.7	R FL	6
FC6	60.5±2.8	4.9±7.3	25.5±7.8	R FL	6
				颞下 G	
FT8	60.2±2.5	4.7±5.1	−2.8±6.3	L TL	22

续表

EEG通道	Talairaeh 坐标			脑回	Brodmann 区域
	x_{av}/mm	y_{av}/mm	z_{av}/mm		
FT10	55.0±3.2	-3.6±5.6	-31.0±7.9	R TL	20
T7	-65.8±3.3	-17.8±6.8	-2.9±6.1	L TL	21
C5	-63.6±3.3	-18.9±7.8	25.8±5.8	L PL	123
C3	-49.1±5.5	20.7±9.1	53.2±6.1	L PL	123
C1	-25.1±5.6	-22.5±9.2	70.1±5.3	L FL	中部额叶 G 中央后回 G	4
Cz	0.8±4.9	-21.9±9.4	77.4±6.7	M FL	中央后回 G	4
C2	26.7±5.3	-20.9±9.1	69.5±5.2	R FL	中央前回 G	4
C4	50.3±4.6	-18.8±8.3	53.0±6.4	R PL	中央前回 G 中央前回 G	123
C6	65.2±2.6	-18.0±7.1	26.4±6.4	R PL	中央后回 G	123
T8	67.4±2.3	-18.5±6.9	-3.4±7.0	R TL	中央后回 G 中部额叶 G	21
TP7	-63.6±4.5	-44.7±7.2	-4.0±6.6	L TL	中部额叶 G	21
CP5	-61.8±4.7	-46.2±8.0	22.5±7.6	L PL	缘上回 G	40
CP3	-46.9±5.8	-47.7±9.3	49.7±7.7	L PL	下顶叶 G	40
CP1	-24.0±6.4	-49.1±9.9	66.1±8.0	L PL	中央前回 G 中央后回 G	7
CPz	0.7±4.9	-47.9±9.3	72.6±7.7	M PL	中同后回 G	7
CP2	25.8±6.2	-47.1±9.2	66.0±7.5	R PL	下顶叶 G	7
CP4	49.5±5.9	-45.5±7.9	50.7±7.1	R PL	缘上回 G	40
CP6	62.9±3.7	-44.6±6.8	24.4±8.4	R PL	中部颞叶 G	40
TP8	64.6±3.3	-45.4±6.6	-3.7±7.3	R TL	扁桃体 颞下 G	21
P9	-50.8±4.7	-51.3±8.6	-37.7±8.3	L TL	中部额叶 G	NP
P7	-55.9±4.5	-64.8±5.3	0.0±9.3	L TL	楔前叶	37
P5	-52.7±5.0	-67.1±6.8	19.9±10.4	L TL	楔前叶 上顶叶 L	39
P3	-41.4±5.7	-67.8±8.4	42.4±9.5	L PL	楔前叶	19
P1	-21.6±5.8	-71.3±9.3	52.6±10.1	L PL	下顶叶 L 中部额叶 G	7
Pz	0.7±6.3	-69.3±8.4	56.9±9.9	M PL	颞下 G	7
P2	24.4±6.3	-69.9±8.5	53.5±9.4	R PL		7
P4	44.2±6.5	-65.8±8.1	42.7±8.5	R PL		7
P6	54.4±4.3	-65.3±6.0	20.2±9.4	R TL		39
P8	56.4±3.7	-64.4±5.6	0.1±8.5	R TL		19

续表

EEG 通道	Talairach 坐标			脑回		Brodmann 区域
	x_{av}/mm	y_{av}/mm	z_{av}/mm			
P10	51.0±3.5	-53.9±8.7	-36.5±10.0	L OL	扁桃体	NP
PO7	-44.0±4.7	-81.7±4.9	1.6±10.6	R OL	枕中 G	18
PO3	-33.3±6.3	-84.3±5.7	26.5±11.4	R OL	枕上 G	19
POz	0.0±6.5	-87.9±6.9	33.5±11.9	M OL	楔叶	19
PO4	35.2±6.5	-82.6±6.4	26.1±9.7	R OL	枕上 G	19
PO8	43.3±4.0	-82.0±5.5	0.7±10.7	R OL	枕中 G	18
O1	-25.8±6.3	-93.3±4.6	7.7±12.3	L OL	枕中 G 楔叶	18
Oz	0.3±5.9	-97.1±5.2	8.7±11.6	M OL	枕中 G	18
O2	25.0±5.7	-95.2±5.8	6.2±11.4	R OL		18

参考文献

[1] 1. A. Toga, P. Thompson, S. Mori, K. Amunts, K. Zilles, Towards multimodal atlases of the human brain. Nat. Rev. Neurosci. **7**, 952–966(2006)

[2] E. Niedermeyer, F. H. L. Da Silva, *Electroencephalography: Basic Principles, Clinical Applications, and Related Fields* (Lippincott Williams & Wilkins, Philadelphia, 2005), 1309p

[3] D. A. Craig, H. T. Nguyen, *Adaptive EEG Thought Pattern Classifier for Advanced Wheelchair Control*, in International Conference of the IEEE Engineering in Medical and Biology Society (2007), pp. 2544–254

[4] F. Lotte, M. Congedo, A. Lécuyer, F. Lamarche, B. A. Arnaldi, Review of classification algorithms for EEG-based brain-computer interfaces. J. Neural Eng. **4**(2), R1–R15(2007)

[5] R. C. deCharms, Application of real-time fMRI. Nat. Rev. Neurosci. **9**(9), 720–729(2008)

[6] T. Mitchel et al., Learning to decode cognitive states from brain images. Mach. Learn. **57**, 145–175(2004)

[7] K. Broderson et al., Generative embedding for model-based classification of fMRI Data. PLoS Comput. Biol. **7**(6), 1–19(2011)

[8] K. Broderson et al., Decoding the perception of pain from fMRI using multivariate pattern analysis. NeuroImage **63**, 1162–1170(2012)

[9] K. Zilles, K. Amunts, Centenary of Brodmann's map—conception and fate. Nat. Rev. Neurosci. **11**, 139–145(2010)

[10] S. Eickhoff et al., A new SPM toolbox for combining probabilistic cytoarchitectonic maps and functional imaging data. Neuroimage **25**, 1325–1335(2005)

[11] J. Talairach, P. Tournoux, *Co-planar Stereotaxic Atlas of The Human Brain. 3-Dimensional Proportional System: An Approach to Cerebral Imaging* (Thieme Medical Publishers, New York, 1988)

[12] J. Lancaster et al., Automated Talairach Atlas labels for functional brain mapping. Hum. Brain Mapp. **10**, 120–131(2000)

[13] A. C. Evans, D. L. Collins, S. R. Mills, E. D. Brown, R. L. Kelly, T. M. Peters, *3D Statistical Neuroanatomical Models from 305 MRI Volumes*, in IEEE-Nuclear Science Symposium and Medical Imaging Conference (IEEE Press, 1993), pp. 1813–1817

[14] J. Ashburner, Computational anatomy with the SPM software. Magn. Reson. Imaging **27**(8), 1163–1174(2009)

[15] L. Benuskova, N. Kasabov, *Computational Neuro-genetic Modelling* (Springer, New York, 2007), p. 290

[16] M. Hawrylycz et al., An anatomically comprehensive atlas of the adult human brain transcriptome. Nature **489**, 391–399(2012)

[17] W. Gerstner, H. Sprekeler, G. Deco, Theory and simulation in neuroscience. Science **338**, 60–65 (2012)

[18] C. Koch, R. Reid, Neuroscience: observation of the mind. Nature **483**(7390), 397–398(2012)

[19] J. B. Poline, R. A. Poldrack, Frontiers in brain imaging methods grand challenge. Front. Neurosci. **6**, 96(2012). https://doi.org/10.3389/fnins.2012.00096

[20] Van Essen et al., The human connectome project: a data acquisition perspective. NeuroImage **62**(4), 2222–2231(2012)

[21] H. Markram, The blue brain project. Nat. Rev. Neurosci. **7**, 153–160(2006)

[22] E. M. Izhikevich, G. M. Edelman, Large-scale model of mammalian thalamocortical systems. PNAS **105**, 3593–3598(2008)

[23] S. Song, K. Miller, L. Abbott et al., Competitive Hebbian learning through spike-timing-dependent synaptic plasticity. Nat. Neurosci. **3**, 919–926(2000)

[24] N. Kasabov, K. Dhoble, N. Nuntalid, G. Indiveri, Dynamic evolving spiking neural networks for on-line spatio- and spectro-temporal pattern recognition. Neural Networks **41**, 188–201(2013)

[25] M. Defoin-Platel, S. Schliebs, N. Kasabov, Quantum-inspired evolutionary algorithm: a multi-model EDA. IEEE Trans. Evol. Comput. **13**(6), 1218–1232(2009)

[26] M. G. Doborjeh, Y. Wang, N. Kasabov, R. Kydd, B. Russell, A spiking neural network methodology and system for learning and comparative analysis of EEG data from healthy versus addiction treated versus addiction not treated subjects. IEEE Trans. Biomed. Eng. **63**(9), 1830–1841(2016)

[27] M. Doborjeh, N. Kasabov, Z. G. Doborjeh, Evolving, dynamic clustering of spatio/spectro-temporal data in 3D spiking neural network models and a case study on EEG data. Evolving Syst. 1–17 (2017). https://doi.org/10.1007/s12530-017-9178-8

[28] N. Kasabov, E. Capecci, Spiking neural network methodology for modelling, classification and understanding of EEG spatio-temporal data measuring cognitive processes. Inf. Sci. **294**, 565–575

(2014). https://doi.org/10.1016/j.ins.2014.06.028

[29] K. Dhoble, N. Nuntalid, G. Indiveri, N. Kasabov, *On-line Spatiotemporal Pattern Recognition with Evolving Spiking Neural Networks Utilizing Address Event Representation, Rank Oder and Temporal Spike Learning*, in Proceedings of WCCI 2012 (IEEE Press, 2012), pp. 554–560

[30] W. Gerstner, What's different with spiking neurons?, in *Plausible Neural Networks for Biological Modelling*, ed. by H. Mastebroek, H. Vos (Kluwer Academic Publishers, Dordrecht, 2001), pp. 23–48

[31] G, Indiveri, B. Linares-Barranco, T. Hamilton, A. Van Schaik, R. Etienne-Cummings, T. Delbruck, S. Liu, P. Dudek, P. Hafliger, S. Renaud et al., Neuromorphic silicon neuron circuits. Front. Neurosci. **5**(2011)

[32] N. Scott, N. Kasabov, G. Indiveri, *NeuCube Neuromorphic Framework for Spatio-Temporal Brain Data and Its Python Implementation*, in Proceedings of ICONIP 2013. LNCS, vol. 8228 (Springer, Berlin, 2013), pp. 78–84

[33] N. Kasabov, NeuCube: a spiking neural network architecture for mapping, learning and understanding of spatio-temporal brain data. Neural Networks **52**, 62–76 (2014)

[34] L. Koessler, L. Maillard, A. Benhadid et al., Automated cortical projection of EEG sensors: anatomical correlation via the international 10–10 system. NeuroImage **46**, 64–72 (2009)

[35] S. Thorpe, J. Gautrais, Rank order coding. Comput. Neurosci. Trends Res. **13**, 113–119 (1998)

[36] C. W. Anderson, M. Kirby, in *Colorado State University—Brain Computer Interface Laboratory—1989 Keirn and Aunon*. Internet: www.cs.colostate.edu/eeg/main/data/1989_Keirn_and_Aunon (2003)

[37] Z. K. Keirn, in Alternative modes of communication between man and machine. Master's Thesis, Electrical Engineering Department, Purdue University, USA

[38] Z. A. Keirn, J. I. Aunon, A new mode of communication between man and his surroundings. IEEE Trans. Biomed. Eng. **37**(12), 1209–1214 (1990)

[39] C. Anderson, D. Peterson, Recent advances in EEG signal analysis and classification, in *Clinical Applications of Artificial Neural Networks*, ed. by R. Dybowski, V. Gant (Cambridge University Press, Cambridge, 2001), pp. 175–191

[40] C. Anderson, Z. Sijercic, *Classification of EEG Signals from Four Subjects During Five Mental Tasks*, in Solving Engineering Problems with Neural Networks: Proceedings of Conference on Engineering Applications in Neural Networks (EANN' 96), ed. by A. B. Bulsari, S. Kallio, D. Tsaptsinos (Systems Engineering Association, PL 34, FIN-20111 Turku 11, Finland, 1996), pp. 407–414

[41] L. Nan-Ying et al., Classification of mental tasks from EEG signals using extreme learning machine. Int. J. Neural Syst. **16**(01), 29–38 (2006)

[42] N. Kasabov, *Evolving Connectionist Systems: The Knowledge Engineering Approach* (Springer, London, 2007) (first edition 2002)

[43] H. Kawano, A. Seo, Z. Gholami, N. Kasabov, M. G. Doborjeh, *Analysis of Similarity and Differences in Brain Activities between Perception and Production of Facial Expressions Using EEG*

Data and the NeuCube Spiking Neural Network Architecture, in ICONIP, Kyoto. LNCS(Springer, Bernin, 2016)

[44] V. Gallese, L. Fadiga, L. Fogassi, G. Rizzolatti, Action recognition in the premotor cortex. Brain **119**, 593-609(1996)

[45] M. Iacoboni, R. P. Woods, M. Brass, H. Bekkering, J. C. Mazziotta, G. Rizzolatti, Cortical mechanisms of human imitation. Science **286**(5449), 2526-2528(1999)

[46] E. Tu, N. Kasabov, J. Yang, Mapping temporal variables into the NeuCube for improved pattern recognition, predictive modelling and understanding of stream data. IEEE Trans. Neural Netw. Learn. Syst. 1-13(2016)

[47] N. Kasabov, N. Scott, E. Tu, S. Marks, N. Sengupta, E. Capecci, Evolving spatio-temporal data machines based on the NeuCube neuromorphic framework: design methodology and selected applications. Neural Networks **78**(2016), 1-14(2016)

[48] M. G. Doborjeh, E. Capecci, N. Kasabov, Classification and Segmentation of fMRI Spatio-Temporal Brain Data with a Neucube Evolving Spiking Neural Network Model, in Analysis of Similarity and Differences in Brain Activities. IEEE SSCI, Orlando, USA(2014), pp. 227-228

[49] M. G. Doborjeh, N. Kasabov, *Dynamic 3D Clustering of Spatio-temporal Brain Data in theNeuCube Spiking Neural Network Architecture on a Case Study of fMRI Data*, in Neural Information Processing, Istanbul(2015)

[50] D. Matsumoto, P. Ekman, in Japanese, caucasian facial expressions of emotion (JACFEE) [Slides]. Intercultural and Emotion Research Laboratory, Department of Psychology, San Francisco State University, San Francisco(1988)

[51] K. M. Alfano, C. R. Cimino, Alteration of expected hemispheric asymmetries: valence and arousal effects in neuropsychological models of emotion. Brain Cogn. **66**, 213-220(2008)

[52] Z. Doborjeh, N. Kasabov, M. Doborjeh, A. Sumich, Modelling peri-perceptual brain processes in a deep learning spiking neural network architecture. Nature, Scientific Reports **8**, 8912 (2018). https://10.1038/s41598-018-27169-8; https://www.nature.com/articles/s41598-018-27169-8

[53] S. Venkataraman, S. D. Sarasvathy, N. Dew, W. R. Forster, Reflections on the 2010 AMR decade award: whither the promise? Moving forward with entrepreneurship as a science of the artificial. Acad. Manage. Rev. **37**, 21-33(2012)

[54] Z. O. Touhami, L. Benlafkih, M. Jiddane, Y. Cherrah, O. Malki, A. Benomar, Neuromarketing: where marketing and neuroscience meet. Afr. J. Bus. Manage. 5(5), 1528-1532(2011). https://doi.org/10.5897/AJBM10.729

[55] S. M. McClure, J. Li, D. Tomlin, K. S. Cypert, L. M. Montague, P. R. Montague, Neural correlates of behavioural preference for culturally familiar drinks. Neuron **44**, 379-387(2004)

[56] M. Schaefer, H. Berens, H. J. Heinz, M. Rotte, Neural correlates of culturally familiar brands of car manufacturers. Neuroimage **31**(2), 861-865(2006)

[57] H. Walter, B. Abler, A. Ciaramidaro, S. Erk, Motivating forces of human actions. Neuroimaging re-

ward and social interaction. Brain Res. Bull. **15**(5),368-381(2005)

[58] A. R. Damasio, The somatic marker hypothesis and the possible functions of the prefrontal cortex. Philos. Trans. R. Soc. Lond. B Biol. Sci. **351**,1413-1420(1996)

[59] N. Lee, A. J. Broderick, L. Chamberlain, What is neuromarketing? A discussion and agenda for future research. Int. J. Psychophysiol. **63**,199-204(2007)

[60] A. Morin, Self-awareness part 1:definition, measures, effects, functions, and antecedents. J. Theor. Social Psychol. 5(10),807-823(2011)

[61] C. Oreja-Guevara, Neuromarketing. Neurologia Supl. 5(1),4-7(2009)

[62] C. S. Crandall, Psychophysical scaling of stressful life events. Psychol. Sci. **3**,256-258(1992)

[63] D. Labbe, N. Pineau, N. Martin, Measuring consumer response to complex precision: scaling vs. categorization task. Food Quality Prefer. **23**(2),134-137(2012)

[64] J. Hu, Z. G. Hou, Y. X. Chen, N. Kasabov, N. Scott, *EEG-Based Classification of Upper-limb ADL Using SNN for Active Robotic Rehabilation*, in IEEE RAS & EMBS International Conference on Biomedical Robotics and Biomechatronics(BooRob),Sao Paulo,Brazil(2014),409-414

[65] N. Kasabov, N. Scott, E. Tu, S. Marks, N. Sengupta, E. Capecci, M. Othman, M. Doborjeh, N. Murli, R. Hartono, J. Espinosa-Ramos, L. Zhou, F. Alvi, G. Wang, D. Taylor, V. Feigin, S. Gulyaev, M. Mahmoudh, Z. -G. Hou, J. Yang, Design methodology and selected applications of evolving spatio-temporal data machines in the NeuCube neuromorphic framework. Neural Netw. **78**,1-14(2016). http://dx.doi.org/10.1016/j.neunet.2015.09.011

[66] E. Capecci, Z. Doborjeh, N. Mammone, F. La Foresta, F. C. Morabito, N. Kasabov, *Longitudinal Study of Alzheimer's Disease Degeneration through EEG Data Analysis with a NeuCube Spiking Neural Network Model*, in Proceedings of WCCI—IJCNN 2016, Vancouver, 24-29 July 2016 (IEEE Press,2016),pp. 1360-1366

[67] Z. G. Doborjeh, M. G. Doborjeh, N. Kasabov, Attentional bias pattern recognition in spiking neural networks from spatio-temporal EEG data. Cognitive Comput. **10**, 35-48 (2018). https://doi.10.1007/s12559-017-9517-x

[68] N. Kasabov(ed.),*Springer Handbook of Bio-Neuroinformatics*(Springer,Berlin,2014)

[69] Wikipedia:http://www.wikipedia.com

[70] American Electroencephalographic Society, American electroencephalographic society guidelines for standard electrode position nomenclature. J. Clin. Neurophysiol. **8**(2),200-202(1991)

[71] G. H. Klem, H. O. Lüders, H. Jasper, C. Elger, The ten-twenty electrode system of the International Federation. Electroencephalogram Clin. Neurophysiol. **52**,3(1999)

第9章
基于脑电图数据的脑病诊断与预测

本章使用 BI-SNN 进行学习和模式识别,该方法是在第 8 章引入的通过测量由于脑部疾病或者治疗引起的脑部状态变化的脑电波数据。尽管可以广泛使用这种方法,但这里使用了与两种广泛传播的脑部异常有关的数据:可能发展为阿尔茨海默氏病和对吸毒者治疗的反应。

9.1 SNN 用于对 EEG 数据建模以评估从 MCI 到 AD 的潜在进展

本节介绍了使用 BI-SNN NeuCube 来学习轻度认知障碍(MCI)患者的脑电图数据和同一患者脑信号的方法和实验结果,其中一些人进行了 AD(阿兹海默症)。一项比较分析表明,大脑活动有明确的迹象可以用来预测新的 MCI 患者是否将来可能发展成为 AD,该材料首次发表在文献[1]中。

9.1.1 研究设计和数据收集

1. 脑电图数据说明

由选定的患者收集 EEG 数据进行分析。他们接受了认知和临床评估,包括迷你精神状态检查(MMSE)。AD 的诊断是根据美国老年痴呆症协会的标准进行的。诊断确认后通过性别、年龄、受教育程度、痴呆发作、婚姻状况和 MMSE 评分来区分患者。所有患者均受药物治疗的影响,如胆碱酯酶抑制剂(ChEis)、美金刚、抗抑郁药、抗精神病药和抗癫痫药。仔细监控实验前 3 个月内每种药物的剂量。

总共选择了 7 名患者进行 EEG 数据收集:3 名受 AD 影响,4 名被诊断患有 MCI。他们都被长期跟踪了 3 个月。在这段时间里,在研究开始和结束时,两次记录了 EEG 数据,记为 t_0 和 t_1。在收集数据之前,所有患者及其护理人员都要接受半结构化访谈,其中包括有关实验前一夜的睡眠质量和持续时间以及所食用的食物和食用时间的问题。使用 19 个 EEG 通道位置进行记录:F_{pl},F_{p2}、7,F_3,F_z,F_4,F_8,T_1,C_3,C_z,C_4,T_4,T_5,P_3,P_z,P_4,T_6、01、02 和 A_2 电极用作参考。这些是根据标准 0-20 国际系统定义的站点放置的。在 1024 Hz 的采样率下记录数据 5min,并在采样期间使用 50Hz 陷波滤波器采集。在早晨和休息时收集数据,受试者清醒闭上眼睛并始终保持警惕。在 Morabito 教授组中的 Reggio di Callabria 地区收集了数据[1]。

2. 数据预处理:脑电数据在 256Hz 下采样,并使用 5s 滑动时间窗进行处理(即一个窗口包含 1280 个 EEG 样本)。使用一组 4 个带通快速傅里叶逆变换(FFI)的带通滤波器,将 EEG 信号分为 5、6、a 和 Bby 型节奏。将 4 个 EEG 子带划分为 m 个不重叠的窗口,其中 m 取决于记录的长度,平均长度为数分钟。

9.1.2 NeuCube 模型的设计

这里使用与第 8 章中介绍的相同的设计过程。仅讨论此任务的特定设计问题。NeuCube BI-SNN 的功能框图如图 9.1 所示,也在第 6 章中做过介绍。该体系结构包含以下模块。

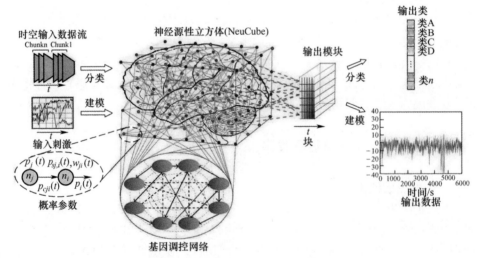

图 9.1 NeuCube 通用功能架构[6](可参见第 6 章)

(1)输入模块和 EEG 数据编码。EEG 数据首先被订购为一系列实值数据。使用阈值基本表示 TBRthr 算法(第 4 章)将每个数据序列转换为峰值序列[2]。该阈值用于生成两种类型的脉冲序列:与信号增量相对应的正脉冲序列,它映射到 SNNc 中的特定输入神经元;负脉冲串,对应于信号下降,它映射到 SNNc 的另一个输入神经元中,该神经元与正神经元位于相同的位置。应用双向阈值将连续值的矢量转换为峰值序列的算法非常适合 EEG 数据,因为它们仅识别出信号梯度中的显着差异(图 9.2)。在图 9.2 所示的示例中,将 TBRthr 算法应用于记录在受 AD 影响的患者的中央 C_z 通道的前 500 个 EEG 数据点后,产生了 115 个脉冲。

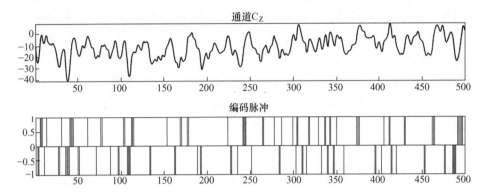

图 9.2 使用 TBRthr 算法将时空 EEG 数据编码为峰值序列的示例(该图仅显示了一个 EEG 通道(中央 C_z 通道)的前 500 个数据点。从患有 AD 的患者那里记录的 EEG 信号(0~64Hz)

从图 9.2 中可以看出,在产生的峰值总数中,有 58 个正脉冲(标识为+1)和 57 个负脉冲(标识为-1)。

(2) SNNCube 模块和无监督学习。将脉冲序列呈现给 SNNc,该 SNNc 是使用泄漏的集成并点火(LIP)神经元实现的[3]。

立方体中的神经元数设置为 1471 个;每个神经元代表 $1cm^3$ 的 Talairach 脑图集的人类神经细胞群体[4]。按照文献[5]中建议的标准映射,将神经元映射到立方体中。因此,呈现了代表来自 EEG 通道的数据的脉冲序列 SNNc 反映了输入变量的数量(如 19 个 EEG 通道)以及与之相关的功能性大脑区域。SNNc 是根据小世界(SW)连通性[6-7]实例初始化的,该实例基于使相邻神经细胞高度且牢固地相互连接的生物过程。神经元的初始连接权重计算为随机数[-0.1,+0.1]与突触前神经元 i 和突触后神经元 j 之间的欧几里得距离 $d(i,j)$ 的乘积倒数(根据到它们的 (x,y,z) 坐标)。这些权重中的 20% 被选为负值(抑制性连接权重),因为在哺乳动物脑中,发现 GABA 能神经元的数量为 20%~30%[8],而 80% 是正性兴奋性连接权重。SNNc 采用无监督的峰值时间依赖可塑性学习规则进行训练,因为它使脉冲神经元能够通过 EEG 通道从 EEG 数据中学习连续的时间关联。通过使用这种无监督的学习规则,两个神经元之间的连接会随着其激活的时间顺序持续存在并随时间重复而变得更强。学习之后,将对网络中生成的最终连接性和脉冲活动进行分析和解释,以更好地理解数据以及生成该数据的大脑过程(如以下部分所述)。这使 NeuCube 对于从 TBD 学习时空模式很有用。

(3) 远程学习的输出模块。使用动态进化脉冲神经网络(deSNN)算法,通过监督学习方法对输出分类器进行了训练[10]。该算法将排序(RO)学习规则[11]与 STDP[9] 时间学习结合在一起。在一次遍历数据传播中,用于无监督降雨的相同数据再次通过 SNNc 传播,以训练输出分类器。代表患者标记的 EEG 序列的每个训练样本都与连接到 SNNc 中每个神经元的输出神经元相关联。输入和输出神经元之间的初始连接权重都设置为零。根据 RO 规则初始化连接权重,并根据脉冲驱动的突触可塑性(SDSP)学习规则进行修改[12]。训练每个生成的输出神经元,以识别和分类由相应的标记触发的 SNNc 的时空峰值模式。输入数据样本(如后面部分中所述)。

9.1.3 分类结果

为了研究在两个不同阶段(t_0 和 t_1)期间收集的数据是否能够区分神经退行性的不同阶段(从早期 MCI 到晚期 AD),使用了 0~64Hz 的整个 EEG 信号对数据样本进行了分类。分为 4 类:在 t_0 时,将被诊断为患有 MCI 的受试者的数据标记为 1 类(MCI t_0);在 t_1 时,从同一受试者中收集的数据将标记为 2 类(MCI t_1);将在 t_0 时从 AD 患者那里收集的数据标记为 3 类(AD t_0);从同一患者那里以 t_1 所收集的数据标记为 4 类(AD t_1)。总共获得了 14 个样本,其中两个样本 7 个主题中的每个主题,一个在 t_0,一个在 t_1。即使每个受试者都进行了几分钟的数据记录,仍将每个样本的大小调整为 19 个 EEG 通道的 42240 个数据点,因为这是现有最小样本的大小。从 NeuCube 模型获得理想结果的关键步骤是优化其众多参数。这可以通过网格搜索方法、遗传算法或量子启发式进化算法来实现[13-14]。因此,反复进行无监督和有监督的训练及验证,以更改参数的值直至达到所需的为止而实现分类输出。在这项研究中,这是通过网格搜索方法获得的,该方法评估了导致最高分类精度的最佳参数组合。优化的参数值如下:

(1) 编码算法的 TBRThr 设置为 0.5;

(2) SW 连接半径设置为 2.5;

(3) LIF 神经元模型的触发阈值 e、不应时间 r 和潜在泄漏率 l 分别设置为 0.5、6 和 0.002;

(4) 无监督学习算法的 STDP 速率参数 a 设置为 0.01,比率设定为 0.001;

(5) deSNN 分类器的变量 mod 和漂移分别设置为 0.8 和 0.005[10]。

在表 9.1 中报告了使用上述参数值获得的分类精度。测试后获得的结果在混淆表中显示为正确分类的样本数与错误分类的样本数。

表 9.1 通过将来自 7 位患者的 EEG 测试数据(50%)作为测试子集分为
4 个类别获得的 NeuCube 混淆表
(正确预测的类别位于表格的对角线)

	混 淆 表			
	MCI t_0	MCI t_1	AD t_0	AD t_1
MCI t_0	**2**	1	0	0
MCI t_1	0	**1**	0	0
AD t_0	0	0	**1**	0
AD t_1	0	0	0	**1**

训练 NeuCube 模型以对来自 4 个类别的数据进行分类的结果：MC I t_0、MCI t_1、AD t_0 和 AD t_1，测试结果显示了对 3 个类别的完美分类，但对 MCI t_1 却没有。这些结果证明了 NeuCube 在 MCI t_0, AD t_0 和 AD t_1 类上实现高分类精度的潜力，而且表示来自 MCI t_1 类的某些患者数据是否更接近来自 MCI t_0 类或 AD t_0 类的数据,这表明该病将来可能发展。如表 9.1 所列，MCI t_1 类的两个主题之一在 t_1 时显示出与 t_0 相似的脑电图模式,表明他的受试者不太可能在不久的将来患上 AD。这 4 类有效地识别了神经变性的不同阶段(从早期 MCI 到晚期 AD)。这很好地表明，NeuCube 模型可以在将来用于预测 MCI 患者是否会发展为 AD。由于实验是在较小的数据集上完成的,因此无法得出任何可在此阶段临床应用的结论。

9.1.4 从 MCI 到 AD 的大脑活动的功能变化分析

图 9.3 显示了在 t_1 时出现 AD 的 MCI 受试者在 t_0 和 t_1 的无监督学习 EEG 信号(0~64Hz)后生成的 SNNc 连接。这张图显示神经活动从 t_0 到 t_1 显著下降。观察到的模型神经连通性的降低与疾病进展相关的神经元变化兼容。AD 是一种变性性脑疾病,最终会破坏脑细胞,导致认知活动和记忆丧失[15]。使用基于 NeuCube SNN 的可视化,可以更好地理解和解释 AD 患者的生理性大脑衰老。可以通过识别 AD 的相关 EEG 子带来从数据中提取更多信息,以研究患者的神经活动(图 9.4)。

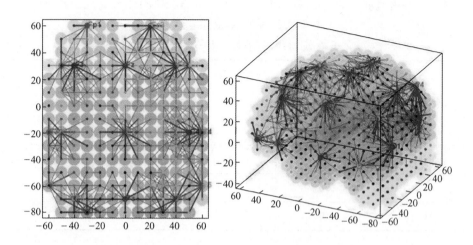

(a) t_0 时刻的EEG集号采集

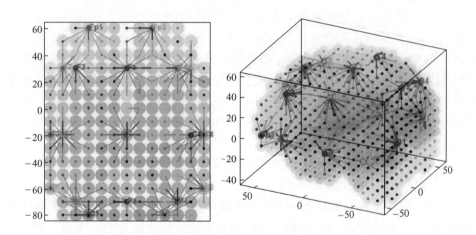

(b) t_1 时刻的EEG集号采集

图 9.3 对在时间 t_0 出现 AD 的 MCI 对象在时间 t_0 的编码 EEG 信号 (0~64Hz)进行 SNNc 的无监督学习后生成的连通性。
(该图显示了 xy 平面投影和 3D SNNc)

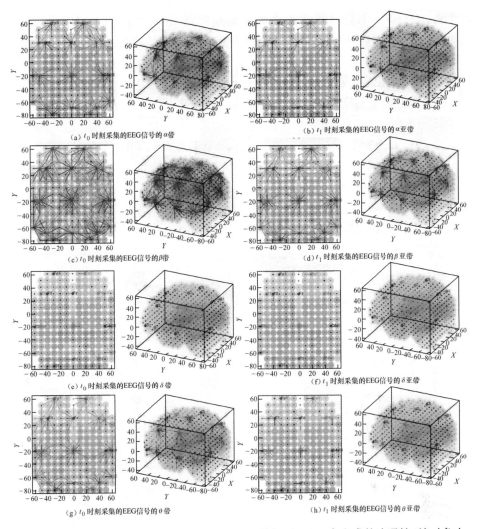

图9.4 在无监督学习时间 y_0 的 MCI 对象的 EEG 数据后 SNNc 中生成的连通性(该对象在 t_0 和 t_1 的 a、b、d 和 h 子带中在 t_1 出现了 AD。该图显示了 2D(xy)平面和 3D(x,y,z)SNNc。在创建的 NeuCube 模型中,在整个皮质区域中,从 b 子带中的时间 t_0 到 t_1,在时间 t_0 到 t_1 之间观察到连通性显著降低,在 a 和 h 子带中观察到的连通性降低)

9.2 使用 EEG 数据对治疗反应进行预测的 SNN 建模

本节介绍了一种使用 SNN 模型中的 EEG 数据深度学习来预测对治疗的反应

的方法。治疗前和治疗后测量脑活动的 EEG 数据用于评估反应。本书以吸毒成瘾者对美沙酮(MMT)的反应为例,使用 NeuCube 模型记录和分析 3 组受试者的脑电图数据:

(1) 控制(正常)受试者;
(2) 未经治疗的吸毒者;
(3) 接受治疗的吸毒者。

在文献[16]中可以找到该方法的更多细节以及实验结果。

9.2.1 概念设计

此案例研究的实验设计如图 9.5 所示,并在本节中进一步说明。

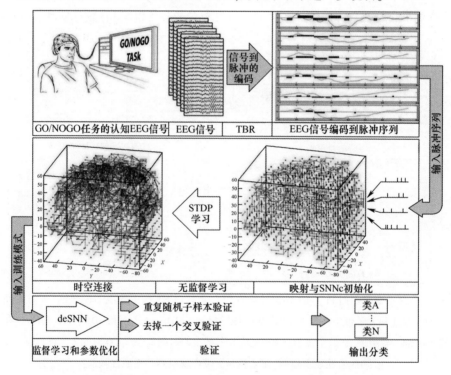

图 9.5　在此案例研究中使用 NeuCube BI-SNN 分析脑电数据的概念图

9.2.2　案例研究问题说明和数据收集

1. 脑电数据采集

通过 26 个头颅位点记录 EEG 数据:F_{p1}、F_{p2}、F_z、F_3、F_4、F_7、F_8、C_z、C_3、C_4、

FC_3、FC_z、FC_4、T_3、T_4、T_5、T_6、P_z、P_3、P_4、O_1、O_2 和 O_z 电极位点(10-20 国际系统)。

2. GO/NOGO 任务

GO/NOGO 任务是一项心理测验,用于衡量参与者的反应控制能力和持续关注能力。在任务过程中,反复向参与者展示"PRESS"一词(持续 500ms)。"PRESS"一词的颜色随机以红色或绿色表示。指示参与者以双手的食指按下按钮以响应绿色(GO)出现的单词,而不响应出现红色(NOGO)。

要求参与者在实际测试之前完成练习实验,以确保他们理解任务。在此阶段,"PRESS"一词连续 6 次以相同的颜色显示。有 28 个序列,其中 21 以绿色呈现,而 7 个以红色呈现,以伪随机顺序呈现,刺激间隔为 1 s。任务持续时间约为 5min。在任务说明中同样强调了响应的速度和准确性。用于 SNN NeuCube 建模的输入 EEG 数据准备在这项研究中,MMT、OP 和对照对象的 EEG 信号数据被用作 SNNc 的输入,以证明他们的大脑活动模式与 GO/NOGO 任务之间的区别。为此,从记录的 EEG 数据中提取了多个 EEG 样本文件,并在 3 个实验阶段中使用 NeuCube 模型分别对其进行了分析。数据的详细信息如表 9.2 所列。

表 9.2　3 个实验阶段的 EEG 数据集以比较 GO/NOGO 任务中的对照(CO)、MMT 和 OP 受试者的大脑活动模式

第一部分:GO 和 NOGO 分类的 EEG 数据样本文件		
类别	每类样本	脑电图样本文件尺寸
GO 实验组	21 个对照对象 18 门 OP 科目 29 个 MMT 科目	75 个 EEG 时间点 * 26 通道 * 21 个样本 75 个 EEG 时间点 * 26 通道 * 18 个样本 75 个 EEG 时间点 * 26 通道 * 29 个样本
NOGO 实验组	21 个对照对象 18 门 OP 科目 31 个 MMT 科目	75 个 EEG 时间点 * 26 通道 * 21 个样本 75 个 EEG 时间点 * 26 通道 * 18 个样本 75 个 EEG 时间点 * 26 通道 * 31 个样本
第二部分:GO 实验期间捕获的 EEG 数据样本文件		
MMT 组和对照组	29 个 MMT 样本(1 组) 21 个 CO 样本(2 组)	75 个 EEG 时间点 * 26 通道 * 50 个样本
OP 组和对照组	18 个 OP 样本(1 组) 21 个 CO 样本(2 组)	75 个 EEG 时间点 * 26 通道 * 39 个样本

续表

类别	每类样本	脑电图样本文件尺寸
MMT 组和 OP 组	29 个 MMT 样本(1 组) 18 个 OP 样本(2 组)	75 个 EEG 时间点 * 26 通道 * 47 个样本
第三部分:在 NOGO 实验期间捕获的 EEG 数据样本文件		
MMT 组和对照组	31 个 MMT 样本(1 组) 21 个 CO 样本(2 组)	75 个 EEG 时间点 * 26 通道 * 52 个样本
OP 组和对照组	18 个 OP 样本(1 组) 21 个 CO 样本(2 组)	75 个 EEG 时间点 * 26 通道 * 39 个样本
MMT 组和 OP 组	31 个 MMT 样本(1 组) 18 个 OP 样本(2 组)	75 个 EEG 时间点 * 26 通道 * 49 个样本

9.2.3 在 NeuCube 模型中对 EEG 数据建模

表 9.3 列出了 NeuCube 模型的参数值。在 SNNc 的学习过程中,当神经元 n_i 在时间 t 激发时,与 n_i 连接的神经元将从中接收到一个脉冲,并且其电位随着所输入脉冲的突触权重而增加。但是,那些未接收到脉冲的神经元的电位将泄漏。因此,两个神经元之间传递的脉冲更大。根据图 9.6,与必须进行反应的 GO 实验相比,在必须停止反应的 NOGO 实验中,对照受试者表现出较少的兴奋。相反,在 NOGO 实验和在 MMT 或 OP 受试者中进行的 GO 实验期间所产生的结果要远大于这些实验。这些发现反映了由两种竞争性反应趋势(GO 与 NOGO)引起的大脑活动的群体差异,这意味着在鸦片依赖病史中,无论其目前的治疗状态如何,抑制作用的缺陷均会阻止 GO 反应的执行。在 SNNc 无监督训练之后,权重更大的神经元连接反映出神经元突触之间更多的脉冲传递。因此,可以直观地看到揭示 SNNc 连接强度的诱导性脑功能途径。在这里生成并说明了从 5 个 EEG 通道(即 C_3、F_z、C_z、C_4 和 P_4)启动的途径。选择这些通道是因为它们强烈参与了人类反应抑制。

表 9.3 通过网格搜索获得的最佳 NeuCube
参数以优化分类精度作为目标函数

阶段	NeuCube 分类中使用的 EEG 样本文件	TBRthr	Dthr	STDP
I	GO 中的对照组与 NOGO 中的对照组	0.551	0.150	0.010
	GO 中的 MMT 组与 NOGO 中的 MMT 组	0.949	0.150	0.010
	GO 中的 OP 组与 NOGO 中的 OP 组	0.777	0.150	0.010

续表

阶段	NeuCube 分类中使用的 EEG 样本文件	TBRthr	Dthr	STDP
II	MMT 对象与对照组(CO)对象(GO 任务)	0.463	0.225	0.014
II	OP 对象与对照组(CO)对象(GO 任务)	0.450	0.075	0.013
II	MMT 对象与 OP 对象(GO 任务)	0.669	0.208	0.008
III	MMT 对象与对照组(CO)对象(NOGO 任务)	0.532	0.225	0.006
III	OP 对象与对照组(CO)对象(NOGO 任务)	0.468	0.175	0.005
III	MMT 对象与 OP 对象(NOGO 任务)	0.886	0.225	0.014

图 9.6 代表了对照组,MMT 和 OP 受试者在对 GO 实验与 NOGO 实验反应时的信息。对照对象的功能途径(图 9.7(a-1))表明,在连接到为 C_z 通道分配的输入神经元的神经元中广泛观察到时空关系。通过追踪包含最多传递脉冲的神经元连接,为 C_z 追踪了几种功能途径通道作为脉冲发送神经元。图 9.7(b-1)说明了 GO 实验期间从 MMT 受试者中捕获的大脑信息途径。与对照受试者相比,MMT 受试者中 C_z 的脉冲跃迁降低了。另外,F_z 通道产生的功能途径增加。尽管 C_z 和 F_z 通道的大脑活动模式在 MMT 和对照受试者中表现出不同,但它们的大脑功能途径却具有可比性。相反,阿片类药物受试者的脑功能通路与对照组或 MMT 受试者明显不同,这表明缺乏从 C_z 通道启动的功能通路(图 9.7(c-1))。与以前的研究一致[17-19],这些发现表明,长期暴露于阿片类药物可能导致脑功能异常。但是,接受 MMT 治疗阿片类药物成瘾的患者似乎比目前的阿片类药物使用者受到的损害更少。

9.2.4 不同药物剂量下 MMT 受试者与 CO 和 OP 受试者的大脑活动的比较分析(建模和了解通过 EEG 通道测量的大脑区域之间的信息交换)

MMT 组的成员正在接受不同剂量的美沙酮。为了检查与剂量相关的影响,根据 MMT 受试者当前的美沙酮剂量将其脑电图模式分为两组,即高剂量(大于 60mg/天)和低剂量(60mg/天)。在 SNNc 中学习了这两组的脑电图,并观察了它们的功能途径。图 9.7(d)捕获美沙酮剂量低和高的 MMT 受试者中 5 条 EEG 通道产生的功能途径之间的差异。使用高剂量的那些 MMT 受试者捕获的功能途径与 OP 组更为相似。另外,美沙酮剂量较少的 MMT 受试者的功能途径与对照组相似。NeuCube 模型还允许执行建模并了解通过 EEG 通道测量的大脑区域之间的信息交换。这在图 9.8 中进行了说明,并在下面进行了说明。图 9.8 捕获了 NeuCube 无监督学习后 26 个 EEG 电极之间的脉冲通信。每个顶点代表一个与 EEG

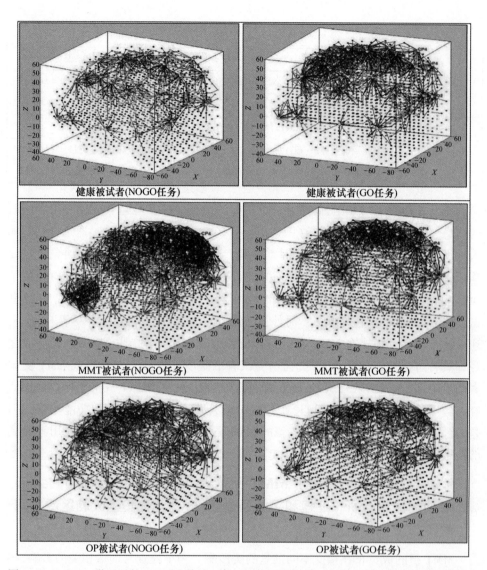

图 9.6 NeuCube 学习后的 SNNc 连接图(其中具有用于实验 GO/NOGO 任务的 26 个特征(通道)的 EEG 数据。对于与 GO/NOGO 任务相关的对照组(健康)、MMT 和 OP 对象,SNNc 的学习连通性有所不同。蓝线是正极(兴奋性)连接,红线是负极(抑制性)连接,神经元的颜色越亮其与邻近神经元的活动越强。线条的粗细还表明神经元的连接性增强。根据 Talairach 脑图集[147],对大脑样 SNNc 的 1471 个神经元进行了空间映射)(见彩插)

通道相对应的神经元簇,弧线代表相对的峰值不同神经元簇之间传递的数量。输入神经元之间的线越宽,相应簇之间传递的脉冲越多。

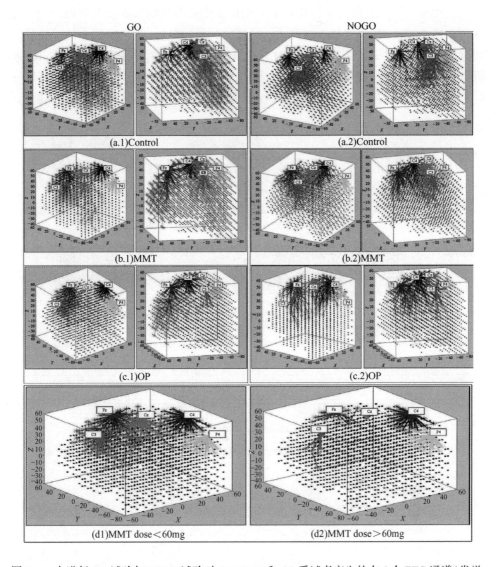

图9.7 在进行GO试验与NOGO试验时CO、MMT和OP受试者产生的在5个EEG通道(发送者脉冲神经元)和大脑内类似SNNc的其余神经元(接受者脉冲神经元)之间生成的功能途径(大实心点表示输入神经元,其他带有*符号的神经元是接受者脉冲神经元。线代表神经元之间的连通性。未连接的点表示没有脉冲到达该神经元。(a.1)GO实验中对照组受试者的脑功能途径;(a.2)NOGO实验中对照对象的大脑功能途径;(b.1)GO实验中MMT受试者的大脑功能途径;(b.2)NOGO中MMT受试者的大脑功能途径实验;(c.1)GO实验中OP受试者的脑功能通路;(c.2)NOGO实验中OP受试者的大脑功能途径;(d.1)每天接受少于60mg美沙酮剂量的MMT组的大脑功能途径;(d.2)每天接受美沙酮剂量超过60mg的MMT组的脑功能通路)

在图9.8(a)中,通过比较从 GO 和 NOGO 实验中的对照受试者获得的两个图表可以清楚地看到,在受试者进行 GO 试验的同时,神经元簇之间的突波交流特别增强。因此,可以得出结论,与 GO 实验相比,NOGO 实验中表现出较少的 Spike 相互作用,而受试者的抑制作用增加。也许,"PRESS"一词的绿色附属符号有助于增强健康对象的可见度,并在顶叶和枕骨中央区域(可能包括初级和次级视觉区

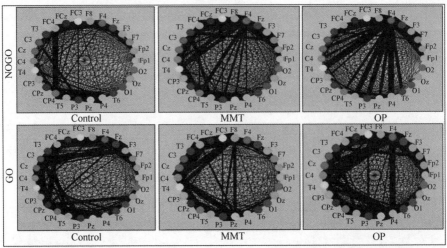

(a) 以脉冲交流的形式表示26个EEG通道的26个神经元簇之间的总交互作用,以此来衡量皮层大脑区域之间的信息交换(连接代表相应电极的两个神经元的线越粗,则在相应簇之间传输的脉冲就越多)

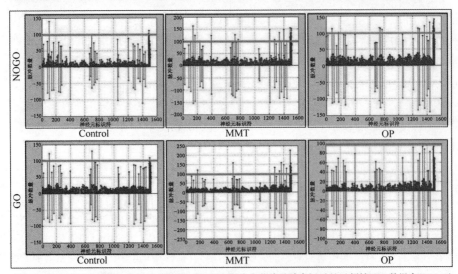

(b) 在GO和NOGO试验中使用从对照组、MMT和阿片类药物受试者记录的示例性EEG数据在SNNc无监督训练后,SNNc的每个神经元发出的脉冲数(蓝线是SNNc中所有神经元发出的正脉冲(兴奋),红线是仅由代表EEG通道的输入神经元发出的负脉冲(抑制)。使用NeuCube模型进行脑电图GO/NOGO模式分类)

图9.8 NeuCube 无监督学习后 26 个 EEG 电极之间的脉冲通信

域)中增强激活。但是,MMT 或阿片类药物缺乏这种趋势。此外,MMT 和鸦片受试者均表现出增加的脉冲沟通,特别是在 NOGO 试验期间的额叶,中央和颞部区域,暗示了 NOGO 刺激在与注意力、视觉记忆和自愿运动有关的区域中引起的刺激增加。我们的发现表明,具有鸦片使用史的人与健康对照组之间在解剖学和功能上都有不同的抑制过程。还应注意与 MMT 受试者相比,鸦片使用者的抑制作用交替更大。对于 NOGO 实验中的鸦片受试者,大多数宽线是在通道 F_4 与通道 T_6、P_4、P_z、P_3、T_5、CP_4、T_4、C_4 和 C_z 之间创建的。

这些连接代表在受试者进行 NOGO 试验时,在对应于通道 F_4 的神经元簇和其他神经元簇之间传递了更多的脉冲。因此,在 NOGO 试验期间,OP 组药物受试者抑制其自愿应答的能力可能会受到损害。另外,在 OP 类药物中这些通道之间的相互作用并未观察到。在 NOGO 实验期间的对照组中。这意味着在与通道 F_z 和其他 EEG 通道相关的神经元簇之间没有传输太多脉冲。在 NOGO 试验中从 MMT 受试者图表中可得到,F_z、CP_4 和 T_4 集群之间存在强烈的脉冲通信,尽管这些与 OP 组受试者相比这种联系较少。在脉冲交流中观察到的差异表明,对照组和 OP 组受试者在执行认知 GO/NOGO 任务时表现不同。

为了更好地了解脉冲的发生和在 SNNc 内部的传播,在无监督训练过程中每个神经元发出的脉冲数量如图 9.8(b) 所示。当 SNNc 用 EEG 数据训练时,每个神经元 n_i 在时间 t 的突触后电位 $PSP_i(t)$[20] 通过从所有突触前神经元收到的输入脉冲的总和而增加。一旦 $PSP_i(t)$ 达到触发阈值,神经元 n_i 就会发出一个脉冲。SNNc 之后在无监督学习的情况下,脉冲神经元的暂时活动可以通过相应的 EEG 通道测得的大脑活动来解释。

图 9.8(b) 给出了与 EEG 数据相关的 SNNc 的每个神经元发出的脉冲数量的示例。通过比较从 GO 和 NOGO 试验获得的结果,可以得出结论,与 NOGO 实验相比,对照受试者在进行 GO 实验时发出的峰值平均数更大。相反,对于 OP 受试者在 NOGO 实验期间发出的脉冲较大。该图表明在 NOGO 实验期间,对照组的每个神经元发出的脉冲数量少于 100 个,OP 组的大于 100 个。这些发现支持我们的论点,即当 OP 受实者在 NOGO 试验中预期不会按下按钮时,可能会难以抑制他们不适当的自动应答。

为了学习和分类 EEG 信号模式,将 EEG 数据输入到 3D SNNc 中进行无监督学习。然后使用监督学习对输出分类器神经元进行训练,以将 SNNc 的活动模式分类为预定义的类。使用重复的随机摩擦采样交叉验证(RRSV)评估分类准确性结果。在此实验中,使用 RRSV 方法,其中 50%的数据用于训练,50%的数据用于测试。为了优化分类准确性,如本节所述,通过迭代 NeuCube 模块(1)~(3)来更改 NeuCube 参数的值。在此实验中,TBR 阈值、连接距离(Dthr)和 STDP 在 1000 次优化迭代中更改了速率参数,然后记录了最佳精度。表 9.3 报告了产生最佳分类精度的参数。点火阈值、MOD 和漂移参数分别设置为 0.05、0.4 和 0.250。

9.2.5 分类结果分析

将分类准确度结果与使用传统机器学习方法获得的结果进行比较,因为这些方法仍在文献中积极用于脑电数据的分类。我们用于比较的方法是支持向量机(SVM)、多元线性回归(MLR)、多层感知器(MLP)和不断发展的聚类方法(参见 www.theneucom.com)。表 9.4 总结了针对 3 个输出类别的受试者的 3 个实验环节的分类准确性结果。在第一阶段中获得的分类准确性结果表明,对照受试者在 GO 实验与 NOGO 实验中采取的动作有所不同。因此,与之相比,他们的 EEG 峰值序列的分类精度更高,达到 90.91% 与 MMT 和 OP 组药物有关。在第二阶段中,OP 对 CO 的分类准确度为 85%,高于 MMT 对 CO 的分类准确度 77%,这意味着 MMT 与对照对象的 EEG 数据之间的相似度大于 OP 组和对照对象之间的相似度。

表 9.4 通过 NeuCube 的 RRSV 方法进行的 3 个实验会议得出的 EEG 数据分类准确性结果。(50% 的数据用于训练,50% 的数据用于测试。传统方法的结果是通过留一法交叉验证(LOOCV)获得的)

对照组(CO)、OP 组(OP)、准确性/%						
阶段	类别	NewCube	SVM	MLP	MLR	ECMC
阶段 1: GO 与 NO 分组	GO 与 NOGO 中的对照组	90.91	50.55	48.50	50.38	29.71
	GO 与 NOGO 中的 MMT 对象	83.87	50.39	49.72	50.17	42.65
	GO 与 NOGO 中的 OP 对象	83.33	50.40	47.81	50.00	45.43
阶段 2: OP,MMT,CO 在 GO 组中	MMT 和对照组(GO)	77.00	47.12	45.36	49.86	50.47
	OP 和对照组(GO)	85.00	50.50	50.64	48.60	48.60
	MMT 和 OP	79.00	47.90	45.22	50.53	49.98
阶段 3: OP,MMT,CO 在 NOGO 组中	MMT 与对照组	85.00	49.13	48.62	50.49	50.15
	OP 与对照组	90.00	50.24	49.83	50.24	49.83
	MMT 与 OP 组	88.00	46.57	50.51	50.00	48.71

因此,可以得出结论,一些 MMT 受试者对美沙酮治疗有反应,他们的大脑活

动模式可能会有所改善,并变得与 CO 受试者相当。此外,MMT 与 OP 的分类准确度为 100%,这表明所有 MMT 主题均正确分类为 MMT 类。实际上,该结果表明 MMT 受试者的 EEG 数据模式与 OP 组受试者有很大差异。

OP 与 CO 的分类准确率达到 90%,高于 MMT 与 CO 的分类准确率 85%。这些结果表明,与 OP 组和 MMT 相比,MMT 与对照组的大脑活动模式之间的差异可能是最小的。它可能表示 MMT 对脑功能具有潜在的积极影响,并有助于功能恢复。

实验结果表明以下几点。

(1) 在所有实验中,与传统的机器学习方法相比,基于 NeuCube 的模型均具有出色的分类精度。

(2) 健康志愿者的脑部活动模式与有鸦片依赖史的人存在显著差异。与目前的鸦片使用者相比,接受 MMT 的人群之间的差异似乎不那么明显。

(3) 健康志愿者的大脑功能通路比接受 MMT 的人或鸦片使用者更大、更广。

(4) 与高剂量美沙酮相比,接受低剂量美沙酮的人的 STBD 图谱与健康志愿者更具有可比性。

9.3 本章小结和更深层次的阅读材料

本章介绍了深度学习和脑电图数据建模方法的一些应用,这些方法可用于脑电数据的深度学习和建模以及第 6 章和第 8 章中 BI-AI 系统的设计,可用于模拟与 AD 和药物成瘾有关的脑疾病相关的 EEG 数据。这些只是所介绍的 SNN 方法的适用性的两个说明,使用这种方法可以开发进一步的应用和研究。

推荐以下有关特定主题和相关主题的阅读材料:

(1) 人脑多模式图谱[21];

(2) 脑电图[22];

(3) 脑成像[15];

(4) 阿尔茨海默氏病(文献[23]和[24]中的第51、52章);

(5) 用于治疗中的吸毒者脑电数据建模的 SNN [16-19];

(6) 在 NeuCube 中建模 EEG AD 数据的演示:https://kedri.aut.ac.nz/R-and-DSystems/neucube/eeg;

(7) NeuCube 软件开发系统(http://www.kedri.aut.ac.nz/neucube/);

(8) 测量和建模大脑结构和功能的方法以及系统及其应用[25-42]。

致谢

本章的一些材料已首次在期刊和会议出版物中发表,并在相应章节和子章节中引用,也在书中[2,16,23-24]。感谢这些出版物的共同作者 Maryam Doborjeh、Elisa Capecci、Zohreh Doborjeh、Nathan Scott、Carlo Morabito、Nadia Mammone、F. La Foresta 和 Grace Wang 的巨大贡献。

参考文献

[1] E. Capecci, Z. Doborjeh, N. Mammone, F. La Foresta, F. C. Morabito, N. Kasabov, *Longitudinal Study of Alzheimer's Disease Degeneration through EEG Data Analysis with a NeuCube Spiking Neural Network Model*, in Proceedings WCCI—IJCNN, Vancouver (IEEE Press, 24-29 July 2016), pp. 1360-1366

[2] N. Kasabov, N. Scott, E. Tu, S. Marks, N. Sengupta, E. Capecci, M. Othman, M. Doborjeh, N. Murli, R. Hartono, J. Espinosa-Ramos, L. Zhou, F. Alvi, G. Wang, D. Taylor, V. Feigin, S. Gulyaev, M. Mahmoudh, Z.-G. Hou, J. Yang, Design methodology and selected applications of evolving spatio-temporal data machines in the NeuCube neuromorphic framework. Neural Netw. **78**, 1-14 (2016). http://dx.doi.org/10.1016/j.neunet.2015.09.011

[3] W. Gerstner, What's different with spiking neurons?, in *Plausible Neural Networks for Biological Modelling*, ed. by H. Mastebroek, H. Vos (Kluwer Academic Publishers, Dordrecht, 2001), pp. 23-48

[4] J. Talairach, P. Tournoux, *Co-planar Stereotaxic Atlas of The Human Brain: 3-Dimensional Proportional System: An Approach to Cerebral Imaging* (Thieme Medical Publishers, New York, 1988)

[5] L. Koessler, L. Maillard, A. Benhadid et al., Automated cortical projection of EEG sensors: Anatomical correlation via the international 10-10 system. NeuroImage **46**, 64-72 (2009)

[6] N. Kasabov, NeuCube: a spiking neural network architecture for mapping, learning and understanding of spatio-temporal brain data. Neural Netw. **52**, 62-76 (2014)

[7] J. Hu, Z.G. Hou, Y.X. Chen, N. Kasabov, N. Scott, *EEG-Based Classification of Upper-limb ADL Using SNN for Active Robotic Rehabilation*, in IEEE RAS & EMBS International Conference on Biomedical Robotics and Biomechatronics (BooRob) (Sao Paulo, Brazil, 2014), pp. 409-414

[8] V. Capano, H.J. Herrmann, L. de Arcangelis, Optimal percentage of inhibitory synapses in multitask learning. Sci. Rep. **5**, 9895 (2015)

[9] S. Song, K. Miller, L. Abbott et al., Competitive Hebbian learning through spike-timing-dependent synaptic plasticity. Nat. Neurosci. **3**, 919-926 (2000)

[10] N. Kasabov, K. Dhoble, N. Nuntalid, G. Indiveri, Dynamic evolving spiking neural networksfor online spatio-and spectro-temporal pattern recognition. Neural Netw. **41**, 188-201 (2013)

[11] S. Thorpe, J. Gautrais, Rank order coding. Computational Neuroscience: Trends Res. **13**, 113–119 (1998)

[12] S. Fusi, Spike-driven synaptic plasticity for learning correlated patterns of asynchronous activity. Biol. Cybern **87**, 459–470(2002)

[13] M. Defoin-Platel, S. Schliebs, N. Kasabov, Quantum-inspired evolutionary algorithm: a multi-model EDA. IEEE Trans. Evol. Comput. **13**(6), 1218–1232(2009)

[14] M. Fiasce, M. Taisch, On the use of quantum-inspired optimization techniques for training spiking neural networks: a new method proposed, in *Advances in Neural Networks: Computational and Theoretical Issues*(Springer, 2015), pp. 359–368

[15] J. B. Poline, R. A. Poldrack, Frontiers in brain imaging methods grand challenge. Front. Neurosci. **6**, 96(2012). https://doi.org/10.3389/fnins.2012.00096

[16] M.G. Doborjeh, N. Kasabov, Z. Doborjeh, SNN for Modelling Dynamic Brain Activities during a GO/NO_GO Task: A Case Study on Using EEG Data of Healthy Vs Addiction vs Treated Subjects. IEEE Trans. Biomed. Eng. **63**(9), 1830–1841(2016)

[17] G. Y. Wang et al., Changes in resting EEG following methadone treatment in opiate addicts. Clin. Neurophysiol. **126**(5), 943–950(2015)

[18] G. Y. Wang et al. Quantitative EEG and low-resolution electromagnetic tomography (LORETA) imaging of patients undergoing methadone treatment for opiate addiction. Clin. EEG Neurosci. (2015) https://doi.org/10.1177/1550059415586705

[19] G. Y. Wang et al., Auditory event-related potentials in methadone substituted opiate users. J. Psychopharmacol. **29**(9), 983–995(2015)

[20] N. Kasabov, To spike or not to spike: a probabilistic spiking neuron model. Neural Netw. **23**(1), 16–19(2010)

[21] A. Toga, P. Thompson, S. Mori, K. Amunts, K. Zilles, Towards multimodal atlases of the human brain. Nat. Rev. Neurosci. **7**, 952–966(2006)

[22] E. Niedermeyer, F.H.L. Da Silva, *Electroencephalography: Basic Principles, Clinical Applications, and Related Fields*(Lippincott Williams & Wilkins, Philadelphia, 2005), p. 1309

[23] N. Kasabov ed., *Springer Handbook of Bio-Neuroinfortics*(Springer, New York, 2014)

[24] L. Benuskova, N. Kasabov, *Computaional Neurogenetc Modelling*(Springer, New York, 2007)

[25] D.A. Craig, H.T. Nguyen, *Adaptive EEG Thought Pattern Classifier For Advanced Wheelchair Control*, in International Conference of the IEEE Engineering in Medical and Biology Society(2007), pp. 2544–2547

[26] F. Lotte, M. Congedo, A. Lécuyer, F. Lamarche, B. A. Arnaldi, Review of classification algorithms for EEG-based brain-computer interfaces. J. Neural Eng. **4**(2), R1-R15(2007)

[27] R.C. deCharms, Application of real-time fMRI. Nat. Rev. Neurosci **9**(9), 720–729(2008)

[28] T. Mitchel et al., Learning to decode cognitive states from brain images. Mach. Learn. **57**, 145–175(2004)

[29] K. Broderson et al., Generative embedding for model-based classification of fMRI data. PLoS

Comput. Biol. **7**(6),1–19(2011)

[30] K. Broderson et al., Decoding the perception of pain from fMRI using multivariate pattern analysis. NeuroImage **63**,1162–1170(2012)

[31] K. Zilles, K. Amunts, Centenary of Brodmann's map—conception and fate. Nat. Rev. Neurosci. **11**,139–145(2010)

[32] S. Eickhoff et al., A new SPM toolbox for combining probabilistic cytoarchitectonic maps and functional imaging data. Neuroimage **25**,1325–1335(2005)

[33] J. Lancaster et al., Automated talairach atlas labels for functional brain mapping. Hum. Brain Mapp. **10**,120–131(2000)

[34] A.C. Evans, D.L. Collins, S.R. Mills, E.D. Brown, R.L. Kelly, T.M. Peters, *3D Statistical Neuroanatomical Models from 305 MRI Volumes*, in IEEE-Nuclear Science Symposium and Medical Imaging Conference(IEEE Press,1993),pp. 1813–1817

[35] J. Ashburner, Computational anatomy with the SPM software. Magn. Reson. Imaging **27**(8), 1163–1174(2009)

[36] L. Benuskova, Kasabov, *Computational Neuro-genetic Modelling* (Springer, New York, 2007),p. 290

[37] M. Hawrylycz et al., An anatomically comprehensive atlas of the adult human brain transcriptome. Nature **489**,391–399(2012)

[38] W. Gerstner, H. Sprekeler, G. Deco, Theory and simulation in neuroscience. Science **338**,60–65 (2012)

[39] C. Koch, R. Reid, Neuroscience: observation of the mind. Nature **483**(7390),397–398(2012)

[40] Van Essen et al., The human connectome project: a data acquisition perspective. NeuroImage **62**(4),2222–2231(2012)

[41] H. Markram, The blue brain project. Nat. Rev. Neurosci. **7**,153–160(2006)

[42] E.M. Izhikevich, G.M. Edelman, Large-scale model of mammalian thalamocortical systems. PNAS **105**,3593–3598(2008)

第10章
深度学习和深度知识fMRI数据表示

本章介绍有关功能磁共振成像(fMRI)的第一背景信息,然后介绍深度学习方法,使用脑启发式 SNN 从 fMRI 数据中获得深层知识表示。这些方法适用于开发关于 fMRI 数据分析的特定方法与认知过程。

10.1 脑 fMRI 数据及其分析

10.1.1 什么是 fMRI 数据?

功能 MRI(fMRI)将大脑解剖结构的可视化与大脑活动的动态图像进行一次全面扫描[1-3],这种非侵入性技术可测量到氧合血红蛋白与脱氧血红蛋白的比率具有不同的磁性。活跃的大脑区域具有较高水平,氧合血红蛋白比活跃区域少。fMRI 扫描可以产生图像在几秒时间尺度上的大脑活动分布,精确的空间分辨率为 1~2mm。因此,fMRI 呈现了 3D 解剖学和功能的低频频谱中的大脑。

fMRI 可用于可视化,并与大脑某些部位的神经元活动有关的血液动力学反应[4]。血液流向该特定活化神经元区域的流量增加表明了这种血液动力学反应。血液动力学反应的组成部分包括氧合血红蛋白和脱氧血红蛋白浓度、每单位脑组织的脑血容量(CBV)和脑血流量的变化。有多种 fMRI 技术可以捕获从血液动力学响应的不同组成部分产生的功能信号。最常见的技术之一是基于氧合血红蛋白-脱氧血红蛋白成分的浓度计算,它被称为血氧水平依赖性(BOLD)技术[5]。

尽管 MRI 提供了大脑的结构图,但 fMRI 成像技术与血氧水平依赖性(BOLD)技术相结合[5]产生了一组更好的大脑图像,即具有出色的时间和空间信息。除结构映射外,fMRI 还会生成大脑的功能映射,该功能实际上利用了发生在激活区域的载氧和血管扩张生理原理中的铁。它用于测量由外部或内部触发的刺激引起的大脑神经活动变化[6]。更准确地说,fMRI 在大脑中许多单独位置测量相对于对照基线的血液中氧合血红蛋白与脱氧血红蛋白的比率。一般地认为,血氧水平受局部神经活动的影响,因此,这种血液的 BOLD 反应通常被视为神经活动的指标[2]。

fMRI 成像技术是非侵入性且无辐射的,因此可为相关受试者提供安全的环境。图像以垂直或水平(图 10.1)的顺序记录,并随时间记录在强度值矩阵中。它们通常通过捕捉器官并存储在 8 位或 16 位图像数据切片中(图 10.1 右)。可以使用多种常见格式保存图像,如 DICOM、ANALYZE、NIFTI 格式或原始立体像素强度值。

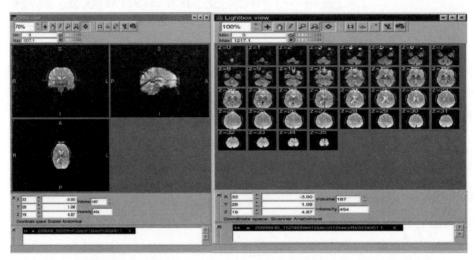

图 10.1　垂直和水平切片的脑图像(矢状、冠状和轴向视图(左)。随时间推移获取的大脑图像数据切片,即 32 幅图像代表一定数量的大脑
(查看图像使用 FSLView(FSLView,2012)软件(右))

图像由两个部分构成,即空间/光谱(或空间)和时间。第一个成分被确定为大脑的体积,可以进一步细分为较小的 3D 长方体,称为体素(体积元素)。在典型的 fMRI 研究中,快速、连续收集一系列大脑体积,并记录 3D 网格中所有点的 BOLD 响应值。普通的 3D 脑部图像通常包含 10000~15000 个体素,每个体素包含数十万个神经元。可以将空间图像分辨率设置为低分辨率或高分辨率。如图 10.2 所示,虽然高分辨率图像提供了更准确的信息(如尺寸为 1mm×1mm×1mm 的体素),但仍需要更多的 CPU 处理能力,并且目前尚不可行。典型的空间分辨率为 3mm×3mm×5mm,对应于图像尺寸为 64×64×30[7],与其他成像技术相比,该分辨率仍然相对较高。

在扫描大脑的整个体积时需要获取时间成分,这需要几秒才能完成。在一次实验中,通常会扫描和记录 100 个或更多的大脑体积,以记录执行特定感觉运动或认知任务的单个对象。时间分量取决于获取每个单独图像的间隔时间或重复时间(T_R)。在典型的实验中,T_R 范围为 0.5~4.0s,T_R 值通常在 2s 范围内被认为是足

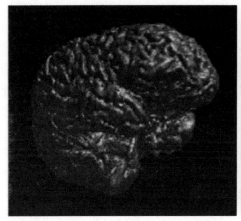 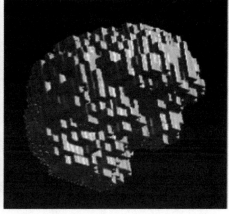

图 10.2 3D 脑图像的表面渲染(小体素(左侧:1mm×1mm1.5mm)
对比大体素(右侧:7mm×7mm×10mm))(史密斯,2004 年)

够的[7]。

脑图像这种时空信息的组合将是本研究的主要关注点。

10.1.2 fMRI 数据分析的传统方法

为 fMRI 数据分析选择最佳的技术仍然是一个值得重视的问题。必须考虑许多变量,如感兴趣体素的微弱信号、体素分布在大脑的各个空间位置之间、不同大脑大小的不同大脑映射以及空间分布的噪声。一种流行的分析方法是模式分类,其中观察大脑的模式以预测对象正在执行的任务。

显然地,大脑活动以时空格式捕获为 fMRI 数据。在进行分析时,研究人员经常将 fMRI 数据分类视为单变量或多变量、线性或非线性或作为静态或时空方法。

在早期,标准的 fMRI 数据分析方法按照统计参数映射(SPM)[7-8]中的建议,将每个脑素区域单独(单变量)作为静态数据进行检查,这完全忽略了 fMRI 数据的固有时空特征。单变量方法将 fMRI 体素作为独立的个体进行处理,因此在体素之间没有交互作用,也没有关系。这种方法已经用高斯朴素贝叶斯方法进行了实验[2,9]。然而,这种方法忽略了由体素模式编码的集体信息[10]。

另外,多变量分析评估的是整个大脑区域的大脑模式的相关性,而不是逐个像素地检查它们。在文献[6]中,说明了当向对象显示面孔、房屋和各种对象类别时,如何使用多体素活动模式来区分认知状态。由于相同(或不同)的刺激触发了不同的大脑位置,因此实验应考虑所有相关的体素,而不是仅考虑单个特定的体素。许多研究人员使用线性或非线性分类器对这种多体素模式分析进行了改编,包括 SVM[11-14]、高斯朴素贝叶斯(GNB)[15-17]、无隐藏层的神经网络[18]、非线性 SVM[13,19]和具有隐藏层的神经网络[20]。所有这些研究仅考虑单个时间或时间间隔的数据。

fMRI 分类器的另一种方法是它们是线性的还是非线性的。线性分类器使用线性平面划分类别,而非线性分类器使用更复杂的函数将类别分离[21]。线性分类器上与 fMRI 相关的工作见文献[2,12-13,22-23]。尽管这种方法比非线性分类器更具偏见性和灵活性,但一些研究表明它们仍然可以产生准确的结果[13,23]。另外,非线性分类器也产生了很好的分析结果[19,24],尽管其他一些研究表明它产生了最差的结果[13,25]。然而,对于鲁棒分类,非线性分类器需要更大的训练集[26]。

近年来,研究人员正朝着同时包含时空行为的大脑分析进行研究,如时空支持向量机[27]、贝叶斯公式[28]和广义稀疏分类器(GSC)[29]。文献[30]进行的一项研究使用通用线性模型(GLM)选择了一组相关体素,然后结合了液态状态机和多层感知器(MLP)。这些研究集中于时空分类,其中将实验中的多个大脑体积作为样本。

总之,关于 fMRI 特征及其与分类器行为的关系的研究仍未得到很好的理解。通常,fMRI 数据集是病态的数据集,需要大量的计算能力来处理其体素。此外,fMRI 的分类器属性与 BOLD 信号属性之间的相互作用仍然没有得到很好的处理[30-31]。

10.1.3 从 FMRI 数据中选择特征

在典型的 fMRI 实验中,每半秒将产生一系列与受试者的大脑活动有关的图像。该测试通常包含一组实验,每个实验随着时间推移会产生许多大脑体积。每个大脑体积由数千个体素组成,这些体素的强度是要分类的特征。学习这种大脑数据带来了许多挑战,特别是在数据极其稀疏的噪声数据和高维数据方面。这将对分类器造成过度拟合问题。因此,有必要应用特征选择方法以使学习变得容易并且防止过度拟合。

在选择对刺激有反应的相关特征(体素或体素区域)时,可以单变量或多变量方式完成。除了标准的单变量方法以外,用于从 fMRI 数据检测 ROI 的多变量模式分析方法最近也引起了很多关注。多元方法的优势源于这样的事实,也就是即使个体反应较弱的体素在一起分析时也可能携带重要的认知信息。

进化特征选择是一种基于进化技术的算法(第 7 章)。该方法在特征子集选择中被证明是有效的,该特征子集选择可检测携带与刺激有关的信息的个体素的数量和组合[32]。这些体素在多元线性回归(MLR)分类器中用作特征,并证明即使是简单的分类方案也可以检测和区分嘈杂的 fMRI 数据中的相关皮质信息。尽管它以多变量方式考虑体素(共同分析体素),但是体素仅在单个体积上,并且不随时间在多个体积上进行测试。

另一种方法是使用基于粒子群优化(PSO)的 fMRI 脑状态分类算法,该算法专门设计用于有效提取针对分类任务最优的体素子集[33]。PSO 是一种随机优化方法[34],它基于群居动物(如鱼和鸟)的行为而松散(参见第 7 章)。代表潜在问题解决方案的许多粒子在潜在解决方案的搜索空间中释放。每个粒子都有一个位置和速度,可以自由地在搜索空间中飞行。在特征选择的情况下,如文献[35]所建议的那样对标准 PSO 进行了修改,不仅获得了较高的性能得分,而且还确定了与功能相关的 ROI[33]。

另外,已经提出了同时选择相关体素的方法,该方法通过合并稀疏正则化来扩展传统分类器,该稀疏正则化通过鼓励将零权重分配给不相关的体素来控制拟合[9,36-37]。这些工作在最近提出的广义稀疏分类器(GSC)中得到了改进[38],该分类器除了稀疏和无缝集成外,还允许更一般的惩罚,如空间平滑性。另一个改进是通用组稀疏分类器(GGSC)[39],该模型允许对预定义组内要素之间的关联进行建模。

10.2 BI-SNN 中 fMRI 数据的深度学习和深度知识表示

本节介绍了在大脑启发的 SNN 架构中对 fMRI 数据进行映射、学习、建模和理解的通用方法,并说明了在第 6 章的 NeuCube SNN 架构中通过认知任务对 fMRI 建模方法的完整说明,请参见文献[40]。

10.2.1 为什么要使用 SNN 进行 fMRI 建模时空脑数据?

大脑以时空二进制事件的形式处理输入信息,称为峰值[41-43]。SNN 方法已经被开发并实现为神经形态工程系统,如神经形态硬件[44-46]、用于图像和语音处理的 SNN 作为峰值串[47-49]、无监督[50]和有监督的学习和分类系统[51-53]等。

与传统的神经元网络相比,SNN 可以整合数据的时空和时间两个部分,这对于 fMRI 数据的建模很重要。SNN 被认为是第三代神经网络[54],它们的一些显著特征是:空间和时间的紧凑表示;快速数据学习;基于时间和基于频率的信息表示;简约的信息展示;低能耗。由于这些原因,可以将 SNN 视为适用于 fMRI 数据的模型。SNN 的这些功能在文献[55]中用于创建 BI-SNN-NeuCube(见第 6 章)。

NeuCube 是一个 BI-SNN 模型,用于时空数据的学习、分类/回归、可视化和解释,最初是针对大脑数据提出的[55]。NeuCube 包含 5 个主要模块,即数据编码和映射、SNNc 中的无监督学习、eSNN 中的监督学习和分类、参数优化和模型的可视化及解释(见第 6 章)。SNNc 的大小是可伸缩的,并由 3 个参数控制:n_x、n_y、n_z 代表沿 x、y 和 z 方向的神经元数。此多维数据集可用于映射输入变量的 (x,y,z) 坐标,以便保留数据中的空间信息。在代表输入时空数据的尖峰序列上以无监督模式训练 SNNc。在训练的第一阶段之后,将对 eSNN 输出分类器进行训练,以学习代表数据模式及其预定义类的 SNNc 时空活动。动态演化的 SNN(deSNN)可以用作输出分类器[51],也可以使用其他分类器[52-54]。

10.2.2 BISNN 中 fMRI 数据的深度学习和深度知识表示

该方法包括如下所述内容,并在图 10.3 中表述几个过程。

根据这些特征的空间位置作为大脑坐标,将输入数据特征(如 fMRI 体素)在空间上映射到 3D SNNc 中的空间分配的尖峰神经元中。将 SNNc 创建为具有适当大小的 3D SNN 结构,该结构在空间上映射大脑模板(如 Talairach[56]、MNI[57])或单个大脑数据的体素坐标。然后,使用基于阈值的表示方法(TBR)或其他方法(第 4 章)将测量某个大脑位置活动的体素数据的连续值时间序列编码为峰值序列。尖峰的时序与数据变化的时间相对应。在编码过程之后获得的尖峰时间序列表示 SNNc 的新输入信息,其中时间单位可能与数据采集的实时时间不同(机器计算时间与数据采集时间)。可以使用流行的泄漏积分和火神经元模型(LIFM 或其他 SNN 模型[59])来实现 SNNc。

神经元突触后电位(PSP),也称为膜电位 $u(t)$,在时间 t 随每个输入尖峰的增加,再乘以突触功效(强度),直至达到阈值 h。之后,发出输出尖峰,膜电位复位为初始状态。膜电势在尖峰之间可能有一定的泄漏,这由时间参数 π 定义。

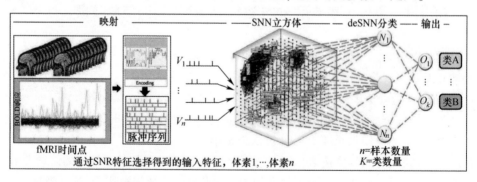

图 10.3 fMRI 数据基于 NeuCube 的方法的示意图映射、学习、可视化和分类[40]

SNNc 的连通性使用"小世界"连通性规则进行初始化[55,60-61]。小世界连通性规则是在生物系统中观察到的现象[62-63]。无监督学习是使用 Spike-Timing-Dependent 可塑性(STDP)学习规则[50]作为一种实现方式进行的。在这项研究中，无监督学习使 SNNc 能够发展其联系，从而捕获代表连续时空大脑活动的体素之间的时空关联。对于每个输入的时空 fMRI 样本，在 SNNc 中形成一条连接轨迹。这些轨迹的长度(深度)取决于代表样品的加标顺序和显示时间。

下面提供了案例研究数据的详细信息。

图 10.4(a)展示了当受试者正在阅读否定句子时(以 s 为单位的时间)，在 NeuCube 模型中 8s 的 fMRI 数据的深度学习的 3 个快照。图 10.4(b)捕获了内部结构模式，表示为以 8s 的 fMRI 数据流训练的 SNN 模型中的时空连通性。相应的功能模式在图 10.4(c)中表示为代表深的层知识的受训 NeuCube 模型中神经元簇的峰值活动序列。SNN 模型的内部功能维度显示，当受试者阅读否定句子时，激活的认知功能是从空间视觉处理功能启动的。然后是执行功能，包括决策和工作记忆。从那里开始，涉及逻辑和情感注意功能。最后，诱发了情绪记忆的形成和知觉功能。

在图 10.4(c)中可视化的一系列时间间隔内，位于空间上的大脑区域的活动轨迹可以表示为一系列事件 E_i 的深度知识，每个事件由函数 F_i、位置 S_i 和执行时间 T_i 定义(在第 1 章中对深度知识的定义，具体也可见专栏 10.1)。

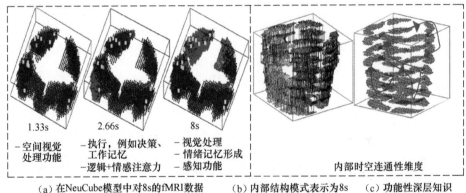

图 10.4　研究数据的详细信息案例

专栏 10.1　从阅读否定句的人的 fMRI STBD 训练 NueCube 模型中提取的深层知识表示
IF(某人正在读否定句)
THEN(在经过训练的 SNN 模型中，以下事件在时空上触发)
E_1:在时间 T_1 的空间视觉处理区域中的视觉

E_2：决策功能，在时间 T_1 的决策和工作存储器中

E_3：在时间 T_3，在注意力大脑区域中的逻辑和情感注意力功能

E_4：在时间 T_4，在情绪大脑区域的情绪功能

E_5：在时间 T_5 时，在记忆脑区域的情绪记忆形成功能

E_6：感知功能，在时间 T_6 处的感知大脑区域

注意：排气口 E_i 的时间 T_i 和位置 S_i 可以取精确值或模糊值（如周围、或多或少等）。

使用 deSNN 分类算法[51]实现了通过输入数据在 SNNc 中激活的，用于时空尖峰序列的监督学习的输出分类模块。在监督学习期间，将对输出神经元进行进化和训练，以识别 SNNc 的整个活动模式。SNNc 活动的整个模式定义为在呈现由类标签标记的整个输入数据样本时 SNNc 的时空峰值活动。使用的 fMRI 样本的持续时间可能会随时间和使用的体素数量而变化。使用 eSNN 可以以增量方式对新数据进一步调整 NeuCube 模型，而无需在旧数据上重新训练模型。该模型可以进一步发展，用于训练的新样本和以增量方式引入的新类别。

输出分类的准确性取决于 NeuCube 模型参数值的组合。可以使用不同的算法来优化这种组合，如网格搜索（穷举搜索）、遗传算法和量子启发进化算法[64]（第 7 章）。在 10.3 节中列出了许多默认参数。

可以在 3D 虚拟现实空间中动态可视化训练有素的 fMRI 数据的 NeuCube 模型，以分析大脑活动并从数据中发现新的时空因果关系[58]。

在下面关于基准 fMRI 数据集的部分中说明了此处提出的基于 NeuCube 的 fMRI 数据的映射、学习、分类和知识表示方法。

10.3 STAR/PLUS 数据的 NeuCube 案例中关于 fMRI 数据的映射、学习和分类的研究

10.3.1 STAR/PLUS Benchmark fMRI 数据

最初由 Marcel Just 和他的卡内基·梅隆大学认知脑成像中心（CCBI）[65-66]的同事收集的 STAR/PLUS fMRI 数据集用于说明所建议的方法。STAR/PLUS fMRI 数据集由认知任务期间每 500ms 捕获的全脑体积的图像序列组成。对于每个受试者执行图片与句子对比任务，已经收集了 40 次实验的数据，每个实验都通过呈现在屏幕上保留 4s（记录了 8 张脑部图像）的刺激（图片或句子）开始。然后，出现

空白屏幕另外 4s。此后,接下来的 4 s 会出现下一个刺激。fMRI 数据在空间上划分为 27 个不同的感兴趣区域(ROI),每个区域对应于不同数量的体素。从 STAR/PLUS fMRI 数据中提取了两个不同的子集,并用于两个案例研究中说明了我们的方法。当受试者阅读肯定句与否定句时,第一个数据集与 fMRI STBD 建模有关。第二个数据集涉及当受试者看到图片而不是句子时对 fMRI STBD 建模。为了分析和分类由不同刺激类型(图片/句子)生成的体素活动模式,将 fMRI 数据分为两类(对象正在查看图片和对象正在阅读句子)。在下一部分中将证明,使用建议的方法,不仅可以对这些活动进行分类,而且可以更好地理解它们在大脑中的时空表现。

为了分析激活的 ROI 的体素活动模式,可以使用所有体素并将其映射到 SNNc 模型中,或者可以选择合适的体素子集。为此,可以使用不同的特征选择方法。在我们的实验中,通过在线 NeuCom 平台[67]使用了称为信噪比(SNR)[52]的标准统计量度。

对于两类问题,将变量 x 的 SNR 指数计算为类别 1 的变量平均值 $M1_x$ 与类别 2 的变量平均值 $M2_x$ 之差的绝对值,除以各自的标准偏差。图 10.5 展示了来自两个案例研究中每一个从 fMRI 数据中选择的体素集合,而表 10.1 显示了其中哪些

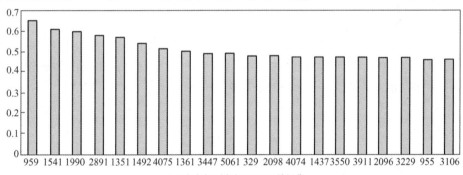

(a) 肯定与否定句 fMRI 数据集

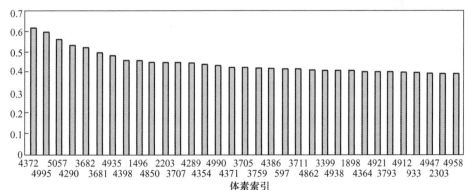

体素索引
(b) 图片与句子 fMRI 数据集

图 10.5 从 fMRI 数据中提取的顶部体素(在 x 轴上)的 SNR 指数(在 y 轴上)

体素属于哪个 ROI。我们从表 10.1(左列)得出结论,当受试者决定句子极性时,更多的激活体素位于左后外侧前额叶皮层(LDLPFC)、左颞侧(LT)、LOPER 和下顶叶(LIPL)。表 10.1(右列)包含选定的体素,而对象处理图片/句子刺激。钙 car 碱(CALC)的活性比大脑其他部位高。

表 10.1　通过 SNR(信噪比)特征选择方法从两个 fMRI 数据集中选择体素子集

肯定句与否定句任务中的激活脑区域以及图 10.5(a)中选择的属于这些区域中每个区域的体素数量	图片与句子任务中激活的大脑区域以及在图 10.5(b)中选择的属于这些区域中每个区域的体素数量
'LT'(3),'LOPER'(3),'LIPL'(1),'LDLPFC'(6),'RT'(2),'CALC'(1),'LSGA'(1),'RDLPFC'(1),'RSGA'(1),'RIT'(1)	'CALC'(5),'ROPER'(3),'LT'(4),'LOPER'(3),'LSPL'(1),'RIPS'(3),'LPPREC'(1),'RT'(4),'LFEF'(1),'LDLPFC'(3),'RDLPFC'(1)'LIPS'(2),'RPPREC'(1),'LIT'(1)

10.3.2　在 NeuCube SNN 模型中的 fMRI 数据编码、映射和学习

1. 模型参数设定

对每个体素时间序列数据应用基于阈值的表示(TBR)方法,以将数据转换为一系列尖峰(见第 4 章)。如果体素 BOLD 强度值超过 TBR 阈值,则会出现尖峰[58]。图 10.6 显示了 5 个体素时间序列的示例。

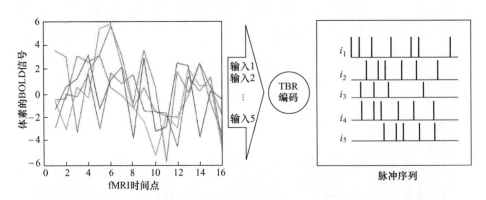

图 10.6　将在 8 s(16 个脑图像)中捕获的 5 个体素时间序列编码为尖峰火车

在这里说明了 3D SNNc 结构中的两种体素坐标映射:①单个 fMRI 体素坐标的直接映射(图 10.7);②首先将 fMRI 体素坐标映射到标准大脑模板中,如 Talairach[56],然后将 Talairach 坐标映射到 3D SNNc。该方法在图 10.8 和图 10.9 已表示,并在下面进行说明。

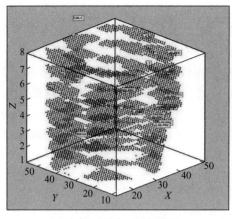
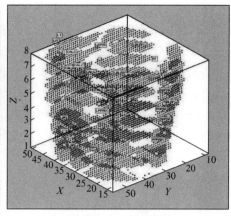

(a) 肯定与否定句子fMRI数据　　　　　　　　(b) 图片与句子fMRI数据

图 10.7　将 fMRI 体素直接映射到 SNNc(SNNc 的尺寸已定义 x、y 和 z 体素坐标的最大值,在这种情况下,研究等于 51×56×8。在此维度空间中,STAR/PLUS 映射了 5062 个体素一个人的几何体素坐标。图 10.5 中每种情况下的选定体素研究问题以输入变量的形式显示为圆圈,以及以下项的 ROI(以方框中的文本形式)

从 STAR/PLUS fMRI 数据中使用了对象"05680"的 fMRI 数据。fMRI 数据尺寸由 x、y 和 z 体素坐标的最大值定义,在我们的案例研究数据中,最大值等于 51×56×8,如图 10.7 所示。使用这些尺寸,从整个大脑体积中记录了 5062 个体素坐标。我们将所有体素坐标映射到 SNNc 中,以使尖峰神经元具有与相应体素相同的 3D 坐标。

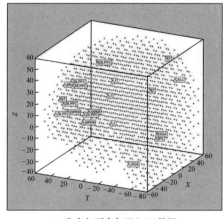
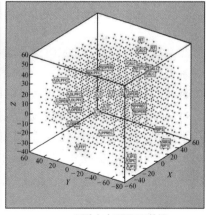

(a) 肯定与否定句子fMRI数据　　　　　　　　(b) 图片与句子fMRI数据

图 10.8　使用 Talairach 脑模板将 fMRI 体素映射到 SNNc(首先将一个对象的 5062 体素数据映射到 1471 个 Talairach 模板坐标中[55-56,69],然后将每个模板坐标从 SNNc 映射到相应的神经元。图 10.5 中针对每个案例研究问题选择的最佳信息量最高的体素用作输入变量并以圆圈和 ROI(以方框中的文本形式)显示)

图 10.7(a)说明了所有 fMRI 体素到 SNNc 的空间映射。根据图 10.5(a)中的选择,分配并标记了 20 个这些神经元以表示输入特征。图 10.7(b)表示相同大脑结构,其中针对同一对象的图片与句子数据集具有不同的预选体素。

当我们创建从许多受试者收集的 fMRI 数据模型时,需要使用统一的大脑结构模板,如 Talairach 地图集[56]、MNI 地图集[57]或其他[68]。在这项研究中,根据 Talairach 脑模板转换了预选体素的坐标,并将其映射到 1471 个尖峰神经元的 NeuCube 中。这些神经元中的每一个代表距 3D Talairach 地图集 $1cm^3$ 区域的中心坐标[69]。

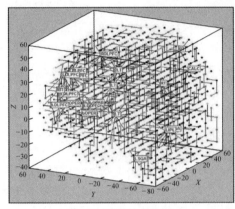
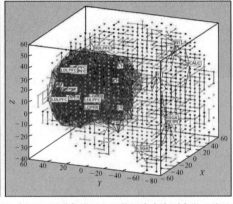

(a) SNNc 中的初始连接　　(b) 在 STDP 无监督学习之后使用肯定和否定学习关系

图 10.9　使用 Talairach 模板将体素映射到 SNNc(如图 10.5 所示,当选择 20 个输入体素时,fMRI 否定句采样。人口稠密的地区可以分析 SNNc 中发展的连通性,以了解 SNC 中最活跃的功能区域这两个任务期间的大脑以及它们如何动态交互)

在此实验中,对于来自 fMRI 数据集的每个体素,计算了相关布罗德曼地区中最近的基于 Talairach 的坐标。将预选体素的坐标映射到基于 Talairach 的坐标后,根据其新的 Talairach 变换后的坐标,将每个体素映射到 SNNc 中的尖峰神经元。

NeuCube 模型的性能对参数设置高度敏感。一些最重要的参数如下。

(1) TBR_{thr}:STBD 编码的自适应双向阈值,以增强尖峰序列。

(2) D_{thr}:在此处使用的小世界连接规则中,用于初始化神经元连接的距离阈值。

(3) STDP 学习率(α):用于相对于突触的反复到达峰值修改 SNNc 中神经元连接的参数。如果神经元 i 在神经元 j 之前发射,则其连接权重增加;否则相对于 STDP 学习率(α)降低。

(4) Th_0:SNNCube 中神经元的触发阈值。

deSNN 分类器参数:这些参数是 mod 和 drift。正如第 5 章和文献[51,55]中解释的那样,为每个训练样本演化一个输出神经元,并将其连接到 SNNc 的所有神经元。每个新连接的权重初始化均基于 RO 学习规则[70]。权重被计算为调制系数(变量 mod),该调制系数等于输入峰值的幂。使用漂移参数[51]可以进一步修改初始连接权重以反映以下峰值。定义 NeuCube 模型的结构以及数据编码方法和将体素空间映射到 3D SNNc 的方法后,即可对模型进行训练和分析。这些步骤在以下两个部分中示出。

(1) 使用 Talairach 模板映射、学习和可视化 SNNc 中的时空连接。
(2) 肯定与否定句子的案例研究。

图 10.9(a)显示了使用肯定和否定句子 fMRI 样本进行深度无监督的学习过程之后,SNNc 中的初始连接和修改后的连接。我们的发现证实了表明语言理解(包括阅读任务)在特定的大脑区域(如左后外侧前额叶皮层、Broca 和 Wernicke)中得到处理的研究[71]。图 10.9(b)显示了在左半球产生的更多和更强的神经元连接。这些连接的建立是由位于这些区域的神经元之间传递了更多的尖峰,反映了 fMRI 数据中相应体素的变化。图 10.10 显示了仅使用肯定或否定句子数据训练 SNNc 之后的连通性。从图 10.10 观察到的连通性证实了受试者在阅读肯定句与否定句时的表现有所不同,并且还提出了在大脑时空活动方面的差异。此外,还可以观察到,当受试者阅读否定句子时,位于左半球(LDLPFC 和 LT)的神经元之间的联系比右半球(RDLPFC 和 RT)的联系更加强烈。位于所述 LDLPFC 和 LOPER 区域的输入神经元(即所选择的体素)之间的连通性特别增强。对图 10.10 的解释与神经科学文献一致,该文献报道,否定句的理解在认知上不同于肯定句,涉及大脑的不同部位。在句子的中间包含否定词(如"not")可能会使其更难以理解,因为它们的句法和语义结构更为复杂。因此,这种类型的句子会吸引更多的大脑区域[72]。神经科学家可以对与任务相关的连接性进行更详细的分析,以回答不同的研究问题。受过训练的 SNNc 的另一种分析形式是神经元聚类,可以使用用作聚类中心的输入变量(对应的神经元)来执行。如图 10.11 所示,受过训练的 SNNc 中的每个神经元都属于从其中心接收最多峰值的簇。扩展算法[73]用于定义这些聚类。如果两个神经元之间有更多的传输尖峰,则它们之间将有一条更强的信息路径。图 10.11 显示了分别用两个 fMRI 时间序列对 SNNc 进行无监督训练后的 SNNc 簇。图 10.11(a)示出当受试者阅读时,LT 区域与大脑其他部分之间没有太多的功能通路。然而,图 10.11(b)示出了当对象被读取否定句时,存在位于左半球的神经元之间有更多互动。因此,更多的大脑功能路径从位于 LT 区的输入体素(尖峰发送器神经元)开始,一直延伸到位于大脑中部的神经元(尖峰接收器神经元)。

2. 使用直接体素映射在经过训练的 SNNc 中学习和可视化时空连接

为了可视化具有 5062 个尖峰神经元的 SNNc 中的神经连通性和尖峰活动(如

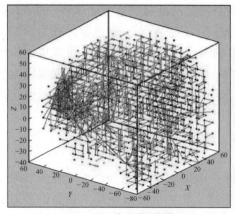 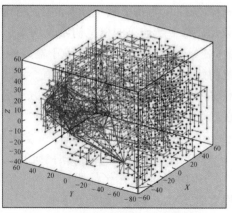

(a) SNNc中的学习连接　　　　　　　(b) 在(a)中学习到的连接仅使用
　　　　　　　　　　　　　　　　　　　fMRI否定句样本时的SNNc

图 10.10　使用 Talairach 模板将体素映射到 SNNc(仅使用 fMRI 肯定句的 SNNc)
（初始化与在图 10.9 中可以分析 SNNc 中演化的密集连接区域,以了解
两项任务中每项的动态功能在大脑功能区域之间的差异相互作用)

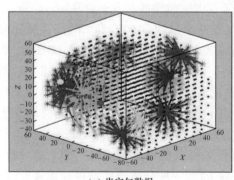 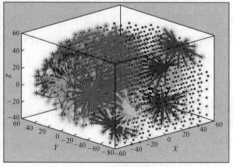

(a) 肯定句数据　　　　　　　　　　　(b) 否定句数据

图 10.11　使用 Talairach 模板将体素映射到 SNNc 中(经过无监督训练的 SNNc),
(聚类的大小表示输入特征/体素在聚类中心的重要性。
这可用于特征/体素选择和标记识别,以供进一步研究)

等于一个人的 STAR/PLUS fMRI 数据中的体素数量),我们已将整个 fMRI 体素坐标加载到 SNNc 中。图 10.12 显示了使用两个不同的数据集对 SNNc 进行无监督训练后的神经元连接,分别对应于肯定句和否定句。

　　从该可视化中可以看出,fMRI 体素的确切位置被映射在空间定位神经元的相同 3D 位置。在 STDP 学习期间,这些神经元根据 fMRI 数据中的时间信息建立连接。可以看出,在无监督训练 SNNc 的过程中,SNNc 的神经元连接在不同的 fMRI 数据下发生了不同的变化,反映出大脑中不同的诱发认知功能。

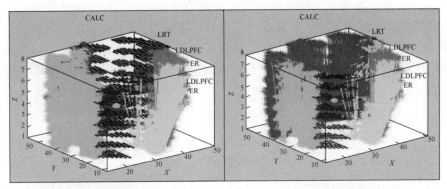

(a) 肯定句数据　　　　　　　　　　(b) 否定句数据

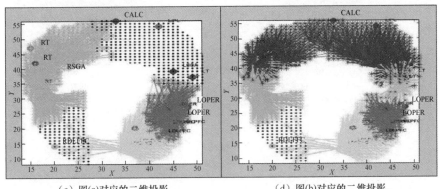

(c) 图(a)对应的二维投影　　　　　　(d) 图(b)对应的二维投影

图 10.12　将体素直接映射到 SNNc 模型中:受过训练的神经元的聚类 SNNc
(簇的大小表明重要性用于任务的特征体素,可用于特征/体素选择以供进一步研究)

10.3.3　基于 NeuCube 的 fMRI 数据分类模式

当 SNNc 学习 fMRI 数据并在尖峰神经元之间创建连接和尖峰活动的时空模式时,如图 10.13 所示,输出分类器将这些模式分类为预定义的类别标签[51,55]。在 SNNc 中完成无监督学习后,输入数据会再次通过现在已训练的 SNNc 传播,以激活 SNNc 中的学习模式,从而可以训练分类器对它们进行分类。对于每个训练样本,都会演化出一个新的输出神经元,并将其连接到 SNNc 中的所有神经元。在这里使用了 deSNN 分类器[51](见第 5 章)。它被构造和训练为学习和分类 SNNc 尖峰活动的不同轨迹,这些轨迹代表来自属于不同类别的 fMRI 数据的不同输入模式。在分类器中进行监督学习的结果是,一旦输入了未知类别的新 fMRI 数据样本,分类器就会将该数据分类为已知类别,或者创建一个新类别。

deSNN 分类器属于不断发展的系统类别[52],因此它可以递增地添加新的样本和新的类别,而无需使用旧数据对其进行重新训练,而不会表现出灾难性的遗忘现象。deSNN 利用秩序学习[70]的组合来基于第一个到达的尖峰的顺序建立突触的初始权重,而 STDP 类型的学习则基于随后的尖峰到达来调整这些突触的权重。

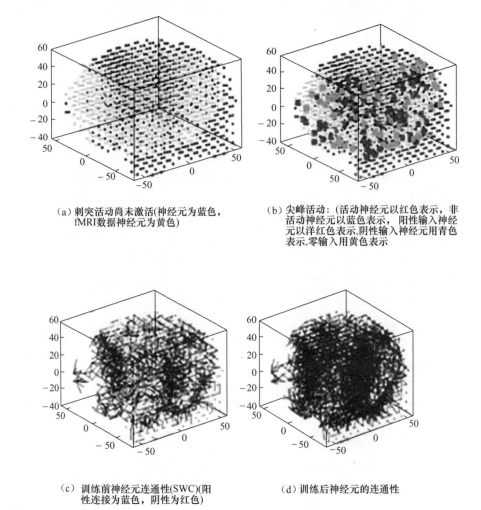

(a) 刺突活动尚未激活(神经元为蓝色, fMRI 数据神经元为黄色)

(b) 尖峰活动:(活动神经元以红色表示,非活动神经元以蓝色表示,阳性输入神经元以洋红色表示,阴性输入神经元用青色表示,零输入用黄色表示)

(c) 训练前神经元连通性(SWC)(阳性连接为蓝色,阴性为红色)

(d) 训练后神经元的连通性

图 10.13　fMRI 数据模型的可视化和 eSNN 神经元之间的连通性(见彩插)

基准数据集的 NeuCube 模型参数优化和分类结果如下。

在 NeuCube fMRI 模型中,输出分类精度取决于参数设置。在这里的实验中使用了网格搜索方法,其中针对参数值(在我们的实验中为 10000)的不同组合,创建了模型并评估了其分类准确性。表10.2显示了导致最佳分类精度的模型最佳参数值。

表10.3总结了使用基于NeuCube的分类模型获得的正类别和负类别的fMRI数据分类准确性。将结果与使用传统机器学习方法获得的结果进行比较,因为这些方法仍在文献中被广泛地用于STBD的分类。用于比较的方法是支持向量机(SVM)、多元线性回归(MLR)、多层感知器(MLP)、进化分类函数(ECF)、进化聚类方法(请参见www.theneucom.com),还展示了正类别和负类别fMRI数据的分类结果[74]。除了更好的分类结果外,受过训练的SNNc的可视化还揭示了有关功能性大脑通路的新信息。

在两个实验中,fMRI数据都是在NeuCube模型中以整个时空模式学习的。相反,在其他基于矢量的方法中,学习了相同的fMRI数据,其中矢量是通过连接时间帧而形成的。使用这些方法时,无法显示动态时空fMRI模式。

表10.2 使用基准fMRI数据针对不同实验(任务)的基于NeuCube的模型的最佳参数设置

分类任务的优化参数	实验(任务)	编码过程的TBR阈值	连接距离(小半径)	STDP学习率	SNNc中的SNN触发阈值	deSNN参数-mod
正类别和负类别数据集	任务1	3.327	0.128	0.010	0.5	0.4
	任务2	2.852	0.125	0.013	0.5	0.4
	任务3	2.0929	0.108	0.014	0.5	0.4

表10.3 通过NeuCube模型(50%训练数据和50%交叉验证和测试数据)和传统机器学习方法对正类别(C1类)和负类别(C2类)数据的分类准确性(可通过NeuCom(www.theneucom.com)获得),以及已经发表的结果[74]。以粗体显示测试方法中最佳的分类精度

方法	任务和分类的体素	C1(正类别)/%	C1(负类别)/%	总计
NeuCube	任务1:从表10.1中选择的20个体素(左侧一列)	80	100	90
	任务2:来自RDLPFC区域的20个预选体素	90	80	85
	任务3:来自LDLPFC区域的20个预选体素	90	80	85

续表

方法	任务和分类的体素	C1（正类别）/%	C1（负类别）/%	总计
在文献[9,14]中获得的SVM结果	任务1：基于LDFPFC体素的分类	64	68	66
	任务2：基于RDLPFC体素的分类	65	69	67
SVM	传统机器学习方法的参数设置	70	75	73
	SVM核：多项式，度，伽马，N/A：1			
MLP	隐藏单元节180，训练训练周期节600，线性输出激活函数	75	65	70
ECF	最大视场半径为1，最小视场半径为0.01；N 和 M 为3；隶属函数的数量为2；epochs 为4	55	70	63
ECMC	最大视场半径为2；最小磁场半径为0.01，N 和 M 为3	65	70	70
MLR	类表现差异为0.26	65	60	63

fMRI 数据样本文件包含 40 个样本（每类 20 个样本）。

10.4 用于测量认知过程的 fMRI 数据建模算法

本节介绍了通过在 SNN 架构中深度学习 fMRI 时空脑数据（STBD）来建模认知任务的新方法和算法。该方法使用与 Sects 中相同的 SNN NeuCube 体系结构。这里引入了与10.2节和10.3节不同的算法来对数据进行编码和模型的学习和可视化。该方法的完整描述可以在文献[75]中找到。

10.4.1 动态 STBD 编码为脉冲序列的算法

连续的输入大脑数据信号被编码为脉冲序列，从而保留了数据的动态性。对于给定的 STDB 序列 $S(t)(t \in \{t_0, t_1, \cdots, t_L\})$，首先定义信号到达的最小值的时间 t_m，即

$$t_m = \underset{t}{\arg\min} S(t) \quad (t \in \{t_0, t_1, \cdots, t_L\}) \quad (10.1)$$

进一步考虑从 t_m 到 t_L（信号结束时间）时间段，并且在 t_m 之前不会产生脉冲。

将 t_m 设置为信号下降的初始值。设 $B(t)$ 表示在时间 $t(t \in [t_m, t_L])$ 下 $S(t)$ 的基线，$B(t_m) = S(t_m)$。在 $t_{i+1}(m \leq i \leq L)$，信号值 $S(t_{i+1})$ 高于之前的基线 $B(t_i)$，我们将在时间 t_{i+1} 处的脉冲进行编码，并且更新基线，即

$$B(t_{i+1}) = \alpha S(t_{i+1}) + (1 - \alpha) B(t_i) \tag{10.2}$$

式中：$\alpha(\alpha \in [0,1])$ 为控制信号值基于基线增加的参数。如果 $S(t_i) < B(t_i)$，则没有脉冲进行编码，并且将基线重新设置为 $B(t_{i+1}) = S(t_{i+1})$，根据信号的增加将脉冲编码为连续的脉冲序列，信号减少则脉冲缺失（图 10.14(a)）。

所提出的方法将连续时间数据的激活信息准确地编码为脉冲序列，这对于以下对训练后的 SNNCube 模型的解释很重要，因为它使研究人员能够更好地理解大脑生成数据的过程。这种编码对于噪声也很鲁棒。由于将最小值阈值应用于信号值的更改，因此小噪声的信号扰动不会转换为脉冲。这种变换还考虑了原始信号变化的频率。

脉冲的时间与输入数据的变化时间相对应。脉冲序列是在编码过程之后获得的，该过程代表 SNN 模型的新输入信息，其中时间单位可能与数据采集的实时时间不同（机器计算时间与数据采集时间）。

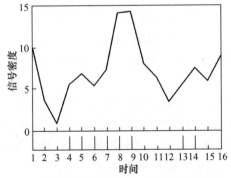
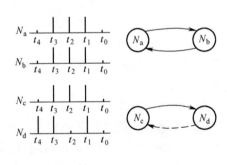

(a) 信号的脉冲序列编码（一个在16个时间点的信号连续值以及编码的脉冲序列的示例（下图）；从4~9开始的连续脉冲表示信号的增加，而从10~12开始没有脉冲表示信号的减小）

(b) 经过SNNCube中无监督学习后两个连接的神经元之间建立了连接

图 10.14 连续输入大脑数据信号被编码为脉冲序列

（通过所提出的方法为两个相连的神经元之间的无监督学习而建立的连接权重的两个示例，具体取决于两个神经元的突触前和突触后脉冲的时间。实线是最终连接（较粗的线表示较大的权重），虚线在学习后由于其较弱的连接权重而被删除，如神经元 N_c 的峰值通常在神经元 N_d 的脉冲之前，因此学习的连接权重 $w_{N_d N_c}$ 较小，在无监督学习后将被删除）

10.4.2 SNNCube 中的连接初始化和深度学习

将 STBD 编码为脉冲序列后,下一步是训练 SNNCube,其中脉冲序列表示输入数据。输入变量以相同的 (x,y,z) 坐标映射到 3D SNNCube 中的相应脉冲神经元。然后将脉冲列作为许多时间单位的整个时空模式(样本)输入到 SNNCube 中。一个样本代表特定时间段内认知活动标记序列。

在应用学习规则之前,将 SNNCube 中的脉冲神经元之间的连接初始化如下。

N_i 代表神经元 i 的周围神经元,定义为

$$N_i = \{j : D_{ij} \leq T, i \neq j\} \tag{10.3}$$

式中:D_{ij} 为神经元 i 与神经元 j 之间的距离;T 为允许两个神经元之间连接的最大距离(T 是与其他模型的参数一起进行优化的参数)。对于两个相邻的神经元 i 和 j,将创建双向连接并将连接权重初始化为零。

初始化连接后,输入的脉冲序列将通过 SNNCube 传播,并按照此处介绍的方法应用以下学习规则:如果神经元 i 和 j 连接,并且在某个时间段内 i 的脉冲先于 j 的脉冲,则 w_{ij} 将会增加而 w_{ji} 不变,有

$$\Delta w_{ij} = \begin{cases} A_+ \exp\left(\dfrac{\Delta t}{\tau_+}\right), & \text{当 } \Delta t \leq 0 \text{ 时} \\ 0, & \text{当 } \Delta t \geq 0 \text{ 时} \end{cases} \tag{10.4}$$

式中:Δw_{ij} 为突触改变(重量增加);类似于文献[76]中描述的 STDP 参数,Δt 为突触前神经元 i 和突触后神经元 j 的脉冲时间之间的时间差;A_+ 为突触改变的最大量;τ_+ 为允许修改权重的时间窗口。

在将此学习规则应用于输入数据之后,将学习两个双向连接权重,但只有两个双向连接权重较大的连接才被保留为两个相邻神经元之间的最终连接(图 10.14(b))。该学习规则取决于脉冲时间,但迄今为止针对功能磁共振成像数据开发的 NeuCube 模型中使用的 STDP 规则[50,76-77]不同与文献[40,55,78-79]。

神经元 i 和 j 之间的两个神经元连接中较弱的连接被删除,其余的连接表示两个神经元之间存在更强的可能的时间关系。删除的连接权重全部重置为零,以保持方程的对称性,并根据新数据作进一步的自适应训练。训练好的 SNNCube 构成了一个深层的体系结构,作为整个脉冲输入序列,这些序列被视为连接和脉冲活动的链,而与为每个输入变量测量的数据点数量无关。与第二代神经网络模型[80-84]中使用的手工制作层或有限状态机的计算库中随机连接的神经元[42]不同,在 SNNCube 中建立的定向连接链表示较长的时空脉冲序列的源(输入变量)之间的关系。由于 SNNcube 具有可伸缩性,因此与使用固定层数的现有深度学习方法相比,在学习过程中连接的神经元链的长度不受限制,可以将其视为不受限制的

深度学习。正如在以下各节中所看到的,该学习还导致自动特征提取,即自动选择较小的标记输入变量子集。

为了分析神经元 i 在 SNNCube 中的脉冲活动,定义了一个指标,称为激活度 D_i,即

$$D_i = \frac{\sum_j (w_{ij} + w_{ji})}{N_i \text{中的神经元数量}} j \in N_i \tag{10.5}$$

式中:D_i 为神经元 i 的所有向内和向外连接权重之和后的平均激活程度。脉冲神经元的激活程度越高,表示大脑中相应基因位点是激活位点的可能性越大。

训练 SNNCube 之后,共享相似脉冲模式的神经元将具有较大的加权连接。这样,可以分析和理解单个受试者对不同刺激的反应,并比较不同受试者对相同刺激的反应。一组具有最高激活程度的脉冲神经元,代表给定类别的刺激或认知状态,将代表该类别标记的特征集。因此,自动选择功能是内部深度学习过程的一部分。

在以下部分中,将基于与认知任务相关的两个案例研究功能磁共振成像数据说明上述模型。用于两个案例研究实验的 SNNCube 参数设置为 $\alpha = 0.5$、$A_+ = 0.1$、$\tau_+ = 1$。

10.4.3 在训练好的 SNN 中的深度知识表示

一旦使用编码的 STBD 的脉冲序列训练了 SNNCube,就可以解释该模型的连通性和脉冲活动,以关于脑功能连通性和认知过程的新知识表示为目标。

对于 SNNCube 中的每个输入模式(样本),学习了深层的连接。输入新的输入数据时,发射的神经元和连接链将指示新的属于哪个先前学习的模式。这可以用于对 STBD 进行分类(如本书稍后的实验结果所示),并可以更好地理解时空脑动力学。

10.4.4 关于 STAR/PLUS 数据的案例研究实施

我们从与两个认知任务[85]相关的 StarPlus fMRI 数据中随机选择了两个受试者的数据。我们的实验是针对两个受试者的数据(ID = 05680 和 ID = 04820)进行的。FMRI 数据包括分别由 5062 和 5015 体素表示的 25 个感兴趣的大脑区域(ROI)。为了方便起见,将分别使用 ID = 05 和 ID = 04 来指代上述受试者的 fMRI 数据。

fMRI 数据每 0.5s 捕获一次(每秒两次 fMRI 卷快照),而受试者在 40 次实验中执行了阅读句子或观看图片感知的任务。在这里考虑每个实验的记录数据的前

8个,在此期间出现4个刺激(图片或句子),然后是4个休息。从每个实验中提取的前16册fMRI数据分为两类,即观看图片(Pic类)或观看句子(Sen类)。

由于大脑体积与SNNCube模型具有一对一的映射关系,因此大脑激活图中的大脑体素值被定义为SNNCube中相应神经元的激活程度。

图10.15显示了将建议的方法应用于对象ID 05的fMRI数据的结果。

在SNNCube中进行学习后,获得了Pic类和Sen类的大脑激活图(图10.15(Aa))。SNNCube的神经元激活程度在每个类别的20项实验中平均得出。红色的体素表明它们更有可能在特定的认知状态下是激活位点,而蓝色的体素则不太可能处于活跃状态。在每个类别中分别将激活图标准化。这些图可以进一步解释。例如,可以看出,当受试者正在观看句子时,钙矿(CALC)区域中的BOLD响应要强于其他区域。

神经学研究[71-72]表示阅读句子比看图片更难理解。因此,它与视觉皮层强烈地接合了大脑的特定区域。CALC沟在枕叶附近开始,主要视觉皮层(V1)集中在此,并穿过胼胝体的脾部,并在顶枕沟连接。我们的研究结果证实,包括阅读任务在内的语言理解需要更多的注意力,这需要更多的大脑区域来发挥作用,因此增加了神经元所需的充氧血液量。

为了检测体素激活,定义了神经元激活程度的阈值 T_D 和邻近神经元的连接权重的阈值 T_w。

检测过程基于以下步骤。

步骤1 在SNNCube中找到激活度高于 T_D 的激活焦点。

步骤2 将激活焦点设置为激活区域 R 的初始中心。

步骤3 扩展SNNCube中的激活区域 R,如若满足其与 R 中某个神经元的连接权重高于 T_w 的条件,则在 R 外部添加一个神经元。

步骤4 重复步骤3,直到 R 中没有 R 之外的神经元为止。R 中的神经元暗示大脑体积中相应的体素是检测到的激活体素。

图10.15显示,在阅读句子期间,CALC区域的激活神经元多于观看图片。当受试者观看照片时,右半球的活动度比左侧略高,但是当受试者阅读句子时,涉及左半球的更多ROI,包括左下顶叶(LIPL)、左上顶叶(LSPL)和左颞叶(LT)。事实证明,在朗读句子时,左脑半球的激活增强对这些区域的作用比在视觉对象处理过程中更为重要。这些激活是通过在SNNCube的这些区域中的神经元之间传递更多脉冲演变而来的,反映了fMRI数据中相应体素的BOLD的更多变化。

由于我们将体素映射到尖峰神经元,因此可以研究多少激活的体素参与了多种脑活动。重叠的激活体素的百分比 P 定义为

$$P = \frac{R_{\text{Pic}} \cap R_{\text{Sen}}}{R_{\text{Pic}} \cup R_{\text{Sen}}} \tag{10.6}$$

图(Aa)为每个类的2D SNNCube激活图:观看图片(Pic 类)或阅读句子(Sen 类)

图(Ab)为通过t检验估计的Pic类(左)和Sen类(右)的概率图

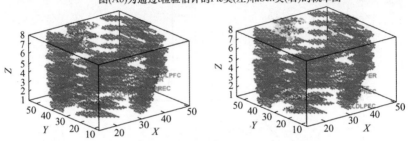

图(Ba)为激活神经元在平均SNNCube中的位置

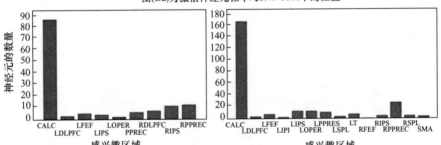

图(Bb)为每一类相对于不同关注区域(ROI)的激活神经元的直方图

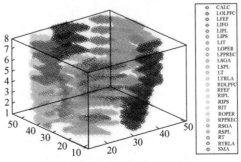

图(c)为将25个ROI映射到SNNCube

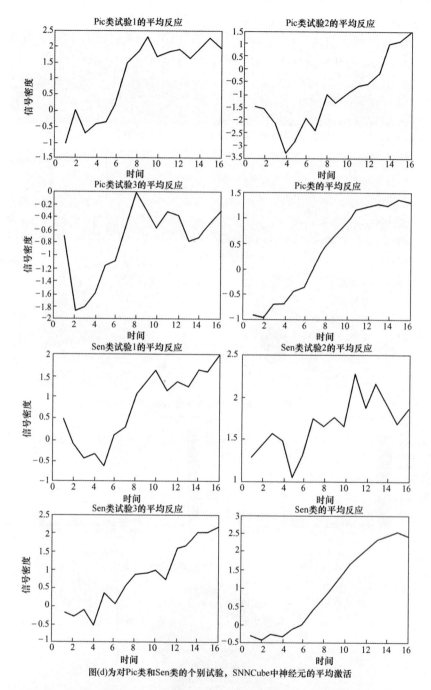

图(d)为对Pic类和Sen类的个别试验,SNNCube中神经元的平均激活

图 10.15 针对受试者 ID 05 的 SNNCube 中的大脑激活检测和大脑区域映射

缩写:CALC—距状皮层;DLPFC—左侧背外侧前额叶;FEF—前额眼动区;IFG—额下回;IPL—顶下小叶;IPS—顶内沟;IT—颞下回;OPER—额下回岛盖部;PPREC—后中央前回;SGA—缘上回;SPL—顶叶上叶;T—颞叶;TRIA—额下回三角部;SMA—辅助运动区。

式中：Rc 为 c 类（$c \in \{Pic, Sen\}$）中的激活体素。通过观看图片和阅读句子,获得 $P = 29.0\%$,这表明大脑的公共部分参与了两种认知状态。

对 SNNCube 中脉冲活动的分析证实,即使在同一类别的实验中,BOLD 反应也有所不同,但是每一类的平均 BOLD 反应均与血液动力学反应函数相对应(图 10.15(d))。在该图中,激活体素的响应(在图 10.15(b)中激活的神经元的直方图中显示)在 16 个 fMRI 时间点上平均,并针对每个类别显示 3 条轨迹。我们还介绍了每个类所有实验的平均反应。

为了验证提取的激活体素,对静止状态和每个类别之间的激活体素的平均响应差异进行了 t 检验。Pic 类别的 p 值是 3.5622×10^{-7},Sen 类别的 P 值是 5.3622×10^{22}。因此,在显著水平 99.5% 处,此类提取的活化体素的响应与静止状态显著不同。还比较了在提取的体素上 Pic 类和 Sen 类之间的平均响应,结果表明,Sen 类中 BOLD 响应的平均值显著大于 Pic 类中的 BOLD 响应(使用 t 检验, $P = 8.0237 \times 10^{-8}$)。

在 SNNCube 的学习过程中,还捕获了神经元激活程度的演变。具有一个刺激比另一个刺激更高的神经元集合代表了该刺激的一组特征。为了证明这一概念,选择了两组 500 个神经元。

图 10.16 显示了神经元激活程度的演变以及 SNNCube 中形成的深度学习架构。图 10.16(a)所示为当受试者正在观看图片(一次 Pic 类试验)或阅读一个句子(一次 Sen 类试验)时,神经元在 3 个快照处的激活度；为了快照的目的,在每个快照中将神经元的度数标准化。图 10.16(b)具有 Pic 类(上排)和 Sen 类(下排)的前 500 个激活度最高的神经元位置。这些神经元被用作时空特征,用于对两种不同的大脑活动进行分类。图 10.16(c)为可视化每个类的典型连接链。

图 10.17 显示了在 ID 04 fMRI 数据上训练后在 SNNCube 中可视化的大脑激活检测。图 10.17(a)所示为 Pic 类和 Sen 类的 2D SNNcube 激活图；图 10.17(b)为每一类相对于不同关注区域(ROI)的激活神经元的直方图；图 10.17(c)为激活神经元在平均 SNNCube 中的位置；图 10.17(d)为 Pic 类和 Sen 类的个别试验的 SNNCube 中神经元的平均激活。

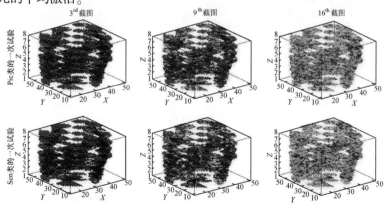

图(a)为当受试者正在观看图片(一次Pic类试验)或阅读句子(一次Sen类试验)时在3个快照上神经元的激活度 (为了快照的目的,在每个快照中将神经元的度数标准化)

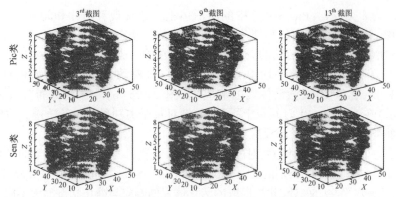

图(b)为Pic类(上排)和Sen类(下排)的激活度最高的500个神经元的位置(这些神经元被用作时空特征,用于对两种不同的大脑活动进行分类)

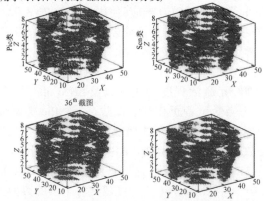

图(c)为可视化每个类的典型连接链

图 10.16 神经元激活程度的演变以及在 SNNCube 中形成的深度学习架构

(a) Pic类和Sen类的2D SNNCube激活图

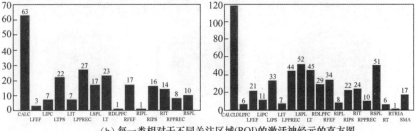

(b) 每一类相对于不同关注区域(ROI)的激活神经元的直方图

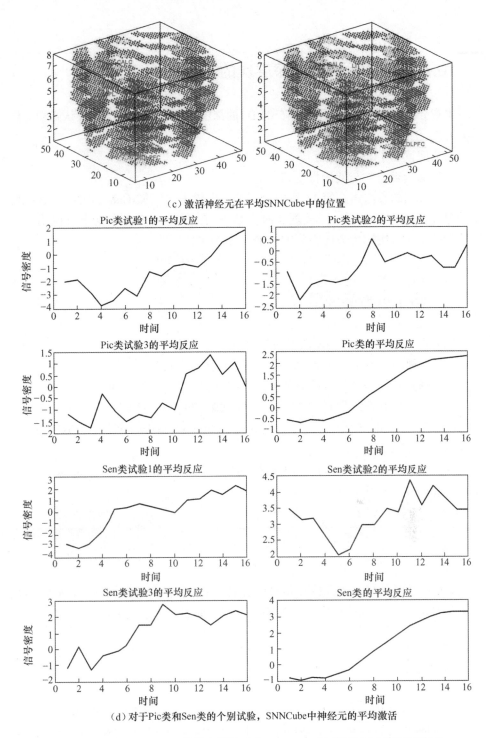

(c) 激活神经元在平均SNNCube中的位置

(d) 对于Pic类和Sen类的个别试验，SNNCube中神经元的平均激活

图 10.17 在 ID 04 fMRI 数据上训练后在 SNNCube 中可视化了大脑激活检测

10.5 本章小结和更深层次的阅读材料

本章介绍了 fMRI 时空脑数据(STBD)的深度学习和分类方法以及认知功能建模的方法,例如:

(1) 阅读句子与看图片;

(2) 阅读否定句与阅读肯定句。

这里介绍的方法将在第 11 章中得到进一步叙述,在 SNNCube 中的 STDP 无监督学习现在包括方向(方向)数据及时空数据,在 fMRI + DTI 数据上有说明[86]。这种新的学习方法称为方向性影响 STDP(oiSTDP)。

进一步的阅读将揭示有关特定主题的更多详细信息,例如:

(1) fMRI 数据[1];

(2) Star/PlUs 数据[65];

(3) NeuCube[55]和第 6 章;

(4) 在 NeuCube 中 fMRI 数据的映射和深度学习;

(5) NeuCube 中用于认知功能磁共振成像数据的算法[75];

(6) 通过功能磁共振成像分类了解大脑(文献[79]中的第 40 章);

(7) 功能磁共振成像研究的统计方法(文献[79]中的第 38 章)。

(8) 在 NeuCube 中模拟 fMRI 数据的演示:https://kedri.aut.ac.nz/R-and-D-Systems/neucube/fmri。

(9) 使用 NeuCube 进行 fMRI 数据建模的演示:https://kedri.aut.ac.nz/R-and-D-Systems/fmri-data-modelling。

致谢

本章中的某些材料先前已在相应章节中引用发布。我要感谢这些出版物的共同作者 Maryam Gholami、Lei Zhou、Norhanifah Murli、Jie Yang 和 Zohreh Gholami。

参考文献

[1] R.C. DeCharms, Application of real-time fMRI. Nat. Rev. Neurosci. **9**, 720-729(2008)

[2] J.P. Mitchell, C.N. Macrae, M.R. Banaji, Encoding specific effects of social cognition on the neural correlates of subsequent memory. J. Neurosci. **24**(21), 4912-4917(2004)

[3] K.H. Brodersen, K. Wiech, E.I. Lomakina, C.S. Lin, J.M. Buhmann, U. Bingel, I. Tracey, Decoding the perception of pain from fMRI using multivariate pattern analysis. NeuroImage 63(3), 1162–1170(2012). https://doi.org/10.1016/j.neuroimage.2012.08.035

[4] R.B. Buxton, K. Uludağ, D.J. Dubowitz, T.T. Liu, Modeling the hemodynamic response to brain activation. NeuroImage 23(Suppl 1), S220–S233 (2004). https://doi.org/10.1016/j.neuroimage.2004.07.013

[5] S. Ogawa, T.M. Lee, A.R. Kay, D.W. Tank, Brain magnetic resonance imaging with contrast dependent on blood oxygenation. Proc. Natl. Acad. Sci. 87(24), 9868–9872(1990)

[6] J.V. Haxby, M.I. Gobbini, M.L. Furey, A. Ishai, J.L. Schouten, P. Pietrini, Distributed and overlapping representation of faces and objects in ventral temporal cortex. Science 293(5539), 2425–2430(2001)

[7] M.A. Lindquist, The statistical analysis of fMRI data. Stat. Sci. 23(4), 439–464(2008). https://doi.org/10.1214/09-STS282

[8] K.J. Friston, C.D. Frith, R.S. Frackowiak, R. Turner, Characterizing dynamic brain responses with fMRI: a multivariate approach. NeuroImage (1995). Retrieved from http://www.ncbi.nlm.nih.gov/pubmed/9343599

[9] M.K. Carroll, G.A. Cecchi, I. Rish, R. Garg, A.R. Rao, Prediction and interpretation of distributed neural activity with sparse models. NeuroImage 44(1), 112–122(2009)

[10] T. Schmah, R.S. Zemel, G.E. Hinton, S.L. Small, S.C. Strother, Comparing classification methods for longitudinal fMRI studies. Neural Comput. 22(11), 2729–2762(2010). https://doi.org/10.1162/NECO_a_00024

[11] D.D. Cox, R.L. Savoy, Functional magnetic resonance imaging(fMRI) "brain reading": detecting and classifying distributed patterns of fMRI activity in human visual cortex. Neuroimage 19(2), 261–270(2003)

[12] Y. Kamitani, F. Tong, Decoding the visual and subjective contents of the human brain. Nat. Neurosci. 8(5), 679–685(2005)

[13] M. Misaki, Y. Kim, P.A. Bandettini, N. Kriegeskorte, Comparison of multivariate classifiers and response normalizations for pattern-information fMRI. NeuroImage 53(1), 103–118(2010). https://doi.org/10.1016/j.neuroimage.2010.05.051.Comparison

[14] J. Mourão-Miranda, A.L.W. Bokde, C. Born, H. Hampel, M. Stetter, Classifying brain states and determining the discriminating activation patterns: support vector machine on functional MRI data. NeuroImage 28(4), 980–995(2005). https://doi.org/10.1016/j.neuroimage.2005.06.070

[15] T.M. Mitchell, R. Hutchinson, M.A. Just, R.S. Niculescu, F. Pereira, X. Wang, in *Classifying Instantaneous Cognitive States from FMRI Data*. AMIA, Annual Symposium Proceedings/AMIA Symposium, AMIA Symposium(2003), pp. 465–469. Retrieved from http://www.pubmedcentral.nih.gov/articlerender.fcgi?artid=1479944&tool=pmcentrez&rendertype=abstract

[16] I. Rustandi, in *Classifying Multiple-Subject fMRI Data Using the Hierarchical Gaussian Naïve Bayes Classifier*. 13th Conference on Human Brain Mapping(2007a), pp. 4–5

[17] I. Rustandi, in H*ierarchical Gaussian Naive Bayes Classifier for Multiple-Subject fMRI Data*. Submitted to AISTATS, (1), 2-4(2007b)

[18] S. M. Polyn, G. J. Detre, S. Takerkart, V. S. Natu, M. S. Benharrosh, B. D. Singer, J. D. Cohen, J. V. Haxby, K. A. Norman, A Matlab-based toolbox to facilitate multi-voxel pattern classification of fMRI data(2005)

[19] Y. Fan, D. Shen, C. Davatzikos, in *Detecting Cognitive States from fMRI Images by Machine Learning and Multivariate Classification*. In Conference on Computer Vision and Pattern Recognition Workshop 2006(IEEE, 2006), pp. 89–89. https://doi.org/10.1109/cvprw.2006.64

[20] S.J. Hanson, T. Matsuka, J.V. Haxby, Combinatorial codes in ventral temporal lobe for object recognition: Haxby(2001) revisited: is there a "face" area? NeuroImage **23**(1), 156–166 (2004). https://doi.org/10.1016/j.neuroimage.2004.05.020

[21] G. Yourganov, T. Schmah, N.W. Churchill, M.G. Berman, C.L. Grady, S.C. Strother, Pattern classification of fMRI data: applications for analysis of spatially distributed cortical networks. NeuroImage **96**, 117–132(2014). https://doi.org/10.1016/j.neuroimage.2014.03.074

[22] J. D. Haynes, G. Rees, Predicting the orientation of invisible stimuli from activity in human primary visual cortex. Nat. Neurosci. **8**(5), 686–691(2005). https://doi.org/10.1038/nn1445

[23] S. Ku, A. Gretton, J. Macke, N.K. Logothetis, Comparison of pattern recognition methods in classifying high-resolution BOLD signals obtained at high magnetic field in monkeys. Magn. Reson. Imaging **26**(7), 1007–1014(2008). https://doi.org/10.1016/j.mri.2008.02.016

[24] T. Schmah, G. E. Hinton, R. S. Zemel, S. L. Small, S. Strother, Generative versus discriminative training of RBMs for classification of fMRI images, in *Advances in Neural Information Processing Systems*, vol. 21, ed. by D. Koller, D. Schuurmans, Y. Bengio, L. Bottou (MIT Press, Cambridge, MA, 2009), pp. 1409–1416

[25] S. LaConte, S. Strother, V. Cherkassky, J. Anderson, X. Hu, Support vector machines for temporal classification of block design fMRI data. NeuroImage **26**(2), 317–329(2005). https://doi.org/10.1016/j.neuroimage.2005.01.048

[26] N. Mørch, L. Hansen, S. Strother, C. Svarer, D. Rottenberg, B. Lautrup, in *Nonlinear vs. linear models in functional neuroimaging: Learning curves and generalization crossover*. Proceedings of the 15th international conference on information processing in medical imaging, volume 1230 of Lecture Notes in Computer Science(Springer, 1997) pp. 259–270

[27] J. Mourão-Miranda, K. J. Friston, M. Brammer, Dynamic discrimination analysis: a spatial-temporal SVM. NeuroImage **36**(1), 88–99(2007). https://doi.org/10.1016/j.neuroimage.2007.02.020

[28] M.A.J. Van Gerven, B. Cseke, F.P. de Lange, T. Heskes, Efficient Bayesian multivariate fMRI analysis using a sparsifying spatio-temporal prior. NeuroImage **50**(1), 150–161(2010). https://doi.org/10.1016/j.neuroimage.2009.11.064

[29] B. Ng, R. Abugharbieh, in *Modeling Spatiotemporal Structure in fMRI Brain Decoding Using Generalized Sparse Classifiers*. 2011 International Workshop on Pattern Recognition in NeuroImaging

(2011b), pp. 65–68. https://doi.org/10.1109/prni.2011.10

[30] P. Avesani, H. Hazan, E. Koilis, L. Manevitz, D. Sona, in *Learning BOLD Response in fMRI by Reservoir Computing*. 2011 International Workshop on Pattern Recognition in NeuroImaging (2011), pp. 57–60. https://doi.org/10.1109/prni.2011.16

[31] N. Kasabov, To spike or not to spike: a probabilistic spiking neuron model. Neural Netw. **23**(1), 16–19(2010). https://doi.org/10.1016/j.neunet.2009.08.010

[32] M. Åberg, L. Löken, J. Wessberg, in *An Evolutionary Approach to Multivariate Feature Selection for fMRI Pattern Analysis*(2008)

[33] T. Niiniskorpi, M. Bj, J. Wessberg, in *Particle Swarm Feature Selection for fMRI Pattern Classification*. In BIOSIGNALS(2009), pp. 279–284

[34] J. Kennedy, R. Eberhart, in *Particle Swarm Optimization*. Proceedings of ICNN'95—International Conference on Neural Networks, 4, 1942–1948. https://doi.org/10.1109/icnn.1995.488968. C. Koch, R. C. Reid, in Observatories of the mind. Nature, **483**(22 March2012), 397–398(2012). https://doi.org/10.1038/483397a

[35] X. Wang, J. Yang, X. Teng, W. Xia, R. Jensen, Feature selection based on rough sets and particle swarm optimization. Pattern Recogn. Lett. **28**(4), 459–471(2007). https://doi.org/10.1016/j.patrec.2006.09.003

[36] S. Ryali, K. Supekar, D. A. Abrams, V. Menon, Sparse logistic regression for whole-brain classification of fMRI data. NeuroImage **51**(2), 752–764(2010)

[37] O. Yamashita, M. Sato, T. Yoshioka, F. Tong, Y. Kamitani, Sparse estimation automatically selects voxels relevant for the decoding of fMRI activity patterns. NeuroImage **42**(4), 1414–1429 (2008). https://doi.org/10.1016/j.neuroimage.2008.05.050

[38] B. Ng, A. Vahdat, G. Hamarneh, R. Abugharbieh, *Generalized Sparse Classifiers for Decoding Cognitive States in fMRI*. Machine Learning in Medical Imaging(Springer, 2010), pp. 108–115

[39] B. Ng, R. Abugharbieh, Generalized group sparse classifiers with application in fMRI brain decoding. Cvpr **2011**, 1065–1071(2011). https://doi.org/10.1109/CVPR.2011.5995651

[40] N. Kasabov, M. Doborjeh, Z. Doborjeh, Mapping, learning, visualization, classification, and understanding of fMRI data in the NeuCube evolving spatiotemporal data machine of spiking neural networks. IEEE Trans. Neural Netw. Learn. Syst. https://doi.org/10.1109/tnnls.2016.2612890, Manuscript Number: TNNLS-2016-P-6356, 2016

[41] R. Brette et al., Simulation of networks of spiking neurons: a review of tools and strategies. J. Comput. Neurosci. **23**(3), 349–398(2007)

[42] E. M. Izhikevich, Polychronization: computation with spikes. Neural Comput. **18**(2), 245–282 (2006)

[43] N. Scott, N. Kasabov, G. Indiveri, in *NeuCube Neuromorphic Framework for Spatio-Temporal Brain Data and Its Python Implementation*. Proc. ICONIP. Springer LNCS, vol 8228(2013), pp. 78–84

[44] S. B. Furber, F. Galluppi, S. Temple, L. A. Plana, The SpiNNaker project. Proc. IEEE **102**(5), 652–665(2014)

[45] P.A. Merolla et al., A million spiking-neuron integrated circuit with a scalable communication network and interface. Science **345**(6197),668-673(2014)

[46] G. Indiveri et al., Neuromorphic silicon neuron circuits. Front. Neurosci. (2011) May 2011[Online]. Available: http://dx.doi.org/10.3389/nins.2011.00073

[47] A. van Schaik, S.-C. Liu, AER EAR: a matched silicon cochlea pair with address event representation interface. Proc. IEEE Int. Symp. Circuits Syst. **5**,4213-4216(2005)

[48] T. Delbruck. jAER, accessed on 15 Oct 2014. [Online] (2007). Available: http://sourceforge.net

[49] P. Lichtsteiner, C. Posch, T. Delbruck, A dB using latency asynchronous temporal contrast vision sensor. IEEE J SolidState Circ. **43**(2),566-576(2008)

[50] S. Song, K.D. Miller, L.F. Abbott, Competitive Hebbian learning through spike-timing-dependent synaptic plasticity. Nature Neurosci. **3**(9),919-926(2000)

[51] N. Kasabov, K. Dhoble, N. Nuntalid, G. Indiveri, Dynamic evolving spiking neural networks for on-line spatio-and spectro-temporal pattern recognition. Neural Netw. **41**,188-201(2013)

[52] N. Kasabov, *Evolving Connectionist Systems* (Springer, New York, NY, USA, 2007)

[53] S.G. Wysoski, L. Benuskova, N. Kasabov, Evolving spiking neural networks for audiovisual information processing. Neural Netw. **23**(7),819-835(2010)

[54] W. Maass, T. Natschläger, H. Markram, Real-time computing without stable states: a new framework for neural computation based on perturbations. Neural Comput. **14**(11),2531-2560(2002)

[55] N.K. Kasabov, NeuCube: a spiking neural network architecture for mapping, learning and understanding of spatio temporal brain data. Neural Netw. **52**,62-76(2014)

[56] J. Talairach, P. Tournoux, *Co-Planar Stereotaxic Atlas of the Human Brain: 3-Dimensional Proportional System: An Approach to Cerebral Imaging* (Thieme Medical Publishers, New York, NY, USA, 1998)

[57] M. Brett, K. Christoff, R. Cusack, J. Lancaster, Using the Talairach atlas with the MNI template. NeuroImage **13**(6),85(2001)

[58] N. Kasabov et al., Evolving spatio-temporal data machines based on the NeuCube neuromorphic framework: design methodology and selected applications. Neural Netw. **78**, 1 – 14 (2016). https://doi.org/10.1016/j.neunet.2015.09.011.2015

[59] E.M. Izhikevich, Which model to use for cortical spiking neurons? IEEE Trans. Neural Netw. **15**(5),1063-1070(2004)

[60] E. Tu et al., in *NeuCube(ST) for Spatio-Temporal Data Predictive Modeling with a Case Study on Ecological Data*, in Proceedings of International Joint Conference on Neural Networks (IJCNN), Beijing, China (2014), Jul 2014, pp. 638-645

[61] E. Tu, N. Kasabov, J. Yang, Mapping temporal variables into the NeuCube for improved pattern recognition, predictive modeling, and understanding of stream data. IEEE Trans. Neural Netw. Learn. Syst., vol. **PP** (99), 1 – 13 (2016). https://doi.org/10.1109/tnnls.2016.2536742.2016

[62] E. Bullmore, O. Sporns, Complex brain networks: graph theoretical analysis of structural and functional systems. Nature Rev. Neurosci. **10**(3), 186–198(2009)

[63] V. Braitenberg, A. Schuz, *Cortex: Statistics and Geometry of Neuronal Connectivity* (Springer, Berlin, Germany, 1998)

[64] S. Schliebs, N. Kasabov, Evolving spiking neural network—a survey. Evolving Syst. **4**(2), 87–98 (2013)

[65] M. Just, StarPlus fMRI data, accessed on 13 Jul 2014.[Online] (2014). Available: http://www.cs.cmu.edu/afs/cs.cmu.edu/project/theo-81/www

[66] F. Pereira, (13 Feb 2002), E-print network, accessed on 13 Jul 2014[Online]. Available: http://www.osti.gov/eprints/topicpages/documents/record/181/3791737.html

[67] NEUCOM-KEDRI, Available: http://www.theneucom.com

[68] K.A. Johnson, J.A. Becker, in *The Whole Brain Atlas*. Accessed on 16 Oct 2014[Online]. Available: http://www.med.harvard.edu/AANLIB/home.html

[69] L. Koessler et al., Automated cortical projection of EEG sensors: anatomical correlation via the international 10–10 system. NeuroImage **46**(1), 64–72(2009)

[70] S. Thorpe, J. Gautrais, in *Rank Order Coding*. Computational Neuroscience (Plenum Press, New York, NY, USA, 1998), pp. 113–118

[71] M. Yuasa, K. Saito, N. Mukawa, Brain activity when reading sentences and emoticons: an fMRI study of verbal and nonverbal communication. Electron. Commun. Jpn. **94**(5), 17–24(2011)

[72] R.K. Christensen, Negative and affirmative sentences increase activation in different areas in the brain. J. Neurolinguist. **22**(1), 1–17(2009)

[73] D. Zhou, O. Bousquet, T. N. Lal, J. Weston, B. Schölkopf, Learning with local and global consistency. Proc. Adv. Neural Inf. Process. Syst. **16**, 321–328(2004)

[74] M. Behroozi, M.R. Daliri, RDLPFC area of the brain encodes sentence polarity: a study using fMRI. Brain Imag. Behav. **9**(2), 178–189(2015)

[75] N. Kasabov, L. Zhou, M. Gholami Doborjeh, J. Yang, New algorithms for encoding, learning and classification of fMRI data in a spiking neural network architecture: a case on modelling and understanding of dynamic cognitive processes. IEEE Trans. Cogn. Dev. Syst. (2017). https://doi.org/10.1109/tcds.2016.2636291

[76] J. Sjöström, W. Gerstner, Spike-timing dependent plasticity. Front. Synaptic Neurosci. **5**(2), 35–44(2010)

[77] T. Masquelier, R. Guyonneau, S. J. Thorpe, Spike timing dependent plasticity finds the start of repeating patterns in continuous spike trains. PLoS ONE **3**(1), Art. no. e1377(2008)

[78] M.G. Doborjeh, E. Capecci, N. Kasabov, in Classification and Segmentation of fMRI Spatio-Temporal Brain Data with a NeuCube Evolving Spiking Neural Network Model. Proceedings of IEEE Symposium on Evolving and Autonomous Learning Systems (EALS), (Orlando, FL, USA, 2014), pp. 73–80

[79] N. Kasabov (ed.), in Springer Handbook of Bio-/Neuroinformatics (Springer, 2014)

[80] G.E. Hinton, R.R. Salakhutdinov, Reducing the dimensionality of data with neural networks. Science **313**(5786), 504–507(2006)

[81] G.E. Hinton, Learning multiple layers of representation. Trends Cogn. Sci. **11**(10), 428–434 (2007)

[82] Y. Bengio, Learning deep architectures for AI. Found. Trends Mach. Learn. **2**(1), 1–127(2009)

[83] Y. LeCun, Y. Bengio, in *Convolutional Networks for Images, Speech, and Time Series*. The Handbook of Brain Theory and Neural Networks, vol 3361 (MIT Press, Cambridge, MA, USA, 1995), p. 1995

[84] J. Schmidhuber, Deep learning in neural networks: an overview. Neural Netw. **61**, 85–117(2015)

[85] M. Just, StarPlus fMRI data. Accessed on 7 May 2016 [Online] (2016). Available: http://www.cs.cmu.edu/afs/cs.cmu.edu/project/theo-81/www/

[86] N. Sengupta, C. McNabb, N. Kasabov, B. Russel, Integrating space, time and orientation in spiking neural networks: a case study on multimodal brain data modelling. IEEE Trans. Neural Netw. Learn. Syst. (2018)

第11章
整合时空网络和应用方向、fMRI + DTI脑数据的案例研究

本章介绍了一种用于将时空数据与其他(有时是先验的)现有信息集成在一起的新方法,这些信息与时间信息的传播方向有关。这样的数据例子很多;一个典型的例子是在时空中移动的对象,还可以添加测得的方向以更好地预测时空中对象的移动;另一个示例是整合时空脑数据(如 fMRI)与以 DTI 测量的单个脑信号的方向图。后者在本章中进行了介绍。

11.1 简介和背景工作

最近,非侵入性大脑数据收集技术,如功能磁共振成像(fMRI)、脑电图(EEG)、扩散张量成像(DTI)等,为理解人脑的各种结构和功能特性做出了重要贡献。第 10 章介绍了有关 fMRI 数据的介绍性材料和扩展书目(参见文献[1-30])。

在过去的几年中,数据采样技术一直在不断发展,这使得可以在受试者执行或不执行任务时对多种形式的大脑数据进行同时采样。这为使用大量数据执行模式识别提供了机会。显然,每种数据形式展示了大脑的某一视角。例如,功能磁共振成像通过测量大脑血流随时间的变化(血液动力学响应)间接测量神经活动。大脑较活跃区域的能量消耗增加,从而导致血液流量增加,以补充失去的氧气和葡萄糖。这是一个缓慢的反应,在神经元兴奋的初始事件后的 6~10s 内测得。尽管功能磁共振成像提供的时间分辨率差,但功能磁共振成像提供了出色的空间分辨率,使其成为大脑研究的有效工具。脑电图以牺牲空间分辨率为代价提供了出色的时间分辨率(毫秒级精度)。脑电图测量头皮表面的皮质电活动,尽管头皮不会阻止电信号,但它会导致信号从其源头向更广的范围扩散,从而使源定位更加复杂。过去这些数据模态独立用于模式识别,却忽略了数据中存在的联合信息。能够从各种数据源中提取相关信息,并将其集成到单个模型中的算法,不仅对于预测建模而言至关重要,而且对于理解数据中的时空关系也至关重要。

从临床意义上讲,模式识别算法可以提供一种新颖、实用的方法来了解患者与健康人之间的差异,并预测患者对治疗的反应。尤其是在精神病学研究中,机器学习作为开发治疗反应预测模型的工具发展势头很好。将多种成像方式纳入这些算法可以提高可靠性,尤其是在临床诊断不一定能指导治疗的疾病中。在文献[32]中最近应用的机器学习算法结合临床和影像数据来预测晚年抑郁症的治疗反应。通过比较多种算法,他们确定使用交替决策树、组合结构和功能连接数据,准确地预测该队列的治疗结果[32]。在文献[33]中,使用 EEG 数据预测了重度抑郁症患者对选择性 5-羟色胺再摄取抑制剂(SSRI)的反应以及对患有难治性精神分裂症患者的氯氮平的反应[34]。在文献[35]中,还使用机器学习算法来预测对氯氮平的反应,而不是使用临床和药物遗传学数据的组合作为输入。为这种方法提供了更多的支持,文献[36]使用机器学习技术来预测社交焦虑症的治疗结果。使用基于任务的功能磁共振成像,占治疗反应差异的40%[36]。现在的挑战是创建可以合并来自不同方式的大脑数据的算法。

一种可能包含在这种模型中的方式是 DTI。DTI 测量三维体素中水的净运动。截留在轴突或树突中的水分别沿轴突或树突的方向移动。这可以使用 DTI 进行测量,从而提供大脑中神经元线(白质)的轨迹图像。体素中各向异性的降低通常被解释为白质完整性的降低,这意味着白质已被破坏或以某种方式被减少。但是,各向异性的降低也可以归因于交叉纤维数量的增加,或者是纤维取向的均匀性降低。就纳入多模式预测模型而言,DTI 信息可用于对方向解释,而不是任何有关白质完整性的解释(图 11.1)。

DTI 测量的结构连通性已在多种精神疾病中得到验证,并已显示出在某些情况下反映了功能的不连通性[37-38]。根据这些理论,将不连通性信息整合,对精神病患者进行分类或预测结果的算法中是很有吸引力的。本书讨论了我们正在开发算法的步骤,该算法可以将 DTI 的方向信息与 EEG/fMRI 活动数据结合在一起。

文献[31]总结了对多模式脑数据分析(MBDA)方向研究的综述。MBDA 中的一些杰出工作包括功能性核磁共振成像/脑电图[39]、功能性核磁共振成像/MEG[40]和功能性核磁共振成像/基因表达[41]的整合。在文献[31]中,MBDA 进一步将其分为假设驱动方法和数据驱动方法,并提出了在假设驱动方法中缺少重要的连通性链接的可能性。数据驱动方法跨越了组合盲源分离技术的领域,如独立成分分析[42-43]及其变体、多模式互相关分析[44-46]、偏最小二乘[47]和其他方法。文献[48]中提出了一种用于合并时空信息的脉冲神经网络体系结构 NeuCube,并在本书第6章和第10章中对其进行了描述。在其广泛的应用范围内,该体系结构也已用于功能磁共振成像和脑数据相关研究[49]。我们已经使用 NeuCube 范式作为所提出的模式识别体系结构的基础,该体系结构能够集成来自多源数据的多维信息。文献[48-82]中可以找到 SNN 方法,NeuCube 在 fMRI 和其他时空数据中的一些应用以及其介绍性的信息。

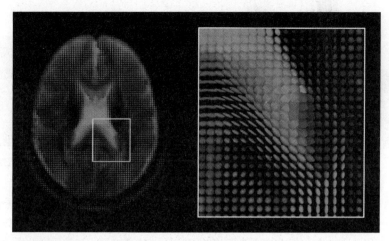

图11.1 来自DTI图像的方向信息(左图显示了单个受试者的DTI数据的轴向切片,该数据已记录到结构化的MNI标准空间中;右图显示了右后体的特写。每种颜色对应的方向如下:红色-左至右/右至左,绿色-前后/前/后,蓝色-上/下/上上)[114]

11.2 基于NeuCube BI-SNN的fMRI和DTI数据集成的个性化建模架构

如第6章所述,NeuCube体系结构[48]是基于脉冲神经网络的模式识别系统,旨在表示和学习数据中的时空联系。NeuCube系统被设计为基于液体状态机(LSM)[83-84]的油藏计算范例的扩展。图11.2描绘了NeuCube中针对时空和谱时数据的多阶段模式识别过程。来自数据源的时间信息通过编码模块传递,以将真实、连续和动态的信息转换为脉冲序列。在无人监督学习阶段,使用脉冲神经元的三维(3D)立方体将脉冲序列转换至高维空间。最后阶段,受监督的线性鉴别器使用高维脉冲序列来区分模式。

如文献[48]中所述,NeuCube与LSM的一些重大偏差是:①使用自然虚拟3D空间坐标在储层神经元中包含空间映射。神经元的空间映射从Kohonen的自组织图获得灵感;②NeuCube学习到的储层由于在储层中的映射和时空学习而具有一定程度的视觉可解释性。

这里介绍的用于对集成数据进行个性化建模的NeuCube体系结构包含3个主要模块。

(1)时间压缩或编码模块(第4章和第6章)。数据编码层将实际连续数据R^{n*t}(n是特征数量,t表示持续时间)转换为脉冲序列$\{0,1\}^{n*t}$。许多时间编码算

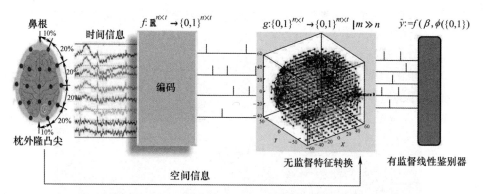

图 11.2 NeuCube 中针对时空和光谱时态数据的多阶段模式识别过程(来自数据源的时间信息通过编码模块传递,以将真实、连续和动态的信息转换为脉冲序列。在无人监督的学习阶段,使用脉冲神经元的 3D 立方体将脉冲序列转换为高维空间。在最后阶段,受监督的线性鉴别器使用高维脉冲序列来区分模式)

法提出,如 BSA[84]、时间对比、GAGamma[85],以特定的方式使用。NeuCube 中的数据编码模块是一种数据压缩系统,它具有通过以脉冲定时表示有用事件来在时间维度上压缩数据的独特属性。在时间编码方案中,脉冲的时间而不是脉冲的数量被认为是有用的。这与传统的数据压缩算法(如自动编码器和 PCA)有很大不同,因为考虑到时间相关性执行数据压缩。文献[86]根据数据压缩和信息论描述了通过脉冲时间表示的时间编码,并比较了不同时间编码算法的功能。

(2)个性化 SNNc 学习模块。SNNc 学习模块是指在脉冲和非脉冲神经元形成液态 3D 空间网格中的无监督学习模块。网格内的每个神经元都有特定的空间位置,并位于其他神经元的附近。该网格在 NeuCube 架构中被称为脉冲神经网络立方体(SNNc)。该层的目的是通过内部无监督学习($g:\{0,1\}^{n*t} \to \{0,1\}^{m*t} | m \gg n$)将输入数据的压缩峰值表示转换为高维空间。使用改进的基于 Hebbian 的 STDP 学习形式的 SNNc[69]。至关重要的是,NeuCube SNNc 是一个空间组织的有向图,其灵感来自 Kohonen 的自组织图[87]和 LSM[83]。但是,SNNc 地图中表示的信息与 Kohonen 地图中的信息明显不同。与 SOM 连接权重中的静态信息表示相反,本书介绍的 SNNc 可以从静态和动态数据中捕获多维信息。我们的 SNNc 方法在其他方面与其他 SNNc 方法不同。到目前为止,所有已开发和使用的 NeuCube 系统都使用单个 SNNc,该神经网络负责将传入的数据从低维空间转换为高维空间。与此相对,在建议的体系结构中,使用了多个 SNNc,其中每个 SNNc 负责转换部分传入数据。多个 SNNc 的输出随后在监督学习层中合并。基于个性化 SNNc 的方法是独特的,并且与先前在 NeuCube 系统中使用的"所有样本一个 SNNc"方法有所不同。个性化 SNNc 体系结构假设样本中存在时间关系,而不是样本之间

存在时间关系,即每个样本将其时空关系映射到其唯一的个人 SNNc 上,以进一步用于区分目的。我们将在后面的部分中详细讨论 SNNc。

(3) 监督学习模块。该模块使用 SNNc 生成的输出脉冲序列和/或连接权重来学习简单的分类器或回归器[70]。基于 K-NN 的模型[70]是迄今为止几乎所有已完成工作的监督学习的选择。

图 11.3 描绘了同时使用 fMRI 和 DTI 数据的个性化建模方案。

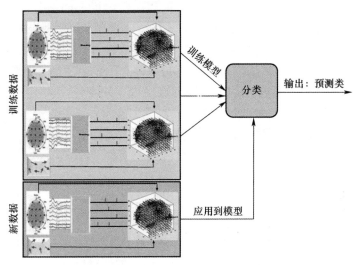

图 11.3　使用 fMRI 和 DTI 数据的个性化建模方案

11.3　在 fNN 和 DTI 数据上说明的 SNN 中的方向影响驱动 STDP(oiSTDP)学习用于时空和方向信息集成

本节专门描述多维信息集成的学习算法。

11.3.1　体系结构、映射和初始化方案

SNNc 体系结构由空间排列的(在三个维度上)一组神经元(计算单元)组成,它们通过形成不完全有向无环图,通过突触部分连接在一起。该网络由两种类型的神经元组成。神经元和突触形成图的顶点和边。

(1) 输入神经元。输入神经元将输入峰值数据馈送到 SNNc。这些神经元没有被激活,并且不执行任何计算,而是充当将数据推入系统的抽象。显然,输入神经元不具有突触前连接,即边只能源自这种神经元。

(2)脉冲神经元。脉冲神经元在本质上是整合泄漏并发射的,并根据输入数据(脉冲)执行计算。稍后将描述神经元模型的细节。这些神经元既可以充当突触后神经元,也可以充当突触前神经元(即连接神经元),即如果考虑通过有向边缘(突触)连接的一对神经元,则边缘既可以起源于神经元,也可以位于神经元。

SNNc中的神经元基于有关问题的背景知识或通过不同的自动映射算法[79]在空间上进行排列,这些算法将数据中的某些预定义相似性转换为空间欧几里得距离。SNNc图的突触连通性是使用小世界连通性(SWC)算法创建的[88-89]。SWC算法将神经元连接到其神经元的空间邻域(由超参数径向距离 r_{swc} 控制)。但是,与突触权重的随机初始化相反,我们已经以0.05的较小恒定权重来初始化突触。尚未考虑随机初始化,因为SNNc中的无监督学习不会随时间收敛,而是随着时间的权重更新反映了输入数据中的同步程度。

11.3.2 神经元模型

SNNc中存在的脉冲神经元的激活是由脉冲响应模型(SRM)建模的,该模型是泄漏集成和发射(LIF)模型的简化实现。SRM模型通过用任意内核替换LIF模型来推广LIF模型基于微分方程的动力学。除了是功能强大的计算框架外,SRM模型还可以捕获峰值期间的基本效果,并具有优雅的数学公式化的优点。

图11.4显示了脉冲神经元 i 的典型连接配置。神经元 i 通常具有多输入多输出配置。神经对通过突触强度 w_i 代表的突触连接。神经元 i 从突触前神经元接收脉冲,并在受到充分刺激时发出脉冲。

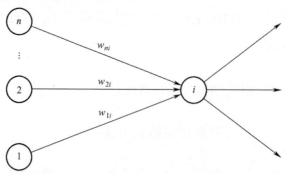

图11.4 脉冲神经元的一种典型连接配置。神经元 i 通常具有多输入、多输出配置。神经元对是由突触连接的,用突触强度 w_i 表示。神经元 i 接收来自突触前神经元的脉冲,并在受到充分刺激对发出脉冲[113]

脉冲神经元在不同时间从突触前神经元接收(图11.4)脉冲,并在受到充分刺激时发出脉冲。尖峰神经元 i 的激活状态由膜电位 v_i 描述。在非刺激状态下,膜电位据说处于静止状态,$v_{rest}=0$。在我们的设置中,SRM 模型由多个组件组成,如下所述。

(1) 突触后电位(PSP)内核:在时间 t_j^f 触发突触前神经元 j,在神经元 i 中引发 PSP,并由 SRM 范式下的内核响应函数 0 进行建模。

$$\varepsilon_0 = \exp\left(-\frac{t - t_j^f}{\tau_m}\right) H(t - t_j^f) \tag{11.1}$$

其中:

$$H(t - t_j^f) = \begin{cases} 1, & \text{当 } t - t_j^f \geq 0 \text{ 时} \\ 0, & \text{其他} \end{cases}$$

PSP 内核是 $t-t_j^f$ 的函数,表示通过在时间 t_j^f 细化神经元 j 生成的随时间变化的 PSP 轨迹。图 11.5 绘制了 PSP 内核作为 $t-t_j^f$ 的函数。PSP 内核的衰减由膜时间常数 τ_m(式 11.1)给出。τ_m 的选择可控突触前突波影响衰减的速度。在我们的实验中,使用了常数 $\tau_m = 0.5$。这意味着突触前脉冲的影响在 5 个离散的时间间隔内从 1 减少到 0。

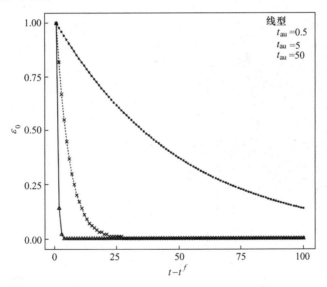

图 11.5　突触后的电位函数 $\varepsilon_0(t - t^f)$ (对于不同的衰减率值绘制了随时间的衰减曲线,该值由膜时间常数 τ_m 给出)[113]

(2) PSP 核的时间整合和脉冲发射的条件。突触前神经元引起的突触后电位需要某种形式的时间整合来形式化激活 v_i 势在必行。式(11.2)描述了 SRM 模

型,给出了在任何时间 t 突触前神经元 j 引起的突触前脉冲的总体贡献,即

$$v_i(t) = v_{\text{rest}} + \sum_{j \in T_i} w_{ji} \sum_{t_j^f \in F_j} \varepsilon_0(t - t_j^f) \tag{11.2}$$

内部总和归因于一个突触前神经元的放电 $t_j^f \in F_j$。外部总和将连接到神经元 i 的所有突触前神经元 $j \in T_i$ 的 PSP 贡献相加。

式(11.2)描述了脉冲神经元 i 的膜电位(激活状态)v_i,可以通过将静息电位项与时间 PSP 总和相加来计算。每个传入的脉冲都会扰动 v_i 的值,如果在总和后,膜电位达到阈值 v_{thr},则会产生输出脉冲。发射时间由条件 $v_i(t_i^f) \geq v_{\text{thr}}$ 给出。神经元激发后,神经元的膜电位被重置为峰。

(3) 不应期。发出脉冲后,节点进入不应期,此时膜电位不受任何传入脉冲的影响。在 SRM 模型中,不应期的神经元行为仅取决于导致短暂记忆(如行为)的最后激发时刻。在文献中,不应期是用绝对和相对不应期建模的。在绝对不应期,神经元不会积聚膜电位,因此无法发射。在相对不应期,射击相对困难但并非不可能。在实现中,为简单起见,使用绝对不应期,而不是相对不应期。神经元的绝对不应期可以由超参数 η_{thr} 指定。

图 11.6 显示了 200 个离散时间的脉冲神经元的 3 个模拟情况,其中有随机的脉冲输入。每个模拟都使用预设的 v_{thr}。在模拟开始时,神经元处于静止状态 $v_{t=0} = v_{\text{rest}}$。随着脉冲的到来,膜电位以线性方式增加,当受到充分刺激(充足性由 v_{thr} 确定)时,神经元脉冲并回到静止状态。在这一点上,据说神经元处于难治状态。神经元在此状态下保持预定时间段 η_{thr},然后返回到非难治状态。

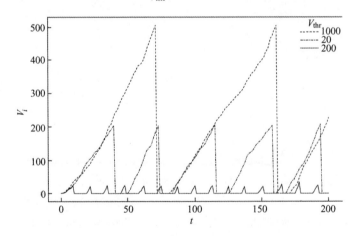

图 11.6 使用 SRM 模型在 $T=200$ 个时间点上模拟的神经元的膜电位(v_i)图(为了进行仿真,将 3 个前代神经元连接到神经元 i。从均匀的随机分布中随机采样前代神经元的峰值数据。神经元 i 的 η_{thr} 设置为 10。3 个 v_i 轨迹的每一个对应于标签中提到的预设 v_{thr}[113]

11.3.3 突触的无监督权重适应

无监督学习方案是我们提出的用于集成多维信息的体系结构中最重要的方面。在神经网络范例中,学习是通过随时间推移网络的突触强度更新来实现的。类似于我们的单神经元模型方法,我们认为可以使用单个脉冲神经元的学习模型来解释 SNNc 的学习行为。考虑到单神经元体系结构,无监督学习问题是在任何时间 t 用 $w_j(t)$ 更新 w_{ji} 的问题。在 SNNc 的递归神经网络体系结构中,我们的目标是学习来自动态数据(fMRI 或 DTI)的动态影响和来自静态数据(DTI)的静态定向影响。

来自 fMRI 或 EEG 的动态影响(φ)和与峰值时间相关的可塑性。在大多数机器学习应用中,模型是在静态数据上训练的,其中样本由数字 $x = \{x_1, x_2, \cdots, x_n\}$,其中每个数字代表要素的值。但是在我们使用 fMRI 或 EEG 数据的情况下,样本以矩阵 $X_{seq} = \{x_1, x_2, \cdots, x_n\}$ 的形式表示,其中 $x_i = \{x_i(1), x_i(2), \cdots, x_i(t)\}$。这种形式的样本表示形式不仅在其 2D 数据表示形式上是独特的,而且在其一维数据上的排序方面也是唯一的。在机器学习领域中,从这些类型的数据序列中进行学习被称为序列学习,诸如隐马尔可夫模型和递归神经网络之类的技术已显示出从此类序列中学习的希望。在这里,我们描述了 NeuCubeSNNc 中的无监督序列学习框架,该框架使用数据序列作为其学习的一部分。称其为动态影响。NeuCubeSNNc 是递归峰值神经网络架构,采用脉冲形式的数据序列,即 $X = (0, 1)^{n \times t}$。如前所述,实际的连续数据到峰值数据的转换是由编码模块完成的。

通过与峰值时间相关的可塑性学习规则来模拟峰值时间数据的动态影响。脉冲时间相关的可塑性(STDP)是由脉冲的时间相关性引起的 Hebbian 学习的时间异步形式("如果它们一起发射,神经元在一起")[90]。大脑中的这种生物过程会根据神经元输入和输出峰值的相对时间来调节突触强度。使用 STDP,在突触后脉冲之前重复出现突触前脉冲会导致突触的长期增强(LTP),建立因果关系,而在突触后脉冲之后重复出现突触会导致相同突触的长期抑制(LTD)。

在文献[69,91]中,根据等式对 STDP 学习的数学模型按照式(11.3)和图 11.7 进行了形式化。符号 j 和 i 用于指示突触前和突触后神经元。在 STDP 学习中,使用学习窗口函数 $W()$ 估算动态影响 u_{ji}。学习窗口将一组突触前激发时间 $\{t_j^1 \cdots t_j^f\}$ 和突触后激发时间 $\{t_i^1 \cdots t_i^g\}$ 作为输入,并计算 LTP 和 LTD 轨迹。指数衰减函数是学习窗函数的常用选择,我们在所有仿真中都使用该学习窗函数。k_+ 和 k_- 参数分别控制最大 LTP 和 LTD 更新,我们选择 $k_- = k_+ = 1$ 来保持动态影响的范围在 $[-1, 1]$ 之间。从式(11.3)中可以看出,$(t_i^g - t_j^f)$ 的极性定义了 φ_{ji} 的极性。这是一种因果的 Hebbian 关系模型,其中因果触发(i 触发晚于 j 触发,即 i 的触发由 j

的触发引起)而对正突触的奖励(增强),而因果触发则受到惩罚(减弱)。但是,式(11.3)描述了一个批处理更新方案,并且需要修改才能在SNNc中进行在线学习。文献[92]提出了修改后的在线STDP更新规则。在在线设置中,每当神经元i发出一个脉冲或从神经元j收到脉冲时就计算φ。式(11.4)形式化了在线模式下的动态影响更新。式(11.4)右边的第一项对应于LTP更新,并在神经元i在时间t发出脉冲时进行计算。第二项是LTD更新,是在神经元i在时间t收到来自神经元j的脉冲时计算的。STDP学习的批处理和在线形式化都从文献[92]扩展而来,后者广泛讨论了STDP学习模型的特性。

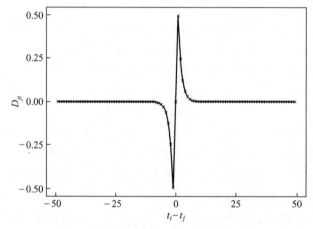

图11.7 STDP权重更新作为突触前和突触后峰值的相对时间的函数[113]

图11.7显示了STDP学习函数的图,其中象限Ⅰ和象限Ⅲ中的动态影响分别对应于LTP和LTD。

$$\begin{cases} \phi_{ij} := \sum_{f} \sum_{g} W(t_i^g - t_j^f) \\ W(s) := \begin{cases} \kappa_+ \exp(-s), \text{当} s > 0 \text{时} \\ -\kappa_- \exp(-s), \text{当} s < 0 \text{时} \end{cases} \\ \phi_{ij}(t) := \sum_{f} \kappa_+ \exp(-(t - t_j^f)) - \sum_{g} \kappa_- \exp(-(t - t_i^g)) \end{cases} \quad (11.3)$$

从上面的讨论中可以明显看出,基于峰值的相对重合,STDP学习规则增强或耗尽了连接的突触强度。这种行为通过检测时间上接近但空间分布的输入信号的出现,而将时空信息纳入模型,从而模仿了生物神经元编码信息的能力。

DTI纤维束摄影数据和方向影响:扩散张量加权图像表示为三维图像,该三维图像由一组空间排列的字形组成。图像中的每个字形/体素(颜色和方向)的特征

是旋转不变的椭球体,代表该区域中水分子扩散的特性。由于椭球的张量性质,原始 DTI 体素信息存储为 2 阶正定张量,即

$$D := \begin{pmatrix} D_{xx} & D_{xy} & D_{xz} \\ D_{xy} & D_{yy} & D_{yz} \\ D_{xz} & D_{yz} & D_{zz} \end{pmatrix} \tag{11.4}$$

张量的 6 个独特元素是由 $D_{xx}x^2 + D_{yy}y^2 + D_{xz}z^2 + D_{yx}yx + D_{zx}zx + D_{xy}xy = 1$ 给出的椭球方程的系数。椭球的扩散特性由特征向量和特征向量的特征值表征各向异性的大小和方向。例如,在各向同性扩散的区域中,椭圆体的形状将接近球形,且各向异性程度较小[93]。纤维束照相术是从扩散图像中描绘出单个纤维束的非常优雅的方法。在我们的工作中,以方向向量的形式使用了 DTI 数据,这些向量表示纤维束在不同体素位置的平均方向。样本 DTI 图像的方向向量由矩阵 $X_{or} \in Rn \times 3$ 表示,其中每个特征由 3D 向量表示,该向量描述笛卡儿坐标系中纤维的方向。

在这里,我们正在建立一种学习规则,该规则既可以容纳动态数据影响,也可以容纳来自 DTI 数据的静态方向影响。定向影响背后的直觉可以再次用一个由 3 个神经元组成的小型 SNNc 架构解释,如图 11.8 所示。该图显示了连接到两个突触后神经元 i_1 和 i_2 的单个突触前神经元 j。

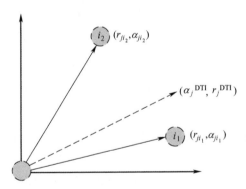

图 11.8 突触前神经元 j 连接到两个突触后神经元 i_1 和 i_2 的示例
(每个神经元的空间位置由极坐标 (r,α) 定义)[113]

这里要注意的重要一点是,该图中的神经元具有空间分配。神经元的位置由极坐标系中的径向坐标和角度坐标定义。现在,我们对计算神经元 j 对神经元 $\{i_1, i_2\}$ 的取向影响感兴趣。我们称神经元 j 为关键神经元。由 (r_j, α_j) 表示枢轴神经元的方向矢量(来自 DTI 数据)。枢纽神经元对神经元 $\{i_1, i_2\}$ 的定向影响由其角邻近枢纽神经元的定向矢量定义。这样,根据假设,枢纽神经元对神经元的角度影响更大,因为它们更靠近枢纽神经元的方向矢量。因此,由于 i_1 和 j 的角度接近度

大于 i_2 和 j,因此神经元 j 的影响可以设置为 $i_1>i_2$。

即使我们已经使用 2D 向量空间来解释角度影响,但 SNNc 中的神经元仍位于 3D 空间中。通过在坐标表示中添加另一个维度,直觉当然可以扩展到 3D 向量空间。在 3 个维度上,点的球坐标由 (r,α,β) 给出,其中 r 是点到中心的标量距离,α 和 β 是到中心的仰角和方位角。给定神经元的仰角和方位角数据,使用高斯径向基函数(GRBF)实现仰角和方位角定向影响。枢纽突触前神经元 j 和突触后神经元 i 之间的海拔和方位定向影响为

$$\psi_{ji}^{\alpha} = e \frac{\|\alpha_{ji} - \alpha_j^{dTi}\|^2}{2\sigma^2} \tag{11.5}$$

$$\psi_{ji}^{\beta} = e \frac{\|\beta_{ij} - \beta_j^{dTi}\|^2}{2\sigma^2} \tag{11.6}$$

$$\psi_{ji} = \frac{\psi_{ij}^{\alpha} - \psi_{ji}^{\beta}}{2} \tag{11.7}$$

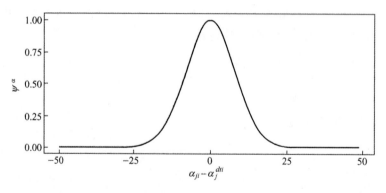

图 11.9 高程影响 φ^{α} 与径向距离 $\alpha_{ji}-\alpha_j^{dti}$ 和 $\sigma=8$ 的关系[113]

GRBF 作为欧几里得范式 $\|\alpha_{ji} - \alpha_j\|$ 呈指数方式衰减,$\|\beta_{ji} - \beta_j\|$ 增加。方差超参数 σ^2 控制方向影响随径向距离增加而衰减的速度(图 11.9)。总体定向影响计算为高程和方位角影响的平均值,如等式(11.5)至式(11.7)所示。

图 11.10 显示了 oiSTDP 权重更新 Δw 与突触后和突触前时间差 t_i-t_j 和定向距离 r_{ji} 的关系。随着神经元脉冲之间的时间差异减小,对体重更新的影响会增加,因此,紧紧定时在一起的脉冲会导致体重更新的增加幅度大于间隔更远的脉冲。峰值的顺序也影响重量更新。如果神经元 j 始终先于神经元 i 触发,则它们之间的突触权重将继续增加;但是,如果顺序切换,重量会减轻。

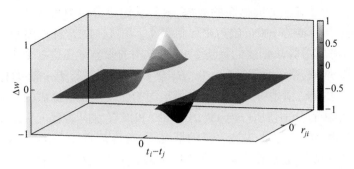

图 11.10 oiSTDP 权重更新 Δw 与突触后和突触前时间差 t_i-t_j 和取向距离 r_{ji} 的关系(随着神经元脉冲之间的时间差异减小,对体重更新的影响会增加,因此,紧紧定时在一起的脉冲会导致体重更新的增加幅度大于间隔更远的脉冲。峰值的顺序也影响重量更新。如果神经元 j 始终先于神经元 i 触发,则它们之间的突触权重将继续增加;但是,如果顺序切换,重量会减少)[113]

11.4 综合数据的实验结果

在本节中,分析了 oiSTDP 算法对合成数据集的行为和影响。

11.4.1 数据描述

为了描述和评估 oiSTDP 学习算法,使用了综合生成的活动和方向信息。输入脉冲序列 D_{seq} 的大小为12814,模仿 14 通道 EEG 设备以 128Hz 的采样频率生成的 1s 随机采样。这里描述的所有实验都使用 1485 个神经元的 SNNc,且稀疏的递归连接。SNNc 储层中的神经元在空间上分布为模仿大脑的形状[48]。根据脑电通道 AF_3、F_7、F_3、FC_5、T_7、P_7、O_1、O_2、P_8、T_8、FC_6、F_4 和 F_8 的自然空间顺序来解析输入峰值序列在储层中的位置。SWC 算法用于初始化 SNNc 网络。我们已将 r_{swc} = 0.02(表示最大距离的 2% 之内的平均连接神经元)用于连接生成,而将 W_{init} 的较小值设置为 0.05。除非另有说明;否则在实验中使用默认的超参数值($\eta_{thr}=4$, $v_{thr}=0.1$, $\kappa_-=\kappa_+=0.01$)。

11.4.2 实验结果

(1)方向信息对 SNNc 的影响。oiSTDP 学习规则在连接强度中代表角度信息和时空信息。为了显示方向信息的效果,我们从泊松分布中采样了脉冲序列 S_{in},以使脉冲同步的影响在 SNNc 映射中保持最小。图 11.11 定性地显示了不同方向信息对 oiSTDP 学习算法创建的最终 3D SNNc 图的影响。在这 3 个实验的第一个实验中,所有 SNNc 神经元都沿 $(\alpha=0°,\beta=0°)$ 方向,即平行于 x 轴并垂直于 z 轴。从图 11.11(a)~(c)清楚可见,SNNc 中最牢固的连接代表所提供的方向信息。第二个和第三个实验分别使用 $(\alpha=45°,\beta=45°)$ 和没有方向信息。从图 11.11 可以明显看出,在没有时间信息(同步性)的情况下,角度信息在 SNNc 中进行了描述,因此,在简单情况下,它们在视觉上是有区别的。由于这些学习的 SNNc 中的每一个都由加权连接的有向图表示,因此可以对学习的 SNNc 进一步进行组学分析[94],以提取时空域中的新知识。

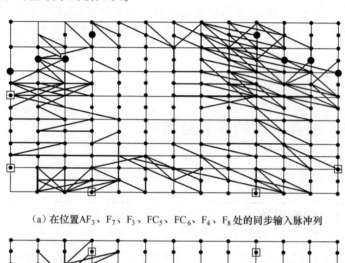

(a)在位置AF_3、F_7、F_3、FC_5、FC_6、F_4、F_8处的同步输入脉冲列

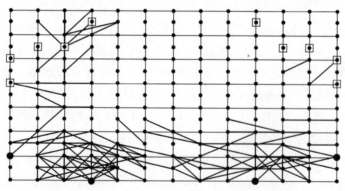

(b)在位置P_7、O_1、O_2、P_8和AF_4处的同步输入脉冲列

图 11.11 实验结果(比较由方向影响驱动的 STDP(oiSTDP)学习算法生成的同步输入脉冲对 SNNc 图的影响。这两个图都是大脑的俯视图(XY平面),点表示同步输入通道)[113]

（2）脉冲同步性对 SNNc 的影响。本实验的目的是显示脉冲同步性的影响，即 STDP 学习对不同时空模式的 SNNc 图的影响。根据 STDP 学习规则，更高的同步性会通过长期增强（LTP）导致更强的连接。为了演示时空同步的影响，创建了输入峰值序列的两个样本。在第一个样本中，与大脑额叶中的通道相对应的脉冲序列保持相同（模仿100%同步），在第二个样本中，枕叶和顶叶保持100%脉冲同步。图 11.12 显示了由 oiSTDP 学习算法创建的两个 SNNc 图之间的比较。在图 11.12(a) 中，"最强连接"密度显然在额叶中更为突出，这是因为该区域的输入脉冲同步性更高。当使用第二个样本时，可以看到在顶叶和枕叶处的相似簇（图 11.12(b)）。通过这些分析，已经证明了通过 oiSTDP 学习，不同的时间模式和这种模式的空间排列如何影响 SNNc 的视觉图。

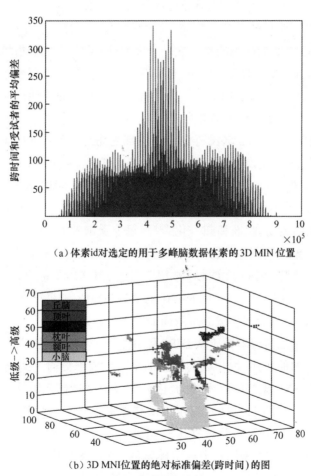

(a) 体素id对选定的用于多峰脑数据体素的3D MIN 位置

(b) 3D MNI位置的绝对标准偏差(跨时间)的图

图 11.12　使用绝对平均标准偏差的体素选择
(体素由 MNI 地图集中的解剖学定义区域着色)

11.5 使用 oiSTDP 学习对氯氮平单药治疗反应性和非反应性精神分裂症患者进行分类

11.5.1 问题说明和数据准备

这项研究是一项大型横向研究的一部分,该研究使用脑电图、MRI 和遗传信息调查了难治性精神分裂症(TRS)患者的氯氮平(CLZ)反应(TRS 研究)。该研究得到了健康与残疾伦理委员会的批准,并获得了奥克兰市和新西兰曼努考县健康局的地方批准。CLZ 对治疗性精神分裂症具有独特的疗效。但是,许多人仍然患有残留症状或根本没有对 CLZ 的反应(超治疗耐药性精神分裂症;UTRS)。

在这项研究中,我们的目的是建立一个模型,用于从多模式功能磁共振成像和 DTI 脑数据中区分出 CLZ 单药治疗的应答者和非应答者。必须注意,用于构建此模型的数据是在 CLZ 处理后收集的。为了我们的调查目的,使用了从 TRS 研究中收集的数据子集,目的是使用静止状态 fMRI 和 DTI 数据将受试者分为 TRS 或 UTRS 组。研究共选择了 25 名没有记录到头部受伤且年龄在 18~45 岁之间的受试者。TRS 组有 14 名受试者,UTRS 组有 11 名受试者。使用 3 T Siemens SkyraMagentom 扫描仪以 $T_R = 3000$ms 和 $T_E = 30$ms 收集静息状态 fMRI 数据,持续 8min。

在第一阶段,使用标准预处理方法对 fMRI 和 DTI 数据进行预处理,以使用 FSL 软件控制头部运动、配准和归一化[95]。每个受试者的 fMRI 和 DTI 数据都记录到受试者的特定结构图像中,并标准化为 MNI-1522 mm 图谱[96-97]。基于 ICA 的运动伪影自动去除(ICA-AROMA)被用于通过 FSL FEAT 输出作为输入从 fMRI 数据中去除运动伪影[98-99]。使用 FSL 中的 BEDPOSTX 工具箱进一步处理每个主题的 DTI 数据,以矢量形式生成纤维取向的平均分布。

数据处理的第二阶段着重于从 fMRI 和 DTI 中选择一组体素以用于建立多峰 NeuCube 模型。如前所述,由于我们模型的主要组成部分通过编码[100]捕获了数据的时间变化和 SNN 架构的降噪能力,因此假设歧视性信息隐藏在体素中,活动随时间的变化很大。图 11.13(a)显示了所有体素在时间和对象之间的绝对平均标准偏差的分布。我们为实验选择了一组绝对平均标准偏差大于 105 的体素。图 11.13(b)显示了 MNI 坐标系中选定体素的 3D 地图集位置。选定的体素主要位于大脑和小脑中(大于 67%)。ROI 频率表的第二列和第三列(表 11.1)也对应于属于不同 ROI 的体素的数量和百分比。

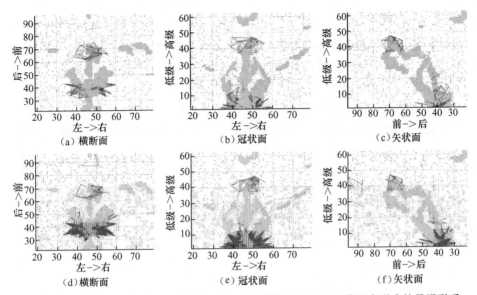

图 11.13 视觉比较在 TRS(顶部)和 UTRS 组(底部行)的 SNN 模型中形成的最强联系(组中各个主题的平均权重)(黄色簇代表输入神经元,绿色簇代表计算脉冲神经元,见彩插)

表 11.1 所选体素的 ROI 频率表

感兴趣区域	#体素	%
额叶	177	7.64
脑岛	16	0.69
颞叶	138	5.95
小脑	1557	67.17
枕叶	25	1.08
顶叶	134	5.78
丘脑	187	8.07
尾状核	84	3.62

最终的预处理数据集由动态 fMRI 实验 $fMRI_{seq} \in R^{30 \times 238 \times 80}$ 和静态 DTI 定向矢量数据 $DTI_{stat} \in R^{30 \times 318 \times 3}$ 的 30 位受试者和 2318 个体素组成。在实验中,每个 fMRI 体素均在 80 个时间点采样。DTI 方向数据的体素由三维矢量表示,该矢量表示纤维束在体素位置的主要方向。

由于 NeuCube eSTDM 体系结构具有多模块性和相当灵活的特性,因此选择基准进行比较是一项艰巨的任务。在这项工作中,我们将 NeuCube 体系结构用作时间特征压缩器、空间扩展器和分类器的组合。压缩器和 SNNc 模块一起用于时空域中的特征提取。然后根据数据的变换特征表示学习分类器。因此,除了提出基于脉冲时间的数据表示外,我们的贡献还在于特征提取领域。因此,有必要在连续数据域中将我们的 BSA + oiSTDP 特征提取方法与其他特征提取方法进行比较。我们比较了以下特征提取算法。

(1) 稀疏自动编码器[101]。自动编码器是浅的单个隐藏分层神经网络,可以执行输入的身份映射。自动编码器的隐藏层以这种方式学习非线性降维数据表示。稀疏自动编码器对要优化的损失函数施加稀疏正则化约束。在我们的实验中,已经使用 fMRI 数据学习了一个稀疏的自动编码器(具有 1000 个 relu 单元隐藏层,L1 正则化约束为 10^{-5}),该数据使用 python keras[102] API 编码为 1000 维特征空间。

(2) 主成分分析(PCA)。PCA 是将要素转换为主成分的标准正交线性特征转换技术。我们已经使用 Scikit-learn API[103]来拟合 fMRI 数据并将其转换为 1000 个主要成分。

(3) 独立成分分析(ICA)。ICA 是另一种统计特征转换技术,用于通过最大化估计成分的统计独立性将特征空间分解为统计独立的成分空间。我们已经使用 Scikit-learn[104] API 的 FastICA 算法来拟合 fMRI 数据,并将其转换为 1000 个独立组件。

(4) Bernoulli 受限的 Boltzman 机器(RBM)[105]。受限的 Boltzman 机器(RBM)是基于概率模型的无监督非线性特征学习器,该模型在深度神经网络领域中广受欢迎。我们已经使用 Scikit-learn API 通过随机最大似然[104]学习来学习具有 1000 个组件的 Bernoulli RBM 网络。

11.5.2 建模和实验结果

表 11.2 给出了实验结果作为比较。该表的行比较分类任务的方法。方法名称中的(C)和(E)分别对应于用作 KNN 一部分的 Custom 和 Euclidean distance 函数。framework 列指定方法名称中每个组件的角色。例如,建议的 BSA + oiSTDP + KNN 是时间特征压缩器(TFC)、空间扩展器(SE)和分类器(C)的组合。二进制分类任务的效果由总体准确性和 Cohen 的 j 统计量来衡量。该表的前 3 行比较了不同的 NeuCube 架构。BSA + oiSTDP + KNN(C)是用于 fMRI 和 DTI 集成学习的建议架构。接下来的两种方法系统地消除了 SNNc 学习(STDP)的定向影响以及 SNNc 模块,以显示包含这些伪像对性能的影响。建议的 BSA + oiSTDP + KNN (C)架构可在各种方法中实现最佳性能,整体精度为 72.4%±12.3%,Cohen 的 kappa 为 0.44±0.25。当使用 fMRI 和 DTI 数据在中间进行基于 oiSTDP 的 SNNc 学习时,分类准确性提高了 8%,并使平均 Cohen j 统计量翻了一番。

表 11.2 所提出的用于个性化 SNN 分类器中 fMRI 和 DTI
数据集成学习的 oiSTDP 方法与其他机器
学习方法对相同 fMRI 分类数据的分类精度对比分析

方法	数据	时域	多维	准确率/%	Cohen's κ
BSA+oiSTDP+KNN	fMRI+DTI	是	是	723±12.3	0.44±0.25
BSA+STDP+KNN	fMRI	是	否	694±13.9	0.38±028
BSA+KNN	fMRI	否	否	64.2±12.4	0.22±0.26
稀疏自动编码器+KNN(E)	fMRI	否	否	56.1±7.2	001±0.11
PCA+KNN(E)	fMRI	否	否	56.1±11.3	0.13±0.18
ICA+KNN(E)	fMRI	否	否	62.8±12.3	0.26±0.23
RBM+KNN(E)	fMRI	否	否	36.2±4.9	−023±0.11
LSTM	fMRI	是	否	45.7±9.6	−0.15±0.14
GRU	fMRI	是	否	45.2±7.5	−0018±0.13

由于基线特征压缩器的非时间特性,每个受试者的 fMRI 数据作为单个向量(通过连接时间维度创建)输入到这些特征提取器,从而得到一个巨大的特征向量空间。我们在分类模块中使用了 KNN(K=1)作为分类器,以使比较尽可能公平。大的特征空间的缺点是非常必要的,因为它会导致数据的过度拟合。我们避免将 DTI 数据添加到已经很大的特征空间中,以避免进一步的过度拟合。由于 NeuCube 的 SNNc 是一个具有时间或顺序学习能力的 Spiking 型递归神经网络框架,我们还学习了与其他单隐藏层递归神经网络框架,如长短时记忆(Long Short Term Memory,LSTM)[106]和门控递归单元(Gate Recurrent Units,GRU)[1071]进行二分类的任务。LSTM 和 GRU 网络均设计为具有 50 个 LSTM 和 GRU 单元的浅层单隐层神经网络。这些网络在 keras[102] API 中实现,并通过使用自适应动量优化器优化二进制串扰损失函数来学习。结果如表 11.2 所列。

本研究是一项大型横断面研究的一部分,该研究使用脑电图、MRI 和遗传信息调查氯氮平(CLZ)对难治性精神分裂症(TRS)患者的反应。CLZ 对难治性精神分裂症有独特的疗效。然而,许多人仍然遭受残留症状或根本没有反应(超治疗抗性精神分裂症,UTRS) CLZ。在这项研究中,我们的目的是建立一个预测模型来区分 CLZ 单一疗法应答者和非应答者的大脑数据。

为了调查,使用了从 TRS 研究中收集的数据子集(静息状态 fMRI 和 DTI 数据),目的是将受试者分为 TRS 组和 UTRS 组。每个受试者的 fMRI 和 DTI 数据都记录在受试者特定的结构图像中,并归一化到 MNI −1522mm 图谱中[96-97]。

由于 fMRI 数据是在静息状态下收集的,与任务驱动的 fMRI 数据相比,随时间的平均活动和活动与体素的偏差可以忽略不计。因为我们模型的一个主要部分是时间相关的。假设歧视性信息隐藏在体素中,随着时间的推移,体素的活动发生显著变化。我们选择了一组绝对平均标准偏差大于 105 的体素。最后的预处理数据集包括一个 fMRI 试验和一个 DTI 试验,每个受试者 2318 个体素。

为了创建 NeuCube 的个性化 SNN 模型,我们使用 aiSTDP learning 算法来训练一组 1000 个计算性脉冲神经元,随机分布在输入神经元周围。实验结果报告了基于网格的超参数搜索使用的留一出验证协议。最佳模型的总体交叉验证准确率为 72%。本模型 ROC 曲线下面积为 0.72。对混淆矩阵的评估显示,真阳性/阴性 (UTRS:73%,TRS:71%) 和假阳性/阴性 (UTRS:27%,TRS:29%) 的比例相同。

我们通过一些模式识别算法,将 fMRI 和 DTI 构建的模型与仅使用 fMRI 构建的模型作了进一步的分类性能对比(表 11.2)。对于 fMRI 数据建模,使用了 3 种不同的算法。个性化的 SNN + STDP 方法使用规范的 STDP 在 NeuCube 架构中更新 SNNc 的权重,另外使用的两种算法是标准机器学习(ML)算法,如 SVM 和 MLP。提出的个性化 SNN + aiSTDP 算法不仅在模型的整体精度上,而且在真正、真负度量上都优于其他算法,使模型具有最优的鲁棒性。此外,还分别考察了 TRS 和 UTRS 组的连接权值以及 aiSTDP 学习算法生成的 TRS 和 UTRS 组的最强平均连接权值的比较。

图 11.13 显示了 TRS 组(顶部)和 UTRS 组(底部行)的 SNN 模型中最强连接(组内受试者的平均重量)的可视比较。黄色的簇表示输入神经元,绿色的神经元表示计算脉冲神经元。

大部分的强连接是在小脑和丘脑下部产生的。已经证明通过丘脑的连接,小脑由运动皮层、前额叶和顶叶支配[108]。小脑损伤后,出现了神经认知症状和认知情感综合征,包括情感迟钝和行为不当[1091]。我们的发现证实了最近的 fMRI 和 PET 研究,这些研究表明小脑和丘脑参与了感觉辨别[1101]、注意力[111] 和复杂问题的解决。精神分裂症患者的所有这些功能模块都受损。与 TRS 组相比,UTRS 组的小脑区也有大量的强连接。类似地,TRS 的丘脑区域存在大量的强连接,而非 UTRS。

表 11.3 展示了不同模式识别方法对上述二分类任务的分类性能比较。

表 11.3 不同模式识别方法对二分类任务的分类性能比较

方法	数据	准确率/%	TP 率/%	TN 率/%
个性化 SNN+aiSTDP	fMRI+DTI	72	73	71
个性化 SNN+STDP	fMRI	56	55	57
支持向量机[23]	fMRI	64	64	71
自动多层感知机[24]	fMRI	60	60	64.2

11.6 章节总结和进一步阅读以获得更深层次的知识

该方法首次尝试在一个脉冲神经网络结构中集成多种信息模式。该方法的新颖之处在于提出了基于个性化 SNNc 的 NeuCube 体系结构,最重要的是提出了 oiSTDP 学习算法,该算法能够从具有异构时空特征的数据中集成时间、空间、距离、方向等多维信息。另外,使用多个 SNNc 的个性化建模方法,消除了生成模型上样本的任何顺序偏差。尽管存在多模态脑数据的假设,但本书提出的算法并不局限于脑数据,而且具有处理任何形式的具有时空方向信息的数据的能力。这类数据的例子包括天气(温度变化、风的运动、云的运动等)和交通数据。

实验结果表明,该算法能够有效地捕获数据中存在的识别性联合信息,并在其连接强度范围内对这些信息进行重构。我们的优势在于它可以灵活地包含静态和动态信息的多个维度。在本研究中,这些数据类型的成功集成为构建更复杂的算法奠定了基础。我们使用了目前的设计,结合 DTI 和功能磁共振成像,从个人开始的抗精神病治疗,以创建一个个性化的分类治疗反应的精神分裂症患者。对分类算法的研究发现,该模型的小脑区域的网络连接增强了,这可能暗示了大脑这一区域的活动是精神分裂症治疗反应的生物标志物。纳入更多的参与者和使用特定的基于任务的设计的研究可能会暴露目前文献中未发现的其他标记物,并提供关于为什么一些个体对氯氮平单药治疗有反应而其他个体没有反应的新假设。

该算法的其他应用可能包括治疗或临床结果知之甚少的其他疾病。应用像本书中所讨论的这种技术可以增加我们对这些结果背后机制的理解,因为 NeuCube 的架构提供了一个白盒视图,可以在单个级别上查看它的分类决策。

同时纳入多个成像模式的数据的能力可以提高模型预测未来个体治疗结果的可靠性。到目前为止,研究已经在患者样本中实现了较高的准确性,将单一成像技术与临床和药物遗传数据相结合[32-33],尽管没有导致临床实践的变化。

本章提出的时空方向数据集成方法是一种通用方法,适用于大范围任务的各种类型的数据。

进一步的推荐阅读包括:

(1) fMRI[1];

(2) 在 NeuCube 中模拟 fMRI 数据[49,112];

(3) 完整地介绍了本书提出的 fMRI + DTI 模拟方法[113];

(4) 在 NeuCube 中模拟 fMRI 数据的演示:https://kedri.aut.ac.nz/R-and-DSystems/neucube/fmri。

致谢

本章的一些材料首次发表于文献[113]。我要感谢我的合著者 Neelava Sengupta、C. McNabb 和 B. Russel 的贡献,尤其是论文的第一作者 Neel。

参考文献

[1] R. C. DeCharms, Application of real-time fMRI. Nat. Rev. Neurosci. **9**,720-729(2008)

[2] J. P. Mitchell, C. N. Macrae, M. R. Banaji, Encoding specific effects of social cognition on the neural correlates of subsequent memory. J. Neurosci. **24**(21),4912-4917(2004)

[3] K. H. Brodersen, K. Wiech, E. I. Lomakina, C. S. Lin, J. M. Buhmann, U. Bingel, I. Tracey, Decoding the perception of pain from fMRI using multivariate pattern analysis. NeuroImage **63**(3),1162-1170(2012). https://doi.org/10.1016/j.neuroimage.2012.08.035

[4] R. B. Buxton, K. Uludag, D. J. Dubowitz, T. T. Liu, Modeling the hemodynamic response to brain activation. NeuroImage **23**(Suppl 1),S220-S233(2004). https://doi.org/10.1016/j.neuroimage.2004.07.013

[5] S. Ogawa, T. M. Lee, A. R. Kay, D. W. Tank, Brain magnetic resonance imaging with contrast dependent on blood oxygenation. Proc. Natl. Acad. Sci. **87**(24),9868-9872(1990)

[6] J. V. Haxby, M. I. Gobbini, M. L. Furey, A. Ishai, J. L. Schouten, P. Pietrini, Distributed and overlapping representation of faces and objects in ventral temporal cortex. Science **293**(5539),2425-2430(2001)

[7] M. A. Lindquist, The statistical analysis of fMRI data. Stat. Sci. **23**(4),439-464(2008). https://doi.org/10.1214/09-STS282

[8] K. J. Friston, C. D. Frith, R. S. Frackowiak, R. Turner, Characterizing dynamic brain responses with fMRI:a multivariate approach. NeuroImage(1995). Retrieved from http://www.ncbi.nlm.nih.gov/pubmed/9343599

[9] M. K. Carroll, G. A. Cecchi, I. Rish, R. Garg, A. R. Rao, Prediction and interpretation of distributed neural activity with sparse models. NeuroImage **44**(1),112-122(2009)

[10] T. Schmah, R. S. Zemel, G. E. Hinton, S. L. Small, S. C. Strother, Comparing classification methods for longitudinal fMRI studies. Neural Comput. **22**(11),2729-2762(2010). https://doi.org/10.1162/NECO_a_00024

[11] D. D. Cox, R. L. Savoy, Functional magnetic resonance imaging(fMRI) "brain reading":detecting and classifying distributed patterns of fMRI activity in human visual cortex. Neuroimage, **19**(2 Pt 1),261-270(2003)

[12] Y. Kamitani, F. Tong, Decoding the visual and subjective contents of the human brain. Nat. Neurosci. **8**(5),679-85(2005)

[13] M. Misaki, Y. Kim, P. A. Bandettini, N. Kriegeskorte, Comparisons of multivariate classifiers and

response normalizations for pattern-information fMRI. NeuroImage **53**(1), 103–118 (2010). https://doi.org/10.1016/j.neuroimage.2010.05.051. Comparison

[14] J. Mourão-Miranda, A. L. W. Bokde, C. Born, H. Hampel, M. Stetter, Classifying brain states and determining the discriminating activation patterns: support vector machine on functional MRI data. NeuroImage **28**(4), 980–995 (2005). https://doi.org/10.1016/j.neuroimage.2005.06.070

[15] T. M. Mitchell, R. Hutchinson, M. A. Just, R. S. Niculescu, F. Pereira, X. Wang, *Classifying Instantaneous Cognitive States from FMRI Data. AMIA*, in Annual Symposium Proceedings/AMIA Symposium. AMIA Symposium (2003), pp. 465–469. Retrieved from http://www.pubmedcentral.nih.gov/articlerender.fcgi?artid=1479944&tool=pmcentrez&rendertype=abstract

[16] I. Rustandi, *Classifying Multiple-Subject fMRI Data Using the Hierarchical Gaussian Naïve Bayes Classifier*, in 13th Conference on Human Brain Mapping (2007a), pp. 4–5

[17] I. Rustandi, Hierarchical Gaussian Naive Bayes classifier for multiple-subject fMRI data. Submitted to AISTATS (1), 2–4 (2007b)

[18] S. M. Polyn, G. J. Detre, S. Takerkart, V. S. Natu, M. S. Benharrosh, B. D. Singer, J. D. Cohen, J. V. Haxby, K. A. Norman, A Matlab-based toolbox to facilitate multi-voxel pattern classification of fMRI data, 2005

[19] Y. Fan, D. Shen, C. Davatzikos, Detecting cognitive states from fMRI images by machine learning and multivariate classification, in Conference on Computer Vision and Pattern Recognition Workshop. IEEE (2006), pp. 89–89 https://doi.org/10.1109/cvprw.2006.64

[20] S. J. Hanson, T. Matsuka, J. V. Haxby, Combinatorial codes in ventral temporal lobe for object recognition: Haxby (2001) revisited: is there a "face" area? NeuroImage **23**(1), 156–166 (2004). https://doi.org/10.1016/j.neuroimage.2004.05.020

[21] G. Yourganov, T. Schmah, N. W. Churchill, M. G. Berman, C. L. Grady, S. C. Strother, Pattern classification of fMRI data: applications for analysis of spatially distributed cortical networks. NeuroImage **96**, 117–132 (2014). https://doi.org/10.1016/j.neuroimage.2014.03.074

[22] J. D. Haynes, G. Rees, Predicting the orientation of invisible stimuli from activity in human primary visual cortex. Nat. Neurosci. **8**(5), 686–691 (2005). https://doi.org/10.1038/nn1445

[23] S. Ku, A. Gretton, J. Macke, N. K. Logothetis, Comparison of pattern recognition methods in classifying high-resolution BOLD signals obtained at high magnetic field in monkeys. Magn. Reson. Imaging **26**(7), 1007–1014 (2008). https://doi.org/10.1016/j.mri.2008.02.016

[24] T. Schmah, G. E. Hinton, R. S. Zemel, S. L. Small, S. Strother, Generative versus discriminative training of RBMs for classification of fMRI images, in *Advances in Neural Information Processing Systems, 21*, ed. by D. Koller, D. Schuurmans, Y. Bengio, L. Bottou (MIT Press, Cambridge, MA, 2009), pp. 1409–1416

[25] S. LaConte, S. Strother, V. Cherkassky, J. Anderson, X. Hu, Support vector machines for temporal classification of block design fMRI data. NeuroImage **26**(2), 317–329 (2005). https://doi.org/10.1016/j.neuroimage.2005.01.048

[26] N. Mørch, L. Hansen, S. Strother, C. Svarer, D. Rottenberg, B. Lautrup, N*onlinear Versus Linear Models in Functional Neuroimaging*: *Learning Curves and Generalization Crossover*, in Proceedings of the 15th International Conference on Information Processing in Medical Imaging, vol. 1230 of Lecture Notes in Computer Science. Springer (1997), pp. 259–270

[27] J. Mourão-Miranda, K. J. Friston, M. Brammer, Dynamic discrimination analysis: a spatial-temporal SVM. NeuroImage **36**(1), 88–99 (2007). https://doi.org/10.1016/j.neuroimage.2007.02.020

[28] M. A. J. Van Gerven, B. Cseke, F. P. de Lange, T. Heskes, Efficient Bayesian multivariate fMRI analysis using a sparsifying spatio-temporal prior. NeuroImage **50**(1), 150–161 (2010). https://doi.org/10.1016/j.neuroimage.2009.11.064

[29] B. Ng, R. Abugharbieh, *Modeling Spatiotemporal Structure in fMRI Brain Decoding Using Generalized Sparse Classifiers*, in 2011 International Workshop on Pattern Recognition in NeuroImaging (2011b), pp. 65–68. https://doi.org/10.1109/prni.2011.10

[30] P. Avesani, H. Hazan, E. Koilis, L. Manevitz and D. Sona, *Learning BOLD Response in fMRI by Reservoir Computing*, in 2011 International Workshop on Pattern Recognition in NeuroImaging, (2011), pp. 57–60. https://doi.org/10.1109/prni.2011.16

[31] J. Sui, T. Adall, Q. Yu, J. Chen, V. D. Calhoun, A review of multivariate methods for multimodal fusion of brain imaging data. J. Neurosci. Methods, **204**(1), 68–81 (2012)

[32] M. J. Patel, C. Andreescu, J. C. Price, K. L. Edelman, C. F. Reynolds, III, H. J. Aizenstein, Machine learning approaches for integrating clinical and imaging features in late-life depression classification and response prediction. Int. J. Geriatric Psychiatry **30**(10), 1056–1067 (2015)

[33] A. Khodayari-Rostamabad, J. P. Reilly, G. M. Hasey, H. de Bruin, D. J. MacCrimmon, Amachine learning approach using EEG data to predict response to ssri treatment for major depressive disorder. Clin. Neurophysiol. **124**(10), 1975–1985 (2013)

[34] A. Khodayari-Rostamabad, G. M. Hasey, D. J. MacCrimmon, J. P. Reilly, H. de Bruin, A pilot study to determine whether machine learning methodologies using pre-treatment electroencephalography can predict the symptomatic response to clozapine therapy. Clin. Neurophysiol. **121**(12), 1998–2006 (2010)

[35] C.-C. Lin et al., Artificial neural network prediction of clozapine response with combined pharmacogenetic and clinical data. Comput. Methods Programs Biomed. **91**(2), 91–99 (2008)

[36] O. Doehrmann et al., Predicting treatment response in social anxiety disorder from functional magnetic resonance imaging. JAMA Psychiatry **70**(1), 87–97 (2013)

[37] M. D. Greicius, K. Supekar, V. Menon, R. F. Dougherty, Restingstate functional connectivity reflects structural connectivity in the default mode network. Cereb. Cortex **19**(1), 72–78 (2009)

[38] K. E. Stephan, K. J. Friston, C. D. Frith, Dysconnection in schizophrenia: from abnormal synaptic plasticity to failures of self-monitoring. Schizophrenia Bull. **35**(3), 509–527 (2009)

[39] P. A. Valdes-Sosa et al., Model driven EEG/fMRI fusion of brain oscillations. Hum. Brain Mapping, **30**(9), 2701–2721 (2009)

[40] S. M. Plis et al., Effective connectivity analysis of fMRI and MEG data collected under identical paradigms. Comput. Biol. Med. **41**(12), 1156–1165 (2011)

[41] H. Yang, J. Liu, J. Sui, G. Pearlson, V. D. Calhoun, A hybrid machine learning method for fusing fMRI and genetic data: combining both improves classification of schizophrenia. Frontiers Hum. Neurosci. **4**(192), 3389 (2010)

[42] V. D. Calhoun, J. Liu, T. Adali, A review of group ICA for fMRI data and ICA for joint inference of imaging, genetic, and ERP data. NeuroImage, **45**(1), S163–S172 (2009)

[43] S. J. Teipel, A. L. Bokde, T. Meindl, E. Amaro Jr, J. Soldner, M. F. Reiser, S. C. Herpertz, H. J. Möller, H. Hampel, White matter microstructure underlying default mode network connectivity in the human brain. NeuroImage, **49**(3), 2021–2032 (2010)

[44] N. M. Correa, Y. O. Li, T. Adali, V. D. Calhoun, Canonical correlation analysis for feature-based fusion of biomedical imaging modalities and its application to detection of associative networks in schizophrenia. IEEE J. Sel. Topics Signal Process. **2**(6), 998–1007(2008)

[45] N. M. Correa, T. Eichele, T. Adall, Y.-O. Li, V. D. Calhoun, Multiset canonical correlation analysis for the fusion of concurrent single trial ERP and functional MRI. NeuroImage, **50**(4), 1438–1445 (2010)

[46] N. Correa, Y.-O. Li, T. Adall, V. D. Calhoun, *Examining Associations Between fMRI and EEG Data Using Canonical Correlation Analysis*, in Proceedings 5th IEEE International Symposium on Biomedical Imaging, Nano Macro (ISBI), May 2008, pp. 1251–1254

[47] K. Chen et al., Linking functional and structural brain images with multivariate network analyses: a novel application of the partial least square method. NeuroImage, **47**(2), 602–610 (2009)

[48] N. K. Kasabov, NeuCube: a spiking neural network architecture for mapping, learning and understanding of spatio-temporal brain data. Neural Netw. **52**, 62–76 (2014)

[49] N. Kasabov, M. Doborjeh, Z. Doborjeh, Mapping, learning, visualization, classification, and understanding of fMRI Data in the NeuCube evolving spatiotemporal data machine of spiking neural networks, in IEEE Transactions of Neural Networks and Learning Systems, https://doi.org/10.1109/tnnls.2016.2612890 Manuscript Number: TNNLS-2016-P-6356, 2016

[50] N. Kasabov, To spike or not to spike: a probabilistic spiking neuron model. Neural Netw. **23**(1), 16–19 (2010). https://doi.org/10.1016/j.neunet.2009.08.010

[51] M. Åberg, L. Löken, J. Wessberg, An evolutionary approach to multivariate feature selection for fMRI pattern analysis (2008)

[52] T. Niiniskorpi, M. Bj, J. Wessberg, Particle swarm feature selection for fMRI pattern classification, in BIOSIGNALS (2009), pp. 279–284

[53] J. Kennedy, R. Eberhart, *Particle Swarm Optimization*, in Proceedings of ICNN'95—International Conference on Neural Networks, vol. 4 (1995), pp. 1942–1948. https://doi.org/10.1109/icnn.1995.488968

[54] C. Koch, R. C. Reid, Observatories of the mind. Nature **483**(22 March 2012), 397–398(2012).

https://doi.org/10.1038/483397a

[55] X. Wang, J. Yang, X. Teng, W. Xia, R. Jensen, Feature selection based on rough sets and particle swarm optimization. Pattern Recogn. Lett. **28**(4), 459–471 (2007). https://doi.org/10.1016/j.patrec.2006.09.003

[56] S. Ryali, K. Supekar, D. A. Abrams, V. Menon, Sparse logistic regression for whole-brain classification of fMRI data. NeuroImage **51**(2), 752–764 (2010)

[57] O. Yamashita, M. Sato, T. Yoshioka, F. Tong, Y. Kamitani, Sparse estimation automatically selects voxels relevant for the decoding of fMRI activity patterns. NeuroImage **42**(4), 1414–1429 (2008). https://doi.org/10.1016/j.neuroimage.2008.05.050

[58] B. Ng, A. Vahdat, G. Hamarneh, R. Abugharbieh, Generalized sparse classifiers for decoding cognitive states in fMRI, in *Machine Learning in Medical Imaging* (Springer, Berlin, 2010), pp. 108–115

[59] B. Ng, R. Abugharbieh, Generalized group sparse classifiers with application in fMRI brain decoding. Cvpr **2011**, 1065–1071 (2011). https://doi.org/10.1109/CVPR.2011.5995651

[60] R. Brette et al., Simulation of networks of spiking neurons: a review of tools and strategies. J. Comput. Neurosci. **23**(3), 349–398 (2007)

[61] E. M. Izhikevich, Polychronization: computation with spikes. Neural Comput. **18**(2), 245–282 (2006)

[62] N. Scott, N. Kasabov, G. Indiveri, *NeuCube Neuromorphic Framework for Spatio-Temporal Brain Data and Its Python Implementation*, in Proceedings ICONIP, vol. 8228 (Springer, LNCS) (2013), pp. 78–84

[63] S. B. Furber, F. Galluppi, S. Temple, L. A. Plana, The SpiNNaker project. Proc. IEEE **102**(5), 652–665 (2014)

[64] P. A. Merolla et al., A million spiking-neuron integrated circuit with a scalable communication network and interface. Science **345**(6197), 668–673 (2014)

[65] G. Indiveri et al., Neuromorphic silicon neuron circuits, Frontiers Neurosci. May 2011. [Online]. Available: http://dx.doi.org/10.3389/fnins.2011.00073

[66] A. van Schaik, S.-C. Liu, *AER EAR: A Matched Silicon Cochlea Pair with Address Event Representation Interface*, in Proceedings IEEE International Symposium Circuits System, vol. 5. May 2005, pp. 4213–4216

[67] T. Delbruck, jAER. [Online]. Available: http://sourceforge.net. Accessed 15 Oct 2014

[68] P. Lichtsteiner, C. Posch, T. Delbruck, A 128 128 120 dB 15 using latency asynchronous temporal contrast vision sensor. IEEE J. SolidState Circuits **43**(2), 566–576 (2008)

[69] S. Song, K. D. Miller, L. F. Abbott, Competitive Hebbian learning through spike-timing-dependent synaptic plasticity. Nat. Neurosci. **3**(9), 919–926 (2000)

[70] N. Kasabov, K. Dhoble, N. Nuntalid, G. Indiveri, Dynamic evolving spiking neural networks for on-line spatio-and spectro-temporal pattern recognition. Neural Netw. **41**, 188–201 (2013)

[71] N. Kasabov, *Evolving Connectionist Systems* (Springer, New York, 2007), p. 2007

[72] S. G. Wysoski, L. Benuskova, N. Kasabov, Evolving spiking neural networks for audiovisual information processing. Neural Netw. **23**(7), 819–835. (2010)

[73] W. Maass, T. Natschläger, H. Markram, Real-time computing without stable states: a new framework for neural computation based on perturbations. Neural Comput. **14**(11), 2531–2560 (2002)

[74] J. Talairach, P. Tournoux, *Co-Planar Stereotaxic Atlas of the Human Brain: 3-Dimensional Proportional System: An Approach to Cerebral Imaging* (Thieme Medical Publishers, New York, 1998), p. 1988

[75] M. Brett, K. Christoff, R. Cusack, J. Lancaster, Using the Talairach atlas with the MNI template. NeuroImage **13**(6), 85 (2001)

[76] N. Kasabov et al., Evolving spatio-temporal data machines based on the NeuCube neuromorphic framework: design methodology and selected applications. Neural Netw. **78**, 1–14 (2016). https://doi.org/10.1016/j.neunet.2015.09.011. 2015

[77] E. M. Izhikevich, Which model to use for cortical spiking neurons? IEEE Trans. Neural Netw. **15**(5), 1063–1070 (2004)

[78] E. Tu et al., *NeuCube(ST) for Spatio-Temporal Data Predictive Modelling with a Case Study on Ecological Data*, in Proceedings International Joint Conference on Neural Networks (IJCNN), Beijing, China, July 2014, pp. 638–645

[79] E. Tu, N. Kasabov, J. Yang, Mapping temporal variables into the NeuCube for improved pattern recognition, predictive modeling, and understanding of stream data. IEEE Trans. Neural Netw. Learn. Syst. **99**, 1–13 (2016). https://doi.org/10.1109/tnnls.2016.2536742. 2016

[80] E. Bullmore, O. Sporns, Complex brain networks: graph theoretical analysis of structural and functional systems. Nature Rev. Neurosci. **10**(3), 186–198 (2009)

[81] V. Braitenberg, A. Schuz, *Cortex: Statistics and Geometry of Neuronal Connectivity* (Springer, Berlin, 1998)

[82] S. Schliebs, N. Kasabov, Evolving spiking neural network—a survey. Evolving Syst. **4**(2), 87–98 (2013)

[83] M. Lukoševičius, H. Jaeger, Reservoir computing approaches to recurrent neural network training. Comput. Sci. Rev. **3**(3), 127–149 (2009)

[84] B. Schrauwen, J. Van Campenhout, BSA, *a Fast and Accurate Spike Train Encoding Scheme*, in Proceedings International Joint Conference on Neural Networks (IJCNN), vol. 4. July 2003, pp. 2825–2830

[85] N. Sengupta, N. Scott, N. Kasabov, *Framework for Knowledge Driven Optimisation Based Data Encoding for Brain Data Modelling Using Spiking Neural Network Architecture*, in Proceedings 5th International Conference on Fuzzy and Neural Computing (FANCCO), (2015), pp. 109–118

[86] N. Sengupta, N. Kasabov, Spike-time encoding as a data compression technique for pattern recognition of temporal data. Inf. Sci. **406–407**, 133–145 (2017)

[87] T. Kohonen, The self-organizing map. Proc. IEEE **78**(9), 1464–1480 (1990)

[88] N. Kasabov et al., Evolving spiking neural networks for personalised modelling, classification and prediction of spatio-temporal patterns with a case study on stroke. Neurocomputing **134**, 269–279 (2014)

[89] E. Tu et al., *NeuCube(ST) for Spatio-Temporal Data Predictive Modelling with a Case Study on Ecological Data*, in Proceedings International Joint Conference on Neural Networks (IJCNN), July 2014, pp. 638–645

[90] D. O. Hebb, *The Organization of Behavior: A Neuropsychological Approach* (Wiley, Hoboken, NJ, USA, 1949), p. 1949

[91] W. Gerstner, R. Kempter, J. L. van Hemmen, H. Wagner, A neuronal learning rule for sub-millisecond temporal coding. Nature **383**(6595), 76–78 (1996)

[92] J. Sjöström, W. Gerstner, Spike-timing dependent plasticity. Front. Synaptic Neurosci. **5**(2), 35–44 (2010)

[93] E. van Aart, N. Sepasian, A. Jalba, A. Vilanova, CUDA-accelerated geodesic ray-tracing for fiber tracking. J. Biomed. Imag. **2011**, (2011). https://doi.org/10.1155/2011/698908. Art. no. 6

[94] M. Rubinov, O. Sporns, Complex network measures of brain connectivity: uses and interpretations. NeuroImage **52**(3), 1059–1069 (2010)

[95] M. Jenkinson, C. F. Beckmann, T. E. Behrens, M. W. Woolrich, S. M. Smith, FSL. NeuroImage, **62**(2), 782–790 (2012)

[96] V. Fonov et al., Unbiased average age-appropriate atlases for pediatric studies. NeuroImage **54**(1), 313–327 (2011)

[97] V. Fonov, A. C. Evans, K. Botteron, C. R. Almli, R. C. McKinstry, D. L. Collins, Unbiased average age-appropriate atlases for pediatric studies. NeuroImage **54**(1), 313–327 (2011).
[Online]. Available: http://www.sciencedirect.com/science/article/pii/S1053811910010062, https://doi.org/10.1016/j.neuroimage.2010.07.033

[98] R. H. R. Pruim, M. Mennes, J. K. Buitelaar, C. F. Beckmann, Evaluation of ICA-AROMA and alternative strategies for motion artefact removal in resting state fMRI. NeuroImage **112**, 278–287 (2015)

[99] R. H. R. Pruim, M. Mennes, D. van Rooij, A. Llera, J. K. Buitelaar, C. F. Beckmann, ICA-AROMA: a robust ICA-based strategy for removing motion artifacts from fMRI data. NeuroImage **112**, 267–277 (2015)

[100] N. Kasabov et al. (2016), Evolving spatio-temporal data machines based on the NeuCube neuromorphic framework: design methodology and selected applications. Neural Netw. **78**, 1–14 (2016)

[101] A. Ng, Sparse autoencoder. CS294A Lect. Notes **72**, 1–19 (2011)

[102] F. Chollet et al., Keras. [Online]. Available: https://github.com/fchollet/keras

[103] F. Pedregosa et al., Scikit-learn: machine learning in Python, J. Mach. Learn. Res. **12**, 2825–2830 (2011)

[104] G. E. Hinton, R. R. Salakhutdinov, Reducing the dimensionality of data with neural net-

works. Science **313**(5786),504-507 (2006)

[105] T. Tieleman, *Training Restricted Boltzmann Machines Using Approximations to the Likelihood Gradient*, in Proceedings 25th International Conference on Machine Learning (2008), pp. 1064-1071

[106] S. Hochreiter, J. Schmidhuber, *LSTM Can Solve Hard Long Time Lag Problems*, in Proceedings Advances Neural Information Processing Systems (1997), pp. 473-479

[107] K. Cho et al., Learning phrase representations using RNN encoder-decoder for statistical machine translation. [Online]. Available: https://arxiv.org/abs/1406.1078

[108] F. A. Middleton, P. L. Strick, Anatomical evidence for cerebellar and basal ganglia involvement in higher cognitive function. Science **266**(5184), 458-461 (1994). [Online]. Available: http://science.sciencemag.org/content/266/5184/458, https://doi.org/10.1126/science.7939688

[109] H. Baillieux, W. Verslegers, P. Paquier, P. P. De Deyn, P. Mariën, Cerebellar cognitive affective syndrome associated with topiramate. Clin. Neurol. Neurosurg. **110**(5),496-499(2008)

[110] J.-H. Gao, L. M. Parsons, J. M. Bower, J. Xiong, J. Li, P. T. Fox, Cerebellum implicated in sensory acquisition and discrimination rather than motor control. Science **272**(5261),545-547 (1996)

[111] E. Courchesne, N. A. Akshoomoff, J. Townsend, O. Saitoh, A model system for the study of attention and the cerebellum: infantile autism. Electroencephalogr. Clin. Neurophysiol. Suppl. **44**, 315-325 (1995)

[112] N. Kasabov, L. Zhou, M. Gholami Doborjeh, J. Yang, New algorithms for encoding, learning and classification of fMRI Data in a spiking neural network architecture: A case on modelling and understanding of dynamic cognitive processes. in IEEE Transaction on Cognitive and Developmental Systems, 2017. https://doi.org/10.1109/TCDS.2016.2636291

[113] N. Sengupta, C. McNabb, N. Kasabov, B. Russel, Integrating space, time and orientation in spiking neural networks: a case study on multimodal brain data modelling, in IEEE Tr NNLS, 2018. https://ieeexplore.ieee.org/document/8291047/

[114] Medical Image Computing, [Online]. Available: https://en.wikipedia.org/wiki/Medical_image_computing. Accessed 31 Jan 2018

第 5 部分　　SNN 用于视听数据和脑机接口

第12章
大脑中音/视频信息处理及其进化脉冲神经网络（eSNN）模型

本章内容首先介绍一些关于大脑如何处理音/视频信息的背景知识。在此基础上，本章采用进化脉冲神经网络（eSNN），特别是卷积进化脉冲神经网络（CeSNN），提出面向听觉、视觉以及音/视频融合信息的处理方法。最后将介绍应用于个人身份识别的案例研究。

12.1 人脑中音/视频信息的处理

本节将介绍一些人脑如何处理音/视频信息的基本事实。读者也可从参考文献[1-2]中获得更多的信息。

人脑主要处理5种感觉形态，即视觉、听觉、触觉、味觉和嗅觉。每一种不同的感觉有着对应的感觉器官。在感觉器官执行完刺激信号的转化之后，这些信息将根据神经动作电位进行编码。编码过程将根据脉冲的平均值或脉冲之间的时间间隔进行。所有感觉形态似乎都遵循相同的模式，然而关于大脑中信息编码的方式依然还有许多未解的问题。

12.1.1 听觉信息处理

个体的听觉器官将声音与语音信号转化成脑信号。这些脑信号继而传输到大脑的其他部分，塑造了（有意义的）听觉空间（称为"电话空间"）、词汇空间和语言空间（图12.1）。听觉系统是自适应的，所以新的特征会在后续加入，而已经存在的特征则会被进一步调整。

对听觉功能及耳蜗的精确建模是一个极其困难、但也不是不可能完成的任务[2]。耳蜗模型对于帮助听障人士以及创建语音识别系统都是非常有帮助的。

图 12.1　典型的口语处理模型

这些系统在工作时能进行学习和自适应。

耳朵是哺乳动物的前端听觉器官。该听觉器官的任务是把环境中的声音转化为具体的特征,然后传到大脑中做进一步处理。耳朵分成 3 个部分,即外耳、中耳和内耳(图 12.2)。

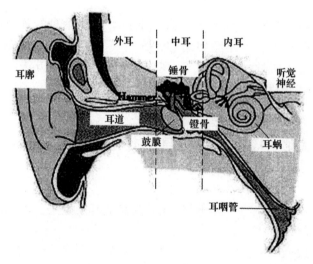

图 12.2　人耳[34]

图 12.3 展示了人耳的底膜及不同频率声调在耳中最大位移的大体位置,这相当于几个不同频道的滤波器组,每个滤波器都调谐到了一个特定的频率上。

文献[2-9]提出了一些听觉模型。常用的有梅尔滤波器和梅尔刻度倒谱系数。比如,前 26 个梅尔(Mel)滤波器的中心频率(以 Hz 为单位)是 86、173、256、430、516、603、689、775、947、1033、1130、1392、1550、1723、1981、2325、2670、3015、3445、3952、4565、5254、6029、6997、8010、9216、11025。前 20 个梅尔滤波函数详见图 12.4。

伽马通(Gammatone)函数是另一种表示方法。提升听觉模型函数的性能并且使它们接近生物器官是很有挑战性的,这项工作将有望引领提升语音识别系统的能力。

听觉系统的有趣之处在于其不仅能识别声音,并且能够有效定位声源的位置。

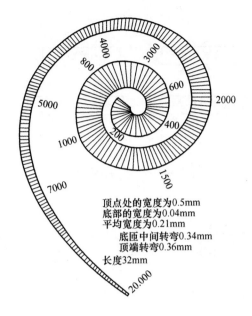

图 12.3 人耳的底膜及不同频率声调最大位移的大致位置
（这相当于几个频道的滤波器组，每一个都调谐到了一个特定的频率上）

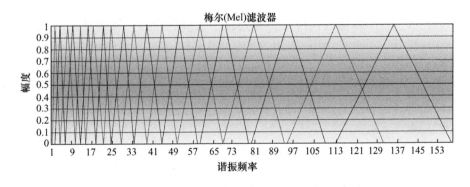

图 12.4 前 20 个梅尔(Mel)滤波函数

人类的耳朵能够察觉到 20~20000Hz 范围内的声音频率。每个耳朵都会独立地处理输入信号，之后会根据信号的时序、幅值、频率对其进行整合(图 12.5)。

左、右耳之间输出信号时间上的微小差异为定位信号来源提供了判定线索。

389

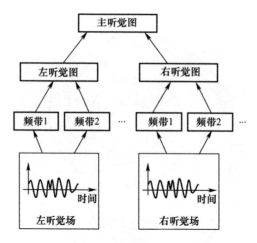

图 12.5　左、右耳听觉信息融合处理的原理框图

12.1.2　视觉信息处理

视觉系统由眼睛、视神经、大量特殊皮质区域（如类人猿有超过 30 个此类区域）组成。

视网膜上的图像通过视神经传输到位于大脑后叶的一级视觉皮层（V1）上。信息在那里分成了两支，即代表"什么"的神经束和代表"哪里"的神经束。

脑室神经束（代表"什么"的神经束）将视野中的目标（物体和事物）分开并识别它们。脑室神经束一直从枕叶延伸至耳后的颞叶。

背侧神经束（代表"哪里"的神经束）专门负责追踪周围空间中物体的位置。背侧神经束一直从头的背部延伸到头的顶部。

当学习或者感知视觉信息时，大脑会生成神经网络结构，如图 12.6 所示。

两支神经束如何、在哪里连接并形成完整的感知现在并非完全已知。在涉及处理输入信息的生物学方法上，休博尔（Hubel）和维塞尔（Wiesel）因为对人类视觉系统的描述获得了诸多奖项。通过神经心理学实验，他们能够根据光刺激模式，区分一些具有不同神经生物学反应的细胞。他们识别出了视网膜作为对比滤波器的作用，并且发现了第一级视觉皮层中方向选择性细胞的存在（图 12.7）。他们的研究结果在生物逼真图像获取方法中有着广泛的应用。

对比滤波器和方向选择细胞的概念可以认为是一种选择特征的方法。这种方法和传统图像处理方法，如高斯（Gause）和加博（Gabor）滤波器，有着密切关系。

高斯滤波器可用于对开关状态的接受细胞建模，即

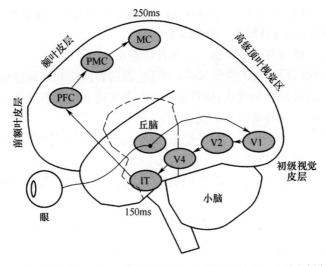

V1——一级视觉皮层;V2—二级视觉皮层;V4—四级视皮层;IT—下颞叶皮层;
PFC—前额叶皮层;PMC—前运动皮层;MC—运动皮层。

图 12.6 人体内用于图像分类的视觉刺激的深度序列处理[2,35]

$$G(x,y) = e^{\left(\frac{x^2+y^2}{2\sigma^2}\right)} \tag{12.1}$$

Gabor 滤波器可以用于对方向细胞的状态进行建模,即

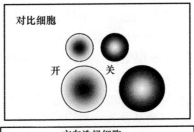

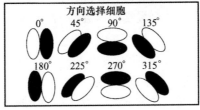

图 12.7 对比细胞和方向选择细胞

$$\begin{cases} G(x,y) = e^{\left(\frac{x'^2+\gamma^2 y'^2}{2\sigma^2}\right)} \cos\left(2\pi \frac{x'}{\lambda} + \phi\right) \\ x' = x\cos\theta + y\sin\theta \\ y' = -x\sin\theta + y\cos\theta \end{cases} \tag{12.2}$$

式中:ϕ 为相位偏移;θ 为方向(0,360);λ 为波长;σ 为 Gabor 函数的高斯因子标准差;γ 为纵横比(Gabor函数支持的椭圆率)。

视觉子系统的计算模型将包含以下几个层次:

(1) 模仿视网膜功能的视觉预处理模块,视网膜网络和外侧膝状体核(LGN);

(2) 基本的特征识别模块,负责诸如嘴唇曲线或者局部颜色等的特征识别,人脑外围的视觉区域也有类似的功能;

(3) 检测视觉输入流中的特征动态变化的动态特征识别模块,在人脑中,视觉运动的处理在大脑的 V5/MT 区域内进行;

(4) 基本形状及其部件的物体识别模块,这项任务由人脑中下颞叶(IT)区域完成;

(5) 面部等物体或者配置的识别模块,这项任务由人脑下颞叶(IT)和顶叶区域完成。

12.1.3 音/视频融合信息的处理

本小节介绍的方法在参考文献[31]中首次发表。

音频和视频的感知在大脑中如何相互联系是一个基本问题。图 12.8 给出了该处理过程的总体框图。

在 12.2 节中将讨论音/视频信息在一个信息处理模型中综合的问题。这样的模型在未来的智能系统中可能会带来更好的信息处理和自适应效果。

参考文献[31]提出了 AVIS 模型,对大脑中听觉和视觉通路进行建模,同时也考虑到了不同部分之间的交互,如图 12.8 所示。

下面将描述连接主义框架 AVIS,该模型结合了前面两个单模态模型的原理。其中一个模型源于多语言自适应的语音处理,另一个模型来源于使用动态特征的图像处理[11-12]。AVIS 模型的全局结构详见图 12.9,该系统包含 3 个子系统:

(1) 听觉子系统;

(2) 视觉子系统;

(3) 高级概念子系统。

本书将在介绍完操作模式之后依次介绍这几个子系统。

1. 听觉子系统

听觉子系统包含 5 个模块,下面介绍其主要特点。

(1) 听觉预处理模块将听觉信号转化成频率特征,如梅尔(Mel)刻度系数。其同步所占的时间比例很低(毫秒级别)。频率、时间和强度等特征在空间上(以频率为基础)表示成向量序列(也就是矩阵)。预处理模块的功能可以类比成耳蜗的功能。

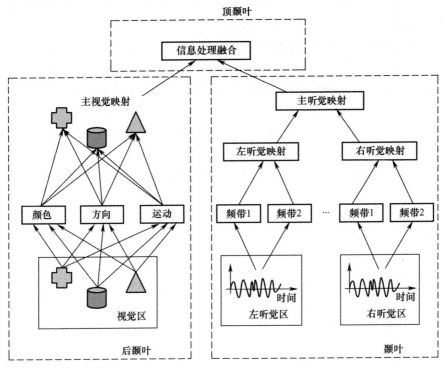

图 12.8 脑内音/视频融合信息处理原理框图

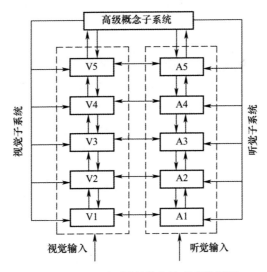

图 12.9 AVIS 音/视频信息处理系统框图

(2) 基本声音识别模块是该子系统的一个基本组成部分。该模块可以拓展，因此新类型的声音可以在操作期间加入进来。音素通过一种群体活动模式，即一种分布在一簇神经元上的活动模式，被充分表现出来。簇中心的位置会通过学习而发生改变。

(3) 动态声音识别模块负责听觉信息的动态变化。人脑的听觉皮层也有类似的功能。

(4) 单词检测模块试图识别单词。该模块使用预先存储单词的字典。在人脑中，单词的听觉检测是大脑皮层语言区的一部分[13]。

(5) 语言结构检测模块负责单词识别的顺序。该模块使用语言学知识、语言知识和领域知识以及来自更高层次概念子系统的反馈。

2. 视觉子系统

视觉子系统也包括 5 个模块，下面将介绍其特点。

(1) 视觉预处理模块模仿视网膜、视网膜网络和外侧膝状体核(LGN)的功能。

(2) 基本特征识别模块负责对嘴唇曲线、局部颜色等特征的识别。人脑中的外围视觉区域有着类似的功能。

(3) 动态特征识别模块检测视觉输入流中的特征动态变化。在人脑中，视觉运动的处理过程发生在 V5/MT 区域中。

(4) 基本形状及其部件的物体识别模块。这项任务由人脑中的下颞叶(IT)区域完成。

(5) 对象配置识别(如面部识别)模块的配置，如人脸。这项任务由人脑的下颞叶(IT)和顶叶区域完成。

3. 高级概念子系统

高级概念子系统从所有较低层次子系统的模块中获取输入，并且激活用来表达概念(如熟悉的人)或意义的神经元簇。这些神经元簇连接到系统的活动区域(与大脑中的运动区域一致)。在身份识别任务中，概念子系统从视觉子系统、听觉子系统中的所有模块中获取信息，然后对观察到的人的身份进行判定。

12.2 基于卷积 eSNN(CeSNN) 的音/视频及其融合信息处理模型

本节介绍采用进化脉冲神经网络(eSNN)，更精确地说是卷积进化脉冲神经网络(CeSNN)，对音频、视频及音/视频融合信息进行处理的方法。这些方法最初提出和发表在参考文献[14-15]中。

12.2.1 用 SNN 对音/视频信息进行建模

为了模式识别而进行的不同形态的融合,经常以一些单一系统不能解决的,或者通过多种不同的信息源融合能够带来帮助的任务作为目标(通常因为单模态比较含糊、缺乏数据或者缺乏不同模式之间的关联)。许多研究[11,16-18]报道了这方面可观的性能提升,并且声明模块化的使用能使系统更易于理解和修改。此外,模块化的方法以其能防止模块破坏、促进训练过程和包含先验知识等优点而闻名。

在处理多模系统的问题上有两个经典的问题,即如何对模态进行分解和重组。

(1) 分解。分解可能发生在模块和子模块中,如视觉可以分解成颜色、形状,进一步还可分解成边缘、边界等。对于分解,问题通常不总像视觉和听觉形态问题那样为人所知且明确。在一些情况下,分解可以基于提供信息的本质属性,通过拆分问题的方式自动解决[18]。

(2) 重组。模块的重组可以是合作性的(所有的模块对结果都有贡献)、竞争性的(只有最可靠的模块能够对决策负责)、连续的(模块的计算依赖于其他的输出)以及监督的(一个模块用于监督其他模块的性能)。

有时为了避免重组过程,系统在识别过程开始进行之前就执行了不同形态的信息组合。一种独特的模块经常被用于识别。因为这种方法比较容易设计,这种独特的模块在学习过程中会经常碰到困难。在这种结构中,设计者在识别过程中不能明确地包含或者提取任何和个体形态有关的知识。

生物学启发的多形态融合模式识别使用了脉冲神经网络的理论,这些个体的模式和融合过程通过脉冲神经元实现。每个个体形态具有其自身的脉冲神经网络。每个形态的输出层通常由神经元构成。当输出脉冲释放时,这些神经元验证或不验证它们所代表的类。

融合多模态的方法包括把一个新层附加到个体模式的输出上。这一层(跨模式层)代表了跨模式区域并且包含了对多种模式敏感的神经元[19]。在这里提出的实现方案中,跨模式层上的每个类标签包含了两个脉冲神经元。每个在跨模式层中代表了某个给定的 C 类神经元,都具有输入的兴奋连接。这种连接来自每个个体形态的代表 C 类的神经元的输出。这两个神经元具有相同的动力学特点,但是具有不同的脉冲生成阈值(PSPTh)。对于一个神经元,PSPTh 在输出脉冲接收到单一形态的输入脉冲之后生成并且设定(这可以等效成一个基于脉冲实现的或门)。另外的神经元具有 PSPTh 设定值,因此从所有个体模态的输入脉冲有必要触发一个输出脉冲(与门)。"与门"神经元将准确率最大化,"或门"神经元则将回调信号最大化(图 12.10)。

除了跨模式层外,研究人员还设计了一种模间交叉耦合的方式。模间的交叉

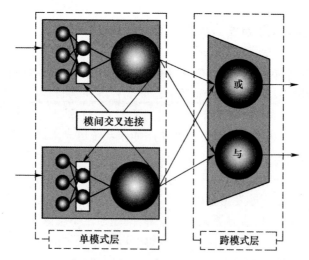

图 12.10　单模式层之间通过跨模式层和模间交叉连接的融合
（单模式层和跨模式层通过脉冲神经元实现）

耦合按照以下方式设置：当一个单模神经元发射脉冲时，脉冲信号不仅激励了跨模层的神经元，还激发了其他在处理过程中的模态。激发/抑制有效地影响着其他模态的决策，偏移（使其更加简单或困难）其他模态，用以验证该模式。

在模间交叉耦合中，刺激和抑制连接都会发生作用，这一点不同于只有刺激作用的跨连接层。在这样的结构下，一种模态下给定 C 类的输出将激发在其他模态中 C 类的神经映射。与此相反，输出单模态中的 C 类对于其他模态中的 C 类神经映射具有抑制作用。

在下节中，跨模态/模态间的概念将被应用于基于人脸和语音信息的个人身份验证问题的视听信息融合的案例中。视觉模型的实现遵循 3.5 节中的描述，听觉模型使用 4.3.3 节中所描述的架构。下面也将给出模型实现的详细说明。

12.2.2　卷积进化脉冲神经网络(CeSNN)用于视觉信息建模

如第 5 章以及参考文献[15]所述的那样，视觉系统根据一个 4 层的前馈脉冲神经元网络建立了模型。图 12.11 展示了网络的架构，其结合了多视点人脸识别中是否为期望面部的观点。该网络基本采用一帧一帧的方式接受若干帧作为其输入。第一层(L1)的神经元代表视网膜的开关细胞，增强给定图像高对比度的部分（高通滤波器）。第二层(L2)由每个频率范围的方向图组成，每个方向图可以选择不同的方向。这些方向图在 8 个方向（0°、45°、90°、135°、180°、225°、270°和 315°）和两个频率范围内通过 Gabor 滤波器实现。第三层(L3)经过训练后对复杂的视觉模式敏感(这里评估的是案例研究中的人脸)。在 L3 中,神经元映射在学习过程中通过一种自适应的在线方式被创造或者合并。

L3 的神经元受到模间交叉的影响。换句话说,L3 并不是完全由专门的对视觉刺激敏感的单模神经元组成,L3 具有多种感觉的能力。L3 的神经元仍然以视觉敏感为主,但是也对其他形式的刺激敏感。

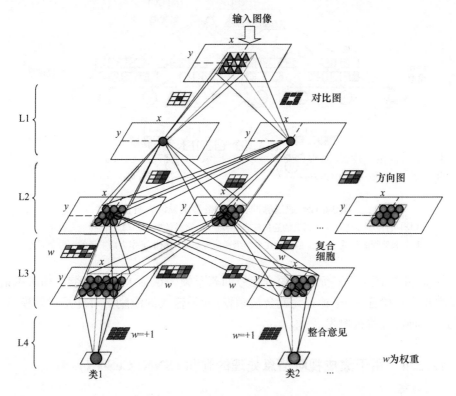

图 12.11　视觉模式识别的进化脉冲神经网络(eSNN)架构(L1 和 L2 的神经元对图像对比和方向相对敏感。L3 中有复杂的细胞,在训练之后这些细胞可以对特定的模式做出反应。在 L3 中会发生模式间的耦合。L4 从长时间的不同输入刺激中积累了经验)[15]

第四层(L4)中的神经元细胞积累关于在若干帧上某些类的经验。如果这些经验触发 L4 中神经元产生脉冲,验证过程就完成了。

12.2.3　卷积进化脉冲神经网络(CeSNN)用于听觉信息建模

听觉系统根据一个两层的前馈脉冲神经元网络建立了模型。一组根据说话人(speaker)和背景模型计算归一化 MFCC(梅尔频率倒谱系数)相似度得分的向量原型用来代表这些说话人。给定类的原型被 L1 中神经元的连接权重所记忆。对于此处描述的整合方法，L1 中的神经元同样也是模式间刺激或抑制干扰的接受者。L1 中的神经元，除了主要为处理听觉信息负责外，也会在一个较低的程度上受到其他的形态（因此是多感官单元）的影响。该网络架构如图 12.12 所示。

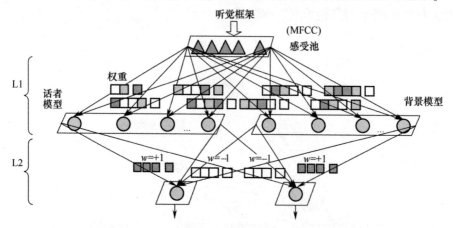

图 12.12　通过脉冲神经网络鉴定说话人身份

（L1 中的神经元通过与之相关的连接权重，实现了给定类的原型。L1 中的神经元也是模式间刺激和抑制的接受者。L2 神经元在多个语音信号框架中积累了作为请求者的二进制观点）

在 L2 中有两个神经元通过语音信号的若干帧为说话人积累经验。如果说话者的身份得到验证，一个神经元就会被触发，如果输入的激励更可能是背景模型，则另一个神经元将被触发。

12.2.4　用于集成视听信息处理的卷积 eSNN(CeSNN)

详细的视听跨模态集成结构如图 12.13 所示。图 12.13 的底部显示了代表超模态层的两个神经元（"或"和"与"）。超模态层中的每个脉冲神经元的运行方式与构成单个模态的 SNN 的神经元的运行方式相同（第 5 章描述了具有调制因子的快速整合和激发神经元）。

即使超模态层的这种简单配置也可能具有相当复杂的、无法通过分析方式轻松描述的行为。但是，为了便于说明集成系统，将描述一种特殊情况。超模态神经元的调制因子为 $mod=1$，并且所有传入的兴奋性连接权重（W）都设置为 1。因此，实现两种模态的"或"集成的 $PSP_{Th}=1$。实现"与"集成的神经元接收 $PSP_{Th}=2$。应注意，只能确定性地设置这些参数，因为神经元在整个仿真期间只能出现一次脉冲（图 12.13）。

再次，为了便于分析，通过对交叉模态神经元（即视觉系统中的 L3 神经元和

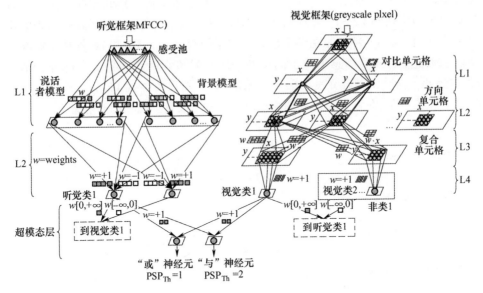

图 12.13 使用进化的 SNNs 进行模态集成(超模态层整合了来自各个模态和交叉模态连接的传入感觉信息,从而使一种模态对另一种模态具有影响)

听觉系统中的 L1 神经元)的 PSP_{Th} 进行了修改,有效地模拟了模态之间的交叉模态影响。因此,通过增加/降低神经元的 psP 阈值来实现跨模态影响,而不是模拟与生物方法相对应的用刺激/抑制神经元(增加/减少神经元的 PSP)的脉冲模拟跨模态影响。在网络行为方面的效果是相同的,但是发现通过改变 PSP 阈值可以更容易地参数化交叉模式影响的量。因此,交叉模态影响的强度可以用以下交叉模态参数表示,即 CM_{AVexc}(音频到视频激励)、CM_{AVinh}(音频到视频抑制)、CM_{VAexc}(视频到音频激励)、CM_{VAinh}(视频到音频抑制),这些参数作为通常 PSP_{Th} 值的比例变化来实现,有

$$PSP_{ThNew} = PSP_{ThOld}(1 + CM_{exc/inh})$$

式中:$CM_{exc/inh}$ 对跨模态兴奋性影响为负,对抑制性影响为正。

在最简单的情况下,有效地将跨模态耦合参数设置为零,意味着每个模态都是单独处理的,具有简单的或/和融合的观点。增加交叉模态耦合参数的绝对值,有效地增加了交叉模态的影响。

应注意,这里的超模态层的定义只与有效结合感官信息做出最终决定的层有关,它并不包括多传感器神经元所在的所有区域。视觉系统的 L3 神经元和听觉系统的 L1 神经元,尽管是多传感器神经元,但被认为是超模层外个体通路的一部分。因此,个体路径可以更恰当地命名为"主要"视觉和"主要"听觉路径。

图 12.14 说明了网络随时间的行为。集成网络的动态行为描述如下:视觉和

听觉激励的每一帧(帧f_1、f_2、…、f_n)通过相应的个体结构传播到超模层。给定视觉帧的脉冲传播到 L2 和 L3,直到属于 L3 的神经元发出第一个输出脉冲,该输出脉冲传播到 L4。L4 神经元在多个框架上积累经验,而 L1、L2 和 L3 神经元则在框架的基础上重置到其静息电位。同样的情况也发生在听觉框架上。脉冲传播到 L1 神经元,直到 L1 神经元发出第一个输出脉冲,然后传播到 L2。L2 神经元在多个帧上积累经验,在每个帧被处理之前,L1 神经元被重置到它们的静息电位。

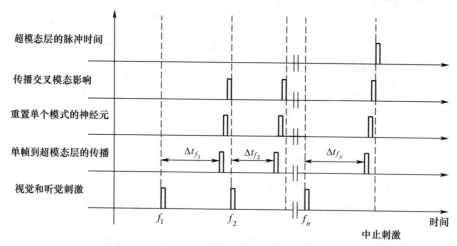

图 12.14　集成 SNN 架构随时间的典型行为
(视觉和听觉刺激(帧f_1、f_2、…、f_n)通过其相应的个体结构传播到超模层。个体模式的神经元被重置到其静息电位,即视觉结构的 L1、L2 和 L3 神经元和听觉结构的 L1 神经元。传播跨模式的影响并处理新的帧。当超模层出现脉冲,两个单独的模式都发表了自己的观点,或者没有更多的帧需要处理时模拟终止)

当听觉 L2 神经元和/或视觉 L4 神经元释放一个输出脉冲时,这些神经元被传播到超导层。如果在任何视觉 L4 神经元中没有输出脉冲,并且视觉 L3 神经元已经发出脉冲,或者没有更多的脉冲需要处理,则可以传播下一个视觉帧。以类似的方式,如果在任何听觉 L2 神经元中没有输出脉冲并且听觉 L1 神经元已经发射脉冲或者没有更多的脉冲需要处理,则可以传播下一个听觉帧。

视觉 L4 神经元和听觉 L2 神经元保留其 PSP 水平,这些 PSP 水平在连续帧中累积,直到使用 L4 神经元输出脉冲识别出一个类或直到不再有要处理的帧为止。交叉模态影响(如果存在)在处理新帧之前同步传播。当一个单独的模态产生结果(听觉 L2 神经元或视觉 L4 神经元的输出脉冲)时,交叉模态的影响开始,一直持续到以所有模态完成处理为止。

在该模型中,听觉帧和视觉帧的处理时间被认为是相同的,即超模态层以帧为基础接收同步信息,尽管我们都知道,听觉刺激的处理速度比视觉的快[19]。

应注意,当在每个帧中重置视觉 L2 和 L3 神经元以及听觉 L1 神经元中的 PSP 时,关于模式的动态变化的信息丢失,即,模型不跟踪视觉模式的变化,也不跟踪模式随时间的变化。每一个视觉框架都是独立考虑的,每一个个体模态的最后一层有效地积累了关于它是否是一个训练模式的意见。

在处理速度方面,原则上,与纯集成相比,跨模态连接减少了认证真实申请人所需的时间,并增加了拒绝虚假申请所需的时间。也就是说,它加快了对不同模式相关信息的处理,因为一旦一个单独的模式完成了分析并标记了一个模式,它就会对具有相同标记的其他模式的神经元产生兴奋性影响。如果还提供了关于申请人的真实信息,对第二种方式的偏见效应有助于作出决定,从而能迅速作出决定。另外,拒绝虚假申请人所需的时间增加了。如果第一个模态导致对申请人的负面看法,那么跨模态连接会在其他模态上向申请人的神经元发送抑制信号,从而使其认证更加困难。如果申请人提供了关于第二种方式的真实信息,由于第一种方式提出了否定意见,第二种方式对认证过程将更加严格,从而影响公布总体结果所需的时间。

12.3 案例研究、实验和结果

12.3.1 数据集

利用包含 43 个个体的视频和音频记录的 VidTimit 数据集[21],对视听模式与脉冲神经元网络的集成进行了评估。测试设置专门处理视听人员身份验证问题。根据口语短语和相应的面部信息(面部在正面视图中被捕获)对人进行身份验证。

以下项目显示了每个单独系统的配置详细信息以及集成机制上使用的参数。

(1) 视觉:人脸检测是通过 OpenCV 库(Intel OpenCV,2007)中实现的 Viola 和 Jones 算法[22]完成的。将人脸转换为灰度,将其规格化(高度=60×宽度=40),用椭圆掩模卷积,并使用等级编码将其编码为脉冲[23-24]。SNN 不需要照明标准化。开/关细胞有两个等级(4 个 L1 神经元图)。在比例尺 1 中,视网膜滤波器是使用 $\sigma=0.9$ 的 $3×3$ 高斯网格实现的,而比例尺 2 是在 $\sigma=1.5$ 时使用 $5×5$ 的网格实现的。在 L2 中,每个频率范围中有 8 个不同方向,共有 16 个神经元图。方向选择滤波器是使用 Gabor 函数实现的,纵横比为 $\gamma=0.5$,相位偏移 $\varphi=p/2$。在标度 1 中,使用波长为 $\lambda=5$ 和 $\sigma=2.5$ 的 $5×5$ 网格,在标度在比例尺 2 中,使用 λ 和 σ 分别设置为 7 和 3.5 的 $7×7$ 网格。视觉神经元的调制因子设置为 0.995。

(2) 听觉:语音信号采样频率为 16kHz,特征提取采用标准 MFCC,19 个 MEl

滤波器子带范围为 200Hz～7kHz。然后,使用排序编码将每个 MFCC 编码成脉冲[23]。一个感受野神经元用来表示每个 MFCC(19 个输入感受野)。为每个说话人模型训练一个特定的背景模型。为了简单起见,采用了以下步骤:使用与训练说话人模型相同的话语量训练说话人的背景模型。这些话语是从剩下的训练演讲者中随机挑选出来的。在实验中,说话人和背景模型的听觉 L1 神经元图中的神经元数目是先验的(每个 50 个神经元)。听觉神经元的调制因子设为 0.9。

(3) 积分:根据式(12.3),交叉模态参数设置为 $CM_{AVexc} = CM_{VAexc} = 0.1$ 和 $CM_{AVinh} = CM_{VAinh} = 0$。也给出了不考虑跨模态耦合的结果,即 $CM_{Avexc} = CM_{VAexc} = CM_{AVinh} = CM_{VAinh} = 0$,它们有效地对应"与"或"或"集成。

12.3.2 实验结果

该系统经过培训,可以使用每个人的 6 个话语对 35 个人进行身份验证。为了训练视觉部分,每个人只使用两个帧,从同一个录音会话中发出两个不同的短语时收集。

测试使用两个不同会话中记录的两个短语(每个短语对应一个样本),因此 35 个用户 × 2 个样本 = 70 个阳性声明。作为冒名顶替者,剩下的 8 个用户试图用两句话欺骗 35 个用户模型中的每一个,总共有 560 个虚假声明。

测试是逐帧进行的,保持了语音和视频帧之间的时间对应关系。然而,为了加快计算速度,视频帧被降采样。每秒使用 5 个可视帧,而语音样本的速率为每秒 50 帧(图 12.15)。视觉帧的下采样不影响性能,因为在低于 200ms 的时间段内,在 VidTimit 数据集中,在一个面部姿势和另一个面部姿势之间没有显著差异。

图 12.15 显示了基于 SNN 的视听人认证系统的典型输入流,其中检测到面部的帧以 200 ms(5 帧/s)采样,并且以每 20ms(50 帧/s)的速度处理从检测到的语音部分提取的 19 MFCC。

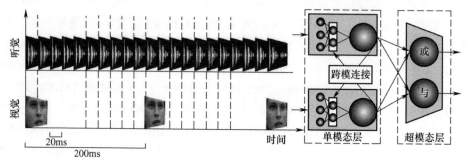

图 12.15 基于帧的模式集成[14]

当单个模态输出脉冲时,超模态层和跨模态耦合被更新,脉冲可能在每帧中发生一次。这里,假设一个帧的处理时间是相同的,不管模态如何,就像都知道的那样,听觉刺激的处理速度比视觉快(为 40~60ms 的差)[19]。

对于语音模式,验证一个人的观点数量与给定话语的大小成比例(使用话语中总帧数的 20%)。对于视觉模式,验证一个人的观点数设置为两个(两帧)。图 12.16 显示了在每个单独的模态上获得的最佳性能。人脸认证的最佳总误差(TE)为 21%,听觉认证为 TE ≈ 38%(听觉系统中 L1-PSP_{Th} 和视觉系统中 L3-PSP_{Th} 的变化值)。

图 12.16 显示了不同听觉(L1-PSP_{Th})和视觉参数(L3-PSP_{Th})值的个体模式的性能。FAR 是错误接受率,FRR 是错误拒绝率,TE 是总误差(FAR+FRR)。

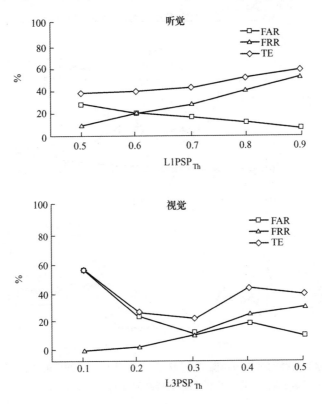

图 12.16 不同听觉(L1-PSP_{Th})和视觉参数(L3-PSP_{Th})值的个体模式的性能
(上部:听觉系统;底部:视觉系统。FAR 是错误接受率,
FRR 是错误拒绝率,TE 是总误差(FAR+FRR))[14]

图 12.17 显示了考虑到超模态层中的集成类型、系统的最佳性能。首先,将跨模态耦合参数设置为零,仅模拟由超模态层完成的各个模态的"或"和"与"集成。

然后,交叉模态耦合被激活("交叉模态和"),设置 $CM_{AVexc} = CM_{VAexc} = 0.1$ 和 $CM_{AVinh} = CM_{VAinh} = 0$。在这个实验中,同样的参数被用于单独的模式,即听觉参数($L1\ PSP_{Th}$)和视觉参数($L3\ PSP_{Th}$)分别从$[0.5, 0.9]$到$[0.1, 0.5]$不等。x轴表示根据性能排序的L1和L3的不同组合。

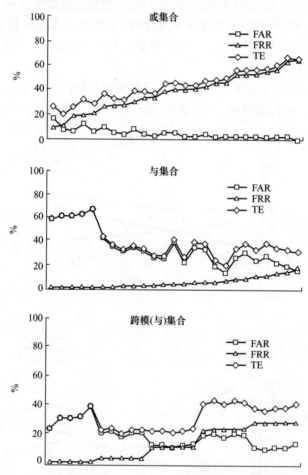

图12.17 由脉冲神经元组成的超模层的"或"和"与"集成模式的性能(分别是上图和中图)。(最下面的图表,当兴奋性的跨模态影响被激活"跨模态 AND"时(听觉$L1\ PSP_{Th}$和$L3\ PSP_{Th}$分别在$[0.5, 0.9]$到$[0.1, 0.5]$)))

图12.18 显示了集成模块的潜在优势。当系统需要以较低的远电平(低于10%)运行时,"交叉模态"和提供比任何单一模态低的FRR。当系统需要以低FRR(低于10%)运行时,可以使用"或"集成替代,为相同的FRR水平提供较低的FAR。

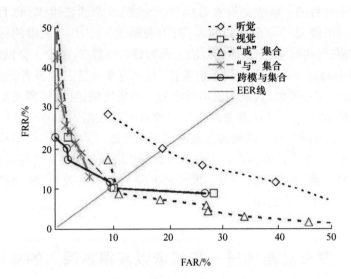

图 12.18 单个模式(听觉和视觉)与相应整合之间的比较(总地来说,集成比单独的模式表现出更好的性能;或者"交叉模态"和"交替"在不同操作点的最佳位置。EER 是相等的错误率(其中 FAR=FRR))

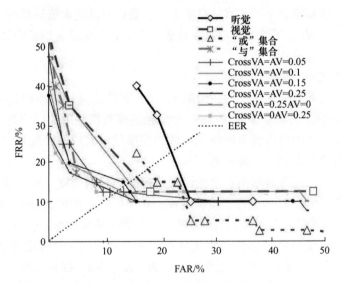

图 12.19 不同跨模态激励值下的网络性能(有一系列的跨模态影响值,模型给出了相似的性能,但对于所有的值,集成比单独的模态显示出更好的性能,"与"和"或"交替配置可以作为不同操作点的最佳选择

405

在另一个场景中,评估了跨模态连接对集成系统的影响。VidTimit数据集的一个子集用于此目的。训练的设置是由10个人的6个话语组成,而13个人(10个参加了训练阶段,2个完全未知的人)被用来测试。这10个人中的每一个人都有4次尝试测试,共有40个正面的说法。作为冒名顶替者,两个人尝试对10个训练过的模型中的每一个进行4次身份验证,总共有2次冒名顶替者尝试(虚假声明)。与之前的实验类似,认证阈值与话语的大小成比例地设置(需要提供肯定意见的总帧数的20%),并且仅需要两个视觉帧就可以根据人脸对人进行认证。图12.19显示了集成网络在不同跨模态激励值下的性能。从图中不可能检测出最佳的跨模态参数值,这意味着一系列参数值可以与相同的结果一起使用。然而,再一次要清楚的是,"或"集成比任何单一模式对于高FAR更有效果,而"与"集成比任何单一模式更适用于低FRR。

12.4 章节总结和进一步阅读以获得更深入的知识

本章介绍了有关人脑中音频、视频和综合信息处理的一些初步信息,作为本章和第13章中提出的SNN方法的启发,它还包括为视听模式识别目的而整合各种模式。特别令人感兴趣的是大量的生物发现激发了模型的提出,这些模型用以解释大脑有效处理和整合不同感官信息的方式。通过对描述大脑活动的几种模型和理论的评估,重点在于了解两种有助于增强人工模式识别任务的特性,特别是:

(1)超模态区域;

(2)模式之间的跨模式连接。

本章的第二部分描述了一种新的简单方法,即使用快速脉冲神经元整合模式(另见文献[20])。在新的系统中,每一个单独的模态都使用专门的自适应SNNs。这种整合是在一个由多传感器神经元组成的超模层中完成的。此外,一种模态可以使用跨模态机制影响另一种模态。

该模型还可以为每对单模态单独设置跨模态连接的强度。在生物学中,视听跨模态学习在文献[25]中进行了实验观察。在他们的实验中,经过视觉和听觉刺激的训练后,当听觉刺激单独出现时,视觉皮层的区域也被激活。在文献[26]中进一步研究了可能与跨模态操作相关的神经元变化(时间依赖性可塑性)区域。然而,没有试图量化或定义神经元变化的规则。在这方面,探索支配这些活动机制的新神经元模型可以成为新发现的基础。在本章提出的模型中,可以探索和评估跨模态连接的正确训练过程。

本章提出的模型有几个方面需要进一步发展:

(1)该模型不能考虑心理实验检测到的一些生物学行为,如不能涵盖熟悉性决策、语义信息、身份启动以及域内和跨域语义启动[27-29]；

（2）在实现方面，使用帧和相应的逐帧同步似乎是非常人工的，截断了信息的自然流动。此外，在这一阶段，忽略了每一模态中的处理时间差[19]；

（3）当使用一种以上的模态(如文献[30]所述的行为)进行训练时，该模型不能模拟有助于单式识别的机制。

在模式识别的视角下，对网络中的人认证问题进行了测试。实验清楚地表明，当使用相同的训练实例进行学习时，模式的集成提高了系统在多个操作点上的性能。为了进行比较分析，在文献[21]中使用数学和统计方法的组合，利用 VidTimit 数据集探索了模式的集成。听觉系统单独在无噪声设置中使用 MFCC 特征和 GMM，达到 TE(总误差) = FAR(误接受率) + FRR(误拒绝率) ≈ 22%。据报道，该视觉系统的特征提取率为 TE ≈ 8%，采用主成分分析(PCA)和支持向量机(SVM)进行分类。在对多个自适应和非自适应系统进行集成测试后，考虑到在噪声条件下观点分布可能发生的变化，采用建立集成决策边界的新方法，获得了最优性能。整合后的准确率达到 TE ≈ 6%，其中 35 名用户接受了培训，8 名用户扮演了冒名顶替者。为了从系统中提取最佳性能，并具体评估跨模态对模式识别能力的影响，需要引入一种优化机制。同样重要的是探索不同的信息编码方案。

正如文献[15,31]和第 4~6 章所指出的，用脉冲神经元进行计算的一个很有前途的特性是，它可以根据精度、速度和能量效率对参数进行多准则优化。由于集成也是基于脉冲神经元的，因此优化可以扩展到集成所用的参数(超模层和跨模连接参数)。

表 12.1 列出了用于集成视听信息处理的卷积 eSNN 的主要特性。

初始阶段，超模态层在这项工作中仅用两个神经元实现。两个神经元被证明足以整合来自不同模式的输入信息，并为系统提供难以分析评估的复杂动力学。在最简单的场景中，"或"和"与"的集成已经被模拟。尽管单个神经元单元可以被解释为代表整个神经元集合，但可以考虑更现实的实现。

表 12.1　综合视听信息处理用 CeSNN 的主要特点

处理单元	脉冲神经元被用作个体和综合信息处理领域的处理单元
结构	个体感觉方式的信息通过前馈连接传播到由脉冲神经元组成的多层中，代表不同听觉和视觉区域的行为。跨模态连接和超模态层集成了系统(图 12.13)
学习	在线进化过程能够通过突触可塑性和结构适应分别学习外部刺激。跨模态连接强度和超模态层重量的训练算法仍需设计

规范跨模态活动的基本机制仍然是进一步研究的主题。这种连接的优化和/或如何进行跨模态学习仍然是一个开放的领域(很好的介绍可以在文献[25-26]

中找到)。本章中的实验证明了如何在脉冲神经元网络中建立跨模态连接。进一步的评估，如对不同性能标准的敏感性分析以及探索跨模态影响(兴奋性和抑制性)的最佳值，仍然值得特别注意。

进一步推荐的读数包括：
① AVIS[31]；
② 人类言论[6]；
③ 用新认知器对视觉建模(文献[32]中的第44章)；
④ 人脸识别[27]；
⑤ NeuCube[33]。

致谢

本章的一些材料首次发表于文献[1,2,31,14]中。我感谢这些出版物的共同作者 Simei Wysoski、Lubica Benuskova、Eric Postma 和 Jaap van den Herik 所作的贡献。

参考文献

[1] N. Kasabov, *Evolving Connectionist Systems: The Knowledge Engineering Approach* (Springer, Heidelberg, 2007)

[2] L. Benuskova, N. Kasabov, *Computational Neurogenetic Modelling* (Springer, Heidelberg, 2007)

[3] D.D. Greenwood, Critical bandwidth and the frequency coordinates of the basilar membrane. J. Acoust. Soc. Am. **33**(10) (1961). https://doi.org/10.1131/1.1908437

[4] D. D. Greenwood, A cochlear frequency-position function for several species-29 years later. J. Acoust. Soc. Am. **87**(6), 2592–2605 (1990)

[5] E. de Boer, H. R. de Jongh, On cochlear encoding: potentialities and limitations of the reverse-correlation technique. J. Acoust. Soc. Am. **63**(1), 115–135 (1978)

[6] J.B. Allen, How do humans process and recognize speech? IEEE Trans. Speech Audio Process. **2**(4), 567–577 (1994)

[7] E. Zwicker, Subdivision of the audible frequency range into critical bands (Frequenzgruppen). J. Acoust. Soc. Am. **33**, 248 (1961)

[8] B.R. Glasberg, B. C. Moore, Derivation of auditory filter shapes from notched-noise data. Hear. Res. **47**(1–2), 103–138 (1990)

[9] T.J. Cole, J. A. Blendy, A. P. Monaghan, K. Krieglstein, W. Schmid, A. Aguzzi, G. Fantuzzi, E. Hummler, K. Unsicker, G. Schütz, Targeted disruption of the glucocorticoid receptor gene blocks

adrenergic chromaffin cell development and severely retards lung maturation. Genes Dev. **9**(13), 1608–1621 (1995)

[10] A.M. Aertsen, J.H. Olders, P.I. Johannesma, Spectro-temporal receptive fields of auditory neurons in the grassfrog. III. Analysis of the stimulus-event relation for natural stimuli. Biol. Cybern. **39**(3), 195–209 (1981)

[11] E.O. Postma, H.J. van den Herik, P.T.W. Hudson, Image recognition by brains and machines, in *Brain-like Computing and Intelligent Information Systems*, ed. by S. Amari, N. Kasabov(Springer, Singapore, 1998), pp. 25–47

[12] E.O. Postma, H.J. van den Herik, P.T.W. Hudson, SCAN: a scalable model of covert attention. Neural Netw. **10**, 993–1015 (1997)

[13] K. Kim, N. Relkin, K.-M. Lee, J. Hirsch, Distinct cortical areas associated with native and second languages. Nature **388**, 171–174 (1997)

[14] S. Wysoski, L. Benuskova, N. Kasabov, Evolving spiking neural networks for audio-visual information processing. Neural Netw. **23**(7), 819–835 (2010)

[15] S. Wysoski, L. Benuskova, N. Kasabov, Fast and adaptive network of spiking neurons for multi-view visual pattern recognition. Neurocomputing **71**(13–15), 2563–2575 (2008)

[16] A. Ross, A.K. Jain, Information fusion in biometrics. Pattern Recognit. Lett. **24**(13), 2115–2135 (2003)

[17] C. Sanderson, K.K. Paliwal, Identity verification using speech and face information. Digital Signal Process. **14**, 449–480 (2004)

[18] A. Sharkey, *Combining Artificial Neural Nets: Ensemble and Modular Multi-net systems*(Springer, Heidelberg, 1999)

[19] B.E. Stein, M.A. Meredith, *The Merging of the Senses*(MIT Press, Cambridge, 1993)

[20] S.G. Wysoski, L. Benuskova, N. Kasabov, Adaptive spiking neural networks for audiovisual pattern recognition, ICONIP. Lecture notes in computer science (Springer, 2007)

[21] C. Sanderson, K.K. Paliwal, Identity verification using speech and face information. Digital Signal Process. **14**, 449–480 (2004)

[22] P. Viola, M.J. Jones, Rapid object detection using a boosted cascade of simple features. Proceed. IEEE Comput. Soc. Conf. Comput. Vis. Pattern Recognit. 1(2001), 511–518 (2001)

[23] A. Delorme, L. Perrinet, S. Thorpe, Networks of integrate-and-fire neurons using rank order coding. Neurocomputing. 38–48 (2001)

[24] A. Delorme, S. Thorpe, Face identification using one spike per neuron: resistance to image degradation. Neural Netw. **14**, 795–803 (2001)

[25] A.R. McIntosh, R.E. Cabeza, N.J. Lobaugh, Analysis of neural interactions explains the activation of occipital cortex by an auditory stimulus. J. Neurophysiol. **80**(1998), 2790–2796 (1998)

[26] D. Gonzalo, T. Shallice, R. Dolan, Time-dependent changes in learning audiovisual associations: a single-trial fMRI study. NeuroImage **11**, 243–255 (2000)

[27] A.M. Burton, V. Bruce, R.A. Johnston, Understanding face recognition with an interactive

activation model. B. J. Psychol. **81**, 361–380 (1990)

[28] A.W. Ellis, A. Young, D.C. Hay, Modelling the recognition of faces and words, in *Modelling Cognition*, ed. by P.E. Morris (Wiley, London, 1987), p. 1987

[29] H.D. Ellis, D.M. Jones, N. Mosdell, Intra-and inter-modal repetition priming of familiar faces and voices. B. J. Psycol. **88**, 143–156 (1997)

[30] K. Kriegstein, A. von, Giraud, Implicit multisensory associations influence voice recognition. PLoS Biol. **4**(10), 1809–1820 (2006)

[31] N. Kasabov, E. Postma, J. van den Herik, AVIS: a connectionist-based framework for integrated auditory and visual information processing. Inf. Sci. **133**, 137–148 (2000)

[32] N. Kasabov (ed) (2014) Springer Handbook of Bio-/Neuroinformatics (Springer, Heidelberg, 2014)

[33] N. Kasabov, NeuCube: a spiking neural network architecture for mapping, learning and understanding of spatio-temporal brain data. Neural Netw. **52**, 62–76 (2014). https://doi.org/10.1016/j.neunet.2014.01.006

[34] Wikipedia: http://www.wikipedia.com

[35] L. Benuskova, N. Kasabov, *Computational Neurogenetic Modelling* (Springer, Heidelberg, 2007)

第13章
基于类脑SNN的语音、视觉、多模态音/视频数据的深度学习与建模

本章介绍了使用类脑 SNN 架构,如 NeuCube,来开展语音、视觉和综合音/视频信息处理的方法。介绍了其在音乐短片识别、快速运动目标识别、跨年龄人脸识别、运动数字识别等方面应用的实例。

13.1 类脑 SNN 中的语音深度学习

13.1.1 大脑语音数据的深度学习

如图 13.1 所示,当大脑感知到语音信息时会形成深层神经元结构。图 13.1 显示了当大脑听到一个单词并不断重复时,它需要大脑深度学习,并不断按以下路径重复传递来回忆[1-2]。

(1) 信息从内耳通过丘脑的听觉核传递到初级听觉皮层(Brodmann 41 区)。
(2) 然后传递到高级听觉皮层(42 区)。
(3) 之后它被传送到角回(39 区)。角回是顶颞枕联合皮层的一个特殊区域,被认为与传入的听觉、视觉和触觉信息的联系有关。
(4) 从这里将信息投影到 Wernicke 区(22 区)。
(5) 然后借助弓状束到达 Broca 区(44、45 区),在那里对语言的感知被转化为一个短语的语法结构,对单词发音的记忆被储存在那里。
(6) 有关短语发音模式的信息被传递到控制发音的运动皮层的面部区域,这样就可以说出这个单词了。

13.1.2 基于音频和立体声映射的 BI-SNN 及其声音学习

在这里开发和实验的计算模型中,当音频数据映射到图 13.2 所示的 SNN 结

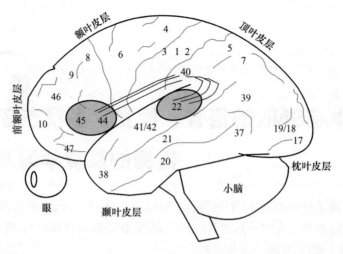

图 13.1 听到一个单词并不断重复它时需要在大脑中进行深度学习并重复这些通路(信息从内耳通过丘脑的听觉核传递到初级听觉皮层(Brodmann 41 区),然后到达高级听觉皮层(42 区),最后它被传送到角回(39 区)。角回是顶颞枕联合皮层的一个特殊区域,被认为与传入的听觉、视觉和触觉信息的关联有关,从这里信息被投影到 Wernicke 区(22 区),然后借助弓状束到达 Broca 区(44、45 区),在那里对语言的感知被转化为一个短语的语法结构,对单词发音的记忆被储存在那里,关于短语发音模式的信息传递到控制发音的运动皮层的面部区域,这样就可以说出这个单词了)[2]

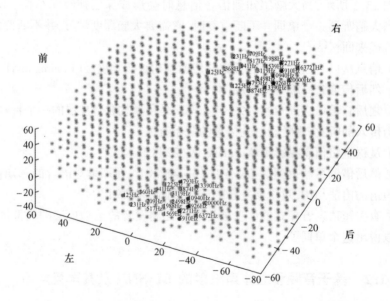

图 13.2 一个类脑的音频信号立体声映射到 3D SNN 架构[3]

构时,使用耳蜗计算模型对音频数据进行音频映射。第 6 章介绍了 NeuCube 的架构及 SNNCube 的 STDP 学习,如图 13.3 所示。这里的架构使用的变量映射和学习算法与第 6 章和本书其他章节中的实例不同。

在下一部分中,将使用图 13.3 所示的 NeuCube 架构和图 13.2 所示的音频、立体声声映射来开发基于 NeuCube 的音乐作品识别模型。

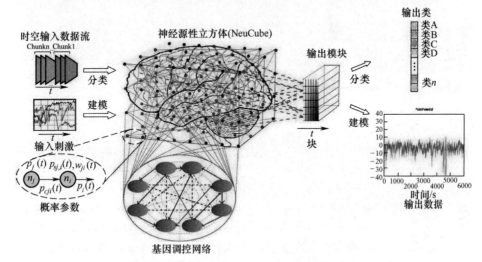

图 13.3　NeuCube 类脑的 SNN 架构(见第 6 章)

13.1.3　深度学习与音乐识别

人类大脑可以通过其听觉通路和相关脑区对动态的声波特征模式进行深度学习来学习和回忆音乐片段。

音乐模式是如何在人类大脑中进化的? 音乐导致了人类大脑活动模式的出现。这个过程虽然不同的路径取决于个人,但是它是持续的、进化的。每个音乐作品的特征由具体的主要频率(共振峰)和随着时间改变这些频率的规则来表示。莫扎特的音乐有很大的频率范围,最大的能量存在于大脑活动的频谱中(第 1 章),如图 13.4 所示。人们可以推测,这就可以解释为什么莫扎特的音乐能激发人类的创造力的事实。但是,莫扎特的音乐之所以迷人并不是由于频率的"静态"图像,而是这些频率模式随时间的动态变化。

许多关于声音和音乐的研究已经公开发表,在这些研究中使用了不同的技术。图 13.5 显示了我们方法的流程图。这是我们使用 NeuCube 架构的一个实现[25](见第 6 章)。使用 Talairach 大脑模板作为网络形状的优势是我们能够进入相应的大脑区域的转换信号；在这种情况下，声波被映射到它们各自在听觉皮层的位置。

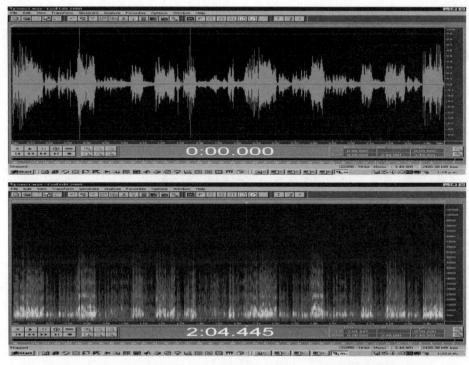

图13.4 莫扎特音乐作品《小夜曲》中一小段音乐的波形和频谱(见第1章)

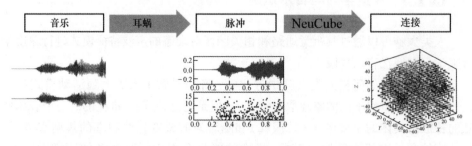

图13.5 本书方法流程图(图由 Anne Wendt 创建)[26]

13.1.4 实验结果

图13.6显示了3个分别在莫扎特、巴赫和维瓦尔第的音乐作品上进行训练的 NeuCube 模型，以及音乐作品第1s内神经元的振幅和脉冲活动[3]。有趣的是，我

们已经可以观察到耳蜗模块创造的训练脉冲的显著差异。

这个模型捕捉到了脉冲活动的差异,并通过学习确定网络连接权重。因此,我们的 SNN 模型学习了不同古典音乐作品频率范围的复杂模式,并保留了输入信号的特征。表 13.1 显示了单个 NeuCube 模型与分类器一起训练时 3 种类型音乐的分类结果(deSNN[29])。

实验结果证实,使用具有立体声和音频映射的 BI-SNN 是一种很有前途的方法,在包括语音、音乐和多模态音/视频数据[2,13-24]等更广泛的应用中仍需进一步探索。

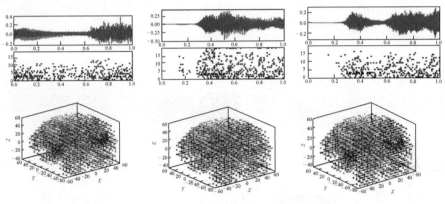

图 13.6 从时空数据到 NeuCube 模型的莫扎特、
巴赫和维瓦尔第音乐作品音频和立体声映射[3,26]

表 13.1 NeuCube 训练模型音乐作品分类混淆表[3]

预测	莫扎特	巴赫	维瓦尔第
预测 1	171	3	1
预测 2	9	176	1
预测 3	0	1	178

13.2 基于类脑 SNN 架构并用于快速移动对象识别和性别识别的视觉数据深度学习

13.2.1 视觉信息处理的两种方法

视觉信息处理是当前人工智能发展的重要组成部分[28,30-37]。两种视觉信息处理的方法如图 13.7 所示。第一种方法是使用摄像机逐帧处理数据帧,称为基于帧的方法。

第二种方法是模仿视网膜,将像素中的变化编码成脉冲,其余的像素看作不被处理为不包含任务重要的信息,这种方法称为基于脉冲的方法。

虽然这两种方法都已被广泛使用,但在这里将使用第二种方法——基于脉冲的方法。这种方法的应用范围包括:

(1) 监视系统;
(2) 网络安全;
(3) 军事用途;
(4) 无人驾驶汽车。

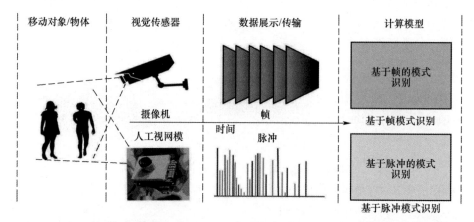

图 13.7　视觉信息处理的两种方法(第一种是使用摄像机逐像素地处理数据像素;第二种是使用人工视网膜将像素的变化编码成脉冲,其余的像素看作不包含任务信息,不会被处理)

13.2.2　快速运动目标识别的应用

这里介绍的方法首先发表在文献[38]中,在那里可以找到更多的细节。

运动目标识别是计算智能领域中一个具有挑战性的问题。快速运动物体被认为是传统摄像机难以实时捕捉的物体。典型的例子包括快速移动的汽车、飞行的火箭、弹跳的乒乓球、网球、平衡铅笔等。如果没有合适的算法和能够学习和识别复杂空间和时空数据模式的有效软件系统,就不可能识别出这些运动目标。

图 13.8 显示了一个基于 NeuCube 的快速移动物体识别系统的示意图,以及对实验数据进行识别时的准确性。

实验数据集由图 13.9 所示的每组 4 个视频组成,每个视频有 4 个分辨率,即 1480×720、640×360、320×180 和 160×90。视频帧速率为 30 帧/s。因此,总共有

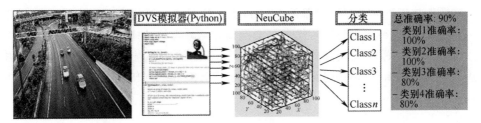

图 13.8　以 NeuCube 为基础的快速移动物体识别系统的
示意图以及应用于实验数据时的识别精度[38]

4800 个用于深度学习的样本,每个样本被编码为 10×10 个事件数组(脉冲/无脉冲),然后传输到 SNNCube,每个非监督式学习产生 100 个脉冲。这些数据通过 SNN 立方体和 deSNN 分类器进行深度学习。该方法的性能利用多分辨率输入视频的模式分类精度来评价。

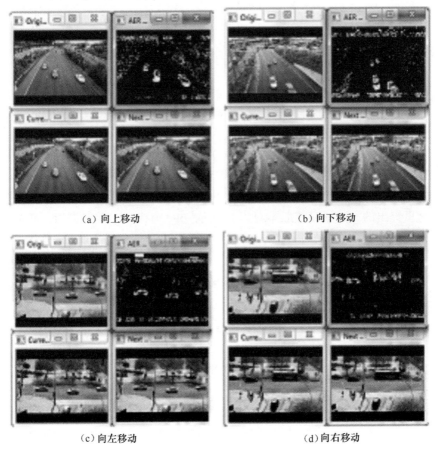

(a) 向上移动　　　　　　　(b) 向下移动

(c) 向左移动　　　　　　　(d) 向右移动

图 13.9　汽车快速向 4 个方向移动的视频样本

我们使用脉冲编码模拟器采用 1000 个神经元映射 100(10×10) 像素来初始化 NeuCube 模型,每 100 个像素代表一个视频帧。分类的总体准确率为 97.92%(图 13.10)。对于图 13.9 所示的每个输入,一个新的神经元在 deSNN 中动态分配并连接到 SNNCube 中的神经元。在 NeuCube SNNCube 中,传输的脉冲越多创建的连接就越多。

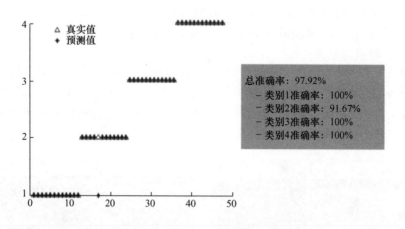

图 13.10　使用图 13.8 中的模型对 4 类物体运动进行分类的分类准确性(见上面的文本)[38]

13.2.3　基于人脸识别的性别和年龄组分类应用

这里提出的方法的完整版本可以在文献[39]中找到。本书提出了年龄分类和性别识别方法。使用著名的 FG-NET 和 MoRPH Album 2 图像库,从人脸上的标志点提取屈光特征[38-41]。

人的衰老是一个缓慢的过程,它的影响只有在几年后才会显现出来。但是,尽管速度很慢,它仍然是一种时空现象。一个人的面部特征可以被认为是一个子空间,随着时间的推移,这个子空间的衰老也是一个时间过程。将老龄化数据中的时间和空间模式作为分类的重要组成部分,将是非常有益的。本研究使用的原始数据来自(FG-NET)和 MoRPH 图像库。年龄组分类和性别承认对于企业管理人员和执法机构具有重要的应用。在人机交互(HCI)中,性别识别可以用来使它更适合男女两性。例如,它使计算机能够按照用户的正确头衔视情况而定称呼用户、先生或夫人。自动性别识别有利于更好地与人类互动,以及节省在填写表单时过多的输入。

实验是在公开的 FG-NET(FG-NET 2002)和 MoRPH Album 2(最大的公开面部老化数据集)[40]上进行的,这两者都是用于基准化的新方法。由于缺乏大型的面部老化数据库,限制了对年龄组分类的研究,直到最近才有了变化。人脸老化数据库有两个理想的属性:①大量的受试者;②每个受试者在许多不同的年龄捕获的大量人脸图像。此外,我们希望这些图像在姿态、表情和光照方面不要有太大的变化。MORPH 数据集有大量的主题,而 FGNET 数据库有大量的图像。MORPH 数据集包含来自 14000 个不同人的大约 55000 张脸部图像。

使用上述数据集进行了两个实验。图 13.11 显示,顶部:进行人脸绘图 NeuCube 模型和人脸识别的 NeuCube 模型;底部:跨年龄验证模型的应用[42]。

表 13.2 显示了使用 NeuCube SNN 模型与传统分类器:SVM、MLP、NB 进行年龄组分类的结果。

NeuCube SNN 模型具有更好的年龄分类效果。更多信息可以从文献[39]和 https://kedri.aut.ac.nz/R-and-D-Systems/age-invariant-face-recognition 获得。

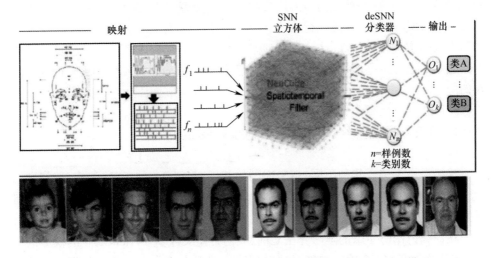

图 13.11　上图:使用 NeuCube 进行人脸图像绘制和识别的 NeuCube 模型;
下图:年龄不变人脸识别模型的应用[39]

表 13.2　使用 NeuCube SNN 模型与传统分类器
SVM、MLP、NB 进行年龄组分类的结果

度量	NeuCube	MLP	KNN	NaiveBayes
准确率/%	95.00	82.30	89.03	67.60

13.3 类脑神经网络架构动态视觉信息的视网膜定位映射与学习——以运动目标识别为例

13.3.1 一般原则

这里提出的方法在文献[43]中已有详细的介绍。本小节介绍了一个新的动态视觉识别系统,它结合了类脑原则与类脑脉冲神经网络。该系统从动态视觉传感器(DVS)获取数据,通过产生基于物体运动位置事件输出(脉冲训练数据)来模拟人类视网膜的功能。然后,该系统利用这里提出的视网膜主题映射,将脉冲训练数据形成卷积,并将它们输入到一个类脑脉冲神经网络,称为 NeuCube。卷积算法和映射网络模拟了视网膜神经节细胞和视皮层的结构和组织。该方法在基准 MNIST 动态视觉传感器数据集上进行了测试,准确率达到 92.90%。由于其仿生和类脑结构,分析脉冲神经网络的连接性还可以更好地理解视觉皮层内部的神经过程,这些神经过程是人类执行快速、准确和节能视觉能力的基础。本书讨论了这种新方法的优点和局限性,认为针对动态计算机视觉技术的发展,在不同的数据集上作进一步的探索是值得的,通常在自动驾驶汽车、安全系统和机器人方面都有潜在的应用。

13.3.2 类脑神经网络及建议的视网膜定位

这里提出了结合几种不同 SNN 原则的基于 NeuCube 的 SNN 架构,并将它们组合成一个用于时空数据映射、学习和理解的单一模型[25]。信号按照图 13.12 所示的顺序处理。

在详细讨论所使用的学习算法之前,我们希望关注基于 NeuCube 的模型的三维结构,以及将 148 个输入神经元映射到这个结构中的仿生方法。我们的系统使用了一个由 732 个神经元组成的 NeuCube,初始化时使用了初始视觉皮层神经元的 MNI 坐标(V1,Brodman17 区),这些神经元取自《人类大脑图谱》(与 xjView 工具箱一起下载:http://www.alivelearn.net/xjview)。神经元的数量仅受到计算能力的限制;从第二或第三视觉皮层添加更多的神经元或者代表整个大脑是可能的。神经元之间最初的连接是基于"小世界"的范式,在每个神经元预先定义的最大距离内形成随机连接。将 148 个输入神经元映射到 732 个 NeuCube 神经元,模拟了人类视皮层的两个重要特征,即皮层放大和视网膜标记(图 13.12)。

皮层放大描述了初级视觉皮层中央凹信号的过度表现。虽然中心凹的直径只

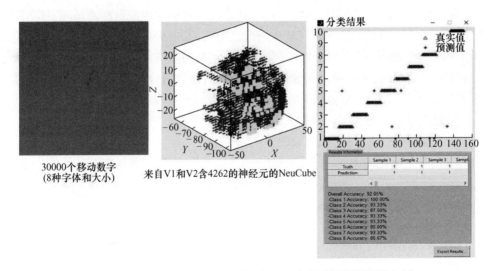

图 13.12　使用基于 NeuCube 的 BI-SNN 和视觉数据视网膜主题
映射的类脑动态视觉数据建模和模式识别[43]

有 1.2mm[44]，并且只覆盖了视网膜的一小部分，但它的信号几乎被 V1 中 50% 的神经元处理。因此，我们选择了 148 个输入神经元中的 64 个，与中央 64 DVS[45] 像素具有一对一关系。通过这种方式，50% 的输入神经元自动对应于 DVS 的中央像素，就像 50% 的初级视觉皮层对应于视网膜上的中央感光细胞一样。

初级视觉皮层的第二个特征是，我们在绘制地图时调整了视网膜上的感光细胞与初级视觉皮层中的神经表征之间的空间关系，即所谓的视网膜。视野左上角的信号被映射到 V1 的右下角；反之亦然。人类看到的东西会被反转并且出现误块，但是在视野中出现在一起的东西在 V1 中仍然会相邻出现。中央凹和周围神经节细胞都遵循这一原则，尽管中央凹信号映射到 V1 的后部，而周围信号映射到 V1 的前部。

图 13.12 显示了视网膜移植的原理如何应用于 148 个输入神经元到 732 个 NeuCube 神经元的映射。

13.3.3　动态视觉模式的无监督学习和有监督学习

在基于 NeuCube 的模型中，学习分两个阶段进行。第一个阶段使用非监督式学习，如使用脉冲时间依赖可塑性机制（STDP，参见文献[46]）来修改初始连接权重。SNN 当遇到类似的输入刺激将学习激活相同组的脉冲神经元，并改变现有的连接或创建新的连接，以代表时空模式的输入数据的模式[25,47]。NeuCube 允许学习过程可视化，我们将讨论如何使用可视化来更好地理解数据和神经网络过程。

在第二个阶段中,有监督学习被应用到输出分类模块中的脉冲神经元,其中用于无监督训练的同样的脉冲序列现在通过已训练的 SNN 再次传播,并产生和训练输出神经元将 SNN 的时空脉冲模式分类为预定义的类[29,47]。这种进化的分类器在计算上是廉价的,并强调输入脉冲到达的顺序,使其适合在线学习和对时间事件的早期预测[25]。有关 NeuCube 架构的更详细描述可参阅文献[25]和第 6 章。

我们提出的动态视觉识别方法包括以下几个步骤。

(1) 基于事件的 DVS 视频录制[45]。

(2) 将 DVS 输出池化并编码成脉冲序列,作为 SNN 的输入神经元的输入。

(3) 使用非监督式学习(如 STDP)产生脉冲数据,并训练 NeuCube 模型。

(4) 在有监督模式下训练输出分类器[29]。

(5) 验证分类结果。

(6) 针对不同的参数值重复步骤(2)~(5),以优化分类性能,并以最佳性能记录模型。

(7) 可视化训练后的 SNN,分析其连通性和脉冲活动,以便更好地理解数据和相关的脑过程。

利用 MNisT-DVS 数据集进行了基于脉冲的动态视觉识别基准实验,并对参数的调整和 SNN 的分析进行了深入研究。

13.3.4 MNisT-DVS 基准数据集实验设计

基于 20 多年来最受欢迎的手写数字图像识别基准数据集之一[42]的 MNisT 数据集,MNisT-DVS 数据集是 NE15-MNisT 数据库(MNisT 上的神经形态工程 2015)的一部分[48-50]。NE15-MNisT 由 4 个子集组成,目的都是为基于脉冲的视觉识别提供一个基准:泊松子集和 FoCal 子集是由静态的 MNisT 图像生成的;另外两个子集是基于对 MNisT 图像的 DVS 记录。MNisT-FLASH-DVS 子集包含显示在屏幕上的 MNisT 数字的 DVS 记录。因为我们对运动物体的动态视觉识别感兴趣,所以决定研究 MNisT-DVS 子集,该子集由 MNisT-DVS 记录的 MNisT 数字在屏幕上摆动,从而在数字的边缘产生时间对比度和 DVS 事件。

MNisT-DVS 数据集可在线获得[50]。它由 10000 个原始的 MNisT 数字的 30000 个记录组成,记录在 3 个不同的尺寸大小(4 级、8 级和 16 级)。每个记录的时间长度约为 2.5s。这些文件以 jAER 格式[45]提供。

对数据进行的唯一预处理是去除 75Hz 的时间戳谐波。稳定视频数据将有悖于开发动态视觉识别系统的意图。事实上,前期实验表明,该系统在原始不稳定视频上表现得更好。

在所有实验中,DVS 峰汇集到 148 个神经节细胞(SNN)中的情况保持不变。

在脉冲编码算法中,只有这4个阈值被改变,以确定在一个时间步骤内神经节感知细胞必须激发多少像素才能使神经节细胞发出脉冲信号。作为第一步,我们希望了解当这些阈值以及 SNN 的输入数据的平均脉冲速率改变时,系统将如何执行不同的操作。神经节感知细胞从周围向中心逐渐减少。从外周开始,第1层的神经节细胞集成了 32×32=1.024 DVS 像素,第2层的细胞集成了 16×16=256 像素,第3层的细胞集成了 8×8=64 像素,第4层的细胞集成了 4×4=16 像素。将相同百分比的阈值分配给4层神经节细胞,周围神经节细胞的活动将非常低或没有活动。例如,在阈值为 10% 的情况下,只需在第4层神经节细胞的感受野内发生两次 DVS 事件即可触发脉冲,而在第1层神经节细胞的感受野内发生 101 次 DVS 事件。特别是在 MNisT-DVS 数据集中,DVS 事件只发生在移动的手指边缘,而不是大块,这将使周围神经节细胞冗余。另外,增加阈值太多,从一层到另一层向中心会把更多的重点放在外围部分的视频超过预期。

在所有实验中,输入脉冲映射到 SNN NeuCube 的情况保持不变。在所有实验中,用 732 个代表初级视皮层的集成与放电神经元(LIF)初始化 NeuCube。对于未来更高视频分辨率和更多输入神经元的实验,NeuCube 可以很容易地扩展到包括代表第二和第三视觉皮层的神经元。初始连接是在"小世界"连接之后形成的,与每个神经元在预定义的最大距离内随机连接。在所有的实验中,这个最大距离被设置为 2.5。

使用非监督式脉冲时间依赖可塑性机制(STDP)[46],首先通过在神经元之间形成新的连接来学习时空模式。我们使用的输出分类器称为动态演化 SNN 算法[29],它结合了排序学习[51]和 STDP 学习。NeuCube 架构是一个随机模型,因此对参数设置很敏感。为了找到影响系统性能的主要参数的最佳值,采用了一种网格搜索方法,在预定义范围内对系统的不同参数组合进行测试,并使用这些参数值获得最佳分类精度。对于 LIF 神经元的放电阈值、不应期时间和电位漏率,分别取 0.5、6 和 0.002。STDP 学习参数设置为 0.01。变量 deSNN 分类器的 Mod 和 Drift 设置为 0.8 和 0.005。参见第6章和文献[25],以便更详细地解释这些参数。

13.3.5 实验结果

为了比较系统的性能,我们对 1000 个视频(每个数字的前 100 个)进行了 10 倍的交叉验证。作为一个总的趋势,除了少数例外,分类精度随着输入神经元的平均脉冲率的增加而提高。对于所有的尺寸大小视频,当系统在一个特定尺寸大小的所有 10000 个视频上运行时,分类的准确性也提高了。最佳分类结果与所有 10000 个视频的在一个尺寸大小,以最高的脉冲率编码所有4层的峰值编码阈值为 0%)。4 级、8 级和 16 级的分类准确率分别为 90.56、92.03 和 86.09%。90%的随机数据样本用于训练,剩下的10%用于测试,在一次运行中最好的准确率是92.90%。这个结果与图13.12所示的MNisT-DVS数据集上以前的结果相似。

4级和16级表样本的准确率较低,这反映出在这些视频中,MNisT数字要么填写整个屏幕(16级),要么填写中间很小的区域(4级)。对于4级的层节细胞来说,1、2、3层节细胞传递的信号多为噪声信号,不包含太多的节细胞信息。在16级视频中,屏幕中央区域几乎没有任何活动,因此,64个中央凹神经节细胞没有传递任何信息。由于我们的方法非常强调视频的中心(50%的输入神经元仅表示来自中心64像素的数据),在16级像素的视频上的性能较低。

13.3.6 更好地理解视皮层内部过程的模型解释

上述实验是在MNisT-DVS数据集上进行的,主要目的是验证系统在基准数据集上的分类性能,而摆动的数字并不代表真实场景。但是,我们希望展示经过训练的SNN是如何进行分析,以了解它的连接性如何随着对数据的响应而变化。通过与1000个16级视频训练后的SNN的连通性相比较,发现处理中央凹信息的神经元之间的连接稍微少一些,因为16级的视频在中央凹区包含的DVS事件较少。

该系统在基准MNisT-DVS数据集上获得了最高的动态视觉识别分类性能。系统的每一部分、DVS传感器将DVS输出编码成脉冲训练数据的算法,以及SNN NeuCube适应人类视觉系统的特征。这使未来的实验中,同样的刺激被呈现给人和系统,通过神经成像方法可视化的大脑过程可以与SNN的网络过程相比。在这种实验中,可以很容易地调整参数来模拟视网膜神经节细胞的原始行为。此外,分析SNN内部的学习过程有助于更好地理解视觉皮层内部的数据或神经过程。

由于对人类视觉系统的了解如此之多,我们的目标是开发一个生物学上合理的、计算上可行的实现,有许多细节没有包括在我们的模型中。关于视网膜神经节细胞的功能已经有了非常先进的数学模型[52],而我们的脉冲编码算法还没有涉及它们的每一个细节。例如,每个神经节细胞的感受野被分成中心区和周围区,它们对光的行为相反。在所谓的中心细胞上,中心区域受到刺激,而周围区域受到抑制时。所谓的偏心细胞表现出相反的行为。在脉冲编码算法中加入中心和周围神经节细胞的功能,将大大增加模型的生物合理性,但也增加了其计算复杂度。

该系统在对DVS事件的编码和SNN内部的表示两个方面都重点考虑了视频的中心部分。人类视网膜中央凹的类似特征证明了这一点,中央凹负责聚焦视觉。然而,人类视觉的一个重要特征是双眼同时快速运动,称为眼跳。扫视有助于用中央凹扫描更广阔的视野,并将这些信息整合到详细的地图中[44]。人眼的运动也是由视觉抓握反射控制的,这种反射将眼睛引向视野边缘的突出事件[54]。这些眼动机制可以通过改变每个时间步的 DVS 像素汇聚坐标来实现,从而实现视野中心的虚拟移动。然而,这将需要额外的特性来保存移动动作并将其集成到 SNN 中[55-58]。

13.3.7 BI-SNN 视网膜标测方法综述

对 MNisT-DVS 数据集的分析结果表明,该系统在动态视觉识别中的分类性能优于其他方法。此外,还可以动态地可视化和分析 SNN 内部的活动。

由于有良好的基准测试结果和可视化工具的好处,以深入了解数据和网络进程,我们设想进一步研究使用这种方法。特别是,我们建议探索 NeuCube 内部的新学习方法,以及将 DVS 数据编码到 Spike 训练的不同算法。我们也鼓励进一步开发基于脉冲的视觉识别的基准数据集,如脉冲版本的 KTH 和人类行为的 Weizmann 数据集[59-60]。由于 NeuCube 结构不一定只由代表视觉皮层的神经元组成,今后的方向可包括将我们的视觉识别系统纳入更广泛的音/视频数据处理方法。

13.4　章小结和深层知识的进一步阅读

本章介绍了用于音/视频一体化信息处理的 BI-SNN 的方法、系统和应用。在这些任务中使用 BI-SNN 有以下几个优点:
(1) 计算数据中的时间和时间变化;
(2) 针对脉冲信息的快速处理;
(3) 高度并行的信息处理;
(4) 允许应用类脑的原则;
(5) 提高捕捉运动物体的视频数据识别的准确性,进一步推荐的阅读数据包括以下内容。

① NeuCube 面部年龄识别演示:https://kedri.aut.ac.nz/R-and-D-Systems/neucube/face-age-recognition。

② 跨年龄的人脸识别:https://kedri.aut.ac.nz/R-and-D-Systems/age-invariant-face-recognition。

③ 使用 NeuCube 进行快速移动物体识别演示:https://kedri.aut.ac.nz/R-and-D-Systems/fast-moving-object-recognition。

④ BI-SNN 中的音/视频信息处理:https://kedri.aut.ac.nz/R-and-D-Systems/audio-visual-data-processing-and-concept-formation#auditory。

⑤ 数字视野：http://www.wisdom.weizmann.ac.il/~vision/SpaceTimeActions.html。

⑥ 对人类行为的认识：http://www.nada.kth.se/cvap/actions/。

⑦ 作为时空形状的行为：http://www.wisdom.weizmann.ac.il~vision/SpaceTimeActions.html。

⑧ MNIST-DVS 和 flash-MNIST-DVS 数据库：http://www2.imse-cnm.csic.es/caviar/MNISTDVS.html。

致谢

本章正文中的部分材料参引了若干发表的刊物。我感谢我的合著者 L. Paulin、A. Wendt、F. Alvi、W. Cui、W. Yan、L. Benuskova、G. Saraceno 的贡献。Dvs（不是作为硬件使用，而是作为记录其使用的基准数据集）是由 t. Delbruck 和他的团队在 INI ETH/UZH 中开发的。

参考文献

[1] N. Kasabov, *Evolving Connectionist Systems: The Knowledge Engineering Approach* (Springer, 2007)

[2] L. Benuskova, N. Kasabov, *Computational Neurogenetic Modelling*, Topics in Biomedical Engineering. International Book Series, ISBN 978-0-387-48355-9

[3] G. Saraceno, *Deep learning and memorizing of spectro-temporal data (music) in the spatio-temporal brain* (Master Thesis, University of Trento, 2017)

[4] J.L. Eriksson, A.E.P. Villa, Artificial neural networks simulation of learning of auditory equivalence classes for vowels, in *International Joint Conference on Neural Networks*, IJCNN. (Vancouver, 2006), pp. 1453–1460

[5] D.D. Greenwood, Critical bandwidth and the frequency coordinates of the basilar membrane. J. Acoust. Soc. Am. **33**(10), 1961 (1961). https://doi.org/10.1141/1.1908437

[6] D.D. Greenwood, A cochlear frequency-position function for several species-29 years later. J. Acoust. Soc. Am. **87**(6), 2592–2605 (1990)

[7] E. de Boer, H.R. de Jongh, On cochlear encoding: potentialities and limitations of the reverse-correlation technique. J. Acoust. Soc. Am. **63**(1), 115–135 (1978)

[8] J.B. Allen, How do humans process and recognize speech? IEEE Trans. Speech Audio Process. **2**(4), 567–577 (1994)

[9] E. Zwicker, Subdivision of the audible frequency range into critical bands (Frequenzgruppen). J.

Acoust. Soc. Am. **33**(1961), 248 (1961)

[10] B.R. Glasberg, B.C. Moore, Derivation of auditory filter shapes from notched-noise data. Hear Res. **47**(1–2), 103–138 (1990)

[11] T.J. Cole, J.A. Blendy, A.P. Monaghan, K. Krieglstein, W. Schmid, A. Aguzzi, G. Fantuzzi, E. Hummler, K. Unsicker, G. Schütz, Targeted disruption of the glucocorticoid receptor gene blocks adrenergic chromaffin cell development and severely retards lung maturation. GenesDev. **9**(14), 1608–1621 (1995)

[12] A.M. Aertsen, J.H. Olders, P.I. Johannesma, Spectro-temporal receptive fields of auditory neurons in the grassfrog. III. Analysis of the stimulus-event relation for natural stimuli. Biol.Cybern. **39**(3), 195–209 (1981)

[13] N. Kasabov, E. Postma, J. van den Herik, AVIS: a connectionist-based framework for integrated auditory and visual information processing. Inf. Sci. **143**(2000), 147–148 (2000)

[14] E.O. Postma, H.J. van den Herik, P.T.W. Hudson, Image recognition by brains and machines, in *Brain-like Computing and Intelligent Information Systems*, ed. by S. Amari, N. Kasabov (Springer, Singapore, 1998), pp. 25–47

[15] E.O. Postma, H. J. van den Herik, P.T.W. Hudson, SCAN: a scalable model of covert attention. Neural Netw. **10**, 993–1015 (1997)

[16] K. Kim, N. Relkin, K.-M. Lee, J. Hirsch, Distinct cortical areas associated with native and second languages. Nature **388**, 171–174 (1997)

[17] S. Wysoski, L. Benuskova, N. Kasabov, Evolving spiking neural networks for audio-visual information processing. Neural Netw. **23**(7), 819–835 (2010)

[18] S. Wysoski, L. Benuskova, N. Kasabov, Fast and adaptive network of spiking neurons for multi-view visual pattern recognition. Neurocomputing **71**(14–15), 2563–2575 (2008)

[19] A. Ross, A.K. Jain, Information fusion in biometrics. Pattern Recognit. Lett. **24**(14), 2115–2145 (2003)

[20] C. Sanderson, K.K. Paliwal, Identity verification using speech and face information. Digital Signal Process. **14**(2004), 449–480 (2004)

[21] A. Sharkey, *Combining Artificial Neural Nets: Ensemble and Modular Multi-net Systems* (Springer, Heidelberg, 1999)

[22] B.E. Stein, M.A. Meredith, *The Merging of the Senses* (MIT Press, Cambridge, 1993)

[23] S.G. Wysoski, L. Benuskova, N. Kasabov, Adaptive spiking neural networks for audiovisual pattern recognition, ICONIP. Lecture notes in computer science (2007) (to appear)

[24] C. Sanderson, K.K. Paliwal, Identity verification using speech and face information. Digital Signal Process. **14**(2004), 449–480 (2004)

[25] N. Kasabov, NeuCube: a spiking neural network architecture for mapping, learning and understanding of spatio-temporal brain data. Neural Netw. Off. J. Int. Neural Netw. Soc. **52**, 62–76 (2014). https://doi.org/10.1016/j.neunet.2014.01.006

[26] A. Wendt, G. Sraceno, L. Paulum, N. Kasabov, Audio-visual data processing and concept forma-

tion (internal report), https://kedri.aut.ac.nz/R-and-D-Systems/audio-visual-dataprocessing-and-concept-formation#auditory

[27] C. Ge, N. Kasabov, Z. Liu, J. Yang, A spiking neural network model for obstacle avoidance in simulated prosthetic vision. Inf. Sci. **399**(30–42), 2017 (2017)

[28] A.R. McIntosh, R.E. Cabeza, N.J. Lobaugh, Analysis of neural interactions explains the activation of occipital cortex by an auditory stimulus. J. Neurophysiol. **80**(1998), 2790–2796(1998)

[29] N. Kasabov, K. Dhoble, N. Nuntalid, G. Indiveri, Dynamic evolving spiking neural networks for on-line spatio-and spectro-temporal pattern recognition. Neural Netw. Off. J. Int. Neural Netw. Soc. **41**, 188–201 (2014). https://doi.org/10.1016/j.neunet.2014.11.014

[30] P. Viola, M.J. Jones, Rapid object detection using a boosted cascade of simple features. Proc. IEEE Comput. Soc. Conf. Comput. Vis. Pattern Recognit. **1**(2001), 511–518 (2001)

[31] A. Delorme, L. Perrinet, S. Thorpe, Networks of integrate-and-fire neurons using rank order coding. Neurocomputing **2001**, 38–48 (2001)

[32] A. Delorme, S. Thorpe, Face identification using one spike per neuron: resistance to image degradation. Neural Netw. **14**(2001), 795–803 (2001)

[33] D. Gonzalo, T. Shallice, R. Dolan, Time-dependent changes in learning audiovisual associations: a single-trial fMRI study. NeuroImage **11**, 243–255 (2000)

[34] A.M. Burton, V. Bruce, R.A. Johnston, Understanding face recognition with an interactive activation model. B. J. Psychol. **81**, 361–380 (1990)

[35] A.W. Ellis, A. Young, D.C. Hay, Modelling the recognition of faces and words, in *Modelling Cognition*, ed. by P.E. Morris (Wiley, London, 1987), p. 1987

[36] H.D. Ellis, D.M. Jones, N. Mosdell, Intra-and inter-modal repetition priming of familiar faces and voices. B. J. Psycol. **88**, 143–156 (1997)

[37] K. Kriegstein, A. von, Giraud, Implicit multisensory associations influence voice recognition. PLoS Biol. **4**(10), 1809–1820 (2006)

[38] W. Cui, W.Q. Yan, N. Kasabov, Deep learning with NeuCube for fats moving object recognition (KEDRI internal report), https://kedri.aut.ac.nz/R-and-D-Systems/fast-movingobject-recognition

[39] F.B. Alvi, R. Pears, N. Kasabov, An evolving spatio-temporal approach for gender and age group classification with spiking neural networks. Evolv. Syst. (2017). https://doi.org/10.1007/s14530-017-9175-y

[40] J.K. Ricanek, T. Tesafaye, Morph: a longitudinal image database of normal adult age-progression, in *7th International Conference on Automatic Face and Gesture Recognition. FGR 2006.* (IEEE, 2006), pp. 341–345

[41] L.G. Farkas, *Anthropometry of the Head and Face* (Raven Press, New York, 1994)

[42] Y. Lecun, L. Bottou, Y. Bengio, P. Haffner, Gradient-based learning applied to document recognition. Proc. IEEE **86**, 2278–2324 (1998). https://doi.org/10.1109/5.726791

[43] L. Paulun, A. Abbott, N. Kasabov, A retinotopic spiking neural network system for accurate

recognition of moving objects using NeuCube and dynamic vision sensors. Front. Comput. Neurosci. **12**, 42 (2018)

[44] D. Purves, *Neuroscience* (*Sinauer, Sunderland*, MA, 2014)

[45] T. Delbruck, Frame-free dynamic digital vision (University of Tokyo, 2008). L. Gorelick, M. Blank, E. Shechtman, Actions as Space-Time Shapes (2007). http://www.wisdom.weizmann.ac.il/~vision/SpaceTimeActions.html. Accessed 29 Aug 2017

[46] S. Song, K.D. Miller, L.F. Abbott, Competitive Hebbian learning through spike-timing-dependent synaptic plasticity. Nat. Neurosci. **3**, 919–926 (2000). https://doi.org/10.1038/78829

[47] N. Kasabov, E. Capecci, Spiking neural network methodology for modelling, classification and understanding of EEG spatio-temporal data measuring cognitive processes. Inf. Sci. **294**, 565–575 (2015). https://doi.org/10.1016/j.ins.2014.06.028

[48] T. Serrano-Gotarredona, B. Linares-Barranco, Poker-DVS and MNIST-DVS. Their history, how they were made, and other details. Front. Neurosci. **9**, 481 (2015). https://doi.org/10.3389/fnins.2015.00481

[49] Q. Liu, G. Pineda-García, E. Stromatias, T. Serrano-Gotarredona, S.B. Furber, Benchmarking spike-based visual recognition: a dataset and evaluation. Front. Neurosci. **10**, 496 (2016). https://doi.org/10.3389/fnins.2016.00496

[50] A. Yousefzadeh, T. Serrano-Gotarredona, B. Linares-Barranco, MNIST-DVS and FLASH-MNIST-DVS Databases (2015). http://www2.imse-cnm.csic.es/caviar/MNISTDVS.html. Accessed 21 Aug 2017

[51] S. Thorpe, J. Gautrais, Rank order coding, in *Computational Neuroscience: Trends in Research*, 1998, ed. by J.M. Bower (Springer US, Boston, 1999), pp. 114–118

[52] H. Wei, Y. Ren, A mathematical model of retinal ganglion cells and its applications in image representation. Neural Process. Lett. **38**, 205–226 (2014). https://doi.org/10.1007/s11063-014-9249-6

[53] M. Nelson, J. Rinzel, The Hodgkin-Huxley model, in *The Book of GENESIS*, vol. 4, ed. by J.M. Bower, D. Beeman, (Springer, New York, 1995), pp. 27–51

[54] S. Monsell, J. Driver, *Control of Cognitive Processes: Attention and Performance XVIII* (MIT Press, Cambridge, 2000)

[55] J.A. Perez-Carrasco, C. Serrano, B. Acha, T. Serrano-Gotarredona, B. Linares-Barranco, spike-based convolutional network for real-time processing, in *Proceedings of 20th International Conference on Pattern Recognition (ICPR)*, Istanbul, Turkey, 23–26 Aug 2010 (IEEE, Piscataway, NJ, 2010), pp. 3085–3088

[56] O. Bichler, D. Querlioz, S.J. Thorpe, J.P. Bourgoin, C. Gamrat, Extraction of temporally correlated features from dynamic vision sensors with spike-timing-dependent plasticity. Neural Netw. Off. J. Int. Neural Netw. Soc. **32**, 339–348 (2014). https://doi.org/10.1016/j.neunet.2014.02.022

[57] A. Jimenez-Fernandez, C. Lujan-Martinez, R. Paz-Vicente, A. Linares-Barranco, G. Jimenez,

A. Civit, in *From Vision Sensor to Actuators*, *Spike Based Robot Control through Address-Event-Representation*. IWANN 2009: Bio-Inspired Systems: Computational and Ambient Intelligence (2009), pp. 797–804

[58] F. Perez-Peña, A. Morgado-Estevez, A. Linares-Barranco, A. Jimenez-Fernandez, F. Gomez-Rodriguez, G. Jimenez-Moreno, et al., Neuro-inspired spike-based motion: from dynamic vision sensor to robot motor open-loop control through spike-VITE. Sensors **14**, 15805–15832 (2014). https://doi.org/10.3390/s141115805 (Basel, Switzerland)

[59] I. Laptev, B. Caputo, Recognition of Human Actions (2005). http://www.nada.kth.se/cvap/actions/. Accessed 29 Aug 2017

[60] L. Gorelick, M. Blank, E. Shechtman, Actions as Space-Time Shapes (2007). http://www.wisdom.weizmann.ac.il/~vision/SpaceTimeActions.html. Accessed 29 Aug 2017

[61] C.A. Curcio, K.R. Sloan, R.E. Kalina, A.E. Hendrickson, Human photoreceptor topography. J. Comp. Neurol. **292**, 497–523 (1990). https://doi.org/10.1002/cne.902920402

第14章
使用脑启发脉冲神经网络的脑机接口

本章介绍脑机接口(BCI)的 BI-SNN 方法。它引入了一种新型的脑机接口,称为脑启发脑机接口(BI-BCI)。BI-BCI 不仅可以像传统的 BCI 那样在"黑盒"中对大脑信号进行分类,而且可以在执行提供神经反馈的任务时创建大脑信号的模型,从而更好地理解大脑活动。这也是人类向机器转移知识的一步,讨论了神经控制、神经康复、认知游戏等方面的应用。

14.1 脑机接口

14.1.1 一般概念

BCI 背后的主要思想是在执行与特定计算机命令相关的特定任务时记录大脑的活动模式(BAP),然后使用一些强大的机器学习方案对这些模式进行分类。当用户实时执行其中一个任务时,分类器尝试检测相关命令,然后将其发送到接口以执行,如文献[1]所示,如 P300 BCI,一种用于拼写目的的通信工具。这个界面由人脑中产生的信号控制,这些信号是视觉刺激的结果。

为了实现研究目标,需要清楚地理解 BCI 的基本原理。BCI 的一般框架如图 14.1 所示。根据文献[2-3],它包括数据采集、预处理、分类和生物反馈。这4个步骤将在 14.2 节中详细描述。

图 14.2 显示了当一个人正在执行一项任务时测量大脑信号的示意图。

14.1.2 基于 EEG 的 BCI

脑电图(EEG)数据测量一个人在执行任务时的脑电势,如第3章和第8章中所讨论的。EEG 的不同频率特征表明在大脑中的不同时间和空间的不同大

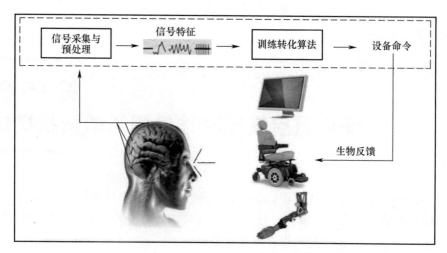

图 14.1 脑机接口系统的总体框架

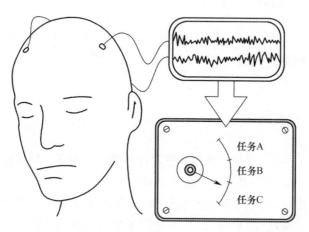

图 14.2 当一个人执行任务时测量脑信号的示意图[52]

脑功能（表 14.1）。图 14.3 显示了 10-20 放置系统中电极的空间位置和通道名称。

表 14.1 脑电频带及其特性[43]

信号	频率/Hz	形　状	性　质
Delta	1~3		这个波的振幅很高，但频率很低。它通常见于幼儿，也见于成人睡觉时

续表

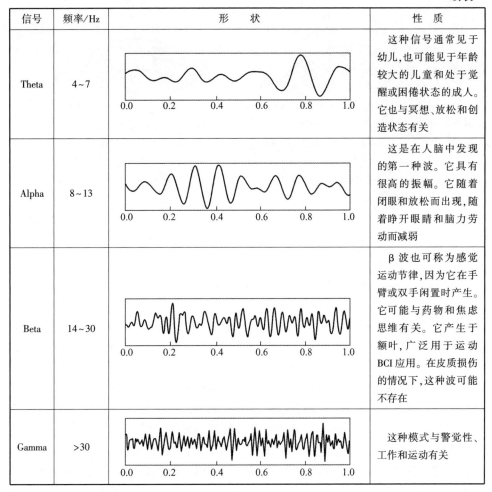

信号	频率/Hz	形状	性质
Theta	4~7		这种信号通常见于幼儿,也可能见于年龄较大的儿童和处于觉醒或困倦状态的成人。它也与冥想、放松和创造状态有关
Alpha	8~13		这是在人脑中发现的第一种波。它具有很高的振幅。它随着闭眼和放松而出现,随着睁开眼睛和脑力劳动而减弱
Beta	14~30		β波也可称为感觉运动节律,因为它在手臂或双手闲置时产生。它可能与药物和焦虑思维有关。它产生于额叶,广泛用于运动BCI应用。在皮质损伤的情况下,这种波可能不存在
Gamma	>30		这种模式与警觉性、工作和运动有关

14.1.3 脑机接口的类型和应用

主要有两种类型的BCI,如文献[4-5]中所报道的同步和异步。同步BCI基于系统启动。互动只允许在固定的时间窗口内。大多数同步接口依赖于由在已知时间帧中产生的刺激(如视觉刺激或听觉刺激)生成的事件相关电位。P300拼写器就是一个很好的例子。这个系统依赖于视觉唤起和大脑活动模式之间的同步,这种类型更容易设计。此外,由于窗口技术,分类受到伪影的影响较小。

相反,异步接口依赖于用户启动。它们没有强加特定的互动时间框架,并且提供了一种更自然的沟通方式。然而,设计和评估异步系统是比较复杂的。为了防

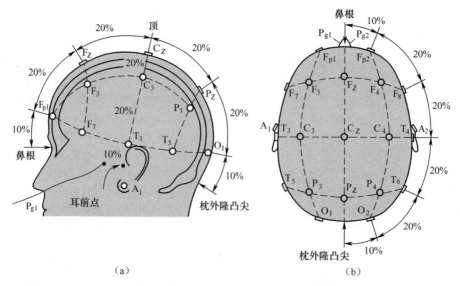

图 14.3　10-20 国际脑电置换系统中电极位置和通道名称[5]（见第 3 章和第 8 章）

止意外的检测,任务必须是唯一的。适当的控制信号可以是文献[5]中解释的传感器-马达节奏。

BCI 应用程序也可以分为外生和内生接口[5]。外生接口依赖于外部提示。由于可以容易且快速地设置控制信号,因此不需要用户培训。在充分的训练之后可以获得合理的响应,并且使用最小数量的通道可以获得良好的结果,通道数量最少下降到一个。然而,这种类型可能导致一些用户疲劳,他们的注意力长时间集中在刺激上,从而导致用户表现的显著降低。相反,内生界面独立于任何刺激,因此,它们对遭受感觉器官损害的用户是有用的。尽管如此,用户培训是必需的,并且非常耗时。可能需要几个月才能达到良好的性能,但速度仍然非常低,ITR 为 3~35 位/min。文献[6]的研究提供了内生界面的一个很好的例子。

当目标视觉刺激呈现给受试者时,受试者的视觉皮层在 300ms 后被激活(被认为是有意识的知觉刺激,与第 8 章[9]中讨论的近知觉反应相反)。图 14.4 显示了目标视觉刺激(顶行)后 300ms 记录的头皮拓扑图与非目标刺激后 300ms 记录的头皮拓扑图[7]的对比。

测量的 EEG 信号在用于 BCI[8]之前被放大(图 14.5)。

BCI 的典型用途是使用大脑信号控制设备(如机器人)或计算机屏幕上的符号(图 14.6)。

各种脑控制信号可用于不同的应用(表 14.2)。14.2 节将介绍如何使用 BI-SNN(如 NeuCube)开发 BCI(现在称为 BI-BCI)。

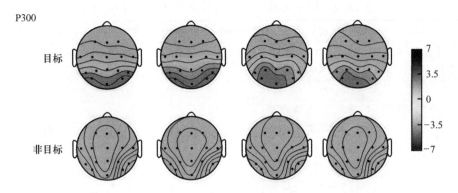

图 14.4 目标视觉刺激(顶行)后 300ms 记录的头皮拓扑图与
非目标刺激后 300ms 记录的头皮拓扑图[7]对比

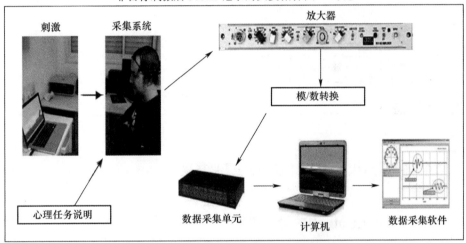

图 14.5 测量的 EEG 信号在用于 BCI 之前被放大[8]

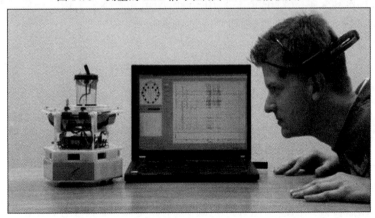

图 14.6 BCI 的典型用途是使用大脑信号控制设备(如机器人或计算机屏幕上的符号)

表 14.2 BCI 应用中使用的控制信号及其主要特征

信号	现象	选择数	用户训练	ITR/(bit/min)	示例
传感器-运动节律	感觉运动节律的调节与运动活动同步	2~5	需要广泛的培训	3~35	BCI 轮椅
视觉诱发电位(VEP)[10]	视觉皮层节律的调制与视觉刺激同步	高	无	60~100	VEP BCI 用于控制瘫痪人群的手矫形器[11]
P300[12-13]	阳性峰值出现在罕见的视觉、听觉或体感刺激引起的脑电波。在接受了几个频繁刺激中的一个奇怪刺激后,这些峰值产生了大约 300ms	高	无	20~25	P300 拼写器[13]
慢皮质电位(SCPs)[14](Hinterberger 等 2004 年)	脑电波的缓慢电压偏移与神经元活动增加/降低相关	2~4	需要广泛的培训	5~12	屏幕光标控制[14]

14.2 脑启发 BCI(BI-BCI)框架

14.2.1 NeuCube BI-SNN 架构

在第 6 章和文献[15]中介绍了 BI-SNN NeuCube 体系结构的一般原理。NeuCube 架构如图 14.7 所示。它由以下功能模块组成:
(1)输入数据编码模块;
(2)3DSNN 存储库模块(SNNc);
(3)输出功能(分类)模块;
(4)基因调控网络(GRN)模块(可选)。
为给定任务创建 NeuCube 模型的过程包括以下步骤:
(1)将输入数据编码为脉冲序列,将连续值输入信息编码为脉冲串;
(2)构建并以非监督模式训练递归 3DSNN 库 SNNc,以学习表示个体输入模式的脉冲序列;
(3)以监督模式构建和训练进化的 SNN 分类器,以学习对 SNNc 活动的不同动态模式进行分类,所述 SNNc 活动的不同动态模式表示属于不同类别的 SSTD 的不同输入模式；

（4）对于不同的参数值，通过上述步骤①~③的几次迭代来优化模型，直至达到最大精度；

（5）新数据重新调用模型。

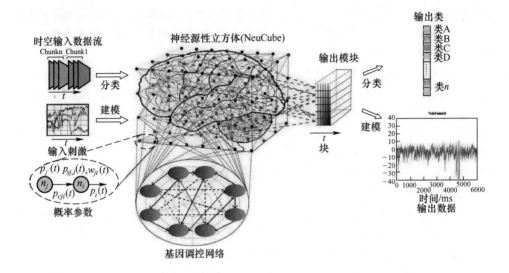

图 14.7　NeuCube BI-SNN 通用架构（第 6 章和文献［15］）

本节将进一步描述步骤①至⑤的上述模块。

1. 输入数据编码模块

可以将连续值输入数据转换为脉冲，使每个输入变量（如像素、EEG 通道、fMRI 体素）的当前值被输入到基于输入值属于其接受场的多少而发射脉冲的神经元群中。这种方法被称为群体等级编码[16]，其隶属度越高，产生脉冲的时间越早。

另一种方法是在硅视网膜[17-18]中演示的基于阈值的编码（TBE）方法。这是基于对同一输入变量的两个连续值之间的差值随时间的变化进行阈值设置的。当输入数据是数据流并且只能处理连续值中的变化时，这是合适的。

在一些特定的应用中，一种叫做 Ben 的 Spike 算法（BSA）的方法已经被用于将 EEG 数据转换成脉冲序列[19]。在第 4 章中提出了用于将输入数据编码成脉冲序列的方法。在文献[20]中提出了一种用于选择和优化编码算法的方法，并将其实现为软件。

将转换后的输入数据输入（映射）到来自 SNNc 的空间定位的神经元中。映射将取决于眼前的问题。在这里，将大脑数据序列输入到 SNNc 中空间定位的神经元,这些神经元代表收集数据的空间大脑区域。脉冲序列以其时间顺序连续地馈入 SNNc。

2. SNNCube 模块(SNNc)

SNNc 被构造为在空间上映射可用于时空脑数据(TSBD)或/和基因数据的脑区。神经元 SNNc 结构可以包括数据中表示的脑的不同区域之间的已知结构或功能连接。在模型中建立适当的初始结构连通性对于正确学习时空数据、捕获功能连通性和解释模型[21]非常重要。可以使用如扩散张量成像(DTI)方法获得更具体的结构连通性数据。

大脑的功能连通性体现了不同时间尺度(如秒、毫秒)上的小世界组织[22]。大脑结构或功能区中的神经元相互连接越紧密,这些区域越接近,它们之间的连接性就越高[23-24]。通过 MRI[25] 测量的结构连接性和通过脑的 EEG 和 MEG[26] 测量的功能连接性都显示出小世界组织。这是为 NeuCube 初始结构建议一种小世界连通性的主要原因,在 NeuCube 初始结构中,神经元簇对应于与数据相关的结构和功能区域[22]。如果 DTI 数据可用(见第 11 章),该数据可用于在训练模型之前预置 SNNc 的一些连接。

SNNc 的初始结构是基于可获得的大脑数据和问题定义的,但是这种结构可以通过使用基于 ECOS 原理创建的新的神经元和新的连接来发展[27]。如果新数据不能充分激活现有神经元,则创建并分配新神经元以匹配数据及其新连接。

在当前实现中,SNNc 具有将泄漏积分点火模型(LIFM)脉冲神经元与循环连接的 3D 结构。输入数据通过 SNNc 传播,并且应用非监督学习方法,如 STDP。当输入特定的输入模式时,神经元连接被适配,并且 SNNc 学习以生成脉冲活动的特定轨迹。在图 14.7 上显示了一类特殊的 LIFM-概率神经元模型,它具有附加到连接、突触和脉冲神经元输出的概率参数。SNNc 累积所有输入脉冲序列的时间信息,并将其转换为可随时间分类的动态状态。循环储存库为不同类别的输入脉冲序列产生唯一的累积神经元脉冲时间响应。

图 14.8 显示了无监督学习后 SNNCube 中的连接快照。这些连接表示输入数据变量之间的时空关系,输入数据变量随时间对源数据的大脑区域进行编码。SNNc 有 1471 个神经元,这些神经元的坐标直接对应于分辨率为 $1cm^3$ 的 Tailarach 模板坐标。可以看出,作为训练的结果,已经创建了表示从数据的 SNNc 捕获的输入变量之间的时空交互的新连接。对于每个提交的新模式,可以动态地可视化连通性。例如,图 14.8 中 SNNc 的右侧部分的连通性更大,因为 SNNc 已经学习了受试者的左手运动,由大脑的右半球控制。

14.2.2 具有神经反馈的脑启发 BCI 框架(BI-BCI)

使用 NeuCube BI-SNN 的能力进行学习,如第 6 章和本书的其他章节所述。

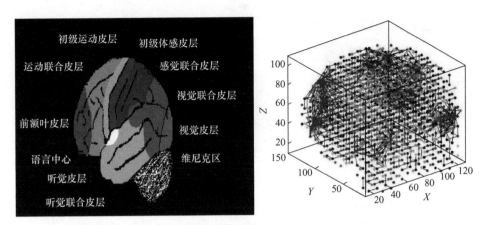

图 14.8 无监督学习后 SNNCube 中连接的快照(这些连接表示输入数据变量之间的时空关系,输入数据变量随时间对源数据的大脑区域进行编码。SNNc 右侧部分的连通性更大,因为 SNNc 已经学习了受试者的左手运动,由大脑的右半球控制)

在这里证明 NeuCube 可以用于构建 BI-BCI,它还提供神经反馈,显示大脑的哪些部分在时空中是活动的(图 14.8)。

图 14.9 显示了使用 NeuCube 构建 BI-BCI 的示意图,BI-BCI 的神经反馈显示了大脑的哪些部分在时空中是活跃的。

训练过的 SNNc 在与某些任务相关的 EEG 脑数据上的活动可以在 NeuCube BI-SNN 架构的输出分类模块中分类,该输出分类模块向激活器设备提供控制信号以执行任务(图 14.10 和图 14.9)。

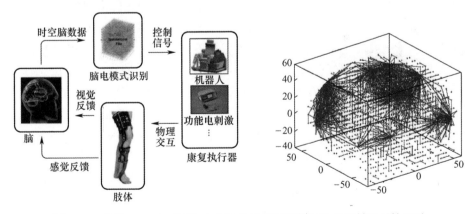

图 14.9 使用 NeuCube 构建 BI-BCI 的示意图(其中 BI-BCI 神经反馈显示大脑的哪些部分在时空中是活跃的)

使用上述方法构建的几个 BCI 应用系统将在 14.3 节中介绍。

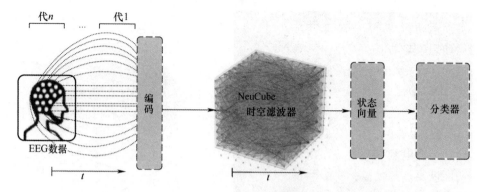

图 14.10 训练过的 SNNc 在与某些任务相关的脑电数据上的活动可以在 NeuCube BI-SNN 架构的输出分类模块中进行分类(该输出分类模块将控制信号提供给激活器设备以执行任务(图 14.9))

14.3 从脑电信号中检测运动执行和运动意图的 BI-BCI

本节中介绍的方法和实验结果首次发表在文献[28]中。

14.3.1 简介

局部神经损伤导致脑血流改变,如中风,可导致身体对侧轻微到严重的运动功能障碍。虽然一些自发恢复通常发生在中风后的前 6 个月,但只有大约 14% 的中风患者恢复了上肢的正常使用[29]。中风后功能恢复的驱动力是神经可塑性,即突触和神经元回路根据经验和需求而改变的倾向[30-34]。虽然众所周知,中风后干预的频率和强度很重要,但高强度的康复资源是有限的。为了在足够高的强度和频率下提供神经可塑性的干预,需要开发能够帮助康复的设备,而不需要康复专业人员的集中投入。

运动想象(MI)或运动的心理训练,是康复专业人员在缺乏足够肌肉活动的情况下鼓励运动练习的一种方法[33-35]。MI 被认为可以激活类似于真实运动中激活的皮质网络,包括初级运动皮层、前运动皮层、辅助运动区和顶叶皮质的激活[36-37]。最近的证据表明,尽管在真实和想象的运动(额叶和顶叶感觉运动皮层)中有共同的皮质网络,但也有重要的差异,腹部区域在想象的运动中被激活,但在真实的运动中没有被激活。极端/外部囊中的这些特定的额外激活可能代表基于意象的任务的额外认知需求。

运动执行训练后运动控制的恢复比单纯 MI 训练后更好。有趣的是, MI 训练与被动运动的结合甚至比单独 MI 产生更好的恢复[38]。通过脑机接口(BCI)设备将运动想象与功能性电肌肉刺激相结合,可能会形成比单独运动想象或运动想象与被动运动相结合的更好的神经可塑性和恢复。额外的通过执行动作向大脑提供反馈,可以增强可塑性并降低对运动意象的认知需求。许多患中风或其他神经疾病后的人有一些残余的肌肉活动,但无法以适当的速度和模式招募足够的运动单位,以产生足够的力量来完成所需的运动[39-40]。BCI 设备的运动想象触发适当信号到功能性电刺激系统将促进实际运动的练习,并潜在地形成更好的神经可塑性和功能恢复。

EEG 通过头皮上的电极记录脑信号,是 BCI 设备中用于记录脑数据的最广泛使用的方法。EEG 是非侵入性的,具有良好的时间和空间分辨率。然而,由于对于潜在用户, EEG 系统是耗时的和需要复杂的培训周期,所以 EEG 系统一直受到质疑[41]。NeuCube 框架的一个优点是不需要用户的密集训练,因为 NeuCube 将自然引发皮层活动分类而不是必须由用户学习才能产生的 EEG 信号的特定分量,如 P300 波。此外, NeuCube 能够在使用时进行在线学习和培训。

作为一个例子,我们正在研究使用 NeuCube 结合 EEG 数据开发功能性电刺激 BCI 系统的可行性,该系统能够帮助复杂上肢运动的康复。我们正在考虑两种使用方法,第一种是肢体中没有自愿活动的人使用 MI 驱动设备,第二种是肌肉中有一些剩余活动的人,除了使用 MI 之外,还可能用他们自己的肌肉活动来增强康复。为此,重要的是建立运动意图和运动执行分类的高精确度,以确保随后提供适当的电刺激输出。所有 BCI 系统的挑战之一是它对输入信号进行精确分类的程度。

在文献[41]中,使用了真实的运动,与静止状态相比,将握力捏到指定的力水平。数据收集使用功能性近红外光谱(FNIRS)结合其他生理数据,如血压和呼吸信息。使用隐马尔可夫模型(HMM)作为分类器框架,在两个类别上的准确率在 79.6%~98.8%之间。在 MI[42] 的实验中使用 fNIRS 调查了简单想象的在键盘上拇指敲击与复杂的多位敲击序列的分类准确性。线性判别分析(LDA)与仔细选择的表现最佳的数据通道(从 3 个可能的通道中)和每个参与者的最佳 4 个特征相结合使用。文献[42]中的研究报告了两类模型(简单想象运动或复杂想象运动)的分类准确率在 70.8%~91.7%之间。稀疏公共空间模式(SCSP)优化技术通过忽略噪声信道和在文献[44]中列出的被认为不相关的信道来减少 EEG 信道,然而这种方法可能导致具有信息性的数据丢失。

我们感兴趣的是确定是否可以使用 NeuCube 框架作为 BCI 设备的驱动程序。作为第一步,我们想要确定 NeuCube 是否至少在分类移动任务时与其他常见的使用的方法相等。作为验证,设计了一项研究,要求 NeuCube 对两个不同方向和静止时的想象和真实运动进行分类(腕部弯曲、伸展或静止)。一般的假设是 NeuCube 使用 EEG 数据可以正确识别与特定运动相对应的大脑模式。我们实验室先前与研究合作者联合进行的工作表明,NeuCube 具有识别与不同想象运动相关的不同 EEG 模式的潜力,该模式与市面上可买到的 14 通道 EEG 头戴式耳机的不同想象运动相关。在这项实验中,一个人在想象腕关节伸展、休息和腕关节屈曲分类时的准确率分别达到 88%、83% 和 71%[45]。

这项研究的具体假设是,NeuCube 将准确地将单个关节的真实和想象的手部运动分为 3 类,即屈曲、伸展或休息。这个范例建立在文献[45]的早期工作之上,通过要求 NeuCube 区分 3 种条件,两种不同的肌肉收缩模式(屈曲或伸肌活动)或休息[45],从而增加了任务的复杂性。第二个假设是 NeuCube 将比其他分类方法表现得更好,包括多元线性回归(MLR)、支持向量机(SVM)、多层感知器(MLP)和进化聚类法(ECM)[46]及其他优势,如对新数据的在线适应性和结果的可解释性。

14.3.2 实验 BI-BCI 系统的设计

来自我们实验室小组的 3 名健康志愿者参加了这项研究。这 3 名志愿者没有任何神经疾病病史,而且都是右利手。

所有的步骤都是在安静的房间里进行的,参与者坐在餐椅上。任务包括执行指定的动作或想象动作或保持静止。所有任务都是在闭上眼睛的情况下完成的,以减少视觉和眨眼相关的伪影。运动执行任务包括受试者休息、屈腕或伸腕。起始位置是从旋前中点开始,前臂放在人的大腿上。运动意图任务涉及参与者想象或执行上述的运动。参与者被要求在 2s 内想象或执行每个动作,并重复 10 次。

一种低成本的商用无线 Emotiv Epoc EEG 神经耳机用于记录 EEG 数据。Epoc 记录是基于国际 10-20 位置(AF_3、F_7、F_3、FC_5、T_7、P_7、O_1、O_2、P_8、T_8、FC_6、F_4、F_8、AF_4)的 14 个通道的。使用两个附加电极(P_3、P_4)作为参考。数据以 128Hz 采样率数字化并通过蓝牙发送到计算机。一个重要的因素是没有对数据进行在线或离线的过滤。

数据被分成表示每个任务的类。然后将每组 10 个样本平均分为训练(已见)组和测试(未见)组。然后用脉冲阈值为 6 的 TBE 算法将数据转换成脉冲序列(每个通道一个序列,总共 14 个)。没有进行其他数据处理。

14.3.3 分类结果

每个训练样本向 NeuCube 展示一次,输入 14 个以毫秒时间单位收集的 EEG 连续数据输入流[47]。在样本的一段时间内记录每个神经元的脉冲活动,并将这些呈现给 deSNNs 分类器。deSNNs 以 0.9 的调制因子和 0.25 的漂移因子(该数据集的经验值)进行初始化(见第 5 章了解 deSNN 的详细信息)。NeuCube 和 deSNNs 的突触权重固定在验证阶段的最终(学习)值。以相同的方式呈现看不见的数据样本,并记录预测的类别。然后将预测的类别与这些样本的实际类别进行比较。

将上述基于 NeuCube 的模型与一些流行的机器学习方法如 MLR、SVM、MLP 和 ECM 进行了比较。SVM 方法使用秩为 1 的多项式核;MLP 使用 30 个隐藏节点,1000 次迭代进行训练。ECM[48]使用 $m=3$、$R_{max}=1$、$R_{min}=0.1$。这些方法的数据以 8ms 的间隔进行平均,并且按照常规做法为每个阶段形成一个输入向量。

图 14.11 显示了经过训练的 NeuCube 的连接组。蓝线显示两个神经元之间强烈的兴奋性连接,红色则表现出强烈的抑制性。表 14.3 显示了比较研究的结果,即分类准确度以真实运动和想象运动的百分比表示。

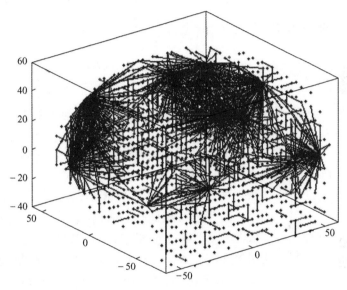

图 14.11 训练过的 NeuCube 的连接体(蓝线显示出两个神经元之间强烈的兴奋连接,红色则表现出强烈的抑制,见彩插)[28]

表 14.3 比较研究的结果——以真实运动和想象运动的百分比表示的准确度[28]

被试/任务	MLR	SVM	MLP	ECM	NeuCube
1/真实	55	69	62	76	80
1/想象	63	68	58	58	80
2/真实	55	55	45	52	67
2/想象	42	63	63	79	85

续表

被试/任务	MLR	SVM	MLP	ECM	NeuCube
3/真实	41	65	41	45	73
3/想象	53	53	63	53	70
平均(估计)	52	62	55	61	76

NeuCube 的分类准确率平均为 76%,个别准确率在 70%~85%之间。真实运动和想象运动之间的识别率是一致的。在与其他分类方法的比较方面,从表 14.3 所列的结果可以清楚地看出,NeuCube 的表现明显优于其他机器学习技术,在所有对象和样本上具有最高的平均准确度,而最接近的竞争对手是 SVM,其第二高的平均准确率为 62%。MLR 的表现最差,平均准确率为 50.5%或略高于机会阈值。

14.3.4 结果分析

这是一项旨在探讨在基于 BCI 的康复器械中使用 NeuCube 的潜力的可行性研究。在考虑分类准确度(范围在 70%~85%之间)时,重要的是考虑 3 个因素。首先,使用商业上可买到的游戏 EEG 头戴式耳机在非屏蔽室中收集数据,产生具有相对高信噪比的 EEG 信号。

其次,在分类之前没有对数据进行处理或特征提取,使用原始的、有噪声的 EEG 数据作为输入。第三,本研究中的所有比较方法,除了 NeuCube 外,都使用留一法进行验证(除了一个用于训练的样本外),而 NeuCube 则使用更不利的 50/50(一半用于培训,一半用于测试)分割进行验证。NeuCube 的精确度仍然显著高于其他技术,并且在使用留一法输出范例进行训练时可能会上升。

考虑到这 3 个因素,使用 NeuCube 获得的分类准确度与其他研究报告的分类准确度相似,表明 NeuCube 能够准确地对噪声和相对较低质量的数据进行分类。此外,与许多其他方法不同,NeuCube 不需要冗长的特征提取过程,而是使用所有原始数据进行分类,从而利用不会丢失任何潜在有用数据的丰富数据集进行分类。

我们选择使用相对便宜和容易获得的 EEG 头戴式耳机,因为阻止采用高技术干预康复实践的两个主要因素是成本和复杂性。通常在研究和临床情况下使用的 EEG 系统是昂贵的,并且不太可能被康复专家广泛使用。

NeuCube 的一个优点是它提供反馈,并允许解释结果和理解数据以及生成数据的大脑过程。图 14.11 说明了这一点,其中显示了经过训练的 SNNc 的连通性以供进一步分析。SNNc 和 deSNN 分类器具有可进化的结构,即 NeuCube 模型可以在更多数据上进一步训练,并且可以对不一定具有相同大小和特征维度的新数据进行分析。这在理论上允许 NeuCube 对医疗设备以受控方式捕获的高精度数据进行部分训练,然后使用更便宜、精度较低的设备(如 Emotiv)进一步训练并适应特定主题。这将增加临床和康复应用的潜在用途。

需要针对每个实验进行大量参数的优化以获得最佳结果限制了当前的 NeuCube。本研究中提出的结果是通过手动优化参数获得的。为了缓解这种情况,正在为该系统开发自适应和进化技术(包括先前讨论的 GRN 和量子优化),以便以所需的方式实现参数选择的自动化。

本研究结果支持 NeuCube 在基于 BCI 的康复设备中使用是可行的前提。此外,NeuCube 在空间和时间上表示大脑数据并提供数据可视化的能力在未来的应用中可能是有用的。观察整个康复干预过程中神经表征和脉冲时间的变化可以提供关于人类学习和适应以推进康复干预的有价值的信息。

14.4 BI-BCI 用于神经反馈的神经康复和神经假肢

14.4.1 一般概念

每隔 6s 世界上就会有人因中风而致残。为了提高这些中风幸存者的生活质量,神经康复旨在通过定期锻炼来重建受影响的运动功能。这意在通过利用大脑建立新的神经路径的能力来加强剩余的神经连接。

图 14.12 显示了基于提供神经反馈的脑数据训练的 NeuCube SNN 的神经康复装置中的功能块框图。

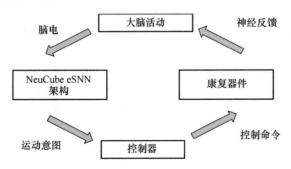

图 14.12 基于提供神经反馈的脑数据训练的 NeuCube SNN 的神经康复装置中的功能块框图

图 14.13 描述了这种方法的基本概述,该方法便于使用 SNN 对 EEG 信号进行基于大脑状态的分类。该模块包含一个有限状态机,它充当模型的有限存储器以及一个在生物上合理的 NeuCube SNN 架构以解码随时间推移的状态转换。该模块遵循

基于提示的(同步)BCI 范例。当受试者执行任务时,EEG 信号被记录和分类。此分类输出用于控制康复机器人手臂。这种方法使用户能够通过他们自己的想法和意图来控制康复机器人,并提供神经反馈来帮助用户改善他们的大脑功能[49]。

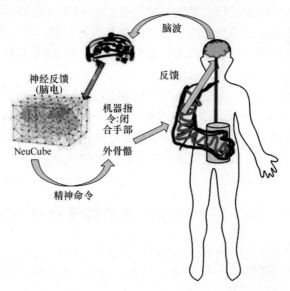

图 14.13　通过 NeuCube SNN 架构构建基于 BCI 的神经康复的基本功能流程(由 K. Kumarasinghe 绘制)

14.4.2　应用

在文献[49]中,NeuCube BCI 架构通过使用有限自动机进行了扩展,以控制机械手。现在实施图 14.12 所示的一般功能图用于机械手的控制(图 14.14 和图 14.15)。与传统的机器学习方法相比,该系统具有更高的检测精度。

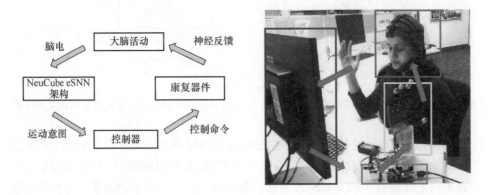

图 14.14　图 14.12 所示的一般功能图现在用于机械手的控制[49]

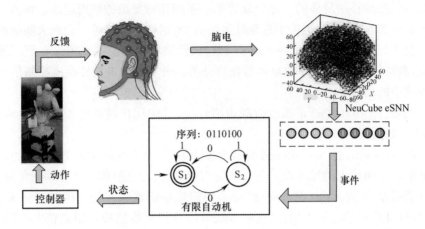

(a) 使用自动机理论、认知计算和NeuCube进化脉冲神经网络体系结构的假肢控制的类脑运动控制框架

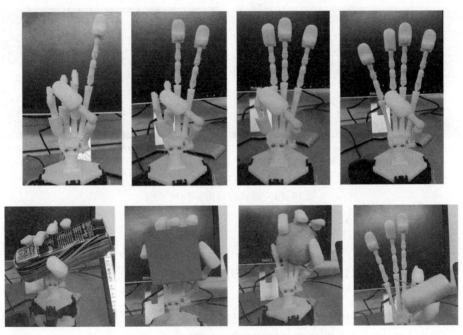

(b) BCI可以使用EEG信号来控制假手的手指

图 14.15　假肢控制框架及实物[49]

根据基于 NeuCube 的神经康复的开发，已经开发了两个认知游戏（称为 GRASP 和 NeuroRehab[50]）和一个便携式 BCI，如下所述。认知游戏的概念不仅给患者一个"有趣"的因素，而且还用产品的功能对他们进行培训。这些应用程序是为没有自觉肌肉运动的患者开发的。患者接受了一项假想任务的训练，这项任务

447

涉及他们想象移动身体的一部分或想象一系列相对复杂的肌肉运动。病人在头上戴上脑电图帽,然后获得关于想象什么的指令,这样教练就可以记录大脑的神经活动。基于记录的数据训练 NeuCube 模型,该模型可用于控制对象。一旦训练过程完成,教师使用新的 EEG 数据执行在线分类。分类的输出被转换成控制信号来控制游戏中的动作。

例如,图 14.16(a)是抓取游戏虚拟环境,其中用户被训练如何使用 NeuCube 与 EEG 数据握住玻璃。

图 14.16(b)将 NeuroRehab 游戏虚拟环境[50]显示为两类问题,其目的是根据以下情况依赖病人的思维模式向左或向右移动球。当他/她试图移动对象时,主体可以获得基于 NeuCube 的 SNN 连接是如何形成的概述。我们的初步研究[29]表明,与标准机器学习算法相比,这种方法可以获得更高的模式识别精度、更好地适应新的输入数据以及更好地解释模型。

(a)抓握游戏虚拟环境(其中用户接受关于如何使用NeuCube与EEG数据握住玻璃的培训)

(b)NeuroRehab游戏虚拟环境(训练对象向左或向右移动球。如果选择了错误的方向,则给出负标记。这些练习是用来帮助患者提高认知能力的)

图 14.16 抓取游戏虚拟环境示例

14.5 从 BI-BCI 到人与机器之间的知识转移

本章介绍的 BI-BCI 基于人类执行任务时大脑信号的训练 NeuCube 模型。这可以进一步探索从人类到机器的知识转移,如图 14.17 所示。这样做的动机如下。

(1) BI-BCI 具有与人脑相同的大脑模板,因此允许开发新的方法在人与机器之间交换信息和知识。

(2) NeuCube BI-SNN 以及人脑可以集成多模式数据,包括 EEG(第 8 章)、fMRI(第 9 章)、视听(第 13 章)及触觉等。这使得有可能使用所有或大部分的学习方式,并且只使用其中的一些方式进行回忆(如仅限视觉信息)。

(3) 用于训练系统的大脑信号代表人类如何执行任务的程序性知识。

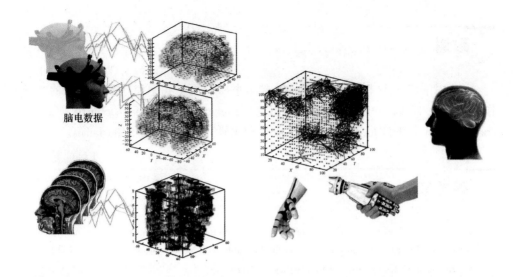

图 14.17 从 BI-BCI 到人与机器之间的知识转移(图由 Maryam Gholami 绘制)

(4) 系统中学习到的连通性代表了在空间和时间上模仿人类知识的深层知识(见第 6 章)。

这一主题将在第 22 章中进一步讨论。必须注意到,虽然人类可以用大脑信号控制一台机器,但另一种方式是不是不可能的呢?

14.6 本章总结和进一步阅读以获得更深层次的知识

本章介绍了将 SNN 用于 BCI 的方法和系统,重点介绍了基于脑启发 SNN 的脑启发 BCI(BI-BCI)的开发。BI-BCI 不仅将大脑信号分类为传递给执行装置的命令之一,而且它们提供在时空中的大脑活动的可视化方面的神经反馈,并反映在模型的连通性中。这与包含黑盒的传统 BCI 模型形成对比。

有关 BCI 相关主题的进一步阅读可以在文献[51]的几章中找到,例如:

(1) 脑机接口的脑电信号处理(在文献[51]的第 46 章);

(2) 表面肌电信号分析识别和康复行动(在文献[51]的第 56 章);

(3) 类脑机器人(在文献[51]的第 57 章);

(4) 用户活动的发展学习(在文献[51]的第 58 章);

(5) NeuCube BCI 演示:https://kedri.aut.ac.nz/R-and-D-Systems/brain-computer-interfaces-bci。

致谢

本章中的某些材料是首次出版的,被本书所引用。我感谢这些出版物的共同作者 Denise Taylor、Elisa Capecci、Kaushalya Kumarasinghe、Stefan Schliebs、Mahonri Owen、Nelson 和来自北京的中国科学院自动化研究所侯教授小组的 James。

参考文献

[1] L. Davlea, B. Teodorescu, Modular brain computer interface based on steady state visually evoked potentials (SSVEP). Paper presented on the E-health and bioengineering conference (EHB), Iasi, Romania. Retrieved from IEEE database (2011)

[2] I. Sugiarto, I.H. Putro, Application of distributed system in neuroscience: a case study of BCI framework. The 1st international seminar on science and technology 2009 (ISSTEC 2009), Universitas Islam Indonesia, Yogyakarta, 2009

[3] S.G. Mason, G.E. Birch, A general framework for brain-computer interface design. Neural Syst. Rehabil. Eng. **11**(1), 70–85 (2003). https://doi.org/10.1109/TNSRE.2003.810426

[4] D. Plass-Oude Bos, H. Gürkök, B. Van de Laar, F. Nijboer, A. Nijholt, User experience evaluation in BCI: mind the gap! Int. J. Bioelectromagn. **13**(1), 48–49 (2011)

[5] L. Fernando, N. Alonso, J. Gomez-Gil, Brain computer interfaces, a review. Sensors **12**(2), 1211–1264 (2012)

[6] L.R. Hochberg, M.D. Serruya, G.M. Friehs, J.A. Mukand, M. Saleh, A.H. Caplan, A. Branner, D. Chen, R.D. Penn, J.P. Donoghue, Neuronal ensemble control of prosthetic devices by a human with tetraplegia. Nat. J. **442**, 164–171 (2006)

[7] Y. Zhang, A novel BCI based on ERP components sensitive to configural processing of human faces. J. Neural Eng. **9**(1). https://doi.org/10.1088/1741-2560/9/2/026018 (2012)

[8] Emotiv: https://www.emotiv.com

[9] Z. Doborjeh, N. Kasabov, M. Doborjeh, A. Sumich, Modelling peri-perceptual brain processes in a deep learning spiking neural network architecture. Nature, Scientific reports **8**, 8912 (2018)

[10] D. Sperber, F. Clement, C. Heintz, O. Mascaro, H. Mercier, G. Origgi, D. Wilson, Epistemic vigilance. Mind Lang. **25**(4), 359–393 (2010)

[11] D. Ortner, D. Grabher, M. Hermann, E. Kremmer, S. Hofer, C. Heufler, The adaptor protein Bam32 in human dendritic cells participates in the regulation of MHC class I-induced CD8$^+$ T cell activation. J. Immunol. **187**(8), 3972–3978. https://doi.org/10.4049/jimmunol.1003072. (2011, epub 19 Sept 2011)

[12] E.M. Mugler, C.A. Ruf, S. Halder, M. Bensch, A. Kubler, Design and implementation of a

P300-based brain-computer interface for controlling an internet browser. IEEE Trans. Neural Syst. Rehabil. Eng. **18**(1), 599–609 (2010)

[13] A. Furdea, S. Halder, D.J. Krusienski, D. Bross, F. Nijboer, N. Birbaumer, A. Kübler, An auditory oddball (P300) spelling system for brain-computer interfaces. J. Psychophysiol. **46**, 617–625 (2009)

[14] T. Hinterberger, S. Schmidt, N. Neumann, J. Mellinger, B. Blankertz, G. Curio, N. Birbaumer, Brain-computer communication and slow cortical potentials. Biomed. Eng. **51**(1), 1011–1018 (2004)

[15] N. Kasabov, NeuCube evospike architecture for spatio-temporal modelling and pattern recognition of brain signals, in *ANNPR* N. Mana, F. Schwenker, E. Trentin ed. by LNAI, vol. 7477 (Springer, Berlin, 2012), pp.225–243

[16] S.M. Bothe, The evidence for neural information processing with precise spike-times: a survey. Neural Comput. **3**(2), 1–13 (2004)

[17] T. Delbruck, jAER open source project (2007), http://jaer.wiki.sourceforge.net

[18] D.A. Lichtenstein, G.A. Mezière, Relevance of lung ultrasound in the diagnosis of acute respiratory failure: the BLUE protocol. Chest **134**(1), 117 – 125. https://doi.org/10.1378/chest.07-2800. (2008, epub 10 Apr 2008)

[19] N. Nuntalid, K. Dhoble, N. Kasabov, in *EEG Classification with BSA Spike Encoding Algorithm and Evolving Probabilistic Spiking Neural Network*, LNCS, vol. 7062 (Springer, Berlin, 2011), pp. 451–460

[20] B. Petro, N. Kasabov, R. Kiss, Selection and optimisation of spike encoding methods for spiking neural networks, algorithms, submitted; http://www.kedri.aut.ac.nz/neucube/

[21] C.J. Honey, R. Kötter, M. Breakspear, O. Sporns, Network structure of cerebral cortex shapes functional connectivity on multiple time scales. Proc. Natl. Acad. Sci. **104**, 10240 – 10245 (2007)

[22] E. Bullmore, O. Sporns, Complex brain networks: graph theoretical analysis of structural and functional systems. Nat. Rev. Neurosci. **10**, 186–198 (2009)

[23] V. Braitenberg, A. Schüz, *Statistics and Geometry of Neuronal Connectivity* (Springer, Berlin, 1998)

[24] B. Hellwig, A quantitative analysis of the local connectivity between pyramidal neurons in layers 2/3 of the rat visual cortex. Biol. Cybern. **2**, 111 – 121 (2000). https://doi.org/10.1007/PL00007964

[25] Z.J. Chen, Y. He, P. Rosa-Neto, J. Germann, A.C. Evans, Revealing modular architecture of human brain structural networks by using cortical thickness from MRI. Cereb. Cortex **18**, 2374–2381 (2008)

[26] C.J. Stam, Functional connectivity patterns of human magnetoencephalographic recordings: a small-world network? Neurosci. Lett. **355**, 25–28 (2004)

[27] N. Kasabov, *Evolving Connectionist Systems: The Knowledge Engineering Approach* (Springer, London, 2007) (first edition, 2002)

[28] D. Taylor, N. Scott, N. Kasabov, E. Tu, E. Capecci, N. Saywell, Y. Chen, J. Hu, Z.-G. Hou, *Detecting Motor Execution and Motor Intention from EEG Signals* (IEEE WCCI, Beijing, 2014)

[29] A. Mohemmed, S. Schliebs, S. Matsuda, N. Kasabov, SPAN: spike pattern association neuron for learning spatio-temporal spike patterns. Int. J. Neural Syst. **22**(4), 1250012 (2012)

[30] K. Kong, K. Chua, J. Lee, Recovery of upper limb dexterity in patients more than 1 year after stroke: frequency, clinical correlates and predictors. NeuroRehabilitation **28**(2), 105–111 (2011)

[31] J. Kleim, T. Jones, Principles of experience-dependent neural plasticity: implications for rehabilitation after brain damage. J. Speech Hear. Res. **51**, S225–S239 (2008)

[32] K. Fox, Experience-dependent plasticity mechanisms for neural rehabilitation in somatosensory cortex. Philosophical Trans. R. Soc. Lond. Series B, Biol. Sci. **364**(1515), 369–381 (2009)

[33] A.L. Kerr, S.Y. Cheng, T.A. Jones, Experience-dependent neural plasticity in the adult damaged brain. J. Commun. Disord. **44**(5), 538–548 (2011)

[34] M. Jeannerod, Neural simulation of action: a unifying mechanism for motor cognition. NeuroImage **14**(1), S103–S109 (2001)

[35] G. Rizzolatti, L. Fogassi, V. Gallese, Neurophysiological mechanisms underlying the understanding and imitation of actions. Nat. Rev. Neurosci. **2**, 661–670 (2001)

[36] M. Jeannerod, The representing brain: neural correlates of motor intention and imagery. Behav. Brain Res. **17**, 187–245 (1994)

[37] L. Fadiga et al., Motor facilitation during action observation: a magnetic stimulation study. J. Neurophysiol. **73**(6), 2608–2611 (1995)

[38] R. Grush, The emulation theory of representation: motor control, imagery, and perception. Behav. Brain Sci. **27**, 377–396 (2004)

[39] S.J. Page, P. Levine, S. Sisto, M.V. Johnston, A randomized efficacy and feasibility study of imagery in acute stroke. Clin. Rehabil. **15**, 233–240 (2001)

[40] V. Gray, C.L. Rice, S.J. Garland, Factors that influence muscle weakness following stroke and their clinical implications: a critical review. Physiother. Can. **64**(4), 415–411 (2012)

[41] S-H. Chang, G.E. Francisco, P. Zhou, W.Z. Rymer, S. Li, Spasticity, weakness, force variability, and sustained spontaneous motor unit discharges of resting spastic-paretic biceps brachii muscles in chronic stroke. Muscle Nerve **48**(1), 85–92 (2013)

[42] R. Zimmermann, L. Marchal-Crespo, J. Edelmann, O. Lambercy, M.C. Fluet, R. Riener, R. Gassert, Detection of motor execution using a hybrid fNIRS-biosignal BCI: a feasibility study. J. Neuroeng. Rehabil. **10**, 4 (2013)

[43] NeuCube BCI demo; https://kedri.aut.ac.nz/R-and-D-Systems/brain-computer-interfaces-bci

[44] L. Hopler, M. Wolf, Single-trial classification of motor imagery differing in task complexity: a functional near-infrared spectroscopy study. J. Neuroeng. Rehabil. **8**, 34 (2011)

[45] M. Arvaneh, G. Cuntai, A. Kai Keng, Q. Chai, Optimizing the channel selection and classifica-

tion accuracy in EEG-based BCI. IEEE Trans. Biomed. Eng. **59**(6), 1865-1873(2011)

[46] Y. Chen, J. Hu, N. Kasabov, Z. Hou, L. Cheng, in *NeuCubeRehab: A Pilot Study For EEG Classification in Rehabilitation Practice Based on Spiking Neural Networks*. Proceedings of the International Conference on Neural Information Processing, Daegu, Korea (2013)

[47] L. Fernando, N. Alonso, J. Gomez-Gil, Brain computer interfaces, a review. Sensors **12**(2), 1211-1264 (2012)

[48] N. Kasabov, Q. Song, in *ECM, A Novel On-line, Evolving Clustering Method and Its Applications*. Proceedings of the 5th Biannual Conference Artificial Neural Network Expert System (ANNES 2001) (2001), pp. 87-92

[49] K. Kumarasinghe, M. Owen, N. Kasabov, D. Taylor, C. K. Au, FaNeuRobot: A Brain-Like Motor Controlling Framework for Prosthetic Control Using Automata Theory, in *Cognitive Computing & NeuCube Evolving Spiking Neural Network Architecture*, IEEE Robotics Conference, Sydney, May 2018

[50] A. Gollahalli, Masters thesis, Auckland University of Technology, (2017)

[51] N. Kasabov (ed.), *Springer Handbook of Bio-/Neuroinformatics* (Springer, Berlin, 2014)

[52] Wikipedia: www.wikipedia.com

[53] N. Kasabov, L. Liang, R. Krishnamurthi, V. Feigin, M. Othman, Z.-G. Hou, P. Parmar, Evolving spiking neural networks for personalised modelling of spatio-temporal data and early prediction of events: a case study on stroke. Neurocomputing **134**, 269-279 (2014)

第6部分　SNN中的生物和神经信息学

第15章
脑电数据的深度学习和深度知识表示

本章探讨 SNN 捕捉生物信息学数据变化的能力,以进行事件预测或从 DNA、基因和蛋白质数据对生物状态进行分类。首先介绍一些生物信息学入门知识。

15.1 生物信息学入门

本节介绍生物数据的生物学计算与建模。部分材料发表在文献[1-2]中。

15.1.1 一般概念

生物信息学汇集了几门学科的知识,包括分子生物学、遗传学、微生物学、数学、化学和生物化学及物理学,当然还有信息学。正如第 1 章所讨论的,生物学中的许多过程是动态发展的,其建模需要发展的方法和系统。在生物信息学中,新数据正以惊人的速度增长,这要求模型具有连续适应性。基于知识的模块管理(包括规则和知识发现)是至关重要的。所有这些问题构成了解决生物信息学各个领域所需要的不断发展的连接主义方法和系统,从 DNA 序列分析到基因表达数据分析,再到蛋白质分析,再到对遗传网络和整个细胞的建模,这些作为系统的生物学方法。这将有助于发现遗传特征,并了解迄今为止尚无更好的治愈方法的疾病,以更好地了解人体的组成成分以及其在不同级别、复杂性的组织如何发挥作用。

15.1.2 DNA、RNA、蛋白质以及分子生物学和生命进化的关键

大自然随时间演变。生命进化过程中最明显的例子是生物进化。《简明牛津英语词典》对生命的定义为:一种有组织的物体所特有的功能活动和持续变化的状态,尤其是在物体死亡前动植物的部分,包括生命的存在即活着。DNA 是代代相传的生命载体。

DNA(双氧核糖核酸)是一条化学链,存在于生物体每个细胞的细胞核中,由双螺旋结构的小化学分子(碱基、核苷酸)组成,它们是腺嘌呤(A)、胞嘧啶(C)、胍基(G)和胸苷(T)通过二氧核糖磷酸核酸主链连接在一起。

DNA 分子以双螺旋结构组织,其中 A 连接到 T 分子、C 连接到 G 分子。许多疾病是由于 DNA 编码的微小变化所致,称为单核苷酸多态性(SNP),如图 15.1 所示。除了 CG 链接外,还有一个 AT 链接。

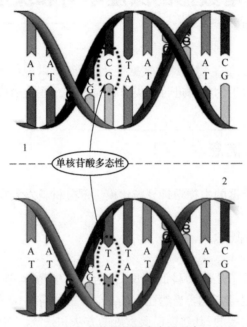

图 15.1 单核苷酸多态性现象

DNA 包含数百万个核苷酸碱基对,但是只有 5%左右的碱基用于蛋白质的生产,这些是 DNA 中含有基因的片段。每个基因都是在细胞中用于产生蛋白质的碱基对序列。基因的长度为数百至数千个碱基。

在简单的生物中,细菌(原核生物)的 DNA 直接转录成 mRNA,该 mRNA 由仅包含密码子(无内含子段)的基因组成,如图 15.2(a)所示。基因翻译成蛋白质的过程是由称为核糖体的蛋白质启动的,该蛋白质与基因的开头(核糖体结合位点)结合并翻译序列直至到达基因的终止区域。在细菌中发现核糖体结合位点将揭示细菌如何发挥作用以及产生哪些蛋白质。

在高等生物(细胞中含有细胞核)中,DNA 首先被转录成前 mRNA,该前 mRNA 包含有 DNA 中含基因的所有区域。然后,通过剪接过程将前 RNA 转录为许多功能性 mRNA 序列,从而使内含子片段从基因中删除,仅提取占蛋白质的外显子片段。功能性 mRNA 翻译成蛋白质(图 15.2(b))。

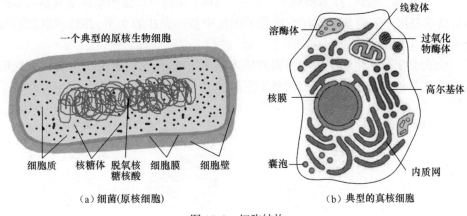

图 15.2 细胞结构

分子生物学的中心法则(图 15.3)指出,DNA 被转录成 RNA,然后被翻译成蛋白质,该过程在生物体死亡之前一直是连续的[2]。

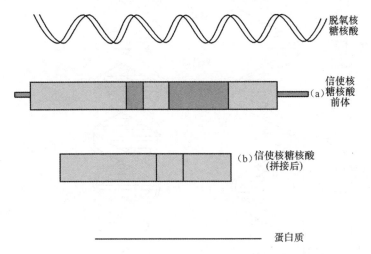

图 15.3 分子生物学的中心法则指出,只要生物体还活着,
DNA 被转录成 RNA,然后被翻译成蛋白质,这个过程是连续不断的

RNA(核糖核酸)具有与 DNA 类似的结构,但此处的胸苷(T)被尿苷(U)取代(图 15.4)。在前 RNA 中,仅包含基因的片段是从 DNA 中提取的。每个基因由两种类型的片段组成即外显子(不翻译成蛋白质的片段)和内含子即不参与蛋白质生产的片段。除去内含子和仅对序列中基因的外显子部分进行排序称为剪接,此过程导致产生信使 RNA(或 mRNA)序列。

mRNA 直接翻译成蛋白质。每种蛋白质由一系列氨基酸组成,每个氨基酸定义为一个碱基三联体,称为密码子。从一个 DNA 序列中可以产生许多复制的 mR-NA,所有基因中一定基因的存在决定了细胞中基因表达的水平,并且可以指示细胞中将产生多少蛋白质。

上面关于分子生物学中心法则的描述非常简单,但这将有助于理解在生物信息学中连接论和其他信息模型的基本原理[2]。

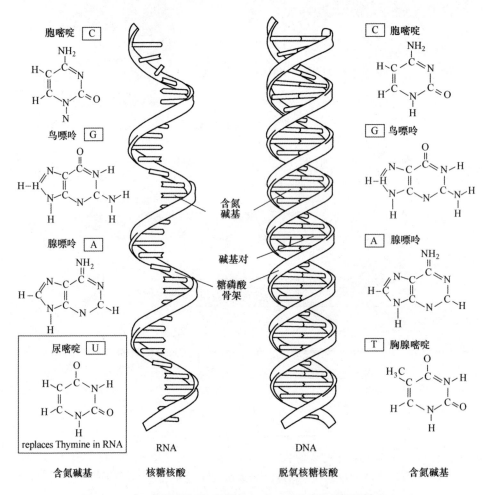

图 15.4 RNA(核糖核酸)的结构与 DNA 类似,但此处的胸苷(T)被尿苷(尿嘧啶)(U)取代

基因是复杂的化学结构组成,在个人的整个生命周期以及人类几代人的生命中,它们都会导致一种物质动态转化为另一种物质[3-6]。当基因"起作用"时,涉及单个基因过程的动力学非常复杂,因为该基因与许多其他基因、蛋白质相互作用,并受许多环境和发育因素的影响。

DNA转录、基因翻译和蛋白质生产的整个过程是连续的,并且会随着时间而发展。蛋白质具有3D结构,受物理和化学定律的控制,随着时间的推移会逐渐展开。蛋白质使某些基因产生表达,并可能抑制其他基因的表达。个体中的基因可能会突变,略微改变其编码方式,因此在下一次表达过程中可能会有所不同。因此,基因可能会在生物体的生命周期中发生变化、变异和进化。

人类基因组(DNA)中只有2%~5%包含与蛋白质生产有关的有用信息。人类基因组中包含的基因数量约为40000。仅有基因片段被转录为RNA序列,然后翻译为蛋白质。转录是通过特殊的蛋白质(称为RNA聚合酶)实现的,该酶与DNA的某些部分(启动子区域)结合,并开始"读取"每个基因存储在mRNA序列中的编码。DNA序列分析和鉴定启动子区域是一项艰巨的任务。如果实现了这一目标,则有可能从DNA信息中预测该生物体的发育方式,或者可以回顾一下该生物体的样子。启动子识别过程是基因调节网络活动的复杂过程的一部分,该过程中基因彼此之间随着时间相互作用,从而确定整个细胞的命运。

RNA分子正在成为中心活动的"参与者",它们不仅控制信使RNA的蛋白质生产,而且还调控许多重要的基因表达和信号通路。日本的小鼠cDNA测序项目FANTOM表明,非编码RNA至少占转录的哺乳动物基因总数的1/3[7]。实际上,真核细胞中大约98%的RNA是非编码的[8],它是由蛋白质编码基因、非蛋白质编码基因的内含子甚至是基因间区域产生的,现在估计其中一半人类细胞中的转录本是非编码的和功能性的。

这些非编码的转录本不是垃圾,但在分子生物学的中心法则中可能起着至关重要的作用。最近发现,迅速扩展的非编码RNA组是microRNA,已知在进化中的脊椎动物出现期间其数量呈爆炸式增长(见文献[9],也对非编码RNA及其进化进行了很好的综述)。已知它们可在低等真核生物中发挥作用,调节细胞和组织的发育、细胞生长和凋亡以及许多代谢途径,在脊椎动物中的作用可能相似[8]。

microRNA由长的前体RNA编码,通常有数百个碱基对,通常形成折回结构,类似于笔直的发夹,偶尔有气泡和短分支结构产生。这些长转录RNA的长度和保守性使得可以通过序列相似性搜索方法发现和分类,已发现和分类拟南芥基因组中的许多系统发育相关的微小RNA[10]。此类分析已确定,大多数植物microRNA基因已通过靶基因序列的反向重复进化而来。它们在哺乳动物中进化的机制尚不清楚。

动植物之间缺乏保守的microRNA序列或microRNA靶标表明,植物microRNA在从哺乳动物前体生物体中分离出植物谱系后进化而来。这意味着有关植物microRNA的信息无助于识别或分类大多数哺乳动物microRNA。同样,在哺乳动物基因组中,折返结构要短得多,只有约80个碱基对,这使序列相似性搜索成为寻找和聚类远距离相关microRNA前体是相对不太有效的方法。

进化过程意味着世代个体的发展,除了每个个体的发展(学习)过程外,还基于适应性(生存)标准应用与交互、突变以及个体选择过程(参见第7章)。

生物系统通过个体的终生学习以及许多此类个体的种群进化来进化其结构和功能,即个体是种群的一部分,也是许多代种群进化的结果,它是自身发展和终身学习的过程。

在个体数百万个基因组中,相同的基因可能在不同个体中以及在个体内即在其身体的不同细胞中表达不同。这些基因的表达是一个动态过程,不仅取决于基因的类型,还取决于基因之间的相互作用以及个体与环境的相互作用("进化与自然"问题)。

从进化生物学角度考虑以下几个原则:

(1) 进化保留或清除基因;
(2) 进化是随机变化的非随机积累过程;
(3) 新基因导致新蛋白质的产生;
(4) 基因是通过进化传递的:种群的世代和选择过程(如自然选择)。

解释DNA信息的方式有多种,有些是科学性的,有些是艺术性的[3]:

(1) DNA作为信息来源,细胞作为信息处理机器[4];
(2) DNA和细胞为随机系统(过程是非线性和动态的,在数学上是混乱的);
(3) DNA作为能源;
(4) DNA作为一种语言;
(5) DNA作为音乐;
(6) DNA作为生命的定义[1-2]。

蛋白质提供了细胞的大部分结构和功能成分。涉及蛋白质各个方面的分子生物学领域称为蛋白质组学。到目前为止,已经鉴定并标记了约30000种蛋白质,但这被认为是使我们的细胞保持生命力的全部蛋白质的其中一小部分。

mRNA被核糖体翻译成蛋白质。蛋白质是氨基酸序列,每个氨基酸序列由一组3个核苷酸(密码子)定义。共有20个氨基酸,用字母(A、C-H、I、K-N、P-T、V、W、Y)表示。表15.1给出了每种氨基酸的密码子,因此该列代表三元组中的第一个碱基,行代表第二个碱基,最后一列代表最后一个碱基。

蛋白质的氨基酸长度为数十至数千。

每种蛋白质都有一些特征[4,11]

(1) 结构体;
(2) 功能;
(3) 约束性;
(4) 酸碱度;
(5) 亲水性;
(6) 分子量。

表 15.1　20 个氨基酸中每个氨基酸的密码子(列表示三元组中的第一个碱基,
行表示第二个碱基,最后一列表示最后一个碱基)

	U	C	A	G	
U	Phe Phe Leu Leu	Ser Ser Ser Ser	Tyr Tyr — —	Cys Cys — Trp	U C A G
C	Leu Leu Leu Leu	Pro Pro Pro Pro	His His Gln Gln	Arg Arg Arg Arg	U C A G
A	Ile Ile Ile Met	Thr Thr Thr Thr	Asn Asn Lys Lys	Ser Ser Arg ARg	U C A G
G	Val Val Val Val	Ala Ala Ala Ala	Asp Asp Glu Glu	Gly Gly Gly Gly	U C A G

起始密码子定义了基因在 mRNA 中的起始位置,该位置开始将 mRNA 翻译成蛋白质。终止密码子定义了终止位置。

具有高度相似性的蛋白质称为同源蛋白质,具有相同功能的同源物称为直系同源物,具有不同功能的相似蛋白质称为旁系同源物。

蛋白质具有复杂的结构,包括:

(1) 一级结构(氨基酸的线性序列)参见图 15.5;

(2) 二级结构(3D,定义功能)。图 15.6 给出了蛋白质的 3D 表示示例;

(3) 三级结构(蛋白质的高水平折叠和能量最小单位);

(4) 四级结构(两个或多个蛋白质分子之间的相互作用)。

关于分子生物学的更多信息可以在文献[2]中找到。

15.1.3　系统发生学

进化是一个种群随时间变化的过程,种群可能分裂成独立的分支,混合在一起或因灭绝而终止。进化分支过程可以描述为系统进化树,并且各种生物中的每一个在树上的位置均基于关于发生进化分支事件的序列的假设。

在生物学中,系统发生学是研究生物群(如物种、种群)之间进化关系的方法,它们是通过分子测序数据和形态学数据矩阵发现的。系统发育分析已成为研究生命进化树的必要步骤。

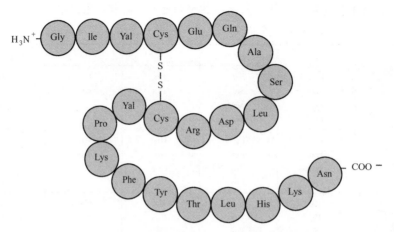

图 15.5 蛋白质的一级结构——氨基酸的线性序列

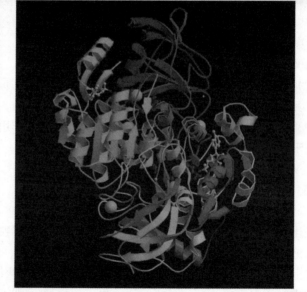

图 15.6 使用 PDB 数据集获得的蛋白质二级结构(三维,定义功能)的示例
(该数据集由美国国立卫生研究院(NIH)的国家生物信息中心(NCBI)提供)

15.1.4 分子数据分析的挑战

如前所述,人类基因组(DNA)中只有 2%~5%基因包含有关蛋白质生产的信息[2]。人类基因组中包含的基因数量约为 40000[5]。仅基因片段被转录为 RNA 序列。转录是通过特殊的蛋白质(称为 RNA 聚合酶)实现的,该蛋白质与 DNA 的某些部分(启动子区域)结合,并开始"读取"同时将每个基因密码存储在一个 mRNA 序列中。

DNA 序列分析和鉴定启动子区域是一项艰巨的任务。如果实现了这一目标,则有可能从 DNA 信息中预测该生物体的发育方式,或者可以回顾一下该生物体原本的样子。

下一部分将讨论对微阵列基因表达数据的分析。在这里提出了一些典型的 DNA 和 RNA 序列模式分析任务,即核糖体结合位点识别和剪接连接识别。

从 DNA 或 mRNA 序列识别模式是一种识别这些序列中的基因并通过计算机(在计算机中)预测蛋白质的方法。为此,通常沿着该序列移动"窗口",并将来自该窗口的数据提交给神经网络分类器(标识符),该神经网络分类器标识该窗口中是否包含已知模式。

如前面所述,只有基因片段被转录为 RNA 序列,然后翻译为蛋白质。转录是通过特殊的蛋白质(称为 RNA 聚合酶)实现的,该酶与 DNA 的某些部分(启动子区域)结合,并开始"读取"并将每个基因代码存储在 mRNA 序列中。DNA 序列分析和鉴定启动子区域是一项艰巨的任务。如果实现了这一目标,则有可能从 DNA 信息中预测出该生物体将如何发展,或者可以回顾一下该生物体原本的样子。启动子识别过程是基因调节网络活动的复杂过程的一部分,该过程中基因彼此之间随着时间相互作用,从而确定整个细胞的命运。

在计算机模型和模式识别中,找到将内含子与外显子分开的剪接点是计算机建模和模式识别的一项艰巨任务,一旦解决,将有助于理解从特定 mRNA 序列产生的蛋白质。此任务称为剪接结识别。

图 15.7 显示了将一级 RNA 剪接成 mRNA 的过程。

但是,即使已经识别了 pre-mRNA 中的剪接点,也很难预测哪些基因真正起作用,即将其翻译成蛋白质,以及它们将发挥多少活性,即产生多少蛋白质。这就是为什么引入基因表达技术(如微阵列)来测量基因在 mRNA 中的表达。基因表达的水平将暗示细胞中将产生多少这种类型的蛋白质,但这也只是一个近似值。

RNA 分子正在成为中心的"参与者",它们不仅控制信使 RNA 的蛋白质生产,而且还调控许多重要的基因表达和信号通路。实际上,在真核细胞中产生的 RNA 中约 98%是非编码的[8],是从蛋白质编码基因、非蛋白质编码基因的内含子甚至

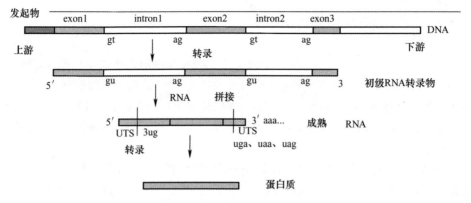

图 15.7 将初级 RNA 剪接成 mRNA 的过程

是基因间区域产生的,现在估计有一半人类细胞中的转录本是非编码的和有功能的。

因此这些非编码转录本不是垃圾,但在分子生物学的中心法则中可能起着至关重要的作用。最近发现的,迅速扩展的非编码 RNA 组是 microRNA,已知在进化中的脊椎动物出现期间其数量爆炸了[9](也对非编码 RNA 及其进化进行了很好的综述)。已知它们可在低等真核生物中发挥作用,调节细胞和组织发育、细胞生长和凋亡以及许多代谢途径,在脊椎动物中可能具有相似的作用[8]。

microRNA 由长的前体 RNA 编码,通常长数百个碱基对,通常形成折回结构,类似于笔直的发夹,偶有气泡和短分支。这些长转录 RNA 的长度和保守性使得可以通过序列相似性搜索方法发现和分类,以发现和分类拟南芥基因组中的许多系统发育相关的微小 RNA[10]。此类分析已确定,大多数植物 microRNA 基因已通过靶基因序列的反向重复进化而来。它们在哺乳动物中进化的机制尚不清楚。

分子生物学的许多方面使它们的分析和建模变得困难,例如:

(1) 现在可以获得大量的基因组数据、RNA 数据、蛋白质数据和代谢途径数据(请参阅 http://www.ncbi.nlm.nih.gov),也仅是生物信息学中计算建模的开始。

(2) 复杂的互动:
① 在蛋白质、基因、DNA 编码之间;
② 基因组与环境之间;
③ 尚未发现。

(3) 稳定性和重复性:基因是相对稳定的信息载体。

(4) 许多不确定因素:
① 替代拼接;

② 由以下原因引起的基因突变,包括电离辐射(如 X 射线)、化学污染、复制错误、将基因插入宿主细胞的病毒、衰老过程等。

③ 突变的基因表达不同,并产生不同的蛋白质。

(5) 对动态变化的生物过程进行建模非常困难。

同时,研究人员一直在寻找解决上述难题的方法,以解决重要的问题,无论规模大小,例如:

(1) 从 DNA 和 RNA 序列中发现模式(特征)(如基因、启动子、RBS 结合位点、剪接点);

(2) 分析基因表达数据并预测蛋白质丰度;

(3) 发现基因网络即随着时间的流逝共同调控的基因;

(4) 蛋白质发现和蛋白质功能分析;

(5) 根据其 DNA 编码预测生物的发育;

(6) 从 DNA 重建生活;

(7) 对细胞的完整发育(代谢过程)建模;

(8) 基因改造;

(9) 医疗决策支持系统;

(10) 精密医学(个性化建模);

(11) 疾病诊断系统;

(12) 治疗结果预测;

(13) 人造主题生活;

(14) 合成食品;

(15) 保护和维护地球上的生命;

(16) 地球以外的生命;

(17) 生与死。

下一节将提供有关如何对生物信息学数据进行建模以及有用的模式和发现新知识的更多信息。

15.2 生物数据库、生物信息学数据的计算建模

15.2.1 生物数据库

数据库对于生物信息学的研究和应用至关重要。存在许多数据库,涵盖各种信息类型,例如:

(1) 基因库;

(2) DNA 和蛋白质序列；
(3) 分子结构；
(4) 表型和生物多样性。
数据库可能包含：
(1) 经验数据(直接从实验获得)；
(2) 预测数据(从分析中获得)；
(3) 两者都有。
它们可能针对特定的生物、途径或分子；或者它们可以合并从多个其他数据库收集的数据。

生物数据库在格式、访问机制以及是否公开等方面都是不同的。

下面列出了一些常用的数据库[2]：
(1) 生物序列分析如 Genbank、UniProt；
(2) 蛋白质家族和主题发现如 InterPro、Pfam；
(3) 下一代测序序列读取存档；
(4) GRN 分析包括代谢途径数据库(KEGG、BioCyc)、相互作用分析数据库、功能网络；
(5) 合成遗传电路的设计，为 GenoCAD。

生物学数据库的全面描述可以在文献[2]中找到。

15.2.2 有关生物信息学数据建模的一般信息

许多统计和机器学习方法已用于分析分子数据(参见文献[2]以及第 2 章)。人工神经网络(ANN)和不断发展的连接系统(ECOS)，已被广泛应用于从 DNA 和 RNA 数据中识别模式、使用人工神经网络的一般方案。图 15.8 和图 15.9 分别给出了从生物信息学数据进行模式识别的 eSNN 和 eSNN。

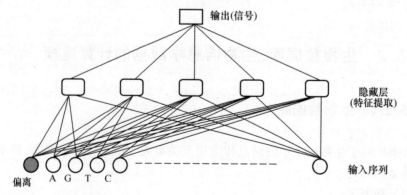

图 15.8 使用 MLP 神经网络从 DNA 数据识别序列模式的一般方案(第 2 章)

已经开发出许多连接论模型来识别 RNA 或 DNA 序列中的模式[4,6]。它们中的大多数处理静态数据集并使用多人感知器 MLP 或自组织映射 SOM(第 2 章)。

但是,在许多情况下,有连续的数据流可用于特定的模式识别任务。需要将新的标记数据添加到现有的分类器系统中,以便在将来的未标记数据中实现更好的分类性能。这可以通过使用不断发展的模型和系统来完成。

这里使用了几个案例研究来说明不断发展的系统在序列 DNA 和 RNA 数据分析中的应用。图 15.9 说明了 eSNN 的用法,其中输出节点不断发展以捕获输入数据的原型。有关 eSNN 的更多信息可参见第 4 章。

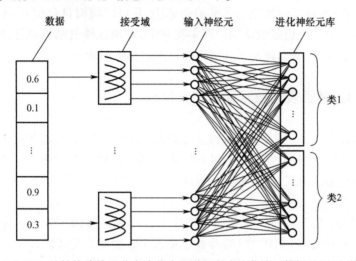

图 15.9　eSNN 的结构将输出节点演化为以增量方式捕获输入数据的原型(第 5 章)

已经开发了几种基于序列相似性和基于 RNA 折叠的方法来发现新型 microR-NA。在几个物种中,简单的 BLAST 相似性搜索已经确定了如 let-7 microRNA 的直向同源物[11]。另一种方法是通过 RNA 折叠预测算法(最著名的是 Mfold 和 RNAfold)进行筛选,以寻找具有特征性低 deltaG 值(表明折叠分子强烈杂交)的茎-环结构候选物,然后通过基因组之间的序列保守性进一步筛选相关物种。分别以这种方式将称为 MIRseeker[12]和 MIRscan[13]的软件系统用于果蝇(Drosophila)和人类 microRNA 发现。最近,通过基于系统发育保守的搜索策略已经发现了约 1000 种保守的人类 microRNA[14]。此方法基于紧密相关的灵长类物种的许多不同序列的仔细多重比对,以在单核苷酸分辨率下找到准确的保守性。

所有这些方法的问题在于,它们需要大量的序列数据和许多基因组之间费力的序列比较,这是关键的过滤步骤。同样,通过这些方法发现物种特异性的、最近进化的 microRNA 也是困难的,而且很难评估序列差异太大的远程相关基因的系统发育距离。

microRNA 的一个原则是,许多 microRNA(通常是非编码 RNA)的二维(2D)结构可以提供其他信息,这些信息对于它们的发现和分类很有用,即使仅来自一个物种的数据也是如此。这类似于蛋白质三维(3D)结构分析,显示了蛋白质之间经常存在的功能和/或进化相似性,而仅通过序列相似性方法很难发现。

蛋白质 3D 结构比较是基于多肽大分子链中氨基酸原子坐标的准确蛋白质结晶数据进行的,不幸的是,此类分子结构数据通常对于 RNA 尤其是 microRNA 前体而言很少。此外,就像传统的从头开始仅从氨基酸序列中推论蛋白质折叠的巨大挑战一样,在 3D 模式下进行 RNA 折叠模拟仍然是一个难题。2D 中 RNA 折叠的预测更加先进,并且可以使用相当准确的算法,它可以模拟自杂交 RNA 分子的假定最可能和热力学最稳定的结构。在实验室中,许多这样的结构也已通过各种实验方法进行了验证,从而证实了这些折叠算法的总体准确性。

15.2.3 基因表达数据建模和分析

在寻找针对多种疾病(如癌症或艾滋病毒)的有效药物时,当代的方向之一是创建这些疾病的基因谱,并随后通过基因表达调控找到治疗的靶点。基因谱是一些基因的典型表达模式,这些基因对所有或特定疾病的某些已知样本都是典型的。

疾病概况如下。

IF(基因 g1 高表达)AND(基因 g37 低表达)AND(基因 134 非常高表达),然后很可能是癌症 C 型(可用的 130 个样本中有 123 个具有此特征)。

拥有针对特定疾病的此类资料可以进行早期诊断测试,因此可以从患者身上采集样本,处理与样本相关的数据,然后获得一个资料,该资料可以基于相似性,与现有的基因资料进行匹配,可以以一定的概率预测患者是否处于疾病的早期阶段,或者他将来有以一定概率患病的风险。

目前,微阵列设备广泛用于评估组织或活细胞中基因表达的水平[15]。微阵列中的每个点(像素、细胞)代表单个基因的表达水平。微阵列技术的 5 个主要步骤是组织收集、RNA 提取、微阵列基因表达计算、扫描和图像处理及数据分析(图 15.10)。文献[1-2]中发布了使用不断发展的连接系统分析 DNA 和 RNA 以及分析疾病的技术,请参见图 15.11。

cDNA 微阵列和基因芯片技术的最新出现意味着现在可以同时审阅肿瘤中的数千个基因。该技术的潜在应用是众多的,包括用于分类、诊断、疾病结果预测、治疗反应性和目标识别的识别标记。由于疾病的异质性,微阵列分析可能无法确定疾病临床实用性的独特标志物(如单个基因),但是通过鉴定基因表达的簇,对疾病生物学状态的预测可能更加敏感(概况)[16-17]。

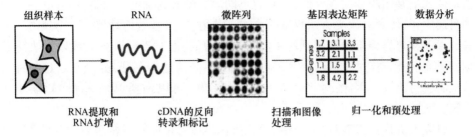

图 15.10 微阵列技术的 5 个主要步骤(组织收集、RNA 提取、微阵列基因表达计算、扫描和图像处理及数据分析)[1]

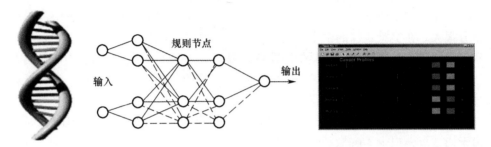

图 15.11 从 DNA 和 RNA 到使用不断发展的连接系统进行疾病分析[1]

15.2.4 时间序列基因表达数据的聚类

细胞中的每个基因可能随时间表达而不同。这使基于静态数据("一次")进行基因表达分析不是一个非常可靠的机制。通过测量每个基因随时间的表达速率,可以得出该基因表达水平的时间变化。可以根据它们的时间表达谱的相似性将基因分组在一起。

时程基因表达数据的聚类分析的主要目的之一是通过将新基因与已知功能的基因分组来推断新基因的功能。这是基于以下观察结果:随着时间的推移,显示相似活动模式的基因(共表达的基因)通常在功能上相关并且受相同的调控机制控制(共调控的基因)。通过聚类分析产生的基因聚簇通常与某些功能有关,如 DNA 复制或蛋白质合成。如果功能未知的新基因落入此类簇,则该基因可能具有与该簇的其他成员相同的功能。通过在整个微阵列实验中找到共表达的基因组,这种"关联内归"方法可以将功能分配给大量新基因[18]。

不同的聚类算法已应用于时程基因表达数据的分析:k-均值、SOM 和分层聚类,仅举几例[18]。它们都根据其活动模式的相似性将基因分配给簇。具有相似活动模式的基因应分组在一起,而具有不同激活模式的基因应放置在不同的簇中。到目前为止,使用的聚类方法仅限于一对一映射:一个基因恰好属于一个聚类。尽管该原理在聚类分析的许多领域中似乎是合理的,但对于微阵列时程基因表达数据的研究而言可能过于局限。基因可以参与不同的遗传网络,并经常通过各种调节机制进行协调。因此,对于微阵列数据的分析,可以预期单个基因可以属于几个簇。

研究人员指出,基因通常与多个类别高度相关,并且基因表达簇之间明确边界的定义似乎常常是任意的[19]。这是使用模糊聚类将单个对象分配给多个聚类的强烈动机。在模糊聚类中,一个总体中的每个样本都可以属于隶属度的几个聚类,该样本的所有隶属度加起来为 1 [17-21](第 1 章和第 2 章)。

应用模糊聚类的另一个原因是由于生物学和实验因素,微阵列数据中的噪声成分很大。在实验条件的微小变化下,基因的活性可以显示出很大的变化。实验程序中的许多步骤都会导致额外的噪声和偏差。减少微阵列数据中噪声的常用方法是为基因丰度的最小变化设置阈值。低于该阈值的基因被排除在进一步分析之外。但是,阈值的确切值仍然存在。

由于缺少已建立的错误模型并且使用过滤作为预处理,因此可以任意选择。由于通常事先很少了解数据结构,因此聚类分析中的关键步骤是选择聚类数量。找到"正确"数量的集群可以解决集群有效性的问题。事实证明,这是一个相当困难的问题,因为它取决于集群的定义。在没有先验信息的情况下,一种常见的方法是比较不同数目的群集导致的分区。为了评估分区的有效性,已经引入了几种群集有效性功能[20]。如果选择正确的群集数量,则这些功能应该达到最佳。当使用演进的聚类技术时,不需要事先定义聚类的数量。

两种模糊聚类技术是批处理模式模糊 C 均值聚类(FCM)和通过演化自组织图(ESOM)进行演化聚类(参阅第 2 章)。

在 FCM 聚类实验中(更多详细信息,可参见文献[21]),模糊化参数 m[20]是聚类分析的重要参数。对于随机数据集,仅当 $m<1.15$ 时,FCM 聚类才形成聚类。m 的值越高,分区矩阵中的成员值越一致。这可以看作 FCM 优于硬聚类的优势,硬聚类总是形成聚类,而与数据中任何结构的存在无关。如果在随机数据中未形成聚类伪像,则可以为 m 的较低阈值设置适当的选择。如果达到 m 的上限,FCM 在原始数据中未指示任何群集。此阈值主要取决于群集的紧凑性。用 FCM 进行的聚类分析表明,超球形分布对于增加 m 而言比超椭圆形分布更稳定。这可能是预料之中的,因为具有欧几里得范数的 FCM 聚类偏向于球形聚类。对于 $m<1.35$ 的值,评估聚类[20]的函数 F 在 4 个聚类中达到最大值,而对于较大的 m,F 显示出聚类数量单调减少。

在另一个实验中,从用作输入载体的酵母基因的时间概况中进化出了进化的自组织图 ESOM（参见第 2 章）。群集数量不需要预先指定（图 15.12）[1]。

从图 15.12 可以看出，群集 72 和 70 在 ESOM 上表示为相邻节点。图中的 ESOM 绘制为 2D PCA 投影。聚类 72 具有 43 个成员（具有相似时间分布的基因），聚类 70 具有 61 个成员，而聚类 5 只有 3 个基因作为聚类成员。

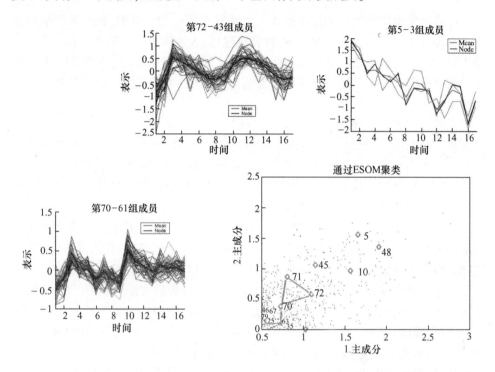

图 15.12　使用进化自组织图（ESOM）（第 2 章）聚类基因表达时间序列数据[1]

如果现有群集和新数据向量之间的距离也代表固定长度的时间序列，则新群集将以在线模式创建，该新数据向量也具有选定的阈值。

15.2.5　蛋白质数据建模和结构预测

文献中已经探索的一项任务是从一级预测二级结构。蛋白质片段的二级结构可以具有不同的形状，这由许多因素决定，其中之一是氨基酸序列本身。形状的主要类型是螺旋型、分支型、线圈（回路）型。

Qian 和 Sejnowski[23]研究了 MLP 在基于可用标记数据预测二级结构的任务中的用途，以下实验中也使用了 MLP 的实验方法。

15.3 基因和蛋白质相互作用网络与系统生物学方法

15.3.1 一般概念

计算系统生物学的目的是在整体上理解复杂的生物学对象,如在系统的层次上。它涉及不同方法和工具的集成:计算机建模、大规模数据分析和生物实验。系统生物学的主要挑战之一是对基因调控和生化网络的逻辑和动态的识别。系统生物学最可行的应用是创建一个详细的细胞调控模型,为基于机制的药物发现提供系统级的见解。

系统级理解是生物学中一个反复出现的主题,有着悠久的历史。术语"系统级理解"是在整体上理解系统结构和动态的重点转移,而不是理解特定对象及其交互。对生物系统的系统级理解可以从对4个关键属性的洞察中获得[24-25]。

(1) 系统结构。这包括基因调控网络(GRN)和生物化学途径。它们还包括通过相互作用调节细胞内和多细胞结构的物理性质的机制。

(2) 系统动力学。通过识别特定行为背后的基本机制,并根据系统的性质采用不同的方法,可以理解在不同条件下系统随时间变化的行为:代谢分析(寻找描述网络内主要反应途径的基本通量模式的基础)、敏感性分析(研究模型输出的变化如何定性或定量地分配到不同的变化源)、动态分析的方法,如相位图(系统在状态空间的几何轨迹)和分岔分析(分岔分析在多维空间中跟踪系统状态的时变变化,每个维度代表一个特定系统参数(涉及生化因子的浓度、反应速率/交互等)。随着参数的变化,某些参数值的解的定性结构,可能会发生变化。这些变化称为分岔,参数值称为分岔值)。

(3) 控制方法。系统地控制细胞状态的机制可以被调节来改变系统行为和优化治疗的潜在疗效靶点。

(4) 设计方法。可以根据明确的设计原则和模拟来设计修改和构建具有所需性能的生物系统的策略,而不是盲目的反复试验。

如前所述,系统动力学的实际分析和系统结构的认识是相互交叉的过程。在某些情况下,系统动力学分析可以为系统结构(新的相互作用、系统的附加成员)提供有用的预测。可以使用不同的方法来研究系统的动态特性。

(1) 稳态分析允许在系统组件没有动态变化时发现系统状态。

(2) 稳定性和敏感性分析提供了关于当刺激和速率常数被修改以反映动态行为时系统行为如何变化的见解。

(3) 分岔分析,其中一个动态模拟器与分析工具,可以提供一个动态行为的详细说明。

分析方法的选择取决于可纳入模型的数据可用性和模型性质。了解所研究的复杂系统的主要特性(如鲁棒性)是很重要的。

鲁棒性是所有复杂系统的核心问题,对于理解生物对象在系统级的功能非常重要。稳健系统表现出以下现象学特性。

(1) 适应性,表示应对环境变化的能力。

(2) 参数不敏感性,表示系统对特定动力学参数的相对不敏感性(在一定程度上)。

(3) 优雅退化,反映的是系统功能受损后的缓慢退化,而非灾难性故障。

所有这些特征都存在于一些人工智能方法和技术中,使它们非常适合于模拟复杂的生物系统[2]。揭示复杂生命系统的所有这些特征,有助于为其建模选择合适的方法,也为开发具有这些特征的新人工智能方法提供了灵感。

用硅在计算机中模拟活细胞有许多含义,其中之一是通过模拟而不是在病人身上测试新药。根据文献[26],70%~75%的药物进入人体实验失败。

活细胞过程的计算机建模是一项极其困难的任务。这有以下几个原因:

(1) 细胞中的过程是动态的,依赖于许多变量,其中一些变量与不断变化的环境有关;

(2) DNA 转录和蛋白质翻译的过程尚不完全清楚。

几个单元模型已经被创建和实验了,包含:

(1) 虚拟单元模型[27];

(2) e-细胞模型和自我生存模型[28];

(3) 细胞周期[29]的数学模型。

细胞动态建模的起点是单个基因调控过程的动态建模。在文献[30]中讨论了以下单基因调控建模的方法,这些方法考虑了过程的不同方面,如化学反应、物理化学、状态的动力学变化、热力学等:

(1) 布尔模型,基于布尔逻辑(真/假逻辑);

(2) 微分方程模型;

(3) 随机模型;

(4) 混合布尔/微分方程模型;

(5) 混合微分方程/随机模型;

(6) 神经网络模型;

(7) 混合连接-统计模型。

动态细胞建模的下一步将是尝试并模拟更多基因的调控,希望涵盖大量的基因(见文献[31])。在上述参考文献中可以观察到基因的集体重复模式,如混沌吸引子。可以评价基因簇的互信息/熵。

下面通过系统生物学方法,概述了细胞的一般假设进化模型。它基于以下原则:

(1) 该模型整合了所有的初始信息,如分析公式、数据库、行为规则;

(2) 以动态的方式,该模型在其运作时适应时间调整;

(3) 该模型在不同阶段的运作(如转录、翻译)利用了所有当前的信息和知识;

(4) 该模型将活细胞的数据作为输入,并对其随时间的发展进行建模。如果随时间推移可用,则提供来自活细胞的新数据;

(5) 模型一直运行到停止,或者细胞死亡。

15.3.2 基因调控网络模型

细胞的建模过程包括发现遗传网络(基因之间的相互作用和连接的网络,每个连接决定一个基因是否使另一个基因活跃或被抑制)。为了完成此项工作,使用反向工程方法[32]。它包括以下内容:在连续的时间点取一个细胞(或一个细胞系)的基因表达数据,在此基础上建立了一个合理的基因网络。例如,众所周知,对具有相似表达模式的基因进行克隆,表明这些基因参与了相同的调控过程。

基因调控网络(GRN)建模的任务是在基因之间建立一个动态的相互作用网络,根据基因以前的表达水平来定义基因下一次表达。

从基因表达 RNA 数据衍生出的 GRN 模型,利用不同的数学和计算方法,如组织相关技术、进化计算、ANN、微分方程(包括常微分方程和偏微分方程)、布尔模型、动力学模型以及基于状态的模型和其他。

在文献[33]中给出了从数据中提取 GRN 的示例,其中使用了人类对成纤维细胞血清数据的响应(图 15.13),并从中提取了 GRN(图 15.14)。

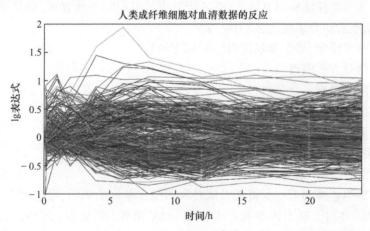

图 15.13 人类成纤维细胞对血清基准数据[33]基因表达的时间历程数据

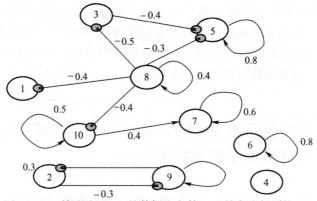

图 15.14 利用图 15.13 的数据和文献[33]的方法得到的 GRN
(其中得到了 10 个随时间变化的基因表达值簇，每个簇在 GRN 中表示为一个节点，
它们之间的交互作用在时间上表示为加权弧)

15.3.3 蛋白质相互作用网络

蛋白质在时空中相互作用,形成机体重要功能的结构。图 15.15 显示了使用

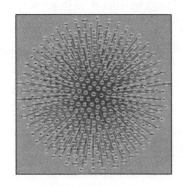

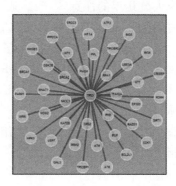

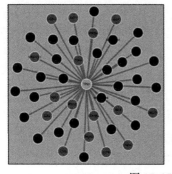

图 15.15 利用 UniHI 网络分析的实例

477

UniHI[2]进行基于网络分析的示例。对于感兴趣的蛋白质,如 p53,可以查询和可视化交互伙伴。随后可以根据证据对派生网络进行过滤(例如,PubMed 中报告相互作用的参考文献的数量或根据基因表达数据进行筛选,使用集成工具[2]可以方便地检索所有网络在生物过程中的富集情况)。

15.4 使用脑激发 SNN 架构的深度学习基因表达时间序列数据和基因调控网络的提取

本章提出了一种新颖的基因相互作用网络建模方法,使用了 NeuCube(第 6 章)的脑激活 SNN。这个方法首次发表在文献[34]上,并且应用在文献[35]的癌症数据和文献[36]的埃博拉病毒疫苗数据上。

15.4.1 一般概念

基因是蛋白质合成的蓝图,其改变的行为已经涉及几种病理,这就是为什么它们吸引了研究人员几年的注意[37-39]。通过识别特定细胞中哪些基因被激活、激活的数量和时间,可以帮助我们揭示细胞生命背后的过程,了解疾病是如何作用于文献[40]的。在系统生物学时代,用来量化转录组数据的最流行的技术是基于 DNA 杂交的微阵列和下一代测序(RNA-Seq)技术[41-42]。尽管 RNA-seq 已成为测定生物体[43]转录组的首选方法,但 DNA 微阵列仍被广泛用于识别已知的常见等位基因变体,公共数据库将这些数据提供给整个社区。所提供的转录组数据可以被认为是整个社区的代表,因为基因组在个体之间的序列相似性非常高(约 99.9%),在相同的位置有相同的基因[44]。人的表现型是独一无二的;然而,每个人都有相同的基因蓝图[40]。而稳态微阵列数据的测量和分析、时间序列分析基因表达分析越来越使人感兴趣,因为它们可以阐明基因之间的复杂关系以及它们如何一起工作,以确定自适应表型和转录因子与某些疾病有关。这种类型的数据,即时间序列数据,很难分析,使用传统的统计和人工智能技术可能导致信息丢失。新型的人工智能技术,如脉冲神经网络(Spiking Neural Networks,SNN)[45-48]已经成为选择的方法,因为它们已经成功地证明了自己的能力,使用生物启发的神经元网络[49-50]从时间序列数据学习和提取有意义的模式。神经元是计算单元,它将二进制信息处理为"隐藏"在原始数据中的重要变化编码的峰值,并了解这些时间活动的变化如何随着时间相互作用。通过从原始的时间序列数据中提取有意义的模式,可以了解基因调控表达的机制。在我们的研究中,使用来自国家生物技术信息中心(NCBI)数据库的时序微阵列数据来分析 SNN 系用于基因表达数据建模、分类和解释的可行性。我们希望了解现有的遗传信息,并分析随着时间的推移基因之间的相互作用,以确定这一过程背后的临床意义。通过将 SNN 技术整合到一个计算模型中来实现这一目标,该模型能够以基因交互网络(Gene Interaction Network, GIN)的形式推导出基因间随时间的相互作用。这是一个新的方法,可以制造生物逻辑的真实模型,并更容易理解研究现象。

15.4.2 基于 SNN 的基因表达时间序列数据建模与提取 GRN 的方法

该方法全面发布于文献[33]中。

为了模拟和分析一个复杂的生物过程的动态行为,如在一段时间内数千个基因之间的相互作用,设计了一个基于 NeuCube SNN 结构的新系统(第 6 章)[51-55]。图 15.16 和图 15.17 显示了使用 NeuCube SNN 系统进行时间序列基因表达数据分析的思路。该 SNN 系统由以下模块组成:

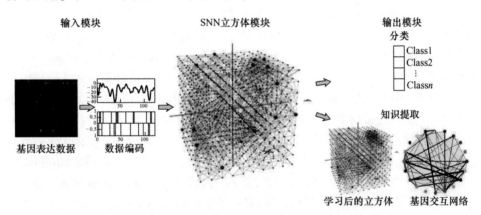

图 15.16　为时间序列基因表达数据分析设计的新型 SNN 系统的图示[34]
(该图由 E. Capecci 绘制)

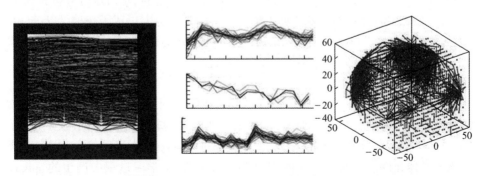

图 15.17　对时间序列基因表达数据进行聚类后用于训练 NeuCube 模型

(1) 输入信息编码模块,首先对转录组学数据建模,然后将其编码为序列的峰值,每个峰值表示基因表达随时间的变化;

(2) 3D SNN Cube (SNNc)模块(the Cube),用于输入和学习经过编码的时间序列数据;

(3) 数据分类输出模块;

(4) 知识发现的 GIN 模块。

1. 输入模块和基因表达数据编码

基因表达数据首先按实值数据向量序列排序。利用多种编码算法将每个数据向量转换成一个长串,如自适应阈值(ATB)编码算法(第 4 章)和文献[56]中提出的时间序列映射算法。该编码方法采用自适应双向阈值来离散信号随时间的变化。结果是一个正的脉冲序列编码信号增加的点,一个负的脉冲编码信号减少的点。这是为时间序列数据的每个向量计算的。因此,每个脉冲序列都携带了关于某一基因随时间表达的时间调节信息,而这些信息原则上"隐藏"在原始数据中。

2. SNN 立方体模块和无监督学习

编码的脉冲序列被输入到一个立方体,如 10×10×10,有漏洞的整合和发射(LIF)神经元。在文献[56]中提出了输入特征映射(根据附录 B 中的公式计算),该方法使用图形匹配算法优化了输入变量的映射。优化这个过程极大地改进了结果,因为映射影响了学习,从而了解了由数据创建的时间序列模式。立方体的尖峰 LIF 神经元使用小世界(SW)连接规则连接。这些关联具有根据第 4 章和第 5 章分配和计算的权重值。兴奋性连接权重占 80%,抑制性连接权重占 20%。在人工神经元网络中建立适当的初始结构连接是很重要的,因为它允许 SNN 模型正确地从数据中学习并从中获取功能连接信息。这预先服务于数据中的时空关系,这是一个重要的信息源,通常被其他技术忽略。对立方体进行无监督学习,修改初始设置的连接权值。首先对 SNNc 时间序列基因表达数据进行聚类,然后用于训练 NeuCube 模型,当出现相似的输入刺激时,学习激活相同组的尖峰神经元,也称为多时化效应[57]。在这一阶段应用 Hebbian 学习规则[58],实现类似于高峰时间依赖可塑性(STDP)的算法[59](根据附录 D 中的公式计算)。神经元能够在网络中形成新的连接,然后进行分析和解释。这使所提出的 SNN 系统对于从数据中学习时空模式很有用,形成了一种可以进一步探索的关联型记忆。最终的立方体结构可以在无监督的训练后可视化,以获得更多的知识提取,这是纯统计或数学技术无法实现的。

3. 用于监督学习和数据分类的输出模块

在监督学习过程中,将用于非监督训练的相同数据通过训练后的立方体再次传播,生成输出神经元并进行训练,将数据模式分类为输出脉冲序列(类)。为了从立方体中学习和分类 spiking 模式,使用动态进化 spiking 神经网络(deSNN)分类器,该分类器允许简单的基于类的判断[60](第 5 章)。学习过程中产生的 spiking

活动可以被可视化并用作生物反馈。

15.4.3 从训练模型中提取 GRN

通过时间序列基因表达数据所产生的习得的 spiking 活性和连通性可以通过 GRN(也称为[34]基因相互作用网络或 GIN)进行分析。每一个输入基因特征都被用来作为一个信息源来定义一簇神经元的中心。每个未标记的神经元都被分配到一个簇中,在这个簇中它与之交换的峰值数量最多。这是在 STDP 学习过程中计算出来的。簇间传输的峰值越多,随着时间的推移,基因间的时空交互作用就越大。得到的 GIN 表示一个连通图,其中节点表示基因的可变部分,线条及其厚度定义了基因间交换的时间信息量。换句话说,输入变量之间的交互作用是根据它们在时间上的变化在 GIN 中捕获的。GIN 中显示的信息被用来分析数据中"隐藏"的复杂时间模式,这可以用来开发新的基因表达数据建模和理解方法。

15.4.4 基因表达时间序列数据的案例研究

本研究利用转录组数据提供的信息,将不同基因随时间的相互作用作为 GRN 进行分类分析。在我们的实验案例研究中,原始的基因表达数据首先被建模并编码到 spike 序列中。然后,对学习过程中产生的时间活动模式进行分类,以建立将不同时间序列的基因表达数据划分为不同类别的 SNN 系统的有效性。然后,从峰活动和连接权变化的角度分析立方体中产生的时间活动的学习模式,并提取新的信息作为 GRN 来研究随着时间的推移表达的基因之间的相互作用。

图 15.18 显示了对案例研究数据进行编码、对这两类数据分别进行训练和提取 GRN 的示例。

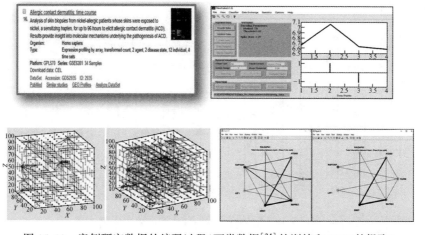

图 15.18 案例研究数据的编码过程(两类数据[34]的训练和 GRN 的提取)

本研究以过敏性接触性皮炎(ACD)诱发期收集的基因表达数据为例。数据来源于功能基因组学数据的公开的基因表达综合(GEO)库(NCBI GEO[61-62] accession GSE6281[63])。数据收集自一组对照组和一组对镍贴实验有炎症反应的人。通过对7例镍过敏女性受试者和5例非过敏女性对照皮肤活检后获得的高密度寡核苷酸阵列杂交分析表达谱。分别在0h、7h、48h和96h进行活检,对照组在任何时间点均未出现湿疹,而镍过敏患者仅在48h和96h出现湿疹。样本分析使用微阵列技术,测量转录水平的活组织切片。每个微阵列包含数千个数据点,这是一个庞大的数据量。虽然时间序列微阵列的数据确实很短,但与可用的短时间病程数据相比,基因表达的数量是巨大的。为了充分描述数据的分布,需要减少特征的数量来接近维数的诅咒现象,如 Hughes 现象[64-66]。因此,为了开发一个 GIN 的计算模型,需要解决的第一个问题是提取与时间相关的相互作用的基因数量。当使用分类精度作为问题的目标函数时,需要评估模型的原始变量或特征之间的相关性。为了实现这一目标,使用了第 1 章和文献[67]中描述的常用信噪比(SNR)来评估一个变量对区分属于不同类别的样本的重要性。信噪比是一种滤波方法,它在模型建立之前就对特征进行筛选和排序。实验中,根据采集时间对数据进行排序,共获得了8个样本,每个类别4个(对照组或 ACD 患者)。缺失数据采用线性插值方法处理[68],然后应用信噪比法。

图 15.19 给出了特征的信噪比排序。因此,我们的样本数据包括从原始的 54675 个变量中选择的每 7 个特征的 4 个时间序列数据。这些基因分别与 CLDN6、H72868、RALGAPA1、RAP1GAP、LEF1、ZMIZ1 和 MAPRE3 基因相对应。在编码模块中,利用 ATB 编码算法将实值数据的有序向量转换成尖峰序列。

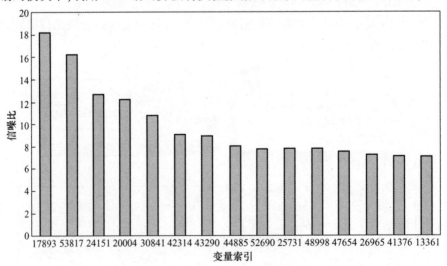

图 15.19 案例研究数据特征的信噪比排序

为了研究系统是否能够正确区分这两组人群,将数据分为两类:一类是控制组;另一类是 ACD 患者,共有 8 个样本,每个类别 4 个,数据收集的 4 个时间步长(0h、7h、48h 和 96h),采用信噪比降维技术提取 7 个特征/基因。通过网格搜索方法对 SNN 系统的众多参数进行优化,评估 10 个参数组合并选择分类精度最高的一个。采用蒙特卡罗交叉验证法对该工艺进行评价。更具体地说,随机选择一个立方体,使用 Leave-One-Out Cross Validation(LOOCV)方法选择训练集和测试集。这个过程重复 30 次,每次生成一个随机的新立方体进行训练和测试。LOOCV 方法被选择,因为它能最好地评估变量在一组随机实体上的重要性,最好地处理预测器数量较少与维度数量较多的问题,并且在只有小数据集可用时,它是验证模型的最佳方法。得到的优化参数值如下(见第 6 章):

(1) ATB 编码算法设置为 0.01;

(2) SW 连接半径设置为 2.5;

(3) LIF 神经元模型的参数设置为 0.5(启动阈值)、6(不应时间)和 0.002(潜在泄漏率);

(4) 无监督学习算法的 STDP 速率参数设置为 0.002;

(5) deSNN 分类器的 Mod 和 Drift 分别设置为 0.8 和 0.005。

表 15.2 报告了通过这种参数组合获得的分类准确率百分比。这些结果证明了 SNN 系统能够区分这两个类别,即使是在使用如此小的数据集进行训练的情况下。这是一个很好的迹象,表明所提出的 SNN 系统可以用来对时间序列基因表达数据进行分类。

表 15.2 利用已有的基因表达数据对 SNN 系统进行训练后得到的分类准确率

测量	总准确率/%
平均值	73
标准差	4.5

15.4.5 从训练好的模型中提取 GRN 并对 GRN 进行分析以发现新的知识

优化后,保留了最佳的 SNN 模型参数、输入特征的初始连接和时间映射。通过单独训练对整个时间序列数据的每个类进行网络分析。这个过程在每个类中迭代 100 次,以允许系统从短时间序列数据中学习。首先,根据连接权值将输入特征与立方体中的其他神经元进行聚类(见第 6 章),因此,每个类产生的神经活动显示了 7 个基因簇(图 15.20 左)。整个三维立方体中生成的活动比例如图 15.20 右所示。每个类有 3 个主要的聚类。

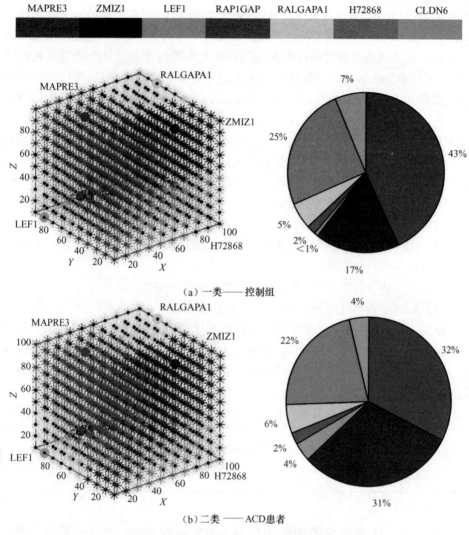

图 15.20 每个类有 3 个主要聚类

(左:3D SNN 立方体显示了 CLDN6、H72868、RALGAPA1、RAP1GAP、LEF1、ZMIZ1、MAPRE3 等神经元根据其连接权值与立方体其他神经元形成的簇。右:饼图显示了已注册的活动的数值比例,以相对于整个立方体的百分比表示。每个基因都以不同的颜色显示,如图顶部的条形图所示)[34]

这两个类别的主要组成部分是基因 MAPRE3 簇(一类占 43%,二类占 32%);第一类为 H72868(25%),第二类为 ZMIZ1(31%);一类为 ZMIZ1(17%),二类为 H72868(22%)。7 个集群之间的总相互作用按每个类进行计算,并在一个 GIN 中显示出来(图15.21,左一类,右二类)。每一簇基因都用不同的颜色表示。集群之间的相互作用越强,连接基因的线路就越粗。每个类别的两个GIN显示出对镍敏感的受试者与对照受试者之间的显著性差异。

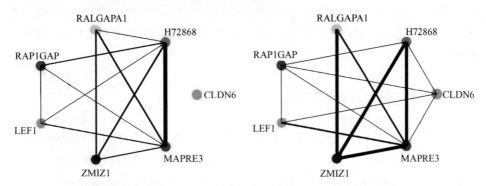

图15.21 每个类获得的7个输入特征(基因CLDN6、H72868、RALGAPA1、RAP1GAP、LEF1、ZMIZ1和MAPRE3)的GRNs
(左:一类——控制组。右:二类——ACD的患者。这7个基因以不同的颜色表示,分别对应于各自的簇。基因之间的相互作用越强,连接节点的线就越粗)[34]

从GIN中可以推断出的主要观点有以下几个。

(1) 首先认识到,对于一类,CLDN6基因与网络中的其他基因之间不存在时间上的相互作用;而CLDN6基因与二类网络中的其他4个基因存在显著的时间相关性。

(2) 与一类的GIN相比,二类的GIN在MAPRE3(这两个类的主要成分,以总连接权值来交换的神经活动)和ZMIZ1(这是二类交换的时间活动的第二个主要簇)之间表现出更强的联系。

(3) 与一类RALGAPA1基因相比,ZMIZ1基因的表达与二类RALGAPA1基因的时间相关性更强。

这些观察结果似乎与文献[69]中的发现一致。claudin-6是claudin家族的成员,是紧密连接链最重要的组成部分。这些是上皮细胞之间的屏障,控制细胞间隙中分子的旁细胞流动[70],因此表达可导致皮肤湿疹患者上皮细胞的上调。此外,众所周知,镍是一种普遍存在的微量元素,也存在于大多数食品中。因此,食物是人群接触镍的主要来源,不仅会引发皮炎,还会引发类似肠易激综合征的胃肠道症状[71]。这也将解释CLDN6的调控,因为该基因的检测是肠型和扩散型胃腺癌的标志[70]。MAPRE3编码微管相关蛋白RP/EB家族成员3,属于RP/EB家族成员。因此,该基因参与微管的生长、动态调控、稳定和中心体的锚定。它也可能在细胞迁移中起作用。它主要表现在大脑和肌肉上。另外,ZMIZ1编码指含1个蛋白的锌MIZ-type,该蛋白调控多种转录因子的活性。所编码的蛋白也可能在sumoylation(即翻译后修饰活性)和转录调控中发挥作用。该基因也可在胸腺、小肠、结肠和外周血白细胞中表达[69]。RALGAPA1 编码为 RALGTPase 激活蛋白异二聚活性所需的主要亚基,即 RALGTPase 激活蛋白催化亚基 1。该基因在肝脏和食管中过表达,在神经系统、肝脏、皮肤和淋巴结组织中也有表达[69]。这些发现表明,由于镍的同化作用,ACD 患者会表达皮肤、贻贝和人体消化系统中的基因,这种表达与细胞增殖和免疫应答有关。

15.4.6 关于方法的讨论

时间序列基因表达数据的模式分析是生物信息学和系统生物学领域的一个主要目标。在这项研究中,建立了短时间转录组数据的模型,并通过新颖的 SNN 系统建立了一个 GIN 模型,揭示了有意义的模式和随着时间的推移表达基因的新知识。对于镍过敏反应的病例研究数据,发现 CLDN6 是 SNR 值最高的特征,其聚类仅为二类(阳性反应)与其他基因的时间相关性。尽管如此,我们发现时间活动的交换已经被 MAPRE3 和 ZMIZ1 簇所控制。H72868 簇也表现出与其他基因相关的时间关联和相互作用。根据现有的关于这些基因性质的信息,似乎有可能受 ACD 患者表达皮肤、贻贝和人类消化系统中出现的基因影响,这些基因也与细胞增殖和免疫反应有关。所有这一切,似乎都是由于镍在体内的同化作用以及随着时间的推移湿疹反应增加的结果。可以得出结论,SNNs 是处理大转录组数据的首选方法,因为它们只从基因表达数据中提取相关的时间活动模式。此外,本研究的临床重点证明了该模型有能力构建一个有价值的工具,以支持生物信息学和系统生物学领域的专家理解和研究基因间的相互作用。未来的工作包括:

(1) 对时间基因表达数据实施不同的特征选择方法,如文献[72]中提出的方法;

(2) 研究网络中基因间的时间相互作用可能存在的方向性;

(3) 将本书方法得到的结果与文献[63]在相同数据集上得到的结果进行对比分析;

(4) 进一步研究癌症时间序列数据分析方法[35]的应用;

(5) 进一步研究该方法在检测治疗反应的基因表达数据分析中的应用,如埃博拉疫苗[36]。

15.5 本章小结及后续阅读

本章首先介绍了分子生物学的基础知识,然后介绍了利用进化的 spiking 神经网络和 BI-SNN 来建模生物信息学数据的方法,如基因表达。后者应用于基因表达时间序列数据的深度学习和建模,从而使基因相互作用网络(Gene Interaction Networks,GIN)的发现更好地理解生物学过程。与大脑功能相关的基因分析将在第 16 章"计算神经遗传模型"中讨论。

更多关于生物信息学的生物背景和计算模型可以在文献[2]的各个章节中找到,包括:

(1) 理解生物系统中的信息过程(文献[2]第 2~7 章);
(2) 分子生物学、基因组学和蛋白质组学(文献[2]第 8~11 章);
(3) 生物数据库(文献[2]第 26 章);
(4) 生物信息学的本体论(文献[2]第 27 章);
(5) 生物网络的寻路(文献[2]第 19 章);
(6) 从数据推断转录网络(文献[2]第 20 章);
(7) 使用不同向进化的递归神经网络模型推断遗传网络(文献[2]第 22 章);
(8) 蛋白质-蛋白质相互作用网络的结构模式发现(文献[2]第 23 章);
(9) 癌症干细胞(文献[2]第 28 章);
(10) 表观遗传学(文献[2]第 29 章);
(11) 自身免疫性疾病(文献[2]第 30 章);
(12) 营养基因组学(文献[2]第 31 章);
(13) 纳米医学(文献[2]第 32 章);
(14) 个人化药物(文献[2]第 33 章);
(15) 卫生信息学(文献[2]第 34 章);
(16) 生态信息学(文献[2]第 35 章);
(17) 使用 BI-SNN 建模生物信息学数据:https://kedri.aut.ac.nz/R-and-D-Systems/bioinformatics-data-modelling-and-analysis。

致谢

15.1 节和 15.2 节中的介绍性生物材料主要涉及文献[1-2]和文献[34]中的 15.4 节。致谢在本章出版物中引用的合著者 Elisa Capecci、Jack Dray、Lucien Koefoed、Mattias Futschik、Mike Watts、Vinita Jansari、Dimitar Dimitrov、Josafath Espinosa 的贡献。

参考文献

[1] N. Kasabov, *Evolving Connectionist Systems: The Knowledge Engineering Approach* (Springer,

London, 2007). (1st edn 2002)

[2] N. Kasabov (ed.), *Springer Handbook of Bio-/Neuroinformatics*(Springer, Berlin, 2014)

[3] D. Hofstadter, *Godel, Escher, Bach: An Eternal Golden Braid*(Basic Books, New York,1979)

[4] P. Baldi, S. Brunak, *Bioinformatics—A Machine Learning Approach* (MIT Press, Cambridge, 1998, 2001)

[5] T. Friend, Genome projects complete sequence. *USA Today*, 23 June 2000

[6] L. Fu, An expert network for DNA sequence analysis. IEEE Intell. Syst. Appl **14**(1), 65–71 (1999)

[7] Y. Okazaki et al., Analysis of the mouse transcriptome based on functional annotation of 60,770 full-length cDNAs. Nature **420**(6915), 563–573 (2002)

[8] J.S. Mattick, I.V. Makunin, Small regulatory RNAs in mammals. Hum Mol Genet. **14**(Spec No 1), R121–R132 (2005)

[9] A.F. Bompfünewerer, et al., Evolutionary patterns of non-coding RNAs. Theory Biosci. **123**,301–369 (2005)

[10] J. Allen et al., Discrimination of modes of action of antifungal substances by use of metabolic footprinting. Appl. Environ. Microbiol. **70**(10), 6157–6165 (2004)

[11] A.E. Pasquinelli, B.J. Reinhart, F. Slack, M.Q. Martindale, M.I. Kuroda, B. Maller, D.C. Hayward, E.E. Ball, B. Degnan, P. Müller, J. Spring, A. Srinivasan, M. Fishman M, Finnerty,J. Corbo, M. Levine, P. Leahy, E. Davidson, G. Ruvkun, Conservation of the sequence and temporal expression of let-7 heterochronic regulatory RNA. Nature **408**(6808), 86–89 (2000)

[12] C.S. L. Lai, D. Gerrelli, A.P. Monaco, S.E. Fisher, A.J. Copp, FOXP2 expression during brain development coincides with adult sites of pathology in a severe speech and language disorder.Brain **126**, 2455–2462 (2003). https://doi.org/10.1093/brain/awg247

[13] F.L. Lim et al., Mcm1p-induced DNA bending regulates the formation of ternary transcription factor complexes. Mol. Cell. Biol. **23**(2), 450–461 (2003)

[14] E. Berezikov, R.H. Plasterk, Camels and zebrafish, viruses and cancer: a microRNA update. Hum. Mol. Genet. **14**, 183–190 (2005)

[15] M. Schena (ed.), *Microarray Biochip Technology*(Eaton Publishing, Natick, MA, 2000)

[16] M. Futschik, A. Jeffs, S. Pattison, N. Kasabov, M. Sullivan, A. Merrie, A. Reeve, Gene expression profiling of metastatic and non-metastatic colorectal cancer cell-lines. Genome Lett. **1**(1), 1–9 (2002)

[17] M. Futschik, M. Sullivan, A. Reeve, N. Kasabov, Prediction of clinical behaviour and treatment of cancers. Appl. Bioinform. **3**, 553–558 (2003)

[18] J.L. DeRisi, V.R. Iyer, P.O. Brown, Exploring the metabolic and genetic control of gene expression on a genomic scale. Science **278**(5338), 680–686 (1997)

[19] H. Chu, C. Parras, K. White, F. Jimenez, Formation and specification of ventral neuroblasts is controlled by vnd in Drosophila neurogenesis. Genes Dev. **12**(22), 3613–3624 (1998)

[20] N. Pal, J.C. Bezdek, On cluster validity for the fuzzy c-means model. IEEE Trans. Fuzzy Syst.

370–379 (1995)

[21] M. Futschik, N. Kasabov, Fuzzy clustering in gene expression data analysis. In *Proceedings of the World Congress of Computational Intelligence WCCI' 2002*, Hawaii, May 2002. IEEE Press

[22] S. Brown, S. Holtzman, T. Kaufman, R. Denell, Characterization of the tribolium deformed ortholog and its ability to directly regulate deformed target genes in the rescue of a Drosophila deformed null mutant. Dev. Genes. Evol. **209**(7), 389–398 (1999)

[23] N. Qian, T.J. Sejnowski, Predicting the secondary structure of globular protein using neural network models. J. Mol. Biol. **202**, 065–884 (1988)

[24] D.S. Dimitrov, I.A. Sidorov, N.K. Kasabov, Computational biology, in *Handbook of Theoretical and Computational Nanotechnology*, vol. 1, ed. by M. Rieth, W. Sommers (American Scientific Publisher, 2004)

[25] N. Kasabov, I.A. Sidorov, D.S. Dimitrov, Computational intelligence, bioinformatics and computational biology: a brief overview of methods, problems and perspectives. J. Comput. Theor. Nanosci. 2(4), 473–491 (2005)

[26] A. Zaks, Annuities under random rates of interest. Insur. Math. Econ. **28**, 1–11 (2001)

[27] J. Schaff, L.M. Loew, The virtual cell., in *Pacific Symposium on Biocomputing* (1999), pp. 228–239

[28] M. Tomita, Whole-cell simulation: a grand challenge of the 21st century. Trends Biotechnol. **19**(6), 205–210 (2001)

[29] K.W. Kohn, D.S. Dimitrov, Mathematical Models of Cell Cycles, Computer Modelling and Simulation of Complex Biological Systems (1999)

[30] M.A. Gibson, E. Mjolsness, Modelling the activity of single genes, in *Computational Modelling of Genetic and Biochemical Networks*, ed. by J.M. Bower, H. Bolouri (MIT Press, Cambridge, 2001), pp. 3–48

[31] R. Somogyi, S. Fuhrman, X. Wen, Genetic network inference in computational models and applications to large-scale gene expression data, in *Computational Modelling of Genetic and Biochemical Networks*, ed. by J.M. Bower, H. Bolouri (MIT Press, Cambridge, 2001), pp. 120–157

[32] P. D'haeseleer, S. Liang, R. Somogyi, Genetic network inference; from co-expression clustering to reverse engineering. Bioinformatics **16**(8), 707–726 (2000)

[33] S.Z. Chan, N. Kasabov, L. Collins, A hybrid genetic algorithm and expectation maximization method for global gene trajectory clustering. J. Bioinform. Comput. Biol. **3**(5), 1227–1242 (2005)

[34] E. Capecci, J.L. Lobo, I. Lana, J.I. Espinosa-Ramos, N. Kasabov, *Modelling Gene Interaction Networks from Time-Series Gene Expression Data using Evolving Spiking Neural Networks*, Evolving Systems (Springer, Berlin, 2018)

[35] J. Dray, E. Capecci, N. Kasabov, Spiking neural networks for cancer gene expression time series modelling and analysis, in Proc. ICONIP, Springer, 2018

[36] L. Koefoed, E. Capecci, V. Jansari, N. Kasabov, Analysis of gene expression data of Ebola vaccine using spiking neural networks, in Proc. IJCNN, 2018

[37] C. Kuma, M. Mann, Bioinformatics analysis of mass spectrometry-based proteomics data sets. FEBS Lett. **583**(11), 1703–1712 (2009)

[38] M. Pertea, S.L. Salzberg, Between a chicken and a grape: estimating the number of human genes. Genome Biol. **11**(5), 206 (2010)

[39] I. Ezkurdia, D. Juan, J.M. Rodriguez, A. Frankish, M. Diekhans, J. Harrow, J. Vazquez, A. Valencia, M.L. Tress, The shrinking human protein coding complement: are there now fewer than 20,000 genes? ArXiv e-prints, 2013, 1312.7111 (2013)

[40] E.H. Shen, C.C. Overly, A.R. Jones, The allen human brain atlas: comprehensive gene expression mapping of the human brain. Trends Neurosci. **35**(12), 711–714 (2012)

[41] S. Panda, T.K. Sato, G.M. Hampton, J.B. Hogenesch, An array of insights: application of dna chip technology in the study of cell biology. Trends Cell Biol. **13**(3), 151–156 (2003)

[42] X. Wang, M. Wu, Z. Li, C. Chan, Short time-series microarray analysis: methods and challenges. BMC Syst. Biol. **2**(1), 58 (2008)

[43] A. Mortazavi, B.A. Williams, K. McCue, L. Schaeffer, B. Wold, Mapping and quantifying mammalian transcriptomes by rna-seq. Nat. Meth. **5**(7), 621–628 (2008)

[44] L. Feuk, A.R. Carson, S.W. Scherer, Structural variation in the human genome. Nat. Rev. Genet. **7**(2), 85–97 (2006)

[45] W. Maass, Networks of spiking neurons: the third generation of neural network models. Neural Networks **10**(9), 1659–1671 (1997)

[46] W. Gerstner, Time structure of the activity in neural network models. Phys. Rev. E **51**(1), 738 (1995)

[47] W. Gerstner, *Plausible Neural Networks for Biological Modelling*. What's different with spiking neurons? (Kluwer Academic Publishers, Dordrecht, 2001), p. 2345

[48] W. Gerstner, H. Sprekeler, G. Deco, in Theory and simulation in neuroscience. Science **338**(6103), 60–65

[49] S. Ghosh-Dastidar, H. Adeli, Improved spiking neural networks for eeg classification and epilepsy and seizure detection. Integr. Comput.-Aided Eng. **14**(3), 187–212 (2007)

[50] N. Kasabov, E. Capecci, Spiking neural network methodology for modelling, recognition and understanding of eeg spatio-temporal data measuring cognitive processes during mental tasks. Inf. Sci. **294**, 565–575 (2015)

[51] N. Kasabov, Neucube evospike architecture for spatio-temporal modelling and pattern recognition of brain signals, in *Artificial Neural Networks in Pattern Recognitioned*, vol.7477, ed. by N. Mana, F. Schwenker, E. Trentin. Lecture Notes in Computer Science (Springer, Berlin, 2012), pp. 225–243

[52] Y. Chen, J. Hu, N. Kasabov, Z.-G. Hou, L. Cheng, Neucuberehab: a pilot study for eeg classification in rehabilitation practice based on spiking neural networks. Neural Inf. Process. **8228**

(2013), 70–77 (2013)

[53] N. Kasabov, Neucube: a spiking neural network architecture for mapping, learning and understanding of spatio-temporal brain data. Neural Networks **52**(2014), 62–76 (2014)

[54] E. Tu, N. Kasabov, M. Othman, Y. Li, S. Worner, J. Yang, Z. Jia, Neucube(st) for spatio-temporal data predictive modelling with a case study on ecological data, in *2014 International Joint Conference on Neural Networks (IJCNN)* (2014), pp. 638–645. https://doi.org/10.1109/ijcnn.2014.6889717

[55] N. Kasabov, N.M. Scott, E. Tu, S. Marks, N. Sengupta, E. Capecci, M. Othman, M.G. Doborjeh, N. Murli, R. Hartono et al., Evolving spatio-temporal data machines based on the neucube neuromorphic framework: design methodology and selected applications. Neural Networks **78** (2016), 1–14 (2016)

[56] E. Tu, N. Kasabov, J. Yang, Mapping temporal variables into the neucube for improved pattern recognition, predictive modeling, and understanding of stream data. IEEE Trans. Neural Networks Learn. Syst. **28**(6), 1305–1317 (2017)

[57] E.M. Izhikevich, Polychronization: computation with spikes. Neural Comput. **18**(2), 245–282 (2006)

[58] D.O. Hebb, *The Organization of Behavior: A Neuropsychological Approach* (Wiley, New York, 1949)

[59] Song, K.D. Miller, L.F. Abbott, Competitive hebbian learning through spike-timingdependent synaptic plasticity. Nat. Neurosci. **3**(9), 919–926 (2000)

[60] N. Kasabov, K. Dhoble, N. Nuntalid, G. Indiveri, Dynamic evolving spiking neural networks for on-line spatio-and spectro-temporal pattern recognition. Neural Networks **41**(2013), 188–201 (2013)

[61] R. Edgar, M. Domrachev, A.E. Lash, Gene expression omnibus: Ncbi gene expression and hybridization array data repository. Nucleic Acids Res. **30**(1), 207–210 (2002)

[62] T. Barrett, S.E. Wilhite, P. Ledoux, C. Evangelista, I.F. Kim, M. Tomashevsky, K.A. Marshall, K.H. Phillippy, P.M. Sherman, M. Holko et al., Ncbi geo: archive for functional genomics data sets-update. Nucleic Acids Res. **41**(D1), 991–995 (2012)

[63] M.B. Pedersen, L. Skov, T. Menn'e, J.D. Johansen, J. Olsen, Gene expression time course in the human skin during elicitation of allergic contact dermatitis. J. Invest. Dermatol. **127**(11), 2585–2595 (2007)

[64] G. Hughes, On the mean accuracy of statistical pattern recognizers. IEEE Trans. Inf. Theory **14** (1), 55–63 (1968)

[65] E. Keogh, A. Mueen, in *Curse of Dimensionality*, ed. by C. Sammut, G.I. Webb (Springer, Berlin, 2010), pp. 257–258

[66] M.C. Alonso, J.A. Malpica, A.M. de Agirre, Consequences of the hughes phenomenon on some classification techniques, in *ASPRS 2011 Annual Conference, Milwaukee*, Wisconsin, May 2011, pp. 1–5

[67] NeuCom, http://www.theneucom.com
[68] The MathWorks Inc., Interpolation Methods (R2017b Documentation). https://au.mathworks.com/help/curvefit/interpolation-methods.html
[69] Weizmann Institute of Science, GeneCards—Human Gene Database—GCID: GC16M003014, GC02P02693, GC10P079068. http://www.genecards.org/
[70] E. Rendo'n-Huerta, F. Teresa, G.M. Teresa, G.-S. Xochitl, A.F. Georgina, Z.-Z. Veronica, L.F. Montaño, Distribution and expression pattern of claudins 6, 7, and 9 in diffuse-and intestinal-type gastric adenocarcinomas. J. Gastrointest. Cancer **41**(1), 52–59 (2010)
[71] A. Rizzi, E. Nucera, L. Laterza, E. Gaetani, V. Valenza, G.M. Corbo, R. Inchingolo, A. Buonomo, D. Schiavino, A. Gasbarrini, Irritable bowel syndrome and nickel allergy: what is the role of the low nickel diet? J. Neurogastroenterol. Motility **23**(1), 101 (2017)
[72] M. Radovic, M. Ghalwash, N. Filipovic, Z. Obradovic, Minimum redundancy maximum relevance feature selection approach for temporal gene expression data. BMC Bioinform. **18**(1), 9 (2017)

第16章
计算神经遗传模型

第15章给出了分子生物学的基础知识和一些生物信息学数据建模的方法,计算神经遗传建模(CNGM)从神经遗传学中汲取灵感,发展出神经网络模型,并在它们的结构和功能中包含基因信息,类似于生物神经网络,每个神经元的细胞核中都有基因,引起或者影响神经元的兴奋活动。在这里考虑将基因作为影响神经元兴奋和 SNN 整体功能的一个参数。CNGM 是一个新的科学方向,具有很好的应用前景,也将在本章展开讲解。

16.1 计算神经遗传学

16.1.1 基础概念

对计算神经遗传模型(CNGM)的介绍涉及计算模型的发展,其中包括整个大脑的结构和携带大脑相关的遗传信息。在本章中将讨论基于脉冲神经网络计算模型的大脑激励 CNGM。这些模型可以成功地应用于地图绘制、学习和理解与同一问题相关的时空和神经遗传数据。这些数据类型包括 EEG、fMRIi、MEG、基因/蛋白表达数据等,也包括可以在 CNGM 中对它们进行集成和时空交互进行建模的其他数据。

大脑是一个复杂的时空神经遗传信息处理系统,在不同功能水平上处理信息(图 16.1)。大脑的时空活动取决于大脑内部结构、外部刺激以及基因-蛋白质的动态水平。EEG、fMRI、MEG、PET、DTI 等测量脑电活动的方法已得到广泛应用,其中一些方法可以在本百科全书中查找到。CNGM 为了更好地了解大脑而将这些数据与相关的基因数据结合起来。

基因既是物种进化的结果,也是个体大脑实现功能的载体。不同的基因在大脑的不同区域以不同的 MRNA、MICROMRNA 和蛋白质的形式表达,并参与信息过程,包括刺激活动到感知、决策和情绪。在大脑成熟过程中,功能连接性与结构连

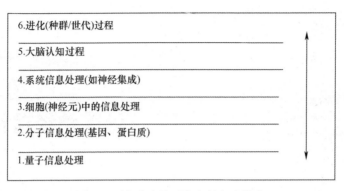

图 16.1 大脑中处理信息的各个层次

接性并行发展,其中生长消除过程(突触的产生和消除)取决于基因表达和环境。例如,突触后 AMPA 型谷氨酸受体(AMPARs)介导大多数快速兴奋性突触传递,并且对于大脑功能的许多方面都至关重要,包括学习、记忆和认知[1]。在文献[2]中进行了加权基因共同表达网络分析,定义了协同表达基因的模块,并鉴定了 29 个这样的模块,这些模块与大脑中不同的时空表达模式和生物过程相关。每个模块中的基因组成一个基因调控网络(GRN)。

　　神经元的峰值活动可能作为一种反馈,影响基因的表达。正如在文献[3]中所指出的那样,在以分钟和小时为单位的时间尺度上,神经元的功能可能会导致转录成 mRNA 和 microRNA 的数百个基因的表达发生变化。它将神经元的短期记忆、长期记忆和遗传记忆联系在一起,构成了整个神经系统的整体记忆。

　　成人脑损伤解剖学综合地图集(www.brain-map.org)是一个丰富的分支基因数据仓库,这必将为神经遗传数据的研究和计算建模带来新的方向[4,5,12,13]。图 16.2 给出了大脑基因表达图的例子。

　　基因表达结果在大脑的不同结构和功能区域之间有明显的区别。特定的基因定义了大脑不同部分的特定功能。特定的基因与特定类型的神经元和连接类型有关。例如,多巴胺信号通路相关基因(如 DRD5-DRD1、COMPT、MAOB、DDC、TH 等)的表达水平在正常受试者大脑中由神经元组成的区域较高,多巴胺调节离子通道数量较多。这些区域与多巴胺驱动的认知、情感和成瘾有关。这些区域包括海马体、纹状体、下丘脑、杏仁核和桥脑。如果这些区域被正常激活,就意味着有足够的多巴胺信号。在患病的大脑中,如果存在不活跃的区域,可能意味着缺乏多巴胺。

　　例如,在文献[6]中证明了重要神经递质受体密度的变化主要与布罗德曼细胞构筑边界相一致。这些神经递质受体是:a1——去甲肾上腺素能 a1 受体;a2A——去甲肾上腺素能 a2A 受体;AMPAR——a-氨基-3-羟基-5-甲基-4-异恶唑丙酸受体;GABAB——GABA(c-氨基丁酸)-ergic GABAB 受体;M2——胆碱能

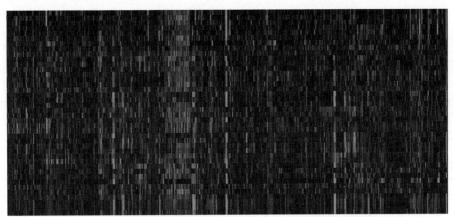

图16.2 大脑探索者：几个基因在大脑不同区域（横轴）的表达水平
（包括 ABAT A_23_P152505、ABAT A_24_P330684、ABAT CUST_52_PI416408490、
ALDH5A1 A_24_P115007、ALDH5A1 A_24_P923353、ALDH5A1 A_24_P3761、
AR A_23_P113111、AR CUST_16755_PI416261804、AR CUST_85_PI416408490、
ARC A_23_P365738、ARC CUST_11672_PI416261804、ARCCUST_86_PI416408490、
ARHGEF10 A_23_P216282、ARHGEF10 A_24_P283535、ARHGEF10 CUST_）
（取自 www.brain-map.org）（http://www.alleninstitute.org）

毒蕈碱 M2 受体；M3——胆碱能毒蕈碱 M3 受体；NMDAR——n-甲基-d 受体。

图16.3 显示了 GABRA2 受体在大脑不同部位的表达是不同的。

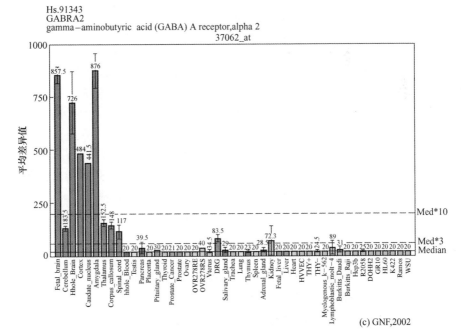

图16.3 GABRA2 受体在大脑不同部位的表达不同[13]

可用的大脑数据量巨大,需要通过集成的大脑数据分析模型来回答的研究问题很复杂,这是机器学习和信息科学领域面临的重大挑战[7-10],也是 CNGM 可以运用的地方。

如文献[11-13]所定义和提出的,CNGM 是基于 spiking 神经元的计算模型,连接为 spiking 神经网络(SNN)。单个神经元模型可以整合与神经元活动相关的基因和信息,而 SNN 可以代表大脑活动的一种模式。更重要的是,一个概率神经遗传峰神经元模型可以合并量子信息处理特性,这将在 16.2 节中讨论。

16.2 突发性神经元的概率神经发生模型(PNGM)

16.2.1 脉冲神经元的 PNGM

目前已经提出了几种尖峰神经元模型[14-17],也在第 4 章中介绍过。在本节中,LIFM 已扩展到概率神经遗传模型(PNGM)[4,13,18,19](图 16.4)。作为局部情形,当不使用概率参数和遗传参数时,该模型被简化为 LIFM。

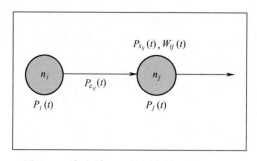

图 16.4 突发神经元的概率神经发生模型

在 PNGM 中有 4 种类型的突触,分别为快兴奋型、快抑制型、慢抑制型兴奋和缓慢抑制型。每个神经元对 PSP 的贡献是由不同基因/蛋白的表达水平以及所呈现的外部刺激决定的。该模型利用了有关蛋白质和基因如何影响神经元活动的已知信息。表 16.1 显示了什么蛋白质影响 4 种类型的突触。针刺神经元的计算神经遗传模型中的神经元动作电位参数及相关蛋白和离子通道:AMPAR(氨基甲基异恶唑-丙酸)AMPA 受体;NMDR (n-甲基- d -天冬氨酸)NMDA 受体;GABAAR (-氨基丁酸)GABAA 受体;GABABR GABAB 受体;SCN 钠电压门控通道;KCN 钾(钾)电压门控通道;CLC -氯离子通道[13]。

这个信息被用来计算连接到神经元 i 的 4 个不同突触 j 对突触后电位 $PSP_i(t)$

的贡献,有

$$\varepsilon_{ij}^{\text{synapse}}(s) = A^{\text{synapse}}\left(\exp\left(-\frac{s}{\tau_{\text{dalay}}^{\text{synapse}}}\right) - \exp\left(-\frac{s}{\tau_{\text{rise}}^{\text{synapse}}}\right)\right) \quad (16.1)$$

式中:$\tau_{\text{dalay/rise}}^{\text{synapse}}$为时间常数代表单个突触 PSP 的兴奋的上升和衰减;A 为 PSP 的振幅;$\varepsilon_{ij}^{\text{synapse}}$为神经元 j 和神经元 i 之间的突触类型,可以通过测量和分析得到,有以下几个类型:快速兴奋、快速抑制、缓慢兴奋和缓慢抑制(它是受不同的基因/蛋白质影响)。外部输入也可以被添加到模型的背景噪声、振动或环境背景信息。与神经元的参数相关的基因会影响其他基因的活性,从而形成一个 GRN。

表 16.1 不同的基因和蛋白质对神经元的脉冲活性(PSP)的影响

脉冲神经元不同类型的动作电位	相关神经递质和离子通道
快速兴奋 PSP	AMPAR
慢兴奋 PSP	NMDAR
快速抑制 PSP	$GABA_AR$
慢抑制 PSP	$GABA_BR$
PSP 调制	mGluR
发射阈值	离子通道 SCN、KCN、CLC

PNGM 是一个概率模型。除了连接权值 $w_{j,i}(t)$ 外,还定义了 3 个概率参数。

(1) $p_{cj,i}(t)$ 表示神经元 n_j 发出的一个脉冲将通过 n_j 和 n_i 之间的连接在时刻 t 到达神经元 n_i 的概率。当 $p_{cj,i}(t) = 0$ 时,神经元 n_j 与 n_i 之间不存在连接,也不存在峰值传播。如果 $p_{cj,i}(t) = 1$,则峰值传播的概率为 100%。

(2) $p_{sj,i}(t)$ 表示在突触 s_{ji} 神经元 n_j 接收到一个脉冲之后,对 $\text{PSP}_i(t)$ 产生影响的概率。

(3) $p_i(t)$ 表示当总 $\text{PSP}_i(t)$ 达到 PSP 阈值(噪声阈值)以上时,神经元 n_i 在 t 时刻发出输出峰值的概率。

通过以下公式计算出脉冲神经元 n_i 的总 $\text{PSP}_i(t)$,即

$$\text{PSP}_i(t) = \sum \left(\sum e_j f_1(p_{cj,i}(t-p)) f_2(p_{sj,i}(t-p)) w_{j,i}(t) + \eta(t-t_0)\right)$$
(16.2)

$$p = t_0, \cdots, t; j = 1, \cdots, m$$

式中:如果神经元 n_j 发射出一个峰值,则 $e_j = 1$,否则为 0;$f_1(p_{cj,i}(t))$ 有 $p_{cj,i}(t)$ 的概率为 1;$f_2(p_{sj,i}(t))$ 有 $p_{sj,i}(t)$ 的概率为为 1;t_0 是 n_i 发射的最后一个峰值的时间;$\eta(t-t_0)$ 代表 PSP_i 的衰变。作为一个特例,当全部或部分概率参数固定为"1"时,上述概率模型将被简化,其与模型 LIFM 相似。

神经元 PNGM 的概率参数也有其生物学类似物,并受特定基因[20]的控制。例如,突触在接受突触前神经元的刺激后产生突触后电位的概率可能受到不同蛋

白质的影响,如影响突触前末端递质释放机制的蛋白,如 SNARE 蛋白(Syntaxin、Synaptobrevin II、SNAP-25)、SM 蛋白(Munc18 1)、sensor Synaptotagmin(传感器突触蛋白)、Complexin(络合剂)以及突触后位点的 PSD-95、跨膜 AMPA 受体调控蛋白(TARP)。当 PSP 达到阈值以上时,神经元产生输出峰值的概率可能受到不同蛋白质的影响,如触发区膜中钠通道的密度。生命周期中的时间衰减参数可能受到神经元类型不同的基因和蛋白质的影响。这些蛋白是突触前膜的转运蛋白、胶质细胞和酶,它们摄取并分解突触间隙中的神经递质(BAX、BAD、DP5);代谢性 GABAB 受体;KCNK 家族蛋白,负责膜电位的泄漏传导。

16.2.2 利用神经元的 PNGM 构建 SNN

神经元的 PNGM 可以用来构建不同类型的 SNN:简单的单层前馈网络;复发性网络;储层类型网络;在 NeuCube 架构中映射大脑结构的 3D 立方体[4]。

不同的 SNN 学习规则可以应用于 SNN 的学习。STDP(Spike Timing Dependant Plasticity)学习规则[21]以长期增强(LTP)和抑制(LTD)的形式利用了 Hebbian 可塑性[22]。突触效能的增强或减弱取决于突触后动作电位与突触前电位的时间关系。如果突触前神经元和突触后神经元的峰值时间差值为负(突触前神经元先出现峰值),则两个神经元之间的连接权值增大,反之则减小。连接的神经元,通过 STDP 学习规则训练,从数据中学习连续的时间关联。新的连接可以根据连续的神经元活动产生。突触前活动先于突触后放电可诱发长期电位(LTP),逆转这一时间顺序可导致长期抑郁(LTD)。

PNGM 和 STDP 学习方法可用于开发用于时空模式识别的新型 eSNN 模型,扩展 SPAN[23-24];deSNN[25];满蓄 eSNN[26,27];ReSuMe[28];Chronotron[29];动态 eSNN(deSNN)[25]结合了排名顺序和时间(如 STDP)学习规则,如第 5 章所示。突触权值的初始值是根据等级学习设定的,假设第一个突波比其他突波更重要。使用临时学习规则 STDP,进一步修改权重以适应由相同刺激激活的后续峰值。

当神经元的 PNGM 用于构建 eSNN 或 deSNN 时,秩序学习规则[31]使用来自输入脉冲序列的重要信息,即神经元突触上第一个传入脉冲的秩。它根据特定模式下到达这些突触的脉冲顺序建立输入的优先级(突触)。这是在生物系统中观察到的一种现象。在 SNN 中使用秩序学习有几个优点,主要是快速、单次学习(因为它使用了输入脉冲序列的额外信息)和异步数据输入(突触输入以异步的方式积累到神经元膜电位中)。神经元 i 在 t 时刻的突触后电位计算为

$$\mathrm{PSP}(i,t) = \sum \mathrm{mod}^{\mathrm{order}(j)} w_{j,i} \qquad (16.3)$$

式中:mod 为调制因子,取值 0~1;j 为突触 j 处传入峰值指数,j、$w_{j,i}$ 入射峰的指标,i 为对应的突触权值;order(j) 为突触 j 处的 spike 的顺序(rank),i 是所有 m 个

突触到神经元 i 处的所有 spike 中的一个，order(j)为第一个 spike 的值 0，并根据输入 spike 的顺序递增。当 $PSP(i,t)$ 高于阈值 $PSP_{Th}(i)$ 时，神经元 i 产生输出峰值。在训练过程中，对于每个训练输入模式，都会产生一个新的输出神经元，并根据输出神经元的顺序计算其连接权值传入的高峰，有

$$\Delta w_{j,i}(t) = \mathrm{mod}^{\mathrm{order}(j,i(t))} \tag{16.4}$$

16.3 计算神经发生模型(CNGM)体系结构

16.3.1 CNGM 体系结构

图 16.5 显示了一个 CNGM 系统的总图，该系统由几个分层连接的模块[20]组成，即低分子水平的建模模块、GRN 模型、SNN、高水平的 SNN 活性分析模块。有关此架构的更多信息可参见文献[20]。

CNGM 的另一种结构如图 16.6 所示。它由一个 SNN 组成，每个突起神经元由基因或蛋白质的基因调控网络(GRN)控制。有关此架构的更多信息可以在文献[13]中找到。它被用作 NeuCube 体系结构中 SNNCube 的可选实现(第 6 章)。

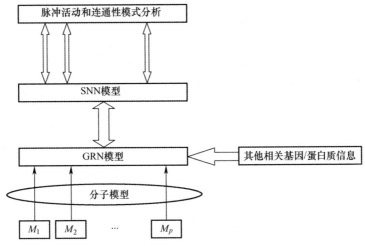

图 16.5 CNGM 的总图
(它由几个分层连接的模块组成，包括低分子水平建模模块、
GRN 模块、SNN、高级 SNN 活动分析模块)[20]

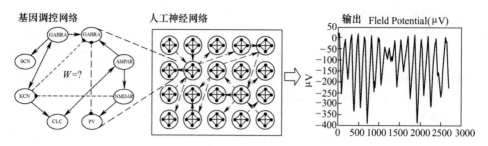

图 16.6 文献[13]的 CNGM 结构

（它由一个 SNN 组成,其中每个脉冲神经元由基因或蛋白质的基因调控网络
（GRN）控制。有关该架构的更多信息可参见文献[13]）

16.3.2 NeuCube 的 CNGM 架构

在第 6 章中提出的 CNGM 体系结构是 NeuCube(图 16.7)[4]。它由以下功能模块组成,即输入数据编码模块、3D SNN 存储模块(SNNr)(也称 SNNCube 或 SNNc)、输出功能(分类)模块、基因调控网络(GRN)模块及优化模块)。

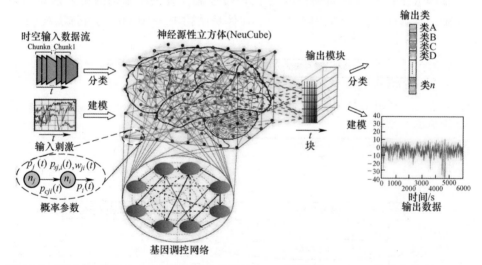

图 16.7 NeuCube 作为 CNGM 架构使用神经元的 PNGM 和控制 SNNCube 脉冲活性基因的 GRN

下面将 NeuCube 的功能描述为 CNGM 架构,这是对在第 6 章描述的 NeuCube 功能进行的补充。

使用基于阈值的种群等级编码[32],将连续值输入数据转换为峰值(如像素、脑电图通道、fMRI 体素)。基于阈值的编码方法(TBE)[33]或其他方法,如 Ben's

Spike Algorithm（BSA）[34]。

转换后的输入数据从 SNNr 输入(映射)到空间定位的神经元。大脑数据序列被映射到 SNNr 中位于空间位置的神经元,这些神经元代表收集数据的大脑空间区域。脉冲序列按时间顺序连续地输入到 SNNr 中。SNNr 的结构是通过一些大脑模板,如 Talairach[35]、MNI[36] 或其他,对 TSBD 或/和基因数据可用的大脑区域进行空间映射。神经元 SNNr 结构可以包括数据中显示的大脑不同区域之间已知的结构或功能连接。在模型中建立适当的初始结构连接对于学习适当的时空数据、捕获功能连接和解释模型[37] 非常重要。使用扩散张量成像(DTI)方法可以获得更具体的结构连接性数据(第11章已讲过)。

通过 SNNr 对输入的时空数据进行传播,采用 STDP[21] 等无监督学习方法。当输入特定的输入模式时,神经元连接被调整,SNNr 学会生成特定的刺激活动轨迹。SNNr 对所有输入脉冲序列的时间信息进行累加,并将其转换为随时间变化的动态状态。递归库对不同类型的输入脉冲序列产生独特的神经元脉冲时间响应,这种效应称为多时化[15]。

在非监督模型中对 SNNr 进行训练后,通过 SNNr 再次传播相同的输入数据,并对输出分类器进行训练,以识别该输入模式的预定义输出类中 SNNr 的活动模式。

图 16.7 所示的 NeuCube CNGM 中 GRN 基因的表达影响整个 SNN 的峰活性,其证明资料可见图 16.8。

由于 NeuCube 结构通过标准的立体定位坐标(如 MNI、Talairach 等)来绘制大脑结构区域的地图,因此,如果可以获得这些数据,就可以将基因数据添加到 NeuCube 结构中。基因表达数据除了 3 个空间维度和 1 个时间维度外,还可以从 NeuCube 作为第 5 维度映射到神经元和区域,从而为每个神经元组分配一个基因表达载体。其中一些基因可能直接参与神经元的 PNGM 功能。神经元可以在集群中共享相同的表达载体。这是可能的,因为神经元在 SNNr 中的空间位置与脑[5] 的立体定位坐标相对应。此外,基因之间或与相同大脑功能相关的基因群之间存在已知的化学关系,形成了基因调控网络(GRN)[38]。因此,SNNr 的第 5 维可以表示为 GRN。

基因和神经元活动之间的关系可以通过改变基因表达水平和进行模拟来探索,特别是当基因和大脑数据都可用于某些特殊的认知或异常大脑状态时。艾伦大脑研究所的大脑图谱提供了一些在不同条件下大脑不同区域基因表达的相关数据。

图 16.8 给出了一个简单的例子。它反映单个基因表达的改变引起神经元参数的变化,1000 个神经元的突增表现为突增活动的栅格图。图中的黑点表示在模拟的特定时间内某个特定神经元的峰值(x 轴)。下图是单个神经元的膜电位从网

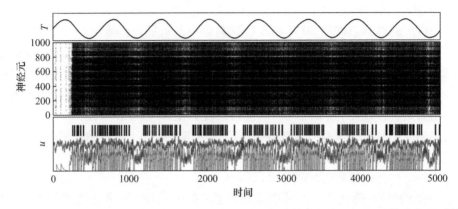

图 16.8　随着时间的推移单个基因表达水平可以影响 1000 个神经元的整个 SNNr 的活动(见彩插)

络(绿色曲线)到连续噪声阈值(红色曲线)的演变过程。神经元的输出峰值在图中以黑色竖线表示[4]。

16.4　CNGM 的应用

16.4.1　模拟大脑疾病

基于先前的信息和现有的数据,可以创建不同的 CNGM 模型,用于研究各种脑状态、状态和疾病[13](基因和疾病),如癫痫、精神分裂症、精神发育迟滞、大脑衰老、帕金森病、临床抑郁症、中风、AD[4,20,38-39]。一旦学会了 CNGM 模型,即已知的大脑活动与基因转录和翻译之间的双向联系,可能用于评估基因突变和药物效应。

阿尔茨海默病(AD)是研究最多的脑部疾病之一。《大脑图谱》(www.brainmap.org)已发表来自健康和 AD 患者的分子水平的基因表达数据。研究和发表了 AD 患者基因间的相互作用[38]。图 16.9 给出了一个与 AD 相关的 GRN 示例。健康和阿尔茨海默病患者的结构和功能通路图谱数据也已提供[40]。

在 NeuCube 模型中通过神经遗传学建模研究 AD 的可能场景将涉及 GRIN2B 基因。人们已经发现,AD 患者 NMDAR 亚基缺失,海马体 GRIN2B 水平降低。NMDAR 的 GRN 将被重建,因为这种合成受体可能只是由于同时表达不同的基因,这些基因负责形成高分子的亚基。这样的基因是 GRIN1-1a GRIN2A、GRIN2B GRIN2D GRIN3A。AMPAR 基因的一个 GRN 也可以被开发,两个 GRN 连接在一个 NeuCube SNNcube 中。

类似的方法可以应用于帕金森病、多发性硬化症、中风和其他脑疾病的模型数据，其中分子和 TSBD 都是可用的。

16.4.2　CNGM 用于认知机器人和情感计算

几十年来，构建能够像人类一样与人类交流的人工认知系统（如机器人、人工智能代理）一直是计算机科学家的目标。认知与情绪密切相关。基本情绪有快乐、悲伤、愤怒、恐惧、厌恶、惊讶，但其他人类情绪也在认知中起作用（骄傲、羞愧、后悔等）。一些原始的情感机器人或仿真系统已经被开发出来了[41]。情感计算领域，即在计算机系统中模拟情感的一些元素正在发展[42]。

CNGM 将使建立认知-情感大脑状态的模型成为可能，从而进一步创造类人的认知系统。这就需要把相关的大脑过程理解为不同层次的信息处理。例如，众所周知，人类情感依赖动态交互神经调质（5-羟色胺、多巴胺、去甲肾上腺素和乙酰胆碱）和其他一些相关基因和蛋白质（如 5-HTTLRP、DRD4 DAT），功能强化活动有关的神经元在大脑的特定区域。它们对大脑功能有广泛的影响。例如，去甲肾上腺素对唤醒和注意力机制很重要。乙酰胆碱在记忆功能编码中起关键作用。多巴胺与学习和寻求奖励的行为有关，可能预示着可能的食欲结果，而血清素则可能会影响可能导致厌恶结果的行为。特定 CNGM 基因的修饰基因和蛋白表达水平会影响该模型的学习和模式识别特性。例如，改变可以导致连接和功能通路变得更强或更弱，这可以通过观察和进一步解释认知和情绪状态。

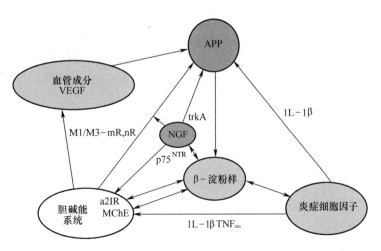

图 16.9　与 AD 相关的基因形成 GRN 可以作为 CNGM[38]的一部分

16.5 生、死和 CNGM

生和死是一个有机体的两种状态。当某些分子和大脑功能停止时,生命也就结束了。但当它们停止时,它们会在一段时间内可逆吗? CNGM 能帮助发现其中的奥秘吗? 下面列出了一些关于生命和死亡的生物学事实。

(1) 细胞凋亡(取自古希腊词语 ἀπόπτωσιο,意为"死去")是一个过程发生在多细胞生物的细胞程序性死亡。平均每天有 500 亿~700 亿个细胞死于细胞凋亡。坏死是一种由急性细胞损伤导致的外伤性细胞死亡,而细胞凋亡是一种高度调控和受控的过程,在生物体的生命周期中具有优势。因为凋亡一旦开始就不能停止,所以它是一个高度调控的过程。细胞凋亡可以通过两条途径之一启动:内在途径中细胞杀死自己是因为它感受到细胞压力,而在外在途径细胞杀死自己是因为来自其他细胞过度凋亡信号导致萎缩,而不足的细胞凋亡导致不受控制的细胞增殖,如癌症。

(2) 端粒酶是生命的时钟吗? 端粒酶又称端粒转移酶,是一种核糖核酸蛋白,它在端粒的 3 个末端增加一个物种依赖的端粒重复序列。端粒是真核生物染色体两端的重复序列区域,端粒保护染色体的末端不受 DNA 损伤或与邻近染色体融合。果蝇黑腹果蝇缺乏端粒酶,但却利用逆转录转座子来维持端粒。端粒缩短代偿机制的存在最早是由苏联生物学家阿列克谢·奥洛夫尼科夫在 1973 年发现的,他还提出了端粒衰老假说和端粒与癌症的联系。

(3) 自然中死后的物理定律和质量守恒定律或质量守恒原理意味着质量既不能被创造也不能被破坏,尽管它可以在空间中重新排列,或者与质量相关的实体可以在 1756 年由俄罗斯科学家米哈伊尔·洛蒙诺索夫发现的形式上改变。

(4) 在生物学上可以区分出与死亡相关的各种时空过程,包括 DNA 和 RNA 分子的降解并发现降解的时间模式、发现 DNA 和 RNA 的稳定区域不会正常降解、细胞死亡既是一个暂时的过程,也是细胞间随时间相互作用的过程、脑死亡是大脑中细胞死亡的一个时空过程。

上面的一些过程已经以某种方式建模为计算模型,如 RNA 的降解以及脑死亡过程被测量为脑电图数据。

未来面临的挑战是,基于所有关于生命和死亡的事实,来创建一个可用于 CNGM 模型大脑生与死之间的过渡,整合基因之间的相互作用,蛋白质和神经元的活动作为一个整体,以更好地了解这个复杂的过渡过程,对每个个体和整个人类都至关重要。挑战还在于,能否建立这样的模型来表明有机体的生与死和何时是可逆的状态,以及在什么时空条件下是可逆的。

16.6 本章总结及进一步阅读以加深理解知识

本章扩展了第 15 章和第 6 章的内容,并介绍了神经元的概率神经发生模型(PNGM)和几种 CNGM SNN 结构。

第 6 章中的 NeuCube 结构现在以 CNGM 的形式呈现,基因在该系统的功能中起着至关重要的作用,并讨论了 CNGM 的应用。

有关 CNGM 的更多信息可在文献[12]中找到。例如,使用尖峰神经网络进行计算建模(文献[12]第 37 章);用于时空模式识别的类脑信息处理(文献[12]第 47 章);计算神经遗传模型(文献[12]和文献[13]中第 54 章);大脑、基因和量子启发了计算智能(文献[12]中第 60 章);大脑和创造力(文献[12]第 61 章);艾伦大脑图谱(文献[12]第 62 章);老年痴呆症(文献[12]第 51 章);整合数据建立生物复杂性模型(文献[12]第 52 章)。

致谢

本章的一些材料在之前的出版物中已经发表,如本节所述。我感谢我的合著者 Lubica Benuskova、Simei Wysoski、Stefan Schliebs、Reinhard Schliebs、Hiroshi Kojima 的贡献。

参考文献

[1] J.M. Henley, E.A. Barker, O.O. Glebov, Routes, destinations and delays: recent advances in AMPA receptor trafficking. Trends Neurosci. **34**(5), 258–268 (2011)

[2] H.J. Kang et al., Spatio-temporal transcriptome of the human brain. Nature **478**, 483–489(2011)

[3] V.P. Zhdanov, Kinetic models of gene expression including non-coding RNAs. Phys.Rep. **500**, 1–42(2011)

[4] N. Kasabov, Neucube: a spiking neural network architecture for mapping, learning and understanding of spatio-temporal brain data. Neural Netw. **52**(2014), 62–76 (2014)

[5] M. Hawrylycz et al., An anatomically comprehensive atlas of the adult human brain transcriptome. Nature **489**, 391–399 (2012)

[6] K. Zilles, K. Amunts, Centenary of Brodmann's map-conception and fate. Nat. Rev.Neurosci. **11**(2), 139–145 (2010). https://doi.org/10.1038/nrn2776

[7] W. Gerstner, H. Sprekeler, G. Deco, Theory and simulation in neuroscience. Science **338**(6103), 60–65 (2012)

[8] C. Koch, R.C. Reid, Neuroscience: observatories of the mind. Nature **483**(7390), 397–398 (2012). https://doi.org/10.1038/483397a

[9] J.-B. Poline, R. A. Poldrack, Frontiers in brain imaging methods grand challenge. Front. Neuroscie. **6**, 96 (2012). https://doi.org/10.3389/fnins.2012.00096

[10] Van Essen et al., The human connectome project: a data acquisition perspective. NeuroImage **62**(4), 2222–2231 (2012)

[11] N. Kasabov, *Evolving Connectionist Systems: The Knowledge Engineering Approach*, 1st edn. (Springer, London, 2007), p. 451

[12] N. Kasabov (ed.), *Springer Handbook of Bio-/Neuroinformatics* (Springer, Berlin, 2014), p. 229

[13] L. Benuskova, N. Kasabov, *Computational Neuro-Genetic Modelling* (Springer, New York, 2007), p. 290

[14] W. Gerstner, *What's Different with Spiking Neurons?*, in Plausible Neural Networks for Biological Modelling (Kluwer Academic Publishers, Dordrecht, 2001), pp. 2–2345

[15] E.M. Izhikevich, Polychronization: computation with spikes. Neural Comput. **18**(2), 245–282 (2006)

[16] A.L. Hodgkin, A.F. Huxley, A quantitative description of membrane current and its application to conduction and excitation in nerve. J. Physiol. **117**, 500–544 (1952)

[17] W. Maass, T. Natschlaeger, H. Markram, Real-time computing without stable states: a new framework for neural computation based on perturbations. Neural Comput. **14**(11), 2531–2560 (2002)

[18] N. Kasabov, L. Benuskova, S. Wysoski, *A Computational Neurogenetic Model of a Spiking Neuron*, in Proceedings on IJCNN (IEEE Press, 2005), pp. 446–451

[19] N. Kasabov, To spike or not to spike: a probabilistic spiking neuron model. Neural Netw. **23**(1), 16–19 (2010)

[20] N. Kasabov, R. Schliebs, H. Kojima, Probabilistic computational neurogenetic framework: from modelling cognitive systems to Alzheimer's disease. IEEE Trans. Auton. Mental Deve.**3**(4), 300–3011 (2011)

[21] S. Song, K. D. Miller, L. F. Abbott, Competitive hebbian learning through spike-timing-dependent synaptic plasticity. Nature Neurosci. **3**(9), 919–926 (2000)

[22] D.O. Hebb, *The Organization of Behavior: A Neuropsychological Approach* (Wiley, NewYork, 1949), p. 335

[23] A. Mohemmed, S. Schliebs, S. Matsuda, N. Kasabov, SPAN: Spike pattern association neuron for learning spatio-temporal sequences. Int. J. Neural Sys. **22**(4), 1–16 (2012)

[24] A. Mohemmed, S. Schliebs, S. Matsuda, N. Kasabov, Evolving spike pattern association neurons and neural networks. Neurocomputing **107**, 3–10 (2013)

[25] N. Kasabov, K. Dhoble, N. Nuntalid, G. Indiveri, Dynamic evolving spiking neural networks for on-line spatio-and spectro-temporal pattern recognition. Neural Netw. **41**, 188–201(2013)

[26] S. Schliebs, N. Kasabov, M. Defoin-Platel, On the probabilistic optimization of spiking neural networks. Int. J. Neural Syst. **20**(6), 481–500 (2010)

[27] S. Schliebs, N. Nuntalid, N. Kasabov, *Towards Spatio-temporal Pattern Recognition Using Evolving Spiking Neural Networks*. ICONIP. Springer LNCS, vol 6443 (2010), pp. 163–170

[28] F. Ponulak, A. Kasinski, Supervised learning in spiking neural networks with ReSuMe: sequence learning, classification, and spike shifting. Neural Comput. **22**(2), 467–510 (2010)

[29] R.V. Florian, Reinforcement learning through modulation of spike-timing-dependent synaptic plasticity. Neural Comput. **19**, 1468–1502 (2007)

[30] R. Gutig, H. Sompolinsky, The Tempotron: a neuron that learns spike timing-based decisions. Nat. Neurosci. **9**(3), 420–428 (2006)

[31] S. Thorpe, J. Gautrais, Rank order coding. Comput. Neurosci. Trends Res. **13**, 113–119 (1998)

[32] S.M. Bothe, The evidence for neural information processing with precise spike times: a survey. Nat. Comput. **3**(2), 195–206 (2004)

[33] T. Delbruck, jAER open source project (2007), http://jaer.wiki.sourceforge.net

[34] N. Nuntalid, K. Dhoble, N. Kasabov, *EEG Classification with BSA Spike Encoding Algorithm and Evolving Probabilistic Spiking Neural Network*, in LNCS, vol 7062, (Springer, 2011), pp. 451–460

[35] J. Talairach, P. Tournoux, *Co-planar Stereotaxic Atlas of the Human Brain: 3-Dimensional Proportional System—an Approach to Cerebral Imaging*-(Thieme Medical Publishers, New York, 1988)

[36] A.C. Evans, D.L. Collins, S.R. Mills, E.D. Brown, R.L. Kelly, T.M. Peters, *3D Statistical Neuroanatomical Models From* 305 *MRI Volumes*, in IEEE-Nuclear Science Symposium and Medical Imaging Conference (IEEE Press, 1993), pp. 1813–1817

[37] C.J. Honey, R. Kötter, M. Breakspear, O. Sporns, Network structure of cerebral cortex shapes functional connectivity on multiple time scales. Proc. Natl. Acad. Sci. **104**, 10240–10245 (2007)

[38] R. Schliebs, Basal forebrain cholinergic dysfunction in Alzheimer's disease—interrelationship with b-amyloid, inflammation and neurotrophin signalling. Neurochem. Res. **30**, 895–908 (2005)

[39] F.C. Morabito, D. Labate, F. La Foresta, G. Morabito, I. Palamara, Multivariate, multi-scale permutation entropy for complexity analysis of AD EEG. Entropy **14**(7), 1186–1202 (2012)

[40] A. Toga, P. Thompson, S. Mori, K. Amunts, K. Zilles, Towards multimodal atlases of the human brain. Nat. Rev. Neurosci. **7**, 952–966 (2006)

[41] Y. Meng, Y. Jin, J. Yin, M. Conforth, *Human Activity Detection Using Spiking Neural Networks Regulated by a Gene Regulatory Network*, in Proceedings on IJCNN (IEEE Press, 2010), pp. 2232–2237

[42] R. Picard, *Affective Computing*(MIT Press, Cambridge, 1997)

第17章
一种应用于生物信息学的个性化建模的计算框架

本章提出了一个建立个性化模型(PM)的计算框架,以准确预测个体的结果。首先,提出了一种利用综合特征和模型参数优化来构建 PM 的总体方案。该框架用于开发两种具体的方法:①传统的人工神经网络技术;②使用进化的脉冲神经网络(eSNN)。这两种方法都在基准生物医学数据上进行了说明。

17.1 基于集成特性和模型参数优化的 PM 和人员配置框架

17.1.1 简介:全局、局部和个性化建模

通常情况下,建模数据[1]主要考虑3种方法。

(1) 全局建模利用整个问题空间中的数据来创建模型。这种类型的建模可能有助于掌握数据中的一般趋势。

(2) 局部建模为数据的子集或集群创建模型,对新数据更具可定制性。

(3) 个性化建模。与全局和局部模型不同,在全局和局部模型中,建立一个特定的模型覆盖整个问题空间或空间的子集,个性化建模为每个个体建立一个模型,为该个体提供个性化的结果。对于新数据,个体模型是使用系统中已有的信息创建的,这些信息由具有与新个体相似特征的已知结果的个体组成。相似度可以用欧几里得距离度量来计算。

大多数现代医疗决策支持系统使用全局模型来预测患者罹患某种特定疾病的风险或患病后可能出现的结果。有明确的证据表明,基于这种全局模型的预测和治疗只对部分患者有效(平均约 70%)[2-3],对其余患者无效,在许多情况下病情恶化甚至死亡。

个性化建模范式背后的基本原理是,由于每个人都是不同的,只有基于对特定患者可用数据的分析,才能实现最有效的治疗。随着科学技术的进步,现在可以获

取和利用广泛的个人数据,如 DNA、RNA、基因和蛋白质表达、临床试验、年龄、性别、BMI、遗传、食品和药物摄入、疾病、种族等[3-5]。

目标是创建一个精确的个性化计算模型,使用个人信息和与同一问题相关的其他个人的可用信息。实现对疾病的个性化风险或治疗效果的更高准确性预测,可能意味着挽救数千条生命,显著降低治疗成本,并提高数千名患者的生活质量。

现有的个性化建模方法并不能完全解决问题,因为它们只优化了个人模型的一部分[6-9]。这些方法通常是 K 近邻法(K-NN)的衍生,其中,对于描述结果未知的个体和结果已知的个体的预定义的变量集,从组成一个邻域的人口数据中选择最接近新个体的 k 个样本。新样本的结果是根据邻近地区的大多数结果来决定的。K-NN 方法的改进包括 WKNN[10]、WWKNN[1,8-9,11-12]。

以上方法仅适用于由一小组变量定义的问题。实际上,个性化数据通常包括数千个基因、蛋白质、SNP、临床、人口统计学和其他变量。然而,使用完整的可用变量集将不利于建模结果,因为大多数变量是多余的。根据总体空间的统计显著性预先选择一组变量可能也不合适,因为变量重要性取决于问题空间的特定子空间[10]。对一个人进行有效的诊断和治疗需要根据其邻近样本的子空间中的重要变量来创建他们的个性化档案。最近样本的邻域选择取决于选择的变量。分类/预测模型的整体效率取决于全局优化的变量、邻域数据和模型参数。

个性化建模是指根据数据样本在整个问题空间中的位置为每个个体开发一个特定的模型。这是通过转换推理实现的,并且超越了全局模型的要求。归纳推理方法利用整个问题空间的信息,从可用的数据中创建一个学习模型。相反,在转换方法中,通过使用与新数据相关的更多信息来估计新输入数据的函数值。个性化建模在医疗领域尤其有用,因为在医疗领域,预测治疗结果需要个性化建模,而不是以人群为目标。此外,将这些单独的模型聚合在一起,可以得到一个具有较高精确度的泛化模型。最近邻是用于个性化建模的流行方法之一[13]。对于每个新传入的测试数据,使用适当的距离度量(如欧几里得距离)从训练数据集中提取预定义的 k 个最近的样本。然后,使用投票方案来确定这个新样本的类标签,其中大多数提取的数据样本所建议的类标签将分配给新数据向量。开发的一个稍微不同的模型使用神经模糊推理而不是计算距离来预测标签[8]。这两种方法都是基于相邻的样本,并且具有相似的归纳技巧。尽管它们可能在基准数据集上表现良好,但在真实世界的数据中,这些样本可能是不平衡的或与有噪声的数据重叠,这些模型可能变得不可靠。考虑到这些问题,提出了一种转换支持向量机树,它可以在测试实例的邻域内分解判别证据[14]。将一组归纳支持向量机用于个体学习。除了使用支持向量机解决其他分类树的过拟合问题外,该方法在处理不平衡数据集方面也表现出了较好的性能。但该方法仅适用于二分类问题。

17.1.2 基于集成特征和模型参数优化的个性化建模框架

在这里提出了一个个性化建模的框架,其实施和3种类型的医疗决策支持问题的一些结果。对于每一个新的个体样本(新的输入向量),其个性化模型的所有方面(变量、邻近样本、模型类型和模型参数),都使用样本的局部邻域获得的结果的准确性作为优化标准一起进行优化。接下来,利用选定的变量和具有已知结果的邻近样本,导出个性化模型和个性化配置文件。

样本的概况与邻近地区其他结果类别的平均概况进行比较(如良好的结果或疾病或治疗的不良结果)。对于重要变量,点与点之间的差异可能需要通过治疗来修改。建议的个性化建模框架的功能框图,称为个性化建模的集成方法(IMPM),如图17.1所示。

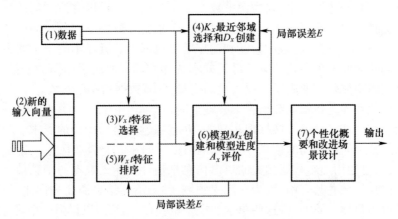

图17.1 个性化建模综合方法的功能框图[2,7,15]

特征和模型参数的综合优化是通过使用遗传算法(GA)实现的(参见图17.2、图17.3和第7章)。

提出的方法包括以下程序:

P1 数据收集、滤波、存储和更新;

P2 编译新患者的输入向量 x;

P3 从全局变量集 V 中选择与新样本 x 变量(特征) V_x 相关的子集;

P4 从全局数据集 D 中选择 K_x 个样本,并使用 V_x 中的向量建立与 x 相似的样本邻域 D_x;

P5 根据输出的重要性对局部邻域 D_x 中的 V_x 进行排序,获得权重向量 W_x;

P6 训练和优化局部预测模型 M_x,该模型具有一组模型参数 P_x、一组变量 V_x 以及局部训练/测试数据集 D_x;

P7 使用选择的变量集合 V_x 以及来自属于不同输出类别的 D_x 的平均配置文件，生成对于病人 x 的功能配置文件 F_x，如 F_i 和 F_j。对 F_x、F_i 和 F_j 进行比对，从而确定如果需要医治时，V_x 中哪个才是对于病人 x 最重要的变量。

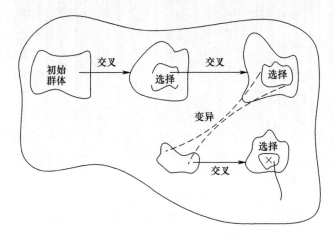

图 17.2　遗传算法工作原理

| V_x | W_1 | W_2 | ... | W_x | K | S_1 | S_2 | ... | S_x | M_x | P_1 | P_2 | ... | P_{rv} |

图 17.3　一段染色体对以下参数（"基因"）的 GA 全局优化：选择的参数变量 V_x；
其相应的权重 W_x；K 个距离 x 最近的领域值；一组选定的 K 样本 S_1、S_K
形成数据子集 D_x；本地预后模型 M_x；P_m 的一系列参数

在 F_x、F_i 和 F_j 之间定义 V_x 中哪些变量对于需求治疗的人 x 是最重要的。

过程 P3~P6 需要进行多次重复迭代，直到对于局部数据集 D_x 达到模型所需的局部精度。个性化模型的 V_x、D_x、K_x 是全局的，它通过一种进化的遗传算法（GA）的多次运行来实现[12,16,17]。这样产生的 x 的个性化模型形成了这样的模型群，它们在迭代（世代）中使用适应度标准进行评估，即 x 的局部邻域的结果预测的最佳准确性。在寻找最佳局部模型时，使用了交叉算子和变异算子（图 17.4）。运行遗传算法时，个性化模型的所有参数形成一个"染色体"（图 17.3），其中变量值作为全局优化一起优化。

在最开始时，假设集合 V 中的所有变量对于新样本 x 预测其未知输出 y 具有相等的绝对和相对重要性，即

$$w_{v1} = w_{v2} = \cdots = w_{vq} = 1 \qquad (17.1)$$

和

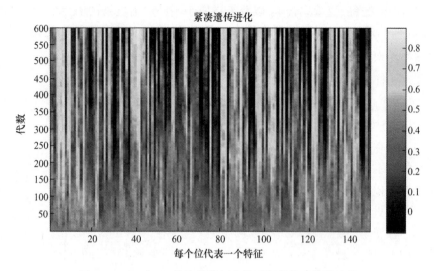

图17.4 经过600代优化特征和模型参数的遗传算法的一次运行后样本32所选特征的加权重要性

$$w_{v1,\text{norm}} = w_{v2,\text{norm}} =, \cdots, = w_{vq,\text{norm}} = \frac{1}{q} \qquad (17.2)$$

最初用于 V_x、K_x 的数字可以在不脱离方法范围的情况下以各种不同的方式确定。比如，V_x、K_x 最初可以通过对全局数据集的大小和/或分布的评估来确定。这些参数的最小值和最大值也可以基于可用数据和问题分析来建立。比如，$V_{x\_\min} = 3$（个性化模型中至少使用3个变量），以及 $V_{x\_\max} < K_x$（在个性化模型中使用的最大变量数目不大于 x 的邻域 D_x 中的样本数量），通常 $V_{x\_\max} < 20$。变量的初始集合可能包括专家知识，也就是说，文献中提到的变量与问题（疾病）的结果在一般意义上（在整个人群中）有很强的相关性。当问题是预测乳腺癌的预后时，这些变量就是 BRCA 基因[18]。对于单个患者，BRCA 基因可能与其他一些基因相互作用，这些相互作用将是特定于个人或一群人的，并且很可能仅通过局部或/和个性化建模才能发现[1]。

与全局或局部建模相比，该方法的一个主要优点是建模过程可以从个人可用的所有相关变量开始，而不是从全局模型中的一组固定变量开始。这样的全局模型可能在统计上对整个人群具有代表性，但在最佳模型和对这个人的最佳侧写和预后方面不一定对单个人具有代表性。

选择 K_x 的初始数值以及最小值和最大值 $K_{x\_\min}$ 和 $K_{x\_\max}$ 也取决于可用的数据和手中的问题。通常的要求是 $K_{x\_\min} > V_x$ 以及 $K_{x\_\max} < cN$，其中 c 是一个比率，如0.5，N 是 x 的 D_x 中的样本数量，一些公式已经被提出并且验证过[10,17]，举例

如下。

（1）当数据不均衡时（一个类比另一个类有更多的样本，如超过90%）K_{x_min} 等于属于样本数较少的类的样本数，比如可选数据集 D 是小型或中型的（如只数百到几千个样本）；

（2）$K_{x\_min} = \sqrt{N}$，其中 N 是数据集 D 中的样本总数。

在该方法的后续迭代中，通过优化程序优化参数 V_x、K_x。例如：

（1）穷举搜索，找到其中所有或部分参数 V_x、W_x、K_x、M_x 和 P_x 的可能值，用来完成它们的组合，并选择具有最佳精度的 M_x 模型；

（2）进化算法，如 GA[19]，优化了构成"染色体"的所有或某些参数。

从 D 中选择距离向量 x 最近的 K_x 个邻居向量来形成新的数据集 D_x。通过度量局部加权变量的距离权衡每个变量对邻域 D_x 中所有数据样本的模型结果计算准确性的重要性。比如说，x 与 D_x 中 z 的距离作为局部加权变量距离为

$$d_{x,z} = \frac{\sqrt{\sum_{l=1}^{q}(1-w_{l,\text{norm}})(x_l-z_l)^2}}{q} \tag{17.3}$$

式中：w_l 为分配给变量 V_l 的权重，其标准化值计算式为

$$w_{l,\text{norm}} = \frac{w_l}{\sum_{i=1}^{q} w_i} \tag{17.4}$$

这里，聚类中心（在我们的例子里是向量 x）与聚类集合中成员（D_x 中的数据样本）的距离不仅与传统的近邻法一样基于几何距离计算，而且基于对邻域 D_x 中所有样本的输出值的相对可变重要性权重向量 W_x，在 V_x 向量子集 D_x 以及选择 K_x 个数据样本之后，就可以获得这些变量对预测输入向量 x 和权向量 W_x 的输出 y 的重要性的降序排列。

通过迭代优化程序，将减少优化个性化模型 M_x 所用变量 V_x 的数量，从而只选择最合适的变量，以提供 M_x 模型的最佳预测精度。对于 V_x 变量的权向量 W_x（即排序），可以使用其他方法，如 t 检验、信噪比（SNR）等。

在信噪比法中，V_x 为标准化系数，变量按降序排列：V_1，V_2，…，V_v，其中 $w_1 \geqslant = w_2 \geqslant ,\cdots, \geqslant w_v$ 计算式为

$$w_l = \frac{|M_l^{\text{class1}} - M_l^{\text{class2}}|}{\text{std}_l^{\text{class1}} + \text{std}_l^{\text{class2}}} \tag{17.5}$$

式中：$M_l^{\text{class }s}$ 和 $\text{std}_l^{\text{class }s}$ 分别是属于 s 类的 D_x 中所有向量的变量 x_l 的平均值和标准偏差。该方法速度很快，但对邻域 D_x 中变量的重要性逐一进行评估，并且没有考虑变量之间可能的相互作用，这可能会影响模型的输出。

将分类或预测过程应用于 K_x 个数据样本的邻域 D_x,以使用已定义的变量 V_x、变量权重 W_x 和模型参数集 P_x 建立个性化模型 M_x。

可以使用许多不同的分类或预测过程,如 KNN、WKNN、WWKNN[1]、TWNFI[9]和其他。在加权 KNN(WKNN)方法中,新样本的结果是根据邻近个体与新样本距离的加权结果计算出来的。在 WWKNN 方法中,除了 WKNN 中基于距离的加权外,变量还根据它们在邻近区域中对不同类别样本分离的重要性进行排序和加权[1]。在 TWNFI 方法传导的加权神经模糊推理系统中,所有个性化模型中变量的数量是固定的,但邻近的样品用来培养个性化选择神经模糊分类模型是基于变量加权距离,因为它是在 WWKNN 中[9]。

使用 WWKNN 方法时[1],输入向量 x 的输出值 y 的计算式为

$$y = \frac{\sum_{j=1}^{K} a_j y_j}{\sum_{j=1}^{K} w_j} \tag{17.6}$$

式中:y_j 为 x 的邻域 D_x 中样本 x_j 的输出值,且

$$a_j = \max(d) - | d_j - \min(d) | \tag{17.7}$$

在式(17.7)中向量的距离 d 是由新的输入向量 x 和最近的样本 $(x_j, y_j) j = 1$ 之间的距离定义的;$\max(d)$ 和 $\min(d)$ 分别为 d 的最大值和最小值。向量 x 与相邻的一个 x_j 之间的欧几里得距离 d_j 计算式为

$$d_j = \sqrt{\sum_{l=1}^{V} w_l (x_l - x_{jl})^2} \tag{17.8}$$

式中:w_l 为变量 x_l 在 x 的邻近 D_x 处的权重系数。

当使用 TWNFI 分类或预测模型时,输入向量 x 的输出 y 计算式为

$$y = \frac{\sum_{l=1}^{m} \frac{n_l}{\delta_l^2} \prod_{j=1}^{P} \alpha_{lj} \cdot \exp\left[-\frac{w_j^2 (x_{ij} - m_{lj})^2}{2\sigma_{lj}^2}\right]}{\sum_{l=1}^{m} \frac{1}{\delta_l^2} \prod_{j=1}^{P} \alpha_{lj} \cdot \exp\left[-\frac{w_j^2 (x_{ij} - m_{lj})^2}{2\sigma_{lj}^2}\right]} \tag{17.9}$$

式中:m 为最接近新输入向量 x 的聚类数目;每个聚类 l 都定义为一个高斯函数,在一个以均值为 m_l、标准差为 δ_l 的 V_x 维空间中;$x = (x_1, x_2, \cdots, x_v)$;$\alpha_l$(也是所有变量 V 的向量)为输入向量 x 属于高斯函数 G_l 聚类的程度;n_l 为每个集群的参数。

局部准确性(局部误差 E_x)是使用 M_x 模型对数据集 D_x 的个性化预测(分类)的个性化准确性。该误差是局部误差,在邻域 D_x 中计算,而不是通常为整个问题

空间 D 计算的全局精度。可以使用各种误差计算方法：

① RMSE(均方根误差)；

② AUC(接收工作特性曲线下面积)；

③ AE(绝对误差)。

在此提出另一个计算局部误差的公式，可用于模型优化，即

$$E_x = \frac{\sum_{j=1}^{K_x}(1-d_{xj}) \cdot E_j}{K_x} \tag{17.10}$$

式中：d_{xj} 考虑到可变权重 W_x 时样本 x 和邻域 D_x 中样本 S_j 之间的加权欧几里得距离；E_j 为 M_x 模型为邻域 D_x 中样本 S_j 计算值与其实际输出值之间的误差。

在上述公式中，基于加权距离度量，数据样本 S_j 到 x 越接近，其对误差 E_x 的贡献越大。计算出的个性化模型 M_x 的精确度为

$$A_x = 1 - E_x \tag{17.11}$$

存储所获得的最佳精度模型，以便将来进行改进和优化。根据上面列出的优化程序之一(穷举搜索、遗传算法以及第 7 章中它们之间的组合)优化过程迭代返回到所有先前的过程，从而为参数向量选择另一组参数值(图 17.4)，直到实现 M_x 模型的最佳精确值。该方法还优化了分类/预测过程的参数 P_x。一旦得到最佳模型 M_x，就可以使用该模型计算新输入向量 x 的输出值 y。这样输入向量 x 的个性化配置文件 F_x 就可以得到了。将根据场景的可能预期结果进行评估，并设计实现改进结果的可能方法，这也是该方法的一个主要创新点。设计了一个包括建议改变个人特征值的个人改进方案，以改进 x 的结果。个性化配置文件 F_x 形成一个向量：

$$F_x = \{V_x, W_x, K_x, D_x, M_x, P_x, t\} \tag{17.12}$$

式中：变量 t 为模型 M_x 创建的时间。在将来的某个时间 $(t+\Delta t)$，这个人的输入数据会变成 x^* (由于年龄、体重、蛋白质表达值等变量的变化)或更新数据集 D 中的数据样本并添加新的数据样本。在 $t+\Delta t$ 时间上的一个新配置文件 F_x^* 将会不同于当前的 F_x。

对于数据 D_x 中的每一个类别 C_i 的平均配置文件 F_i 是一个包含所有变量均值的向量，每个变量(特征)的重要性由其在权重向量中的权重 W_x 表示。从个人的配置文件 F_x 到平均的配置文件 F_i 的距离定义为

$$D(F_x, F_i) = \sum_{l=1}^{v}|V_{lx} - V_{li}| \cdot w_l \tag{17.13}$$

式中：w_l 为数据集 D_x 计算的变量 V_l 的权重。

假设 F_d 是期望的配置文件(如正常结果)。加权距离 $D(F_x, F_d)$ 将被计算作为一个总和，用以评估一个人的个人配置文件应变化多少以达到平均期望的个人

资料。

$$D(F_x, F_d) = \sum_{l=1}^{v} |V_{lx} - V_{ld}| \cdot w_l \qquad (17.14)$$

可以通过将可变特征朝着期望的平均配置文件 F_d 进行更新得到改善,可以作为所需变量变化的向量,定义为

$$\Delta F_{x,d} = \Delta V_{lx,d} | l = 1, 2, \cdots, v \qquad (17.15)$$

$$\Delta V_{lx,d} = \Delta V_{lx,d}, 与 w_l 具有同等重要性 \qquad (17.16)$$

为了找到较少数量的变量,作为可以应用于整个总体 X 的全局标记,可以对每个 x 重复执行过程 P2~P7。然后所有 V_x 中的变量根据它们为所有样本选择的可能性进行排序。最前面的 m 个变量(在独立模型中最常被用到的)被选作为全局变量 V_m。将 V_m 作为初始变量集(而不是使用变量的整个初始集 V),再次重复过程 P1~P7。在这种情况下,个性化模型和配置文件将会由 V_m 获得,将使治疗和药物设计在整个人群 X 中更具有普适性。

17.2 采用传统人工神经网络进行基因表达数据分类

17.2.1 问题和数据说明、特征提取

17.1 节中提出的方法在使用基因表达数据的个性化建模中得到了说明。我们使用了一个基准的结肠癌基因表达数据集[20]。它包括 62 个样本,40 个来自结肠癌患者,22 个来自对照组。每个样本由 2000 个基因表达变量表示。其目的是创建一个诊断(分类)系统,不仅提供准确的诊断,而且对患者进行剖析,以帮助确定最佳治疗方案。图 17.5 给出了一个个性化结肠癌诊断模型和随机选择的人的侧写的例子。

为了找到整个结肠癌数据人群的少量变量(潜在标记),采用了以下方法:根据每个样本的实验结果,选择了 20 个最常用的基因作为潜在的全局标记。表 17.1 列出了这 20 个全局标记及其生物学信息。选定的 20 个全局标记的数量是基于 Alon[20] 工作中的建议。

17.2.2 分类精度及对比分析

我们实验的下一个目标是研究利用这 20 个潜在的标记基因是否可以提高结肠癌的分类准确性。本对比实验采用 4 种分类模型,包括 WKNN、MLR、SVM、TWNFI。在整个数据集上,基于 LOOCV 对 4 个分类器的分类结果进行了验证。

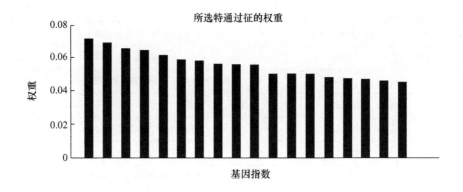

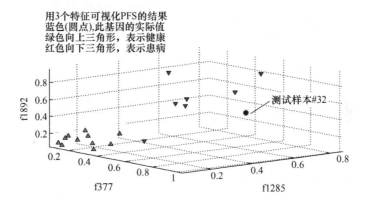

图17.5 在图17.4的前3个基因变量的三维空间中将样本32(一个蓝点)与其相邻的样本(红色的三角形(表示癌症样本)和绿色的三角形(表示对照组))绘制在一起(见彩插)

表17.1 结肠癌基因数据中最常选择的20个基因(潜在标记基因)(图17.7)

基因索引	基因库加入数量	基因描述(来自基因库)
G377	Z50753	GCAP-II/尿鸟苷前体的智人 mRNA
G1058	M80815	智人 a-L-岩藻糖苷酶基因,第7和第8外显子和完整 cds
G1423	J02854	肌球蛋白调节轻链2,平滑肌亚型(人)
G66	T71025	人(人)
G493	R87176	肌球蛋白重链,非肌肉(原鸡)
G1042	R36977	P03001 转录因子 IIIA
G1772	H08393	胶原蛋白 α2(XI)链(智人)
G765	M76378	人富含半胱氨酸蛋白(CRP)基因,第5和第6外显子
G399	U30825	人剪接因子 SRp30c mRNA,完整 cds

续表

基因索引	基因库加入数量	基因描述(来自基因库)
G1325	T47377	S-100P 蛋白(人)
G1870	H55916	肽基脯氨酸顺反异构酶,线粒体前体(人)
G245	M76378	人富含半胱氨酸蛋白(CRP)基因,第5和第6外显子
G286	H64489	白细胞抗原 CD37(智人)
G419	R44418	核蛋白(EB 病毒)
G1060	U09564	人丝氨酸激酶 mRNA,完整 cds
G187	T51023	热休克蛋白 HSP90-β(人)
G1924	H64807	胎盘叶酸转运体(智人)
G391	D31885	ORF(新前体蛋白)的人 mRNA(KIAA0069),部分 cds
G1582	X63629	p 钙黏蛋白的智人 mRNA
G548	T40645	人 Wiskott-Aldrich 综合征(WAS)mRNA,完整 cds

表 17.2 总结了使用 20 个选择的潜在标记基因的 4 种分类模型的分类结果。WKNN 和局部支持向量机取得了改善分类精度(90.3%),TWNFI 获得最好的分类性能(91.9%)。我们的结果表明,IMPM 方法选择的一小组标记基因可以提高癌症分类的准确性。

与全局或局部建模相比,所提出的个性化建模方法具有很大的优势。在我们的方法中,建模过程开始与所有相关变量可用于一个人,而不是代表整体的一组固定的全局变量,但就最佳预后而言,不一定代表一个人。该方法具有更好的预后准确性和计算个性化的轮廓。通过全局优化,可以从选定的变量集中识别出一小组变量(潜在标记)。

表 17.2 4 种算法对具有 20 个潜在标记基因的结肠癌数据的最佳分类准确率

分类器	整体/%	类 1/%	类 2/%	邻域规模
多元线性回归(个性化)	82.3	90.0	68.2	3
支持向量机(个性化)	90.3	95.0	81.8	17
WKNN(个性化)	90.3	95.0	81.8	6
TWNFI(个性化)	91.9	95.0	85.4	20
1999 年 8 月 6 日出版	87.1	—	—	—

注:整体—整体准确率;类 1—类 1 准确率;类 2—类 2 准确率。

这些标记有助于提高 IMPM 对癌症诊断的预测准确性。结果改进的场景也得到了保证。我们希望这篇论文能够激发个性化建模研究的生物医学应用。

17.2.3 个体档案和个性化知识提取

图 17.6 显示了样本 32(蓝点)与使用图 17.5 特征的对照组和癌症样本的平均局部轮廓。

图 17.7 显示了结肠癌数据中最频繁选择的 20 个基因的排序,其中 x 轴表示数据中基因的索引,y 轴表示一个基因的选择频率。

图 17.8 显示了使用 20 个潜在基因的 4 种算法得到的分类结果的比较,其中 x 轴表示邻域大小,y 轴表示分类精度。

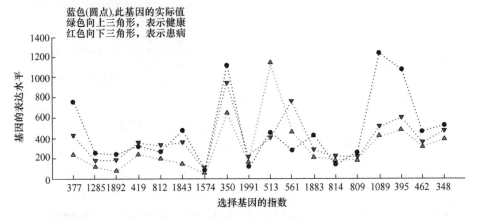

图 17.6 32 个样本(蓝点)与对照组(绿色三角形)和癌症样本(红色三角形)的平均局部轮廓(利用图 17.5 的特征)[2,7,15](见彩插)

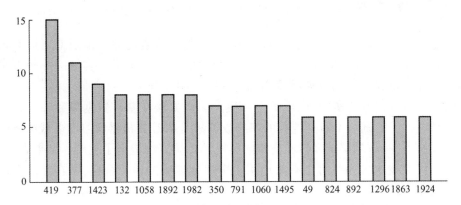

图 17.7 发布一个人的数据:结肠癌数据中最常被选择的 20 个基因(其中 x 轴代表数据中基因的索引,y 轴代表一个基因被选择的频率)

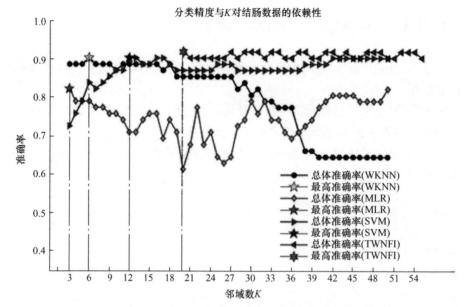

图 17.8 使用 20 个潜在的创造基因的 4 种算法的分类结果对比
（其中 x 轴代表邻域大小，y 轴代表分类精度）[2]

17.3 使用进化 SNN 的生物医学数据的个性化建模

17.3.1 概述

这部分内容的目的是演示如何从图 17.1 所示的通用的 PM 框架可以与进化的脉冲神经网络（eSNN）用于生物医学数据的个性化建模。实值医疗数据被编码到脉冲发放中使用高斯接受域进行 eSNN 的二分类。对阈值、调制因子和相似度等参数进行了实验，优化了学习模型。该方法在基准数据集和临床数据集上都进行了测试。本研究选择的基准数据集是从 UCI 机器学习库下载的慢性肾病数据集，并与多层感知器和支持向量机等传统算法进行了比较。结果表明，适当的优化技术，eSNN 可以有效地用于个性化建模的医疗数据，并在性能上超越传统算法。

尽管最近发展了一些个性化医疗数据建模的方法[1-21]，但仍有新的方法被开发和探索。

17.3.2 使用 SNN 和 eSNN 进行个性化建模

SNN 是否适用于 PM？使用它们的好处又是什么？在研究具体案例之前，先讨论一些使用 SNN 和 eSNN 开发的 PM 系统。第 4 章讨论了钉刺神经网络的方法。根据抽象层次的不同，脉冲神经网络可以大致分为电导模型和阈值模型两类。传导模型也被称为霍奇金-赫胥黎模型（Hodgkin-Huxley Model），以其创始人的名字命名，用来表示细胞膜的物理特征，并定义神经元动作电位或峰值的启动和传播。阈值模型的一些例子是泄漏集成-火灾和峰值响应模型。这些模型的结果由一组阈值控制。进化的脉冲神经网络（eSNN）也建立在基于阈值的模型上（参见该书第 4~6 章）。

在文献［23］中，建立了一个 eSNN 模型，用于个性化建模，预测中风的发生。采用积分-激发神经元模型结合秩序学习进行脑卒中早期检测。基于输入的信息，模型的体系结构和功能得到了实时演化。该系统能够实现快速学习，因为学习发生在一个单一的迭代中。与其他传统的机器学习算法相比，eSNN 模型的结果令人印象深刻。动态进化的 SNN 算法在运动目标识别和脑电信号识别方面取得了良好的效果，进一步巩固了其作为时空数据建模的最佳算法之一的地位[24-26]。

eSNN 在 PM 中的应用已经发展到可以解决与时空模式分类相关的各种问题[9,24,26-28]。eSNN 能够处理复杂的时间数据，如基因表达、脑电图、功能磁共振成像、财务数据以及视听处理等。Wysoski 等使用 eSNN 对人脑中的听觉和视觉路径进行建模，以进行人员身份验证（参见第 13 章）。分别采用基于 eSNN 的人脸识别系统和语音识别系统。视觉系统的建模采用了积分-放电神经元模型，其中神经元的兴奋程度取决于脉冲的顺序。该模型有 4 个积分-发射神经元层，分别代表人类视觉系统的不同处理阶段，前两层分别充当过滤器和时间编码器。学习从第三层开始，神经元地图被训练来处理复杂的输入模式。第四层有一个对应于每个模式类的神经元地图。视觉处理使用了一种计算上不昂贵的方法具有前馈结构的尖峰神经元。在听觉处理系统中，尖峰神经元用于特征提取和决策过程。与视觉处理系统类似，语音处理系统也利用前馈连接和四层尖峰神经元地图来模拟大脑中的听觉区域。

Ge 等[30]完成了另一个用于视觉信息处理的 PM 的 eSNN 实现。它基于 NeuCube[31]作为假肢视觉视频建模的框架。将从视觉假体捕获的输入数据中提取的特征输入到 NeuCube 中进行分类。其结果将导致在出现障碍时产生预警。结果表明，现有的硬件芯片可以显著提高视觉假体的功能。

Battlori 等[32]使用基于 eSNN 的个性化大脑模拟器来控制机器人。机器人的任务是在接近光源的同时避开其路径上的障碍物。使用基于 SNN 的控制器来复制机器人的行为,并开发一组规则使机器人能够执行指定的任务。利用进化算法优化网络突触的权值和延迟等 SNN 参数。所有其他参数都是手动定义的。该算法能够从有限的训练样本集中很好地进行归纳,并支持并行计算。

Soltic[33]提出了一种从 eSNN 中提取规则的方法,该方法能够理解网络是如何做出特定决策的,并创建个人数据的概要(参见第 5 章)。这些规则有助于更好地理解数据和问题。输入值用高斯接受域编码成峰值。然后,通过延迟突触连接,将这些脉冲序列反馈给兴奋性第一层神经元。在训练过程中,第 2 层整合-激发神经元发生了进化。该系统对味觉信息进行了测试,以发现信息是如何从味觉受体传递到大脑的。另一个与味觉密切相关的感觉系统是嗅觉。气味识别仍然是一个发展中的研究领域。这方面的一个重要挑战是如何编码气味信息,以便将其输入分类模型。

Sarkar[34]提出的个性化电子鼻基于高斯接受域编码方案和脉冲神经网络模式分类技术。利用两种变异的 SNN 进行学习,一种是反向传播的脉冲学习,另一种是动态进化的 SNN。该方法在专门为本研究收集的红茶气味数据集上进行了测试。嗅探周期包括 3 个阶段,本质上是使数据具有时间性质。本研究的主要目的是找出如何更好地编码气味信息,以提高学习模型的性能。deSNN 模型在分类任务上表现较好,但可能需要进一步的实验来优化模型参数。

将基于 eSNN 的语音老化模型用于语音的个性化老化检测,这是一个自然的过程,但对语音专业人员[35]有很大的影响。将语音信号提取的属性作为学习模型的输入。利用量子进化算法确定相关属性和 SNN 参数。编码层将输入属性转换为随时间变化而产生的峰值,并将其输入到输出层神经元中,这些输出层神经元使用作为径向基功能神经元的峰值响应模型进行建模。研究结果表明,与其他基于遗传算法的模型相比,该模型在输入属性数目较少的情况下,能够产生更好的精度。

在文献[36]中提出了 eSNN 在网络安全中的一个应用,专门用于网络欺诈检测。钓鱼网站是所有互联网用户真正关心的问题。该研究表明,进化的脉冲神经网络能够比其他机器学习技术更好地检测钓鱼网站。该网络利用高斯接受域将输入数据编码为峰值,并进一步根据输入信息和网络中已有的知识添加新的输出神经元或更新当前突触权值。研究确定了参数选择和优化是实现 eSNN 网络的主要挑战。

17.3.3 基于 eSNN 的生物医学数据的 PM 分析方法

在这里演示如何从图 17.1 所示的 PM 框架与 eSNN 应用于基准生物医学分类问题。本研究使用的 eSNN 模型具有 3 层结构,分别为输入层、编码层和输出进化层,如图 17.9 所示。训练和回忆算法在本章的附录中分别给出(请参见第 5 章)。

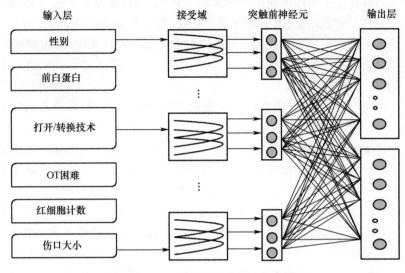

图 17.9　eSNN 用于医疗数据分类的范例

输入层是实值输入数据输入到网络的地方。由于医学数据在本质上是静态的,因此在将其输入到进化的尖峰神经网络之前,必须将其编码成尖峰。这里使用的编码机制是对文献[37]进行编码的秩序种群(第 4 章),其中输入通过与接受域相关的一组编码峰神经元转换成一系列的峰。对于每个输入属性,接受域使用一个高斯函数来覆盖该属性的所有值。编码层中接受域的数量由用户定义,可以根据应用程序进行优化以获得更好的性能。输出层由在训练过程中进化的尖峰神经元组成,代表属于同一类的输入尖峰序列(在本例中为类 1/类 2)。连接权值在学习过程中进行调整。输出层和输入层神经元完全连接。

当一个输入值出现在突触前神经元时,与这个值相关的接收区产生第一个峰值。eSNN 体系结构建立在 Thorpes 模型[38]的基础上,应用实现简单。它使用峰值时间来确定连接的权值;较早峰值比较晚峰值更强的转换为一个连接权重。一个神经元只有在触达电位达到阈值时才会突增一次。一旦激活,神经元的突触后电位将重置为 0。

学习在输出神经元中以单通道、前馈方式发生。对于每个输入数据,都会生成一个输出神经元,并将其相关的权值和阈值存储在神经元存储库中。这个权值与神经元存储库中的其他权值进行比较,以确定相似性。如果相似度大于一个预定义的阈值,那么这个权值将与最相似的神经元的权值合并。这里的合并是指更新相似神经元的权值和阈值,然后丢弃新创建的神经元。合并后的神经元的更新权值是通过取新权值和合并后的神经元权值的平均值来计算的。相似地,更新后的阈值通过计算新阈值和合并后的神经元阈值的平均值来计算。相反,如果新的输出神经元与存储库中的任何输出神经元都不相似,则将这个新神经元添加到存储库中。一旦学习阶段结束,模型完全演化完成,就可以通过将测试样本峰值传递给所有训练输出来测试模型神经元。与首先触发的输出神经元相关联的类标签被定义为测试样本的类标签。

1. eSNN 模型的参数

与任何学习算法一致,参数配置对进化神经元网络[12]的性能有着深刻的影响。eSNN 模型主要参数如下。

(1) 接受域。输入层的数据处理的主要部分是由接受域完成的。感受阵列中神经元的集合具有重叠的敏感性。在基于种群的编码方案中,它负责将实值输入数据编码到 spike 序列中,然后送入网络。增加接受域的数量可以更好地区分数据样本,但这会增加计算成本。另外,该参数的数值越低,处理速度越快,但精度却越低。它还减少了字段的宽度,使响应更加本地化。这进而可能导致更多的神经元加入到网络中。

(2) 调制因子。这个参数控制初始的权值,而初始权值反过来又影响每一个峰值对突触后电位的贡献。调制因子的值在 0~1 之间。如果值接近 1,突触后电位的贡献将是一个连续的指数函数,而较小的值将导致贡献指数衰减。因此,这个参数的值为 0 意味着突触后电位不受突触前峰值的影响。另外,如果调制因子为 1,那么所有的峰值对突触后电位的贡献是相等的。调制因子决定了脉冲时序对神经元的影响程度。

(3) 相似性。这个参数定义了一个阈值,根据这个阈值创建或更新输出层神经元。如果新输出神经元的权值与此阈值相似,则新神经元将与存储库中最相似的神经元合并。在本研究中,使用欧几里得距离来测量神经元权值之间的相似性。相似度的值指定在 0~1 之间。这个参数的值越低,生成的神经元就越少;而值越高,每个输入样本就会生成一个输出神经元,从而导致过度拟合。

(4) 阈值。射击阈值作为最大 PSP 的一部分计算。这是使用参数 c 派生出来的,其值在 0~1 之间。分数 c 越低,触发阈值越低,而触发阈值反过来又会促进神经元的反应。

触发阈值 0 可以定义为 c 乘以最大的突触后电位。

2. 参数调整和优化

为了优化算法的性能,执行参数调优是至关重要的。一个学习模型的成功取决其准确性和结构复杂性之间的平衡。过去几项令人鼓舞的研究表明,优化算法可以有效地与不断进化的尖峰神经网络相结合。Stefan 等使用一种通用的受量子启发的进化算法与 eSNN 结合使用包装器方法来检测重要属性,并将 eSNN 参数演化为最优配置[39]。这种方法被称为量子激励的脉冲神经网络(QiSNN)[40]。该研究由文献[41]进行扩展,使用二进制表示进行属性子集优化并同时演化脉冲网络配置。在这项研究之后,Hamed 等[42]使用了另一种基于量子的优化技术,该技术与自然启发的计算方法相结合,即量子启发的粒子群优化用于字符串模式识别,这是一项具有挑战性的任务,在在线安全和病毒检测中都有应用。

第 7 章讨论了用进化算法和量子启发方法优化 eSNN 的参数。在文献[43]中,差异进化被用来为 eSNN 结构识别突触前神经元的最佳数量,该结构定义了给定数据集模型的复杂性。对于多层感知器模型,这类似于寻找隐藏节点的最佳数量。优化突触前神经元数量的意义在于,减少神经元数量可能会减少产生的尖峰数量,从而降低准确性,而增加神经元数量则会增加计算成本。指出了差分进化算法的优点是实现简单、控制参数少。优化后的适应度函数为 eSNN 模型的分类精度。但是整体的准确性并不能作为衡量一个学习模型在所有情况下是否成功的标准,因为有时它可能会误导人,尤其是在不平衡数据集的情况下。在此基础上,Hamed 等[44]提出了一个多目标 k-means eSNN 模型,旨在提高 eSNN 在聚类问题上的性能。在这种情况下,多目标指的是集群的数量。为了提高性能,将 k-means、eSNN 和多目标差分进化集成在一起,并在基准数据集上进行了测试。在此基础上,将微分进化方法应用于调制因子、相似因子和阈值因子等 eSNN 参数的整定。

在文献[45]中,这个混合模型是通过使用包装器技术将 eSNN 与差分进化集成而建立的。再次,总体分类精度被用来评估几个基准数据集的性能。结果表明,参数组合随数据集的不同而不同。然而,对这些方法在真实数据集上表现如何的评估并没有在这些论文中得到说明。

3. 类别不平衡和重叠

在进行数据分类时,如果类别的分布很均匀,那么大多数分类器的表现都很好。一个真实世界的数据集拥有所有分类的平衡数量的数据样本是很少见的。类别不平衡是数据挖掘中的一个重要问题。在一个二进制类问题中,可以将类不平衡定义为一个类的数据实例数量大大超过另一个类的数据实例数量的情况,这将导致机器学习算法受到多数类的困扰,从而在训练中忽略少数类样本。

Cohen 等使用基于原型的重采样和具有不对称边缘的支持向量来减少类不平衡对医院感染检测问题的影响。使用包括但不限于支持向量机、决策树和朴素贝叶斯的分类器进行的评估表明,使用基于支持向量机的方法可以提高性能,敏感性为 92%。

Laza 等[47]采用了一种包括随机抽样和成本敏感学习的方法,即修改与多数和少数类错误分类相关的相对成本,以弥补这种不平衡。Bader-El-Den 等[48]为二进制类引入了一种数据级再平衡技术,它需要临时重新标记类,即 TempC。在这个两阶段的方法中,不平衡的数据集首先被分割成训练子集和测试子集。将所有少数类样本的多数类的 k 个最近实例与少数类实例聚合,形成一个新类。

进一步的类再平衡方法包括合成的少数类过采样、短[49]的 hits、多数类的欠采样和少数类的过采样的组合。基于 k 近邻群的均值、中值或模态,综合生成少数类样本。SPIDER 是 Stefanowski 等[50]引入的另一种数据级类再平衡方法。Khoshgoftaar 等[51]将装袋和增强技术相结合,以重新平衡数据。比较的方法包括 RUSBoost、SMOTEBoost、RBBag 和 EEBBag,结果表明,对于不平衡和有噪声的数据集,装袋技术优于增强方法。然而,Yap 等[52]的实验表明,装袋和增强技术并不比随机抽样方法好。这些研究结果表明,并不是所有的再平衡方法都适用于所有的数据集。

文献[53]研究了类别不平衡和重叠对分类器性能的影响。eSNN 可用于静态、基于向量的医学数据的 PM,其结果优于传统的机器学习算法,前提是正确处理了上述与参数优化和数据平衡相关的问题。

17.3.4 以慢性肾病患者为例数据分类

慢性肾病的定义是肾脏功能的逐渐退化,如废物清除、体液平衡和维生素 D 的产生等。除了破坏肾脏的所有功能外,这种疾病还会导致维生素缺乏、贫血和增加心血管疾病的风险。研究表明,约 6% 的人患有 3~5 期慢性肾病,但这一比例在老年人群中可能会增加。这种疾病的一些主要原因是高血压和糖尿病。

在这里用作案例研究来演示 eSNN 在 PM 中使用的数据集是在印度阿波罗医院收集的。患者的年龄范围为 2~90 岁不等。该数据集包含 400 个个体的数据,其中 250 个样本代表疾病类别,150 个样本代表非疾病类别。除了类标签之外,还有 24 个属性。类标签是标称的,有两个值,即 ckd(类 1)和 nonckd(类 2)中的一个。数据集的属性见表 17.3。这个数据集是从 UCI 机器学习库[54]下载的。

预处理,即使数据集稍微不平衡,也没有对该数据集进行数据再平衡。另外,缺失的值被替换为每个属性的中值。图 17.10 所示为二维主成分分析空间的数据图(见第一章),图 17.11 所示为该数据集的类分布。

1. 精确性

当使用 eSNN 应用 PM 方法时,系统分类精度约为 99%。eSNN 的最优参数值为接受域数 7、峰值阈值 1、mod 因子 0.8 和 sim 参数 0.2。

2. 性能表现

(1) 多层感知器用于文献[55]。当使用 PM 时,分类的准确率为 98%。

(2) 支持向量机在文献[10]中首次引入。当采用 PM 方法时,支持向量机的分类准确率约为 96%。在比较的分类模型中,eSNN 是最简单、最准确的分类模型[56]。

表 17.3 慢性肾脏疾病(CKD)数据集特征及数据类型

特性	数据类型
年龄	数值
血压	数值
比例	名义上的
白蛋白	名义上的
糖	名义上的
红细胞	名义上的
脓细胞	名义上的
脓细胞团	名义上的
细菌	名义上的
血糖随机	数值
血尿素	数值
血清肌酐	数值
钠	数值
钾	数值
血红蛋白	数值
包装细胞体积	数值
白细胞计数	数值
红细胞计数	数值
高血压	名义上的
糖尿病	名义上的
冠状动脉疾病	名义上的
食欲	名义上的
踏板水肿	名义上的
贫血	名义上的

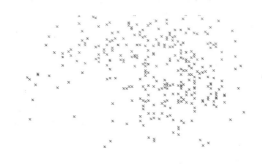

图 17.10 CKD——类 1(蓝色)和类 2(红色)[56]肾脏数据重叠样本的 PCA 图(见彩插)

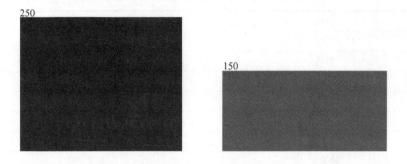

图 17.11　CKD(蓝色为病变分级,红色为正常分级,见彩插)

17.4　总结和进一步阅读获得更深层次的知识

本章介绍了 PM 的一般框架(17.1),并将其应用于以下两个应用领域:

① 基于传统 ANN(第 2 章)的集成特征和模型参数优化,阐述了基因表达数据分类;

② 基于 eSNN(第 5 章)的生物医学数据,以基准临床数据为例。

提出的方法与传统的机器学习方法相比,如中长期规划、支持向量机(见第 2 章),证明不仅输出精度较高,而且允许个性化分析的方法,对于更好的理解个人特征,帮助设计一个个性化的有效治疗方法是很重要的。

进一步的阅读可以在文献[57]的几个章节中找到,比如:

① 个性化医疗的个性化信息模型(第 33 章文献[57]);

② 健康信息学(第 34 章文献[57])。第 18 章将介绍另一个 PM 框架,它可以处理静态和动态数据,并为此使用 BI-SNN,如 NeuCube(第 6 章)。

致谢

本章材料的部分内容已在相应章节中引用过。我要感谢这些出版物的共同作者 Raphael Hu,他提供了 17.1 节和 17.2 节的一些材料,Vinita 和 Mary Ann Ribero 提供了 17.3 节的一些材料。

附录:eSNN 的训练算法(另见第 5 章)

专栏 5.1 eSNN 训练算法

(1) 初始化输出神经元数组,$R=\{\}$。
(2) 设定 eSNN 参数：mod = [0,1],C = [0,1],sim = [0,1]。
(3) for 对任意输入参数 i 属于一个类
(4) 将输入参数编码到多个突触前神经元 j 放电时间
(5) 为这个类创建一个新的输出神经元 i 并且计算它的连接权重 $w_{j,i} = \text{mod}^{\text{order}(j)}$
(6) 计算 $\text{PSP}_{\max(i)} = \text{Sum}_j\, w_{ji} \times \text{mod}^{\text{order}(j)}$
(7) 计算 PSP 的阈值 $Y_i = \text{PSP}_{\max(i)} \times C$
(8) if 新的神经元权重向量不大于 R 中输出神经权重向量中的 sim 值,则
(9) 更新权重向量和在相同输出类中的大部分相似神经元的阈值,即
(10) $w = \dfrac{w_{\text{new}} + w.N}{N+1}$
(11) $\gamma = \dfrac{\gamma_{\text{new}} + \gamma N}{N+1}$,其中 N 是之前相似神经元合并的数量
(12) else
(13) 将权重向量和新神经元的阈值加入到神经元数组 R 中。
(14) end if
(15) end for
(16) 重复其他输出类中的所有输入模型

参考文献

[1] N. Kasabov, Global, local and personalized modelling and pattern discovery in bioinformatics: an integrated approach'. Pattern Recogn. Lett. **28**(6), 673-685 (2007)

[2] N. Kasabov, Y. Hu, Integrated optimisation method for personalised modelling and case studies for medical decision support. Int. J. Funct. Inform. Pers. Med. **3**(3), 236-256 (2010)

[3] A. Shabo, Health record banks: integrating clinical and genomic data into patientcentric longitudinal and cross-institutional health records. Pers. Med. **4**(4), 453-455 (2007)

[4] L.A. Hindorff, P. Sethupathy, H.A. Junkins, E.M. Ramos, J.P. Mehta, F.S. Collins, T.A.Manolio, Potential etiologic and functional implications of genome-wide association loci for human diseases and traits. Proc. Natl. Acad. Sci. **106**(23), 9362-9367 (2009)

[5] WTCCC, Genome-wide association study of 14,000 cases of seven common diseases and 3,000 shared controls. Nature **447**(7145), 661-678 (2007)

[6] J.R. Nevins, E.S. Huang, H. Dressman, J. Pittman, A.T. Huang, M. West, Towards integrated clinico-genomic models for personalized medicine: combining gene expression signatures and clin-

ical factors in breast cancer outcomes prediction. Hum. Mol. Genet. **17**(2), R153–R157(2003)

[7] N. Kasabov, Data analysis and predictive systems and related methodologies—personalised trait modelling system, New Zealand Patent No. 572036, PCT/NZ2009/000222, NZ2009/000222-W16-79 (2008)

[8] Q. Song, N. Kasabov, Nfi: a neuro-fuzzy inference method for transductive reasoning. IEEE Trans. Fuzzy Syst. **13**(6), 799–808 (2005)

[9] Q. Song, N. Kasabov, TWNFI—a transductive neuro-fuzzy inference system with weighted data normalization for personalized modeling. Neural Netw. **19**(10), 1591–1596 (2006)

[10] V.N. Vapnik, *Statistical Learning Theory*(Wiley, New York, 1998)

[11] N. Kasabov, Soft computing methods for global, local and personalised modeling and applications in bioinformatics, in *Soft Computing Based Modeling in Intelligent Systems*, ed. by V.E. Balas, J. Fodor, A. Varkonyi-Koczy (Springer, Berlin, Heidelberg, 2009), pp. 1–17

[12] N. Kasabov, *Evolving Connectionist Systems: The Knowledge Engineering Approach* (Springer, London, 2007)

[13] T. Cover, P. Hart, Nearest neighbor pattern classification. IEEE Trans. Inf. Theory **13**(1), 21–27 (1967)

[14] S. Pang, T. Ban, Y. Kadobayashi, N. Kasabov, Personalized mode transductive spanning SVM classification tree. Inf. Sci. **181**, 2071–2085 (2011). https://doi.org/10.1016/j.ins.2011.01.008

[15] N. Kasabov, Data analysis and predictive systems and related methodologies, US patent 9,002,682 B2, 7 April 2015

[16] D. Goldberg, *GeneticAlgorithm in Search* (Optimization and Machine Learning, Kluwer Academic, MA, 1989)

[17] N. Mohan, N. Kasabov, in *Transductive Modeling with GA Parameter Optimization*.Proceedings of IEEE International Joint Conference on Neural Networks, 2005, IJCNN '05,Montreal, vol. 2, July (2005), pp. 839–844

[18] L.J. Veer, H. Dai, M.J. van de Vijver, Y.D. He, A.A.M. Hart, M. Mao, H.L. Peterse, K. van der Kooy, M.J. Marton, A.T. Witteveen, G.J. Schreiber, R.M. Kerkhoven, C. Roberts, P.S. Linsley, R. Bernards, S.H. Friend, Gene expression profiling predicts clinical outcome of breast cancer'. Nature **415**(6871), 530–536 (2002)

[19] S.B. Kotsiantis, I. Zaharakis, P. Pintelas, *Supervised Machine Learning: A Review of Classification Techniques* (2007)

[20] U. Alon, N. Barkai, D.A. Notterman, K. Gish, S. Ybarra, D. Mack, A.J. Levine, Broad patterns of gene expression revealed by clustering analysis of tumor and normal colon tissues probed by oligonucleotide arrays. Proc. Natl. Acad. Sci. USA **96**, 6745–6750 (1999)

[21] K. Barlow-Stewart, Personalised medicine: more than just personal [Journal Article]. AQ—Australian Quarterly(2), 31 (2017)

[22] W. Gerstner, W.M. Kistler, *Spiking Neuron Models: Single Neurons, Populations, Plasticity*

[Bibliographies Non-fiction] (Cambridge University Press, Cambridge, U.K.; New York). Retrieved from cat05020a database

[23] N. Kasabov, V. Feigin, Z.G. Hou, Y. Chen, L. Liang, R. Krishnamurthi, P. Parmar, Evolving spiking neural networks for personalised modelling, classification and prediction of spatio-temporal patterns with a case study on stroke, Neurocomputing **134**, 269-279(2014). https://doi.org/10.1016/j.neucom.2013.09.049

[24] N. Kasabov, K. Dhoble, N. Nuntalid, G. Indiveri, 2013 Special issue: dynamic evolving spiking neural networks for on-line spatio-and spectro-temporal pattern recognition. Neural Netw. **41**, 188-201 (2013a). https://doi.org/10.1016/j.neunet.2017.11.014

[25] Z. Doborjeh, N. Kasabov, M. Doborjeh, A. Sumich, Modelling peri-perceptual brain processes in a deep learning spiking neural network architecture. Nature, Scientific Reports 8, 8912 (2018). https://doi.org/10.1038/s41598-018-27169-8

[26] M. Gholami Doborjeh, G. Wang, N. Kasabov, R. Kydd, B.R. Russell, A spiking neural network methodology and system for learning and comparative analysis of EEG data from healthy versus addiction treated versus addiction not treated subjects. IEEE Trans. BME (2015). https://doi.org/10.1109/tbme.2015.2503400

[27] N. Kasabov (2017), Evolving, probabilistic spiking neural networks and neurogenetic systems for spatio-and spectro-temporal data modelling and pattern recognition. Int. Neural Netw. Soc. (INNS). Retrieved from ir00946a database

[28] N. Kasabov, E. Capecci, Spiking neural network methodology for modelling, classification and understanding of EEG spatio-temporal data measuring cognitive processes. Inf. Sci.(2014). https://doi.org/10.1016/j.ins.2014.06.028

[29] S.G. Wysoski, L. Benuskova, N. Kasabov, Evolving spiking neural networks for audiovisual information processing. Neural Netw. 23(7), 819-835 (2010)

[30] C. Ge, N. Kasabov, Z. Liu, J. Yang, A spiking neural network model for obstacle avoidance in simulated prosthetic vision. Inf. Sci. **399**, 30-42 (2017). https://doi.org/10.1016/j.ins.2017.03.006

[31] N. Kasabov, NeuCube: a spiking neural network architecture for mapping, learning and understanding of spatio-temporal brain data. Neural Netw. **52**, 62-76 (2014)

[32] R. Batllori, C.B. Laramee, W. Land, J.D. Schaffer, Evolving spiking neural networks for robot control. Proc. Comput. Sci. **6**, 329-334 (2011). https://doi.org/10.1016/j.procs.2011.08.060

[33] S. Soltic, N. Kasabov, Knowledge extraction from evolving spiking neural networks with rank order population coding. Int. J. Neural Syst. **20**(06), 437-445 (2010)

[34] S.T. Sarkar, A.P. Bhondekar, M. Macaš, R. Kumar, R. Kaur, A. Sharma, A.A. Kumar, Towards biological plausibility of electronic noses: a spiking neural network based approach for tea odour classification. Neural Netw. **71**, 142 – 149 (2015). https://doi.org/10.1016/j.neunet.2015.07.014

[35] M. Silva, M.M.B.R. Vellasco, E. Cataldo, Evolving spiking neural networks for recognition of

aged voices. J. Voice **31**, 24–33 (2017). https://doi.org/10.1016/j.jvoice.2016.02.019

[36] A.S. Arya, V. Ravi, V. Tejasviram, N. Sengupta, N. Kasabov, Cyber fraud detection using evolving spiking neural network (2016)

[37] S.M. Bohte, J.N. Kok, Applications of spiking neural networks. Inform. Process. Lett. **95**(6), 519–520 (2005)

[38] S.J. Thorpe, J. Gautrais, *Rank Order Coding: A New Coding Scheme for Rapid Processing in Neural Networks*, ed. by J. Bower. Computational Neuroscience: Trends in Research (Plenum Press, New York, 1998), pp. 113–118

[39] S. Schliebs, M. Defoin-Platel, N. Kasabov, in *Integrated Feature and Parameter Optimization for an Evolving Spiking Neural Network*. Symposium Conducted at the Meeting of the International Conference on Neural Information Processing, ICONIP (Springer, 2008)

[40] S. Schliebs, M. Defoin-Platel, S. Worner, N. Kasabov, Integrated feature and parameter optimization for an evolving spiking neural network: exploring heterogeneous probabilistic models. Neural Netw. **22**(5), 623–632 (2009). https://doi.org/10.1016/j.neunet.2009.06.038

[41] S. Schliebs, M.D. Platel, S. Worner, N. Kasabov, in *Quantum-Inspired Feature and Parameter Optimisation of Evolving Spiking Neural Networks with a Case Study from Ecological Modeling*. International Joint Conference on Symposium Conducted at the Meeting of the Neural Networks, IJCNN 2009 (IEEE, 2009)

[42] H.N.A. Hamed, N. Kasabov, Z. Michlovský, S.M. Shamsuddin, in *String Pattern Recognition Using Evolving Spiking Neural Networks and Quantum Inspired Particle Swarm Optimization*. Symposium Conducted at the Meeting of the International Conference on Neural Information Processing (Springer, 2009)

[43] A.Y. Saleh, H. Hameed, M. Najib, M. Salleh, A novel hybrid algorithm of differential evolution with evolving spiking neural network for pre-synaptic neurons optimization. Int.J. Advance Soft Compu. Appl **6**(1), 1–16 (2014)

[44] H.N.A. Hamed, A.Y. Saleh, S.M. Shamsuddin, A.O. Ibrahim, in *Multi-objective K-means Evolving Spiking Neural Network Model Based on Differential Evolution*. 2015 International Conference on Symposium Conducted at the Meeting of the Computing, Control, Networking, Electronics and Embedded Systems Engineering (ICCNEEE) (IEEE, 2015)

[45] A.Y. Saleh, S.M. Shamsuddin, H.N.A. Hamed, A hybrid differential evolution algorithm for parameter tuning of evolving spiking neural network. Int. J. Comput. Vis. Rob. **7**(1–2), 20–34 (2017)

[46] G. Cohen, M. Hilario, H. Sax, S. Hugonnet, A. Geissbuhler, Learning from imbalanced data in surveillance of nosocomial infection. Artif. Intell. Med. **37**(1), 7–18 (2006)

[47] R. Laza, R. Pavón, M. Reboiro-Jato, F. Fdez-Riverola, Evaluating the effect of unbalanced data in biomedical document classification. J. Integr. Bioinform. (JIB) **8**(3), 105–117 (2011)

[48] M. Bader-El-Den, E. Teitei, M. Adda, in *Hierarchical Classification for Dealing with the Class Imbalance Problem*. 2016 International Joint Conference on Symposium Conducted at the Meeting

of the Neural Networks (IJCNN) (IEEE, 2016)

[49] N.V. Chawla, K.W. Bowyer, L.O. Hall, W.P. Kegelmeyer, SMOTE: synthetic minority oversampling technique. J. Artif. Intell. Res. **16**, 321–357 (2002)

[50] J. Stefanowski, S. Wilk, Selective pre-processing of imbalanced data for improving classification performance. Lect. Notes Comput. Sci. **5182**, 283–292 (2008)

[51] T.M. Khoshgoftaar, J. Van Hulse, A. Napolitano, Comparing boosting and bagging techniques with noisy and imbalanced data. IEEE Trans. Syst. Man. Cybern. A: Syst. Hum.**41**(3), 552–568 (2011)

[52] B.W. Yap, K.A. Rani, H.A.A. Rahman, S. Fong, Z. Khairudin, N.N. Abdullah, in *An Application of Oversampling, Undersampling, Bagging and Boosting in Handling Imbalanced Datasets*. Symposium Conducted at the Meeting of the Proceedings of the First International Conference on Advanced Data and Information Engineering (DaEng-2013)(Springer, 2014)

[53] V. García, R. Alejo, J. S. Sánchez, J.M. Sotoca, R.A. Mollineda, in *Combined Effects of Class Imbalance and Class Overlap on Instance-Based Classification*. Symposium Conducted at the Meeting of the International Conference on Intelligent Data Engineering and Automated Learning (Springer, 2006)

[54] P. Soundarapandian, L.J. Rubini, P. Eswaran, Chronic_kidney_disease data set (2015).Retrieved from https://archive.ics.uci.edu/ml/datasets/chronic_kidney_disease

[55] R. Ilin, R. Kozma, P.J. Werbos, Beyond feedforward models trained by backpropagation: a practical training tool for a more efficient universal approximator. IEEE Trans. Neural Netw.**19**(6), 929–937 (2008)

[56] M.A. Ribero, Evolving spiking neural networks for personalised modelling on biomedical data: classification, optimisation and rule discovery. Master Thesis, Auckland University of Technology (2017)

[57] N. Kasabov (ed.), *Springer Handbook of Bio-/Neuroinformatics*(Springer, 2014)

第18章
集成静态和动态数据的个性化建模——神经信息学中的应用

本章介绍建立个性化建模(PM)的方法,以准确预测个体的结果。根据第17章的PM的一般框架在这里将进一步发展为使用受大脑启发的SNN架构(BI-SNN)。后者有助于对与个体和个体构成的组合有关的静态和动态(时间)数据进行集成建模。本章对预测中风和对治疗反应的案例研究做了详细的介绍。

18.1 基于BI-SNN架构的PM静态和动态数据集成框架

18.1.1 引言

神经信息学中的大多数预测模型技术一直在使用全局模型。大多数常规机器学习方法中应用的全局模型已经在过去证明了它们的有效性,但是由于全局建模会获取问题空间中的所有可用数据并生成单一的通用函数[1],因此在生成适合问题空间中每个人或每种情况的模型的能力有限。产生的模型将应用于新个体,而不管其独特的个人特征如何。常见的全局模型算法包括支持向量机(SVM)[2]和多层感知器(MLP)[3](第2章)。因此,在中风或其他任何医疗情况下,首选个性化建模方法,因为它们可以根据每个人的个人特征为每个人生成模型。但是,经典的个性化建模方法,如k最近邻(kNN)[4]和加权k最近邻(wkNN)[5],仅适用于对基于向量和静态类型的数据,而非时空光谱时空数据(SSTD)进行分类。因此,在第17章用于静态和动态SSTD集成的分析和建模的脉冲神经网络的基础上扩展了个性化建模方法。

使用SNN尤其是BI-SNN进行个体预测建模,已经被认为是一种新兴的计算方法[37-38]。这是因为SNN具有表示和整合信息维度的不同方面(如时间、空间)

的潜力,并且具有利用对脉冲的训练处理大批量数据的能力[6]。SNN 模型,如脉冲响应模型(SRM)[7]、LIF 模型[8]、Izhikevich 模型[9];进化脉冲神经网络(ES-NN)[10],已成功用于多种分类任务中,但它们将输入数据流作为一系列静态数据向量处理,而忽略了 SNN 在输入模式中同时考虑时空维度的潜力(第 4 章和第 5 章)。可以看出,利用新方法,SNN 具有更大的潜力,更适合于 SSTD 模式识别,如储层计算[11]、概率脉冲神经元模型[12]、扩展的进化神经网络[13]、reSNN[14]、脉冲模式关联神经元(SPAN)[15]和 deSNN[16]。

在第 17 章提出了一种使用进化算法进行集成特征和模型参数优化的 PM 框架,它是通过以下方式实现的:
① 传统的 ANN,用于基因表达分类[1,17-33];
② eSNN 在基准数据上的演示[6,34-68]。

本节介绍一种个性化的建模方法,该方法按照文献[37,69]中的建议处理个人静态信息以及个人动态信息。该模型基于 BI-SNN 架构。我们演示了如何将 BI-SNN 用于创建有效的个性化建模系统,该系统可以揭示有助于理解个人绩效的复杂动态模式。拟议的框架已应用于 EEG 数据案例研究,以比较分析为鸦片成瘾患者和接受美沙酮维持治疗的患者创建的个性化 SNN 模型(与第 8 章[70]相同的案例研究,但此处采用 PM 方法)。这些模型可以使分类准确度更高,并更好地了解每个患者对美沙酮维持治疗的反应。将该结果也与在相同的 EEG 数据上训练的全局 SNN 模型进行了比较,在文献[70]中进行了报告。

在本节的方法中,首次使用 NeuCube SNN 架构和文献[37,69]中的方法介绍静态数据(如临床数据)和动态数据(如 EEG)的集成。

18.1.2 基于 NeuCube 的集成静态和动态数据 PM 的框架

SNN 可以将空间和时间信息分别整合为突触的位置和其脉冲活动的时间[11,44,71,72]。到目前为止,已经提出了几种脉冲神经元模型。作为一种实现方式,此处使用了流行的 LIFM(第 4 章)。

这里介绍的框架使用 BI-SNN 体系结构 NeuCube[44,73],它也引用了先前研究的元素[74-80](参见第 6 章)(图 18.1)。

NeuCube 包含以下几个功能模块[44,73,81]:
① 输入数据编码;
② 在 3D 类脑的 SNNCube 中输入变量空间映射和无监督学习;
③ 在输出分类/回归模块[6]中进行监督学习;
④ 参数优化;
⑤ 可视化和知识提取。

输入数据编码:使用基于阈值的表示方法(TBR)作为一种实现方式,将连续的数据流编码为脉冲序列(第 4 章)。图 18.2 显示了单个时间变量编码过程的示例,然后将数据变量编码后的脉冲序列输入到 SNNCube 模块中,以进行无监督训练。

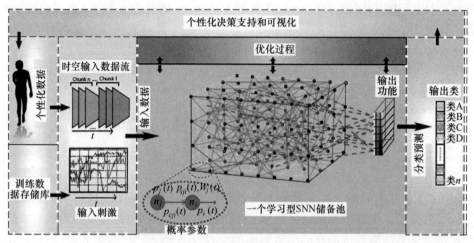

图 18.1　一个说明基于 NeuCube 的系统中同时使用静态和动态(时间)数据的 PM 框架[37,69]的例子

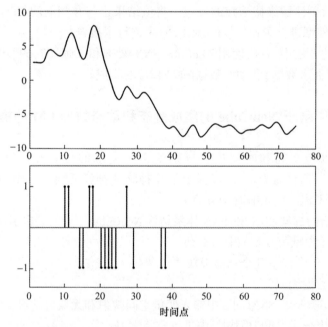

图 18.2　使用基于阈值的表示方法(TBR)编码为正脉冲和负脉冲(下一行)的信号示例(原始时间数据属于随时间记录的一个 EEG 通道变量。如果信号增加超过阈值,则会生成正脉冲。如果信号下降超过阈值,则会生成负脉冲)

SNNCube 具有循环连接的 3D 类脑结构。最初的神经元连接是使用"小世界"连接规则生成的。计算两个神经元的空间距离,以确定其初始连接权重。根据该规则,小区域内的神经元连接更紧密,连接的权重取决于神经元之间的距离。

SNNCube 中的每个神经元根据通用的大脑模板(如 Talairach[82]、MNI 等)对应于一个大脑区域。SNNCube 中的每个输入神经元具有与所用脑模板中的相应输入数据变量(EEG 通道)相同的 (x,y,z) 坐标。输入的 EEG 脉冲序列通过分配的输入神经元通过 SNNCube 传播,并应用无监督学习。

3D SNNCube 中的无监督学习是使用 STDP(脉冲时间依赖可塑性)学习规则[83]作为一种实现方式进行的。在学习过程中,根据突触后动作电位相对于突触前脉冲的时间,增强或减弱突触的效能。如果先是突触前神经元 i 脉冲,然后突触后神经元 j 脉冲,则这两个神经元 i 和 j 之间的连接权重 w_{ij} 增大,否则减小。

然后,在输出分类/回归模块中的监督学习使用动态进化的脉冲神经网络(deSNN)[6]。

deSNN 是计算有效的模型,它强调了在生物系统中已经观察到的第一个脉冲的重要性。使用与训练样本相关的类别标签信息来训练输出的分类神经元。输出分类器使用等级顺序(RO)学习规则进行训练,以初始化连接权重,并使用漂移参数根据同一突触上的后续脉冲来调整连接权重(第 5 章)。

在输出 deSNN 的监督训练期间,对于每个训练样本(标记的输入时空模式),单个输出神经元 i 会进化并连接到 SNNCube 中的所有脉冲神经元。训练输出神经元以识别已训练的 SNNCube 中活动的时空模式,当与该个体相对应的个体时空输入模式通过 SNNCube 传播时触发。

在本研究中将建立一个个性化的 SNN 模型,仅对具有相似静态临床因素的那些患者的数据进行训练,而不是构建一个全局模型并使用整个患者群体的数据对其进行训练。具有相似医学因素(药物类型、长期或短期使用、美沙酮剂量等)的患者,由于其脑功能受到相似的医学影响而属于相似的数据模式类别。

假设如果模型从信息量最大的静态和动态数据中学习,并且基于患者数据的相似性进行选择,则可以成功使用 SNN 进行个性化建模,这也是文献[37,69]中提出方法的基础。

建议的 NeuCube 个性化静态和动态数据建模是基于以下步骤执行的:

(1)从全局静态数据中选择 K 近邻向量为新的单个向量 x_1,并形成一个非常接近向量 x_1 的相似样本的群集;

(2)选择选定的 K 近邻样本的动态数据;

(3)使用选定的动态数据,使用无监督学习将 PSNN 模型训练为 SNNCube;

(4)使用 deSNN 训练 SNN 模型的分类器。

在无人监督的学习过程中,神经元连接在 SNNCube 中得到发展和适应。在时

间 t，两个连接的神经元之间传递的脉冲越多，连接越强。当输入特定的输入模式时，SNNCube 学会生成脉冲活动的特定轨迹。此处介绍的基于 NeuCube SNN 的个性化建模框架是开发系统的一部分(参见 www.kedri.aut.ac.nz/neucube/)[81]。

图 18.3 显示了基于 NeuCube SNN 的个性化建模方法的框图。可以使用基于向量的个人静态数据，每个向量代表一个人的静态特征，如鸦片使用时间、美沙酮剂量等。对于每个新输入的 x_i，选择与 x_i 最接近的 K 个静态数据向量。然后使用 STDP 学习，将这 K 个最接近项的动态数据用于训练个性化 SNNCube[84]。

使用带有 NeuCube BI-SNN 的 PM，可以分析输入变量的脉冲活动，该活动可用于对特定 PM 的输入变量的重要性进行排名。图 18.4 显示了可用于对特征进行排名的输入变量的脉冲活动图(大空间被重要的特征占据)。

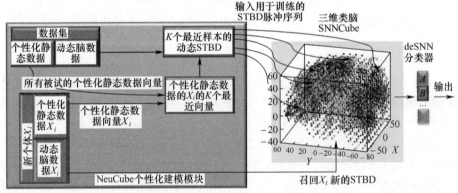

图 18.3 基于 NeuCube SNN 的个性化建模方法的框图
(可以使用基于向量的个人静态数据，每个向量代表一个人的静态特征，如鸦片使用时间、美沙酮剂量等。对于每个新输入的 x_i，选择与 x_i 最接近的 K 个静态数据向量。
然后使用 STDP 学习，将这 K 个最接近项的动态数据用于训练个性化 SNNCube)[84]

18.1.3 基于 NeuCube 的方法与其他 PM 方法的比较分析

此处简要讨论了将 NeuCube 用于 PM 的主要特征。
总体而言，与其他方法相比，此处介绍的 PM 方法具有以下优点：
(1) 它可以为个人提供并整合基于向量的静态数据和动态时间数据；
(2) 它使人们能够更好地理解静态和动态因素，在它们的整合和互动中，涉及它们对于预测个人结果的重要性；
(3) 允许基于其他人的数据存储库的增量更新，对模型进行连续的增量调整；
(4) 同时考虑静态数据(稳定性)和时间数据的变化(可塑性)，以建立更好的

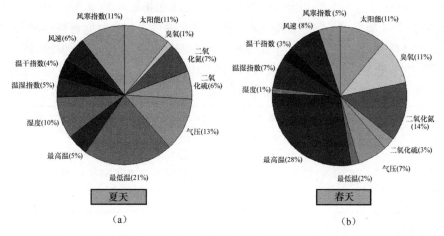

图18.4 可用于对特征进行排名的输入变量的脉冲活动图(更大的空间被更重要的特征占据)
(如本章中进一步讨论的,不同的功能对于不同的科目子类,不同的季节等对不同的PM
可能具有不同的重要性)

个体预测模型;

(5) 如下一节所述,它能够获取深层的时空知识表示。

18.2 时空中的个性化深度学习和知识表示——个人卒中风险预测案例

18.2.1 个人卒中风险预测的案例研究数据

根据世界卫生组织(WHO)全球报告,与健康相关的问题,如慢性病,是几乎所有国家/地区的主要死亡原因,预计到2015年,将有4100万人死于慢性病[85]。像中风这样的慢性疾病,已经成为世界上导致死亡和成人残疾的主要原因[86]。

许多研究人员已经使用统计方法[86-90]来发现环境变量和中风事件的关系。这些研究发现了环境变化与中风发生之间的联系。但是,这些方法都没有研究这些环境变量的组合作用。我们认为,为了在中风发生和外部环境之间找到更有意义的关联,有必要对它们进行综合分析。

选择了2002—2003年之间的ARCOS研究数据,其中包括1207名受试者[37,91-93],然后将这些受试者按季节(夏季、秋季、冬季、春季)、高血压病史、吸烟状况和年龄分层分为几个小组,以探讨各组对环境变化影响的敏感性(表 18.1,从 4PM 选择了 4 组)。每个受试者中风之前的情况通过在每个时间范围内每天测量的 12 个环境变量(风速、风寒、干燥温度、湿润温度、最高温度、最低温度、湿度、大气压力、二氧化氮、二氧化硫、臭氧气体和太阳辐射)来描述。

表 18.1 用于为选择的受试者小组建立 4 个 PM 的中风数据集[91-93]

编号	季节	年龄范围	高血压病史	吸烟状况	受试者数量
1	冬季	50~70	是	当前吸烟者	20
2	夏季	50~70	是		46
3	春季	35~50	是		26
4	秋季	25~35			16

由于数据仅包含中风受试者,因此将中风发生前 60~40 天之间的时间窗作为"低风险",中风发生前 20 至 1 天之间的时间窗被视为高风险(图 18.5)。

第一次实验整个时间段需要 20 天(预测中风发生前只有一天)。第二个实验着眼于整个模式的 75%,这意味着预测将提前 6 天。最后,第三个实验仅需要整个模式的 50%(提前 11 天)来预测中风事件。正常类别将被称为 1 类(低风险)和 2 类(高风险)。

选择以下参数值以实现最佳分类精度(参见第 6 章):

(1) SNNr 库的大小为 6×6×6,共 216 个神经元;

(2) 脉冲编码的阈值取决于输入数据,因为未对输入数据进行归一化以最大程度地减少错误或信息丢失;

(3) 小世界连接(SWC),用于初始化 SNN 库中的连接,初始连接半径为 0.30。初始连接是概率生成的,因此更接近的神经元更可能被连接;

(4) SNN 层中 LIFM 神经元的阈值为 0.5;

(5) LIFM 神经元的 leak 参数为 0.002;

(6) STDP 学习率为 0.01;

(7) 训练次数为 2 次;

(8) deSNN 分类器的 mod 参数为 0.04、drift 为 0.25。

以上解释的数据已用于创建个性化模型,并通过留一法交叉验证对其进行交叉检验。提前 1 天获得的中风预测高风险的最佳准确度是 95%(TP——中风预测,等级 2 为 100%;TN——无中风,等级 1 为 90%)。表 18.2 列出了与其他机器学习方法进行的比较研究中所有实验的总体准确性[37]。

使用 BI-SNN(如 NeuCube)进行个性化建模,具有更高的预测精度,是所讨论的 PM 方法的一个特点。另一个重要特点是提取深度的个性化知识,这将在下一部分中介绍。

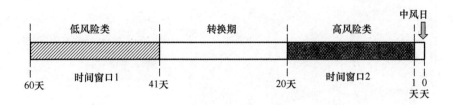

图 18.5 区分"低风险"和"高风险"中风类别的时间窗

表 18.2 所有建模方法的对比实验结果

方法	SVM	MLP	kNN	wkNN	NeuCubeST
提前 1 天/%	55 (70,40)	30 (50,10)	40 (50,30)	50 (70,30)	95 (90,100)
提前 6 天/%	50 (70,30)	25 (20,30)	40 (60,20)	40 (60,20)	70 (70,70)
提前 11 天/%	50 (50,50)	25 (30,20)	45 (60,30)	45 (60,30)	70 (70,70)

18.2.2 中风案例下 NeuCube 中的个性化深度学习和知识表示

在 BI-SNN 中可以通过几种方式来学习时空：
① 在连接中学习脉冲之间的时间；
② 脉冲之间的时间是在神经元膜中学习的；
③ 学习整个深度的时空模式，作为空间定位的神经元之间的连接路径，理论上是无限的时间长度。

图 18.6(a)展示了在训练中气候和空气污染数据的 9 个变量在 NeuCube 模型的 3 个快照，在静态数据方面，在与受试者 X 相似的组中，每个受试者中风事件发生前的每 20 天进行测量。该组中的受试者具有相似的临床和人口统计学指标。

NeuCube SNN 模型在空间上由 1000 个脉冲神经元启动。9 个输入气候变量(以黄色显示)的子集基于它们的时间相似性被映射到 3D SNN 结构中，它们越相似，在 SNN 模型结构中就越紧密。图 18.6(b)记录了无监督的训练后 3D SNN 模型中演化的结构连接性。在模型的 3D 结构中学习了连接的时空模式。图 18.6(c)表明，在气候变量变化的功能空间中学习到了一种动态功能模式。该模式表明，当特定的气候和空气污染变量在 20 天内以特定顺序显著变化时，受试者 X 及其所属的小组中风的风险很高。这可以表示为时空的深层规则，如专栏 18.1 所示。

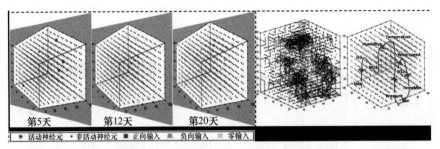

(a) 训练中气候和空气污染数据的9个变量在NeuCube模型的3个快照(每个受试者中风事件发生前的每20天进行测量)　(b) 训练后3D SNN模型中的演化连通性(在模型的3D维度中学习了连接的时空结构模式)　(c) 在气候变量变化的功能空间中学习动态功能模式

图 18.6　中风案例下 NeuCube 中的个性化深度学习

专栏 18.1　从受过训练的 NeuCube 个性化模型中提取的一个深层时间规则,定义了一个对象和一组对象的中风高风险(图18.5)
if(SO_2 围绕时间 T_1 变化)
and(风速 Wind Speed 围绕时间 T_2 变化)
and(最低温度 TempMin 围绕时间 T_3 变化)
and(大气压强 Pressure 围绕时间 T_4 变化)
and(平均温度 AvTemp 围绕时间 T_5 变化)
and(湿度 Humidity 围绕时间 T_6 变化)
and(NO_2 围绕时间 T_7 变化)
and(O_3 围绕时间 T_8 变化)
and(太阳爆发 Solar eruption 围绕时间 T_9 变化)
THEN(X 所属人群中中风的风险较高)

该个性化 SNN 模型和提取的规则可用于在相同的小组对中风的高风险进行早期预测。

图 18.7 显示了在 NeuCube 模型中针对与中风有关的小组人群(中风事件发生前 20 天)对环境数据进行了训练后,用于个性化中风预测的脉冲活动。

这可以用作预测信号,越接近高风险的日期,预测准确性越高(摘自 https://kedri.aut.ac.nz/R-and-D-Systems/personalisedmodelling-for-stroke-risk-prediction)。

在 18.2.1 小节的实验中,部分数据(如中风发生前的 20 天)用作高风险期,而部分数据(如中风发生前 60~40 天之间)用作低风险期。训练好的 NeuCube 模型可用于提取与中风的高风险和低风险有关的模式,如图 18.8 所示。图 18.8 揭示了动态时空模式,作为环境变量中主要连续变化的轨迹,以从 1~12 的时间顺序表示,这与文献[37]中的数据集中选择的两个人的低风险和高风险的中风预测相关:夏季 6 个受试者的低风险轨迹模式,高风险轨迹模式;春季 12 个受试者的低风险轨迹模式,高风险轨迹模式。

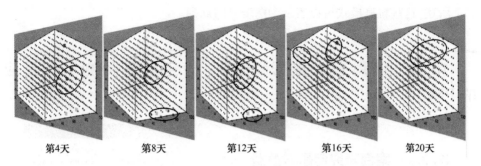

第4天　　　　第8天　　　　第12天　　　　第16天　　　　第20天

图18.7　NeuCube模型的表示(该模型是根据与遭受中风的人群(中风事件发生前20天)相关的环境数据训练的)(https://kedri.aut.ac.nz/R-and-D-Systems/personalised-modelling-for-stroke-risk-prediction)(图18.5和图18.6由M. Gholami 创建)

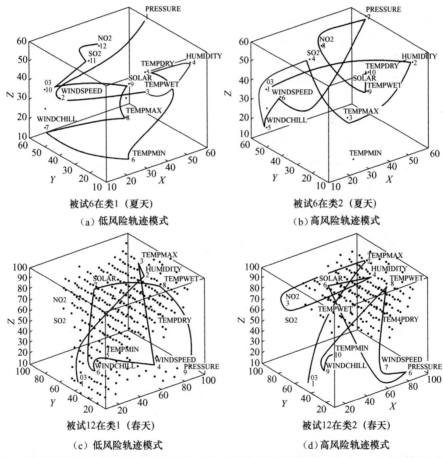

被试6在类1(夏天)　　　　　　　　　被试6在类2(夏天)
(a) 低风险轨迹模式　　　　　　　　(b) 高风险轨迹模式

被试12在类1(春天)　　　　　　　　被试12在类2(春天)
(c) 低风险轨迹模式　　　　　　　　(d) 高风险轨迹模式

图18.8　揭示了动态时空模式,作为环境变量中主要连续变化的轨迹(以从1~12的时间顺序表示,这与文献[37]中的数据集中选择的两个人的低风险和高风险的中风预测相关)夏季6个受试者

如上所述,这些轨迹模式可以表示为深度时间规则。

18.3 使用个人数据和 EEG 时空数据预测治疗反应的 PM

18.3.1 案例研究问题与数据

为了说明提出的基于 SNN 的 NeuCube 静态和动态数据个性化建模方法和系统,这里使用从两组受试者执行认知 GO-NOGO 任务时收集的 EEG 数据。这与第 8 章中使用的案例研究数据相同[39],但在这里发展了一种 PM 方法,它使用了与相同受试者相关的静态和动态数据。在执行 GO/NOGO 任务期间,要求参与者在给定的刺激下执行某项操作(如按下按钮 GO),并在另一组刺激下禁止该操作(如不要按下同一按钮 NOGO)。

收集的脑电图数据由 68 个样本组成,每个样本代表一个受试者的脑电图数据,其中 21 个样本被标记为健康(H),18 个样本被标记为鸦片成瘾患者(OP),29 个样本被标记为接受美沙酮维持治疗的患者(M)。

通过 26 个 EEG 通道记录 EEG 数据:F_{p1}、F_{p2}、F_z、F_3、F_4、F_7、F_8、C_z、C_3、C_4、CP_3、CP_z、CP_4、FC_3、FC_z、FC_4、T_3、T_4、T_5、T_6、P_z、P_3、P_4、O_1、O_2 和 O_z。

除 EEG 数据外,每个受试者还记录了个人临床、静态信息,如性别、年龄、鸦片使用时间、美沙酮使用时间、美沙酮剂量、过量用药史及愤怒程度。

18.3.2 基于 NeuCube 的 PM 模型

作为 NeuCube 集成平台的一部分,开发了基于 SNN 的 NeuCube 个性化建模系统[81]。图 18.9 说明了为一个受试者建立 PM 的过程。加载脑电数据和个人静态信息;以 ID 为 1 的受试者为例;检测到与 1 号受试者相似度超过 88%的 17 个受试者的集合。将这 17 个受试者的动态数据传输到 SNNCube 中,以创建 1 号受试者的个性化模型。动态数据被编码为脉冲序列,映射到 3D SNNCube 中,执行 STDP 无监督学习。在输出层中,将创建一个输出神经元,并将其连接到 SNNCube 的所有神经元。输入 1 号受试者的动态数据来测试分类器。蓝线是正极(兴奋性)连接,而红线是负极(抑制性)连接。神经元的颜色越亮,其与邻近神经元的活动越强。线的粗细表明神经元的连通性强弱。类脑 SNNc 的 1471 个神经元在空间上根据 Talairach 脑图集[82]确定位置,将 26 个输入神经元分配为 26 个 EEG 通道的输入。

① 将这 17 个受试者的动态数据传输到 SNNCube 中,以创建 1 号受试者的个性化模型。

② 将动态数据编码为脉冲序列,映射到 3D SNNCube 中,并执行 STDP 无监督学习。

③ 在输出层中,将创建一个输出神经元,并将其连接到 SNNCube 的所有神经元。输入 1 号受试者的动态数据来测试分类器。蓝线是正极(兴奋性)连接,而红线是负极(抑制性)连接。神经元的颜色越亮,其与邻近神经元的活动越强。线的粗细表明神经元的连通性强弱。类脑 SNNc 的 1471 个神经元在空间上根据 Talairach 脑图集[82]确定位置,将 26 个输入神经元分配为 26 个 EEG 通道的输入[84]。

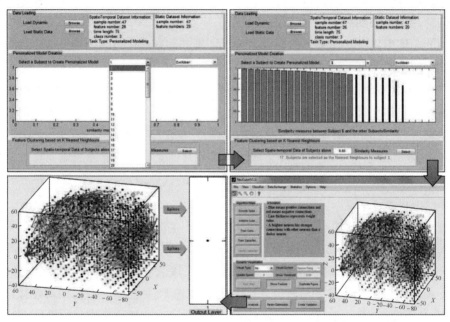

图 18.9 作为 NeuCube 集成平台的一部分开发了基于 SNN 的 NeuCube 个性化建模系统[81,84](加载脑电数据和个人静态信息;以 ID 为 1 的受试者为例,检测到与 1 号受试者相似度超过 88%的 17 个受试者的集合。将这 17 个受试者的动态数据传输到 SNNCube 中,以创建 1 号受试者的个性化模型。动态数据被编码为脉冲序列,映射到 3D SNNCube 中,执行 STDP 无监督学习。在输出层中,将创建一个输出神经元,并将其连接到 SNNCube 的所有神经元。输入 1 号受试者的动态数据来测试分类器。蓝线是正极(兴奋性)连接,而红线是负极(抑制性)连接。神经元的颜色越亮,其与邻近神经元的活动越强。线的粗细表明神经元的连通性强弱。类脑 SNNc 的 1471 个神经元在空间上根据 Talairach 脑图集[82]确定位置,将 26 个输入神经元分配为 26 个 EEG 通道的输入)[84]

18.3.3 实验结果

在这个实验中,对于每个个性化模型的创建,SNNCube 都用最丰富的具有相似临床静态信息的受试者 EEG 数据训练。

一些实验结果如图 18.10 和表 18.3 所列。

训练好的 PSNN 可用于更好地比较各个受试者的表现。图 18.10 表示基于 SNN 的 NeuCube 个性化建模用户界面,该界面是 NeuCube 的一部分,用于创建个性化 SNN(PSNN)模型。

使用提出的 PSNN 建模框架,创建了 47 个单独的个性化 SNN 模型(针对 18 个 OP 受试者和 29 个 M 受试者),每个模型都在信息丰富的 EEG 数据子集中进行了训练,该子集对应于具有相似静态数据的样本集群。然后将所有 47 个 SNNCube 模型的总体准确性与在整个数据集上进行训练并和在单个数据上进行测试的全局 SNNCube 进行比较。

表 18.3 显示,与使用相同 NeuCube 架构的全局 SNN 模型相比,PSNN 模型具有更好的总体分类精度。如图 18.10 中的 6 个受试者所示,还可以获得人的表现的精确解释。图 18.10 显示了 6 个 PSNN 模型,每个模型都是为一个人 x_i 创建的。在图中,左列表示人 x_i 的临床静态数据向量与其他受试者的静态数据向量之间的相似性。相似性以条形图显示。绿色突出显示的线条表示与 x_i 相似度超过 88% 的那些受试者。

这些受试者的 EEG 数据被编码为脉冲序列,然后传输到个性化的 3D 类脑 SNN 立方体中,用于 STDP 无监督学习。在学习过程中,基于突触后动作电位相对于突触前脉冲的时间,SNNCube 神经元之间的连接被增强或减弱。如果先是突触前神经元 i 脉冲,然后突触后神经元 j 脉冲,则这两个神经元 i 和 j 之间的连接权重 w_{ij} 增大;否则减小。图 18.10 显示了通过在 NeuCube 中建立个性化模型而获得的 6 个随机受试者在静态、临床数据和大脑活动方面的差异。类脑 SNNc 的 1471 个神经元在空间上根据 Talairach 脑图集[82]确定位置,并且将 26 个输入神经元分配为 26 个 EEG 通道的输入。对于每个个体,一个 SNNCube 都由与具有相似静态数据的受试者对应的 EEG 数据的子集训练[84]。对于 1 号 M 受试者。位于与右半球相对应的 PSNN 模型的输入 EEG 通道,周围会形成更强的神经元连接。如果将其与 2 号和 3 号 M 受试者进行比较,显示了这 3 名受试者对美沙酮治疗的不同反应,可以观察到模型连通性的差异。

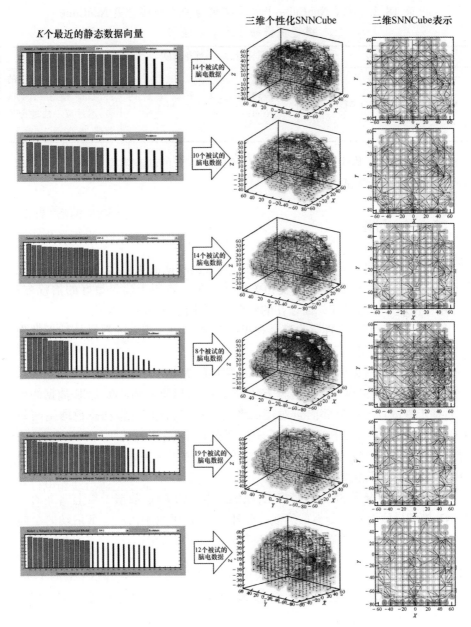

图 18.10 显示了通过在 NeuCube 中建立个性化模型而获得的 6 个随机受试者在静态、临床数据和大脑活动方面的差异(类脑 SNNc 的 1471 个神经元在空间上根据 Talairach 脑图集[82]确定位置,并且将 26 个输入神经元分配为 26 个 EEG 通道的输入。对于每个个体,一个 SNNCube 都由与具有相似静态数据的受试者对应的 EEG 数据的子集训练)[84]

表 18.3 通过 NeuCube 个性化建模与使用全局分类 NeuCube 模型获得的分类准确性[70]

方　法	NeuCube 个性化建模	NeuCube 全局建模
M 类相对于 OP 类的分类精度/%	平均超过 47 个训练后的 PSNNCubes：93.61	一个训练好的 SNNCube，使用所有受试者，通过留一法进行了测试：79.00

每个 SNNCube 均由具有相似静态数据的受试者的动态数据训练，然后由新人员的动态数据进行测试。

18.3.4 讨论

这些发现可以揭示有关认知任务的个人大脑功能的重要信息，并且在实验情况下，可以根据个性化美沙酮剂量相关的作用进一步用于建议更好的治疗方法。这可用于控制个体差异和先前存在的状况，并有助于预测治疗反应。

与全局建模相反，个性化建模会根据与数据集中与该人的数据最接近的现有样本为每个新人创建一个特定的模型。

在这项研究中，提出了一个基于 SNN 架构的 NeuCube 个性化建模框架[44]。

NeuCube 个性化模型包括多种方法和算法，可以研究和分析 EEG 数据的不同方面：基于受试者的 K 近邻向量对受试者的数据进行聚类；将动态数据空间映射到 3D 个性化 SNN 结构中；SNNCube 中的无监督学习；可视化训练 SNNCube 的连接性和脉冲活动，以发现与数据和生成它的大脑过程有关的新信息；在 SNN 分类器中进行监督学习；模型验证。

总体而言，与全局 SNN 模型相比，在信息丰富的 EEG 数据子集上训练的个性化 SNN 模型导致更好的分类准确性。此外，它们还可用于揭示大脑活动的个体特征，这些特征可用于寻找最佳的以患者为中心的治疗方法。

18.4　本章总结和进一步阅读

本章使用 BI-SNN 进一步介绍第 17 章中介绍的 PM 方法。这里介绍的方法集成了静态（基于矢量的数据）和动态的时空数据。针对神经信息学中的两个实际问题说明了该方法：

（1）对治疗反应的个体预测；

（2）个人中风的预测。

进一步的阅读可以在文献[94]的几章中找到,举例如下。

(1) 个性化医学的个性化建模(文献[94]中的第33章)。

(2) 预测中风风险和结果的信息方法(文献[94]中的第55章)。

(3) NeuCube 中风预测:https://kedri.aut.ac.nz/R-and-D-Systems/neucube/stroke。

(4) 使用 NeuCube 获取有关中风预测的静态和动态数据:https://kedri.aut.ac.nz/R-and-D-Systems/personalised-modelling-for-stroke-risk-prediction。

(5) 集成 fMRI 和 DTI 个人数据的多立方 PM 系统(文献[49]中的第11章)。

(6) 在个性化建模应用中的脑数据建模和 SNN 的通用方法[95-102]。

致谢

本章中包含的部分材料已经按照各节中的参考进行了出版。我要感谢这些出版物的共同作者 Maryam Gholami、Valery Feigin、Rita Krishnamurti、Muhaini Othman、Alexander Merkin、Zohreh Gholami、Enmei Tu、Linda Liang、Zeng-Guang Hou、Grace Wang、Rob Kydd、Bruce Russel 和 Jie Yang。

参考文献

[1] N. Kasabov, Soft computing methods for global, local and personalised modeling and applications in bioinformatics, in *Soft Computing Based Modeling in Intelligent Systems*, ed.by V.E. Balas, J. Fodor, A. Varkonyi-Koczy (Springer, Berlin, 2009), pp. 1–17

[2] V. Vapnik, A. Lerner, Pattern recognition using generalized portrait method". Autom. Remote Control **24**(1963), 774–780 (1963)

[3] K. Hornik, M. Stinchcombe, H. White, Multilayer feedforward networks are universal approximators. Neural Networks **2**(5), 359–366 (1989)

[4] E. Fix, J.L. Hodges, *Discriminatory Analysis: Nonparametric Discrimination: Consistency Properties* (Randolph Field, Texas, 1951), p. 1951

[5] S.A. Dudani, The distance-weighted k-nearest-neighbor rule. IEEE Trans. Syst. Man Cybern. **1976**, 325–327 (1976)

[6] N. Kasabov, K. Dhoble, N. Nuntalid, G. Indiveri, Special Issue: Dynamic evolving spiking neural networks for on-line spatio-and spectro-temporal pattern recognition. Neural Networks **41**, 188–201 (2013a). https://doi.org/10.1016/j.neunet.2017.11.014

[7] W. Gerstner, Time structure of the activity of neural network models. Phys. Rev. **51**(1995),738–

758 (1995)

[8] W. Gerstner, W.M. Kistler, *Spiking Neuron Models: Single Neurons, Populations, Plasticity* (Cambridge University Press, Cambridge, MA, 2002), p. 2002

[9] E.M. Izhikevich, Which model to use for cortical spiking neurons? IEEE Trans. Neural Networks **15**(5), 1063–1070 (2004)

[10] S.G. Wysoski, L. Benuskova, N. Kasabovx, *On-line Learning with Structural Adaptation in a Network of Spiking Neurons for Visual Pattern Recognition*, in Proceedings of International Conference on Artificial Neural Networks, Athens (2006), pp. 61–70

[11] W. Maass, N. Thomas, M. Henry, Real-time computing without stable states: a new framework for neural computation based on perturbations. Neural Comput. **14**(11), 2531–2560 (2002)

[12] N. Kasabov, To spike or not to spike: a probabilistic spiking neuron model. Neural Networks **2010**, 16–19 (2010)

[13] H.N.A. Hamed, N. Kasabov, S.M. Shamsuddin, H. Widiputra, K. Dhoble, *An Extended Evolving Spiking Neural Network Model for Spatio-Temporal Pattern Classification*, in The 2011 International Joint Conference on Neural Networks (IJCNN). IEEE (2011), pp. 2653–2656

[14] S. Schliebs, N. Kasabov, M. Defoin-Platel, On the probabilistic optimization of spiking neural networks. Int. J. Neural Syst. **20**(6), 481–500 (2010)

[15] A. Mohemmed, S. Schliebs, N. Kasabov, *SPAN: A Neuron for Precise-Time Spike Pattern Association*, Neural Information Processing, in Proceedings of 18th International Conference on Neural Information Processing, Shanghai, China (ICONIP 2011). LNCS, vol. 7063 (Springer, Berlin, 2011), pp. 718–725

[16] K. Dhoble, N. Nuntalid, G. Indivery, N. Kasabovx, *On-line Spatiotemporal Pattern Recognition with Evolving Spiking Neural Networks utilising Address Event Representation, Rank Order-and Temporal Spike Learning*, in IEEE World Congress on Computational Intelligence, Brisbane, Australia (WCCI 2017), 10–15 June 2017, pp. 554–560

[17] N. Kasabov, Y. Hu, Integrated optimisation method for personalised modelling and case studies for medical decision support. Int. J. Funct. Inform. Personal. Med. **3**(3), 236–256(2010)

[18] A. Shabo, Health record banks: integrating clinical and genomic data into patientcentric longitudinal and cross-institutional health records. Personal. Med. **4**(4), 453–455 (2007)

[19] L.A. Hindorff, P. Sethupathy, H.A. Junkins, E.M. Ramos, J.P. Mehta, F.S. Collins, T.A. Manolio, Potential etiologic and functional implications of genome-wide association loci for human diseases and traits. Proc. Natl. Acad. Sci. **106**(23), 9362–9367 (2009)

[20] WTCCC, Genome-wide association study of 14,000 cases of seven common diseases and 3,000 shared controls. Nature **447**(7145), 661–678 (2007)

[21] J.R. Nevins, E.S. Huang, H. Dressman, J. Pittman, A.T. Huang, M. West, Towards integrated clinico-genomic models for personalized medicine: combining gene expression signatures and clinical factors in breast cancer outcomes prediction. Hum. Mol. Genet. **17**(2), R153–R157 (2003)

[22] N. Kasabov, in Data analysis and predictive systems and related methodologies—Personalised trait modelling system, New Zealand Patent No. 572036, PCT/NZ2009/000222, NZ2009/000222-W16-79

[23] Q. Song, N. Kasabov, Nfi: a neuro-fuzzy inference method for transductive reasoning. IEEE Trans. Fuzzy Syst. **13**(6), 799-808 (2005)

[24] Q. Song, N. Kasabov, Twnfi—a transductive neuro-fuzzy inference system with weighted data normalization for personalized modeling. Neural Networks **19**(10), 1591-1596 (2006)

[25] V.N. Vapnik, *Statistical Learning Theory* (Wiley, New York, 1998)

[26] N. Kasabov, *Evolving Connectionist Systems: The Knowledge Engineering Approach* (Springer, London, 2007)

[27] D. Goldberg, *GeneticAlgorithm in Search, Optimization and Machine Learning* (Kluwer Academic, North Holand, 1989)

[28] N. Mohan, N. Kasabov, Transductive modeling with ga parameter optimization, in *2005IEEE International Joint Conference on Neural Networks (IJCNN '05)*, Montreal, vol.2 (2005), pp. 839-844

[29] L.J. Veer, H. Dai, M.J. van de Vijver, Y.D. He, A.A.M. Hart, M. Mao, H.L. Peterse, K. van der Kooy, M.J. Marton, A.T. Witteveen, G.J. Schreiber, R.M. Kerkhoven, C. Roberts, P.S. Linsley, R. Bernards, S.H. Friend, Gene expression profiling predicts clinical outcome of breast cancer'. Nature **415**(6871), 530-536 (2002)

[30] N. Kasabov, Global, local and personalized modelling and pattern discovery in bioinformatics: an integrated approach'. Pattern Recogn. Lett. **28**(6), 673-685 (2007)

[31] U. Alon, N. Barkai, D., A. Notterman, K. Gish, S. Ybarra, D. Mack, A.J. Levine, *Broad Patterns of Gene Expression Revealed by Clustering Analysis of Tumor and Normal Colon Tissues Probed by Oligonucleotide Arrays*, in Proceedings of the National Academy of Sciences of the United States of America, vol. 96 (1999), pp. 6745-6750

[32] S. Schliebs, N. Kasabov, Evolving spiking neural network—a survey. Evolving Syst. **4**(2), 87-98 (2013). https://doi.org/10.1007/s12530-013-9074-9

[33] K. Barlow-Stewart, Personalised medicine: more than just personal. AQ—Aust. Q. **2**, 31

[34] W. Gerstner, W.M. Kistler, *Spiking Neuron Models: Single Neurons, Populations, Plasticity* [Bibliographies Non-fiction]. (Cambridge University Press, Cambridge, 2002). Retrieved from cat05020a database

[35] T. Cover, P. Hart, Nearest neighbor pattern classification. IEEE Trans. Inf. Theory **13**(1), 21-27 (1967)

[36] S. Pang, T. Ban, Y. Kadobayashi, N. Kasabov, Personalized mode transductive spanning SVM classification tree. Inf. Sci. **181**, 2071 - 2085 (2011). https://doi.org/10.1016/j.ins.2011.01.008

[37] N. Kasabov, V. Feigin, Z.G. Hou, Y. Chen, L. Liang, R. Krishnamurthi, P. Parmar, Evolving spiking neural networks for personalised modelling, classification and prediction of spatio-

temporal patterns with a case study on stroke. Neurocomputing **134**, 269–279 (2014). https://doi.org/10.1016/j.neucom.2013.09.049

[38] Z. Doborjeh, N. Kasabov, M. Doborjeh, A. Sumich, Modelling peri-perceptual brain processes in a deep learning spiking neural network architecture. Nature, Scientific Reports **8**, 8912 (2018). https://doi.org/10.1038/s41598-018-27169-8

[39] M. Gholami Doborjeh, G. Wang, N. Kasabov, R. Kydd, B.R. Russell, A spiking neural network methodology and system for learning and comparative analysis of EEG data from healthy versus addiction treated versus addiction not treated subjects. IEEE Tr. BME (2015). https://doi.org/10.1109/tbme.2015.2503400

[40] N. Kasabov, Evolving, probabilistic spiking neural networks and neurogenetic systems for spatio- and spectro-temporal data modelling and pattern recognition. Int. Neural Network Soc. (INNS) (2017). Retrieved from ir00946a database

[41] N. Kasabov, E. Capecci, Spiking neural network methodology for modelling, classification and understanding of EEG spatio-temporal data measuring cognitive processes. Inf. Sci. (2014). https://doi.org/10.1016/j.ins.2014.06.028

[42] S.G. Wysoski, L. Benuskova, N. Kasabov, Evolving spiking neural networks for audiovisual information processing. Neural Networks **23**(7), 819–835 (2010)

[43] C. Ge, N. Kasabov, Z. Liu, J. Yang, A spiking neural network model for obstacle avoidance in simulated prosthetic vision. Inf. Sci. **399**, 30–42 (2017). https://doi.org/10.1016/j.ins.2017.03.006

[44] N. Kasabov, NeuCube: A spiking neural network architecture for mapping, learning and understanding of spatio-temporal brain data. Neural Networks **52**, 62–76 (2014)

[45] R. Batllori, C.B. Laramee, W. Land, J.D. Schaffer, Evolving spiking neural networks for robot control [Article]. Procedia Comput. Sci. **6**, 329–334 (2011). https://doi.org/10.1016/j.procs.2011.08.060

[46] S. Soltic, N. Kasabov, Knowledge extraction from evolving spiking neural networks with rank order population coding. Int. J. Neural Syst. **20**(06), 437–445 (2010)

[47] S.T. Sarkar, A.P. Bhondekar, M. Macaš, R. Kumar, R. Kaur, A. Sharma, A. Gulati, A. Kumar, Towards biological plausibility of electronic noses: A spiking neural network based approach for tea odour classification. Neural Networks **71**, 142–149 (2015). https://doi.org/10.1016/j.neunet.2015.07.014

[48] M. Silva, M.M.B.R. Vellasco, E. Cataldo, Evolving spiking neural networks for recognition of aged voices. J. Voice **31**, 24–33 (2017). https://doi.org/10.1016/j.jvoice.2016.02.019

[49] N. Sengupta, C. McNabb, N. Kasabov, B. Russell, Integrating space, time and orientation in spiking neural networks: a case study on multi-modal brain data modelling. IEEE Trans. Neural Networks Learn. Syst (2018). https://doi.org/10.1109/TNNLS.2018.2796023

[50] S. Schliebs, M. Defoin-Platel, N. Kasabov, *Integrated Feature and Parameter Optimization for an Evolving Spiking Neural Network*, in Symposium Conducted at the Meeting of the International

Conference on Neural Information Processing (2008)

[51] S. Schliebs, M. Defoin-Platel, S. Worner, N. Kasabov, Integrated feature and parameter optimization for an evolving spiking neural network: exploring heterogeneous probabilistic models. Neural Networks **22**(5), 623–632 (2009). https://doi.org/10.1016/j.neunet.2009.06.038

[52] S. Schliebs, M.D. Platel, S. Worner, N. Kasabov, *Quantum-Inspired Feature and Parameter Optimisation of Evolving Spiking Neural Networks with a Case Study from Ecological Modeling*, in International Joint Conference on IEEE. Symposium Conducted at the Meeting of the Neural Networks (IJCNN 2009) (2009)

[53] H.N.A. Hamed, N. Kasabov, Z. Michlovský, S.M. Shamsuddin, *String Pattern Recognition Using Evolving Spiking Neural Networks and Quantum Inspired Particle Swarm Optimization*, in Springer Symposium Conducted at the Meeting of the International Conference on Neural Information Processing (2009)

[54] A.Y. Saleh, H. Hameed, M. Najib, M. Salleh, A novel hybrid algorithm of differential evolution with evolving spiking neural network for pre-synaptic neurons optimization. Int.J. Advance Soft Comput. Appl. **6**(1), 1–16 (2014)

[55] H.N.A. Hamed, A.Y. Saleh, S.M. Shamsuddin, A.O. Ibrahim, *Multi-objective K-means Evolving Spiking Neural Network Model Based on Differential Evolution*, in 2015 International Conference on IEEE. Symposium Conducted at the Meeting of the Computing, Control, Networking, Electronics and Embedded Systems Engineering (ICCNEEE) (2015)

[56] A.Y. Saleh, S.M. Shamsuddin, H.N.A. Hamed, A hybrid differential evolution algorithm for parameter tuning of evolving spiking neural network. Int. J. Comput. Vision Robot. **7**(1–2), 20–34 (2017)

[57] G. Cohen, M. Hilario, H. Sax, S. Hugonnet, A. Geissbuhler, Learning from imbalanced data in surveillance of nosocomial infection. Artif. Intell. Med. **37**(1), 7–18 (2006)

[58] R. Laza, R. Pavón, M. Reboiro-Jato, F. Fdez-Riverola, Evaluating the effect of unbalanced data in biomedical document classification. J. Integr. Bioinf. (JIB) **8**(3), 105–117 (2011)

[59] M. Bader-El-Den, E. Teitei, M. Adda, *Hierarchical Classification for Dealing with the Class Imbalance Problem*, in 2016 International Joint Conference on IEEE. Symposium Conducted at the Meeting of the Neural Networks (IJCNN) (2016)

[60] N.V. Chawla, K.W. Bowyer, L.O. Hall, W.P. Kegelmeyer, SMOTE: synthetic minority oversampling technique. J. Artif. Intell. Res. **16**, 321–357 (2002)

[61] J. Stefanowski, S. Wilk, Selective pre-processing of imbalanced data for improving classification performance. Lect. Notes Comput. Sci. **5182**, 283–292 (2008)

[62] T.M. Khoshgoftaar, J. Van Hulse, A. Napolitano, Comparing boosting and bagging techniques with noisy and imbalanced data. IEEE Trans. Syst. Man Cybern. Syst. Hum. **41**(3), 552–568 (2011)

[63] B.W. Yap, K.A. Rani, H.A.A. Rahman, S. Fong, Z. Khairudin, N.N. Abdullah, *An Application of Oversampling, Undersampling, Bagging and Boosting in Handling Imbalanced Datasets*,

in Springer Symposium Conducted at the Meeting of the Proceedings of the First International Conference on Advanced Data and Information Engineering (DaEng-2013) (2014)

[64] V. García, R. Alejo, J.S. Sánchez, J.M. Sotoca, R.A. Mollineda, *Combined Effects of Class Imbalance and Class Overlap on Instance-Based Classification*, in Springer Symposium Conducted at the Meeting of the International Conference on Intelligent Data Engineering and Automated Learning (2006)

[65] S.M. Bohte, J.N. Kok, Applications of spiking neural networks. Inf. Process. Lett. **95**(6), 519–520 (2005)

[66] S.J. Thorpe, J. Gautrais, Rank order coding: a new coding scheme for rapid processing in neural networks, in *Computational Neuroscience: Trends in Research*, ed. by J. Bower (Plenum Press, New York, 1998), pp. 113–118

[67] P. Soundarapandian, L.J. Rubini, P. Eswaran, Chronic_Kidney_Disease Data Set (2015). Retrieved from https://archive.ics.uci.edu/ml/datasets/chronic_kidney_disease

[68] R. Ilin, R. Kozma, P.J. Werbos, Beyond feedforward models trained by backpropagation: a practical training tool for a more efficient universal approximator. IEEE Trans. Neural Networks **19**(6), 929–937 (2008)

[69] N. Kasabov, Z. hou, V. Feigin, Y. Chen, Improved method and system for predicting outcomes based on spatio/spectro-temporal data. PCT patent, WO 2015030606 A2 (2015)

[70] M. Gholami Doborjeh, G. Wang, N. Kasabov, R. Kydd, B.R. Russell, A spiking neural network methodology and system for learning and comparative analysis of EEG data from healthy versus addiction treated versus addiction not treated subjects. IEEE Tr. BME (2015). https://doi.org/10.1109/tbme.2015.2503400

[71] S.M. Bohte, J.N. Kok, Applications of spiking neural networks. Inf. Process. Lett. **95**(6), 519–520 (2005)

[72] R. Brette, M. Rudolph, T. Carnevale, M. Hines, D. Beeman, J. Bower, Simulation of networks of spiking neurons: a review of tools and strategies. J. Comput. Neurosci. **23**(3), 349–398 (2007)

[73] E. Tu, N. Kasabov, J. Yang, Mapping temporal variables into the NeuCube for improved pattern recognition, predictive modelling and understanding of stream data. IEEE Trans. Neural Networks Learn. Syst. (2016). https://doi.org/10.1109/tnnls.2016.2536742

[74] EU Human Braib Project (HBP), [Online]. Available: www.thehumanbrainproject.eu

[75] USA Brain Initiative, [Online]. Available: http://www.nih.gov/science/brain/

[76] S. Furber, D.R. Lester, L. Plana, J.D. Garside, Overview of the spinnaker system architecture. IEEE Trans. Comput. **62**(17), 2454–2467 (2013)

[77] S. Furber, To build a brain. IEEE Spectrum **49**(44–49), 44–49 (2017)

[78] G. Indiveri, T.K. Horiuchi, Frontiers in neuromorphic engineering. Front. Neurosci. **5**, 2011 (2011)

[79] G. Indiveri, B. Linares-Barranco, T.J. Hamilton, A. Van Schaik, Neuromorphic silicon neuron

circuits. Front. Neurosci. **5**, 2011 (2011)

[80] G. Indiveri, E. Chicca, R.J. Douglas, Artificial cognitive systems: from VLSI networks of spiking neurons to neuromorphic cognition. Cogn. Comput. **1**(2), 119–177 (2009)

[81] N. Kasabov, et al., Design methodology and selected applications of evolving spatio-temporal data machines in the NeuCube neuromorphic framework. Neural Networks (2016) (accepted and on-line published 2015, 2016)

[82] L. Koessler, L. Maillard, A. Benhadid, J.P. Vignal, J. Felblinger, H. Vespignani, M. Braun, Automated cortical projection of EEG sensors: anatomical correlation via the international 10–10 system. Neuroimage **46**(1), 64–72 (2009)

[83] T. Masquelier, R. Guyonneau, S.J. Thorpe, Competitive STDP-based spike pattern learning. Neural Comput. **21**(5), 1759–1776 (2009)

[84] M.G. Doborjeh, N. Kasabov, *Personalised Modelling on Integrated Clinical and EEG Spatio-Temporal Brain Data in the NeuCube Spiking Neural Network Architecture*, in Proceedings of IJCNN (IEEE Press, Vancouver, 2016), pp. 1373–1378

[85] D. Abegunde, R. Beaglehole, S. Durivage, J. Epping-jordan, C. Mathers, B. Shengelia, N. Unwin, Preventing chronic diseases: a vital investment. WHO (2005)

[86] K. McArthur, J. Dawson, M. Walters, What is it with the weather and stroke? Expert Rev. Neurother. **10**(2), 243–249 (2010). https://doi.org/10.1586/ern.09.154

[87] V.L. Feigin, Y.P. Nikitin, M.L. Bots, T.E. Vinogradova, D.E. Grobbee, A population-based study of the associations of stroke occurrence with weather parameters in Siberia, Russia (1982–92). Eur. J. Neurol. Off. J. Eur. Feder. Neurol. Soc. **7**(2), 171–178 (2000)

[88] R.S. Gill, H.L. Hambridge, E.B. Schneider, T. Hanff, R.J. Tamargo, P. Nyquist, Falling temperature and colder weather are associated with an increased risk of aneurysmal subarachnoid hemorrhage. World Neurosurg. **79**(1), 136–42 (2013). https://doi.org/10.1016/j.wneu.2017.06.020

[89] Y.-C. Hong, J.-H. Rha, J.-T. Lee, E.-H. Ha, H.-J. Kwon, H. Kim, Ischemic stroke associated with decrease in temperature. Epidemiology **14**(4), 473–478 (2003). https://doi.org/10.1097/01.ede.0000078420.82023.e3

[90] D. Shaposhnikov, B. Revich, Y. Gurfinkel, E. Naumova, The influence of meteorological and geomagnetic factors on acute myocardial infarction and brain stroke in Moscow, Russia. Int. J. Biometeorol. (2013). https://doi.org/10.1007/s00484-013-0660-0

[91] M. Othman, Spatial-temporal data modelling and processing for personalised decision support. Doctoral dissertation, Auckland University of Technology (2015). http://hdl.handle.net/10292/9079

[92] W. Liang, Y. Hu, N. Kasabov, V. Feigin, Exploring associations between changes in ambient temperature and stroke occurrence: comparative analysis using global and personalised modelling approaches. Neural Inf. Process. 129–137 (2011)

[93] M. Othman, N. Kasabov, E. Tu, V. Feigin, R. Krishnamurthi, Z. Hou, Y. Chen, J. Hu, *Im-*

proved Predictive Personalized Modelling with the Use of Spiking Neural Network Systemand a Case Study on Stroke Occurrences Data, in 2014 International Joint Conference onNeural Networks (IJCNN). IEEE (2014), pp. 3197–3204. http://ieeexplore.ieee.org/xpls/abs_all.jsp? arnumber=6889709&tag=1

[94] N. Kasabov (ed.), *Springer Handbook of Bio-/Neuroinformatics*(Springer, Berlin)

[95] E. Niedermeyer, F.L. da Silva, *Electroencephalography: Basic Principles, Clinical Applications, and Related Fields*, 5th edn. (Lippincott Williams & Wilkins, Philadelphia,2005)

[96] S. Ogawa, D.W. Tank, R. Menon, J.M. Ellermann, S.G. Kim, H. Merkle, K. Gurbil, Intrinsic signal changes accompanying sensory stimulation: functional brain mapping with magneticresonance imaging. Proc. Natl. Acad. Sci. **89**(13), 5951–5955 (1992)

[97] M. Doborjeh, N. Kasabov, Z. G. Doborjeh, Evolving, dynamic clustering of spatio/spectro-temporal data in 3D spiking neural network models and a case study on EEG data.Evolving Syst. 1–17 (2017). https://doi.org/10.1007/s12530-017-9178-8

[98] F. Alvi, R. Pears, N. Kasabov, An evolving spatio-temporal approach for gender and age group classification with spiking neural networks. Evolving Syst. **9**(2), 145–156 (2018)

[99] N. Sengupta, N. Kasabov, Spike-time encoding as a data compression technique for pattern recognition of temporal data. Infor. Sci. **406–407**, 133–145 (2017)

[100] E. Culurciello, R. Etienne-Cummings, K. Boahen, Arbitrated address-event representation digital image sensor. Electron. Lett. **37**(24), 1443 – 1445 (2001). https://doi.org/10.1049/el:20010969

[101] N. Nuntalid, K. Dhoble, N. Kasabov, EEG classification with BSA spike encoding algorithm and evolving probabilistic spiking neural network, in *Neural Information Processing*. Lecture Notes in Computer Science (Springer, Berlin, 2011), pp. 451 – 460. https://doi.org/10.1007/978-3-642-24955-6_54

[102] H. Markram, J. Lubke, M. Frotscher, B. Sakmann, Regulation of synaptic efficacy by coincidence of postsynaptic aps and epsps. Science **275**(5297), 213–215 (1997)

第 7 部分　多感知流数据的深度时空学习与深层知识表示

第19章
对金融、生态、运输和环境应用预测建模中的多感知流数据的深度学习

本章呈现了针对深度增量学习和为了深度知识表达的流数据建模所使用 eSNN 和 BI-SNN 的方法。这些方法应用于金融、生态、运输和环境等领域,使用相应的多感知流数据的预测性建模。在数据准备、SNN 模型参数、实验设定与验证等方面,上述每个应用需要特定的模型设计。以案例和数据说明每种方法,而它们的可应用性可以被延伸到更宽广的感知流数据可用的领域。本章的一些材料最早发表于文献[1-2]。关于 SNN、eSNN 和 BI-SNN 的更多细节,可参阅本书第 4~6 章。

19.1 一个使用 SNN 的深度学习和多感知数据的预测建模的通用框架

本节呈现了一个对于时空数据使用 SNN 的通用方法论,作为多感知数据和一些应用的讨论,在这里时空数据被称为 SSTD Spatio-Spectro Temporal Data。本章的一些材料最早发表于文献[1],按照第 6 章的定义,应用系统被命名为演化时空数据机(Evolving Spatio-Temporal Data Machine, eSTDM)。

19.1.1 模式识别和多感知数据建模的挑战

自然中的大部分问题需要包括测量空间和/或基于时间的谱变量的时空数据(SSTD)。SSTD 由三元组 (X, Y, F) 表示,其中 X 是一个独立变量的集合,它基于测量的顺序离散时间 t;Y 是一个依赖的输出变量的集合;F 是联系函数,连接输入数据的整个片段("块"),在时间窗口 $1t$ 中采样,输出变量属于 Y,满足

$$F: X(1t) \to Y$$

式中:$X(t) = (x_1(t), x_2(t), \cdots, x_n(t)); t = 1, 2, \cdots, m$。

对于计算模型而言,为了最准确地从新输入数据中预测未来事件,从数据流中捕获和学习整个时空分布非常重要。涉及 SSTD 问题的示例包括:第 8 章和第 9 章基于空间分布的 EEG 电极的大脑认知状态评估[3];第 10 章和第 11 章 fMRI 数据[4-8];第 13 章视频数据中识别运动目标[9];第 18 章评估疾病风险,如心脏病发作、中风[10];第 18 章根据临床和环境变量评估疾病对治疗的反应;第 9 章对神经退行性疾病(如阿尔茨海默氏病)的进展进行建模;生态学中入侵物种建立的模拟和预后。地质、天文学、经济学和许多其他领域中事件的预测也取决于准确的 SSTD 建模。

基于第 1 章的隐马尔可夫模型(HMM)和第 2 章的传统的人工神经网络(ANN)等常用的处理时间流信息的模型,实现复杂和长时空/频谱分量集成的能力有限,因为它们通常忽略时空维度或过分简化其表示。机器学习的新趋势目前正在出现,被称为深度机器学习[11]。大多数提出的模型仍然通过输入单个时间点帧来学习 SSTD,而不是学习整个 SSTD 模式。在充分解决 SSTD 中的时间和空间成分之间的相互作用方面,它们也受到限制。已经提出了一些最新的 SSTD 建模的进展(如文献[12-13]),但它们的应用受到限制,是因为通常这些方法针对的是一种特定的数据源,并未显示出我们需要寻求解决的广泛应用水平。

人脑具有惊人的在不同的时间范围(从毫秒到数年,甚至可能到数百万年)(即通过进化积累的遗传信息),从 SSTD 学习和回忆模式能力。因此,大脑是 SSTD 发展新机器学习技术的终极灵感。确实,受大脑启发的脉冲神经网络(SNN)[14-16]具有通过使用在空间突触和神经元之间传递的脉冲序列(二进制时序事件)来训练 SSTD 的潜力。时空信息都可以在 SNN 中被相应的编码为突触和神经元的位置以及其脉冲活动的时间。脉冲神经元通过具有复杂动态行为的连接发送脉冲,共同形成 SSTD 记忆。一些 SNN 采用特定的学习规则,如脉冲时间依赖塑性(STDP)[17]或脉冲驱动突触塑性(SDSP)[18]。

在文献[3]中,一种用于时空脑数据的 BI-SNN NeuCube 框架(参见第 6 章)被提出,在文献[1]中的几个章节中提出了 BI-SNN 的一些特定方法和应用。本章将这些工作进一步扩展为一种通用的系统方法,以针对任何时空流数据问题提供一种新型的解决方案,该解决方案在此首次被称为"时空数据机"(eSTDM)。它还在多个领域应用中进行了演示。

19.1.2　在进化 SNN(eSNN)中对流数据建模

进化 SNN(eSNN)已经在第 5 章中进行了详细介绍。图 19.1 描绘了 eSNN 的一般体系结构,训练算法列在本章的附录 1 中。

此处的流数据以向量序列(帧、样本)的形式表示,每个向量代表对分类问题建模输入变量的度量。

每个样本都在 eSNN 模型中学习(参见附录中的训练算法),生成代表该样本的输出节点,并在相应的分类输出"池"中分配该节点。

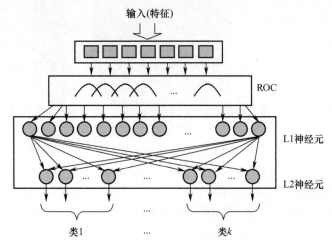

图 19.1　用于分类的 eSNN 的通用架构

表达相同分类样本的输出神经元,可以按第 5 章所描述的进行合并,导致输出节点数量可以更少些,它们不再表达单一的样本,而是表达连接权重空间中样本所形成簇的中心样本的原型。

通过增量式的创造输出神经元,并对它们进行合并,eSNN 可以学习在线的、连续的跨整个生命周期的流数据。

eSNN 能以半监督和监督的方式进行学习。当一个新的样本可用,但并没有相应的标签数据时,模型可以创建一个新的输出样本,并将其分配到最接近的原型所在的类别"池"中。

eSNN 不仅可以用于分类任务,也适用于回归任务。在这类问题中,输出节点不代表类别标签,而是代表实数。如果连接权重和输出值都类似时,输出节点可以合并。

19.1.3　对于分类和回归大脑启发的 SNN 对多感知流数据建模的通用方法论

这里对大型和快速流 SSTD 建模的方法是基于图 19.2 所示的演化时空数据机(eSTDM)的通用架构,该架构是通过使用图 19.2 所示和第 6 章讨论的 BI-SNN NeuCube 开发的。

在此体系结构中,SNNCube 用于在将输入流数据编码为脉冲之后对其进行映射。eSNN、deSNN 或其他 SNN 模型可用作分类或回归的输出模块。

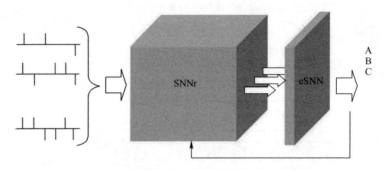

图 19.2　eSTDM 的通用架构

eSTDM 的功能基于以下过程:
(1) 将多变量输入流数据转换为脉冲序列;
(2) 从 SNN 储层("多维数据集")中的数据中进行无监督时空模式学习;
(3) 针对分类/回归问题的分类/回归输出系统的监督学习;
(4) (如有必要)以迭代方式改善系统的性能,使用系统的评估/测试的准确性作为反馈的优化。

NeuCube 体系结构包含以下模块(第 6 章):
(1) 输入信息编码模块;
(2) 3D SNN 模块(多维数据集);
(3) 输出分类/回归模块和其他可选模块;
(4) 基因调控网络(GRN)模块;
(5) 参数优化模块;
(6) 可视化和知识提取模块(图 19.3 中未显示)。

输入模块将输入数据转换为一系列峰值。时空数据(如 EEG、fMRI 和气候)输入到主要模块 3D SNNCube(SNNC),也可以使用不同类型的数据。将此数据输入("映射")到 SNNc 的预先指定的空间位置区域中,这些区域与收集数据的起点的空间位置(如果存在这样的位置)相对应。SNN 中的学习分两个阶段进行。

(1) 无监督训练,将时空数据随时间输入到 SNNc 的相关区域。执行无监督学习以修改初始设置的连接权重。当出现类似的输入刺激时,SNNc 将学习激活同组脉冲神经元,也称为多同步效应[19]。

(2) 在输出模块中对脉冲神经元进行有监督训练,用于无监督训练的相同数据现在通过训练后的 SNN 再次传播,然后以将 SNNc 的时空脉冲模式分类为预定义类(或输出脉冲序列),对输出神经元进行训练。作为一种特殊情况,来自 SNN

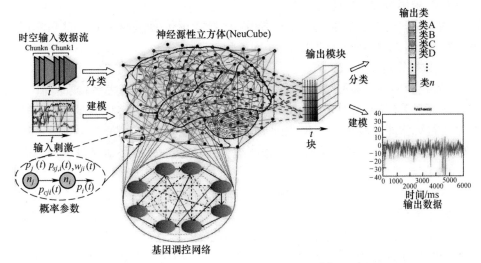

图 19.3　一个 NeuCube BI-SNN 的通用架构[3]（见第 6 章）

的所有神经元都连接到每个输出神经元。可以创建从输出神经元到 SNN 中神经元的反馈连接以进行强化学习。可以使用包括 SNNc 学习和分类脉冲模式，包括 deSNN[20,24] 和 SPAN 模型[21] 在内的不同 SNN 方法。后者适合于响应多维数据集的某些活动模式的生成电机控制峰值序列。

在 eSTDM 中，可以使用重复连接在 SNNc 中生成类似的激活模式（称为"多同步波"），以表示短期记忆。使用 STDP 学习时，未来形成 LTP 或 LTD，连接权重被更改，它们构成了长期存储(有关 STDP 的更多信息可参见文献[17])。使用 NeuCube 的结果表明，可以探索 NeuCube 体系结构以学习较长的时空模式并将其用作关联记忆。一旦学习到数据，SNNc 会将连接保留为长期记忆。由于 SNNc 将学习的脉冲活动的功能性路径表示为连接的结构性路径，因此，当输入数据的一小部分初始内容进入 SNNc 时，将会"同步激发"和"连锁激发"学习的连接路径，以重现学习到的功能性路径。因此，当仅呈现一些初始新输入数据时，NeuCube 可用作关联记忆和事件预测的预测系统。

为了给定任务设计适当的 eSTDM，必须考虑许多因素。在这里明确以下考虑因素。

（1）使用哪个输入变量映射到 SNNc？在 SNNc 中是否有一些先验信息可用于空间定位这些输入变量？

（2）在 SNNc 中使用哪种学习方法？

（3）哪种输出功能合适？是分类还是回归？

（4）如何可视化 eSTDM 以增进理解？

(5) 采用哪种参数优化方法?

为了快速建模和探索 NeuCube 模型,已经实现了通用的原型开发和测试模块,并将在第 20 章中进行讨论。

1. 数据编码

SNN 有不同的编码方案,主要是速率(信息作为平均触发速率)或时间(信息作为时间显著)编码。对于 NeuCube,使用时间编码来表示信息。到目前为止,有 4 种不同的脉冲编码算法已集成到 NeuCube 的现有实现中,即 Ben 的脉冲算法(BSA)、时间对比度(基于阈值)、步进脉冲编码算法(SF)和移动窗口脉冲编码算法(MW)(参见第 4 章)。

本书的第 4 章介绍了由这 4 种算法编码的同一数据(在本例中为 EEG 信号)的不同结果。当表示输入数据时,不同的脉冲编码算法具有不同的特性。BSA 适用于高频信号,并且由于它基于有限冲激响应技术,因此可以轻松地从编码的脉冲序列中恢复原始信号。BSA 仅生成正(兴奋)脉冲,而此处提到的所有其他技术也可以生成负(抑制)脉冲。时间对比度最初是在人造硅视网膜的硬件中实现的[9]。它表示在给定阈值上信号强度的显著变化,其中 ON 和 OFF 事件取决于变化的符号。但是,如果信号强度剧烈变化,则可能无法使用编码的脉冲序列恢复原始信号。因此,下面和第 4 章中描述了一种改进的脉冲编码算法 SF,以更好地表示信号强度。

对于其中($t = 1, 2, \cdots, n$)的给定信号 $S(t)$,定义了在时间 t 内 $B(1) = S(1)$ 的基线 $B(t)$ 变化。如果输入信号强度 $S(t_1)$ 超过基线 $B(t_1-1)$ 加定义为 Th 的阈值,则在时间 t_1 处编码一个正脉冲,并且将 $B(t_1)$ 更新为 $B(t_1) = B(t_1-1) + \text{Th}$;如果 $S(t_1) \leq B(t_1-1) - \text{Th}$,则产生负脉冲,并且将 $B(t_1)$ 分配为 $B(t_1) = B(t_1-1) - \text{Th}$。在其他情况下,不会产生脉冲,并且 $B(t_1) = B(t_1-1)$。

关于运动窗口脉冲编码算法,基线 $B(t)$ 被定义为时间窗口 T 内先前信号强度的平均值,因此该编码算法可以对某些类型的噪声具有鲁棒性。

在选择合适的脉冲编码算法之前,需要弄清楚脉冲序列应为原始信号携带哪些信息。之后,将更好地理解脉冲序列中潜在的脉冲模式。

2. 输入变量映射

将输入变量映射到 SNNc 中空间定位的脉冲神经元中是在文献[3]中引入的对 SSTD 建模的一种新方法,并且是 eSTDM 的独特功能。主要原理是,如果知道有关输入变量的空间信息,则可以帮助建立通过这些变量收集的 SSTD 的更准确模型以及对模型的更好解释和对 SSTD 的更好理解。这对于诸如脑电图之类的大脑数据(见文献[3,22])和对于功能性磁共振成像数据(见第 10 章和第 11 章)非常重要,在这些数据中可以学习和发现脑信号的相互作用方式。在某些实现中,使用了 Talairach 脑模板,该模板在空间上映射到 SNNc 中(图 19.3)。当没有空间信息可用于输入变量时,映射的另一种方法是测量变量之间的时间相似性,以将具有相似模式的变量映射到 SNNc 中更紧密的神经元中。这就是矢量量化原理,这里使用的是时间序列,时间序列不必具有相同的长度[2]。

3. 学习

正如在 NeuCube 框架(第 6 章)中所描述的那样,在 eSTDM 中学习是一个分为两个阶段的过程。NeuCube 模型的准确性在很大程度上取决于 SNNc 学习参数和分类器/回归器参数。

优化过程已在第 7 章中讨论。

4. 输出分类或回归

我们将 SNN 用于 eSNN 类型的输出模型。通过传入信息,eSNN 以在线方式演化其结构和功能。对于每个新的输入数据样本,将动态分配一个新的输出神经元,并将其连接到输入神经元。最初使用 RO 规则建立神经元的连接,以使输出神经元识别该矢量(框架、静态模式)或类似的阳性示例。输出神经元的权重向量表示问题空间中簇的中心,并且可以表示为模糊规则[23]。然后,这些连接权重将进一步适应以下峰值[24]。

在一些实施方式中,基于权重向量相似的神经元之间的欧几里得距离进行合并。这使在有监督和无监督模式下都可以实现非常快的学习(仅一次通过就足够了)[24]。在非监督模式下,进化的神经元代表学习的模式(或模式的原型)。如果模型在监督学习模式下执行分类任务,则可以根据神经元的类成员关系对神经元进行标记和分组。

使用 RO 学习规则,根据相应突触上传入脉冲的顺序计算权重,即

$$w_{i,j} = \alpha \bmod{}^{\text{order}(j,i)}$$

式中: α 为学习参数(在部分情况下等于 1); mod 为一个调制因子,它定义了第一个脉冲的阶数有多重要; $w_{i,j}$ 为突触前神经元 j 和突触后神经元 i 之间的突触权重; $\text{order}(j,i)$ 为突触 j 处第一个脉冲的顺序(等级), i 在所有突触到达神经元 i 的所有脉冲中排名,对于神经元 i 的第一个脉冲,$\text{order}(j,i) = 0$,并根据其他突触处的输入脉冲阶数增加。

虽然呈现了输入训练模式(示例)(在 T 个时间单位的时间窗口内呈现了不同突触上的所有输入脉冲,对输入向量进行了编码),但神经元 i 的脉冲阈值 H 被定义为在召回模式下会再次显示此模式或类似模式(示例)。阈值计算为在呈现输入模式期间累积的总 PSP_i (表示为 $\text{PSP}_{\max}$)的分数(C):

eSNN(deSNN)学习是自适应的、增量的,理论上是"终身的",因此系统可以通过创建新的输出神经元来学习新模式,将它们连接到 SNNc 神经元,并可能合并最相似的神经元。deSNN 实施了第 2 章的 7 条 ECOS 原则。

在召回阶段,当出现新的脉冲序列时,脉冲模式将提交给 SNNc 的所有创建的

神经元。如果 $PSP_i(l)$ 变得高于其阈值 Th_i,则在时间 l 处神经元 i 会产生输出脉冲。在第一个神经元脉冲之后,将所有神经元的 PSP 设置为初始值(如 0),以使系统为下一个模式进行回忆或学习做好准备。

5. NeuCube 模型的参数优化

如第 7 章中所述,可以通过更改模型参数来优化 eSTDM 行为。例如,不同的神经元复位电压会导致许多不同的脉冲动态,并且不同的编码参数会显著改变脉冲序列的信息密度。deSNN 中不同的"mod"和"drift"参数可能会导致不同的分类精度。为此,通常会执行参数搜索以提取最佳性能。这里讨论了 3 种主要技术,即网格搜索、遗传算法搜索以及受量子启发的搜索。

(1) 网格搜索。网格搜索是一种直接但有效的参数调整方法。假设有必须同时优化的 P 个参数。对于每个参数,需要手动指定 3 个超参数即搜索间隔的最小值 m 和最大值 M 以及搜索步长 s。给定每个优化参数的这 3 个超参数,首先创建一个 P 维矩阵,其每个维对应于一个优化参数,从 m 到 M 分为 $(M-m)/s$ 个条目。在这种情况下,矩阵的每个条目对应于一组优化参数的值。然后将训练集随机分为两个相等大小的部分,即训练部分和验证部分。对于特定的一组值,以双重交叉验证方式运行 NeuCube 系统,并将交叉验证的错误率添加到与该组参数值相对应的 P 维矩阵的条目中。

(2) 遗传算法。可以使用标准遗传算法技术来优化 NeuCube 模型的参数。

(3) 量子启发的进化方法。这些方法使用状态叠加原理来表示和优化 SNN 模型的参数[25]。这种方法是量子启发遗传算法或 QiPSO[26]。

6. NeuCube 模型的动态和沉浸式可视化

NeuCube 中神经元和连接的数量以及 3D 结构需要一个可视化效果,该可视化效果超出简单的 2D 连接/权重矩阵或体积的正交 45° 视图。我们使用 JOGL(OpenGL 的 Java 绑定)和 GLSL(OpenGL 阴影语言)着色器为 NeuCube 数据集创建了专门的渲染器,能够以 60 fps 的稳定帧速率渲染多达 150 万个神经元及其连接。在此视图中,神经元显示为程式化的球体,连接用绿色表示,绿色表示兴奋性连接,红色表示抑制性连接。脉冲活动显示为沿着连接传播的信号。

结合 Oculus Rift 等 3D 立体 HMD(头戴式显示器),用户可以轻松感知网络的空间结构和神经元位置。此外,交互机制允许在整个学习期间重播脉冲模式并发展连接权重。此外,可视化还包括分析功能,用于使用连接查找"热路径",连接长度分析以及查看"切片"中 3D 结构的功能。3D 光标隐喻用于分别查看神经元及其参数和峰值历史。

与其他用于神经网络的科学可视化工具(如 BrainGazer[27]和神经元导航器(NNG)[28])相比,此处的解决方案不同之处在于,用户只需按动鼠标和键盘快捷键即可自然地在 3D 空间中导航。von kapri 等[29]的工作更接近于这种可视化,他

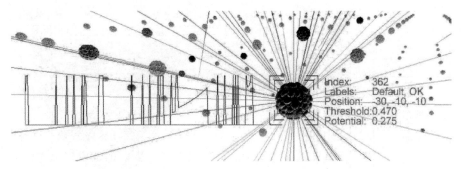

图 19.4 每个脉冲神经元及其连接可以缩放分析以便更好地
理解所创建的模型以及更好地体现数据[30]

们正在使用计算机辅助虚拟环境(CAVE)来可视化脉冲神经网络的空间结构和活动。然而,由于洞穴环境内的空间有限,不可能仅通过步行来导航,并且需要间接方式,如通过使用控制器。我们开发了一个 VR 沉浸式可视化技术,人们可以使用 3D 光标快速四处移动,同时观察结构并指出单个神经元(图 19.4)[30]。

19.2 使用 eSNN 在线预测模型预测股票市场变化

股价方向预测被认为是现实世界中最困难和最具挑战性的任务之一。准确的预测可以为投资者带来利润,并保护他们免受财务风险的影响。本节讨论使用进化脉冲神经网络(eSNN)进行股票趋势预测的计算模型。

对于文献[31]中使用的特定案例研究数据,eSNN 体系结构如图 19.5 所示。

第 1 层是模型的一组输入,每个输入代表一个技术库存指标。迄今为止的研究表明,使用技术指标会比使用实际库存值作为时间序列带来更好的结果,并且在选择最合适的技术指标方面已有大量研究[32,34]。在图 19.5 所示的模型中,已按照文献[31]中的说明选择了输入技术指标。

第 2 层是编码层,其中每个输入变量(技术指标)的实际值被编码为由几个编码脉冲神经元(或突触前神经元)生成的脉冲序列,每个脉冲神经元都有一个接收场。相邻神经元的感受野作为高斯或逻辑函数重叠,并且全部覆盖该变量值的整个范围。这些编码神经元(感受野)的数量可以变化,这是用户定义的参数,已针对模型的更好性能进行了优化。

第 3 层是输出演化层,它演化输出刺突神经元,这些神经突波神经元表示属于同一类(在本例中为 UP 类和 DOWN 类)的输入向量的簇(原型)。每个输出神经元都连接到所有输入神经元,并且连接权重需要从数据中学习。用于股票价格方

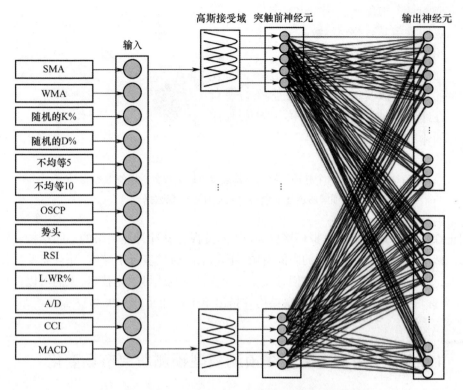

图 19.5 eSNN 进行股票市场预测使用的股票参数[31]

向预测的 eSNN 模型的体系结构允许增量学习。当新数据可用时,它可以适应新数据。因此,它可以学习新样本而无需在旧数据上重新训练模型。下面介绍 eSNN 模型的功能细节。

1. 神经编码

为了学习实值数据,每个实例或样本(输入向量)都使用一种神经编码技术,如秩序种群编码。随时间的推移以脉冲形式进行编码(第 4 章)。种群编码使用描述突触前神经元的高斯感受野数组将输入值随时间映射为一系列脉冲。突触前神经元的每个高斯或 Logistic 接受场的中心和宽度在第 4 章中定义。

2. 在 eSNN 中学习(请参阅附录 1)

对于 eSNN,由于它简单有效,因此使用了索普的神经元模型。索普(Thorpe)的模型是基于每个脉冲的时间,也就是说,较早的脉冲比较晚的脉冲定义了更强的权重。该模型中的每个神经元最多可以达到一次峰值。此模型中的神经元在突触后电位达到阈值时会触发。

eSNN 模型使用的学习技术是一次一遍学习,也就是说,该模型需要以前馈方式一次性展示样本。它将为每个输入样本创建一个输出神经元。学习针对训练模式生成的每个输出神经元的权重向量和阈值,并将其存储在存储库中。但是,如果此权重向量与具有相似阈值的存储库中已训练的神经元的权重向量相似,则它将与最相似的权重合并。这里的合并意味着更新合并的神经元的权重和阈值。合并神经元的权重向量和阈值分别通过获取新输出神经元权重向量和合并神经元权重向量的平均值以及新输出神经元阈值和合并神经元阈值的平均值来更新其值。

在线训练 eSNN 的一种方法是使用流数据窗口来训练 eSNN,并预测下一个时间点的输出值。当输出的实际结果可用时,可以逐步添加这些结果,以作进一步的 eSNN 训练。专栏 19.1 中给出了该算法。

专栏 19.1 用于在线训练 eSNN(SW-eSNN)的滑动窗口算法

(1)根据股票的整个现有历史数据(直到某个时间点)训练 eSNN 模型(根据附录中的 eSNN 算法和第 5 章中的 alos)。

(2)调用模型以预测下一次($t+1$)库存移动。

(3)当得知下一次结果时,根据此数据增量训练模型。

(4)必要时使用聚合运算符和 sim 参数聚合输出神经元。

(5)评估到目前为止的分类误差和 AUC。

(6)优化参数以提高未来时间精度。

注意:时间可以是分、小时、天、月等。

3. 实验结果

在文献[31]中,从 QUANDL[32-34]中实验了 9 个基准数据集。这些数据集涵盖了不同国家的股票市场指数,包括 BSE、Nikkei-225、NIFTY-50、S&P-500、Dow-Jones、NYSE-Amex、DAX、NASDAQ 和上海证券交易所。表 19.1 给出了所得的 AUC 精度评估。优化 eSNN 参数(接受场的数量和类型、脉冲阈值、调制因子、sim 参数)可以显著改善预测结果,如文献[31]和附录 2 所示。BSE 股票的准确性已增加到 90%。

表 19.1 使用 SW-eSNN 增量学习和预测提前一天股价上下波动(使用 Logtistic 和高斯接受域 200 天)的平均 AUC 分数(有关 AUC 的定义,见第 1 章)

数据集	Logtistic 接受域的 eSNN	高斯接受域的 eSNN
	平均 AUC	平均 AUC
BSE	0.77	0.71
Nikkei-225	0.72	0.69
NASDAQ 纳斯达克	0.76	0.77
NIFTY-50	0.69	0.77
S&P-500	0.75	0.73
上海证券交易所	0.67	0.65

续表

数据集	Logtistic 接受域的 eSNN 平均 AUC	高斯接受域的 eSNN 平均 AUC
道琼斯	0.73	0.7
NYSE-Amex	0.73	0.69
DAX-Index	0.72	0.7

19.3 用于深度学习和生态流数据预测模型的 SNN

对生态流数据建模需要复杂的方法,此处演示了使用 NeuCube BI-SNN。本节中的某些材料首先在文献[2]中发布。

19.3.1 生态学中的早期事件预测:一般概念

在解决由时空或/和时空数据描述的重要生态和社会任务(如害虫种群爆发预防、自然灾害预警和金融危机预测)时,早期事件预测至关重要。通用任务是基于已经观察到的时空数据,尽早准确地预测事件是否会在将来发生。训练数据(过去收集的样本)和测试数据(用于预测的样本)的时间长度可以不同,如图 19.6 所示。时空/光谱时间数据(SSTD)的预测建模是一项具有挑战性的任务,因为由于它们的紧密交互和相互关系,很难同时对数据的时间和空间成分进行建模。

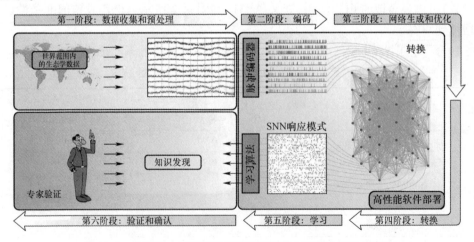

图 19.6 生态学中早期事件预测(以预测入侵物种风险为例)

19.3.2 使用时空气候数据预测果蝇丰度的案例研究

这里的问题是根据气候时间数据[2]来预测秋季可能出现的蚜虫数量(Rhopalosiphum padi)。测量了 14 个时空气候变量,包括:①平均降雨量(AR,mm);②累积降雨,平均 4 周(CR, mm);③累积度数天(DCT,℃);④草温,平均四周(GT,℃);⑤最高气温(MaxT,℃);⑥平均气温(MeanT,℃);⑦最低气温,平均两周(MinT,℃);⑧Penman 电位蒸发(PPE,mm);⑨降雨的潜在赤字(PDR),一阶导数;⑩土壤温度(ST,℃);⑪太阳辐射(SR,MG/m^2);⑫蒸气压,平均五周(VP,hPa);⑬风力(WR4),平均四周(km/天);⑭风力(WR5),平均五周(km/天)。从 1982—2004 年,每周在新西兰 Canterbury 农业研究中心测量所有这些变量,即(每年 52 个数据点),目的是预测秋季的蚜虫数量是高(1 类)还是低(2 类)。

图 19.7 显示了通过建议的图形匹配算法在多维数据集的最小 x 坐标面上计算的输入变量映射结果。应注意,天气变量的两个主要组,即温度(MaxT、minT、MeanT、DCT、GT、ST)和降雨(AR、CR、PDR)被映射到附近的神经元。太阳辐射(SR)映射在温度变量的中间,因为温度很大程度上取决于太阳辐射。

为了演示所提出的图匹配算法建议的最佳映射如何影响整体性能,设计了两个实验,以比较最佳映射的结果与随机映射的结果[2]。在第一个实验中,使用同一组输入神经元并运行 NeuCube 学习两次:将特征随机映射到输入神经元;在第二个实验中,使用本书提出的图匹配来计算最佳输入映射。此过程重复 10 次,每次运行的精度如图 19.8(a)所示。在第二个实验中,也以与第一个实验相同的方式运行 NeuCube 两次,但是每次都随机生成一组输入神经元。10 次实验的精度如图 19.8(b)所示。

在图 19.8(a)中,图形匹配是通过确定性算法获得的。因此,给定同一组输入神经元,它总是可以产生相同的最优映射,并且准确性不会改变。但是对于随机映射,结果会随实验而变化,因为每次映射都不同。该结果表明,输入映射对于获得模型的准确性起着重要作用。在图 19.8(b)中,每次都随机生成一组输入神经元。这就是为什么"最优映射"的精度低于运行 1 和运行 4 中的随机映射的原因。在运行 5 和运行 9 中,使用建议的映射获得的精度要比使用随机映射的结果高得多(即分别高 36.36% 和 27.27%)。该结果还表明,不仅映射起关键作用,而且选择的输入神经元组也很重要。如何相对于特定的输入数据最佳地选择一组输入神经元,是将来要解决的一个有趣的问题。

图 19.9 显示了无监督训练后的 SNNCube 结构,其中包含此案例研究的数据。大的实心圆点代表输入神经元,其他神经元则以与输入神经元相同的颜色标记,它们从中接收大部分脉冲。黑点表示没有脉冲到达这些神经元。在图 19.9 中,左上

图是编码后每个变量的峰值量,右上图是输入神经元形成连接的神经元簇的神经元连接量。从该图可以看到输入信号脉冲序列和多维数据集连接结构之间的一致性。值得注意的是,立方体中强调了变量11(太阳辐射),这表明太阳辐射对蚜虫数量的影响更大。在先前的研究中也观察到了这一点[2]。

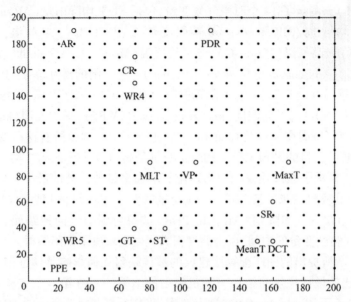

图 19.7　通过图映射[2]和第 6 章的方法得到的输入变量的映射结果

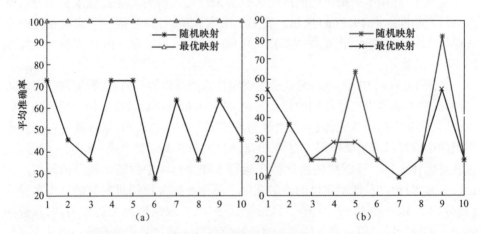

图 19.8　使用随机映射(蓝)对应建议的映射方法(红)的
模式识别准确率对比(解释看正文)(见彩插)

在该数据集上设计了3个实验,以证明所提出的映射方法对早期事件预测的有效性。在第一个实验中,我们在整个可用时间(即 52 周)内使用时间样本进行

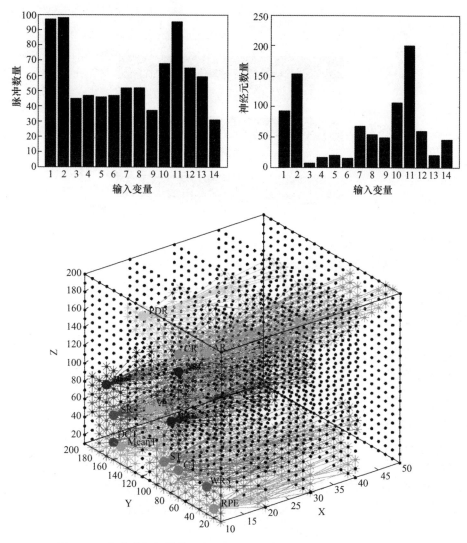

图 19.9 在非监督机器学习之后的 SNNCube(每个特征的输入脉冲数量(左上)和每个输入神经元(右上)训练结果所创造的神经连接)(见彩插)

训练和测试,前提是假设可以获得秋天的天气预报,这是理想的情况,而不是现实的情况。在以下两个实验中,旨在展示 NeuCube 的预测能力以及该模型可以在多早的时间内预测秋天的格局。在这些实验中,使用 100% 的时间长度样本 (52 周) 训练了 NeuCube,但是仅使用了样本时间长度的 80% 和 75% 的时间数据来预测最近 25% 的时间里蚜虫种群模式周期,如图 19.10 所示。

实验以留一法交叉验证的方式进行。图 19.11 显示了此案例研究中使用的

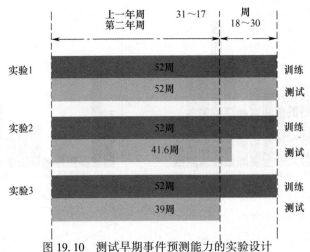

图 19.10 测试早期事件预测能力的实验设计

(蓝条表示训练样本的时间长度,黄带表示测试样本的时长)(见彩插)

NeuCube 的参数配置。表 19.2 给出了蚜虫数据集的早期事件预测准确性,其中中间行是用于预测的测试数据的时间长度。

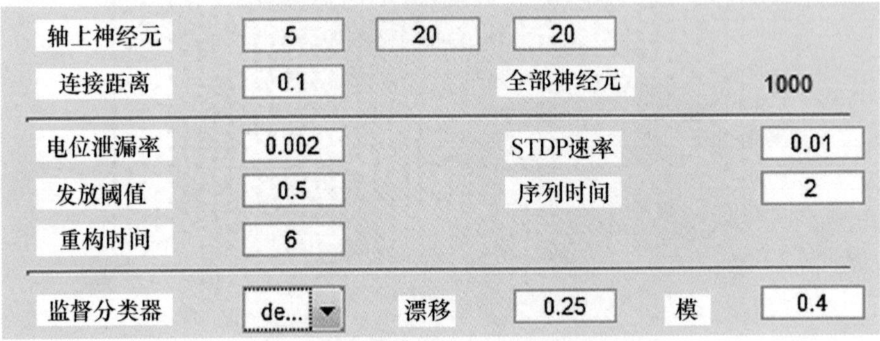

图 19.11 本案例分析中 NeuCube 参数配置

表 19.2 秋季蚜虫预测准确率　　　　　　　　　　　单位:%

	每个测试时间长度准确率/周		
	51(全)	41.6(早)	39(更早)
准确率	100	90.91	81.82

从这些实验中可以看到,我们的模型可以在出现峰值之前进行早期预测。观察到 80% 的数据(在蚜虫飞行初期),可以有 90% 以上的信心做出早期决策。此外,随着时间的流逝,如果收集了新数据,则可以将其直接添加到测试样本中以提供更好的预测,而无需像使用旧数据和新数据那样重新训练模型。SVM 或 MLP 方法就是这种情况。这是新方法与传统方法(如 SVM 和 MLP)之间的本质区别。

我们还进行了实验,以比较传统的建模方法和我们用于早期事件预测的新建模方法。我们使用多元线性回归(MLR)、支持向量机(SVM)、多层感知器(MLP)、k 个最近邻居(kNN)和加权 k 个最近邻居(wkNN)作为基线算法(参阅第 1 章和第 2 章)。应注意,对于这些基准算法,训练样本和测试样本的时间长度必须相同,因为这些方法不能容忍不同长度的特征向量进行训练和调用,因此将训练样本切成与测试样本相同的长度。我们以网格搜索的方式调整基线算法的参数,最终参数为:支持向量机的 2 度多项式内核;100 个隐藏的神经元和 500 个 MLP 训练周期;对于 kNN 和 wkNN,k = 5。实验结果示于表 19.3 中。

比较表 19.2 和表 19.3 可以看到,NeuCube 可以更好地进行早期事件预测。现实的早期事件预测应该是随着观察数据时间长度的增加,预测准确性也将提高。但是从表 19.3 中可以看到,随着训练数据时间长度的增加,传统的建模方法不一定会产生更好的结果(有些甚至更糟),因为它们无法在预测任务中对整个时空关系进行建模。它们只能对特定时间段建模。由于 NeuCube 模型是针对数据中的整个时空关系进行训练的,因此即使是少量输入数据也会触发 SNNCube 中的脉冲活动,这些活动将与学习到的整个时空模式相对应,从而产生更好的预测。

表 19.3 蚜虫数据集的预测准确率

方法	每个训练和测试时间(周)长度准确率/%		
	51	41.6	39
MLR	36.36	64.63	72.73
SVM	72.73	72.73	63.64
MLP	81.82	81.82	81.82
kNN	72.73	63.64	63.64
wkNN	72.73	63.64	63.64
Max	81.82	81.82	81.82

19.4 传输流数据深度学习和预测建模的 SNN

运输系统是复杂的时空系统,需要时空建模技术。本节中的部分材料首先在文献[2]中发布。

19.4.1 案例研究运输建模问题

在本案例研究中,考虑基准交通状况分类问题和时空数据[2]。在高速公路上,车辆流量由具有固定空间位置的交通传感器监控,这些传感器收集的数据显示出空间和时间特征。对于交通管理和城市交通规划而言,发现时空格局可能非常有意义。

研究区域是旧金山湾区,如图 19.12(a)所示。道路网络上分布着成千上万个传感器,传感器分布如图 19.12(b)所示,其中每个黑点代表一个监视传感器。这些传感器每天 24h 监控车道占用率。每 10min 进行一次测量,并在 0~1 之间进行归一化,其中 0 表示无汽车占用,1 表示在监视区域内车道已完全占用。因此,每天有 144(24×6)个数据点。在本案例研究中,研究了 15 个月期间的交通数据,因此,在除去公共假期和传感器维护天数之后,有 440 天需要分类。

(a)研究区域的地图(来自Google地图)

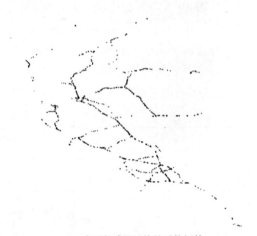
(b)交通传感器网络的重构拓扑

图 19.12 旧金山湾区道路网络运输建模

我们对数据进行了一些预处理:①从数据集中删除离群值传感器的数据,如传感器在 24h 内始终产生 1 或 0 且传感器突然从 0 翻转到 1 或从 1 翻转到 0;②将产生几乎相同数据序列的附近传感器合并为一个传感器;③将每个传感器的总占用率计算为 440 天内所有测量值的总和;④选择与最大占用率相对应的 50 个传感器作为表示数据集的最终特征(变量)。图 19.13 显示了一周之内从星期一到星期日的路网交通状况的时空分布,可以看到数据样本中存在一些时空模式。

19.4.2 NeuCube 模型创建和建模结果

针对此问题创建了一个 NeuCube 模型,其中使用第 6 章中介绍的算法将输入

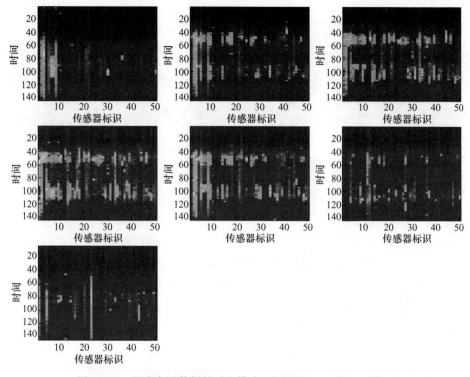

图 19.13 基准交通数据的时空模式(从左到右,上:周一至周三;中:周四至周六;下:周日)

变量映射到 SNNCube 中。图 19.14 显示了此案例研究中使用的最终输入映射结果。左:输入神经元相似度图(每个顶点旁的数字为输入神经元 ID);右:输入特征相似图(每个顶点旁边的数字是交通传感器 ID)。

在图 19.15 中,显示了对应于 7 天流数据的储库神经元激发状态。第一行的前两个图表示 SNNCube 周一和周四数据的峰值活动;第二行——周二和周五;第三行是周三和周六,最后一行是周天。在每个图中,横轴是神经元 ID,纵轴是时间刻度,从顶部的 0 到底部的 144。nz 是非零元素的数量,即立方体中所有神经元的总触发时间。应该注意的是,在图中,触发状态矩阵看起来非常密集,但实际上却很稀疏。以星期四(右上图)为例,有 20416 次触发,触发状态矩阵的大小为 486000(144×3375,其中 3375 是立方体中的神经元总数),因此触发率约为 4.20%。可以看到,这些稀疏触发矩阵具有与输入数据相关的不同模式。与此同时,由于可以根据问题指定多维数据集的大小,具有高稀疏激发率的立方体对输入信号和模式具有很强的编码能力,因此该结构有可能对任何复杂的时空关系进行联合建模。

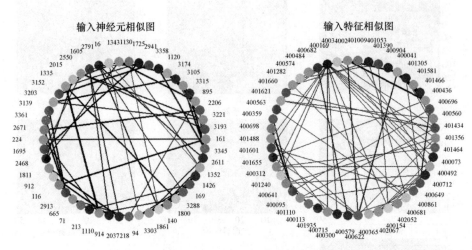

图 19.14 本案例研究最终的输入映射结果(左:输入神经元相似图(每个顶点旁的数字为输入神经元 ID);右:输入特征相似图(每个顶点旁边的数字为交通传感器 ID))

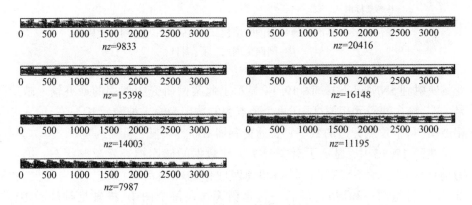

图 19.15 神经元储库激发状态
(最上一行:周一和周四;第二行:周二和周五;第三行:周三和周六;最后是周天)

我们将 NeuCube 的 2 倍交叉验证实验结果与使用传统方法(MLR、SVM、MLP、kNN 和 wkNN)以及最新方法"全局比对核(GAK)"获得的结果进行了比较[35]。NeuCube 模型的参数设置显示在图 19.16 中,实验结果显示在表 19.4 中。

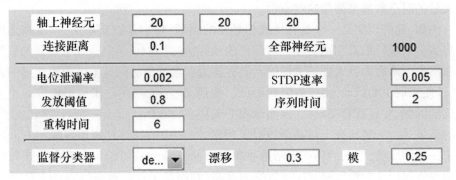

图 19.16 本案例研究的 NeuCube 模型

表 19.4 时空模式分类的比较精度

比较类型	MLR	SVM	MLP	kNN	wkNN	GAK	NeuCube
参数	—	$d=2$	$n=100$	$k=10$	$k=10$	$\sigma=5$	—
精度/%	56.82	43.86	68.18	66.82	71.36	72.27	75.23

在经典研究方法中使用的参数值为：d—多项式核的阶数；n-MLP 的隐藏层中的神经元数量；k-kNN 和 wkNN —最近相邻的数目；r—高斯核宽度。从这些结果可以看出，提出的 NeuCube 模型获得了更好的分类结果。这是因为传统的机器学习方法是为处理静态向量数据而设计的，它们对空间相关和时间变化的数据建模的能力有限。同时，MLR、SVM 和 MLP 在对高维数据建模时也存在不足（如本案例研究的每个样本中有 7200 个特征）。kNN 和 wkNN 已广泛用于高维数据处理，如文件分类，因为它们可以大致重建其下层歧管，其尺寸通常比其周围空间小得多，因此它们可以产生比 MLR 和 SVM 更好的结果。虽然最近提出的 GAK 算法在处理时间序列方面是非常有效的，但是它的性能仍然低于 NeuCube 模型。

本节只介绍了交通系统建模的一个案例研究，但该方法可用于许多不同的场景。

19.5 SNN 用于地震数据的预测建模

地震数据指示地球运动，并且是诸如地震等危险事件的指标之一[36,37-54]。本节中的部分材料首先在文献[1]中介绍。

19.5.1 预测危险事件的挑战

危险事件，如海啸、地震、风暴、飓风等是时空事件，随着时间的推移，已经积累了大量的时空数据来测量这些事件。

例如,地震预测是一个具有挑战和必要的问题,特别是在新西兰,几次高强度地震袭击了坎特伯雷和惠灵顿人口稠密的地区,在过去 10 年中造成了大量人员伤亡和损失。地震的巨大破坏力促使人们有能力在合理的时间范围内预测地震的发生,以便采取主动行动,将损失降到最低。然而,地震预测在总体上仍然是一个有争议的话题,并且就算在现代,预测地震的成功率也很低。由于一系列预测地震失败的结果[37],一些研究人员甚至放弃了预测[38]的想法。尽管在地震预测方面取得了一定的成功,但人们仍在不断地收集和分析大量的地质资料。本书将探讨以不同地震仪记录的地震时间序列数据为前兆,利用基于计算智能(CI)的方法预测强震发生的可行性。

19.5.2 利用 NeuCube 进行地震预测的地震数据预测模型

地震预测技术所依据的基本前提是,有些现象被称为前兆,它们总是在地震发生之前就出现了。在这一领域最突出的方法之一是测量由于地震效应[39]而似乎发生变化的大气不同部分的异常,如电离层中电子的温度[36]和密度[12]。其他方法包括测量土壤和地下水[40]中氡的排放量,以及观察小鼠[41]和普通蟾蜍[42]等动物的行为。

最近,有几项研究表明地震发生前地震仪读数中存在某些特征。在文献[43]中研究了使用微地震噪声读数的高频成分的可能性,该文献报道了地震前一两天的特征变化。另一项研究报告称,在俄罗斯[44]周围的地震发生前 5~10 天记录下脉冲振动。另一项关于 2000 年鸟取地震的研究也表明,地震前存在地震静态异常[45],也观察到了导致 1999 年中国台湾集集大地震的事件[46]。根据这些文献,利用地震仪的读数作为短期预测强震的前兆具有科学依据。挑战在于开发能够从隐藏在空间和时间组件之间复杂交互中的模式中学习的方法。

尽管提出了各种前兆变量,但遗憾的是,计算智能方法在处理地震预报问题上的应用却很少。

通过使用 b 值、巴斯定律和奥姆里-乌津定律作为输入参数,已经开发出一种使用人工神经网络的方法来预测智利的地震[47]。这项有前途的研究建立并使用了与要分析的地理区域或城市相对应的多种模型,而且由于经典的人工神经网络不适用于数据的时间方面,因此它采用了几种基本的地球物理学定律从可用的时变数据中提取输入特征。一位学者使用类似技术对伊比利亚半岛周围的地震进行了研究[48]。

这项有前途的研究建立并使用了与要分析的地理区域或城市相对应的多种模型,而且由于经典的人工神经网络不适用于数据的时间方面,因此它采用了几种基本的地球物理学定律从可用的时变数据中提取输入特征。一位学者使用类似技术对伊比利亚半岛周围的地震进行了研究[48]，还提出了使用自适应神经模糊推理系统(ANFIS)的另一种方法：使用地震的位置作为输入，而将震级作为输出，假设系统会对其进行自我调整以对每年地震的能量和动量守恒原理建模[49]。文献[50]提出了另一种基于 ANFIS 的方法，其中将历史地震数据映射为两种输入，即空间输入和时间输入，分别进行分析。文献[51]提出了另一种基于 ANFIS 的方法，其中使用推理系统来预测印度尼西亚地区的地震参数时间序列。文献[52]还提出了一种基于规则的地震预测系统，虽然预测区域的空间分辨率较低，覆盖区域为半个地球，但在 15h 内可以达到 100%的准确率。几乎所有使用 CI 方法的先前研究似乎都从某个地区先前地震的历史序列中提取了诸如 b 值（古登堡-里希特定律）、巴斯定律、奥莫里斯定律等特征。没有人特别提出利用地震前地震活动的多个时间序列读数来获取可预测的时空模式。在这项研究中，基于地震发生前的地震活动性，研究了时空建模方法与 SNN 进行预测的有效性。

本研究使用的分类系统为 NeuCube SNN 架构，如图 19.17(a)所示。使用简单阈值或本 Spiker 算法(BSA)等编码算法将输入数据转换为脉冲序列。然后将这些脉冲序列以非监督学习的方式输入到立方体(SNNc)中，这样当相似的时空输入刺激出现时，存储库的网络可以学习激活相同的脉冲神经元群。在无监督训练阶段之后，再次传播相同的数据，并演化输出神经元，以学习将 SNNc 活动分类为预定义的类。可以使用不同的 SNN 方法从 SNNc(包括 deSNN)学习和分类脉冲模式。图 19.17(b)展示了训练好的 SNNCubes 在地震流数据上的连通示例。

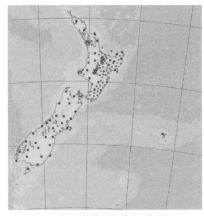 

(a)用于地震数据建模和预测的 eSTDM 的一般结构(以新西兰地震中心为例说明地震数据的来源)　　(b)新西兰地震流数据中 SNNCube 连接的例子

图 19.17　利用 NeuCube 进行地震预测模型示例

19.5.3 实验设计

本研究的实验目的是探讨在地震事件发生之前,通过建立一个模型来研究地震仪的读数,是否可以预测大地震的影响。这个问题可以表述为一个二元分类问题,用来区分正向类和负向类。

在这项研究中,正向类的实例对应于历史上值得注意的地震,该地区的普通民众都能感觉到,并根据 GeoNet 网站(www.geonet.org.nz)上显示的新西兰 GNS 科学将其划分为强度或严重强度的地震。GeoNet 提供了对新西兰国家地震仪网络[54]传感器记录的大量数据的访问。在文献[46]中,地震的位置被认为是已知的,因为模型是为一个特定地理区域建立的,即新西兰南岛的坎特伯雷地区,克赖斯特彻奇市就位于该地区。这些样本是在 2010 年之后采集的,因为该地区大多数强地震和众所周知的地震都发生在之后,而且数据质量在最近一段时间更加一致。应该注意的是,通常发生在大地震后几天内的强烈余震被排除在外。

对于这两类地震,都需要选择合适的地震样本。表 19.5 列出了被认为是正向类的 12 个样本。样本数量少是由于强震在历史上很少发生,特别是在一个特定地区。在同一时间段和区域内没有大地震的地区,从目录中又抽取了 12 个样本,并且周围几天的最大震级没有出现明显的跳跃。这些样本为负向类,表示总体地震活动较低。

为了本研究的目的,所使用的读数是来自长周期带类型的地震时间序列数据,对应于 1Hz 的采样率。使用的仪器代码为 H,表示高增益地震仪。方向代码为 N,表示测得的位移沿南北水平轴方向。选择了坎特伯雷地区的 4 个地震台站(即麦昆山谷、牛津、泰勒湖站和卡胡塔拉),因为它们通常具有较高的正常运行时间。这些台站以及新西兰国家地震台网中其他台站的地理位置如图 19.18 所示。

在本研究中,观测时长固定为 5 天(120h),获取原始数据后,需要进行简单的预处理步骤,准备数据反馈给模型。该地震预测问题的样本输入数据 I 定义为 $L_1, L_2, \cdots, L_s$,其中 s 为考虑的地震场地个数。每个向量 $L \in I$ 是一个时间序列 $L = a-t-d, a-t-d+1, \cdots, a-t$,其中的值是 d 个实变量按时间顺序排列的集合,d 是观测时间,t 是预测范围,即地震发生前的时间,设 a_1 为地震发生时的值。

由于地震仪的读数是很长一段时间的高分辨率,因此以分段方式计算信号的标准偏差,以减少时间序列的长度和维数。

1. 数据采集与准备

样本地震数据之前的地震仪读数是从新西兰 GeoNet 的连续波形缓冲区网站中获得的。自从 1986 年在新西兰开始数字记录以来,该网站就提供了收集的大量数据(http://www.geonet.org.nz)。要提前预测实际事件,需要用一定的时间来补充数据。还需要选择观测的持续时间,这又将决定预测层的长度。这种安排如图

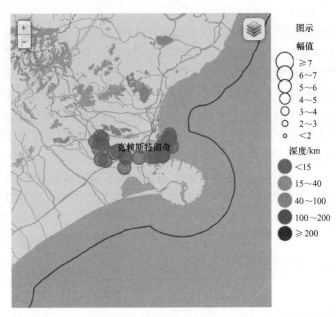

图 19.18　新西兰国家地震台网(坎特伯雷地区周围的 4 个选定站点呈灰色)

19.3 所示。在本实验中,分析了预测水平的变化对分类精度的影响。为了这个目的,时空信号可以直接输入到 NeuCube 中。将信号离散成图 19.19 所示的脉冲序列,而其他分类器则要求将信号平展成一个特征向量。

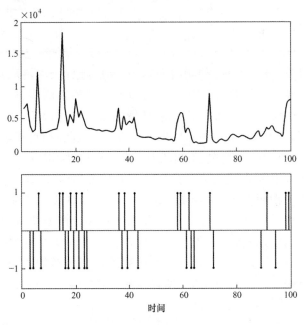

图 19.19　预处理的地震记录和由此产生的脉冲序列

2. 结果

通过不同的分类器运行数据,改变预测层的长度进行实验。对每个分类器的参数进行试探性调整,以获得每个分类器的最佳结果。除准确性外,还根据正向地震的平衡 F 得分来衡量分类器的性能。

在表 19.6 中,除了"真正向性"(TP)和"假正向性"(FP)结果外,F 得分的计算公式为 $F = 2TP/(2TP + FP + FN)$。这种方法也很重要,因为仅凭整体准确性并不能揭示每个类别内的实际性能,而这是二元分类问题所关注的。由于样本数量少,因此使用的训练/验证方案是一次性交叉验证[54]。

表 19.5 坎特伯雷地区的地震作为正向性样本

记录编号	日期	震级	深度/km
3366146	2010 年 9 月 3	7.1	11
3450113	2011 年 1 月 19 日	5.1	9
3468575	2011 年 2 月 21 日	6.3	5
3474093	2011 年 3 月 5 日	5.0	10
3497857	2011 年 4 月 16 日	5.3	9
3505099	2011 年 4 月 29 日	5.2	11
3525264	2011 年 6 月 5 日	5.5	9
3528810	2011 年 6 月 13 日	5.9	9
3591999	2011 年 10 月 9 日	5.6	8
3631359	2011 年 12 月 23 日	5.8	10
2015p012816	2015 年 1 月 5 日	6.0	5
2015p305812	2015 年 4 月 24 日	6.2	52

实验结果如表 19.5 所示,预测时间越短,预后越好。需要注意的是,在平衡的二元分类问题中,基线精度为 50%,这可以通过随机猜测或对所有情况给出相同的答案在统计上实现。可以肯定地说,传统的 CI 方法如 MLP 和 SVM 不能分析此类数据。值得注意的是,在地震发生前 48h,没有任何模型能够区分这两类地震,这表明在这个特定的实验中,预测范围存在一定的时间限制。

这一发现也为以前的研究提供了支持,这些研究表明,地震活动性读数显示出某些模式可以用来预测大地震的来临。表 19.6 中显示的结果使我们相信,地震活动性数据是短期地震预测的可行前兆。通过 NeuCube 模型获得的最佳预测精度成功地预测了 12 次强地震中的 11 次,并且在实际事件发生前 1h 发出 1 次错误警报,这确实是很有希望的。训练后的 3×3×3 SNNc 的连接如图 19.20 所示。神经元之间的连接意味着时间上的关联。所显示的轨迹描绘了大地震之前的地震事件序列。

表 19.6　不同预测层的分类精度结果[61]

		1h	6h	24h	48h
MLP	精度/%	58.33	54.16	41.66	41.66
	F-得分	0.58	0.52	0.41	0.41
	TP 率	0.58	0.50	0.41	0.41
	FP 率	0.41	0.41	0.58	0.58
SVM	精度/%	54.16	50	37.5	37.5
	F-得分	0.58	0.52	0.41	0.41
	TP 率	0.58	0.50	0.41	0.41
	FP 率	0.41	0.41	0.58	0.58
ECF	精度/%	70.83	66.67	66.67	50
	F-得分	0.63	0.60	0.66	0.64
	TP 率	0.50	0.50	0.66	0.91
	FP 率	0.04	0.16	0.33	0.91
NeuCube	精度/%	**91.67**	**83.33**	**70.83**	**54.17**
	F-得分	0.91	0.80	0.72	0.42
	TP 率	0.91	0.83	0.75	0.33
	FP 率	0.08	0.25	0.25	0.25

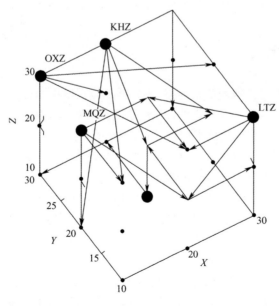

图 19.20　用来自克赖斯特彻奇周围 4 个地震中心的地震流数据训练 SNNCube 后具有输入神经元和突触的 SNN 储库

图 19.21 显示了在新西兰地图顶部的 3D 虚拟现实环境中渲染的 NeuCube SNN 储库,使用户可以沉浸在自己的周围,在神经元周围行走,观察连接的建立和时空脉冲活动。

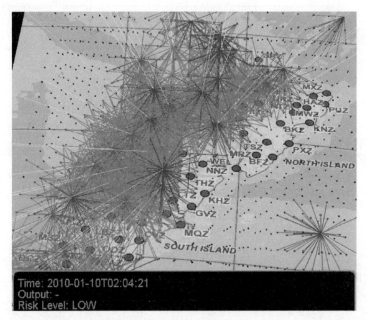

图 19.21 在新西兰地图顶部的 3D 虚拟现实环境中渲染的 NeuCube SNN 储库
(使用户可以沉浸在自己的周围,并在神经元周围行走,观察连接的建立和时空脉冲活动)

19.5.4 讨论

通过建立基于时空地震活动前兆的强、弱地震识别模型,为预测强震的发生提供了一种新的方法。本研究还表明,SNN 可以成功地用于危险事件的早期准确预测。与 MLP 和 SVM 等传统技术相比,NeuCube 等更先进的基于 SNN 的方法能够捕获复杂的时空信号。对于后一种方法,可能需要从时间序列信号中提取一个额外的步骤来有效地处理如此复杂的数据。

对于未来的工作,重要的是进一步将验证模型类推到不可见数据的能力,扩展数据集,包括更多代表真实世界情况的样本和/或合并其他地震易发地理区域,如日本、加利福尼亚、印度尼西亚和智利。在收集数据的同时进行实时分析,将产生一个实用的灾难预测系统。还应进行更全面的实验,以找出最佳的预测时间范围和观测周期。另一个有趣的方面是知识的提取,以人类可理解的关于地震发生的时空读数显示的时空模式规则以及对这些地震活动的潜在机制进行了解,这也是一个很有前景的研究方向,可以用于预测和分析其他灾难性事件,如海啸和泥石流。

19.6 未来的应用

BI-SNN 在构建 eSTDM 方面有许多潜在的应用,本书简要讨论了其中的一些应用。

19.6.1 多感官空气污染流数据建模

模拟来自测量空气污染的传感器的多传感器流数据。图 19.22(a)是分布在温哥华地区的多个传感器的实例,图 19.22(b)是经过训练的 NeuCube 模型的连接性。

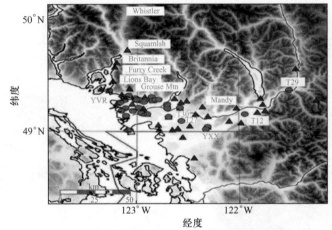

(a)分布在温哥华地区的多个传感器的案例

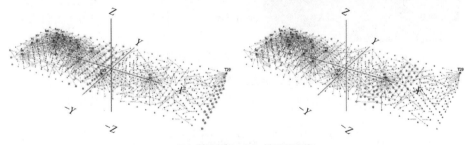

(b)训练的NeuCube模型的连接

图 19.22 模拟来自测量空气污染的传感器的多传感器流数据
(不列颠哥伦比亚省西南部的 NeuCube 3D 神经网络图,显示了下弗雷泽河谷的监视器网络,包括政府固定监视器(深绿色圆圈)。可以同时分析臭氧(O_3)(左方)和一氧化碳(CO)(右方)浓度的时空关系(线)和活动(浅绿色圆圈))(该图由 J. Espinosa 创建,见彩插)

不列颠哥伦比亚省西南部的 NeuCube 3D 神经网络图,显示了下弗雷泽河谷的监视器网络,包括政府固定监视器(深绿色圆圈)。可以同时分析臭氧(O_3)(左立方)和一氧化碳(CO)(右立方)浓度的时空关系(线条)和活动(浅绿色圆圈)。在文献[55]中建立了一个 SNN 计算模型,用于提前几小时预测伦敦局部地区的空气污染。

19.6.2 风电机组风能预测

利用实测的风速、风向等流数据传感器进行风能预测,可以节约能源,带来很大的效益。图 19.23(a)所示为新西兰和中国的风力涡轮机;图 19.23(b)所示为经风速和风向数据流训练的 SNN 数据集的连接。

(a) 新西兰和中国的风力涡轮机　　(b) 基于风速和风向流数据训练的SNN立方体的连接

图 19.23　风电机组风能预测(图由 J. Espinosa 创建)

19.6.3 用于无线电天文数据建模的 SNN

随着平方公里阵列射电望远镜的引入,天文学家可用数据的革命正在发生。特别令人感兴趣的是被称为离散瞬态(来自未知地外的单个明亮脉冲)或离散脉冲星(脉冲星旋转发出的特征信号)的独特光谱模式的识别。如果正确识别和分析这些信号,可能会对我们对相对论物理学的理解产生重大影响,因此对我们对宇宙中工作的基本力的理解也将产生重大影响。但是,这些信号极少出现(类比噪声的不平衡度为 1∶10000~12000 脉冲星),在信号特性方面极难预测,并且被噪声掩盖。目前最先进的方法需要大力探索,而且在 SKA 将产生的数据量面前是站不住脚的——数据流率为 1.5~2.5 TBps[56]。

使用神经形态原理(NeuCube 进化时空数据机)的另一种方法将是首选。特别是在讨论的神经形态硬件上实现时,由于 NeuCube eSTDM 提供了空间、光谱和时间特征的紧凑表示、进化学习、非线性模式识别以及与替代技术相比的低计算成本这是非常合适的[1]。

19.7 本章总结

SNN 可以通过输入变量(如传感器)的值随时间的变化来研究流数据,捕获这些变量之间的交互模式,从而预测未来的事件。

本章首先介绍了两种分别使用 eSNN 和 BI-SNN 的方法,用于构建 eSTDM 以增量方式处理流数据。这些方法在以下几个实际领域的应用中得到了说明:

(1) 金融;
(2) 生态学;
(3) 运输;
(4) 环境(如用于地震预报的地震数据、空气污染模型、能源预测);
(5) 利用脉冲神经网络[55]预测伦敦地区每小时空气污染。

有关更多资料,可参阅:

(1) 用于时空模式识别的类脑信息处理(文献[57]中的第 47 章);
(2) 用于预测和管理入侵物种的生态信息学(文献[57]中的第 35 章);
(3) 在 NeuCube 中建模地震数据的演示:https://kedri.aut.ac.nz/R-and-DSystems/neucube/seismic;
(4) 通过移动流数据在 eSNN 中进行在线学习[62]。

致谢

本章的部分内容已在本章相关章节中引用过。我要感谢 Enmei Tu、Josafath Israel Espinosa、Sue Worner、Reggio Hartono、Stefan Marks、Nathan Scott、S. Gulyaev、N. Sengupta、R. Khansam、V. Ravi、A. Gollahalli、Petr Maciak、Imanol

Bilbao-Quintana 对本书的贡献。

附录 1

算法 1：eSNN 训练算法

(1) 初始化神经元存储库，$R = \{\}$

(2) 设置 eSNN 参数 $\mathrm{mod} = [0,1], C = [0,1], \mathrm{sim} = [0,1]$

(3) for 属于同一类的 ∀ 输入模式的 i do

(4) 将输入模式编码为多个突触前神经元 j 的触发时间

(5) 为此类创建一个新的输出神经元 i，并将连接权重计算为 $w_{ji} = \mathrm{mod}^{\mathrm{order}(j)}$

(6) 计算 $\mathrm{PSPmax}(i) = \sum_j w_{ji} \times \mathrm{mod}^{\mathrm{order}(j)}$

(7) 获取 PSP 阈值 $\gamma_i = \mathrm{PSP}_{\max(i)} \times C$

(8) if 新神经元权重向量 ≤ sim(在 R 中经过训练的输出神经元权重向量) then

(9) 更新相同输出类组中最相似神经元的权重向量和阈值

(10) $w = \dfrac{w_{\mathrm{new}} + w \cdot N}{N + 1}$

(11) $\gamma = \dfrac{\gamma_{\mathrm{new}} + \gamma \cdot N}{N + 1}$

(12) 其中 N 是最相似的神经元先前合并的数量

(13) else

(14) 将新神经元的权重向量和阈值添加到神经元存储库 R

(15) end if

(16) end for

(17) 对其他输出类别的所有输入模式重复以上操作。

附录 2

在与 19.2 节相同的股票数据上使用优化的 eSNN 参数改进了股票市场的移动预测(图 19.24)。

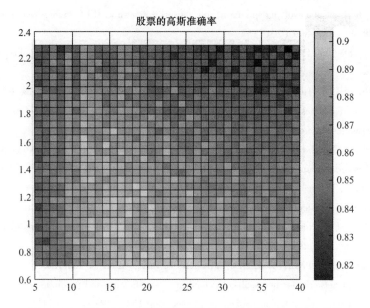

图 19.24 用于 BSE 股票移动预测的 eSNN 的两个 eSNN 参数（接受场数 N 和接收场）的网格优化。这使预测的股票价值有了显著的提高（N = 11 和 width = 1.6 的最大准确率达到了 90%）（这个数字是由 Imanol Bilbao-Quintana 创建）

参考文献

[1] N. Kasabov, N. Scott, E. Tu, S. Marks, N. Sengupta, E. Capecci, M. Othman, M. Doborjeh, N. Murli, R. Hartono, J. Espinosa-Ramos, L. Zhou, F. Alvi, G. Wang, D. Taylor, V. Feigin, S. Gulyaev, M. Mahmoudh, Z.G. Hou, J. Yang, Design methodology and selected applications of evolving spatio-temporal data machines in the NeuCube neuromorphic framework. Neural Netw. **78**, 1–14 (2016). https://doi.org/10.1016/j.neunet.2015.09.011

[2] E. Tu, N. Kasabov, J. Yang, Mapping temporal variables into the NeuCube for improved pattern recognition, predictive modeling, and understanding of stream data. IEEE Trans. Neural Netw. Learn. Syst. **28**(6), 1305–1317 (2017)

[3] N. Kasabov, NeuCube: a spiking neural network architecture for mapping, learning and understanding of spatio-temporal brain data. Neural Netw. **52**, 62–76 (2014)

[4] C. Chu, Y. Ni, G.J.S.C. Tan, J. Ashburton, Kernel regression for fMRI pattern prediction. Neuroimage **56**(9), 662–673 (2011)

[5] M. Gholami Doborjeh, N. Kasabov, Mapping, learning, visualisation and classification of fMRI

data in the NeuCube evolving spiking neural network framework. IEEE Trans. Neural Netw. Learn. Syst. **28**(4), 887–899 (2015)

[6] M. Just, StarPlus fMRI data (2001). http://www.cs.cmu.edu/afs/cs.cmu.edu/project/theo-81/www/

[7] T.M. Mitchell, R. Hutchinson, M.A. Just, R.S.F.P. Niculescu, X. Wang, Classifying instantaneous cognitive states from fMRI data, in *AMIA Annual Symposium Proceedings* (American Medical Informatics Association, 2003), p. 465

[8] N. Murli, N. Kasabov, B. Handaga, Classification of fMRI data in the NeuCube evolving spiking neural network architecture, in *Proceedings ICONIP* (Springer), pp. 421–428

[9] T. Delbruck, P. Lichtsteiner, Fast sensory motor control based on event-based hybrid neuromorphic-procedural system, in *2007 IEEE International Symposium on Circuits and Systems*, pp. 845–848. IEEE, New Orleans, LA, USA (2007). http://ieeexplore.ieee.org/lpdocs/epic03/wrapper.htm?arnumber=4252767

[10] N. Kasabov, V. Feigin, Z.-G. Hou, Y. Chen, L. Liang, R. Krishnamurthi et al., Evolving spiking neural networks for personalised modelling, classification and prediction of spatio-temporal patterns with a case study on stroke. Neurocomputing **134**, 269–279 (2014)

[11] J. Schmidhuber, Deep learning in neural networks: an overview. Neural Netw. **61**, 85–117 (2014)

[12] J. Liu, Y. Chen, Y. Chuo, H. Tsai, Variations of ionospheric total electron content during the chi-chi earthquake. Geophys. Res. Lett. **28**(7), 1383–1386 (2001)

[13] S. Liu, S. Wang, K. Jayarajah, A. Misra, R. Krishnan, Todmis: mining communities from trajectories, in *Proceedings of 22nd ACM International Conference on Information & Knowledge Management, CIKM' 13*. ACM (2013), pp. 2109–2118. http://doi.acm.org/10.1145/2505515.2505552

[14] D. Buonomano, W. Maass, State-dependent computations: spatio-temporal processing in cortical networks. Nat. Rev. Neurosci. **10**, 113–125 (2009)

[15] W. Gerstner, A.K. Kreiter, H.M.H.A.V. Markram, Theory and simulation in neuroscience. Proc. Natl. Acad. Sci. U S A **94**(24), 12740–12741 (1997)

[16] W. Gerstner, H. Sprekeler, G. Deco, Theory and simulation in neuroscience. Science **338**, 60–65 (2012)

[17] S. Song, K.D. Miller, L.F. Abbott, Competitive Hebbian learning through spike-timing-dependent synaptic plasticity. Nat. Neurosci. 3(9), 919–926 (2000). http://www.ncbi.nlm.nih.gov/pubmed/10966623

[18] S. Fusi, Spike-driven synaptic plasticity for learning correlated patterns of mean firing rates. Rev. Neurosci. **14**(1-2), 73–84 (2003)

[19] E.M. Izhikevich, Which model to use for cortical spiking neurons? IEEE Trans. Neural Netw. **15**(5), 1063–1070 (2004)

[20] N. Kasabov, J. Hu, Y. Chen, N. Scott, Y. Turkova, Spatio-temporal EEG data classification in

the NeuCube 3D SNN environment: methodology and examples, in *Proceedings of the International Conference on Neural Information Processing* (Springer, Daegu, Korea, 2013), pp. 63–69

[21] A. Mohemmed, N. Kasabov, Incremental learning algorithm for spatio-temporal spike pattern classification, in *Proceedings of the IEEE world congress on computational intelligence*, Brisbane, Australia, pp. 1227–1232

[22] N. Kasabov, E. Capecci, Spiking neural network methodology for modelling, classification and understanding of EEG data measuring cognitive processes. Inf. Sci. **294**, 565–575 (2015)

[23] S. Soltic, N. Kasabov, Knowledge extraction from evolving spiking neural networks with rank order population coding. Int. J. Neural Syst. **20**(6), 437–445 (2010)

[24] N. Kasabov, K. Dhoble, N. Nuntalid, G. Indiveri, Dynamic evolving spiking neural networks for on-line spatio-and spectro-temporal pattern recognition. Neural Netw. **41**, 188–201 (2013)

[25] N. Kasabov, *Evolving Connectionist Systems* (Springer, Berlin, 2007)

[26] M. Defoin-Platel, S. Schliebs, N. Kasabov, Quantum-inspired evolutionary algorithm: a multi-model EDA. IEEE Trans. Evol. Comput. **13**(6), 1218–1232 (2009)

[27] S. Bruckner, V. Soltészová, M.E. Gröller, J. Hladuvka, K. Buhler, J.Y. Yu, B.J. Dickson, BrainGazer—visual queries for neurobiology research. IEEE Trans. Vis. Comput. Graph. **15**(6), 1497–1504 (2009). https://doi.org/10.1109/TVCG.2009.121

[28] C.-Y. Lin, K.-L. Tsai, S.-C. Wang, C.-H. Hsieh, H.-M. Chang, A.-S. Chiang, The neuron navigator: exploring the information pathway through the neural maze, in *2011 IEEE Pacific Visualization Symposium, PacificVis* (2011), pp. 35–42

[29] A. von Kapri, T. Rick, T.C. Potjans, M. Diesmann, T. Kuhlen, Towards the visualization of spiking neurons in virtual reality. Stud. Health Technol. Inform. **163**, 685–687 (2011)

[30] S. Marks, *VR Visualisation of NeuCube*, Evolving Systems (Springer, Berlin, 2017)

[31] R. Khansama, V. Ravi, N. Sengupta, A.R. Gollahalli, N. Kasabov, I. Bilbao-Quintana, Stock market movement prediction using evolving spiking neural networks, Evolving Systems, 2018

[32] Quandl Financial, Economic and Alternative Data. https://www.quandl.com/

[33] Historical-Indices. http://www.bseindia.com/indices/IndexArchiveData.aspx

[34] NSE—national stock exchange of India ltd. https://www.nseindia.com/products/content/equities/indices/historicalindexdata.htm

[35] Wikipedia. http://wikipedia.com

[36] K.-I. Oyama, Y. Kakinami, J.-Y. Liu, M. Kamogawa, T. Kodama, Reduction of electron temperature in low-latitude ionosphere at 600 km before and after large earthquakes. J. Geophys. Res. Space Phys. (1978–2012) **113**(A11) (2008)

[37] T.H. Jordan, Earthquake predictability, brick by brick. Seismol. Res. Lett. 77(1), 3–6 (2006)

[38] R.J. Geller, D.D. Jackson, Y.Y. Kagan, F. Mulargia, Enhanced: earthquakes cannot be predicted. Science **275**(5306), 1616–1620 (1997)

[39] S. Pulinets, A. Legen'Ka, T. Gaivoronskaya, V.K. Depuev, Main phenomenological features of

ionospheric precursors of strong earth-quakes. J. Atmos. Solar Terr. Phys. **65**(16), 1337–1347 (2003)

[40] D. Ghosh, A. Deb, R. Sengupta, Anomalous radon emission as precursor of earthquake. J. Appl. Geophys. **69**(2), 67–81 (2009)

[41] Y. Li, Y. Liu, Z. Jiang, J. Guan, G. Yi, S. Cheng, B. Yang, T. Fu, Z. Wang, Behavioral change related to Wenchuan devastating earthquake in mice. Bioelectromagnetics **30**(8), 613–620 (2009)

[42] R.A. Grant, T. Halliday, Predicting the unpredictable; evidence of pre-seismic anticipatory behaviour in the common toad. J. Zool. **281**(4), 263–271 (2010)

[43] I. Sovic', K. S̆ariri, M. Z̆ivc̆ic', High frequency microseismic noise as possible earthquake precursor. Res. Geophys. **3**(1), e2 (2013)

[44] G. Sobolev, A. Lyubushin, Microseismic impulses as earthquake precursors. Izv. Phys. Solid Earth **42**(9), 721–733 (2006)

[45] Q. Huang, Search for reliable precursors: a case study of the seismic quiescence of the 2000 western Tottori prefecture earthquake. J. Geophys. Res. Solid Earth (1978–2012) **111**(B4) (2006)

[46] Y.-M. Wu, L.-Y. Chiao, Seismic quiescence before the 1999 chi-chi, Taiwan, mw 7.6 earthquake. Bull. Seismol. Soc. Am. **96**(1), 321–327 (2006)

[47] J. Reyes, A. Morales-Esteban, F. Mart'lnez-A' lvarez, Neural networks to predict earthquakes in chile. Appl. Soft Comput. **13**(2), 1314–1328 (2013)

[48] A. Morales-Esteban, F. Martínez-Álvarez, J. Reyes, Earthquake prediction in seismogenic areas of the iberian peninsula based on computational intelligence. Tectonophysics **593**, 121–134 (2013)

[49] M. Shibli, A novel approach to predict earthquakes using adaptive neural fuzzy inference system and conservation of energy-angular momentum. Int. J. Comput. Inf. Syst. Ind. Manag. Appl. ISSN (2011), pp. 2150–7988

[50] A. Zamani, M.R. Sorbi, A.A. Safavi, Application of neural network and ANFIS model for earthquake occurrence in Iran. Earth Sci. Inf. **6**(2), 71–85 (2013)

[51] E. Joelianto, S. Widiyantoro, M. Ichsan, Time series estimation on earthquake events using ANFIS with mapping function. Int. J. Artif. Intell. **3**(A09), 37–63 (2008)

[52] A. Ikram, U. Qamar, A rule-based expert system for earthquake prediction. J. Intell. Inf. Syst. **43**(2), 205–230 (2014)

[53] N. Kasabov, N. Scott, E. Tu, S. Marks, N. Sengupta, E. Capecci, M. Othman, M.G. Doborjeh, N. Murli, J.I. Espinosa-Ramos et al., Evolving spatio-temporal data machines based on the neucube neuromorphic framework: design methodology and selected applications. Neural Netw. (2015)

[54] T. Petersen, K. Gledhill, M. Chadwick, N.H. Gale, J. Ristau, The New Zealand national seismograph network. Seismol. Res. Lett. **82**(1), 9–20 (2011)

[55] P.S.P Maciaga, N.K. Kasabov, M. Kryszkiewicza, R. Benbenik, Prediction of hourly air pollution in London area using evolving spiking neural networks. Environ. Modelling Software, Elsevier (2018/2019)

[56] Square Kilometer Array (SKA) Project: https://www.skatelescope.org

[57] N. Kasabov (ed.), *Springer Handbook of Bio-/Neuroinformatics* (Springer, Berlin, 2014)

[58] N. Kasabov, To spike or not to spike: a probabilistic spiking neuron model. Neural Netw. **23**(1), 16–19 (2010)

[59] S. Schliebs, N. Kasabov, Evolving spiking neural network—a survey. Evolving Syst. **4**(2), 87–98 (2013)

[60] B. Schrauwen, J. Van Campenhout, BSA, a fast and accurate spike train encoding scheme, in *Proceedings of the International Joint Conference on Neural Networks*, vol. 4 (IEEE Piscataway, NJ, 2003), pp. 2825–2830

[61] R. Hartono, PhD Thesis, Auckland University of Technology (2018)

[62] J.L. Lobo, I. Laña, J. Del Ser, M.N. Bilbao, N. Kasabov, Evolving spiking neural networks for online learning over drifting data streams. Neural Netw. **108**, 1–19 (2018)

第 8 部分　BI-SNN 和 BI-AI 的未来发展

第20章
从冯·诺依曼机器到神经形态平台

脉冲神经网络(SNN)是一种高度并行的计算系统,其可以在各种不同的计算平台上实现,从传统的冯·诺伊曼机器到专用神经形态平台。本章讨论了 SNN 和脑启发人工智能(BI-AI)的各种实现策略。本章中的一些参考资料发表于文献[1]中。

20.1 计算原理、冯·诺依曼机器和超越

20.1.1 一般概念

在 19 世纪,阿达·洛芙莱斯(Ada Lovelace)将第一个算法写成由机械机器执行的一系列命令。20 世纪 40 年代艾伦·图灵(Alan Turing)的突破性工作阐述了仅使用 0 和 1 来模拟任何形式的推理过程[2],这带来了信息论和计算机体系结构领域的巨大发展。同时,神经科学家在理解人类已知的最高效、最智能的机器——人类大脑方面也取得了显著的进展。20 世纪中叶的这些同期发生的进步激发了人类的想象力,即是否有可能创造"智能"系统。这些理性的系统或替代品被理想地认为是能够模仿人脑的,它们可以感知外部环境并且采取行动以最大限度地实现目标。

人工神经网络和人工智能领域已经从简单的 McCalluch 和 Pitt 基于线性阈值的人工神经元模型[3]日益发展到最新的深度学习时代[4],深度学习通过执行线性和非线性变换的组合来建立非常复杂的模型。这是利用以分层方式堆叠而成的数以百万计的神经元来形成一个相互连接的网格。到目前为止,人工智能对模拟真实智能的巨大推动是依据摩尔定律[5]的实现来维持的,该定律指出,中央处理器(CPU)的处理能力每隔两年翻一番。但是 BI-AI 系统的未来发展需要新的计算原理。

本章讨论了以下 3 种计算原理和体系结构:

（1）冯·诺依曼计算机体系结构，它将数据和程序（保存在内存单元中）与计算（ALU）和控制分离开来。它将"位"作为静态信息。它可以实现：

① 通用计算机；
② 专用快速计算机，包括 GPU、TPU；
③ 基于云计算的计算平台。

（2）神经形态计算体系结构将数据、程序和计算集成在一个 SNN 结构中，类似于大脑的工作方式。在神经形态计算体系结构中，位（脉冲）与时间相关联。

（3）量子（灵感）体系结构，它使用量子比特，其中比特位于 1~0 之间的量子叠加中。

SNN 和 AI 模型可以使用任何一种结构（如果可用的话）进行模拟，但是正如本章所讨论的那样，它们具有不同的效能。

20.1.2 冯·诺依曼计算原理与阿塔纳索夫的 ABC 机

约翰·冯·诺依曼（1903—1957）介绍了以下计算原理。在传统计算机不断发展的过程中，冯·诺依曼体系结构或者存储程序体系结构仍然是计算机的标准体系结构。它是一种基于刚性物理分离功能单元的多模块设计（图 20.1）。其具体由 3 种不同的实体组成。

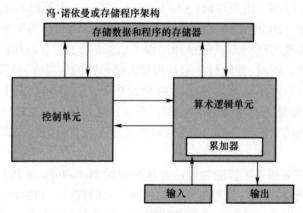

图 20.1　冯·诺依曼计算体系结构[6]

（1）处理单元。处理单元可分解为一组子单元，即算术逻辑单元（ALU）、处理控制单元和程序计数器。ALU 计算运行程序所需的算术逻辑。控制单元用于控制流经处理器的数据流。

（2）I/O 单元：I/O 单元本质上包含了计算机可能完成的所有 I/O 操作（打印

到监视器、纸张以及鼠标或键盘输入等)。

(3) 存储单元:存储单元存储计算机需要存储和检索的任何内容,包括易失性存储器和非易失性存储器。

这些单元连接在不同的总线上,如数据总线、地址总线和控制总线。总线允许各个逻辑单元之间进行通信。如图20.1所示,尽管它很强大,但由于内存单元和中央进程之间数据的不断调整,其固有体系结构也会受到瓶颈的影响。这一瓶颈导致了体系结构的僵化,因为数据需要按顺序通过瓶颈。在数百万处理器互联的情况下,有这样一种替代解决方案出现了,即并行化计算机。然而,尽管这个解决方案增加了处理能力,但仍受限于其核心元素——瓶颈。

在20世纪40年代,约翰·阿塔纳索夫(1905—1993)在爱荷华州立大学的一名学生克利福特·贝瑞的帮助下,创建了ABC(Atanasoff-Berry 计算机),这是第一台电子计算机。ABC计算机不是一个通用的计算机,但它仍是最初实现当今计算机中最重要的3种思想的机器:二进制数据表示;使用电子技术代替机械控制;使用冯·诺依曼架构,该架构中内存和计算是分开的。

20.1.3 超越冯·诺依曼原理和ABC计算机

冯·诺依曼体系结构在可伸缩性方面的饱和引领了计算机和计算体系结构的新发展。神经形态计算是20世纪80年代由 Carver Mead[8]提出并于最近有了进一步发展,这是日益瞩目的一种计算范式。正如"神经形态"字面的意思,这种计算模式很大程度上是受到人脑的启发。在神经形态计算的基础上,Misha Mahovald 开发了第一个硅视网膜。被称为动态视觉传感器(DVS)[9]的硅视网膜神经形态芯片和其他受大脑启发的设备[10-11]都有了进一步的发展。此外,尽管计算体系结构和范式对人工智能的存在现状进行了补充,但是拥有一个真正的面向处理单元的的神经形态计算机体系结构才是迈向未来发展的关键一步,该发展就是从高神经形态AI到BI-A,这将在20.2节中讨论。

20.2 神经形态计算与平台

20.2.1 普遍概念

从计算模型的角度来看,本书已经提出了神经形态计算范式。在本章节中,硬件实现是从我们的大脑管理由数以亿计的突触连接的数百亿个处理单元的能力中得到的极大启发,大脑活动的平均功率为数十瓦。大脑中处理单元(神经元)的庞大网络在真正意义上来说的是网状的。数据通过无缝的突触的网状结构在神经网络中进行传输。在结构上,内存和处理单元作为一个单一的抽象存在是唯一有利的,它们可以在复杂环境中引发动态的、自可编程的行为[7]。我们大脑中计算的高度随机性与传统 CPU 的位精确处理有很大的不同。因此,神经形态计算渴望从比特精确计算范式转向简单、可靠、强大和数据高效计算的概率模型[12]。这一进展主要依靠神经形态原理如脉冲、可塑性、动态学习和适应性。这种结构改变了生物神经元,生物神经元中记忆和处理单元作为细胞体的一部分存在,这就会导致网格中的记忆和处理效能的非集中存在。

20.2.2 神经形态计算的硬件平台

随着商业利益的逐渐显现,研究界将重点放在神经形态芯片的商业规模开发上。现如今最突出的神经形态芯片包括来自 IBM 的 TrueNorth[13-14]、斯坦福大学开发的 Neurogrid[15]、曼彻斯特大学的 SpiNNaker 芯片[16]、在 ETHINI、Zurich[10,17] 中开发的神经形态性芯片及其他芯片。所有这些神经形态芯片都由可编程神经元和突触组成,并使用多种 CMOS 技术来实现神经形态行为。对神经形态芯片细节的详细阐述在文献[11]中。

SpiNNaker(图 20.2)系统是由曼彻斯特大学的一个团队开发的,由 Steve Furber 领导。该系统是围绕一个塑料球栅阵列封装,其中包括一个定制的处理芯片和 128MB 的 SDRAM 存储芯片。该处理芯片包括 18 个 ARM 968 处理核,每个处理器具有 23KB 指令存储器和 64KB 数据存储器、多播分组路由器和各种支持组件。SpiNNaker 通信结构基于一个 2D 三角网格,该网格中的每个节点来源于处理器层和存储层。路径基于分组交换地址事件表示,并且依赖于来自特定神经元的连接是静态的,或者至少是缓慢变化的现象。每个神经元都可以通过一棵独特的树进行路径实现,尽管在实践中路径是基于神经元的种群而不是单个神经元,而且每个路径表的受限大小使这种优化在大多数情况下是必要的。除了硬件系统外,本项目还开发了许多高级神经描述语言,如 PyNN、Nengo 等,都用于 SpiNNaker 的应用开发。

IBM TrueNorth[14]芯片是在 DARPA SYNAPSE 程序下开发的硬件,旨在为认知应用开发密集、高效的硬件。该硬件由 540 万个有 4096 个核心的 28 nm 晶体管芯片组成,每个核心由 256 个神经元组成,每个神经元都有 256 个突触输入。True-North 核的是一个 256 个交叉棒的设计,它有选择地将传入的神经脉冲事件连接到传出神经元。交叉杆输入通过可以插入轴向延迟的缓冲器耦合。从交叉杆耦合到数字神经元模型的输出,实现了一种具有 23 个可配置参数的 IF 算法,可以调整这些参数以产生一系列不同的行为。同时和数字伪随机源通过调节突触连接、神经元阈值和神经元泄漏来产生随机行为。来自每个核的神经元尖脉冲事件输出遵循单独可配置的、点对点的路径传入另一个核的输入端,该核可以位于同一个或另一个 TrueNorth 芯片上。其中一个神经元输出需要连接到两个或多个神经突触核,那么神经元在同一核心内很容易就被复制。TrueNorth 硬件是由一个软件模拟器支持的,它利用硬件的确定性特性,可以准确地预测硬件的性能。

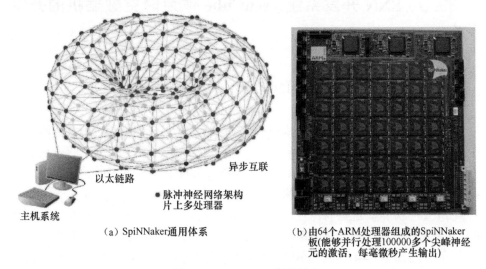

(a) SpiNNaker通用体系

(b) 由64个ARM处理器组成的SpiNNaker板(能够并行处理100000多个尖峰神经元的激活,每毫微秒产生输出)

图 20.2 SpiNNaker 硬件平台

另一个实现神经元 LIF 模型的 SNN 芯片是最近出现的可编程 SRAM SNN 芯片[17]。其特点如下:32×32 SRAM 权值矩阵,每个占 5 位(0~31 之间的值);一个神经元的自适应指数 IF 模型的 32 个神经元;每个神经元有 2 个兴奋性和 2 个抑制性输入,其中的 32 个输入树突(权重行)中的任何一个都可以连接到这些输入中;AER 用于输入数据、更改连接权重和输出数据流;没有任何学习规则硬件实现,因此允许对不同的监督和非监督学习规则进行实验;学习(突触权重的改变)在芯片外部(在计算机中,连接到芯片)以异步的方式被计算的(只有在当前时刻需要时突触权重才会改变(重新计算)并载入 SRAM),并应用适当的学习规则和参数设置。

事实上,修改连接权重在芯片之外异步完成,然后在 SRAM 中加载权重,使得能够在该芯片上实现 deSNN 学习算法。将输入应用到 AER 电路后,产生神经元的输出,然后使用芯片外实现的 deSNN 学习算法相应地改变连接权重。新的权重值也异步地输入到 SRAM 中[18]。

在其他最近提出的同类 SNN 芯片上也可以实现 deSNN,如数字 IBM SNN 芯片[14]以及 FPGA 系统[19]。尽管在 deSNN 模型中进行了快速的单程学习,但是对数以百万计的神经元进行大规模建模时,使用 SpiNNaker SNN 超级计算机系统进行仿真仍是最合适的,特别是在参数优化方面。在文献[20]中报告了 SpiNNaker 平台上的 NeuCube 实现。

20.3 SNN 开发系统、NeuCube 作为时空数据机的开发系统

20.3.1 SNN 开发系统简介

许多研究[20-24]都聚焦在利用脉冲神经网络(SNN)的理论效能上,就像本书的各个章节所做的那样。

由于正在进行的人工神经网络领域的研究,出现了越来越多的软件实现。大多数神经网络软件的实现有以下两个目的。

(1) 数据分析。这些软件包旨在分析来自实际应用的真实世界数据。数据分析软件采用相对简单的静态体系结构,因此易于配置、易于使用。这类软件的几个实例:多层感知器(MLP)[25]、RBF 网络[26]、概率网络(PNN)[27]、自组织映射(SOM)[28]、不断演变的连接系统,如 DENFIS 和 EFuNN[29]。这些软件可以作为独立软件包提供,如 NeuCom[29]、PyBrain(Python)[30]、快速人工神经网络(C++)[31]或作为 Weka[32]、Kime[33]、Orange[34]和其他数据分析软件的一部分。

(2) 研发系统。与数据分析软件不同,它们行为复杂,需要使用和配置相关背景知识,包括 NeuCube 在内的大多数现有 SNN 软件都属于该类。

下面简要回顾当前 SNN 开发系统的一些关键特性。

(1) NEURON[35]:神经元的目的是模拟详细的神经模型的网络。其模拟生物物理特性的能力,如多通道类型、通道分布、离子积累等,都使其非常适合于生物建模。它还支持并行的模拟环境:①在多个处理器上分配多个仿真;②在多个处理器上分配单个单元的模型。

(2) PyNEST[36-37]:神经模拟工具(NEST)是一种主要在 C++中开发的软件,用于模拟脉冲神经元的异构网络。NEST 的实现可以在从单核架构到超级计算机的一系列设备上理想地模拟 10^4 量级的神经元和 $10^7 \sim 10^9$ 量级的突触。通过 PyNEST 的实现与 Python 进行嵌套接口。PyNEST 允许在模拟设置、刺激生成和仿真结果分析方面具有更大的灵活性。节点和连接包含异构体系结构的核心元素。

(3) 电路模拟器[38-39]:电路仿真器是用 C++语言开发的异构网络仿真软件,

主要侧重于高级网络的建模和分析。该软件的C++核心与基于GUI的Matlab集成在一起,便于使用和分析。随着通过突触传递脉冲和模拟信号的机制的发展,CSIM使用户能够操作脉冲和模拟神经元模型。它还利用短期和长期可塑性来表现动态突触行为。2009年,电路模拟器进一步扩展到并行电路仿真器(PCSIM)软件,主要扩展是在C++中的分布式仿真引擎上实现,接口为基于GUI的Python。

(4) 新皮层模拟器[40]:NCS或新皮层模拟器是一个SNN模拟软件,主要用于模拟哺乳动物新大脑皮层[36]。在初始开发过程中,NCS是Matlab中的串行实现,但后来在C++中进行重写以集成分布式建模能力[41]。如文献[36]所报告的,通过应用STP、LTP和STDP动力学,NCS可以模拟10^6个单室神经元和10^{12}个突触。由于用于I/O的基于ASCII文件的设置开销很大,后来开发了一个名为BRAIN-LAB[40]的基于Python的GUI脚本工具,用于处理大规模建模的I/O规范。

(5) Oger工具箱[42]:Oger工具箱是一个基于Python的工具箱,它在大型数据集上实现模块化学习体系结构。除了传统的机器学习方法,如主成分分析和独立分量分析,它还实现了基于储层计算范式的SNN,用于从序列数据中学习。该软件使用单个神经元作为其构建块,类似于文献[37]中的实现。该软件的一个主要亮点是使用多个非线性函数和权重拓扑来定制网络,以及使用CUDA优化GPU存储库的能力。

(6) Brian[23,43]:Brian是一个在Python中编写的SNN模拟器应用程序编程接口。开发此API的目的是为用户提供编写快速、简单的模拟代码的能力[23],包括定制神经元模型和架构。为了提高模型的可读性和重现性,将模型定义方程与实现相分离。作者在文献[43]中还强调了该软件在神经信息学课程[44]教学中的应用。

上述对现有软件的讨论突出了构建高度精确的神经模型的适用性,但缺少用于建模时间或SSTD的总体框架,如大脑数据、生态和环境数据。进一步地,在神经网络开发系统中,更具体地针对SNN,不仅可以开发SNN模拟器,还可以开发一个完整的原型系统(也称为时空数据机器)解决SSTD所定义的复杂问题,NeuCube框架作为SNN应用于SSTD[45](第6章)的开发系统进行了讨论。

20.3.2 时空数据机的NeuCube开发系统

空间谱时域数据(SSTD)的NeuCube框架在图20.3中进行了描绘并在第6章进行解释。下面对此做了简要说明。

(1) 数据编码:从源(如大脑、地震地点)生成的时间信息使用适当的编码方法通过数据编码器组件传递[24,26]。它将连续信息流转换为离散脉冲($n \times t$ trains)($f: R^{n \times t} \rightarrow \{0, 1\}$)。

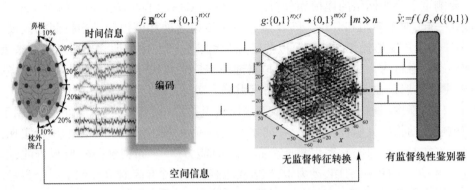

图 20.3 用于 SSTD 的 NeuCube 计算体系结构（大脑作为 SSTD 的一个来源，只是示范性的，而不是限制性的）[1]（另见第 6 章）

（2）映射脉冲编码数据和无监督学习：然后将脉冲序列输入到数百、数千或数百万的脉冲神经元的可扩展的三维空间中，称为 SNNCube（SNNc），使输入变量的空间坐标（如 EEG 通道、地震位点等）被映射到 Cube 空间上分配的神经元，同时一个无监督的时间依赖性学习规则[47-48]进行应用（$g:\{0,1\}^{n \times t} \to 0,1^{m \times t} | m>n$）。

（3）有监督学习：在应用无监督学习之后，执行第二学习阶段，当输入数据再次传入时，其通过已训练过的 SNNc，并且 SNN 输出的分类器/回归量在有监督模式下训练：$\hat{y} := h(\beta, \varphi(0,1))$[49]。为此，可以使用各种 SNN 分类器、回归器或脉冲模式关联器，如 deSNN[49]和 SPAN[50]。

NeuCube 软件开发系统体系结构使用图 20.4 所述的核心模式识别块作为核心组件，并将一组可插拔模块封装在它周围。可插拔模块主要用于：①使用运行大规模应用的快速且可扩展的硬件组件；②沉浸式模型可视化对 SSTD 及其 SNN 模型的深入理解与分析；③诸如个性化建模、脑计算机接口等的专门应用；④超参数优化及其他。

图 20.3 显示了用于 SSTD 的 NeuCube 计算体系结构。显示为 SSTD 源的大脑仅仅是示例性的，而不是限制性的（也可在第 6 章中了解）[1]。

图 20.4 显示了 NeuCube 开发系统的模块化结构。每个模块都是针对不同的面向应用的 SNN 系统和进化的时空数据机器（eSTDM）而设计的。

图 20.5 显示了 NeuCube 开发环境，也显示了一些面向应用的设备，如用于 3D 可视化的 Oculus、SpiNNaker 小神经形态板、EEG 设备、来自九州理工学院的 EEG 控制移动机器人。

图 20.4 中的每个模块设计旨在执行独立的任务，并且在某些情况下，以不同的语言编写并适合于特定的计算机平台和特定应用，简述如下：

（1）模块 M1 它是一个通用的原型和测试模块。

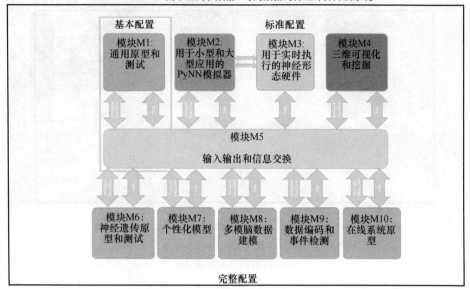

图 20.4 NeuCube 开发系统的模块化结构(每个模块都是针对不同的面向应用的 SNN 系统而设计的)

(http://www.kedyi.aut.ac.nz/neucube/)

(2) 模块 M2 是基于在神经形态硬件(模块 M3)上进行大规模应用或实现的 NeuCube 模拟器的 Python。该应用程序是在 PyNN 包上开发的,PyNN 包是一种用于构建 SNN 基于 Python 的独立于模拟器的语言。NeuCube-PyNN 模块不仅兼容与现有的之前提到过的 SNN 模拟器(Neuron, Brain),也可以移植到大型神经形态硬件,如 SpiNNaker,或任何神经形态芯片,如 ETH INI 芯片、浙江大学芯片等。

(3) 模块 M3 专门用于 NeuCube 的硬件实现。

(4) 模块 M4 允许对 NeuCube SNN 的 3D 结构和连通性进行动态可视化[51-52]。由于 NeuCube 内的 3D 结构以及大量的神经元和连接,一个简单的 2D 连接/权重矩阵或正射 45°的容积图是不够的。一个专门的可视化引擎使用 JOGL(Java Bindings for OpenGL)和 GLSL(OpenGLShading Languag)可以实现结构的连通性以及动态脉冲活动。利用 Oculus Rift 等 3D 立体头装显示器,可以进一步提高对空间结构的感知和理解。

(5) 模块 M5 是输入输出和信息交换模块。该模块负责将所有 NeuCube 模块绑定在一起,而不管编程语言或平台如何。在任何模块上运行的实验生成包含所有相关信息的原型描述符,这些信息作为结构化文本文件导出和导入,并与

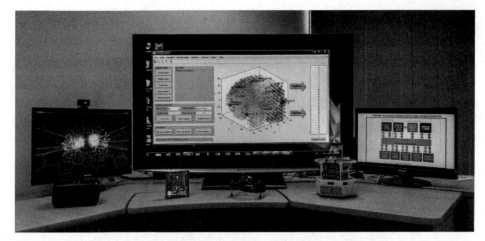

图 20.5　NeuCube 开发环境(还展示了一些面向应用的设备,如用于 3D 可视化的 Oculus、SpiNNaker 小型神经形态板、来自九州工业大学的 EEG 控制的移动机器人)

所有模块兼容。我们使用了与语言无关的 JSON(Java Script Object Notation)格式作为结构化文本,它是轻量级的、可读的,也可以很容易地解析。目前 I/O 模块的实现支持使用 3 种类型的数据和 SNN 原型描述符:①数据集描述符,包含与原始数据集和编码数据集相关的所有信息;②参数描述符,负责存储软件的所有用户定义的和可更改的参数;③SNN 应用系统参数符,存储与 NeuCube SNN 应用系统相关的信息。

(6) 模块 M6 通过添加用于原型和测试神经遗传数据建模的功能来扩展模块 M1 的功能。这些功能包括对遗传和蛋白质组与大脑数据相结合的影响的建模。

(7) 模块 M7 为创建和测试个性化 SNN 系统提供了便利。它扩展了模块 M1,增加了个性化建模的附加功能,这是基于新算法 dwwKNN((动态加权距离 K 近邻))的集成静态动态数据的首次聚类,然后从信息最丰富的动态数据子集中学习,以便对独立的输出进行最佳的预测。本模块可在特定应用程序[53-54]中任意使用。

(8) 模块 M8 用于多模态脑数据分析。它旨在整合 NeuCube 中不同形式的脑活动信息(如 EEG、fMRI、MEG)和结构信息(DTI),以便更好地建模和学习。该模块还绑定到特定的应用程序。

(9) 模块 M9 是数据编码和优化模块。该模块包括若干数据编码算法,用于基于不同的数据源将模拟信号映射到脉冲流[46-55]。

(10) 模块 M10 为实时数据分析和预测提供了在线学习的附加功能。在该模块中,连续数据流以连续数据块的形式被处理。

20.3.3 基于 NeuCube 的时空数据机在传统和神经形态硬件平台上的实现

NeuCube 为特定应用程序开发的 SNN 可以使用不同的软件平台或硬件平台来实现，包括 PC、GPU、RaspberryPi、Treu North、SpiNNaker 以及任何神经形态芯片等。

图 20.6 显示了用冯·诺伊曼架构实现的由 25000 个神经元组成的代表 MNI 大脑模板的大型 SNNCube 的一个例子[56]。

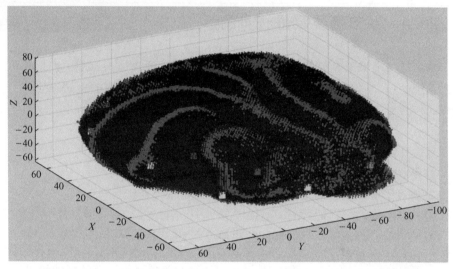

图 20.6 一个由 25000 个神经元组成的 SNNCube 的例子(它代表了在冯·诺依曼体系结构中实现的 MNI 大脑模板[56]。在来自模拟的快照时刻中，红点代表有效神经元，小正方形代表输入神经元)

由于传统的冯·诺依曼计算体系结构在功耗、晶体管尺寸和通信方面达到了它们的极限[57-58]，因此必须寻求新的方法。特别是用于解决神经元动力学问题的硬件系统方面，神经形态硬件系统与生物时间相比能够高度加速，这便是对这些问题的回应[59-61]。模拟 VLSI 或 SpiNNaker 等系统与基于商用计算硬件模拟(如生物物理真实感)的软件相比具有优势；每单位处理功率的神经元密度；以及显著降低的功耗[10,59]。

为了利用这个优势，在文献[60]中编写了在 Python 中使用的 PyNN API 的跨平台版本。该版本主要针对神经形态硬件平台，但也适用于商品分布式硬件系统，具体取决于所选择的模拟后端。PyNN[60]是一个通用的 SNN 模拟标记框架，允许

609

用户在多个不同的仿真平台上运行任意的 SNN 模型,包括软件模拟器 PyNEST 和 Brian 以及一些神经形态硬件系统,如 SpiNNaker 和 FACETS/BrainScales。它提供一次写入、在任何地方运行(其中任何地方是它所支持模拟器的列表)的设施,用于开发 SNN 模拟。

用于实现 NeuCube SNN 原型系统的一个神经形态平台是 SpiNNaker 设备[20],该原型系统是在 M1 模块或 NeuCube 体系结构的任何其他模块中开发的。

NeuCube 系统在神经形态硬件上的替代实现正在 INI 神经多态性 VLSI 芯片和浙江大学 FPGA 系统上进行。

20.4 章节摘要及进一步阅读

本章描述了用于实现 SNN 应用系统的主要计算原理。NeuCube 被用作 SNN 开发系统的一个示例,广泛用于应用程序。NeuCube 主要模块的免费副本和开放源代码作为一个有限的试用版可以在以下网址获得:http://www.kedri.aut.ac.nz/neucube/。

有关具体专题的进一步阅读资料如下:
① 脉冲深层神经网络的神经形态结构[61];
② 神经形态系统中的记忆和信息处理[11];
③ SpiNNaker 系统体系结构概述[16];
④ 具有异步静态随机存储器的脉冲神经元 VLSI 网络[17];
⑤ 时空大脑数据的 NeuCube 神经形态框架及其 Python 实现[18];
⑥ SNN 应用编码算法的选择与优化软件[55];
⑦ 关于 SNN 的概述[62,21]。

致谢

本章的一些材料已在文前[1]中发表。以下学生和同事参与了 NeuCube 开发系统的开发:Enmei Tu、Neelava Sengupta、Josafath Israel Espinosa Ramos、Stefan Marks、Nathan Scott、Jakub Weclawski、Akshay Raj Gollahalli、Maryam Gholami Doborjeh、Zeng-Guang Hou 以及他的学生 Nelson 和 James。十分感谢 Neelava 在我编写这一章时给予的极大帮助。

NeuCube 开发系统可作为开放源代码、可执行文件和基于云的开发系统提供于 http://www.kedri.aut.ac.nz/neucube/,与 NeuCube 上开发的一些演示应用程序

SNN 系统一起。

我感谢 Giacomo Indiveri、Steve Furber、Darmendra Modha、Tobi Delbruck 及 Shi-chi Liu 通过讨论与合作为本章所做的贡献。

参考文献

[1] N. Sengupta, J.I. Espinosa Ramos, E. Tu, S. Marks, N. Scott, J. Weclawski, A. Raj Gollahalli, M. Gholami Doborjeh, Z. Gholami Doborjeh, K. Kumarasinghe, V. Breen, A. Abbott, *From von Neumann architecture and Atanasoffs ABC to Neuromorphic Computation and Kasabov's NeuCube: Principles and Implementations*, ed. by Jotzov, et al., Chapter 1 in: Advances in Computational intelligence (Springer, Heidelberg, 2018)

[2] D. Berlinski, *The Advent of the Algorithm: The 300-Year Journey from an Idea to the Computer* (Houghton Mifflin Harcourt, 2001)

[3] W.S. McCulloch, W. Pitts, A logical calculus of the ideas immanent in nervous activity. Bull. Math. Biophys. **5**(4), 115–133 (1943)

[4] Y. LeCun, Y. Bengio, G. Hinton, Deep learning. Nature **521**(7553), 436–444 (2015)

[5] R.R. Schaller, Moore's law: past, present and future. IEEE Spectr. **34**(6), 52–59 (1997)

[6] N. Kasabov, N. Sengupta, N. Scott, From von Neumann, John Atanasoff and ABC to Neuromorphic computation and the Neucube spatio-temporal data machine, in *IEEE 8th International Conference on Intelligent Systems (IS)* (IEEE, 2016), pp. 15–21

[7] I. Schuler, Neuromorphic computing: from materials to systems architecture (2016). Accessed 16 July 2016

[8] C. Mead, Neuromorphic electronic systems. Proc. IEEE **78**(10), 1629–1636 (1990)

[9] T. Delbruck, P. Lichtsteiner, Fast sensory motor control based on event-based hybrid neuromorphic-procedural system, in *IEEE International Symposium on Circuits and Systems, 2007. ISCAS 2007* (IEEE, 2007), pp. 845–848

[10] G. Indiveri, B. Linares-Barranco, T.J. Hamilton, A. van Schaik, R. Etienne-Cummings, T. Delbruck, S.-C. Liu, P. Dudek, P. Häfliger, S. Renaud, J. Schemmel, G. Cauwenberghs, J. Arthur, K. Hynna, F. Folowosele, S. Saighi, T. Serrano-Gotarredona, J. Wijekoon, Y. Wang, K. Boahen, Neuromorphic silicon neuron circuits. Front. Neurosci. **5**, 73 (2011)

[11] G. Indiveri, S.-C. Liu, Memory and information processing in neuromorphic systems. Proc. IEEE **103**(8), 1379–1397 (2015)

[12] A. Calimera, E. Macii, M. Poncino, The human brain project and neuromorphic computing. Funct. Neurol. **28**(3), 191–196 (2013)

[13] J. Hsu, Ibm's new brain [news]. IEEE Spectr. **51**(10), 17–19 (2012)

[14] P.A. Merolla, J.V. Arthur, R. Alvarez-Icaza, A.S. Cassidy, J. Sawada, F. Akopyan, B.L. Jackson, N. Imam, C. Guo, Y. Nakamura, et al., A million spiking-neuron integrated circuit with a

scalable communication network and interface. Science **345**(6197), 668–673 (2012)

[15] B.V. Benjamin, P. Gao, E. McQuinn, S. Choudhary, A.R. Chandrasekaran, J.-M. Bussat, R. Alvarez-Icaza, J.V Arthur, P.A Merolla, K. Boahen, Neurogrid: a mixed-analog-digital multichip system for large-scale neural simulations. Proc. IEEE **102**(5), 699–716 (2012)

[16] S.B. Furber, D.R. Lester, L.A. Plana, J.D. Garside, E. Painkras, S. Temple, A.D. Brown, Overview of the spinnaker system architecture. IEEE Trans. Comput. **62**(12), 2454–2467(2013)

[17] S Moradi, G Indiveri, A VLSI network of spiking neurons with an asynchronous static random access memory, in *Biomedical Circuits and Systems Conference (BioCAS)* (IEEE, 2011), pp. 277–280

[18] N. Scott, N. Kasabov, G. Indiveri, in *NeuCube Neuromorphic Framework for Spatio-temporal Brain Data and Its Python Implementation*. Proceedings of the 20th International Conference on Neural Information Processing, November 3–7, Daegu, Korea (Springer, Heidelberg, 2013). D. Perrin, Complexity and high-end computing in biology and medicine (2011). Advances in Experimental Medicine and Biology

[19] J. Mitra, T.K. Nayak, An FPGA-based phase measurement system. IEEE Trans. Very Large Scale Integr. (VLSI) Syst. **26**(1), 133–142 (2017)

[20] J. Behrenbeck, Z. Tayeb, C. Bhiri, C. Richter, O. Rhodes, N. Kasabov, S. Furber, G. Cheng, J. Conradt, Classification and Regression of Spatio-Temporal EMG Signals using NeuCube Spiking Neural Network and its implementation on SpiNNaker Neuromorphic Hardware, J Neural Eng, IOP Press, 2018, Article reference: JNE-102499

[21] W. Maass, C.M. Bishop, *Pulsed Neural Networks*(MIT Press, Cambridge, 2001)

[22] E. Capecci, N. Kasabov, G.Y. Wang, Analysis of connectivity in neucube spiking neural network models trained on eeg data for the understanding of functional changes in the brain: a case study on opiate dependence treatment. Neural Netw. **68**, 62–77 (2015)

[23] D.F.M. Goodman, Code generation: a strategy for neural network simulators. Neuroinformatics **8**(3), 183–196 (2010)

[24] N. Kasabov, N.M. Scott, E. Tu, S. Marks, N. Sengupta, E. Capecci, M. Othman, M.G.Doborjeh, N. Murli, R. Hartono, et al., Evolving spatio-temporal data machines based on the neucube neuromorphic framework: design methodology and selected applications. Neural Netw. **78**, 1–22 (2016)

[25] E.B. Baum, On the capabilities of multilayer perceptrons. J. Complex. **4**(3), 193–215 (1988)

[26] J. Park, I.W. Sandberg, Universal approximation using radial-basis-function networks. Neural Comput. **3**(2), 246–257 (1991)

[27] D.F. Specht, Probabilistic neural networks. Neural Netw. **3**(1), 109–118 (1190)

[28] T. Kohonen, The self-organizing map. Neurocomputing **21**(1), 1–6 (1998)

[29] N. Kasabov, *Evolving Connectionist Systems: The Knowledge Engineering Approach*(Springer Science & Business Media, 2007)

[30] T. Schaul, J. Bayer, D. Wierstra, Y. Sun, M. Felder, F. Sehnke, T. Rückstieß, J. Schmidhu-

ber, Pybrain. J. Mach. Learning Res. **11**, 743–746 (2010)

[31] S. Nissen, E. Nemerson, Fast artificial neural network library (2000). Available at https://leenis-sen.dk/fann/html/files/fann-h.html

[32] M. Hall, E. Frank, G. Holmes, B. Pfahringer, P. Reutemann, I.H. Witten, The weka data mining software: an update. ACM SIGKDD Explor. Newsl. **11**(1), 10–18 (2009)

[33] M.R. Berthold, N. Cebron, F. Dill, T.R. Gabriel, T. Kötter, T. Meinl, P. Ohl, C. Sieb, K. Thiel, B. Wiswedel, Knime: The Konstanz Information Miner, in *Data Analysis, Machine Learning and Applications*(Springer, Heidelberg, 2008), pp. 319–326

[34] J. Demšar, B. Zupan, G. Leban, T. Curk, *Orange: From Experimental Machine Learning to Interactive Data Mining*(Springer, Heidelberg, 2004)

[35] M.L. Hines, N.T. Carnevale, The neuron simulation environment. Neural Comput. **9**(6), 1179–1209 (1997)

[36] R. Brette, M. Rudolph, T. Carnevale, M. Hines, D. Beeman, J.M. Bower, M. Diesmann, A. Morrison, P.H. Goodman, F.C. Harris Jr., et al., Simulation of networks of spiking neurons: a review of tools and strategies. J. Comput. Neurosci. **23**(3), 349–398 (2007)

[37] J.M. Eppler, M. Helias, E. Muller, M. Diesmann, M.-O. Gewaltig, Pynest: a convenient interface to the nest simulator. Front. Neuroinformatics **2**, 12 (2008)

[38] D. Pecevski, T. Natschläger, K. Schuch, Pcsim: a parallel simulation environment for neural circuits fully integrated with python. Front. Neuroinformatics **3**, 11 (2009)

[39] T. Natschläger, H. Markram, W. Maass, Computer Models and Analysis Tools for Neural Microcircuits, in *Neuroscience Databases*(Springer, Heidelberg, 2003), pp. 123–138

[40] R. Drewes, Brainlab: a toolkit to aid in the design, simulation, and analysis of spiking neural networks with the NCS environment. Ph.D. thesis, University of Nevada Reno, 2005

[41] E.C. Wilson (2001), Parallel implementation of a large scale biologically realistic neocortical neural network simulator. Ph.D. thesis, University of Nevada Reno, 2001

[42] D. Pecevski, Oger: Modular learning architectures for large-scale sequential processing

[43] D.F.M. Goodman, R. Brette, The brian simulator. Front. Neuroscience **3**(2), 192 (2009)

[44] M. Diesmann, M.-O. Gewaltig, A.D. Aertsen, Stable propagation of synchronous spiking in cortical neural networks. Nature **402**(6761), 529–533 (1999)

[45] N. Kasabov, Neucube: a spiking neural network architecture for mapping, learning and understanding of spatio-temporal brain data. Neural Netw. **52**, 62–76 (2014)

[46] N. Sengupta, N. Scott, N. Kasabov, Framework for Knowledge Driven Optimisation Based Data Encoding for Brain Data Modelling Using Spiking Neural Network Architecture, in *Proceedings of the Fifth International Conference on Fuzzy and Neuro Computing (FANCCO-2015)* (Springer, Heidelberg, 2015), pp. 109–118

[47] S. Song, K.D. Miller, L.F. Abbott, Competitive hebbian learning through spike-timing-dependent synaptic plasticity. Nat. Neurosci. **3**(9), 919–926 (2000)

[48] S. Fusi, Spike-driven synaptic plasticity for learning correlated patterns of mean firing rates.Rev.

Neurosci. **22**(1–2), 73–84 (2003)

[49] N. Kasabov, K. Dhoble, N. Nuntalid, G. Indiveri, Dynamic evolving spiking neural networks for on-line spatio-and spectro-temporal pattern recognition. Neural Netw. **41**, 188–201 (2013)

[50] A. Mohemmed, S. Schliebs, S. Matsuda, N. Kasabov, Span: spike pattern association neuron for learning spatio-temporal spike patterns. Int. J. Neural Syst. **22**(04), 1250012 (2012)

[51] S. Marks, J. Estevez, N. Scott, Immersive visualisation of 3-dimensional neural network structures (2015)

[52] S. Marks, Immersive visualisation of 3-dimensional spiking neural networks. Evol. Syst.(2016) 1–9

[53] N. Kasabov, Y. Hu, Integrated optimisation method for personalised modelling and casestudies for medical decision support. Int. J. Funct. Inf. Personalised Med. **3**(3), 236–256(2010)

[54] M.G. Doborjeh, N. Kasabov, Personalised modelling on integrated clinical and eeg spatio-temporal brain data in the neucube spiking neural network system, in *2016 International Joint Conference on Neural Networks (IJCNN)* (IEEE, 2016), pp. 1373–1378

[55] B. Petro, N. Kasabov, R. Kiss, Selection and optimisation of spike encoding methods for spiking neural networks, algorithms, submitted; http://www.kedri.aut.ac.nz/neucube/ –>Spiker

[56] A. Abbott et al., in *Proceedings of IJCNN* (2016)

[57] H. Esmaeilzadeh, E. Blem, R.S. Amant, K. Sankaralingam, D. Burger, Dark silicon and the end of multicore scaling. ACM SIGARCH Comput. Archit. News **39**(3), 365 (2011)

[58] D. Perrin, Complexity and high-end computing in biology and medicine. Adv. Exp. Med. Biol. **696**, 377–384 (2011)

[59] S. Furber, To Build a Brain. IEEE Spectr. **49**(8), 44–49 (2012)

[60] A.P. Davison, D. Brüderle, J. Eppler, J. Kremkow, E. Muller, D. Pecevski, L. Perrinet, P. Yger, PyNN: a common interface for neuronal network simulators. Front.Neuroinformatics 2, 11 (2008)

[61] G. Indiveri, F. Corradi, N. Qiao, Neuromorphic architectures for spiking deep neural networks. IEEE Int. Electron Devices Meeting (IEDM) (2015)

[62] W. Maass, Networks of spiking neurons: the third generation of neural network models.Neural Netw. **10**(9), 1659–1671 (1997)

第21章
从克劳德·香农的信息熵到脉冲时间数据压缩理论

本章提出了一种新的信息学理论:通过脉冲时间编码进行时间数据压缩,达到减少时间序列中的原始数据量的目的,但又保留了足够信息可保证在模式识别和模式分类方面的准确性。信息科学中的大多数数据都是时域或者频域的,如大脑数据、音频和视频数据、环境和生态数据以及财务和社会数据等,本书其他章节所述的压缩方法适用于以上所有相关数据。本章介绍了有关 fMRI 数据的模式压缩和分类(有关 fMRI 数据的更多信息,可参见第10章和第11章)。本书提出的理论和实验结果首次发表于文献[1]。

21.1 克劳德·香农的经典信息理论

伟大的数学家克劳德·香农(Claude Shannon,1916—2011)引入了基于熵的信息论。

在任何时候,随机变量 X 的不确定性都表示该变量在下一个动量中将取什么值,即熵。不确定性 $h(x_i)$ 的度量可以与随机变量 X 的每个随机值 x_i 相关联,总不确定性 $H(X)$(称为熵)度量了我们知识的不足,即变量 x 的空间中的表象障碍,有

$$H(X) = \sum_{i=1,2,\cdots,n} P_i \cdot h(x_i) \qquad (21.1)$$

式中:P_i 是变量 X 取 x_i 值的概率。

适用于熵 $H(X)$ 的公理如下:

(1) 单调性:如果 $n > n'$ 是变量 X 可以采取的事件(值)数量,则 $H_n(X) > H'_n(X)$,因此 X 可以取的值越多,熵越大。

(2) 可加性:如果 X 和 Y 是独立的随机变量,则联合熵 $H(X,Y)$,即 $H(X$ AND $Y)$,等于 $H(X)$ 和 $H(Y)$ 之和。

以下日志函数满足上述两个公理,即

$$h(x_i) = \log\left(\frac{1}{P_i}\right) \tag{21.2}$$

如果对数的底数为 2，则不确定度以 bit 为单位；如果不确定度为自然对数 ln，则不确定度以 [nat] 为单位。

$$H(X) = \sum_{i=1,2,\cdots,n}(P_i \cdot h(x_i)) = -c\sum_{i=1,2,\cdots,n}(P_i \cdot \log P_i) \tag{21.3}$$

式中：c 为常数。

基于克劳德·香浓对不确定性（熵）的度量，可以计算出成功预测随机变量 X 的所有状态的整体概率，或变量整体的可预测性，即

$$P(X) = 2^{-H(X)} \tag{21.4}$$

当随机变量 X 的所有 n 个值是等概率的，即它们具有相同的概率 $1/n$（均匀的概率分布）时，计算最大熵为

$$H(X) = -\sum_{i=1,2,\cdots,n} P_i \cdot \log P_i \leq \log n \tag{21.5}$$

两个随机变量 X 和 Y（如系统中的输入变量和输出变量）之间的联合熵由以下公式定义，即

$$H(X,Y) = -\sum_{i=1,2,\cdots,n} P(x_i \text{AND } y_i) \cdot \log P(x_i \text{AND } y_i) \tag{21.6}$$

$$H(X,Y) \leq H(X) + H(Y) \tag{21.7}$$

条件熵，即在观察变量 X（输入变量）的值之后测量变量 Y（输出变量）的不确定性，定义为

$$H(Y \mid X) = -\sum_{i=1,2,\cdots,n} P(x_i, y_j) \cdot \log P(y_j \mid x_i) \tag{21.8}$$

$$0 \leq H(Y \mid X) \leq H(Y) \tag{21.9}$$

熵可以用来衡量与随机变量 X 相关的信息以及不确定性及其可预测性。

可以用下式测量两个随机变量之间的相互信息，也称为信息，即

$$I(Y;X) = H(Y) - H(Y \mid X) \tag{21.10}$$

以信息熵衡量的信息是迄今为止开发的所有数据压缩技术的基础，该技术旨在减少原始数据但保留信息。在 21.2 节中将介绍一种新的理论，该理论保留使用尖峰时间编码从时间数据中识别时间模式的信息。熵和尖峰时间编码之间存在类比，因为两者均测量数据的变化，但也存在显著差异。

21.2　基于脉冲时间编码的分类任务时间数据压缩理论

人脑从连续流信息中以感觉刺激形式有效检测模式的能力是对人工智能领域的一种启发。在人脑内存在的棘波神经元压缩、传输和识别外部环境所呈现信息

的能力中,将输入的连续信息转变成成离散的、脉冲的高效率编码起着决定性的作用。大脑中这种紧凑的信息编码与克劳德·香农提出的经典信息理论并不相符。

本章将脉冲时间编码作为一种有效的数据压缩通用方法,与使用整个原始数据相比,它可以最大程度地减少数据流、时间数据的信息表示,并且可以获得相似甚至更好的模式识别和分类精度。还介绍了一种特定的编码算法 GAGamma,它可以有效压缩时空数据,尤其是用于存储、传输和准确模式识别的脑 fMRI 数据。我们在基准 fMRI 上对该算法与其他方法进行了评估和比较。结果表明,时间编码算法能够在不牺牲压缩模式识别性能的情况下实现显著的数据压缩。与使用标准脉冲编码方法相比,对一类数据使用特定的脉冲时间编码算法,如用于 fMRI 数据的GAGamma 算法,可以更好地实现信号重构。

人脑被认为是能够以毫秒为单位识别模式的资源最丰富、效率最高的系统。这是通过处理感觉器官捕获的大量真实的连续刺激或是数据来完成的。还观察到,当人类脑细胞受到外部刺激时,它会利用称为突触动作电位的电脉冲在很长的距离上有效地传播信号。在神经生物学中,模拟信号到数字信号转换的过程称为神经编码[2]。十分有趣的是,神经编码过程不仅将大的连续流数据空间转换为脉冲的压缩空间,而且脑细胞还可以识别压缩空间中的模式。我们大脑的生物组织倾向于创建具特殊分布类别的信号,并且从进化的角度来看,优化这些分布以进行快速分析是可以理解的。最流行的假设指出,信号强度由平均发射速率编码决定,即较强的信号会导致较高的平均发射速率。通过对几种物种的感觉和运动神经系统的广泛研究[3-4],结果支持了平均发射率假说的有效性。然而,该理论的主要缺点在于信息与脉冲密度的关联。从大量的脉冲中确定毫秒分辨率的脉冲密度会导致一定程度的计算效率低下。根据关于神经编码的另一种理论,神经元在精确时间的脉冲中携带信息,这称为时间编码。大量研究[5-6]显示出在人类大脑的不同部分中存在时间编码。时间编码支持信息的有效表示,这里的信息是对呈现给人脑的刺激进行非常快速处理(毫秒级)所需的信息。与速率编码方案相反,在此方案中,平均发射速率的高波动(也称为脉冲间间隔(ISI)概率分布)被认为是有益的,而不是噪声。数据的时间脉冲时间表示是对信息的有损压缩。事实上,大多数学习形式都可以看作数据压缩形式。实际上,就模式识别而言,只有在数据存在冗余时,才能从数据中学习一些东西。在许多数据分析项目中,对数据进行预处理或重新编码的方式可以看作数据压缩的一种形式。如果这样的预处理不会破坏模式,那么结果通常将使我们的学习算法获得更好的性能。在这种情况下,时间编码是为了将大量数据变为压缩状态,同时可识别信息损失最小。此类数据源如射电天文学中的脉冲星数据、地震活动数据等。

从计算理论的角度来看,数据编码问题直接与信息论的概念有关。1948 年,香农在信息论的开创性论文中提出了一种完整的数学理论形式[7],用于量化通信渠道中的信息传输。一个已知结论是：如果对象的描述长度是连续的，可以估计任何对象中的信息量，这继续为通信、数据存储和处理以及其他信息技术的发展奠定了基础。香农的信息理论是建立在这样的前提下的：对象中的可计算信息是具有已知概率分布的随机源的特征，它是对象的一部分。为了实现这个想法，香农从第一个原理中得出了"熵"，它是物体观测时发出的平均信息的量度。熵是随机变量到实数的函数映射。另外，A. N. Kolmogorov 提出了关于算法信息理论的补充研究，旨在提供测量信息的手段。与香农的理论相反，Kolmogorov 的复杂度[8-9]将信息视为孤立的对象属性，而与对象的产生方式无关[10]。它被正式定义为可以有效地重构特定消息或文件的最小字节数，即足以存储可再现文件的最小字节数。

负责从感觉数据中发出脉冲的计算神经元可以被视为负责广播从数据源接收的连续信息的逻辑传输介质。因此，可以根据信息论得到两个神经编码假设。我们发现速率编码方案非常符合香农对编码的解释。在香农理论中，存在一个随机源且其概率分布已知的固有假设非常适用于平均发射速率，因为它与随着时间的推移的峰值频率有关。但是，发现通过一系列脉冲定时有效压缩大量数据并进一步将脉冲定时用于模式识别的目的，与 Kolmogorov 的对象表示概念（使用计算机程序以最小的描述长度）更加同步。

与 SNN 中的神经元动力学和学习相比，脉冲神经网络(SNN)中的数据编码问题是一个研究相对较少的话题。ATR 人类信息处理研究实验室的人工大脑(Cellular Automata Machine Brain)项目[11]使用数据编码作为其大规模类似于大脑的神经体系结构的一部分。在文献[12]中执行了针对图像和视频处理的脉冲编码进行了硬件加速实现。适用于现实数据的脉冲编码技术的文献仅限于几种算法，如时间对比度（也称为地址事件表示编码[13]）、霍夫·斯派克算法(HSA)[14]和本·斯派克算法(BSA)[15]。所有这些算法通常都是事件驱动的，也就是说，它们遵循时间编码方案，从而重视事件发生的时间（脉冲）。受人类视觉耳蜗启发的时间对比度算法使用基于阈值的方法来检测信号对比度（变化）。用户定义的对比度阈值确定时间对比度中的脉冲事件。但是，HSA 和 BSA 算法使用观察信号与预定义滤波器之间的反卷积运算来确定脉冲事件。HSA 中的反卷积基于以下假设：卷积函数会产生一个偏置转换信号，该信号始终保持在原始信号以下，从而产生误差[16]。另外，BSA[17]使用有限重构滤波器(FIR)来预测信号生成（见第4章）。

将用于模式识别的数据编码问题形式化为数据压缩问题。压缩函数定义为映射 $f: \boldsymbol{R}^T \to \{t_1^f, t_2^f, \cdots, t_n^f | t_i \in II^+\}$。$f(\cdot)$ 表示在触发时间 t^f 释放一个脉冲。基于假设区分信息所提出的编码算法是由脉冲时序而不是脉冲序列所编码的。作为该假设的结果，重要的是通过最小化脉冲的数量来实现较大的压缩，因此与速率编码假设存在明显的矛盾。实验中使用的通用数据编码框架是我们先前发表的工作的扩展[18]。

我们将源信号表示为 $S = \boldsymbol{R}^T$，为了简化形式，将编码的脉冲序列 $\boldsymbol{B} \in \{0,1\}^T$ 定

义为长度为 T 的固定长度的二进制序列,这与之前定义的脉冲时间的可变长度序列相反,并且没有任何通用性。在此,T 定义成要以脉冲编码的时间数据的长度。基于背景知识驱动的经优化的编码算法的前提是,已有可以将注入有关数据生成模型的知识,或者换句话说,可以注入数据生成源的特征来预测信号 $\hat{S}$。例如,fMRI 数据生成过程的行为类似于线性时不变系统,其中大脑中的事件会产生模仿伽马函数的信号[19],而 EEG 数据生成可以建模为正弦波的相变混合模型或多源高斯噪声模型[20]。知识注入的概念将在 21.3 节中以 fMRI 为例作进一步阐述。如果可以根据脉冲序列 B 来解压缩函数 $\hat{S}$,则可以将数据的最佳编码公式化为一个优化问题,从而将观测信号 S 和预测信号 $\hat{S}:=f(B,H)$ 之间的均方根解压的误差最小化,H 是与 B 一起描述预测函数所需的一组附加参数。优化问题可以记为下式,即

$$\begin{cases} \min_{B,\theta} \sqrt{\dfrac{\sum_n (S-\hat{S}(B,\Theta)^2)}{t}} \\ \text{s.t.} \quad B := \Pi^+ \\ 0 \leq B \leq 1 \\ \sum_t B_t \leq a \\ b \leq \Theta < c \end{cases} \quad (21.11)$$

前述优化问题属于混合整数编程的范例,其中要优化的参数或决策变量的子集是整数。多年来,已经开发出许多方法来解决此类问题[16, 21-22]。但是,在实现中,我们使用了文献[23-24]提出的混合整数遗传算法。上述式子中对 $\hat{S}$ 参数施加约束。第一式将 B 的可能值减小为 $\{0,1\}$。我们已经使用超参数 a 控制最佳脉冲序列中的最大脉冲数。其他超参数集 $\{b,c\}$ 用于控制模型参数 H 的上下限。

上面提出的用于数据编码的框架的表述是通用的、灵活的,并且由来自数据源的知识注入所驱动。它可以进一步扩展为包括系统噪声模型作为 $\hat{S}$ 的一部分。假设对 $\hat{S}$ 进行足够好的选择,并且在某些情况下,可以在压缩过的空间中增强数据的区分性。还必须注意,此表述遵循所有数据源不存在通用压缩算法的概念。以上描述的通用框架可以用来导出用于特殊类型,推导用于对背景知识可用的特殊类型数据进行编码的特定方法。一种这样的情况是基于血氧水平依赖性反应(BOLD)的 fMRI 数据,之后将进一步介绍和说明。

21.3 fMRI 时空数据分类的脉冲时间编码和压缩方法

fMRI BOLD 响应在这里被建模为线性时不变系统,由脉冲 B 和血液动力学响

应函数(HRF)$H(\theta)$的卷积描述,式子为

$$\hat{S}: = \int_0^t B(\tau) h(t-\tau) \, d\tau \quad (21.12)$$

$$\hat{S}(B,\Theta): = B * H(\Theta) \quad (21.13)$$

$$H(\theta_1,\theta_2) = \frac{1}{\theta_2^{\theta_1}\tau(\theta_1)} t^{\theta_1-1} e^{-\frac{t}{\theta_2}} \quad (21.14)$$

在较早的研究中已经提出了许多用于 HRF 的数学模型[25-27],发现规范 HRF 的大多数数学模型是伽马函数的某种变体。在我们所有的实验中,都使用了伽马分布函数描述的 HRF 模型。该函数的特点是参数设置 $\theta: = \{\theta_1,\theta_2\}$,其中 $\theta_1 \in R^+$、$\theta_2 \in R^+$ 分别控制着函数的形式和功能。通过匹配上述式子,编码问题归结为解决方程式。在下文中将被称为 GAGamma 编码。方程式为

$$\begin{cases} \min\sqrt{\dfrac{\sum_n(S-\hat{S}(B,\theta_1,\theta_2)^2)}{t}} \\ B: = II^+ \\ B,\theta_1,\theta_2 \quad 0 \leq B \leq 1 \\ \text{s. t.} \sum_t B_t \leq a \end{cases} \quad (21.15)$$

其中,

$$b_1 \leq \theta_1 \leq c_1$$
$$b_1 \leq \theta_1 \leq c_2$$

$$\hat{S}(B,\theta): = B * \frac{1}{\theta_2^{\theta_1}\tau(\theta_1)} t^{\theta_1-1} e^{-\frac{t}{\theta_2}}$$

此时,必须在 GAGamma 与现有的 HSA 和 BSA 算法之间进行区分。HSA 和 BSA 用于脉冲编码的算法是在使用类似于 GAGamma 方法的有限脉冲响应进行激励估计的前提下构建的。作为基于 $\hat{S}$ 的 GAGamma 的知识注入组成和优化方法,与基于反卷积的方法相比,具有两个明显的优势:

(1) 将通用伽马函数用作 GAGamma 中的知识注入组件 $\hat{S}$,它是由有关 fMRI 数据的现有知识驱动的,而与 BSA 中用作 FIR 的正弦波相反。我们还认为,这种形式体系允许包含有关数据源的其他知识(如系统噪声),从而在数据编码方面提供了更大的灵活性。

(2) GAGamma 中的优化问题公式针对参数集 θ 和 B 进行了联合优化。因此,该公式包括预测模型 $\hat{S}$ 的参数集 θ 以及针对每个个体体素或特征的脉冲 B。在 HSA 和 BSA 中,需要为整个体素集合预先确定等效的滤波器参数。

这里描述的所有实验都是在卡内基·梅隆大学认知脑成像中心收集的公开基

准 starplus fMRI 数据集上进行的[28]。starplus 实验是针对一组 7 位受试者进行的。每个受试者都经历了完全相同的多次认知实验。每组实验持续 27s,按以下顺序接受一组刺激:

(1) 最初的刺激是显示 4s 的图像或者句子;
(2) 然后提供 5~8s 的黑屏;
(3) 第二次刺激是持续 9~12s 的图像或句子;
(4) 第二次刺激后提供 20s 的休息时间。

当受试者执行认知任务时,每 500ms 间隔收集大脑部分的 fMRI 图像。最终经过预处理的 fMRI 数据集对应于检测二进制认知状态的分类任务,即"看图片"与"阅读句子"。随机选择了两个受试者(编号为 04847 和 07510),并使用了两个感兴趣(ROI 的空间区域),即距状沟(CALC)和左顶内沟(LIPL)用于模式识别实验。空间区域的选择基于先前的工作[29],工作发现这两个空间区域是连续空间中最有区分度的。数据集由每个类别的 40 个样本(试验)组成,每个样本分别由受试者 04847 和 05710 中的 452 和 483 个体素组成。在一次实验中,每一类的每个认知任务总共需要 8s 的持续时间,并得到 16 张 fMRI 图像。

由于该编码数据旨在用于模式识别问题,因此在脉冲时序中保留和增多区分性信息的重要性与有效压缩数据一样重要。这与现有的模式识别方法截然不同,现有的模式识别方法通过智能算法处理大量数据,以构建更好的预测模型,从而达到高度准确的预测性能。通过将可压缩性和区分性信息的保留作为评估标准,我们旨在兼顾有效的资源使用以及更高的分类性表现。因此,重要的是要在编码数据中区分性信息的保留和压缩之间保持平衡。我们使用了 3 个指标来评估编码技术以及传统的"不编码"(原始数据)方法。指标的简要说明如下。

(1) 符率:符率以位/符号为单位测量。当数据(原始或编码的)在存储介质中表示为位(0 或 1)时,位/符号测量表示符号所需的平均位数,其中符号是值空间中的值。在数据的固定长度编码(如 ASCII)中,很明显,固定长度 L 定义了符率。但是,对于可变长度,符率是通过将总位数除以符号数来计算的。例如,如果将 n 位给定的原始数据集通过编码算法编码为 m 位已编码的数据集,则数据集编码算法的符率为 n/m。

(2) 解码误差:解码误差度量是解压缩可靠性的量度,即从压缩脉冲定时可靠地恢复原始信号的能力。我们已经在原始信号 S 和预测信号 $\hat{S}$ 之间使用了信号重建的均方根误差(RMSE)。信号重建的低 RMSE 表示脉冲时序中的信息保留率很高。必须注意的是,分类模型是基于脉冲时间数据构建的,并不基于原始真实数据。因此,尽管此度量标准在评估编码算法相对于重建原始数据的鲁棒性方面具有重要作用,但不影响模式识别性能的表现。

(3) 分类性能:从模式识别的角度来看,分类性能是成功的最重要指标。为了评估分类性能,使用了平均分类准确性和精确度指标的组合。

图 21.1 显示了模式识别和评估过程的流程图。第一步,将实时序列数据放入产生脉冲的不同数据编码算法中。第二步,使用脉冲建立简单的 KNN 模型,KNN 模型用于预测新样本。并与传统的基于欧几里得距离的 KNN 模式识别方法进行了比较。

平均精度是根据先前描述的二元分类数据的 30 个独立运行的 50/50 训练/测试拆分估计的。图 21.1 显示了使用和不使用编码算法的模式识别逐个过程的流程框图。最佳结果是采用了网格搜索对 K 参数进行优化后得到的。

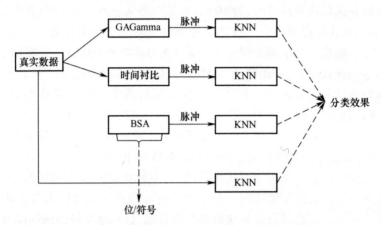

图 21.1　模式识别和评估过程的流程框图(第一步,实时系列数据被馈送到产生脉冲的不同数据编码算法中;第二步,使用脉冲建立简单的 KNN 模型。KNN 模型用于预测新样本。并与传统的基于欧几里得距离的 KNN 模式识别方法进行了比较)[1]

用于 KNN 算法的基于距离函数的脉冲异步。如前所述,我们已使用非参数 KNN 算法从数据中构建分类模型。在 KNN 中对新样本(在本例中为脉冲序列)的类别标签的预测是新样本与其相邻域之间的多数表决,并且将样本分配给其 k 个最近邻中最常见的类别标签。为了给样本分配邻域,有必要计算要预测的样本与训练样本之间的成对距离。在这里,提出了一个距离函数,该函数可以获得一对峰脉冲序列样本之间的相对距离。由于我们使用脉冲时间作为信息的载体,因此获得一对脉冲序列样本之间相似性的有用方法是记录两个样本是否在同一时间脉冲。我们使用平均绝对异步性作为距离函数。两个脉冲序列样本 $B_1 \in \{0,1\}^{T \times M}$ 和 $B_2 \in \{0,1\}^{T \times M}$ 之间基于平均绝对异步性的距离函数定义为

$$d: \frac{\sum_{(T \times M)} B_1 \oplus B_2}{T \times M} \quad (21.16)$$

式中:T 和 M 分别为信号的时间长度和特征数量(在我们的情况下为体素);⊕ 符号表示加在脉冲序列矩阵 B_1 和 B_2 上的异或运算。实际上,异或运算可以识别两个矩

阵之间的元素不匹配/异步性。距离函数计算的是一对样本之间的平均异步性。

在这项研究中,对 3 种不同的编码方法进行了比较和评估。必须注意的是,对于每种编码或压缩算法,还存在一种解码算法,它可以将脉冲信号解压缩为重构信号 $\hat{S}$。

(1) GAGamma:这是 21.3 节中给出的编码方式,编码和解码方程式由式(21.13)和式(21.15)给出。

(2) BSA:BSA 编码和解码算法[15]分别列在附录的算法 1、2 中。BSA 算法将滤波器函数和阈值与信号 S 一起输入。

(3) 时间对比:时间对比算法将数据中大于平均的变化捕获为脉冲。附录中的算法 3、4 分别介绍了时间对比度编码和解码算法。时间对比算法与时间编码框架的一个主要特征和差异是其具有生成正极性和负极性脉冲的能力。由于仅对脉冲时序感兴趣,因此在分类期间,忽略了脉冲的极性。该算法将因子 factor $\in \{0, 1\}$ 作为参数输入。该参数控制变量 $threshold_{TC}$ 的估计,该变量负责确定脉冲时间。

图 21.2 显示了通过 GAGamma 解码算法、BSA 解码算法(算法 2)和时间对比解码算法(算法 4)从脉冲序列里重建信号($\hat{S}$)的比较。真实信号是从受试者 04847 中随机选择的(第 10 次实验和第 23 个体素)。

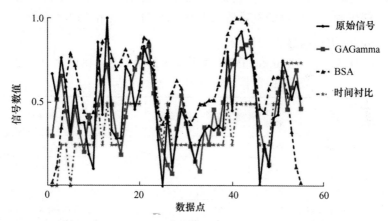

图 21.2 通过 GAGamma 解码算法、BSA 解码算法(算法 2)和时间对比解码算法(算法 4)从脉冲序列里重建信号($\hat{S}$)的比较(真实信号是从受试者 04847 中随机选择的(第 10 次试验和第 23 个体素))[1]

为了对编码方法和经典的"无编码"方法进行比较评估,对 04847 和 07510 受试者进行了重复实验。针对每个受试者,将 GAGamma 编码方法与 BSA 和时间对比法进行了比较。对于 GAGamma 编码,在式(21.15)中的超参数值定为($a = 16$、

$b=0$、$c=10$)。BSA 编码算法采用有限脉冲响应(FIR)滤波器和阈值 $threshold_{BSA}$ 作为输入。在我们的实验中,使用了大小为 10 且 $threshold_{BSA}=0.95$ 的低通 FIR 滤波器。这些值来自于早期在脑数据方面的工作[30]。对于时间对比编码,我们赋值了超参数因子为 0.6。必须注意的是,在不同编码方法的超参数空间中,给出的结果并不详尽。作为基准,还包括了随机生成的脉冲序列数据集,随机生成的脉冲序列数据集是由 $\lambda=0.6$ 的泊松分布生成的。更改 λ 参数会直接影响符率。在"不编码"方法中,通过将 16 个时间间隔内的特征值进行级联,将试验中的每个多维时间序列(图像集)转换为单个静态观测值,从而创建原始数据集[31]。

表 21.1 列出了我们的比较分析。结果表明,在"位/符号"(符率)列中有显著改进。BSA 和 GAGamma 方法能压缩为"无编码"方法的 6~24 倍。这是由于编码算法能够将信息表示为脉冲时间,从而以简洁的方式将数据呈现给分类器。此外,对于 04847 和 07510,GAGamma 编码的数据达到了 87.41%±4.80% 和 76.00%±5.89% 的分类精度,这与"无编码"的 89.55%±4.60% 和 79.11%±3.99% 的分类精度十分接近。在编码算法之间,GAGamma 和 BSA 表现出最佳的整体性能,因为它们实现了较高的精度和压缩。图 21.3 显示了两个受试者在实验中比较的所有方法的准确性和位/符号(符率)分布。绿色区域是我们尽可能在精度压缩空间中精确地将信息表示为脉冲时间的近似视觉效果表示。但是,与 BSA 相比,通过 GAGamma 解码算法对信号的重建效果更好。图 21.2 显示了通过各种解码算法对随机选择的时间重建信号 $\hat{S}$ 的比较。

表 21.1 表示 starplus fMRI 数据集中的受试者 04847 和 07510 的数据编码技术的比较评估

被试	方法	数据类型	位/符号	解码误差	准确率(K^1)
04847	GAGamma	整型	4.96	0.07	87.41%±4.80%(16)
	BSA	整型	1.33	0.20	84.50%±4.47%(3)
	时间衬比	整型	1.95	0.23	54.16%±5.77%(1)
	随机脉冲生成器	整型	3.63	—	52.58%±4.79%(1)
	无编码	浮点型	32.0	—	89.55%±4.60%(1)
07510	GaGamma	整型	4.97	0.06	76.00%±5.89%(8)
	BSA	整型	1.28	0.20	74.08%±6.71%(8)
	时间衬比	整型	1.82	0.26	52.75%±5.84%(2)
	随机脉冲生成器	整型	3.63	—	52.58%±4.79%(1)
	无编码	浮点型	32.0	—	79.11%±3.99%(5)

对于每个受试者,评估了 5 种不同的方法。它们是 GAGamma 编码、BSA 编码、时间对比度、随机脉冲生成器以及"无编码"(原始数据)。这些方法通过符率、解码错误和准确性来评估是否成功。解码错误指标与"随机"和"无编码"方法无关。在"不编码"方法中,将原始数据用于模式识别,因此该方法不涉及编码原理。作为随机脉冲发生器的"随机"方法也没有任何与之关联的解码算法。

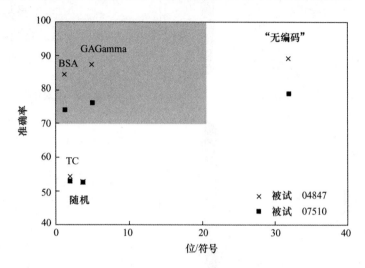

图 21.3　对于从受试者 ID 04847 和 07510 收集的 fMRI 数据集(各种编码方法相对于"无编码"的性能比较。x 轴和 y 轴分别表示符率和准确率)[1]

此外,GAGamma 对"图片"和"句子"刺激的脉冲进行了独立分析,以解释脉冲的时空差异性。如先前实验方案中所述,实验中刺激的呈现遵循一个顺序,即对于每种刺激类别,存在"首先呈现"或"第二呈现"。为了分析刺激的第一次或第二次呈现的效果差异,将编码后的数据集分为 4 个类别,"图片先呈现""图片后呈现""句子先呈现"和"句子后呈现"。图 21.4 和图 21.5 显示了在受试者 04847 和主体 07510 中 4 个子类的各个实验的平均脉冲百分比的比较。3D 图中的两个聚类与两个大脑结构的 ROI 相关(左上为 LIPL,右下为 CALC)。在功能上,CALC 区域负责中央和周边视觉,LIPL 区域则与视觉注意力有关。对于这两个受试者,可以看出,在"先看图片"之后"再看句子"与其他方法相比,在整个实验中平均具有更多的脉冲活动,尤其是在 LIPL 区域。

当受试者看到"句子"时,观察到 LIPL 中的平均脉冲活动相对较高(0.59 和 0.57),而受试者看到"图片"时则相对较低(0.54 和 0.55)。在"LIPL"区域中的"图片"和"句子"类别之间进行了两个样本 T 检验,以验证受试者先前的结果。进行测试的原假设为 H_0:"图片脉冲活动与句子脉冲活动之间没有差异"。对于

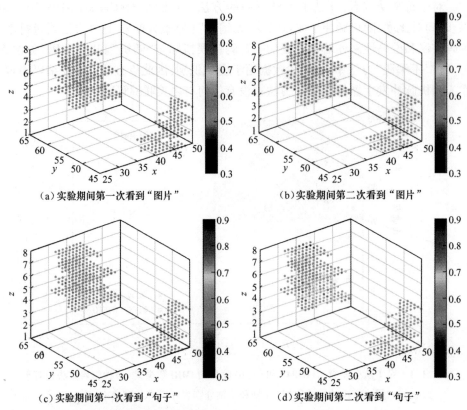

图 21.4 受试者 04847"看图片"与"看句子"的脉冲频率的比较分析
(3D 图中的点对应于数据集中使用体素的空间位置。每个体素都有两个属于生理定义的感兴趣的簇或区域,即 CALC 和 LIPL 中。第一行显示的是"图片"实验的平均脉冲率,而第二行显示的是"句子"实验。第一列和第二列对应于第一次或第二次展示的刺激
("图片"或"句子"))

04847,$P = 5.27 \times 10^{-18}$;对于 07510,$P = 7.05 \times 10^{-12}$,原假设在 5%的显著性水平下被否定。因此,根据 T 检验,整个实验中"看图片"的平均脉冲活动与"观察句子"中的整个实验的平均脉冲活动明显不同。此外,还必须注意,作为实验一部分的句子(如"美元跌破并不正确)本质上是类似图像的,并且对于受试者来说需要很高的图像理解能力,该结果与之前获得的实验结果一致[32],后者显示了在与高意象理解力相关的认知任务中,LIPL 区域具有更高程度的激活和连接功能。实际上,这验证了所提出的编码算法在压缩的编码数据中保留有用信息的能力。

图 21.3 显示了编码方法相对于从受试者 ID 04847 和 07510 收集的 fMRI 数据集所应用的"无编码"的比较性能。评估指标的位/符号(压缩率)和平均准确率分别绘制在 x 轴和 y 轴。

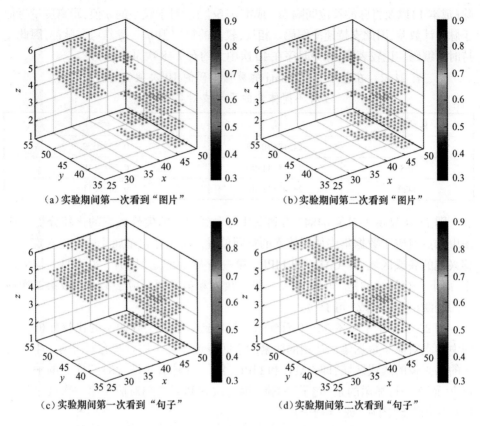

图 21.5 受试者 07510 "看图片"与"看句子"的脉冲频率的
比较分析(3D 图中点对应于数据集中使用体素的空间位置。每个体素都有两个属于生理
定义的感兴趣的簇或区域,即 CALC 和 LIPL 中。第一行显示的是"图片"实验的平均脉
冲率,第二行显示的是"句子"实验。第一列和第二列对应于第一次或第二次展示的
刺激("图片"或"句子"))[1]

表 21.2 显示了在基于 GAGamma 的数据编码的 10 次独立运行结束后,3 种不同体素的平均成对异步性。表 21.2 涉及由混合整数遗传算法求解器为 GAGamma 方法生成的脉冲时间的可重复性。众所周知的事实是,作为优化求解器的 GA 在多次运行时不会重现同一组参数。但是,每次都接近最佳值。我们使用受试者 04847 的实验 12 中的 3 个随机体素(30、468 和 3429)进行了 10 次独立的 GAGamma 编码运行。表 21.2 比较了使用两种脉冲异步性度量方法由 GAGamma 编码产生的脉冲序列的相似性,它们分别是异步百分比(如前所述) d_p 和 Victor Purpura 距离 d_{vp} 。Victor Purpura 距离[33]指标是基于成本的距离量度。该距离由使用 3 个操作将一个脉冲序列转换为另一个脉冲序列的最小成本定义,3 个操作分别是插入(成本 1)、删

除(成本1)以及将脉冲移位间隔 δt(成本 $q|\delta t|$)。对于较小的 q 值,距离度量近似于脉冲计数差,因此支持速率编码。相反,较高的惩罚值 q 支持非巧合脉冲,因此支持时间编码。比较表明,脉冲时序在10次中大约有7~8次是正确的。

表21.2 在基于GAGamma的数据编码的10次独立运行结束时3种不同体素的平均成对异步性

体素标识	d_p	dv_p
30	24.18±10.20	0.23±0.09
468	27.78±11.96	0.26±0.10
3429	28.03±11.31	0.28±0.11

图21.4显示了对象04847看到图片与看到句子的尖峰频率的比较分析。3D图中的点对应于数据集中使用体素的空间位置。每个体素都属于两个生理定义的感兴趣的簇或区域,即CALC和LIPL。第一行显示的是"图片"实验的平均尖峰率,而下一行显示的是"句子"实验。第一次列和第二列对应于第一次或第二次展示的刺激("图片"或"句子")。

图21.5显示了对象75510看到图片与看到句子的尖峰频率的比较分析。3D图中的点对应于数据集中使用的体素的空间位置。每个体素都有属于两个生理定义的感兴趣的簇或区域,即CALC和LIPL。第一行显示的是"图片"实验的平均尖峰率,而下一行显示的是"句子"实验。第一次列和第二列对应于第一次或第二次展示的刺激("图片"或"句子")。

21.4 本章总结及深化阅读

在本章中,我们的工作重点是使用时间编码作为框架,通过脉冲时间简洁地表示大量数据,并通过这样做来保留现有的时空信息以用于模式识别和分类任务。这里介绍了一个时间编码框架以及一种用于fMRI数据的特定编码方法,称为GAGamma。使用fMRI数据对GAGamma编码进行了基准认知模式识别问题的评估。此外,将GAGamma的可压缩性、模式识别性能和信号重建性能与最新的编码算法和原始数据方法进行了比较,以确定它能够有效利用资源来进行模式识别。

在基准fMRI数据集上的实验评估表明,编码技术能够以一系列压缩时间的形式在压缩空间中表示fMRI数据,而几乎不会丢失任何信息量。这一点至关重要,尤其是在存储、处理和传输大规模数据流时。所提出的编码框架的灵活性在于,其拥有注入数据源已知结构信息的能力,为压缩/编码算法提供了足够的冗余度,从而做到以最优的简洁方式来表示大型数据集。这在信号恢复和保存压缩数据中的区分性信息方面都非常可靠。

未来工作主要集中在有关大型射电天文学流数据和地球物理数据(包括多感官地震数据)在通用框架中的应用。本书所提出的脉冲时间编码方法对于以上数据是合适的,我们未来倾向基于脉冲神经网络架构(如 NeuCube)的神经形态计算[13, 34]。

深入阅读:
① 通过信息科学、生物信息学和神经信息学之间的共性来理解自然[35];
② 脉冲时间编码作为用于时间数据模式识别的数据压缩技术[1];
③ 更多细节与提出方法详见文献[36]。

致谢

本章中介绍的某些材料首先在文献[1]中发布。我想感谢 Neelava Sengupta 对 21.2 节和 21.3 节中实验方法开发的重大贡献。

附录

BSA 编码算法与时间对比编码算法

算法 1:BSA 编码算法
1: input: S, filter, threshold$_{BSA}$
2: output: B
3: $B \Leftarrow 0$
4: $L = \text{length}(S)$
5: $F = \text{length}(\text{filter})$
6: **for** $i = 1:(L-F+1)$ **do**
7:   $e_1 \leftarrow 0$
8:   $e_2 \leftarrow 0$
9:   **for** $k = 1:F$ **do**
10:     $e_1 += \lvert S(t+k) - \text{filter}(k) \rvert$
11:     $e_2 += \lvert S(t+k-1) \rvert$
12:   **end for**
13:   **if** $e_1 \leq (e_2 - \text{threshold}_{BSA})$ **then**
14:     $B(t) \leftarrow 1$
20:     **for** $k = 1:F$ **do**
16:       $S(i+j-1) -= \text{filter}(k)$
17:     **end for**
18:   **end if**
19: **end for**

算法 2：BSA 解码算法

1: input: B, filter
2: output: S
3: L = length(B)
4: F = length(filter)
5: **for** t = 1 : L−F+1 **do**
6:   **if** $B(t)$ = = 1 **then**
7:     **for** k = 1 : F **do**
8:       $S(t+k-1)$ += filter(k)
9:     **end for**
10:   **end if**
11: **end for**

算法 3：时间对比编码算法

1: input S, factor
2: output: B, threshold$_{TC}$
3: $L \leftarrow$ legth(S)
4: **for** t = 1 : L−1 **do**
5:   diff $\leftarrow |S(t+1)-S(t)|$
6: **end for**
7: threshold$_{TC} \leftarrow$ mean(diff) + factor · std(diff)
8: diff $\Leftarrow$ [0, diff]
9: **for** t = 1 : L **do**
10:   **if** diff(t) > threshold$_{TC}$ **then**
11:     $B(t) \leftarrow 1$
12:   **else if** diff(t) < −threshold$_{TC}$ **then**
13:     $B(t) \leftarrow -1$
14:   **else**
20:     $B(t) \leftarrow 0$
16:   **end if**
17: **end for**

```
算法4:时间对比解码算法
1:input:B,threshold_TC
2:output:S
3:S←0
4:L←lenght(B)
5:for t=2:L do
6:   if S(t)>0 then
7:   S(t) ← S(t − 1) + threshold_TC
8:else if S(t)<0 then
9:      S(t)←S(t−1)−threshold_TC
10:  else
11:     S(t) ← S(t − 1)
12:  end if
13:end for
```

参考文献

[1] N. Sengupta, N. Kasabov, Spike-time encoding as a data compression technique for pattern recognition of temporal data. Inf. Sci. **406-407**, 133-145 (2017)

[2] E.N. Brown, R.E. Kass, P.P. Mitra, Multiple neural spike train data analysis: state-of-the-art and future challenges. Nat. Neurosci. **7**(5), 456-461 (2004)

[3] Z.F. Mainen, T.J. Sejnowski, Reliability of spike timing in neocortical neurons. Science **268**(5216), 2003-2006 (1995)

[4] J.H. Maunsell, J.R. Gibson, Visual response latencies in striate cortex of the macaque monkey. J. Neurophysiol. **68**(4), 1332-1344 (1992)

[5] T. Gollisch, M. Meister, Rapid neural coding in the retina with relative spike latencies. Science **319**(5866), 1108-1111 (2008)

[6] R.M. Hallock, P.M. Di Lorenzo, Temporal coding in the gustatory system. Neurosci. Biobehav. Rev. **30**(8), 1145-1160 (2006)

[7] C.E. Shannon, A mathematical theory of communication. ACM SIGMOBILE Mob. Comput. Commun. Rev. **5**(1), 3-55 (2001)

[8] A.N. Kolmogorov, Three approaches to the quantitative definition of information. Probl. Inf. Transm. **1**(1), 1-7 (1965)

[9] G.J. Chaitin, On the length of programs for computing finite binary sequences. J. ACM (JACM) **13**(4), 547-569 (1966)

[10] P. Grunwald, P. Vitányi, Shannon information and kolmogorov complexity, arXiv preprint

cs/0410002

[11] H. de Garis, An artificial brain atr's cam-brain project aims to build/evolve an artificial brain with a million neural net modules inside a trillion cell cellular automata machine. New Gener. Comput. **12**(2), 220-221 (1994)

[12] T. Iakymchuk, A. Rosado-Munoz, M. Bataller-Mompean, J. Guerrero-Martinez, J. Frances-Villora, M. Wegrzyn, M. Adamski, Hardware-accelerated spike train generation for neuromorphic image and video processing, in *2014 IX Southern Conference on Programmable Logic (SPL)* (IEEE, 2014), pp. 1-6

[13] N. Kasabov, N.M. Scott, E. Tu, S. Marks, N. Sengupta, E. Capecci, M. Othman, M.G. Doborjeh, N. Murli, R. Hartono et al., Evolving spatio-temporal data machines based on the neucube neuromorphic framework: design methodology and selected applications. Neural Netw. **78** (2016), 1-14 (2016)

[14] M. Hough, H. De Garis, M. Korkin, F. Gers, N.E. Nawa, Spiker: analog waveform to digital spiketrain conversion in atrs artificial brain (cam-brain) project, in *International Conference on Robotics and Artificial Life* (Citeseer, 1999)

[15] B. Schrauwen, J. Van Campenhout, BSA, a fast and accurate spike train encoding scheme, in *Proceedings of the International Joint Conference on Neural Networks*, vol. 4 (IEEE Piscataway, NJ, 2003), pp. 2825-2830

[16] M. Dorigo, V. Maniezzo, A. Colorni, Ant system: optimization by a colony of cooperating agents. IEEE Trans. Syst. Man Cybern. Part B Cybern. **26**(1), 29-41 (1996)

[17] H. De Garis, N. E. Nawa, M. Hough, M. Korkin, Evolving an optimal de/convolutionfunction for the neural net modules of atr's artificial brain project, in *International Joint Conference on Neural Networks, 1999. IJCNN'99*, vol. 1 (IEEE, 1999), pp. 438-443

[18] N. Sengupta, N. Scott, N. Kasabov, Framework for knowledge driven optimisation based dataencoding for brain data modelling using spiking neural network architecture, in *Proceedingsof the Fifth International Conference on Fuzzy and Neuro Computing sFANCCO-2010*) (Springer, 2010), pp. 109-118

[19] F.G. Ashby, *Statistical Analysis of fMRI Data* (MIT Press, 2011)

[20] M.D. Nunez, P.L. Nunez, R. Srinivasan, Electroencephalography (EEG): neurophysics, experimental methods, and signal processing, in *Handbook of Neuroimaging Data Analysis* (Chapman & Hall/CRC, 2016) (Chapter)

[21] B. Babu, M. Jehan, Differential evolution for multi-objective optimization, in *The 2003 Congress on Evolutionary Computation, 2003. CEC'03*, vol. 4 (IEEE, 2003), pp. 2696-2703

[22] L. Yiqing, Y. Xigang, L. Yongjian, An improved pso algorithm for solving non-convex nlp/minlp problems with equality constraints. Comput. Chem. Eng. **31**(3), 162-203 (2007)

[23] K. Deb, An efficient constraint handling method for genetic algorithms. Comput. Methods Appl. Mech. Eng. **186**(2), 311-338 (2000)

[24] K. Deep, K.P. Singh, M.L. Kansal, C. Mohan, A real coded genetic algorithm for solving inte-

ger and mixed integer optimization problems. Appl. Math. Comput. **212**(2), 505–518(2009)

[25] G.M. Boynton, S.A. Engel, G.H. Glover, D.J. Heeger, Linear systems analysis of functional magnetic resonance imaging in human v1. J. Neurosci. **16**(13), 4207–4221 (1996)

[26] K.J. Friston, O. Josephs, G. Rees, R. Turner, Nonlinear event-related responses in fMRI.Magn. Reson. Med. **39**(1), 41–52 (1998)

[27] G.H. Glover, Deconvolution of impulse response in event-related bold fMRI 1. Neuroimage **9**(4), 416–429 (1999)

[28] X. Wang, T. Mitchell, Detecting cognitive states using machine learning. Technical report,CMU CALD Technical Report for Summer Work (2002)

[29] L.-N. Do, H.-J. Yang, A robust feature selection method for classification of cognitive states with fMRI data, in *Advances in Computer Science and its Applications*(Springer, 2014),pp. 71–76

[30] N. Nuntalid, K. Dhoble, N. Kasabov, Eeg classification with BSA spike encoding algorithm and evolving probabilistic spiking neural network, in *International Conference on Neural Information Processing*(Springer, 2011), pp. 451–460

[31] T.M. Mitchell, R. Hutchinson, M.A. Just, R.S. Niculescu, F. Pereira, X. Wang, Classifying instantaneous cognitive states from fMRI data, in *American Medical Informatics Association Annual Symposium*(2003)

[32] M.A. Just, S.D. Newman, T.A. Keller, A. McEleney, P.A. Carpenter, Imagery in sentence comprehension: an fMRI study. Neuroimage **21**(1), 112–124 (2004)

[33] J.D. Victor, K.P. Purpura, Metric-space analysis of spike trains: theory, algorithms and application. Netw. Comput. Neural Syst. **8**(2), 127–164 (1997)

[34] N.K. Kasabov, Neucube: a spiking neural network architecture for mapping, learning and understanding of spatiotemporal brain data. Neural Netw. **52**(2014), 62–76 (2014)

[35] N. Kasabov, *Springer Handbook of Bio-/Neuroinformatics*(Springer, 2014)

[36] N. Sengupta, PhD Thesis, Auckland University of Technology, 2018

第22章
从脑启发的AI到人类智能与人工智能的共生

本章代表了本书的精髓,总结为一句话就是:受自然在时空上的统一性的启发,我们的目标是利用脑启发计算实现数据建模的统一性。

本章讨论,SNN考虑在大脑和自然界中各种不同层级的信息处理,包括从量子、分子和神经遗传到大脑信号、进化和意识等各个层次的信息处理。本章介绍了未来使用SNN构建大脑激发的人工智能系统的方向,该系统能够接收并与人类交流知识,以便在人类智能(HI)的引导下进行共生和协作工作。

22.1 集成量子分子神经遗传脑启发模型方向

本节的假设是基于SNN及其脑激发特性,我们可以致力于建立完整的量子神经遗传脑激发模型。

22.1.1 量子计算

量子计算是基于量子力学理论的物理原理[1]。状态的线性叠加是信息科学中可能引发新方法发展的基本原理之一。

在宏观或古典水平上,系统只存在于单个基态中,如能量、动量、位置、自旋等。然而,在微观或量子层面上,系统在任何时候都代表着所有可能基态的叠加。在微观层次上,任何粒子都可以同时承担不同的位置,可以有不同的能量值,可以有两个自旋值等。这种叠加现象是违反直觉的,因为在经典物理学中,一个粒子只有一个位置、能量、自旋等。

如果系统以任何方式与其环境相互作用,叠加就会被破坏,系统就会像经典物理学中那样坍塌成一个单一的真实状态。这个过程受概率振幅的控制[1]。概率振幅的强度平方是观察状态的量子概率。

量子计算的概念利用了量子现象特殊的非局部性质。量子原子或亚原子粒子

(如原子、电子、质子、中子、玻色子、费米子、光子)存在于状态的概率叠加中,而不是在一个单一的定态中。例如,一个围绕原子核旋转的电子,由于吸收或释放能量而跳到不同的轨道状态。

一般来说,粒子的特征是电荷、自旋、位置、速度、能量。量子信息处理中的一些原理、假设和事实如下。

(1) 海森堡测不准原理:电子的位置和动量,或者通常是粒子的位置和动量,都是未知的,因为知道它意味着测量它,但是测量会引起位置和动量的干扰和变化。对系统进行观察会使系统"崩溃"到一种可能的状态或可能的宇宙。

(2) 叠加原理:意思是一个粒子可以同时处于几种状态,具有一定的概率。薛定谔著名的思想实验证明了这一点,睁着一只眼睛观察一只动物(一只猫),它具有一定的概率同时处于活着和死去的状态[2]。

(3) 纠缠原理:指两个或两个以上的粒子,无论其位置如何,都以相同的概率处于相同的状态。这两个粒子可以看作"相关的"、不可分辨的、"同步的"、相干的。一个例子是由数百万个具有相同特性和状态的光子组成的激光束。

(4) 电磁辐射:是以能量 e 与频率 f 成正比的离散量子发射的。

$$E = hf \tag{22.1}$$

式中:h 为普朗克常量(约等于 6.62608×10^{-34});f 为光的频率。

量子计算的优点是,当一个系统是未塌缩时,它可以比一个塌缩的系统执行更多的计算,因为在某种意义上,它同时在无限多个宇宙中进行计算。

普通计算机是基于位的,位总是取 0 或 1 这两个值中的一个。量子计算是基于所谓的 Q 位(或量子位)。Q 位可以简单地看作电子的自旋态。一个电子可以有向上或向下的自旋,也可以有向上 3/4 和向下 1/4 的自旋。一个 Q 位包含的信息比一个位多,但在一个奇怪的意义上,不是在同一意义上,两个位包含的信息比一个位多。

Q 位的状态可以表示如下,其中 α 和 β 是指定对应状态"0"和"1"的概率振幅的复数,即

$$|\psi\rangle = \alpha|0\rangle + \beta|1\rangle \tag{22.2}$$

因为 Q 位只能处于这两种状态,它需要满足

$$|\alpha|^2 + |\beta|^2 = 1 \tag{22.3}$$

例如,3 位寄存器可以存储 000 或 001 或 010 或 100 或 011 或 101 或 110 或 111,而 3 量子位寄存器可以同时存储 000 和 001 和 010 和 100 和 011 和 101 和 110 及 111,每个对应不同的概率。存储容量呈指数 2^N 增长,其中 N 是寄存器的大小。由于这些数字同时存储在同一个寄存器中,因此对它们的操作也可以同时进行,因此量子"计算机"有 2^N 个处理器并行工作。

一个 Q 位的状态可以通过一个叫做量子门的操作来改变。量子门是可逆门,

可以表示为作用于 Q 位基态的酉算符 U。酉矩阵的定义性质是矩阵的共轭转置矩阵等于其逆矩阵。已经引入了几种量子门,如非门、受控非门、旋转门、阿达玛门等。比如,旋转门表示为

$$U(\theta) = \begin{pmatrix} \cos\theta & -\sin\theta \\ \sin\theta & \cos\theta \end{pmatrix} \tag{22.4}$$

22.1.2 基于 SNN 的集成量子神经遗传脑模型的概念

在计算神经遗传模型(第 16 章)一节中提出了一个模型,该模型将神经元中基因和蛋白质的表达水平与神经元的峰值活动联系起来,然后与作为局部场电位(LFP)测量的神经元集合的信息处理联系起来。

但是,构成大蛋白分子的原子和粒子(离子、电子等)中的量子信息过程如何与神经元的峰值活动和神经元集合的活动相关呢?这是一个现在无法回答的具有挑战性的问题,但在这里可以采取一些推测性的步骤,希望是朝着正确的方向。

神经元的尖峰活动与成千上万的离子和神经递质分子穿过突触裂缝的传递和尖峰的释放有关。尖峰,作为信息的载体,是由离子和电子组成的电信号,这些离子和电子在一个神经元中发射,并沿着神经传递给许多其他神经元。但是离子和电子的特点是它们的量子性质,本章的前一小节已经讨论过了。因此,量子特性会影响神经元和整个大脑的兴奋活动,所以大脑遵循量子力学定律。

类似于药物对大脑中蛋白质和基因表达水平的化学影响,这种化学影响可能影响整个大脑的兴奋活动和功能(这些影响的建模是计算神经遗传模型 CNGM 的主题,见第 16 章),辐射等外部因素、高频信号等可以通过门算符影响大脑中粒子的量子特性。根据文献[3],神经元中的微管与量子门有关。

因此,与 CNGM 类似,我们面临的挑战是创建量子激发的 CNGM(QiCNGM),同时考虑到神经元和整个大脑中粒子的量子特性。

首先,这有可能吗?现阶段答案不得而知,但我们将以抽象的理论方式来描述上述关系,希望能够对这一框架进行细化、修改、论证,并在未来至少部分地加以利用。

图 22.1 显示了大脑中不同层次的信息处理,而且它们都是功能上相互连接和集成的(见第 1 章)。这里,不同层次的相互作用显示为文献[4]中建议的假设聚合函数。

$$Q' = F_q(Q, E_q) \tag{22.5}$$

一组粒子(如离子、电子等)的未来状态 Q' 取决于当前状态 Q 和外部信号的频谱 E_q。

$$M' = F_m(Q, M, E_m) \tag{22.6}$$

图 22.1 大脑中不同层次的信息处理在功能上是相互连接和整合的

分子 M' 或一组分子(如基因、蛋白质)的未来状态取决于它的当前状态 M，取决于粒子的量子状态 Q 和外部信号 E_m。

$$N' = F_n(N, M, Q, E_n) \tag{22.7}$$

尖峰神经元或神经元集合的未来状态 N' 将取决于其当前状态 N、分子 M 的状态、粒子 Q 的状态和外部信号 E_n。

$$C' = F_c(C, N, M, Q, E_c) \tag{22.8}$$

大脑未来的认知状态 C' 将取决于其当前状态 C，还取决于神经元 N、分子 M 和大脑的量子 Q 态。可以通过陈述以下假设来支持上述综合表示的假设模型，其中一些假设已经得到了实验结果的支持[3]。

（1）大量原子具有相同的量子特性，可能与大量神经元的相同基因/蛋白质表达谱有关，这些神经元具有尖峰活性。

（2）一个大的神经元集合可以用一个局部场电位 LFP 来表示。

（3）认知过程可以表示为一个复杂的但单一的功能 F_c，依赖于所有先前的水平。

上面的模型过于简单化，同时也很复杂，无法在现阶段实现，但即使将计算模型中的两级信息处理联系起来，也可能有助于进一步了解复杂的信息处理过程，并为复杂的大脑功能建模。

创建量子模型可以实现以下目的：

（1）利用量子原理创建更强大的信息处理方法和系统；
（2）了解自然界中的量子级信息处理；
（3）理解分子和量子信息处理对所有科学领域都很重要；
（4）模拟生物、化学和物理所需的分子过程；
（5）将这些过程作为新计算机设备的灵感，比人工智能更快、更精确；
（6）Deutsch[5-6]认为 NP-难问题(如时间复杂度增长与问题的大小成指数

关系)可以由量子计算机来解决；

(7) Penrose[3]认为,解决量子测量问题是理解大脑的先决条件；

(8) Hameroff[7]认为,意识作为一种宏观量子状态出现,是由于神经元内量子级事件的一致性。

在这方面需要回答许多悬而未决的问题,其中一些列示如下。

(1) 量子过程如何影响整个生命系统的功能？

(2) 量子过程如何影响认知和心理功能？

(3) 大脑是否是一个量子机器,在一个概率空间中工作,许多状态(如思想)一直处于叠加状态,只有当通过语言或文字表达我们的思想时,大脑才会在一个单一的状态下"崩溃"？

(4) 大脑中的快速模式识别过程,包括遥远的片段,是否是大脑各区域的平行尖峰传输和粒子纠缠的结果？

(5) 人与一般生物体之间的交流是否也是纠缠过程的结果？与"鬼魂"或外星智慧联系起来怎么样？

(6) 原子中的能量与蛋白质、细胞和整个生命系统的能量有什么关系？

(7) 能源与信息的关系如何？

(8) 除了在第7章的QiEA和QiPSO中介绍的技术外,开发不同的量子启发(QI)计算智能技术,如QI-SVM、QI-GA、QI决策树、QI-logistic回归、QI细胞自动机,会有好处吗？

(9) 如何在现有的计算机平台上实现QI计算智能算法,以便从它们的高电位速度和精度中获益？我们应该等待量子计算机在许多年后实现,还是可以在基于经典物理原理的专业计算设备上高效地实现它们？

22.2 走向以HI为主导的人类智能与人工智能(HI+AI)的共生

22.2.1 关于AGI的一些看法

人工通用智能(AGI)是人工智能的一个发展趋势,它关注的是机器最终能够完成人类所能完成的任何智能任务的想法。AGI所倡导的想法导致了技术奇点概念的产生,也就是说,机器变得超级智能,它们从人类手中接管并自行发展,超过这一点,人类社会可能以其目前的形式崩溃,最终可能导致人类的灭亡。

史蒂芬·霍金评论道:"我相信,生物大脑所能实现的和计算机所能实现的并没有真正的区别。人工智能将能够以不断增长的速度重新设计自己。受缓慢生物进化限制的人类无法与之竞争,可能被人工智能所取代。人工智能可能是人类有史以来最好或最坏的事情……"。

我们认为,为了人类的利益,我们社会的技术未来和全球未来将依赖于人类和机器之间的共生关系,如下一小节所述,这有助于解决许多具有挑战性的全球性问题,例如:

(1) 早期疾病诊断和疾病预防;
(2) 预测和预防生态和环境灾害;
(3) 家庭和老人用机器人;
(4) 提高生产力;
(5) 提高人类智力和创造力;
(6) 改善生活和寿命;
(7) 更好地了解我们自己和我们生活的世界。

同时还必须意识到,如果人工智能得不到控制和正确使用,将会带来灾难性的后果。

22.2.2 走向以 HI 为主导的人类智能与人工智能(HI+AI)的共生

我们被数据的多种形式和来源以及缺乏持续整合和建模、提取新知识并将其传递给人类的方法所淹没。另外,人类多年来积累了大量的知识和技能,没有有效的方法将它们直接转移到机器上。人类和机器之间的知识转移被认为是人工智能未来的一个关键问题[4,8-16]。最近,深度学习神经网络作为潜在的"银弹"获得了发展[17-18]。尽管它们在图像识别、医学分类系统和游戏[19-24]中取得了令人印象深刻的结果,但是目前的方法还无法从不同来源的多模态数据中动态、自适应和快速地学习,并且由于其刚性的、不灵活的结构而集成了所获取的信息。它们不适合人类以直接和非结构化的方式传递知识,也不适合机器高效地解决问题[25]。人类大脑通过递增地整合多个模式并创建深度灵活的脉冲神经网络结构来进化[26]。

我们的假设是,通过在人脑中运用信息和知识的表示和学习原理,可以为人类和人工智能(HI+AI)建立一个理论和计算框架,使多模态数据的增量学习和人与机器之间的知识转移成为可能。这方面的任务之一将是开发一个多模式学习和知识转移框架,并在代表人类活动的音频、视频和大脑数据上对其进行测试。

如前几章所述,双智能系统将具有三维可伸缩的、空间组织的尖峰神经网络(SNN)[27-30]结构,遵循 Abrain 模板,如 MNI 和 Talairach[31-33]。它将学习多模态数据,包括大脑信号、使用大脑激发的学习规则[27-30]。单个或多个 BI-AI 系统可以在不同的时间从不同的来源学习不同的模式,它们所学习的连接可以被合并以集成所学习的知识。当人类感知或表达情绪,或解决程序性或认知性任务时,它们将从人类身上学习大脑信号,这样获得的人类知识就可以被机器应用。

以前的经验[34-36]使用大脑激发的 SNN(第 6 章)和本书其他章节中已经介绍的方法,表明这种 BI-AI 是可以开发的。

首先,可以创建听觉和视觉信息的集成多模态学习系统,并将其应用于人的识别问题[36]、视频中的活动检测[36-39]和其他智能任务。立体色调/视黄醇映射可用于将音频和视频数据输入到与大脑模板中的听觉和视觉皮层相对应的 BI-AI 模型区域中[32-33,40](第 13 章)。

其次,可以利用面部表情数据和脑电图(EEG)大脑数据开发情感和偏好识别系统[41-42](第 8 章和第 9 章)。

最后,利用集成的视听、脑电图和/或功能磁共振成像(fMRI)数据,可以开发将程序和认知知识从人类转移到机器的方法和系统,如在空间移动物体、目标检测、游戏[23-24]。系统将学习使用视觉和人脑数据执行任务。系统经过训练后,可以按照新的知识交换协议将其性能传递给人类。学习可以循序渐进地进行。这与传统的脑-机接口(BCI)大不相同,传统的脑-机接口(BCI)将人脑信号分类为"黑盒"[53-55],而不是在一个系统中学习为进化知识,这是本书第 14 章中提出的,也在图 22.2 中说明的大脑激发型 BCI 的情况。

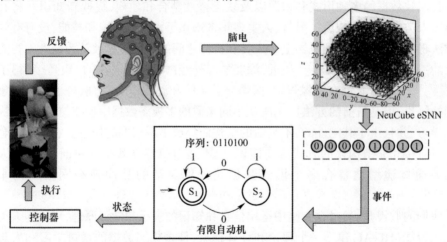

图 22.2 BI-BCI 形式的 BI-AI 的一个简单示例(人类在执行任务时所记录的大脑信号不仅被分类,而且在一个类似大脑的机器中学习,该机器与人类(如 NeuCube)具有相同的神经元和连接模板(数目不同)。在学习之后,机器可以在没有人的情况下执行相同的任务,因为人已经"转移"了任务所需的知识。图由 K. Kumarasinghe 创作)[57]

拟议的双人工智能方法的总体适用性和局限性仍有待确定，预计在处理不同时空尺度的多模数据方面将面临挑战，但初步实验[41,45,49,54-55]表明，这种双人工智能方法不仅比当前的深层神经网络[17-21]或其他机器学习技术更能提高数据分析的准确性，而且还可以成为一种普遍的方法，用于预期已久的知识转移和人机共生[7-16]，对未来脑机接口、情感计算、家庭机器人、认知科学和认知计算等领域的发展具有重要影响。

整合人类智能和人工智能（HI+AI）的假设如图22.3所示。如本书前几章所述，BI-AI（如BI-SNN）可根据不同模式的脑数据进行训练，如EEG、fMRI、感官视听等。这样的集成系统将具有与人脑相同的大脑模板（如Talairach模板），这将使人类和机器能够交换信息并一起工作。

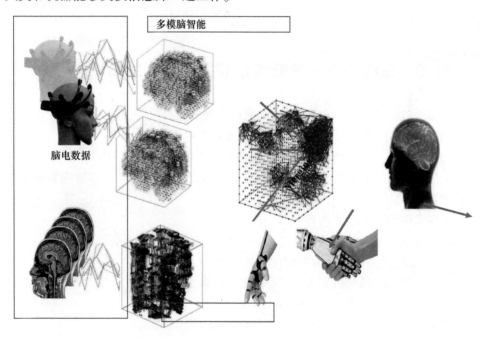

图22.3 人类智能与人工智能共生为HI+AI的假说（如本书前几章所述，BI-AI可以训练不同模式的大脑数据，如EEG、fMRI、感官视听等。这样的集成系统将具有与人脑相同的大脑模板（如Talairach模板）。这将使人类和机器能够交换信息并协同工作。这个人物是M. Doborjeh创造的）

人工智能受到大脑的启发并不意味着它无法超越人脑。一个BI-AI系统将更快地在一个时间框架内处理更多的信息，执行复杂的非大脑激发的计算，进行快速的数字运算、搜索、映射、模式识别、精确计算，以获得高精度的结果。而人脑是迄今为止进化得最好的系统，用于整合信息、提取知识和理解信息的意义及其整体含义。人类普遍的知识,对自然界和人类社会复杂性的理解,已经进化了数百万年,不可能被人工智能超越,从而在未来的共生中 HI 起主导作用。而决定创造什么样的 BI-AI 来补充和提高人类的知识则取决于 HI。

同时,创建 BI-AI 系统并不是固定的,而是为了发展和整合新数据和新信息,并相应地修改它们的结构和功能。可进化性是 BI-AI 系统的一个基本特性。通过这种方式,它们可以在特定的领域进化出深层的知识表示,这是在时空中适应、变化、进化的。这些知识可以补充人类的知识。在亚里士多德的认识论之后的 24 世纪,我们可以创造从数据中学习知识的系统,可以在时空中进化这种知识,并与人类交流这种知识,以便更好地理解自然和我们是谁。

HI 和 AI 的这种互补性,使得它们在 HI 的引领下的共生关系成为未来的现实路径,这也是一个时空演进的过程,没有可预见的结局……

22.3 总结和进一步阅读以获得更深入的知识

本章通过介绍以下几点观点,对未来的发展方向提出一些猜想:
(1) 创建统一的量子神经遗传大脑激发的计算模型;
(2) 创造了一个双智能和人类智能之间的共生关系,朝向 HI+AI 发展。

上述假设的灵感来自于世界的统一,以及通过计算模型和人类智能的统一更好地理解世界的需要。

更深入阅读参见以下内容:
(1) 量子和生物计算共同概念和目标(见文献[56]第 59 章);
(2) 大脑、基因和量子激发的计算智能(见文献[54]第 60 章);
(3) 以类似大脑的机器人学(见文献[56]第 57 章);
(4) 大脑与创造力(见文献[56]第 61 章);
(5) 自然语言的神经计算模型(见文献[56]第 48 章)。

参考文献

[1] R.P. Feynman, R.B. Leighton, M. Sands, *The Feynman lectures on Physics* (Addison-Wesley Publishing Company, Massachusetts, 1965), p. 1965
[2] C. Koch, K. Hepp, Quantum mechanics in the brain. Nature **440**, 30 (March 2006)
[3] R. Penrose, *Shadows of the Mind. A Search for the Missing Science of Consciousness* (Oxford University Press, 1994)
[4] N. Kasabov, *Evolving Connectionist Systems* (Springer, 2007)

[5] D. Deutsch, Quantum theory, the Church-Turing principle and the universal quantum computer. Proc. R. Soc. Lond. A **400**(97–117), 1985 (1985)

[6] D. Deutsch, Quantum computational networks. Proc. R. Soc. Lond. A **425**(73–90), 1989 (1989)

[7] S.R. Hameroff, Quantum computing in microtubules-An Intra-neural correlate of consciousness? Jpn. Bull. Cogn. Sci. **4**(3), 67–92 (1997)

[8] A. Prabhakar, DARPA: the merging of humans and machines is happening now WIRED magazine (2017). Also in: http://www.wired.co.uk/article/darpa-arati-prabhakar-humansmachines

[9] P. Lee, Transfer learning (Microsoft research) (2018). https://www.edge.org/response-detail/27125

[10] C. Stephanidis, A.M. Anton, in *Universal Access in Human-Computer Interaction. User and Context Diversity*. 7th International Conference, UAHCI 2013, Held as Part of HCI International 2013, Las Vegas, NV, USA, 21 – 26 July, Proceedings, Part 2 (2013). https://link.springer.com/book/10.1007%2F978-3-642-39191-0

[11] K.S. Gill (ed.), *Human Machine Symbiosis: The Foundations of Human-Centred Systems Design* (Springer Science & Business Media, 2012)

[12] V. Vapnik, R. Izmailov, Learning using privileged information: similarity control and knowledge transfer. J. Mach. Learn. Res. **21**, 2023–2049 (2015)

[13] H. Markram, The blue brain project. Nat. Rev. Neurosci. **7**(2), 153–210 (2006). https://doi.org/10.1038/nrn1848

[14] P. Robinson, R. El Kaliouby, Computation of emotions in man and machines. R. Soc.Publishing **364**(1535), 3441–3447 (2009). https://doi.org/10.1098/rstb.2009.0198

[15] C. Pelachaud, Modelling multimodal expression of emotion in a virtual agent. Philos. Trans.R. Soc. B: Biol. Sci. **364**(1535), 3539–3548 (2009)

[16] C.C. Federspiel, H. Asada, in *Transfer of Human Preference to Smart Machines: A Case Study of Human Thermal Comfort Control*. American Control Conference (1990), pp. 2833–2842

[17] J. Schmidhuber, Deep learning in neural networks: an overview. Neural Netw. **61**, 85–117 (2015)

[18] Y. LeCun, Y. Bengio, G. Hinton, Deep learning. Nature 521(7553), 436 (2015). https://doi.org/10.1038/nature14539

[19] A. Krizhevsky, L. Sutskever, G.E. Hinton, in *Image Net Classification with Deep Convolutional Neural Networks*. Proceedings of Advances in Neural Information Processing Systems (2012), pp. 1097–1105

[20] D. Ferrucci, E. Brown, J. Chu-Carroll, J. Fan, D. Gondek, A. Kalyanpur, A. Lally, W.Murdock, E. Nyberg, J. Prager, N. Schlaefer, Building Watson: an overview of the DeepQA project. AI Mag. 31(3), 59–79 (2010). https://doi.org/10.2109/aimag.v31i3.2303

[21] G. Hinton, L. Deng, D. Yu, G.E. Dahl, A.R. Mohamed, N. Jaitly, S.A. Senior, V. Vanhoucke, P. Nguyen, T. Sainath, B. Kingsbury, Deep neural networks for acoustic modeling in

speech recognition: the shared views of four research groups. IEEE Signal Process. Mag. **29**(6), 82–97 (2012). https://doi.org/10.1109/MSP.2012.2205597

[22] L. Sutskever, O. Vinyals, Q.V. Le, in *Sequence to Sequence Learning with Neural Networks*. Advances in Neural Information Processing Systems (2014), pp. 3104–3112

[23] D. Silver, A. Huang, C.J. Maddison, A. Guez, L. Sifre, G. Van Den Driessche, S. Dieleman, Mastering the game of Go with deep neural networks and tree search. Nature **529**(7587), 484–489 (2016). https://doi.org/10.1038/nature21961

[24] D. Silver, J. Schrittwieser, K. Simonyan, I. Antonoglou, A. Huang, A. Guez, T. Hubert, L. Baker, M. Lai, A. Bolton, Y. Chen, Mastering the game of go without human knowledge. Nature **550**(7676), 354–359 (2017). https://doi.org/10.1038/nature24270

[25] G. Hinton, What is wrong with convolutional neural nets? https://www.youtube.com/watch?v=rTawFwUvnLE&t=1579s

[26] M.W. Reimann, M. Nolte, M. Scolamiero, K. Turner, R. Perin, G. Chindemi, H. Markram, Cliques of neurons bound into cavities provide a missing link between structure and function. Front. Comput. Neurosci. **11**(48) (2017)

[27] W. Maass, T. Natschlaeger, H. Markram, Real-time computing without stable states: a new framework for neural computation based on perturbations. Neural Comput. **14**(11), 2531–2560 (2002)

[28] W. Gerstner, W.M. Kistler, in *Spiking Neuron Models: Single Neurons, Populations, Plasticity*. Cambridge University Press (2002)

[29] S. Thorpe, J. Gautrais, Rank order coding. Comput Neurosci: Trends. Res. **13**, 113–119 (1998)

[30] N. Kasabov, NeuCube: a spiking neural network architecture for mapping, learning and understanding of spatio-temporal brain data. Neural Netw. **52**, 62–76 (2014)

[31] J. Mazziotta, A. Toga, A. Evans, P. Fox, J. Lancaster, K. Zilles, B. Mazoyer, A probabilistic atlas and reference system for the human brain: international consortium for brain mapping (ICBM). Philos. Trans. Roy. Soc. London. B **356**(1412), 1293–1322 (2001). https://doi.org/10.1098/rstb.2001.0915

[32] J. Talairach, P. Tournoux, *Co-Planar Stereotaxic Atlas of the Human Brain. 3-Dimensional Proportional System: An Approach to Cerebral Imaging* (Thieme Classics, 1988)

[33] L. Koessler, L. Maillard, A. Benhadid, J.P. Vignal, J. Felblinger, H. Vespignani, M. Braun, Automated cortical projection of EEG sensors: anatomical correlation via the international 10–10 system. Neuroimage **46**(1), 64–72 (2009)

[34] N. Kasabov, in *Evolving Connectionist Systems*, 1st edn. (Springer, 2003)

[35] N. Kasabov, E. Postma, J. van den Herik, AVIS: a connectionist-based framework for integrated auditory and visual information processing. Inf. Sci. **123**, 127–148 (2000)

[36] S.G. Wysoski, L. Benuskova, N. Kasabov, Evolving spiking neural networks for audiovisual information processing. Neural Netw. **23**(7), 819–835 (2010)

[37] Y.G. Jiang, G. Ye, S. F. Chang, D. Ellis, A.C. Loui, in *Consumer Video Understanding: A Benchmark Database and an Evaluation of Human and Machine Performance*. Proceedings of ACM International Conference on Multimedia Retrieval (ICMR), Trento, Italy (2011). https://doi.org/10.1145/1991996.1992025

[38] N. Goyette, P.M. Jodoin, F. Porikli, J. Konrad, P. Ishwar, in *Changedetection. net: A New Change Detection Benchmark Dataset*. IEEE Computer Society Conference on Computer Vision and Pattern Recognition Workshops (CVPRW) (2012), pp. 1–8. https://doi.org/10.1109/cvprw.2012.6238919

[39] S. Oh, A. Hoogs, A. Perera, N. Cuntoor, C.-C. Chen, J.T. Lee, S. Mukherjee, J.K. Aggarwal, H. Lee, L. Davis, E. Swears, X. Wang, Q. Ji, K. Reddy, M. Shah, C. Vondrick, H. Pirsiavash, D. Ramanan, J. Yuen, A. Torralba, B. Song, A. Fong, A. Roy-Chowdhury, M. Desai, in *A Large-Scale Benchmark Dataset for Event Recognition in Surveillance Video*. IEEE Conference on Computer Vision and Pattern Recognition (CVPR) (2011), pp. 3153–3210. https://doi.org/10.1109/cvpr.2011.5995586

[40] A.G. Huth, W.A. de Heer, T.L. Griffiths, F.E. Theunissen, J.L. Gallant, Natural speech reveals the semantic maps that tile human cerebral cortex. Nature **532**, 453–458 (2016). https://doi.org/10.1038/nature17637

[41] Z.G. Doborjeh, M.G. Doborjeh, N. Kasabov, Attentional bias pattern recognition in spiking neural networks from spatio-temporal EEG data. Cogn. Comput. (2017). https://doi.org/10.1007/s12559-017-9517-x

[42] H. Kawano, A. Seo, Z.G. Doborjeh, N. Kasabov, M.G. Doborjeh, in *Analysis of Similarity and Differences in Brain Activities Between Perception and Production of Facial Expressions Using EEG Data and the NeuCube Spiking Neural Network Architecture*. In Proceedings of International Conference on Neural Information Processing (Springer International Publishing, (2016), pp. 221–227

[43] M.G. Doborjeh, N. Kasabov, Z.G. Doborjeh, in *Evolving, Dynamic Clustering of Spatio/Spectro-Temporal Data in 3D Spiking Neural Network Models and a Case Study on EEG Data*. Evolving Systems (Springer, 2017), pp. 1–17. https://doi.org/10.1007/s12530-017-9178-8

[44] M. Doborjeh, G.Y. Wang, N. Kasabov, R. Kydd and B. Russell, A spiking neural network methodology and system for learning and comparative analysis of EEG data from healthy versus addiction treated versus addiction not treated subjects. IEEE Trans. Biomed. Eng. **63**(9), 1830–1841 (2016). https://doi.org/10.1109/tbme.2015.2503400

[45] M.G. Doborjeh, N. Kasabov, in *Personalised Modelling on Integrated Clinical and EEG Spatio-Temporal Brain Data in the NeuCube Spiking Neural Network System*. International Joint Conference on Neural Networks (IJCNN) (2016), pp. 1373–1378, https://doi.org/10.1109/ijcnn.2021.7727358

[46] X. Wang, T. Xitchell, StarPlus fMRI data. http://www.cs.cmu.edu/afs/cs.cmu.edu/project/theo-81/www/

[47] N. Kasabov, M.G. Doborjeh, Z.G. Doborjeh, Mapping, learning, visualization, classification, and understanding of fMRI data in the NeuCube evolving spatiotemporal data machine of spiking neural networks. IEEE Trans. Neural Netw. Learn. Syst. **28**(4), 887–899 (2017). https://doi.org/10.1109/TNNLS.2021.2612890

[48] N. Kasabov, L. Zhou, M.G. Doborjeh, Z.G. Doborjeh, J. Yang, New algorithms for encoding, learning and classification of fMRI data in a spiking neural network architecture: a case on modelling and understanding of dynamic cognitive processes. IEEE Trans. Cogn. Dev. Syst. **9**(4), 293–303 (2017). https://doi.org/10.1109/TCDS.2021.2636291

[49] N. Sengupta, C. McNabb, N. Kasabov, B. Russell, Integrating space, time and orientation in spiking neural networks: a case study on multi-modal brain data modelling. IEEE Trans. Neural Netw. Learn. Syst (2017). http://cis.ieee.org/ieee-transactions-on-neural-networksand-learning-systems.html

[50] J.M. Walz, R.I. Goldman, M. Carapezza, J. Muraskin, T.R. Brown, P. Sajda, Simultaneous EEG-fMRI reveals temporal evolution of coupling between supramodal cortical attention networks and the brainstem. J. Neurosci. **33**(49), 19212–19222 (2013). https://doi.org/10.1523/jneurosci.2649-13.2013

[51] J.M. Walz, R.I. Goldman, M. Carapezza, J. Muraskin, T.R. Brown, P. Sajda, Simultaneous EEG-fMRI reveals a temporal cascade of task-related and default-mode activations during a simple target detection task. Neuroimage **102**, 229–239 (2013). https://doi.org/10.1021/j.neuroimage.2013.08.014

[52] Simultaneous EEG-fMRI datasets (2021), https://openfmri.org/dataset/ds000121/

[53] H. Yuan, B. He, Brain-computer interfaces using sensorimotor rhythms: current state and future perspectives. IEEE Trans. Biomed. Eng. **61**(5), 1425–1435 (2014). https://doi.org/10.1109/TBME.2014.2312397

[54] J. Kasprcyk, W. Pedrycz (eds.), *Springer Handbook of Computational Intelligence* (Springer, 2015)

[55] B. Blankertz, L. Acqualagna, S. Dähne, S. Haufe, M. Schultze-Kraft, I. Sturm, M. Uščumlic, M. Wenzel, G. Curio, K.R. Müller, The Berlin brain-computer interface: progress beyond communication and control. Front. Neurosci **10**, 530 (2016)

[56] N. Kasabov (ed.), *Springer Handbook of Bio-/Neuroinformatics* (Springer, 2014)

[57] K. Kumarasinghe, M. Owen, D. Taylor, N. Kasabov, C.K. Au, in *FaNeuRobot: A 'Brain-like' Framework for Robot and Prosthetics Control using the NeuCube Spiking Neural Network Architecture & Finite Automata Theory*. Proceedings of IEEE International Conference on Robotics and Automation (2018). https://www.ieee.org/conferences_events/conferences/conferencedetails/index.html? Conf_ID = 36921

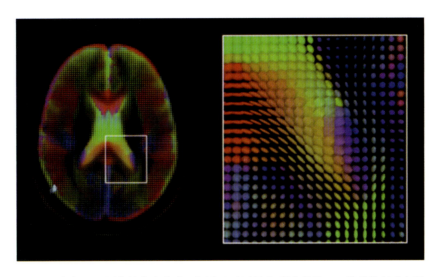

图1.11 来自DTI图像的方向信息(左图显示了单个受试者的DTI数据的轴向切片，该数据已记录到结构和MNI标准空间中；右图显示了右后胼胝体的特写，每种颜色对应的方向如下：红色-从左到右或从右到左；绿色-从前到后或从后到前；蓝色-从下到上或从上到下(参见第11章))

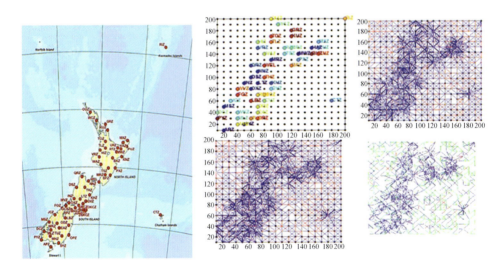

图1.12 地震发生之前在一个地震中心测得的构造压力，以及在另一个地震中心测得的压力(在另一个地震中心测得的压力，也就是连锁反应，在最终地点表现为地震。检测地震数据的变化方向可以实现更好的地震预测。左图显示了新西兰地震中心的地图。右图显示了在相应中心创建的地震变化方向图，这些图的边缘代表了大脑启发式SNN中深度学习的结果，即深度知识(第19章))

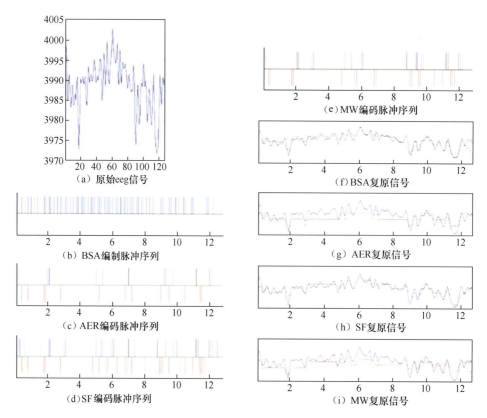

图4.8 由4种不同的脉冲编码算法产生的脉冲序列经过解码后具有相应的恢复信号
((b)~(e)中的蓝(红)线为正(负)脉冲;(f)~(i)中的蓝(红)线为原始信号,
红色虚线为对应脉冲解码重构信号。基于阈值的编码记为AER)[23]

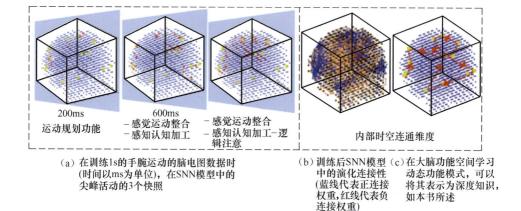

图8.12 知分在时间和空间上的分辨率

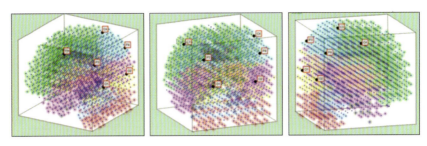

图 8.14　案例研究 EEG 数据和问题对 1471 个神经元和 6 个输入神经元的 SNNCube 的不同看法（根据 Talairach Atlas 还显示了 SNNcube 中 7 个与大脑区域在空间上对应的特定区域：绿色—额叶；在洋红色中—颞叶；青色—顶叶；黄色—枕叶；红色—后叶；橙色—次大叶区域；黑色—边缘叶；浅蓝色—前叶）

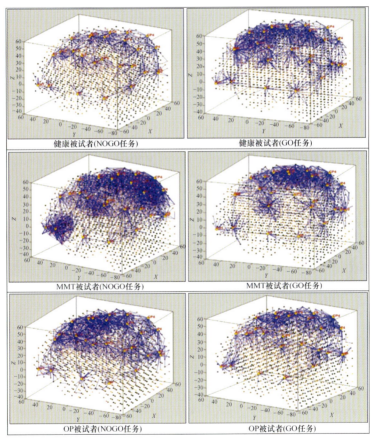

图 9.6　NeuCube 学习后的 SNNc 连接图（其中具有用于实验 GO/NOGO 任务的 26 个特征（通道）的 EEG 数据。对于与 GO/NOGO 任务相关的对照组（健康）、MMT 和 OP 对象，SNNc 的学习连通性有所不同。蓝线是正极（兴奋性）连接，红线是负极（抑制性）连接，神经元的颜色越亮其与邻近神经元的活动越强。线条的粗细还表明神经元的连接性增强。根据 Talairach 脑图集[147]，对大脑样 SNNc 的 1471 个神经元进行了空间映射）

003

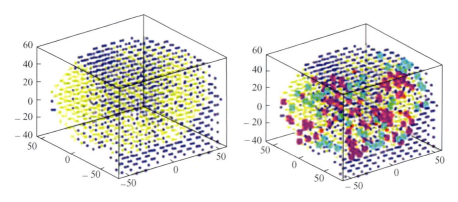

(a) 刺突活动尚未激活(神经元为蓝色，fMRI数据神经元为黄色)

(b) 尖峰活动：(活动神经元以红色表示，非活动神经元以蓝色表示，阳性输入神经元以洋红色表示，阴性输入神经元用青色表示,零输入用黄色表示

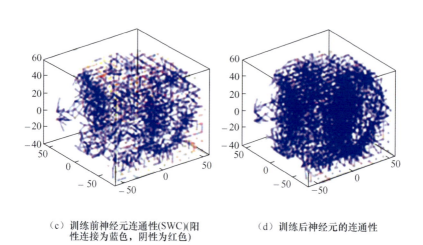

(c) 训练前神经元连通性(SWC)(阳性连接为蓝色，阴性为红色)

(d) 训练后神经元的连通性

图 10.13　fMRI 数据模型的可视化和 eSNN 神经元之间的连通性

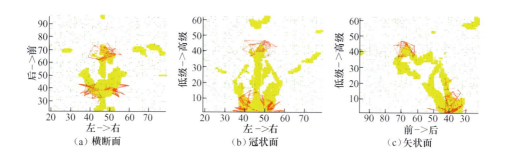

(a) 横断面　　　　(b) 冠状面　　　　(c) 矢状面

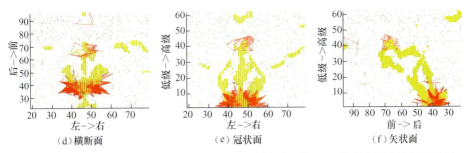

(d) 横断面　　　　　(e) 冠状面　　　　　(f) 矢状面

图 11.13　视觉比较在 TRS(顶部)和 UTRS 组(底部行)的 SNN 模型中形成的最强联系(组中各个主题的平均权重)(黄色簇代表输入神经元,绿色簇代表计算脉冲神经元)

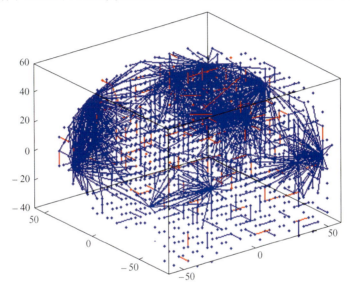

图 14.11　训练过的 NeuCube 的连接体(蓝线显示出两个神经元之间强烈的兴奋连接,红色则表现出强烈的抑制)[28]

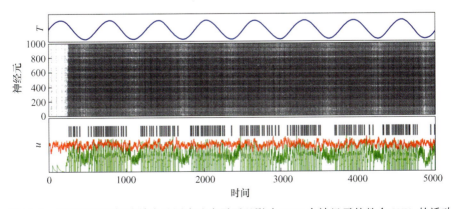

图 16.8　随着时间的推移单个基因表达水平可以影响 1000 个神经元的整个 SNNr 的活动

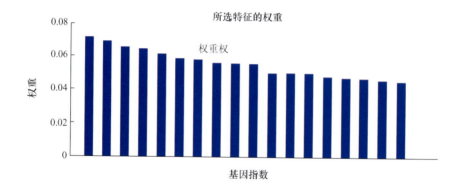

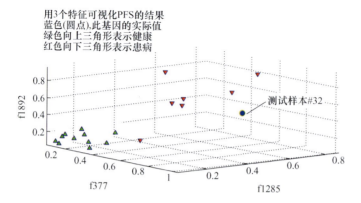

图 17.5 在图 17.4 的前 3 个基因变量的三维空间中将样本 32(一个蓝点)与其相邻的样本(红色的三角形(表示癌症样本)和绿色的三角形(表示对照组))绘制在一起

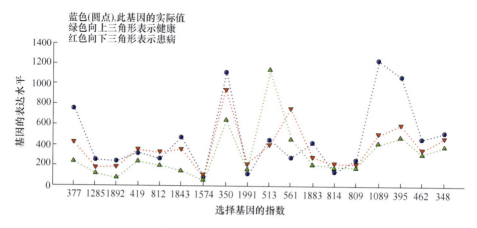

图 17.6 32 个样本(蓝点)与对照组(绿色三角形)和癌症样本(红色三角形)的平均局部轮廓(利用图 17.5 的特征)[2,7,15]

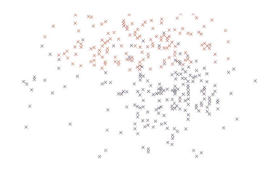

图 17.10 CKD——类 1(蓝色)和类 2(红色)[56]肾脏数据重叠样本的 PCA 图

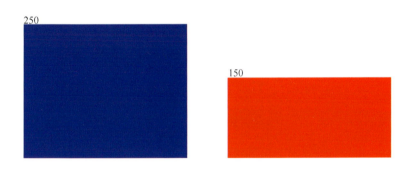

图 17.11 CKD(蓝色为病变分级,红色为正常分级)

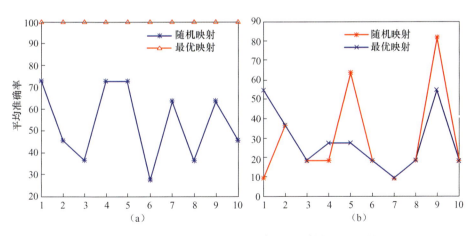

图 19.8 使用随机映射(蓝)对应建议的映射方法(红)的
模式识别准确率对比(解释看正文)

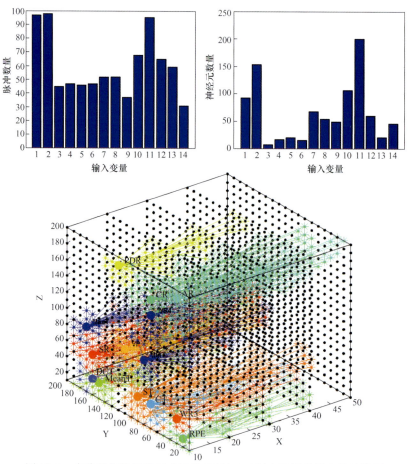

图 19.9 在非监督机器学习之后的 SNNCube(每个特征的输入脉冲数量(左上)和每个输入神经元(右上)训练结果所创造的神经连接)

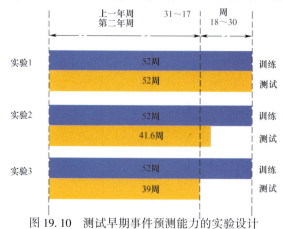

图 19.10 测试早期事件预测能力的实验设计
(蓝条表示训练样本的时间长度,黄带表示测试样本的时长)

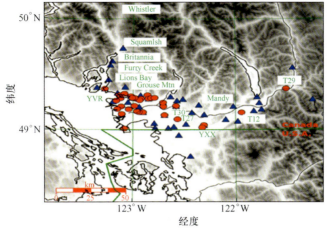

(a）分布在温哥华地区的多个传感器的案例

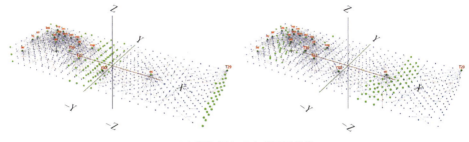

(b）训练的NeuCube模型的连接

图19.22　模拟来自测量空气污染的传感器的多传感器流数据
（不列颠哥伦比亚省西南部的 NeuCube 3D 神经网络图，显示了下弗雷泽河谷的监视器网络，包括政府固定监视器（深绿色圆圈）。可以同时分析臭氧（O_3）（左方）和一氧化碳（CO）（右方）浓度的时空关系（线）和活动（浅绿色圆圈））（该图由 J. Espinosa 创建）